高等学校计算机专业系列教材

Python 语言程序设计

第 2 版

王恺 陈晨 李涛 编著

The Fundamentals
of Python
Programming

(2nd Edition)

机械工业出版社
CHINA MACHINE PRESS

本书系统讲解了 Python 基础及程序设计方法，是一本实用的入门指南。第 1~7 章主要介绍了 Python 编程的基础与实践，涵盖数据类型、控制结构、函数模块、面向对象编程等概念。第 8、9 章概述了 Python 中常用的工具包及人工智能的基本概念。第 10 章聚焦于人工智能应用案例，并引入了国产计算环境，有助于读者掌握人工智能问题求解过程。本书理论与实践相结合，使读者在解决具体问题的过程中深化对 Python 编程的理解。

本书适合作为高校计算机、大数据、人工智能及相关专业 Python 入门课程的教材，也适合作为技术人员的参考书。

图书在版编目（CIP）数据

Python 语言程序设计 / 王恺, 陈晨, 李涛编著.
2 版. -- 北京：机械工业出版社, 2025.5. --（高等学校计算机专业系列教材）. -- ISBN 978-7-111-78310-7

Ⅰ. TP312.8

中国国家版本馆 CIP 数据核字第 202584TN13 号

机械工业出版社（北京市百万庄大街 22 号　邮政编码 100037）
策划编辑：朱　劼　　　　　　　　　责任编辑：朱　劼
责任校对：任婷婷　张慧敏　景　飞　责任印制：刘　媛
三河市宏达印刷有限公司印刷
2025 年 7 月第 2 版第 1 次印刷
185mm×260mm・25.75 印张・622 千字
标准书号：ISBN 978-7-111-78310-7
定价：79.00 元

电话服务　　　　　　　　　　网络服务
客服电话：010-88361066　　　机　工　官　网：www.cmpbook.com
　　　　　010-88379833　　　机　工　官　博：weibo.com/cmp1952
　　　　　010-68326294　　　金　书　网：www.golden-book.com
封底无防伪标均为盗版　　机工教育服务网：www.cmpedu.com

前　　言

在数字经济与实体经济深度融合的今天，战略性新兴产业的创新驱动已成为全球竞争的焦点。党的二十大报告指出："推动战略性新兴产业融合集群发展，构建新一代信息技术、人工智能、生物技术、新能源、新材料、高端装备、绿色环保等一批新的增长引擎。"Python 是当前人工智能领域广泛使用的一门编程语言，本书以 Python 编程语言为工具，以人工智能为核心脉络，致力于培养具备跨领域技术融合能力的复合型人才，为新兴产业的发展提供技术支撑与创新动力。

在本书编写上，我们强调将理论与实际紧密结合，通过大量的程序实例，向读者直观展示利用程序设计方法解决实际应用问题的过程。本书的特色包括：

（1）与国家的战略发展方向紧密关联，结合人工智能、工业应用等方面的具体案例，帮助读者培养计算思维、提升应用能力，为未来的创新性工作奠定基础。

（2）设计开放性问题，鼓励读者从求解方法调研、求解方案设计、求解步骤实施、求解结果评价等方面开展学习，培养读者的自主学习能力和独立研究能力。

（3）引入国产计算环境，帮助读者掌握基于国产平台的人工智能问题求解方法。

本书在逻辑上分为三个部分。第一部分包括第 1~7 章，介绍了 Python 编程的基础知识，并通过逐步构建一个简易的数据管理程序，帮助读者掌握如何利用 Python 编程方法解决实际问题；第二部分包括第 8、9 章，介绍了 Python 工具包及人工智能的基本概念，并结合糖尿病预测问题、手写数字图像识别问题及数据检索问题，帮助读者掌握利用工具包快速解决人工智能问题的方法；第三部分包括第 10 章，介绍了人工智能应用案例，引入华为 MindSpore 国产计算环境及开源代码广泛使用的 PyTorch 框架，帮助读者掌握基于深度学习框架的人工智能问题求解过程。下面给出各章的主要内容。

第 1 章首先给出了程序设计和 Python 语言的简单介绍，包括编译型语言和解释型语言的区别、Python 发展史及其特点和应用领域。然后，以 Windows 和 Linux 平台为例介绍了 Python 3.x 的安装步骤。接着，通过一个简单的 HelloWorld 程序使读者对 Python 程序的运行方式、注释方法、编写规范和标准输入/输出方法有了初步认识。最后，介绍了 Python 自带的 IDLE 开发环境的使用方法。

第 2 章首先给出了变量的定义方法和数值、字符串、列表等常用的 Python 数据类型，通过这部分内容读者可掌握利用计算机存储数据的方法。然后，介绍了常用的运算符，包括占位运算符、算术运算符、赋值运算符、比较运算符、逻辑运算符、位运算符、身份运算符、成员运算符和序列运算符，通过这部分内容读者可掌握不同类型数据所支持的运算及运算规则。最后，介绍了条件和循环这两种语句结构，通过这部分内容读者可以设计程序解决具有更复杂逻辑结构的问题。

第 3 章首先介绍了函数的定义与调用方法，以及与其相关的参数列表、返回值等内容。然后，介绍了模块和包的概念与作用以及使用方法。接着，介绍了变量的作用域，包括全局变量和局部变量的定义与使用方法以及 global、nonlocal 关键字的作用。最后，介绍了一些特殊的函数，包括递归函数、高阶函数、lambda 函数、闭包和装饰器。

第 4 章首先介绍了类与对象的概念以及它们的定义和使用方法，并给出了 Python 类中包括构造方法和析构方法在内的常用内置方法的作用和定义。然后，介绍了继承与多态的概念和作用，并给出了它们的具体实现方法。最后，介绍了类方法、静态方法、动态扩展类与实例、__slots__、@property 等内容。

第 5 章首先介绍了可变类型与不可变类型的概念和区别。然后，在第 2 章内容的基础上进一步介绍了列表、元组、集合和字典这些数据类型的使用方法。最后，介绍了切片、列表生成表达式、生成器、迭代器的作用和具体使用。

第 6 章在第 2 章内容的基础上进一步介绍了字符串的使用方法，包括字符串常用操作、格式化方法及正则表达式。在正则表达式部分给出了一个简单的爬虫程序示例，供读者参考。

第 7 章首先介绍了 os 模块的使用，作为 I/O 编程的基础，通过 os 模块可以方便地实现对操作系统中目录、文件的操作，如获取当前工作目录、创建目录、删除目录、获取文件所在目录、判断路径是否存在等。然后，介绍了文件读/写操作，利用文件进行数据的长期保存。接着，介绍了一维数据和二维数据的概念，以及对可用于存储一维/二维数据的 CSV 格式文件的操作方法。最后，介绍了异常处理相关的内容，包括异常的定义、分类和处理。

第 8 章首先介绍了 NumPy 工具包，它是 Python 科学计算的基础包。2009 年底开源的数据分析包 Pandas 提供了处理结构化数据的数据结构和方法，使其成为强大的数据分析工具。本章将介绍 Pandas 的数据对象和方法。最后，本章介绍了数据可视化的工具包 Matplotlib，它是目前应用广泛的用于绘制图表的 Python 工具包。

第 9 章介绍了人工智能的基础知识及应用案例。首先，简要介绍了人工智能的基本概念。然后，一方面介绍机器学习的基本概念，包括有监督学习和无监督学习，可学习参数和超参数，欠拟合和过拟合，损失函数、训练集、验证集、测试集、泛化能力和交叉验证，分类、回归和聚类，以及评价指标；另一方面以糖尿病预测问题为例介绍了 Python 经典机器学习工具包 scikit-learn 的使用方法。最后，结合手写数字图像识别和数据检索两个问题，给出了应用 scikit-learn 工具包进行机器学习建模的具体过程。

第 10 章首先基于 MindSpore 框架，给出了手写数字图像识别和流程工业控制系统时序数据预测两个人工智能应用案例；然后基于 PyTorch 框架，给出了虚假新闻检测的人工智能应用案例。

在利用本书学习 Python 编程时，建议读者一定要多思考、多分析、多动手实践。当看到一个具体问题时，首先要自己分析该问题，设计求解该问题的算法；然后梳理程序结构，编写程序实现算法；最后运行程序，尝试通过系统的错误提示或通过程序调试方法解决程序中存在的语法错误和逻辑错误问题。只有这样，才能真正掌握一门程序设计语言，进而在实际中真正做到熟练运用程序设计语言解决具体应用问题。

此外，随着近年来大模型的快速发展，读者在学习过程中遇到问题时，可借助大模型这一有效工具来解决。建议读者将大模型作为学习的辅助工具，而非完全依赖的对象。读者在使用大模型时可运用批判性思维，结合具体的学习内容和实际情况对大模型所给出的回复进行甄别与验证，注重自身的思考和实践，以真正掌握 Python 语言程序设计方法、具备应用程序设计方法解决实际问题的能力。

本书由南开大学计算机学院的任课教师编写完成，具体分工如下：李涛负责第 1~3 章的编写；王恺负责第 4~7 章、第 9 章及第 10 章手写数字图像识别案例和流程工业控制系统时序数据预测案例的编写，并负责全书的统筹和定稿；陈晨负责第 8 章及第 10 章虚假新闻检测案例的编写。

在本书的编写过程中，机械工业出版社的编辑对本书提供了很多意见和建议，在此表示真诚的感谢！

在本书编写过程中，吸收了 Python 语言方面的很多网络资源、图书中的观点，在此向这些作者一并致谢。限于作者的时间和水平，书中难免有疏漏之处，恳请各位同行和读者指正。

补充说明

作者为第 1~7 章提供了教学视频，读者可扫描对应章节开头给出的二维码在线观看。此外，读者还可扫描下方二维码下载书中代码清单对应的代码、案例代码等资源。

编 者
2025 年 2 月于南开园

目 录

前言

第1章　Python语言简介及示例 ……… 1
1.1　Python语言简介 …………………… 1
1.1.1　编译型语言与解释型语言 …… 1
1.1.2　Python语言的发展史 ………… 3
1.1.3　Python语言的特点及应用领域 …………………………… 4
1.2　环境安装 …………………………… 7
1.2.1　在Windows平台上安装Python语言环境 …………… 8
1.2.2　在Linux平台上安装Python语言环境 …………… 11
1.3　HelloWorld程序 …………………… 13
1.3.1　中文编码 …………………… 13
1.3.2　单行注释 …………………… 14
1.3.3　多行注释 …………………… 15
1.3.4　书写规范 …………………… 15
1.3.5　输入和输出 ………………… 16
1.4　IDLE介绍 …………………………… 19
1.4.1　启动IDLE …………………… 19
1.4.2　创建Python脚本 …………… 19
1.4.3　常用的编辑功能 …………… 21
1.5　应用案例——简易数据管理程序 ……………………………… 22
1.6　本章小结 …………………………… 22
1.7　思考题参考答案 …………………… 23

第2章　基础语法 ……………………… 24
2.1　变量的定义 ………………………… 24
2.1.1　定义一个变量 ……………… 24
2.1.2　同时定义多个变量 ………… 25
2.2　数据类型 …………………………… 26
2.2.1　数值 ………………………… 26
2.2.2　字符串 ……………………… 28
2.2.3　列表 ………………………… 31
2.2.4　元组 ………………………… 34
2.2.5　集合 ………………………… 37
2.2.6　字典 ………………………… 40
2.3　运算符 ……………………………… 43
2.3.1　占位运算符 ………………… 43
2.3.2　算术运算符 ………………… 45
2.3.3　赋值运算符 ………………… 46
2.3.4　比较运算符 ………………… 47
2.3.5　逻辑运算符 ………………… 48
2.3.6　位运算符 …………………… 50
2.3.7　身份运算符 ………………… 52
2.3.8　成员运算符 ………………… 53
2.3.9　序列运算符 ………………… 54
2.3.10　运算符优先级 ……………… 56
2.4　条件语句 …………………………… 57
2.4.1　`if`、`elif`、`else` ………… 59
2.4.2　`pass` ……………………… 61
2.5　循环语句 …………………………… 62
2.5.1　`for`循环 …………………… 63
2.5.2　`while`循环 ………………… 66
2.5.3　索引 ………………………… 67
2.5.4　`break` ……………………… 69
2.5.5　`continue` ………………… 70
2.5.6　`else` ……………………… 72
2.6　应用案例——简易数据管理程序 ……………………………… 73

2.7	本章小结	78
2.8	思考题参考答案	78
2.9	编程练习参考代码	84

第 3 章 函数 88

3.1	函数的定义与调用	88
3.2	参数列表与返回值	90
3.2.1	形参	91
3.2.2	实参	91
3.2.3	默认参数	94
3.2.4	关键字参数	95
3.2.5	不定长参数	96
3.2.6	拆分参数列表	99
3.2.7	返回值	100
3.3	模块	102
3.3.1	import	102
3.3.2	from import	107
3.3.3	包	108
3.3.4	猴子补丁	110
3.3.5	第三方模块的获取与安装	110
3.4	变量的作用域	111
3.4.1	局部变量	112
3.4.2	全局变量	112
3.4.3	global 关键字	113
3.4.4	nonlocal 关键字	114
3.5	递归函数	116
3.6	高阶函数	118
3.7	lambda 函数	119
3.8	闭包	120
3.9	装饰器	122
3.10	应用案例——简易数据管理程序	125
3.11	本章小结	132
3.12	思考题参考答案	132
3.13	编程练习参考代码	137

第 4 章 面向对象 141

4.1	类与对象	141
4.1.1	类的定义	142
4.1.2	创建实例	143
4.1.3	类属性和实体属性的操作方法	144
4.1.4	类中普通方法的定义与调用	147
4.1.5	私有属性	150
4.1.6	构造方法	152
4.1.7	析构方法	154
4.1.8	常用内置方法	155
4.2	继承与多态	158
4.2.1	什么是继承	158
4.2.2	子类的定义	159
4.2.3	方法重写和多态	161
4.2.4	鸭子类型	163
4.2.5	super	164
4.2.6	内置函数 isinstance、issubclass 和 type	165
4.3	类方法和静态方法	167
4.3.1	类方法	167
4.3.2	静态方法	168
4.4	动态扩展类与实例	169
4.5	@property	171
4.6	应用案例——简易数据管理程序	173
4.7	本章小结	179
4.8	思考题参考答案	179
4.9	编程练习参考代码	182

第 5 章 序列、集合和字典 185

5.1	可变类型与不可变类型	185
5.2	列表	187
5.2.1	创建列表	187
5.2.2	拼接列表	188
5.2.3	复制列表元素	188
5.2.4	列表元素的查找、插入和删除	191
5.2.5	获取列表中最大元素和最小元素的值	193
5.2.6	统计元素出现次数	194
5.2.7	计算列表长度	194
5.2.8	列表元素排序	196

5.3 元组 ·················· 198
5.3.1 创建元组 ·············· 198
5.3.2 创建具有单个元素的元组 ·· 199
5.3.3 拼接元组 ·············· 200
5.3.4 获取元组中最大元素和最小元素的值 ············ 200
5.3.5 元组的不变性 ··········· 201
5.4 集合 ······················ 201
5.4.1 创建集合 ·············· 201
5.4.2 集合元素的唯一性 ······· 201
5.4.3 插入集合元素 ··········· 202
5.4.4 集合的运算 ············· 204
5.5 字典 ······················ 207
5.5.1 字典的创建和初始化 ····· 207
5.5.2 字典元素的修改、插入和删除 ···················· 208
5.5.3 字典的浅拷贝和深拷贝 ··· 211
5.5.4 判断字典中是否存在指定键的元素 ················ 213
5.5.5 拼接两个字典 ··········· 214
5.5.6 字典的其他常用操作 ····· 215
5.6 切片 ······················ 218
5.7 列表生成表达式 ············· 219
5.8 生成器 ···················· 220
5.9 迭代器 ···················· 223
5.10 应用案例——简易数据管理程序 ······················ 225
5.11 本章小结 ·················· 227
5.12 思考题参考答案 ············ 227
5.13 编程练习参考代码 ·········· 230

第 6 章 字符串 ·················· 235
6.1 字符串常用操作 ············· 235
6.1.1 创建字符串 ············· 235
6.1.2 单引号、双引号、三引号之间的区别 ·············· 235
6.1.3 字符串比较 ············· 238
6.1.4 字符串分割 ············· 239
6.1.5 字符串检索 ············· 241
6.1.6 字符串替换 ············· 242
6.1.7 去除字符串中的空格 ····· 242
6.1.8 大小写转换 ············· 243
6.1.9 字符串的其他常用操作 ··· 244
6.2 格式化方法 ················· 246
6.2.1 占位符 ················· 246
6.2.2 format 方法 ············ 246
6.3 正则表达式 ················· 248
6.3.1 基础语法 ··············· 248
6.3.2 re 模块的使用 ·········· 251
6.3.3 正则表达式的应用 ······· 261
6.4 应用案例——简易数据管理程序 ······················ 263
6.5 本章小结 ··················· 264
6.6 思考题参考答案 ············· 264
6.7 编程练习参考代码 ··········· 266

第 7 章 I/O 编程与异常 ··········· 269
7.1 os 模块的使用 ··············· 269
7.1.1 基础操作 ··············· 269
7.1.2 创建和删除目录 ········· 272
7.1.3 获取绝对路径，路径分离和路径连接 ·············· 275
7.1.4 条件判断 ··············· 278
7.2 文件读/写 ·················· 280
7.2.1 文件的打开和关闭 ······· 280
7.2.2 文件对象的操作方法 ····· 282
7.3 数据的处理 ·················· 286
7.3.1 一维数据和二维数据 ····· 286
7.3.2 使用 CSV 格式操作一维、二维数据 ················ 287
7.4 异常处理 ··················· 289
7.4.1 异常的定义和分类 ······· 289
7.4.2 try except ············· 291
7.4.3 else 和 finally ········· 293
7.4.4 raise ·················· 294
7.4.5 断言 ··················· 295
7.4.6 自定义异常 ············· 296
7.5 应用案例——简易数据管理程序 ······················ 297
7.5.1 增加文件操作 ··········· 297

7.5.2　增加异常处理 ·············· 300
7.6　本章小结 ························· 305
7.7　思考题参考答案 ················ 305
7.8　编程练习参考代码 ············· 307

第 8 章　数据分析基础 ··············· 310
8.1　NumPy 工具包 ···················· 310
　　8.1.1　NumPy 的数据对象和方法 ·· 310
　　8.1.2　NumPy 应用示例 ············ 316
8.2　Pandas 工具包 ···················· 318
　　8.2.1　Pandas 的数据对象和方法 ·· 319
　　8.2.2　Pandas 应用示例 ············ 326
8.3　Matplotlib 工具包 ················ 328
　　8.3.1　图表的组成 ·················· 328
　　8.3.2　Matplotlib 的绘图方法 ······ 329
8.4　本章小结 ························· 334
8.5　思考题参考答案 ················ 334

第 9 章　人工智能基础 ··············· 336
9.1　人工智能的基本概念 ··········· 336
9.2　机器学习的基本概念及
　　scikit-learn 工具包简介 ······· 336
　　9.2.1　机器学习的基本概念 ········ 336
　　9.2.2　scikit-learn 工具包简介 ····· 342
9.3　应用 scikit-learn 工具包进行
　　机器学习建模 ····················· 348
　　9.3.1　手写数字图像识别问题 ····· 348
　　9.3.2　数据检索问题 ················ 353

9.4　本章小结 ························· 356
9.5　拓展学习 ························· 356

第 10 章　人工智能应用案例 ········ 357
10.1　手写数字图像识别
　　（基于 MindSpore） ············ 357
　　10.1.1　问题描述 ···················· 357
　　10.1.2　数据集介绍 ·················· 357
　　10.1.3　任务 1：基于多层感知
　　　　　器的手写数字图像识别 ···· 360
　　10.1.4　任务 2：基于卷积神经网
　　　　　络的手写数字图像识别 ···· 365
　　10.1.5　拓展学习 ···················· 372
10.2　流程工业控制系统时序数据
　　预测（基于 MindSpore） ····· 372
　　10.2.1　问题描述 ···················· 372
　　10.2.2　数据集介绍 ·················· 373
　　10.2.3　任务 1：流程工业控制
　　　　　系统时序数据单步预测 ···· 377
　　10.2.4　任务 2：流程工业控制
　　　　　系统时序数据多步预测 ···· 382
　　10.2.5　拓展学习 ···················· 392
10.3　虚假新闻检测（基于 PyTorch）·· 393
　　10.3.1　问题描述 ···················· 393
　　10.3.2　特征抽取方法 ··············· 393
　　10.3.3　模型介绍 ···················· 393
　　10.3.4　代码介绍 ···················· 394
10.4　本章小结 ························· 401

第 1 章　Python 语言简介及示例

扫码获取学习资源

　　Python 语言具有简单易学，免费开源，可跨平台，属于高层语言，支持面向对象，库资源丰富等优点，常被称为"胶水语言"，已在系统编程、图形界面开发、科学计算、文本处理、数据库编程、网络编程、Web 开发、自动化运维、金融分析、多媒体应用、游戏开发、人工智能、网络爬虫等方面有着非常广泛的应用。

　　本章首先给出了程序设计和 Python 语言的简单介绍，包括编译型语言和解释型语言的区别、Python 语言的发展史及其特点和应用领域。然后，以 Windows 和 Linux 平台为例介绍了 Python 3.x 的安装步骤。接着，通过一个简单的 HelloWorld 程序使读者对 Python 程序的运行方式、注释方法、编写规范和标准输入 / 输出方法有初步认识。最后，介绍了 Python 自带的 IDLE 的使用方法。

1.1　Python 语言简介

　　每台计算机都有自己的指令（instruction）集合，每条指令可以让计算机完成一个最基本的操作。程序（program）则由一系列指令根据特定规则组合而成，在计算机上执行程序的过程实质上就是组成程序的各条指令按顺序依次执行的过程。

　　从根本上说，计算机是由数字电路组成的运算机器，只能对数字做运算（包括算术运算和逻辑运算）。程序之所以能处理声音、文本、图像、视频等数据，是因为这些数据在计算机内部也是用数字表示的。这些数字经过专门的硬件设备转换成人们可以听到的声音或可以看到的文本、图像和视频。

　　对于程序来说，其功能通常可以抽象为图 1-1 所示的形式，包括输入（input）数据、输出（output）数据和数据处理（data processing）。

输入数据 → 数据处理 → 输出数据

图 1-1　程序功能

- 输入数据：从键盘、文件或者其他设备获取待处理的数据。
- 输出数据：把处理后的结果数据输出到屏幕、文件或其他设备。
- 数据处理：对输入数据进行各种运算，得到输出结果。

1.1.1　编译型语言与解释型语言

　　程序设计语言可以分为高级程序设计语言和低级程序设计语言：高级程序设计语言包

括 Python、C/C++、Java 等，低级程序设计语言包括汇编语言和机器语言。假设有这样一个功能：将 b 与 1 的加法运算结果赋给 a。表 1-1 分别展示了 Python 语言、汇编语言和机器语言对该功能的不同实现方式。

表 1-1　3 种编程语言对同一个功能的不同实现方式

编程语言	表示形式
Python 语言	a=b+1
汇编语言	mov　0x804a01c, %eax add　$0x1, %eax mov　%eax, 0x804a018
机器语言	a1 1c a0 04 08 83 c0 01 a3 18 a0 04 08

通过表 1-1 可以看到，在编写程序的难易程度上，机器语言最困难，因为需要记住大量二进制命令；其次是汇编语言，可以用一些助记符代替二进制命令，但仍然需要逐条编写指令；高级程序设计语言最容易，可通过我们习惯的方式来实现相应运算。另外，由于不同系统所使用的指令集有所不同，所以使用一个系统上的指令集编写的低级语言程序，在另一个具有不同指令集的系统上无法正常运行，即低级语言编写的程序不具有跨平台性。高级程序设计语言由于具有简单易用、跨平台性强等优点，目前已被广泛使用。

提示　在计算机中，任何数据都是采用二进制方式进行表示和存储的，即计算机中的数据都是由 0 和 1 组成的。位（bit）是计算机中最小的数据单位，一个二进制位就是一个位，简记为 b。字节（Byte）是计算机中存储数据的最小单位，一个字节包含 8 个二进制位，简记为 B。除了字节外，还有更大的数据单位，如 KB、MB、GB、TB、PB 等，低一级单位到高一级单位的换算关系是 2^{10}（等于 1024），即

$1KB=2^{10}B$，$1MB=2^{10}KB$，$1GB=2^{10}MB$，$1TB=2^{10}GB$，$1PB=2^{10}TB$

通常要用很长的二进制数才能表示一个数据，为了书写简便，实际中可以使用二进制的压缩表示形式——十六进制，如表 1-1 中机器语言第一条语句中的 a1 就是一个十六进制数，其对应的二进制数是 10100001。关于计算机中的常用数制及各数制之间的转换方法，读者可参阅其他资料。

使用高级程序设计语言编写程序，虽然简化了程序编写工作，但这些程序对于计算机来说无法理解。因此，使用高级程序设计语言编写的程序必须先被翻译为计算机能够理解的机器语言程序，才能够在计算机上运行。把高级语言翻译为机器语言的方式有两种：一种是编译，另一种是解释。下面分别进行介绍。

1. 编译

高级语言编写的程序称为源代码（source code）或源文件。编译（compile）是将源代码全部翻译成机器指令，再加上一些描述信息，生成一个新的文件。这个新的文件称为可执行文件，可以直接在特定的操作系统上加载运行。一个可执行文件可以在计算机上多次运行，因此，在不修改源代码的情况下，只需要做一次编译即可。编译型语言的编译执行

过程如图1-2所示。

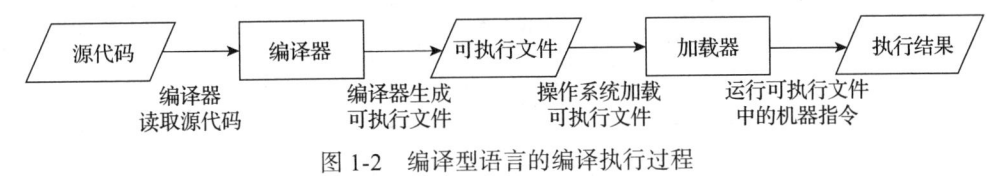

图 1-2 编译型语言的编译执行过程

2. 解释

解释（interpret）是在程序运行时对源代码进行逐条语句的翻译并运行。解释型语言编写的程序每执行一次，就要被翻译一次，翻译结果不会像编译型语言一样保存在可执行文件中，因此效率较低。解释型语言的解释执行过程如图1-3所示。

图 1-3 解释型语言的解释执行过程

提示　Python是一种解释型语言，但为了提高运行效率，Python程序在执行一次之后会自动生成扩展名为.pyc的字节码文件（主程序文件不会生成字节码文件，只有调用的模块文件才会生成字节码文件，这一点将在后面章节中举例说明）。下次再运行同一个Python程序时，只要源代码没有做过修改，Python就会直接将字节码文件翻译成机器语言再执行。

字节码不同于机器语言，但很容易转换为机器语言，所以直接翻译字节码而不是去翻译源代码会大大提高Python程序的运行效率。

1.1.2　Python语言的发展史

Python语言于20世纪90年代初由荷兰CWI（Centrum Wiskunde & Informatica，国家数学与计算机科学研究中心）的Guido van Rossum基于C语言开发，作为一种称为ABC语言的替代品。在Python语言的开发过程中，虽然也有其他开发者做了许多贡献，但Guido被认为是Python语言的主要作者。之所以选择Python（"蟒蛇"的意思）作为该编程语言的名字，是因为Guido是室内情景幽默剧 *Monty Python's Flying Circus* 的忠实观众。

1995年，Guido在美国弗吉尼亚州雷斯顿的CNRI（Corporation for National Research Initiatives，美国国家研究计划公司）继续他的Python语言开发工作，并发布了Python语言的几个版本。

2000年5月，Guido和Python语言的核心开发团队转移到BeOpen.com，组建了BeOpen PythonLabs团队。同年10月，PythonLabs团队转移到Digital Creations（现为Zope公司）。2001年，Python软件基金会（PSF，请参阅https://www.python.org/psf/）成立，这是一个专门为拥有与Python相关的知识产权而创建的非营利组织。Zope公司是PSF的赞助商之一。

Python所有版本都是开源的，从历史上看，大多数（但不是全部）Python版本也与GNU GPL（General Public License，通用公共许可证）兼容。表1-2总结了Python部分版本的信息。

表 1-2　Python 部分版本的信息

发布版本	源自	发布年份	所有者	是否与 GPL 兼容
0.9.0～1.2	无	1991—1995	CWI	是
1.3～1.5.2	1.2	1995—1999	CNRI	是
1.6	1.5.2	2000	CNRI	否
2.0	1.6	2000	BeOpen.com	否
1.6.1	1.6	2001	CNRI	否
2.1	2.0+1.6.1	2001	PSF	否
2.0.1	2.0+1.6.1	2001	PSF	是
2.1.1	2.1+2.0.1	2001	PSF	是
2.1.2	2.1.1	2002	PSF	是
2.1.3	2.1.2	2002	PSF	是
2.2 及以上	2.1.1	2001 至今	PSF	是

提示　目前使用的 Python 版本主要有 Python 2.x 和 Python 3.x 两种。Python 3.x 并不完全兼容 Python 2.x 的语法，因此，在 Python 2.x 环境中编写的程序不一定能在 Python 3.x 环境中正常运行。本书的所有程序均在 Python 3.x 环境中运行。

　　GPL 兼容许可并不是说在 GPL 许可下发布 Python。与 GPL 许可不同，所有 Python 许可允许用户在不公开其修改代码的基础上发布一个修改后的版本。GPL 兼容许可使得 Python 可以与其他 GPL 许可下发布的软件相结合。

1.1.3　Python 语言的特点及应用领域

1. 特点

（1）优点

- 简单易学：在开发者社群流传着一句玩笑话——"人生苦短，我用 Python"。这句话实际上并非完全是戏言，Python 是一种代表简单主义思想的语言，可以使用尽量少的代码完成更多工作。它使开发者能够专注于解决问题而不是去搞明白语言本身。另外，Python 有极其简单的说明文档，使得初学者很容易上手。
- 免费开源：FLOSS（Free/Libre and Open Source Software）的中文含义是自由、开源软件，其已被证实为当今最好的开放、合作、国际化产品和开发样例之一，已经为政府、企业、学术研究团体和开源领域机构等带来了巨大的利益。Python 是 FLOSS，使用者可以自由地发布这个软件的副本，阅读它的源代码，对它做改动，把它的一部分用于新的自由软件中。
- 可跨平台：由于 Python 的开源本质，它已经被移植到许多平台，在 Linux、Windows、Macintosh、Android 等平台上都可以运行 Python 编写的程序。
- 属于高层语言：与 C/C++ 语言不同，使用 Python 语言编写程序时无须考虑诸如"如何管理程序使用的内存"一类的底层细节，从而使得开发者可以在忽略底层细节的情况下，专注于如何使用 Python 语言解决问题。

- 支持面向对象：Python 既支持面向过程的编程，也支持面向对象的编程。面向过程的编程方法是对要解决的问题进行逐层分解，对每个分解后的子问题分别求解，最后再将各子问题的求解结果按规则合并以形成原始问题的解。面向对象的编程方法是模仿人类认识客观世界的方式，将软件系统看成由多类对象组成，通过不断创建对象并实现对象之间的交互来完成软件系统的运转。因此，面向对象的编程方法目前已被广泛使用。但需要注意，面向对象和面向过程并不是完全独立的两种编程方法，当使用面向对象方法设计和编写程序时，对于其中涉及的复杂问题也需要采用面向过程的方法，通过"层层分解，逐步求精"的方式分步骤解决。
- 库资源丰富：Python 官方提供了非常完善的标准代码库，它可以帮助处理各种工作，包括网络编程、输入/输出、文件系统、图形处理、数据库、文本处理等。除了内置库，开源社区和独立开发者为 Python 贡献了丰富的第三方库，如用于科学计算的 NumPy、用于 Web 开发的 Django、用于网页爬虫的 Scrapy 和用于图像处理的 OpenCV，等等，其数量远超其他主流编程语言。代码库相当于已经编写完成并打包供开发者使用的代码集合，程序员只需通过加载、调用等操作手段即可实现对库中函数、功能的使用，从而省去了自己编写大量代码的过程，让编程工作看起来更像是在"搭积木"。
- 胶水语言：Python 本身被设计成具有可扩展性，它提供了丰富的 API 和工具，以便开发者能够轻松使用 C、C++ 等主流编程语言编写的模块来扩充程序。例如，如果要使一段关键代码运行得更快或者希望某些算法不公开，可以将部分程序用 C 或 C++ 编写，然后在 Python 程序中使用它们。Python 就像胶水一样把用其他编程语言编写的模块黏合过来，让整个程序同时兼备其他语言的优点，起到了黏合剂的作用。正是这种"胶水"的角色让 Python 近些年在开发者团体中声名鹊起，因为互联网与移动互联时代的需求量急速倍增，大量开发者亟须一种极速、敏捷的工具来帮助其处理与日俱增的工作，Python 发展至今的形态正好满足了这种需求。

（2）缺点
- 单行语句：与 C/C++ 语言不同，Python 语句的末尾不需要写分号，所以一行只能有一条语句，而无法将多条语句放在同一行中书写，如"import sys;for i in sys.path:print i"这种写法是错误的。而 Perl 和 Awk 就无此限制，可以较为方便地在 Shell 下完成简单程序，不需要如 Python 一样，必须将程序写入一个 .py 文件。
- 强制缩进：Python 用缩进方式来区分语句之间的关系，给许多用过 C/C++ 或 Java 的开发者带来了困惑。但如果习惯了这种强制缩进的写法，开发者就会觉得它非常优雅，能够清晰地体现出各语句的层次关系。
- 运行速度慢：由于 Python 是解释型语言，所以它的运行速度会比 C/C++ 慢一些，对一些实时性要求比较强的程序会有一些影响。但如前所述，Python 是一种"胶水语言"，能够非常方便地使用 C/C++ 编写的模块，所以对于速度要求比较高的关键运算模块，可以使用 C/C++ 语言编写。

2. 应用领域
- 系统编程：Python 提供 API(Application Programming Interface，应用程序编程接口)，

能方便地进行系统维护和管理，是 Linux 下标志性语言之一，也是很多系统管理员理想的编程工具。
- 图形界面开发：Python 在图形界面开发上很强大，可以用 Tkinter/PyQt 框架开发各种桌面软件。
- 科学计算：Python 是一门很适合做科学计算的编程语言。从 1997 年开始，NASA 就大量使用 Python 进行各种复杂的科学运算，随着 NumPy、SciPy、Matplotlib、Enthought librarys 等众多程序库的开发，Python 越来越适合做科学计算并绘制高质量的二维和三维图像。
- 文本处理：Python 提供的 re 模块能支持正则表达式，还提供 SGML、XML 分析模块，许多程序员利用 Python 进行 XML 程序的开发。
- 数据库编程：程序员可通过遵循 Python DB-API（数据库应用程序编程接口）规范的模块与 Microsoft SQL Server、Oracle、Sybase、DB2、MySQL、SQLite 等数据库通信。另外，Python 自带一个 Gadfly 模块，提供了完整的 SQL 环境。
- 网络编程：Python 提供丰富的模块以支持 Sockets 编程，能方便、快速地开发分布式应用程序。
- Web 开发：Python 拥有很多免费数据函数库、免费网页模板系统以及与 Web 服务器进行交互的库，可以实现 Web 开发，搭建 Web 框架。目前流行的 Python Web 框架是 Django，Django 官方把 Django 定义为 "the web framework for perfectionists with deadlines"（完美主义者使用的高效率 Web 框架）。用 Python 开发的 Web 项目小而精，支持最新的 XML 技术，而且数据处理的功能较为强大。
- 自动化运维：Python 是运维人员广泛使用的语言，能满足绝大部分自动化运维需求，包括前端和后端。
- 金融分析：利用 NumPy、Pandas、SciPy 等数据分析模块，可快速完成金融分析工作。目前，Python 是金融分析、量化交易领域里使用最多的语言。
- 多媒体应用：Python 的 PyOpenGL 模块封装了 OpenGL 应用程序编程接口，能进行二维和三维图像处理。
- 游戏开发：在网络游戏开发中 Python 也有很多应用。相比 Lua，Python 有更高阶的抽象能力，可以用更少的代码描述游戏业务逻辑。另外，Python 更适合作为一种 Host 语言，即将程序的入口点设置在 Python 那一端会比较好，然后用 C/C++ 写一些扩展程序。Python 非常适合编写规模在 1 万行以上的项目，而且能够很好地把网游项目的规模控制在 10 万行代码以内。
- 人工智能：NASA 和 Google 早期大量使用 Python，为 Python 积累了丰富的科学运算库。当 AI（Artificial Intelligence，人工智能）时代来临后，Python 从众多编程语言中脱颖而出，各种 AI 算法都基于 Python 编写。在神经网络、深度学习方面，Python 都能够找到比较成熟的包来加以调用。另外，Python 是面向对象的动态语言，且适用于科学计算，这就使得 Python 在人工智能领域备受青睐。
- 网络爬虫：在爬虫领域，Python 几乎处于霸主地位，提供了 Scrapy、Request、BeautifulSoup、urllib 等工具库，将网络中的一切数据作为资源，通过自动化程序进行有针对性的数据采集和处理。

使用 Python 语言编写程序来实现一个非常简单的功能。例如，使用 Python 爬取指定网页上的数据，只需要几行代码即可实现，如下面的代码所示。

```
# 首先，导入 Python 中用于网络爬虫的 urllib.request 模块
from urllib import request
# 然后，通过下面这两条语句就可以将 URL 的源码保存在 content 变量中，其类型为字符串型
url='http://www.nankai.edu.cn'          # 把等号右边的网址赋值给 url
content=request.urlopen(url).read()     # 等号后面的动作是打开源代码页面并阅读
# 最后，可以将获取到的 URL 源码通过 print 函数输出
print(content)
```

【思考题 1-1】（　　）是计算机完成的最基本的操作。
A. 程序　　　　　　B. 指令　　　　　　C. 代码　　　　　　D. 命令
【思考题 1-2】Python 脚本文件作为模块使用时，在执行一次之后会自动生成扩展名为（　　）的字节码文件，以提高运行效率。
A. .py　　　　　　B. .pyc　　　　　　C. .pyb　　　　　　D. .pyf

1.2　环境安装

在 Linux、Windows、Macintosh、Android 等平台上，都可以安装 Python 语言环境以支持 Python 程序的运行，这里仅介绍 Windows 和 Linux 两种平台上的 Python 语言环境安装方法。本书所使用的 Python 版本为 2023 年 6 月 6 日发布的 3.11.4，读者可从 Python 官网（https://www.python.org）的 Downloads 页面下载各平台的安装包，如图 1-4 所示。

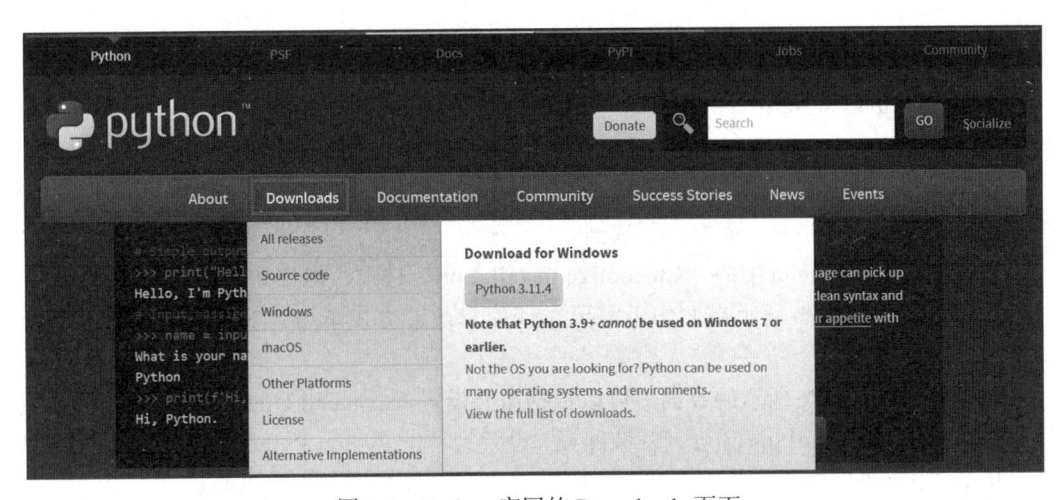

图 1-4　Python 官网的 Downloads 页面

单击图 1-4 中的"All releases"选项，可以看到所有已发布的版本，如图 1-5 所示。

单击图 1-5 中的 Python 3.11.4，可以看到该版本下的可下载文件列表，如图 1-6 所示。对于 Windows 用户，可以下载"Windows installer (64-bit)"（即 64 位版本，推荐）或"Windows installer (32-bit)"（即 32 位版本）；对于 Linux 用户，可以下载"Gzipped source tarball"。

Release version	Release date		Click for more
Python 3.10.12	June 6, 2023	Download	Release Notes
Python 3.11.4	June 6, 2023	Download	Release Notes
Python 3.7.17	June 6, 2023	Download	Release Notes
Python 3.8.17	June 6, 2023	Download	Release Notes
Python 3.9.17	June 6, 2023	Download	Release Notes
Python 3.10.11	April 5, 2023	Download	Release Notes
Python 3.11.3	April 5, 2023	Download	Release Notes

View older releases

图 1-5　Python 已发布的版本列表

Files

Version	Operating System	Description	MD5 Sum	File Size	GPG	Sigstore
Gzipped source tarball	Source release		bf6ec50f2f3bfa6ffbdb385286f2c628	26526163	SIG	.sigstore
XZ compressed source tarball	Source release		fb7f7eae520285788449d569e45b6718	19954828	SIG	.sigstore
macOS 64-bit universal2 installer	macOS	for macOS 10.9 and later	91498b67b9c4b5ef33d1b7327e401b17	43120982	SIG	.sigstore
Windows embeddable package (32-bit)	Windows		81b0acfcdd31a73d1577d6e977acbdc6	9596761	SIG	.sigstore
Windows embeddable package (64-bit)	Windows		d0e85bf50d2adea597c40ee28e774081	10591509	SIG	.sigstore
Windows embeddable package (ARM64)	Windows		bdce328de19973012123dc62c1cfa7e9	9965162	SIG	.sigstore
Windows installer (32 -bit)	Windows		9ec180db64c074e57bdcca8374e9ded6	24238000	SIG	.sigstore
Windows installer (64-bit)	Windows	Recommended	e4413bb7448cd13b437dffffba294ca0	25426160	SIG	.sigstore
Windows installer (ARM64)	Windows	Experimental	60785673d37c754ddceb5788b5e5baa9	24714240	SIG	.sigstore

图 1-6　可下载文件列表

1.2.1　在 Windows 平台上安装 Python 语言环境

下载 Windows installer (64-bit) 版本的 Python 3.11.4 安装包后，即可开始安装，安装步骤如下。

步骤 1　用鼠标左键双击安装包，即可出现如图 1-7a 所示的安装向导界面，勾选“Add python.exe to PATH”前面的复选框。

步骤 2　单击图 1-7a 中的“Customize installation”选项，出现如图 1-7b 所示的界面。

步骤 3　在图 1-7b 所示界面中不需要做任何修改，直接单击“Next”按钮，出现如图 1-7c 所示的界面。

步骤 4　在图 1-7c 所示的界面中可以根据需要设置 Advanced Options（高级选项），此处将“Customize install location”（安装路径）设置为“d:\Python\Python3.11.4”。设置完成后，单击“Install”按钮，开始安装，出现如图 1-7d 所示的安装进度界面。

步骤 5　安装完成后，出现如图 1-7e 所示的界面，单击“Close”按钮结束安装。

提示　如果在图 1-7a 所示界面中未勾选“Add python.exe to PATH”前面的复选框，则在控制台的命令行提示符下执行 Python、pip 等程序时需要指定程序所在路径，否则系统会找不到可运行的程序。另外一种方法是通过编辑环境变量将 Python 相关程序所在路径添加到变量 Path 中，如图 1-8 所示，其中 D:\Python\Python3.11.4\ 是图 1-7c 中设置的安装路径。读者应根据实际安装路径做相应修改。

打开如图 1-8 所示的编辑环境变量对话框的操作步骤如下：如图 1-9a 所示，用鼠标左键单击任务栏最左侧的开始图标⊞，从键盘上输入"编辑系统环境变量"，并通过鼠标单击打开如图 1-9b 所示的"系统属性"对话框；单击"环境变量"按钮，打开如图 1-9c 所示的环境变量对话框，选择 Path 变量，并单击"编辑"按钮，即可打开如图 1-8 所示的"编辑环境变量"对话框。

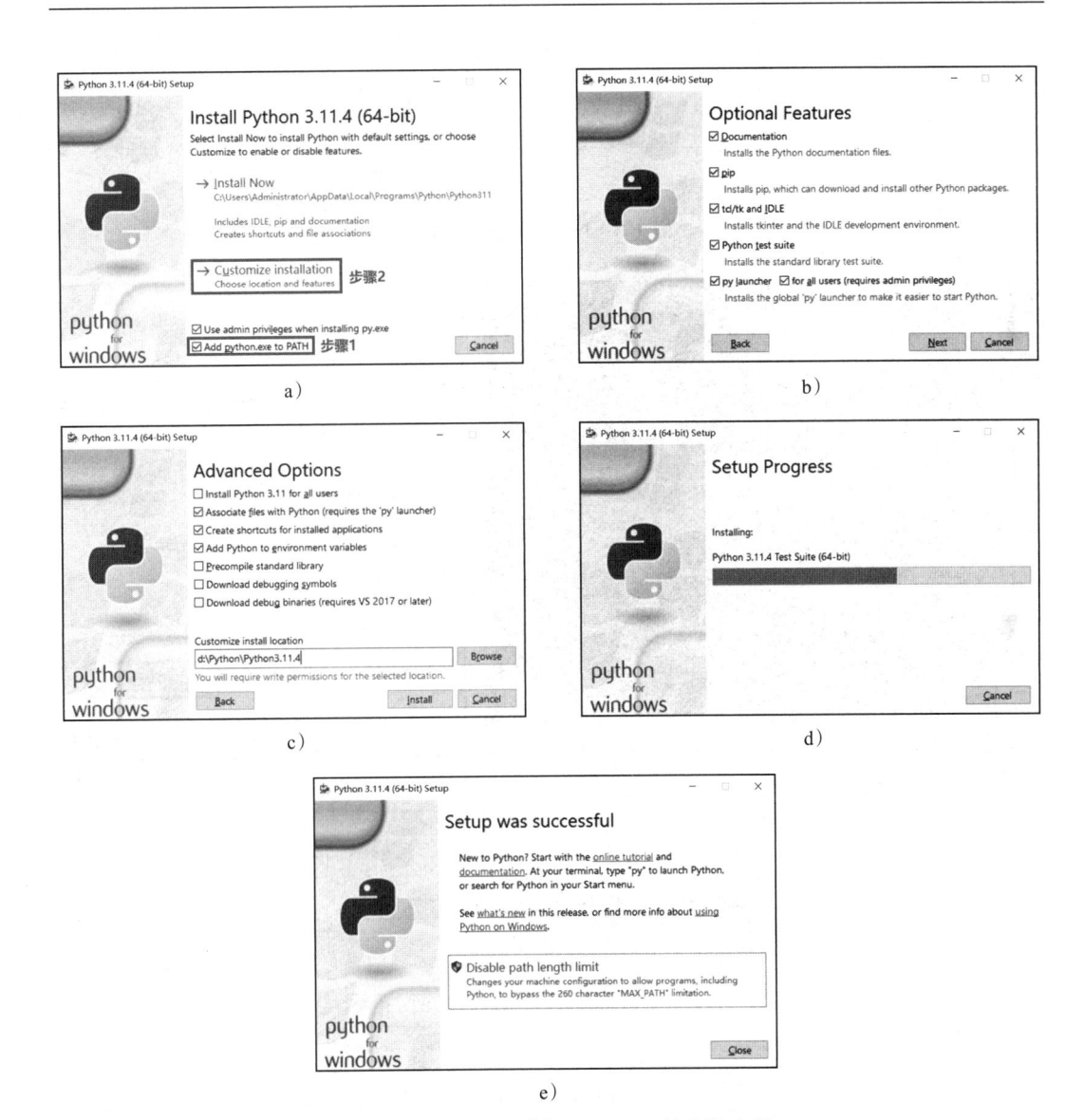

图 1-7 Windows 平台上 Python 的安装步骤

安装 Python 3.11.4 后，用鼠标左键单击任务栏最左侧的开始图标⊞，搜索"命令提示符"并打开，在命令提示符下键入"python"，可进入 Python 控制台，Python 提示符为">>>"，如图 1-10 所示。

图 1-8　Python 路径设置

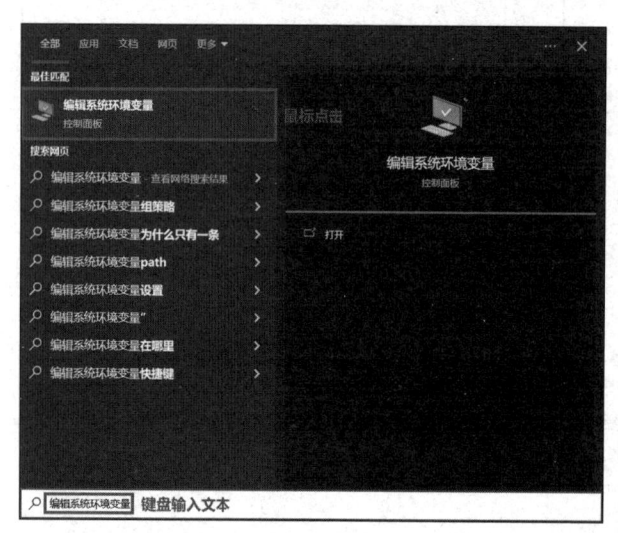

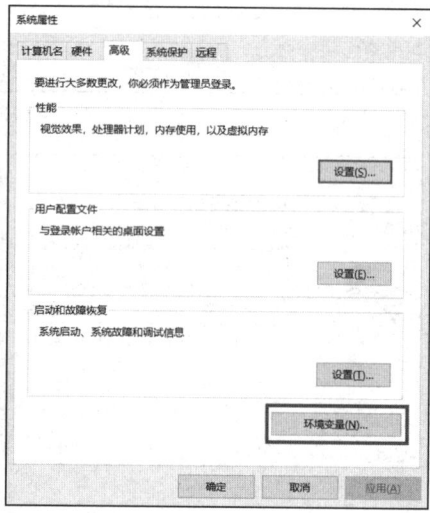

图 1-9　打开如图 1-8 所示的"编辑环境变量"对话框的操作步骤

图 1-10　Python 控制台

1.2.2　在 Linux 平台上安装 Python 语言环境

下载 Linux 版本的 Python 3.11.4 安装包并将其上传至安装有 Linux 系统的服务器后，即可开始安装，安装步骤如下。

步骤 1　登录安装有 Linux 系统的服务器（这里以 Ubuntu 22.04 为例），切换到 Python 3.11.4 安装包所在目录，并执行"`tar -xvzf Python-3.11.4.tgz`"命令将安装包解压，如图 1-11a 所示。

步骤 2　解压完毕后，将生成一个名为 Python-3.11.4 的目录，执行"`cd Python-3.11.4/`"命令进入该目录，如图 1-11b 所示。

步骤 3　执行"`./configure --prefix=/usr/python`"命令，将 Python 3.11.4 的安装目录配置为 /usr/python，如图 1-11c 所示。

步骤 4　执行"`make`"命令编译源码，如图 1-11d 所示。

步骤 5　执行"`sudo make install`"命令开始安装，如图 1-11e 所示。

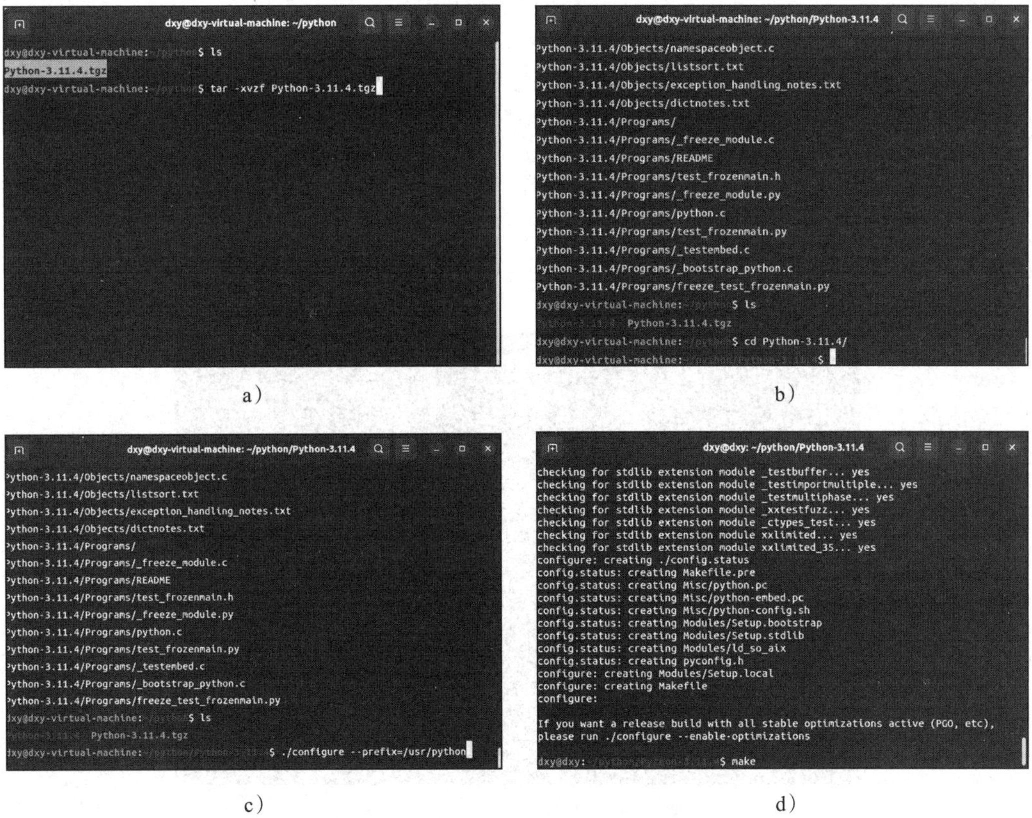

a)

b)

c)

d)

图 1-11　Linux 平台上 Python 的安装步骤

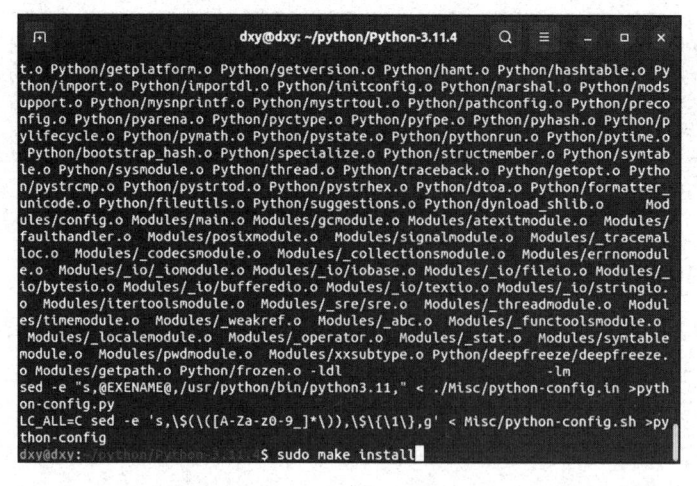

e)

图 1-11　Linux 平台上 Python 的安装步骤（续）

安装完毕后，在 Linux 提示符下输入"`python3`"命令，即可进入 Python 控制台。

提示　步骤 5 中 `sudo` 的作用是获取 root 用户权限，以能够在指定目录下安装程序。

注意　如果系统中已经安装过其他版本的 Python 3，则需要先执行"`sudo rm/usr/bin/python3`"命令，删除原有 Python 3 链接，再执行"`sudo ln -s/usr/python/bin/python3/usr/bin/python3`"命令，将新安装的 Python 3.11.4 链接为 Python 3。

在步骤 3 若遇到如图 1-12 所示的问题，则需要依次执行以下命令：

```
sudo -s
apt-get install build-essential
sudo apt-get update
./configure --prefix=/usr/python
```

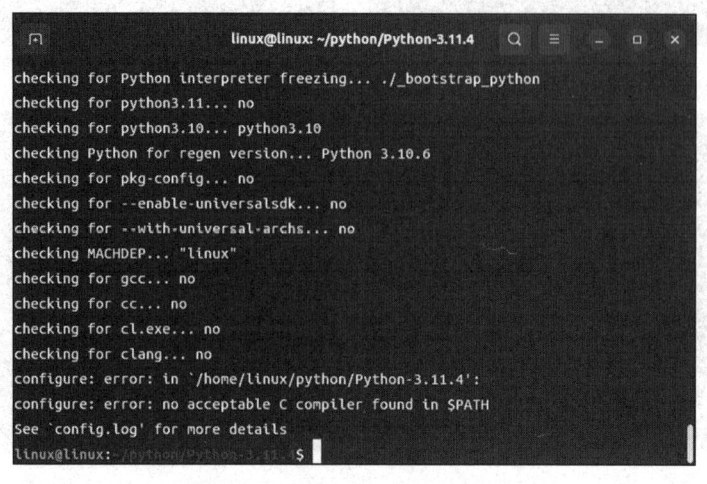

图 1-12　步骤 3 可能遇到的问题

1.3　HelloWorld 程序

Python 程序支持两种运行方式：交互式和脚本式。下面以代码清单 1-1 所示的 HelloWorld 程序为例介绍这两种运行方式。

代码清单 1-1　HelloWorld 程序

```
1  '''     # 3个连续的单引号
2  This is my first Python program
3  Author: Kai Wang
4  Create Date: 09/09/2023
5  '''     # 3个连续的单引号
6  print("Hello World!") #在屏幕上输出: Hello World!
```

对于交互式运行方式，可以在操作系统的命令提示符下输入"python"以启动 Python 解释器，然后在 Python 提示符">>>"后面依次输入每行代码后按<Enter>键，即可看到如图 1-13 所示的结果。

图 1-13　代码清单 1-1 的交互式运行结果

对于脚本式运行方式，可以先在文本编辑器（如记事本、Notepad++ 等）中输入代码，然后将其保存为扩展名为 .py 的 Python 脚本文件（这里将该脚本文件命名为 ex1_1.py，保存在 D 盘的 pythonsamplecode/01/ 目录下），最后在操作系统的命令提示符后面输入如下命令：

```
python d:/pythonsamplecode/01/ex1_1.py
```

脚本式运行结果如图 1-14 所示。

图 1-14　代码清单 1-1 的脚本式运行结果

1.3.1　中文编码

在 Python 3.x 的语言环境中，默认使用 UTF-8 编码，因此，可以直接支持中文。比如，可以将代码清单 1-1 中的代码改为代码清单 1-2 中的代码。

代码清单 1-2　带中文的 HelloWorld 程序

```
1  '''
2  This is my first Python program
3  Author: Kai Wang
```

```
4   Create Date: 09/09/2023
5   '''
6   print("你好，世界！")    #在屏幕上输出：你好，世界！
```

将代码清单 1-2 保存为 ex1_2.py，运行结果如图 1-15 所示。

图 1-15　代码清单 1-2 的脚本式运行结果

注意　使用 Python 3.x 环境创建 Python 脚本文件时，需要将文件编码格式设置为 UTF-8，否则运行脚本时可能会报错。例如，如果在使用 ANSI 编码的 Python 脚本文件中输入代码清单 1-2 中的代码并运行，则会出现如下错误信息提示：

```
SyntaxError: Non-UTF-8 code starting with '\xc4' in file d:\pythonsamplecode\01\
    ex1_2.py on line 6, but no encoding declared; see https://peps.python.org/
    pep-0263/ for details
```

提示　字符在计算机中也是用 0-1 串的编码方式来表示和存储的。最早出现的 ASCII（American Standard Code for Information Interchange，美国信息交换标准代码）用一个字节的低 7 位来表示英文字符集的 128 个字符，最高一位为 0，因此其取值范围是 0~127，这 128 个字符编码称为基本 ASCII；后来将最高一位的值设置为 1 以表示附加的 128 个特殊符号字符、外来语字母和图形符号，这些扩充的 128 个字符称为扩展 ASCII。ASCII 最多可表示 256 个字符，这显然无法满足中文和其他语言文字的表示与存储需求。各国陆续提出了自己的编码标准，如我国的 GB2312 编码、日本的 Shift_JIS 编码、韩国的 EUC-KR 编码。当一个文本中含有多种语言时就可能产生编码冲突问题（即不同语言中的两个字符具有同样的编码），Unicode 把所有语言都统一到一套编码里，解决了多语言混合文本中的乱码问题。UTF-8（8-bit Unicode Transformation Format）是一种 Unicode 可变长度字符编码方式，用 1~6 个字节对 Unicode 字符进行编码，用于表示中文简、繁体以及英文、日文、韩文等语言的文字。在 UTF-8 编码中，一个汉字占 3 个字节。

1.3.2　单行注释

注释是为增强代码可读性而添加的描述文字。在代码被编译或解释时，编译器或解释器会自动过滤掉注释文字。也就是说，注释的主要作用就是供开发者查看，使得开发者更容易理解代码的作用和含义。在代码运行时注释文字并不会被执行。

Python 语言提供了单行注释和多行注释两种方式。单行注释以"#"作为开始符，"#"后面的文字都是注释。例如，在代码清单 1-1 中，第 6 行代码中即包含单行注释。因此，第 6 行代码实际上只会执行 print("Hello World!")。

```
6   print("Hello World!")  #在屏幕上输出：Hello World!
```

注意 虽然在编写程序时是否对代码添加注释不会影响程序的实际运行结果,但良好的注释将有助于增强程序的可读性,从而提高程序的可维护性。建议读者在进行软件开发时,无论多么简单的功能,也建议加上一些注释来说明实现的思路以及变量、函数和关键语句的作用,这样不仅可以帮助其他开发者快速理解这些代码,也能够帮助开发者本人在隔了一段时间后仍然能够回忆起当时的实现方法。

1.3.3 多行注释

Python 语言的多行注释以连续的 3 个单引号 "'''" 或 3 个双引号 """""" 作为开始符和结束符。例如,在代码清单 1-1 中,第 1~5 行代码即为用 3 个连续单引号 "'''" 括起来的多行注释。

```
1  '''              # 3个连续的单引号
2  This is my first Python program
3  Author: Kai Wang
4  Create Date: 09/09/2023
5  '''              # 3个连续的单引号
```

将其中第 1 行和第 5 行的 3 个连续单引号 "'''" 同时改为 3 个连续双引号 """""",也可以实现同样的多行注释功能。

1.3.4 书写规范

Python 语言通过缩进方式体现各条语句之间的逻辑关系。如代码清单 1-3 所示,与第 2 行相比,第 3 行和第 4 行的行首有缩进(此处是输入了 4 个空格)。因此,从逻辑关系上来说,第 3 行和第 4 行是第 2 行的下一层代码,当第 2 行的 bPrint 为 True 时第 3 行和第 4 行代码才会被执行。第 5 行与第 2 行代码的行首都没有缩进,所以二者是同一层次上的代码,无论 bPrint 的值是否为 True,第 5 行代码都会被执行。

代码清单 1-3 Python 语言中的强制缩进

```
1  bPrint = True          # 将变量 bPrint 赋值为 True
2  if bPrint:             # 如果 bPrint 的值为 True,则执行 bPrint=False 和 print("Yes")
3      bPrint=False       # 将 bPrint 设置为 False
4      print("Yes")       # 输出 Yes
5  print(bPrint)          # 输出 bPrint 的值
```

将代码清单 1-3 保存为 ex1_3.py,运行结果如图 1-16 所示。

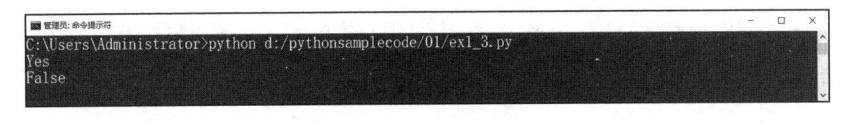

图 1-16 代码清单 1-3 的脚本式运行结果

如果将代码清单 1-3 中的第 1 行代码改为

```
1  bPrint = False  # 将变量 bPrint 赋值为 False
```

则运行结果如图 1-17 所示。

图 1-17 修改后的代码清单 1-3 的脚本式运行结果

注意 Python 语言对于行首缩进的方式没有严格限制，既可以使用空格也可以使用制表符（Tab 键），对代码进行一个层次的缩进常使用 1 个制表符、2 个空格，或者 4 个空格。对于同一层次的代码，必须使用相同的缩进方式，否则会报错。例如，如果将代码清单 1-3 中第 3 行的行首改为缩进 2 个空格，而第 4 行的行首仍然保持缩进 4 个空格，则会报如下错误：

```
IndentationError: unexpected indent
```

如果将代码清单 1-3 中第 3 行的行首改为缩进 1 个制表符，而第 4 行的行首仍然保持缩进 4 个空格，则会报如下错误：

```
IndentationError: unindent does not match any outer indentation level
```

提示 本书的行首缩进均采用 4 个空格的方式。即从层次上来说，第 1 层代码没有缩进，第 2 层代码有 4 个空格的缩进，第 3 层代码有 8 个空格的缩进……

【思考题 1-3】 在 Python 编程环境提示符下直接输入 Python 代码并执行的运行方式称为（   ）。
A. 交互式运行　　　B. 脚本式运行　　　C. 代码式运行　　　D. 即时式运行

【思考题 1-4】 Python 3.x 环境下创建 Python 脚本文件时，需要将文件编码格式设置为（   ）。
A. ANSI　　　　　B. GBK　　　　　C. UTF-8　　　　　D. Unicode

1.3.5　输入和输出

如图 1-1 所示，一个程序通常包括输入数据、输出数据和数据处理等功能。数据输入/输出的形式多样，这里只介绍键盘输入和屏幕输出，关于文件输入/输出的方法将在后面章节中给出。

1. `input` 函数

`input` 函数的功能是接收标准输入数据（即从键盘输入的数据），返回字符串类型的数据，其语法格式如下：

```
input([prompt])
```

其中，`prompt` 是一个可选参数，包含给用户的提示信息。如果不传该参数，则没有提示信息，用户直接从键盘输入数据。

提示 本书规定，如果一个参数写在一对方括号"[…]"中，则表示该参数是可选参数。实际使用时，既可以传入该参数，也可以不传该参数。

以下语句调用 input 函数让用户输入姓名，并将输入的姓名保存在 name 中。

```
name=input("请输入你的姓名：")  # 输入：张三
```

执行上面的语句后，屏幕上会显示提示信息"请输入你的姓名："，此时从键盘上输入"张三"并按<Enter>键，则会将从键盘上输入的"张三"保存在 name 中。

然后，执行以下语句：

```
print(name)
```

则会在屏幕上显示 name 中保存的数据，即"张三"。

程序运行过程及结果如图 1-18 所示。

图 1-18 input 函数使用示例

2. eval 函数

eval 函数的功能是计算字符串所对应的表达式的值，返回表达式的计算结果，其语法格式如下：

```
eval(expression)
```

其中，expression 是字符串类型的参数，对应一个有效的 Python 表达式。

提示 eval 函数的完整语法格式为 eval(expression, globals=None, locals=None)。其中，globals 和 locals 是两个可选参数，默认值都为 None。若传入参数，则 globals 必须传入字典对象，locals 可以是任何映射对象。在实际使用 eval 函数时，globals 和 locals 参数通常使用默认值 None。

本书在介绍各函数的语法格式时，仅给出其常用的使用方法。关于函数的完整语法格式及各参数说明，请读者参考 Python 官方帮助文档。

eval 函数可以与 input 函数结合使用，将 input 函数输入的字符串转换为对应的表达式并计算结果，具体使用方法如下面的代码所示。

```
r=eval(input("请输入一个有效的表达式："))
```

运行上面的代码后，如果输入"3+5"，通过"print(r)"可得到结果 8；如果输入"5*3.5+10"，通过"print(r)"可得到结果 27.5；如果输入"5*/3"，则会因其不是一个有效的表达式而报 SyntaxError 错误。

程序运行过程及结果如图 1-19 所示。

图 1-19　eval 函数使用示例

提示　eval 函数的作用可以理解为，将字符串两边的引号去除并将其中的内容取出来参与运算。例如，当执行 r=eval(input("请输入一个有效的表达式:")) 时，首先，会执行 input 函数，如果输入为 3+5，则 input 函数返回的结果是一个字符串，即 "3+5"；然后，执行 eval("3+5")，此时会将字符串 "3+5" 两边的引号去除，返回一个表达式 3+5；最后，执行 r=3+5，即计算 3+5 得到 8，再通过赋值运算将 8 赋值给 r。

3. print 函数

print 函数的功能是将各种类型的数据（如字符串、整数、浮点数、列表、字典等）输出到屏幕上，其语法格式如下：

```
print(object)
```

其中，object 是要输出的数据。下面的代码清单 1-4 展示了 print 函数的使用方法。

代码清单 1-4　print 函数使用方法示例

```
1  print("Hello World!")              #输出: Hello World!
2  print(10)                          #输出: 10
3  print(3.5)                         #输出: 3.5
4  print([1, 3, 5, 'list'])           #输出: [1, 3, 5, 'list']
5  print({1:'A', 2:'B', 3:'C', 4:'D'}) #输出: {1: 'A', 2: 'B', 3: 'C', 4: 'D'}
```

将代码清单 1-4 保存为 ex1_4.py，运行结果如图 1-20 所示。

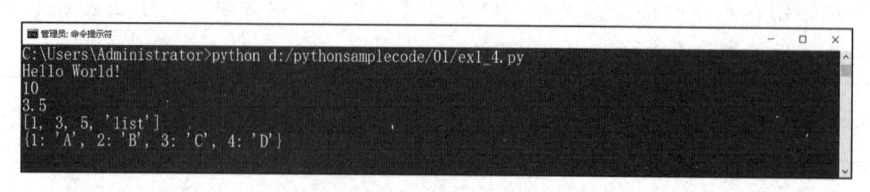

图 1-20　print 函数使用示例

提示　上面代码的第 1～5 行分别输出了字符串、整数、浮点数、列表和字典类型的数据，关于 Python 中的数据类型会在后面章节中介绍。

【思考题 1-5】　下列选项中，用于接收标准输入数据（即从键盘输入的数据）且返回值为字符串类型的函数是（　　）。
A. eval　　　　　　B. input　　　　　　C. print　　　　　　D. get

【思考题 1-6】 下列选项中，用于将各种类型的数据（如字符串、整数、浮点数、列表、字典等）输出到屏幕上的函数是（　　）。
A. eval　　　　　　B. input　　　　　　C. print　　　　　　D. get

1.4　IDLE 介绍

默认情况下，Python 的 IDLE（Integrated Development and Learning Environment，集成开发和学习环境）会在安装 Python 程序时自动安装，如图 1-7b 所示，"td/tk and IDLE" 前面的复选框默认是勾选状态。在 IDLE 下，既可以采用交互式方式运行 Python 语句，也可以采用脚本式方式运行整个 Python 脚本中的代码。

> 提示　对于初学者而言，进行一些小程序的编写和调试，IDLE 完全能够满足需求。对于一些大型程序的编写和调试，可以考虑使用 PyCharm 等集成开发环境。

1.4.1　启动 IDLE

在 Windows 的开始菜单中找到 IDLE 并单击，即可启动 IDLE。IDLE 有两种窗口模式：Shell 和 Editor（编辑器）。启动 IDLE 后，默认显示的是 Shell 窗口，如图 1-21 所示。

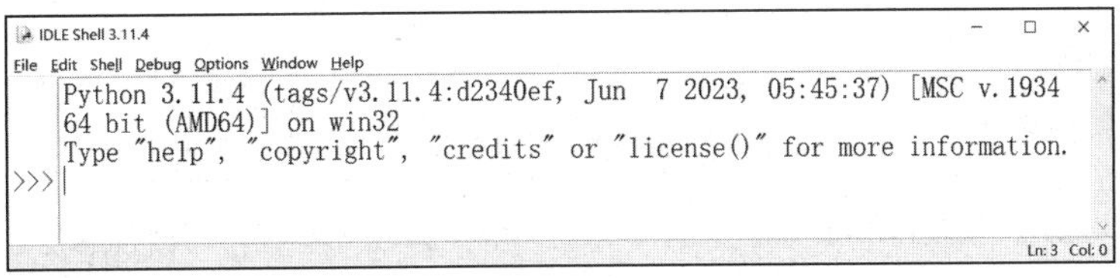

图 1-21　IDLE 的 Shell 窗口

在 Shell 窗口中，可以直接在 Python 提示符 ">>>" 后输入 Python 语句，通过交互式方式运行 Python 语句，如图 1-22 所示。

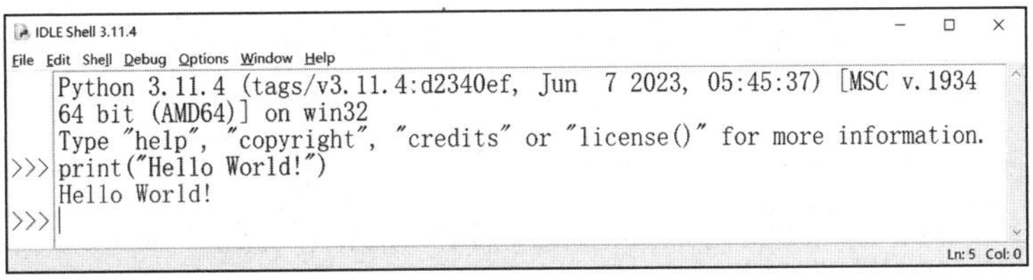

图 1-22　IDLE 中交互式运行 Python 语句

1.4.2　创建 Python 脚本

在 IDLE 的 Editor 窗口中可以编辑 Python 脚本文件，下面通过一个具体操作示例展示创建 Python 脚本的方法。

步骤 1　选择 Shell 窗口中的 File->New File 菜单项，即可创建一个 Python 脚本文件并自动打开 Editor 窗口，此处将代码清单 1-1 输入 Editor 窗口中，如图 1-23 所示。

图 1-23　IDLE 的 Editor 窗口

步骤 2　选择 Editor 窗口中的 File->Save 菜单项，在出现的"另存为"对话框中选择新创建的 Python 脚本文件保存目录并输入文件名，如图 1-24 所示。

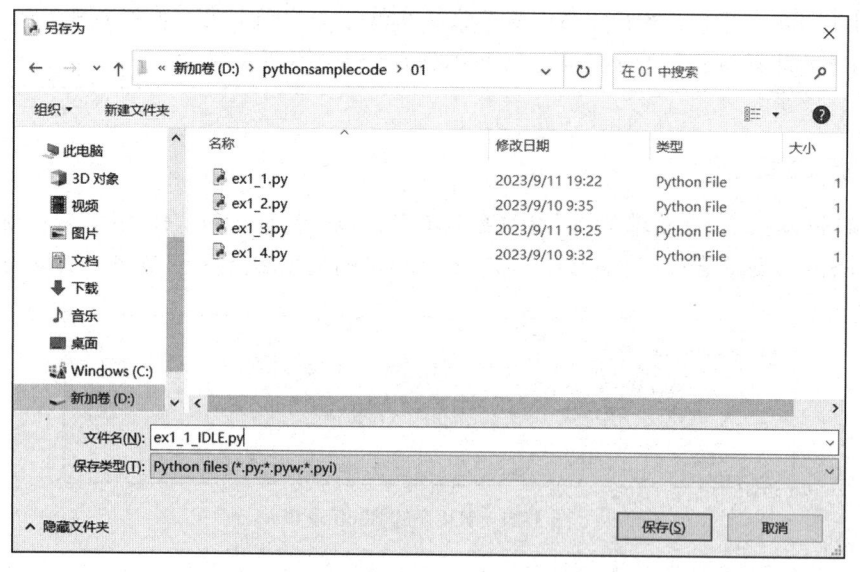

图 1-24　设置 Python 脚本文件保存路径

步骤 3　单击图 1-24 中的"保存"按钮，回到 Editor 窗口。在 Editor 窗口选择 Run->Run Module 菜单项，可运行当前脚本文件，并在 Shell 窗口输出运行结果，如图 1-25 所示。

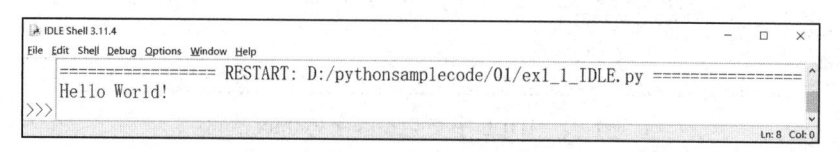

图 1-25　Python 脚本文件运行结果

提示　选择 Shell 窗口或 Editor 窗口的 File->Open 菜单项，可以打开已经创建好的 Python 脚本文件。

1.4.3 常用的编辑功能

在 Shell 窗口和 Editor 窗口中都提供了 Edit 菜单，单击后可出现弹出式菜单，包括 Undo（撤销）、Redo（重做）、Select All（全部选中）、Cut（剪切）、Copy（复制）、Paste（粘贴）、Find（查找）、Find Again（继续查找）、Find Selection（查找选中的文本）、Find in Files（在文件中查找）、Replace（替换）、Go to Line（跳转到某行）、Show Completions（显示完成提示）、Expand Word（单词填充）、Show Call Tip（显示调用提示）、Show Surrounding Parens（显示括号）。大多数菜单项在很多软件中都存在，这里只介绍以下 4 个菜单项的作用。

- Show Completions：打开一个列表，可以根据已输入单词的前缀从该列表中快速选择要输入的关键字和属性。
- Expand Word：根据已输入单词的前缀，自动在当前窗口中搜索具有相同前缀的单词，将当前输入的单词补充完整；重复选择该菜单项，可以得到不同的自动补充结果。
- Show Call Tip：将光标停在一个函数调用的参数列表中，选择该菜单项将显示参数提示。
- Show Surrounding Parens：将光标停在某对括号中间，选择该菜单项将高亮显示包围当前光标的括号。

在 Editor 窗口中提供了 Format 菜单，可以做一些快速格式设置，Format 中各菜单项的功能介绍如下。

- Format Paragraph：对由空行分割的当前段落，或多行字符串，或一个字符串中的选中行重新格式化。段落中的所有行将被格式化为字符数小于 N，其中 N 默认为 72。
- Indent Region：选中行向右缩进一个层次（默认 4 个空格）。
- Dedent Region：选中行向左取消缩进一个层次（默认 4 个空格）。
- Comment Out Region：在选中行前插入两个"#"（即对选中行添加单行注释）。
- Uncomment Region：移除选中行前面的一个或两个"#"（即对选中行取消单行注释）。
- Tabify Region：一个制表符对应的空格数（建议 4 个）。
- Untabify Region：将所有制表符调整为正确数量的空格。
- Toggle Tabs：在空格缩进和制表符缩进两种方式之间切换，在空格缩进方式下制表符会自动转为多个空格。
- New Indent Width：打开一个对话框用于设置缩进宽度，默认为 4 个空格。
- Strip Trailing Whitespace：通过对每一行应用 `str.rstrip`，去除一行中最后一个非空白字符后面的尾部空格或其他空白字符。

提示 在编写 Python 程序时，主要会遇到两类错误：语法错误和逻辑错误。当执行有语法错误的代码时，Python 解释器会显示出错信息，开发者可根据提示信息分析错误原因并解决。然而，Python 解释器无法发现逻辑错误，当执行有逻辑错误的代码时，解释器不会报任何错误，但最后的执行结果会与预期不一致。

为了能够分析执行结果错误的原因，所有编程语言的集成开发环境都会提供调试的功能。通过调试，可以逐条语句地执行程序，并查看每条语句执行后各变量的状态；也可以设置断点，让程序执行时遇到断点就暂停执行，停在断点所在的代码处。在 IDLE 的 Shell 窗口中有一个 Debug 菜单，该菜单中的菜单项就是用来调试 Python 程序的。本书目前编写的程序都比较简单，不容易出现逻辑错误；读者编写复杂程序时如果遇到逻辑错误，可参考网上材料尝试通过调试解决问题。

【思考题 1-7】 调试是否是为了解决语法错误？

1.5 应用案例——简易数据管理程序

数据是人工智能的基础。例如，在工业生产中，利用人工智能方法对生产设备是否处于异常工作状态进行自动识别，需要通过布设在设备关键点位的传感器来采集温度、电流、振动等能够反映设备工作状态的时间序列数据，并以这些数据为基础建立用于识别设备异常工作状态的人工智能模型。再如，在疾病诊断中，基于临床采集的血清总胆固醇、低密度脂蛋白、高密度脂蛋白等医学指标数据，可以建立人工智能模型，对一个人可能患有的疾病进行初筛。又如，在对生活习惯与 BMI（体质指数）之间的关系进行人工智能建模时，需要记录一个人的身高、体重、性别、生活习惯等数据。

本书将结合第 1~7 章所介绍的知识点，逐步构建出一个简易的数据管理程序，支持数据的录入、删除、修改、查询等基本操作。读者可以基于本书所给出的示例程序，结合实际应用进行修改，使其适合某个特定应用场景的数据管理需要。

一条数据通常由多个数据项组成，如用于生活习惯与 BMI 关联分析的一条数据中会包括身高、体重、性别、每日吃饭次数、每日饮水量等数据项。本章仅学习了 Python 编程的一些基础知识，因此这里只介绍如何应用本章所学习的知识进行数据项名称和数据项值的录入与查看操作，如代码清单 1-5 所示。

代码清单 1-5　数据项名称和数据项值的录入与查看

```
1  item_name = input('请输入数据项名称：')    # 输入：身高(m)
2  item_value = input('请输入数据项值：')     # 输入：1.62
3  print('数据项名称是 ', item_name)         # 输出：数据项名称是身高(m)
4  print('数据项值是 ', item_value)          # 输出：数据项值是1.62
```

代码清单 1-5 执行结束后，将在屏幕上输出如图 1-26 所示的结果。

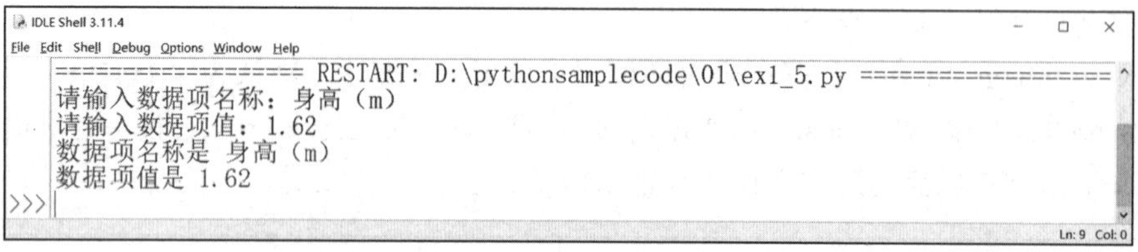

图 1-26　代码清单 1-5 的运行结果

1.6 本章小结

作为 Python 语言的初学者，往往不清楚应该从哪里开始学习。本章从最简单的 Python 语言基础知识入手，使读者能够在零基础的情况下，了解程序设计和 Python 语言的基本概念，掌握 Python 语言的注释方法、书写规范和标准输入 / 输出方法，理解本章给出的示例程序并能够搭建 Python 环境来运行这些示例程序，为后面章节的学习打下基础。

1.7 思考题参考答案

【思考题 1-1】 B

解析：一个程序通常由大量指令组成。程序执行的过程实际上就是组成程序的各条指令依次执行的过程，指令是计算机执行程序时完成的最基本的操作。

【思考题 1-2】 B

解析：与 Python 脚本文件相比，字节码更接近机器指令，所以解释速度更快，运行效率更高。Python 脚本文件的扩展名为 .py，而字节码文件的扩展名为 .pyc。

【思考题 1-3】 A

解析：Python 程序有交互式运行和脚本式运行两种运行方式。交互式运行是指输入代码后马上执行并看到运行结果，而脚本式运行是指先编写好整个 Python 脚本程序，然后再整体运行得到运行结果。在 Python 编程环境提示符下，输入 Python 代码后会马上执行，因此采用的是一种交互式运行方式。

【思考题 1-4】 C

解析：Python 3.x 默认使用 UTF-8 编码，因此在创建 Python 脚本文件时需要将文件编码格式设置为 UTF-8，否则程序运行时可能会报错。

【思考题 1-5】 B

解析：① eval 函数用于计算字符串形式的参数中所包含的表达式的值，如果字符串参数对应的不是一个有效的表达式，则程序运行时会报错。② input 函数用于接收标准输入数据，返回字符串类型的数据。③ print 函数用于将各种类型的数据输出到屏幕上。④ get 不是一个有效的 Python 内置函数。

【思考题 1-6】 C

解析：请参考思考题 1-5 的解析。

【思考题 1-7】 否

解析：如果程序中存在语法错误，则程序运行时会给出相应错误提示，根据错误提示即可找到有语法错误的代码的位置并将错误代码修改正确，通常不需要进行调试。调试主要是为了解决程序中存在的逻辑错误，即虽然程序能够正常运行，但运行结果与预期不一致。对于逻辑错误，需要在关键位置设置断点并分析关键位置处各变量的值是否正常。如果发现有变量的值不正常，则可进一步分析值不正常的原因，从而解决逻辑错误。

第 2 章 基础语法

编写程序的主要目的是利用计算机对数据进行自动管理和处理。如何在计算机中存储数据（包括待处理的数据、处理后的结果数据以及处理过程中的中间临时数据），对数据能够进行哪些计算以及可以采用什么样的逻辑结构来编写程序，是程序开发者初学一门编程语言时必须首先考虑的 3 个问题。

本章首先给出了变量的定义方法以及数值、字符串、列表等常用的 Python 数据类型，通过这部分内容，读者可掌握利用计算机存储数据的方法。然后，介绍了常用的运算符，包括占位运算符、算术运算符、赋值运算符、比较运算符、逻辑运算符、位运算符、身份运算符、成员运算符和序列运算符，通过这部分内容，读者可掌握不同类型的数据所支持的运算及运算规则。最后，介绍了条件和循环两种语句结构，通过这部分内容，读者可以设计程序解决具有更复杂逻辑结构的问题。

2.1 变量的定义

在编写程序时，表示数据的量可以分为两种：常量和变量。
- 常量，是指在程序运行过程中值不能发生改变的量，如 1、3.5、3+4j、"test" 等。
- 变量，是指在程序运行过程中值可以发生改变的量。与数学中的变量一样，需要为 Python 中的每一个变量指定一个名字，如 x、y、test 等。

注意 变量名两边不要加引号。例如，test 可以是一个变量名，执行 test=10，则可以将变量 test 赋值为 10；而 "test" 是一个字符串常量，执行 "test"=10，则会因为给常量赋值而报错。

2.1.1 定义一个变量

Python 是一种弱类型的语言，变量的类型由其值的类型决定。变量在使用前不需要先定义，为一个变量赋值后，则该变量会被自动创建。

变量的命名规则如下。
- 变量名可以包括字母、数字和下划线，但是数字不能作为开头字符。例如，test1 是有效变量名，而 1test 则是无效变量名。
- 系统关键字不能作为变量名使用。例如，and、break 等都是系统关键字，不能作为变量名使用。
- Python 的变量名区分大小写。例如，test 和 Test 是两个不同的变量。

提示 Python 3.x 默认使用 UTF-8 编码，变量名中允许包含中文，如"测试"是一个有效的变量名。

代码清单 2-1 展示了变量的使用方法。

代码清单 2-1　变量的使用方法示例

```
1  test='Hello World!'
2  Test=123
3  print(test)  # 输出: Hello World!
4  print(Test)  # 输出: 123
5  test=10.5
6  print(test)  # 输出: 10.5
```

代码清单 2-1 的运行结果如图 2-1 所示。

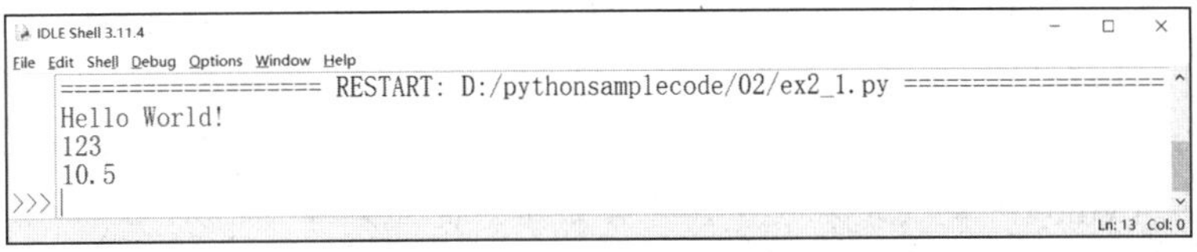

图 2-1　代码清单 2-1 的运行结果

在代码清单 2-1 中：
- 第 1 行代码通过赋值创建了一个名为 test 的变量，其保存了字符串 "Hello World!"，因此 test 是一个字符串型变量。
- 第 2 行代码通过赋值创建了一个名为 Test 的变量，其保存了整数 123，因此 Test 是一个整型变量。
- 第 3 行和第 4 行代码通过 print 函数分别输出了 test 和 Test 两个变量的值，输出结果与前面所赋的值一致。
- 第 5 行代码将已有变量 test 重新赋值为浮点数 10.5，此时 test 是一个浮点型变量。也就是说，同一个变量名可以在程序运行的不同时刻用于表示不同类型的变量，以存储不同类型的数据。
- 第 6 行代码通过 print 函数输出 test 的值，输出结果与预期一致。

2.1.2　同时定义多个变量

在一条语句中可以同时定义多个变量，其语法格式如下：

变量1, 变量2, …, 变量n=值1, 值2, …, 值n

赋值运算符右边的值 1、值 2、…、值 n 会分别赋给左边的变量 1、变量 2、…、变量 n。例如，下面的代码

name, age='张三', 18

执行完毕后，会定义两个变量：name 是一个字符串型变量，其值为 "张三"；age 是一个整型变量，其值为 18。

也可以在一条语句中修改多个已定义的变量的值，如以下代码所示。

```
1   x, y=5, 10
2   x, y=y, x
```

第 1 行代码的作用是定义两个整型变量 x 和 y，它们的值分别是 5 和 10。第 2 行代码的作用是将赋值运算符右边 y 和 x 的值取出并分别赋给左边的 x 和 y；执行完毕后，x 的值为 10，y 的值为 5，即将 x 和 y 的值进行了交换。

提示　对于赋值运算，先计算赋值运算符右边的表达式的值，再将计算结果赋给左边的变量。因此，第 2 行代码先得到赋值运算符右侧的 y 和 x 的值，再将它们分别赋给左边的变量。取出右侧的 y 和 x 的值后，第 2 行代码转换为 x, y=10, 5，然后再执行赋值运算，即将 10 赋给 x，将 5 赋给 y。

【思考题 2-1】下列选项中，(　　)不是常量。
A. 12　　　　　　B. 35.7　　　　　C. 'Python'　　　　D. abc

【思考题 2-2】通过语句"m, n = 3, 5"，定义了(　　)个变量。
A. 0　　　　　　B. 1　　　　　　C. 2　　　　　　　D. 报错

【思考题 2-3】Python 中的变量在使用前是否必须先定义？

2.2　数据类型

一种编程语言所支持的数据类型决定了该编程语言所能保存的数据。Python 语言常用的内置数据类型包括数值（number）、字符串（string）、列表（list）、元组（tuple）、集合（set）和字典（dictionary），下面分别介绍。

2.2.1　数值

Python 中有 3 种不同的数值类型，分别是整型（int）、浮点型（float）和复数类型（complex）。

1. 整型

整型数值包括正整数、0 和负整数，不带小数点，无大小限制。整数可以使用不同的进制来表示：不加任何前缀表示十进制整数；加前缀 0o 表示八进制整数；加前缀 0x 则表示十六进制整数。

例如，下面的代码

```
a, b, c=10, 0o10, 0x10
```

执行完毕后，a、b、c 的值分别是 10、8 和 16。其中，0o10 为八进制数，输出时转为十进制数 8；0x10 为十六进制数，输出时转为十进制数 16。

提示　Python 语言中提供了布尔（Boolean）类型，用于表示逻辑值 True（逻辑真）和 False（逻辑假）。Boolean 类型是整型的子类型，在作为数值参与运算时，False 自动转为 0，True 自动转为 1。使用 bool 函数可以将其他类型的数据转为 Boolean 类型，当向 bool 函数传入下列参数时其将返回 False：定义为假的常量，包括 None 或 False；任意值为0的数值，如0、0.0、0j等；空的序列或集合，如 ""（空字符串）、()（空元组）、[]（空列表）等。

2. 浮点型

浮点型数值使用C语言中的double类型实现，可以用来表示实数，如3.14159、-10.5、3.25e3等。

提示 3.25e3是科学记数法的表示方式，其中e表示10，因此，3.25e3实际上表示的浮点数是 $3.25 \times 10^3 = 3250.0$。

当前环境中浮点数的取值范围和精度可以通过以下代码查看：

```
import sys          # 导入sys模块
sys.float_info      # 查看当前环境中浮点型数值的取值范围和精度
```

执行上面的代码后，可以看到如下格式的信息：

```
sys.float_info(max=1.7976931348623157e+308, max_exp=1024, max_10_exp=308,
    min=2.2250738585072014e-308, min_exp=-1021, min_10_exp=-307, dig=15, mant_
    dig=53, epsilon=2.220446049250313e-16, radix=2, rounds=1)
```

其中，min和max是浮点数的最小值和最大值，dig是浮点数所能精确表示的十进制数字的最大位数。

3. 复数类型

复数由实部和虚部组成，每一部分都是一个浮点数，其书写方法如下：

```
a+bj 或 a+bJ
```

其中，a和b是两个数值，j或J是虚部的后缀，即a是实部，b是虚部。

在生成复数时，也可以使用complex函数，其语法格式如下：

```
complex([real[, imag]])
```

其中，real为实部值，imag为虚部值，返回值为real+imag*1j。如果省略虚部imag的值，则返回的复数为real+0j；如果实部real和虚部imag的值都省略，则返回的复数为0j。

例如，下面的代码

```
c1, c2, c3, c4, c5=3+5.5j, 3.25e3j, complex(5, -3.5), complex(5), complex()
```

执行完毕后，c1、c2、c3、c4和c5的值分别是(3+5.5j)、3250j、(5-3.5j)、(5+0j)和0j。

【思考题2-4】 执行print(0o20)，则在屏幕上会输出（　　）。
A. 20　　　　　　**B.** 0o20　　　　　　**C.** 16　　　　　　**D.** 32
【思考题2-5】 执行print(0x20)，则在屏幕上会输出（　　）。
A. 20　　　　　　**B.** 0x20　　　　　　**C.** 16　　　　　　**D.** 32
【思考题2-6】 1.25e3是否是浮点数1250.0的科学记数法表示方式？

2.2.2 字符串

字符串是由多个字符组成的序列，每个字符是字符串中的一个元素。例如，"Python" 即是一个由 6 个字符元素按顺序排列所形成的字符串。之所以说字符串是一个序列，是因为字符串所包含的信息不仅依赖于该字符串是由哪些字符组成的，而且依赖于这些字符的排列顺序。例如，两个字符串 "could" 和 "cloud" 虽然包含了相同的字符元素，但由于字符元素的排列顺序不同，所以这两个字符串所表达的信息是完全不同的。

1. 字符串的表示方法

Python 语言中只有用于保存字符串的数据类型，而没有用于保存单个字符的数据类型。Python 中的字符串可以写在一对单引号中，也可以写在一对双引号或一对三双引号中，3 种写法的区别将在后面的章节中介绍，目前我们使用一对单引号或一对双引号的写法。

例如，下面的代码

```
s1, s2='Hello World!', "你好，世界！"
```

执行完毕后，s1 和 s2 的值分别是字符串 'Hello World!' 和 "你好，世界！"。

提示 Python 中提供了 int 和 float 函数，可以根据传入的字符串分别创建整数或浮点数。

int 函数有两个参数：第一个参数是用于创建整数的字符串（要求必须是一个整数字符串，否则会报错），第二个参数是字符串中整数的数制（不指定则默认为 10，即十进制）。例如，int('35') 返回整数 35，int('35', 8) 返回整数 29（即八进制数 35 对应的十进制数），int('35+1') 则会报错。

float 函数只有一个参数，即用于创建浮点数的字符串（要求必须是一个整数或浮点数字符串，否则会报错）。例如，float('35') 返回浮点数 35.0，float('35.5') 返回浮点数 35.5，float('35.5+3') 则会因无法转换而报错。

这里需要特别注意 int 和 float 函数与第 1 章中所学习的 eval 函数的区别，int 和 float 函数仅根据字符串中的数值直接创建整数或浮点数，不会做任何运算。若传入的字符串是一个包含运算的表达式，如前述的 int('35+1') 和 float('35.5+3')，则执行时都会报错。

不包含任何字符的字符串，如 ''（一对单引号）或 ""（一对双引号），称为空字符串（或简称为空串）。

2. 转义符

在字符串中，可以使用转义符，常用的转义符如表 2-1 所示。

表 2-1 转义符的描述

转义符	描述	转义符	描述
\ （在行尾时）	续行符	\n	换行
\\	反斜杠符号	\r	回车
\'	单引号	\t	制表符
\"	双引号		

例如，下面的代码

```
1  s1='Hello \
2  World!'                    #上一行以 \ 作为行尾，说明上一行与当前行是同一条语句
3  s2='It's a book.'           #单引号非成对出现，报 SyntaxError 错误
4  s3='It\'s a book.'          #使用 \' 说明其是字符串中的一个单引号字符
5  s4="It's a book."           #使用一对双引号的写法，字符串中可以直接使用单引号，不需要转义
6  s5=" 你好！\n 欢迎学习 Python 语言程序设计！ "  #通过 \n 换行
```

执行完毕后，使用 print 函数依次输出成功创建的各变量的值，则可以得到如图 2-2 所示的结果。

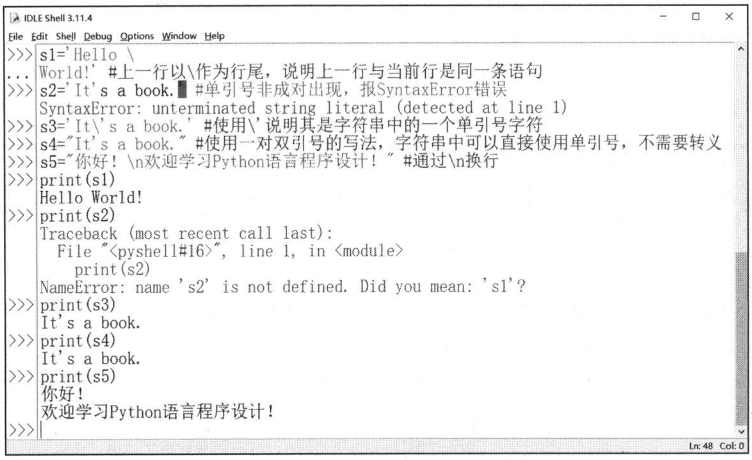

图 2-2　字符串的创建及输出示例

提示　为了减少转义符的使用，如果一个字符串中包含单引号，则通常使用一对双引号作为字符串的定界符，如 "It's a book."；如果一个字符串中包含双引号，则通常使用一对单引号作为字符串的定界符，如 'He said, "This is my book."'。

---

3. 字符串的索引

通过字符串的索引操作，可以得到由字符串中 0 个或多个字符元素组成的一个新字符串。Python 为字符串提供了两种索引方式：从前向后索引（正向索引）和从后向前索引（反向索引）。如图 2-3 所示，正向索引方式中，第 1 个字符的索引值为 0，其他字符的索引值是前一字符的索引值加 1；反向索引方式中，最后一个字符的索引值为 -1，其他字符的索引值是后一字符的索引值减 1。在访问字符串中的元素时，既可以只使用某一种索引方式，也可以同时使用两种索引方式。

字符串	欢	迎	学	习	P	y	t	h	o	n	语	言	程	序	设	计	！
正向索引的索引值	0	1	2	3	4	5	6	7	8	9	10	11	12	13	14	15	16
反向索引的索引值	−17	−16	−15	−14	−13	−12	−11	−10	−9	−8	−7	−6	−5	−4	−3	−2	−1

图 2-3　字符串索引方式示例

字符串的索引操作需要使用一对方括号 []（即下标运算）。

一方面，可以指定索引范围，其语法格式为

s[beg:end]

各符号的含义如下。
- s：待做索引操作的字符串。
- beg：新生成字符串的起始字符在字符串 s 中的索引值。
- end：新生成字符串的结束字符在字符串 s 中的索引值加 1。

beg 和 end 均可省略。
- 省略 beg：即写作 s[:end]，表示新生成字符串的起始字符在字符串 s 中的索引值为 0，等价于 s[0:end]。
- 省略 end：即写作 s[beg:]，表示新生成字符串的结束字符是字符串 s 中的最后一个字符，等价于 s[beg:len(s)]（len(s) 表示字符串 s 中包含的字符元素的数量，即字符串的长度，也可理解为字符串 s 中最后一个字符的索引值加 1）。
- 同时省略 beg 和 end：即写作 s[:]，表示新生成的字符串包含 s 中的所有字符元素。

注意 s[beg:end] 返回的字符串中，所包含的字符在字符串 s 中的索引值是 beg～end-1，不包括 end。

例如，代码清单 2-2 给出了指定索引范围的字符串索引操作示例。

代码清单 2-2　指定索引范围的字符串索引操作示例

```
1  s='欢迎学习 Python 语言程序设计！'
2  print(s[2:4])      #输出：学习
3  print(s[-3:-1])    #输出：设计
4  print(s[2:-1])     #输出：学习 Python 语言程序设计
5  print(s[:10])      #输出：欢迎学习 Python
6  print(s[-5:])      #输出：程序设计！
7  print(s[:])        #输出：欢迎学习 Python 语言程序设计！
```

代码清单 2-2 执行完毕后，第 2～7 行代码可以按每行代码对应注释中的描述输出结果，如图 2-4 所示。

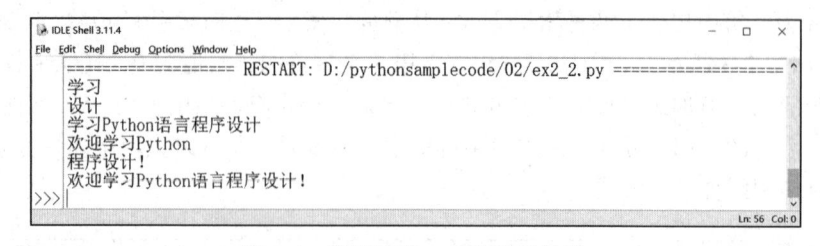

图 2-4　代码清单 2-2 的运行结果

提示 在进行字符串的索引操作时，还可以指定步长，即写作 s[beg:end:step]。此时，在新创建的字符串中，所包含的字符在 s 中的索引依次为 beg、beg+step、beg+2×step、…、beg+k×step（beg+k×step<end 且 beg+(k+1)×step≥end）。例如，对于 s='HelloWorld!'，执行 print(s[0:6:2])，输出结果为 Hlo，即 s[0:6:2]

返回的新字符串所包含的字符在字符串 s 中的索引值分别是 0、2、4（不包括 6）。

另一方面，可以指定索引值，返回由指定索引值的单个字符元素组成的字符串，其语法格式为

s[idx]

其中，idx 是返回的字符串所包含的字符在字符串 s 中的索引值。如代码清单 2-3 所示。

代码清单 2-3　指定索引值的字符串索引操作示例

```
1    s='欢迎学习 Python 语言程序设计！'
2    print(s[2])    # 输出：学
3    print(s[-1])   # 输出：!
```

代码清单 2-3 执行完毕后，第 2 行和第 3 行代码分别按每行代码对应注释中的描述输出结果，如图 2-5 所示。

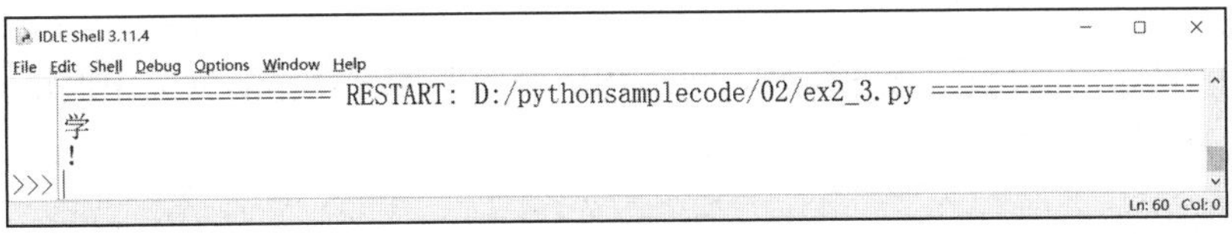

图 2-5　代码清单 2-3 的运行结果

注意　通过索引操作可以访问字符串中的字符元素，但不能修改。例如，如果执行 s[2]='复'，则会报 TypeError 错误，如图 2-6 所示。

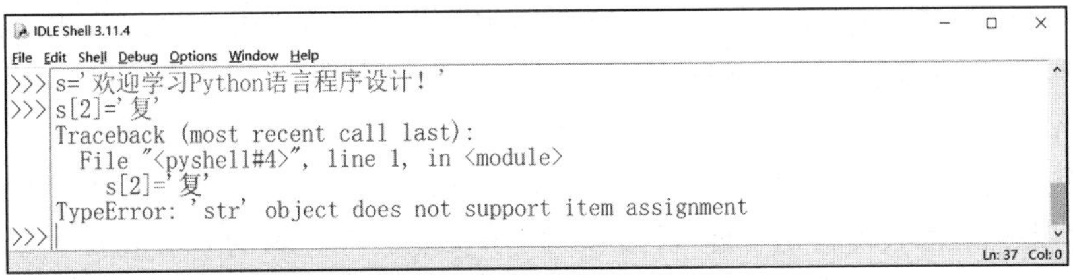

图 2-6　修改字符串字符元素的报错信息

【思考题 2-7】 下列选项中，执行时会报错的语句是（　　）。
A. int('23')　　　B. int('23+1')　　C. int('23', 8)　　D. int('2a', 16)

【思考题 2-8】 下列选项中，执行时不会报错的语句是（　　）。
A. int('23.5')　　　　　　　　　B. float('23.5+1')
C. float('23.5')　　　　　　　　D. int('2a', 8)

【思考题 2-9】 已知 s="学习"，执行 s[0]='复'，s 中存储的字符串是否会被修改为字符串"复习"？

2.2.3　列表

列表（list）是 Python 中一种非常重要的数据类型，一个列表中可以包含多个元素。与

字符串相同，列表也是一个序列，即列表所表示的信息不仅与包含哪些元素有关，而且与元素的排列顺序有关。与字符串不同的是，字符串中只能包含字符元素；而列表中可以包含数值、字符串、列表及后面要介绍的元组、集合、字典等任意类型的元素，且同一个列表中各元素的类型可以相同，也可以不相同。所有元素都写在一对方括号 [] 中，每两个元素之间用逗号分隔。不包含任何元素的列表，即 []，称为空列表。

列表中元素的索引方式与字符串中元素的索引方式完全相同，也支持从前向后索引（正向索引）和从后向前索引（反向索引）两种方式。例如，对于 ls=[1, 2.5, 'test', 3+4j, True, [3, 1.63], 5.3] 这个列表，其各元素的索引值如图 2-7 所示。

列表	1	2.5	'test'	3+4j	True	[3,1.63]	5.3
正向索引的索引值	0	1	2	3	4	5	6
反向索引的索引值	−7	−6	−5	−4	−3	−2	−1

图 2-7 列表索引方式示例

与字符串相同，利用一对方括号 [] 可以指定索引范围，从已有列表中取出其中部分元素形成一个新列表，其语法格式为

ls[beg:end]

各符号的含义如下。
- ls：待做索引操作的列表。
- beg：新生成列表的起始元素在 ls 中的索引值。
- end：新生成列表的结束元素在 ls 中的索引值加 1。

与字符串的索引操作相同，beg 和 end 均可省略。
- 省略 beg：即写作 ls[:end]，表示新生成列表的起始元素在原列表 ls 中的索引值为 0，等价于 ls[0:end]。
- 省略 end：即写作 ls[beg:]，表示新生成列表的结束元素是原列表 ls 中的最后一个元素，等价于 ls[beg:len(ls)]（len(ls) 表示列表 ls 中包含的元素的数量，即列表的长度，也可理解为列表 ls 中最后一个元素的索引值加 1）。
- 同时省略 beg 和 end：即写作 ls[:]，表示新生成的列表包含原列表 ls 中的所有元素。

例如，代码清单 2-4 给出了指定索引范围的列表索引操作示例。

代码清单 2-4 指定索引范围的列表索引操作示例

```
1   ls=[1, 2.5, 'test', 3+4j, True, [3, 1.63], 5.3]
2   print(ls[1:4])        #输出：[2.5, 'test', (3+4j)]
3   print(ls[-3:-1])      #输出：[True, [3, 1.63]]
4   print(ls[2:-1])       #输出：['test', (3+4j), True, [3, 1.63]]
5   print(ls[:3])         #输出：[1, 2.5, 'test']
6   print(ls[-2:])        #输出：[[3, 1.63], 5.3]
7   print(ls[:])          #输出：[1, 2.5, 'test', (3+4j), True, [3, 1.63], 5.3]
```

代码清单 2-4 执行完毕后，第 2～7 行代码分别按每行代码对应注释中的描述输出结果，如图 2-8 所示。

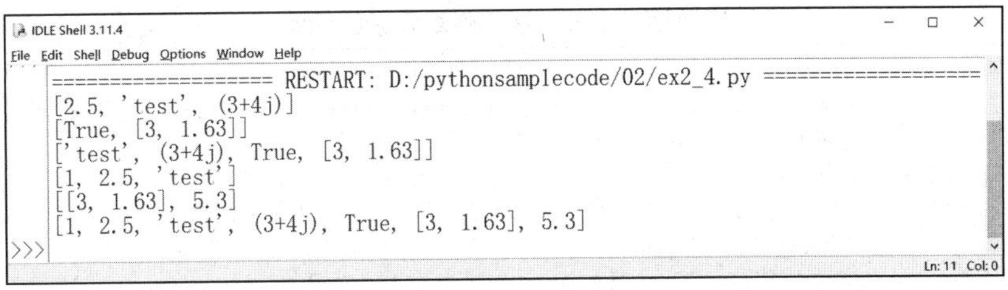

```
IDLE Shell 3.11.4
================ RESTART: D:/pythonsamplecode/02/ex2_4.py ================
[2.5, 'test', (3+4j)]
[True, [3, 1.63]]
['test', (3+4j), True, [3, 1.63]]
[1, 2.5, 'test']
[[3, 1.63], 5.3]
[1, 2.5, 'test', (3+4j), True, [3, 1.63], 5.3]
>>>
```

图 2-8　代码清单 2-4 的运行结果

如果只访问列表 ls 中的某一个元素，则可以使用下面的写法：

ls[idx]

其中，idx 是要访问的元素的索引值。例如，代码清单 2-5 给出了指定索引值的列表索引操作示例。

代码清单 2-5　指定索引值的列表索引操作示例

```
1  ls=[1, 2.5, 'test', 3+4j, True, [3, 1.63], 5.3]
2  print(ls[2])   # 输出: test
3  print(ls[-3])  # 输出: True
```

代码清单 2-5 执行完毕后，第 2 行和第 3 行代码分别按每行代码对应注释中的描述输出结果，如图 2-9 所示。

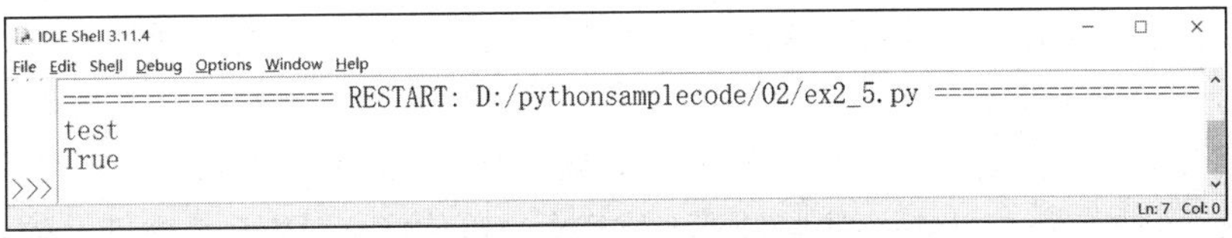

```
IDLE Shell 3.11.4
================ RESTART: D:/pythonsamplecode/02/ex2_5.py ================
test
True
>>>
```

图 2-9　代码清单 2-5 的运行结果

注意　ls[beg:end] 返回的仍然是一个列表，而 ls[idx] 返回的是列表中的一个元素。例如，如图 2-10 所示，对于 ls=[1, 2.5, 'test', 3+4j, True, [3, 1.63], 5.3]，执行 print(ls[2:3])，会输出 ['test']，而执行 print(ls[2])，则会输出 test。可见，ls[2:3] 返回的是只有一个字符串元素 'test' 的列表，而 ls[2] 返回的则是 ls 中索引值为 2 的元素（即字符串 'test'）。

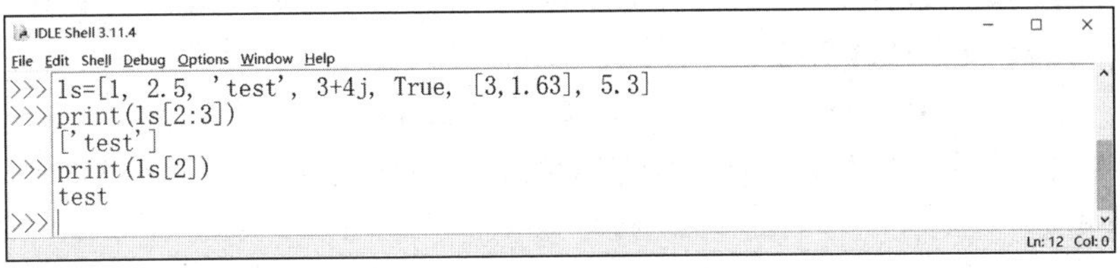

```
IDLE Shell 3.11.4
>>> ls=[1, 2.5, 'test', 3+4j, True, [3,1.63], 5.3]
>>> print(ls[2:3])
['test']
>>> print(ls[2])
test
>>>
```

图 2-10　指定索引范围和指定索引值两种列表索引操作返回结果的区别

另外，通过一对方括号 [] 不仅可以访问列表中的某个元素，还可以对元素进行修改。例如，代码清单 2-6 给出了修改列表元素的示例。

代码清单 2-6　修改列表元素的示例

```
1   ls=[1, 2.5, 'test', 3+4j, True, [3, 1.63], 5.3]
2   print(ls)   #输出：[1, 2.5, 'test', (3+4j), True, [3, 1.63], 5.3
3   ls[2]=15    #将列表ls中第3个元素的值改为15
4   print(ls)   #输出：[1, 2.5, 15, (3+4j), True, [3, 1.63], 5.3]
5   ls[1:4]=['python', 20]  #将列表ls中第2~4个元素替换为['python', 20]中的元素
6   print(ls)   #输出：[1, 'python', 20, True, [3, 1.63], 5.3]
7   ls[2]=['program', 23.15]  #将列表ls中第3个元素替换为['program', 23.15]
8   print(ls)   #输出：[1, 'python', ['program', 23.15], True, [3, 1.63], 5.3]
9   ls[0:2]=[]  #将列表ls中前两个元素替换为空列表[]，即将前两个元素删除
10  print(ls)   #输出：[['program', 23.15], True, [3, 1.63], 5.3]
```

代码清单 2-6 执行完毕后，第 2、4、6、8、10 行代码分别按每行代码对应注释中的描述输出结果，如图 2-11 所示。

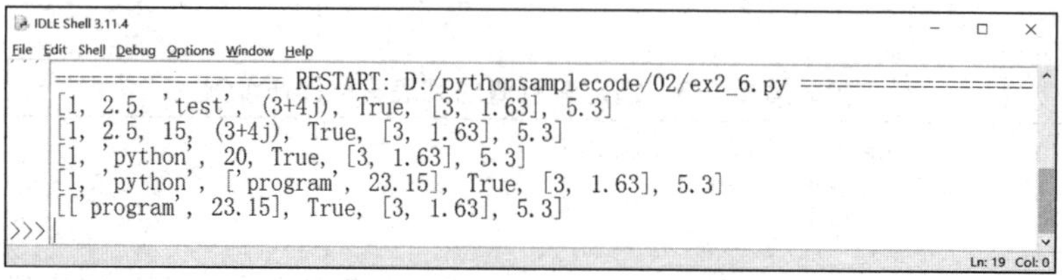

图 2-11　代码清单 2-6 的运行结果

注意　在对列表中的元素赋值时，既可以通过执行 ls[idx]=a，修改单个元素的值，也可以通过执行 ls[beg:end]=b，修改一个元素的值或同时修改连续多个元素的值。但需要注意，在通过"ls[beg:end]=b"这种方式赋值时，b 是另一个列表，其功能是用 b 中各元素替换 ls 中 beg~end-1 这些位置上的元素，赋值前后列表元素数量允许发生变化。

例如，代码清单 2-6 中，第 3 行和第 7 行都是修改列表 ls 中某一个元素的值，在为单个元素赋值时，可以使用任意类型的数据（包括列表，如第 7 行）；第 5 行是将列表 ls 中第 2~4 个元素修改为另一个列表 ['python', 20] 中的两个元素；第 9 行是将列表 ls 中前两个元素修改为另一个空列表 [] 中的元素，相当于将 ls 中前两个元素删除。

【思考题 2-10】下列选项中，描述错误的选项是（　　）。
A. 列表中的元素类型必须相同　　　　B. 列表中的元素之间用逗号分隔
C. 列表中的元素可以是列表类型　　　D. 列表中可以包含数值类型的元素

【思考题 2-11】已知 ls=[12, 34.5, True, 'test', 3+5j]，则下列选项中，输出结果为 "['test']" 的选项是（　　）。
A. ls[3]　　　　B. ls[4]　　　　C. ls[3:4]　　　　D. ls[4:5]

【思考题 2-12】通过一对方括号 [] 不仅可以访问列表中的某个元素，还可以对元素进行修改，是否正确？

2.2.4　元组

与列表相同，元组可以包含多个元素，且同一个元组中各元素的类型可以不相同，书写时每两个元素之间也是用逗号分隔。与列表的不同之处在于，元组的所有元素都写在一

对圆括号()中,且元组中的元素不能修改。不包含任何元素的元组,即(),称为空元组。

元组中元素的索引方式与列表中元素的索引方式完全相同。例如,对于t=(1, 2.5, 'test', 3+4j, True, [3, 1.63], 5.3)这个元组,其各元素的索引值如图2-12所示。

元组	1	2.5	'test'	3+4j	True	[3,1.63]	5.3
正向索引的索引值	0	1	2	3	4	5	6
反向索引的索引值	−7	−6	−5	−4	−3	−2	−1

图 2-12 元组索引方式示例

与列表相同,利用一对方括号[]可以从已有元组中取出其中部分元素形成一个新元组,其语法格式为

t[beg:end]

各符号的含义如下。
- t:待做索引操作的元组。
- beg:新生成元组的起始元素在t中的索引值。
- end:新生成元组的结束元素在t中的索引值加1。

与字符串和列表的索引操作相同,beg和end均可省略。
- 省略beg:即写作t[:end],表示新生成元组的起始元素在原元组t中的索引值为0,等价于t[0:end]。
- 省略end:即写作t[beg:],表示新生成元组的结束元素是原元组t中的最后一个元素,等价于t[beg:len(t)](len(t)表示元组t中包含的元素的数量,即元组的长度,也可理解为元组t中最后一个元素的索引值加1)。
- 同时省略beg和end:即写作t[:],表示新生成的元组包含原元组t中的所有元素。

例如,代码清单2-7给出了指定索引范围的元组索引操作示例。

代码清单 2-7 指定索引范围的元组索引操作示例

```
1  t=(1, 2.5, 'test', 3+4j, True, [3, 1.63], 5.3)
2  print(t[1:4])   #输出:(2.5, 'test', (3+4j))
3  print(t[-3:-1]) #输出:(True, [3, 1.63])
4  print(t[2:-1])  #输出:('test', (3+4j), True, [3, 1.63])
5  print(t[:3])    #输出:(1, 2.5, 'test')
6  print(t[-2:])   #输出:([3, 1.63], 5.3)
7  print(t[:])     #输出:(1, 2.5, 'test', (3+4j), True, [3, 1.63], 5.3)
```

代码清单2-7执行完毕后,第2~7行代码可以按每行代码对应注释中的描述输出结果,如图2-13所示。

如果只访问元组t中的某一个元素,则可以使用下面的写法:

t[idx]

其中,idx是要访问的元素的索引值。例如,代码清单2-8给出了指定索引值的元组索引操作示例。

```
                    IDLE Shell 3.11.4                                            —  □  ×
                    File Edit Shell Debug Options Window Help
                    ================ RESTART: D:/pythonsamplecode/02/ex2_7.py ================
                    (2.5, 'test', (3+4j))
                    (True, [3, 1.63])
                    ('test', (3+4j), True, [3, 1.63])
                    (1, 2.5, 'test')
                    ([3, 1.63], 5.3)
                    (1, 2.5, 'test', (3+4j), True, [3, 1.63], 5.3)
                    >>>|
                                                                                Ln: 27 Col: 0
```

图 2-13　代码清单 2-7 的运行结果

代码清单 2-8　指定索引值的元组索引操作示例

```
1    t=(1, 2.5, 'test', 3+4j, True, [3, 1.63], 5.3)
2    print(t[2])    # 输出: test
3    print(t[-3])   # 输出: True
```

代码清单 2-8 执行完毕后，第 2 行和第 3 行代码分别按每行代码对应注释中的描述输出结果，如图 2-14 所示。

```
                    IDLE Shell 3.11.4                                            —  □  ×
                    File Edit Shell Debug Options Window Help
                    ================ RESTART: D:/pythonsamplecode/02/ex2_8.py ================
                    test
                    True
                    >>>|
                                                                                Ln: 31 Col: 0
```

图 2-14　代码清单 2-8 的运行结果

注意　通过索引操作可以访问元组中的元素，但不能修改。例如，如果执行 `t[2]='Test'`，则会报 `TypeError` 错误，如图 2-15 所示。

```
                    IDLE Shell 3.11.4                                            —  □  ×
                    File Edit Shell Debug Options Window Help
                    >>> t=(1, 2.5, 'test', 3+4j, True, [3,1.63], 5.3)
                    >>> t[2]='Test'
                    Traceback (most recent call last):
                      File "<pyshell#6>", line 1, in <module>
                        t[2]='Test'
                    TypeError: 'tuple' object does not support item assignment
                    >>>|
                                                                                Ln: 43 Col: 0
```

图 2-15　修改元组元素的报错信息

提示　从前面的介绍中可以看到，字符串、列表和元组的使用方法非常相近，它们的元素都是按一定顺序排列，可通过一对方括号直接访问，这样的数据类型统称为序列。其中，字符串和元组中的元素不能修改，而列表中的元素可以修改。

【思考题 2-13】 已知 `t=(12, 34.5, True, 'test', 3+5j)`，则下列选项中，输出结果为 "`('test', )`" 的选项是（　　）。
A. `t[3]`　　　　　B. `t[4]`　　　　　C. `t[3:4]`　　　　　D. `t[4:5]`

【思考题 2-14】 已知 `t=(12, 1.5, [True, 3+5j])`，则下列选项中，执行时不会报错的语句包括（　　）。(多选)
A. `t[2]=1`　　　　　　　　　　　　　B. `t[2:]=1`

C. `t[2][1]='test'`   D. `print(t[2])`

【思考题 2-15】通过一对方括号 [] 不仅可以访问元组中的某个元素，还可以对元素进行修改，是否正确？

2.2.5 集合

与元组和列表类似，集合中同样可以包含多个不同类型的元素，但集合中的各元素是无序的，且不允许有相同元素。不包含任何元素的集合称为空集合。

集合中的所有元素都写在一对花括号 {} 中，各元素之间用逗号分隔。创建集合时，既可以使用 {}，也可以使用 set 函数。set 函数的使用方法如下：

```
set([iterable])
```

其中，`iterable` 是一个可选参数，表示一个可迭代对象。set 会将可迭代对象 `iterable` 中的每个元素逐一取出，作为新创建的集合对象中的元素。

注意 可迭代（iterable）对象是指可以逐一访问每一个元素的数据，如前面学习的字符串、列表、元组类型的数据都是可迭代对象。

例如，代码清单 2-9 给出了集合创建示例。

代码清单 2-9　集合创建示例

```
1  a={10, 2.5, 'test', 3+4j, True, 5.3, 2.5}
2  print(a) #输出: {True, 2.5, 'test', 5.3, 10, (3+4j)}
3  b=set('hello')
4  print(b) #输出: {'e', 'o', 'l', 'h'}
5  c=set([10, 2.5, 'test', 3+4j, True, 5.3, 2.5])
6  print(c) #输出: {True, 2.5, 5.3, 10, (3+4j), 'test'}
7  d=set((10, 2.5, 'test', 3+4j, True, 5.3, 2.5))
8  print(d) #输出: {True, 2.5, 5.3, 10, (3+4j), 'test'}
```

代码清单 2-9 执行完毕后，第 2、4、6、8 行代码分别按对应注释中的描述输出结果，如图 2-16 所示。

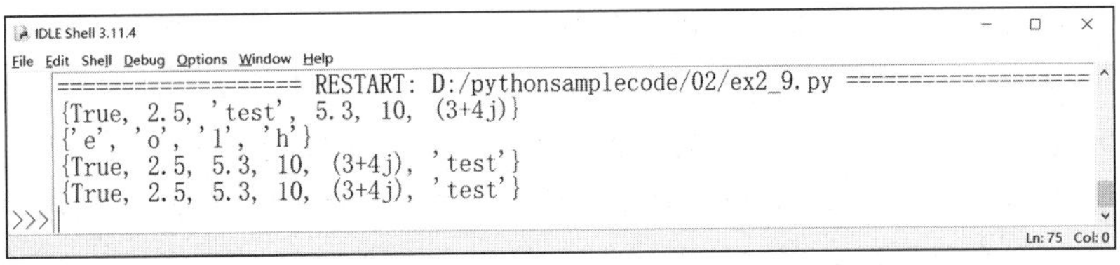

图 2-16　代码清单 2-9 的运行结果

代码清单 2-9 中各行代码的描述如下。

- 第 1 行代码中，直接使用一对花括号 {} 创建了一个集合。虽然在花括号中包含了两个值为 2.5 的元素，但集合中不能包含重复的元素，因此会自动过滤重复元素，只保留一个。从第 2 行代码的输出结果中可以看到，集合中只出现了一次值为 2.5 的元素。
- 从第 2 行代码的输出结果中还可以看到，输出的各元素的顺序与第 1 行创建集合时给出的各元素的顺序不一致，这是因为集合中的元素本来就是无序的，系统会自动将这些元素调整为能够快速检索的存储方式。

- 第3、5、7行代码都使用set创建集合，传入的参数分别是字符串、列表和元组。同样，从第4、6、8行代码的输出结果中可以看到，对于具有重复值的元素，所创建的集合也会进行自动过滤，只保留一个；输出的集合中各元素的顺序也与创建集合时所传入的元素顺序不一致。
- 第3行代码中，传给set的参数是一个字符串'hello'。在创建集合时，会将字符串'hello'的每一个字符元素取出，即'h'、'e'、'l'、'l'、'o'，并将其作为集合中的元素。集合会自动过滤重复的元素'l'，因此所创建的集合包含'h'、'e'、'l'、'o'共4个元素，且这4个元素是无序的。
- 第5行代码中，传给set的参数是一个列表[10, 2.5, 'test', 3+4j, True, 5.3, 2.5]。在创建集合时，会将列表的每一个元素取出，即10、2.5、'test'、3+4j、True、5.3、2.5，并将其作为集合中的元素。集合会自动过滤重复的元素2.5，因此所创建的集合包含10、2.5、'test'、3+4j、True、5.3共6个元素，且这6个元素是无序的。
- 第7行代码中，传给set的参数是一个元组(10, 2.5, 'test', 3+4j, True, 5.3, 2.5)。在创建集合时，会将元组的每一个元素取出，即10、2.5、'test'、3+4j、True、5.3、2.5，并将其作为集合中的元素。集合会自动过滤重复的元素2.5，因此所创建的集合包含10、2.5、'test'、3+4j、True、5.3共6个元素，且这6个元素是无序的。
- 第7行代码中，set后面有两对圆括号，其中外层的圆括号表示用于接收传入的参数，而内层的圆括号是元组的定界符。

注意

1. 与字符串、列表、元组等序列类型不同，集合中的元素是无序的，因此不能使用数值索引方式进行访问。例如，如图2-17所示，当使用数值索引访问集合中元素时，会给出报错信息"TypeError: 'set'object does not support item assignment"，即"类型错误：set对象不支持元素赋值操作"。

2. 集合的主要应用可以概括为3个方面：①用于做并、交、差等集合运算；②基于集合快速检索元素；③使用集合过滤重复元素。关于集合的更多使用方法将在后面章节给出。

3. 一对花括号{}用于创建后面将要介绍的空字典，而不能用于创建空集合；如果要创建一个空集合，则只能使用set()。

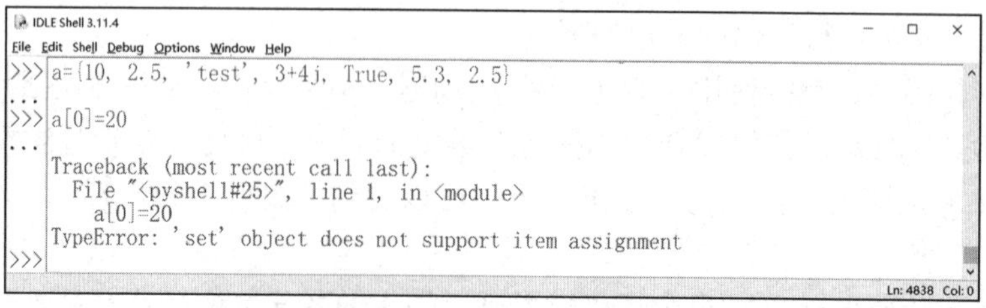

图2-17　使用数值索引访问集合中元素时所给出的报错信息

提示

1. 集合中的元素必须是可哈希（hashable）的对象。读者只需要知道列表、集合和字典类型的数据不是可哈希对象，所以它们不能作为集合中的元素。如图2-18所示，当将列表`[3+4j, 20]`作为集合中的元素时，会给出报错信息"`TypeError: unhashable type: 'list'`"，即"类型错误：不可哈希的类型——列表"。

2. 代码清单2-9的第5行代码中，set([10, 2.5, 'test', 3+4j, True, 5.3, 2.5])表示给set传入的参数是一个列表，执行时会将该列表中的元素取出作为新创建集合中的元素。因此，只要传入的列表中没有不可哈希的元素即可。例如，如果将第5行代码改为c=set([10, 2.5, 'test', [3+4j, 20], True, 5.3, 2.5])，即传入的列表参数中索引值为3的元素[3+4j, 20]是一个列表，则如图2-19所示，会给出与图2-18相同的报错信息。再例如，如果将第5行代码改为c={[10, 2.5, 'test', 3+4j, True, 5.3, 2.5]}，表示所创建的集合中只包含一个元素，即列表[10, 2.5, 'test', 3+4j, True, 5.3, 2.5]，则如图2-20所示，也会给出与图2-18相同的报错信息。

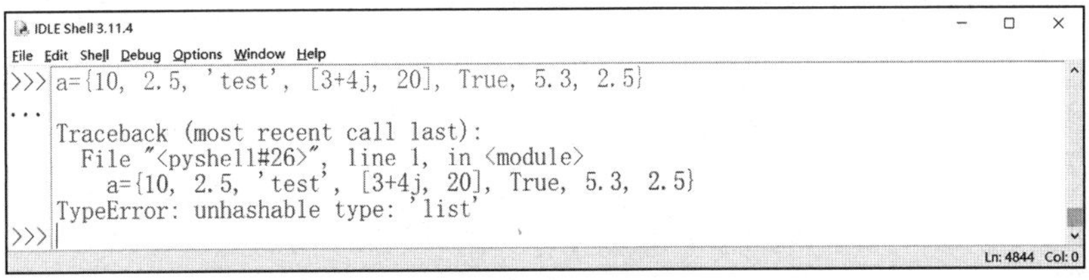

图2-18　将列表作为集合元素时所给出的报错信息示例1

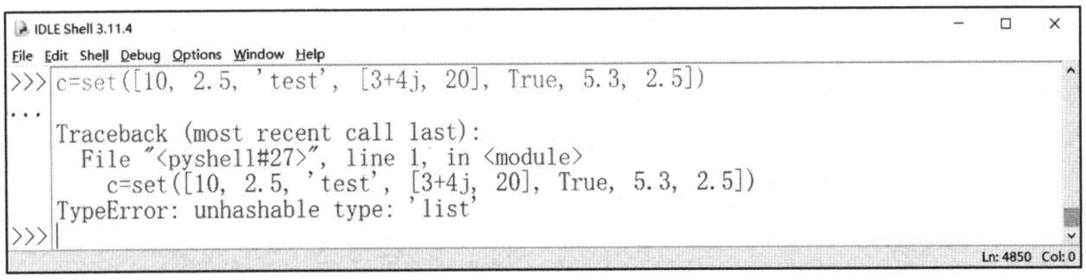

图2-19　将列表作为集合元素时所给出的报错信息示例2

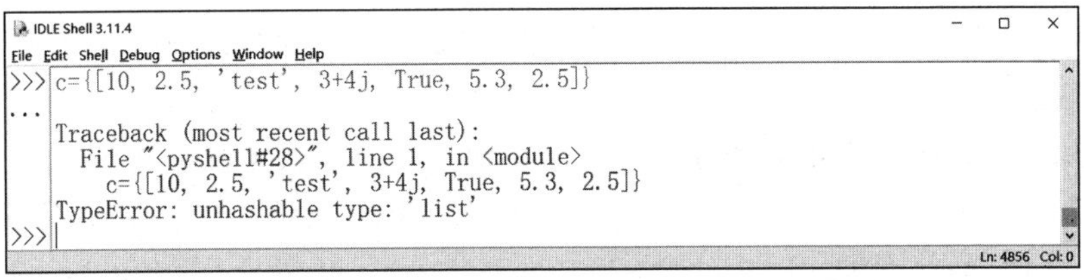

图2-20　将列表作为集合元素时所给出的报错信息示例3

【思考题2-16】下列选项中，执行时会报错的语句是（　　）。

A. set('Python')　　　　　　　　B. set(35.2, True)

C. set([35.2, True])　　　　　　D. set((35.2, True))

【思考题 2-17】 下列选项中，执行时不会报错的语句是（　　）。
A. {['Python', True]}　　　　　　　B. {3.5, [1.2, True]}
C. {3.5, {1.2, True}}　　　　　　　D. {3.5, 1.2, True}

【思考题 2-18】 通过一对花括号{}是否可以创建一个空集合？

2.2.6 字典

字典是另一种无序元素的集合。但与集合不同，字典是一种映射类型，每一个元素是一个键（key）：值（value）对。在一个字典对象中，键必须是唯一的，即不同元素的键不能相同；另外，键必须是可哈希数据，即键不能是列表、集合、字典等数据类型，而值则没有任何限制，可以是任意数据类型。不包含任何元素的字典，即{}，称为空字典。

创建字典时，既可以使用{}，也可以使用 dict 函数。如果要创建一个空字典，可以使用{}或 dict()，如下面的代码所示：

```
1  a={}
2  b=dict()
```

这两条语句的作用相同，执行完毕后，a 和 b 是两个不包含任何元素的空字典。

如果在创建字典的同时，需要给出字典中的元素，则可以使用下面的方法：

```
1  {k1:v1, k2:v2, …, kn:vn}  #ki 和 vi(i=1, 2, …, n) 分别是每一个元素的键和值
2  dict(**kwarg)              # **kwarg 是一个或多个赋值表达式，两个赋值表达式之间用逗号分隔
3  dict(z)                    # z 是 zip 函数返回的结果
4  dict(ls)                   # ls 是元组的列表，每个元组包含两个元素，分别对应键和值
5  dict(dictionary)           # dictionary 是一个已有的字典
```

提示 创建字典的第 3 种方法中用到了 zip 函数。zip 函数的参数是多个可迭代的对象（如列表、元组等），其功能是将不同可迭代对象中对应位置（即具有相同索引值）的元素分别打包成元组，然后返回由这些元组组成的可迭代对象。例如，对于 zip(['one', 'two', 'three'], [1, 2, 3])，传入了两个列表作为 zip 函数的参数，zip 函数会将这两个列表中每组具有相同索引值的元素封装成一个元组，因此会形成 3 个元组，即('one', 1)、('two', 2)、('three', 3)，最后这 3 个元组被封装成一个可迭代对象作为 zip 函数的返回数据。再例如，对于 zip(['one', 'two', 'three'], [1, 2, 3], ['一', '二', '三'])，传入了 3 个列表作为 zip 函数的参数，zip 函数会将这 3 个列表中每组具有相同索引值的元素封装成一个元组，因此会形成 3 个元组，即('one', 1, '一')、('two', 2, '二')、('three', 3, '三')，最后这 3 个元组被封装成一个可迭代对象作为 zip 函数的返回数据。类似地，对于 zip(['one', 'two', 'three'], [1, 2, 3], ['一', '二', '三'], ['I', 'II', 'III'])，zip 函数会返回由('one', 1, '一', 'I')、('two', 2, '二', 'II')、('three', 3, '三', 'III')这 3 个元组组成的可迭代对象。为了方便查看 zip 函数返回的可迭代对象中的元素，可通过 list 将 zip 函数返回的可迭代对象转换为列表，如图 2-21 所示。

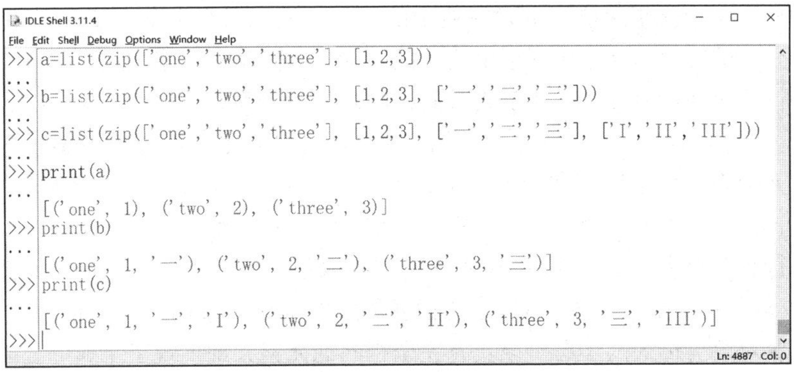

```
>>> a=list(zip(['one','two','three'], [1,2,3]))
...
>>> b=list(zip(['one','two','three'], [1,2,3], ['一','二','三']))
...
>>> c=list(zip(['one','two','three'], [1,2,3], ['一','二','三'], ['I','II','III']))
...
>>> print(a)
...
[('one', 1), ('two', 2), ('three', 3)]
>>> print(b)
...
[('one', 1, '一'), ('two', 2, '二'), ('three', 3, '三')]
>>> print(c)
...
[('one', 1, '一', 'I'), ('two', 2, '二', 'II'), ('three', 3, '三', 'III')]
>>>
```

图 2-21　zip 函数使用示例

代码清单 2-10 给出了字典创建示例。

代码清单 2-10　字典创建示例

```
1  a={'one':1, 'two':2, 'three':3}
2  b=dict(one=1, two=2, three=3)
3  c=dict(zip(['one', 'two', 'three'], [1, 2, 3]))
4  d=dict([('one', 1), ('two', 2), ('three', 3)])
5  e=dict({'one':1, 'two':2, 'three':3})
6  print(a, b, c, d, e)
```

执行代码清单 2-10，运行结果如图 2-22 所示。

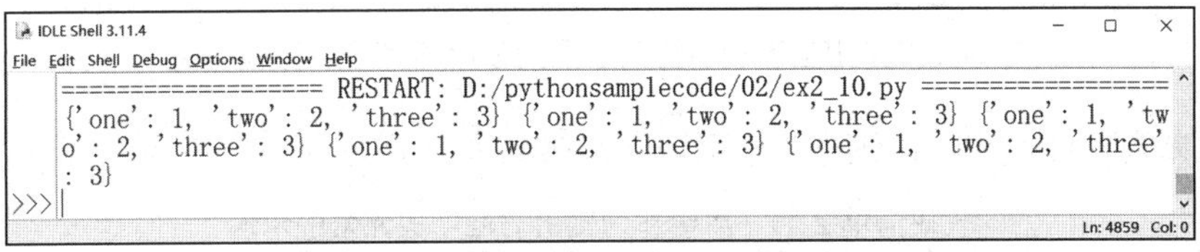

```
================ RESTART: D:/pythonsamplecode/02/ex2_10.py ================
{'one': 1, 'two': 2, 'three': 3} {'one': 1, 'two': 2, 'three': 3} {'one': 1, 'two': 2, 'three': 3} {'one': 1, 'two': 2, 'three': 3} {'one': 1, 'two': 2, 'three': 3}
>>>
```

图 2-22　代码清单 2-10 的运行结果

代码清单 2-10 中前 5 行代码的描述如下。

- 从图 2-22 显示的运行结果中可以看到，前 5 行代码创建了 5 个相同的具有 3 个元素的字典对象，即 {'one': 1, 'two': 2, 'three': 3}。第一个元素的键是字符串 'one'，值是整数 1；第二个元素的键是字符串 'two'，值是整数 2；第三个元素的键是字符串 'three'，值是整数 3。
- 第 1 行代码直接使用一对花括号 {} 创建字典对象。在花括号 {} 中，每两个元素用逗号分隔，键和值之间用冒号分隔。
- 第 2 行代码使用 dict 创建字典对象，传入了 3 个用逗号分隔的参数，分别是 one=1、two=2 和 three=3，这 3 个参数会被自动封装成一个字典对象 {'one': 1, 'two': 2, 'three': 3}。下一章我们学习关键字参数和不定长参数后，读者会对这种写法有进一步的理解。
- 第 3 行代码使用 dict 创建字典对象，将 zip(['one', 'two', 'three'], [1, 2, 3]) 的返回结果作为传入的参数。根据前面的描述，该 zip 函数执行后会返回由 ('one', 1)、('two', 2)、('three', 3) 这 3 个元组组成的可选代对象。每个元组对应所创建字典中的一个元素，元组中索引值为 0 的元素作为字典中元素的键，而元组中索引值为 1 的元素作为字典中元素的值。
- 第 4 行代码使用 dict 创建字典对象，传入了一个列表 [('one', 1), ('two', 2), ('three', 3)] 作为参数，该列表由 3 个元组组成。与第 3 行代码相同，每个元组对应所创建字典中的一个元素，元组中索引值为 0 的元素作为字典中元素的键，而元组中索引值为 1 的元素作为字典中元素的值。
- 第 5 行代码使用 dict 创建字典对象，传入了一个字典 {'one':1, 'two':2, 'three':3} 作为参数。dict 会根据传入的字典对象创建一个新的字典对象，新的字典对象与传入的字典对象具有完全相同的元素，即实现了字典的复制。

与字符串、列表、元组这些序列数据不同，在访问字典中的元素时不能使用整数索引的方式，而是要以键作为元素的索引。例如，先执行 a={'one':1, 'two':2, 'three':3}，再执行 print(a[0])，则会产生报错信息"KeyError: 0"，即"键错误：0"（表示未找到键为 0 的元素），如图 2-23 所示。

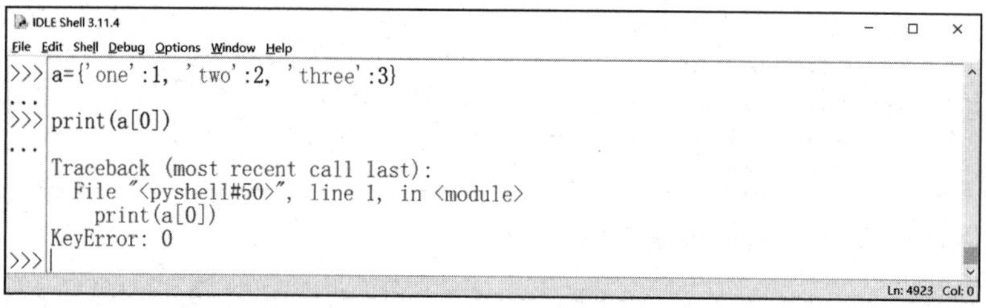

图 2-23 使用整数索引访问字典元素时所产生的报错信息

代码清单 2-11 给出了以键作为索引访问字典元素的示例。

代码清单 2-11 以键作为索引访问字典元素的示例

```
1  info={'name':'张三', 'age':19, 'score':{'python':95, 'math':92}}
2  print(info['name'])              #输出：张三
3  print(info['age'])               #输出：19
4  print(info['score'])             #输出：{'python': 95, 'math': 92}
5  print(info['score']['python'])   #输出：95
6  print(info['score']['math'])     #输出：92
```

代码清单 2-11 执行完毕后，第 2~6 行代码分别按对应注释中的描述输出结果，如图 2-24 所示。

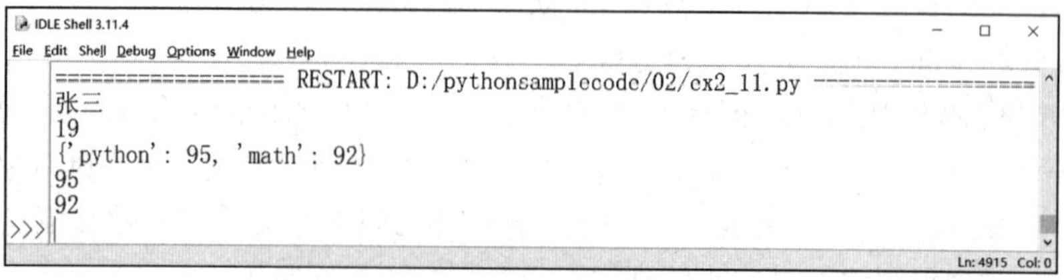

图 2-24 代码清单 2-11 的运行结果

代码清单 2-11 中各行代码的描述如下。
- 第 1 行代码创建了一个包含 3 个元素的字典对象。第一个元素的键是字符串'name'，值是字符串'张三'；第二个元素的键是字符串'age'，值是整数19；第三个元素的键是字符串'score'，值是字典{'python': 95, 'math':92}。

- 第2行代码中，info['name']的作用是访问键为字符串'name'的元素的值，因此返回结果是字符串'张三'。
- 第3行代码中，info['age']的作用是访问键为字符串'age'的元素的值，因此返回结果是整数19。
- 第4行代码中，info['score']的作用是访问键为字符串'score'的元素的值，因此返回结果是字典{'python':95, 'math':92}。
- info['score']访问的元素的值是字典{'python':95, 'math':92}，因此在第5行和第6行代码中可以分别通过info['score']['python']和info['score']['math']访问字典{'python':95, 'math':92}中键为字符串'python'的元素的值和键为字符串'math'的元素的值，返回值分别为整数95和整数92。

【思考题2-19】 下列选项中，错误的描述是（　　）。
A. 字典中的每一个元素是一个键：值对　　B. 字典中不同元素的键不能相同
C. 字典中不同元素的值不能相同　　　　　D. 通过"{}"可以创建一个空字典

【思考题2-20】 下列选项中，不能创建字典对象的语句是（　　）。
A. {'one':1, 'two':2, 'three':3}
B. dict('one':1, 'two':2, 'three':3)
C. dict([('one', 1), ('two', 2), ('three', 3)])
D. dict(zip(['one', 'two', 'three'], [1, 2, 3]))

2.3 运算符

在计算机中，数据处理实际上就是对数据按照一定的规则进行运算。在已经掌握Python基本数据类型的基础上，下面来看一下对这些类型的数据可以做哪些运算。这里介绍数据处理中一些常用运算符的作用和使用方法。

2.3.1 占位运算符

占位运算符类似于C语言中sprintf或printf函数中使用的占位符，在字符串中可以给出一些占位符来表示不同类型的数据，而实际的数据值在字符串之外给出。此处仅介绍3个常用占位符（如表2-2所示），更多的占位符信息将在第6章中给出。

表2-2　常用占位符

占位符	描述	占位符	描述
%d	有符号整型十进制数	%s	字符串
%f 或 %F	有符号浮点型十进制数		

下面通过具体示例介绍这3个占位符的使用方法，如代码清单2-12所示。

代码清单 2-12　占位符使用示例

```
1  s1='%s 上次数学成绩 %d, 本次 %d, 成绩提高 %f' %('小明', 85, 90, 5/85)
2  s2='%5s 上次数学成绩 %5d, 本次 %5d, 成绩提高 %.2f' %('小明', 85, 90, 5/85)
3  s3='%5s 上次数学成绩 %05d, 本次 %05d, 成绩提高 %08.2f' %('小明', 85, 90, 5/85)
4  print(s1)
5  print(s2)
6  print(s3)
```

代码清单 2-12 执行完毕后，可得到如图 2-25 所示的结果。

```
================ RESTART: D:/pythonsamplecode/02/ex2_12.py ================
小明上次数学成绩85，本次90，成绩提高0.058824
   小明上次数学成绩   85，本次   90，成绩提高0.06
   小明上次数学成绩00085，本次00090，成绩提高00000.06
>>>
```

图 2-25　代码清单 2-12 的运行结果

从输出结果中可以看出占位符的使用方法和使用上的差异：

- 在带有占位符的字符串后面写上 %(…)，即可在一对圆括号中指定前面字符串中各占位符所对应的实际数据值，各数据值之间用逗号分开。例如，对于代码清单 2-12 中的第 1~3 行代码，因为前面的字符串中包含 4 个占位符（%s、%d、%d 和 %f），所以后面 %(…) 的一对圆括号中给出了用逗号分隔的 4 个对应的数据值。
- 对于占位符 %s，可以写成 %xs 的形式（其中 x 是一个整数），x 用于指定代入字符串所占的字符数。如果未指定 x，或者 x 小于或等于实际代入字符串的长度，则将字符串直接代入；如果 x 大于实际代入字符串的长度，则会在代入的字符串前面补空格，使得实际代入字符串的长度为 x。例如，对于代码清单 2-12 中的第 2 行和第 3 行代码，%5s 要求代入的字符串占 5 个字符的空间，但实际代入的字符串 "小明" 的长度为 2，所以会在"小明"前补 3 个空格。
- 对于占位符 %d，可以写成 %xd 或 %0xd 的形式（其中 x 是一个整数），x 用于指定代入整数的位数。如果未指定 x，或者 x 小于或等于实际代入整数的位数，则将整数直接代入；如果 x 大于实际代入整数的位数，则会在代入的整数前面补空格（%xd）或 0（%0xd），使得实际代入整数的位数是 x。例如，对于代码清单 2-12 中的第 2 行和第 3 行代码，%5d 和 %05d 要求代入的整数是 5 位，但实际代入的整数 85 和 90 的位数都为 2，所以分别在 85 和 90 前补 3 个空格或 3 个 0。
- 对于占位符 %f，可以写成 %.yf、%x.yf 或 %0x.yf 的形式（其中 x 和 y 都是整数），x 用于指定代入浮点数的位数，y 用于指定代入浮点数的小数位数。如果未指定 x，或者 x 小于或等于实际代入浮点数的位数，则将浮点数直接代入；如果 x 大于实际代入浮点数的位数，则会在代入的整数前面补空格（%x.yf）或 0（%0x.yf），使得实际代入浮点数的位数是 x。如果未指定 y，则默认保留 6 位小数；否则，由 y 决定小数位数，代入浮点数的实际小数位数小于 y 时，则在后面补 0。例如，对于代码清单 2-12 中的第 2 行代码，%.2f 指定小数位数为 2，因此实际代入的浮点数为 0.06（保留两位小数）；对于第 3 行代码，%08.2f 指定代入浮点数的位数为 8，不足补 0，小数位数为 2，因此实际代入的浮点数为 00000.06。

提示 由于%作为占位符的前缀字符,因此对于有占位符的字符串,表示一个%时需要写成%%。例如,执行print('优秀比例为%.2f%%,良好比例为%.2f%%。' %(5.2, 20.35)),输出结果为"优秀比例为5.20%,良好比例为20.35%。"如图2-26所示。

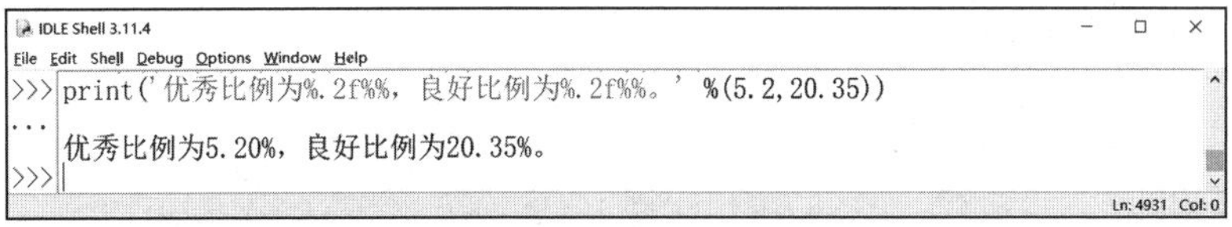

图2-26 有占位符的字符串中表示%的方法

【思考题2-21】下列占位运算符中,表示有符号整型十进制数的占位符是( )。
A. %d　　　　　　B. %%　　　　　　C. %f　　　　　　D. %s

2.3.2 算术运算符

算术运算是计算机支持的主要运算之一,其运算对象是数值型数据。Python中的算术运算符如表2-3所示。

表2-3 算术运算符

运算符	使用方法	功能描述
+（加）	x+y	x与y相加
-（减）	x-y	x与y相减
*（乘）	x*y	x与y相乘
/（除）	x/y	x除以y
//（整除）	x//y	x整除y,返回x/y的整数部分
%（模）	x%y	x整除y的余数,即x-x//y*y的值
-（负号）	-x	x的负数
+（正号）	+x	x的正数(与x相等)
**（乘方）	x**y	x的y次幂

这里通过代码清单2-13理解各算术运算符的作用和使用方法。

代码清单2-13 算术运算符使用示例

```
1   i1, i2=10, 3
2   f1, f2=3.2, 1.5
3   c1, c2=3+4.1j, 5.2+6.3j
4   print(i1+i2)     # 输出：13
5   print(c1-c2)     # 输出：(-2.2-2.2j)
6   print(f1*f2)     # 输出：4.800000000000001
7   print(i1/i2)     # 输出：3.3333333333333335
8   print(i1//i2)    # 输出：3
9   print(i1%i2)     # 输出：1
10  print(-f1)       # 输出：-3.2
11  print(+f2)       # 输出：1.5
12  print(i1**i2)    # 输出：1000
```

代码清单 2-13 执行完毕后，第 4~12 行代码分别按对应注释中的描述输出结果，如图 2-27 所示。

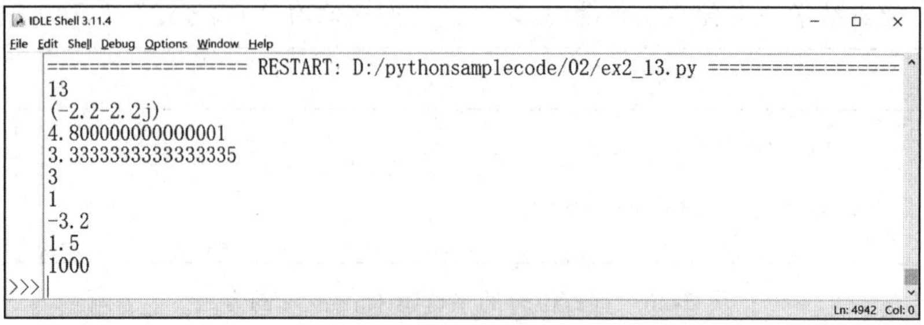

```
IDLE Shell 3.11.4
File Edit Shell Debug Options Window Help
================ RESTART: D:/pythonsamplecode/02/ex2_13.py ================
13
(-2.2-2.2j)
4.800000000000001
3.3333333333333335
3
1
-3.2
1.5
1000
>>>
```

图 2-27 代码清单 2-13 的运行结果

提示　计算机实际存储数据时使用二进制方式，我们在输入和查看数据时使用十进制方式，这就涉及二进制和十进制的转换。

在将输入的十进制数据保存在计算机中时，系统会自动做十进制转二进制的操作，然后将转换后的二进制数据保存；当我们查看计算机中保存的数据时，系统会将保存的二进制数据转成十进制，再显示出来。

然而，十进制小数在转换为二进制时有可能产生精度损失，所以在代码清单 2-13 第 6 行和第 7 行的输出中，结果与实际计算结果之间存在偏差，如 f1（值为 3.2）乘以 f2（值为 1.5）应该等于 4.8，但最后输出的数据与实际计算结果存在 0.000000000000001 的偏差。

【思考题 2-22】 3**4 的运算结果为（　　）。
A. 12　　　　　　　**B**. 81　　　　　　　**C**. 7　　　　　　　**D**. 报错

2.3.3　赋值运算符

赋值运算要求左操作数对象必须是值可以修改的变量，Python 中的赋值运算符如表 2-4 所示。

表 2-4　赋值运算符

运算符	使用方法	功能描述
=	y=x	将 x 的值赋给变量 y
+=	y+=x	等价于 y=y+x
-=	y-=x	等价于 y=y-x
*=	y*=x	等价于 y=y*x
/=	y/=x	等价于 y=y/x
//=	y//=x	等价于 y=y//x
%=	y%=x	等价于 y=y%x
**=	y**=x	等价于 y=y**x

这里通过代码清单 2-14 理解赋值运算符的作用和使用方法。

代码清单 2-14　赋值运算符使用示例

```
1  i1, i2=10, 3  #i1 和 i2 的值分别被赋为 10 和 3
2  i1+=i2  #i1 的值被改为 13
3  print(i1)  # 输出：13
4  c1, c2=3+4.1j, 5.2+6.3j  #c1 和 c2 的值分别被赋为 3+4.1j 和 5.2+6.3j
5  c1-=c2  #c1 的值被改为 -2.2-2.2j
6  print(c1)  # 输出：(-2.2-2.2j)
7  f1, f2=3.2, 1.5  #f1 和 f2 的值分别被赋为 3.2 和 1.5
8  f1*=f2  #f1 的值被改为 4.8
9  print(f1)  # 输出：4.800000000000001（计算结果存在偏差）
10 i1, f1=3, 0.5  #i1 和 f1 的值分别被赋为 3 和 0.5
11 i1**=f1  #i1 的值被改为 1.7320508075688772（即 3 的 0.5 次幂）
12 print(i1)  # 输出：1.7320508075688772
```

代码清单 2-14 执行完毕后，第 3、6、9、12 行代码分别按对应注释中的描述输出结果，如图 2-28 所示。读者可在 Python 环境中尝试其他赋值运算符的具体使用。

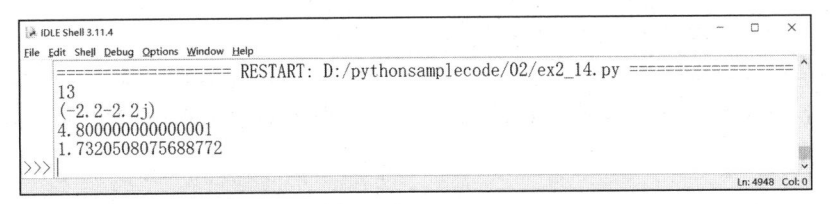

图 2-28　代码清单 2-14 的运行结果

代码清单 2-14 中部分代码的描述如下。
- 第 2 行代码 i1+=i2 等价于 i1=i1+i2，即先将 i1 和 i2 的值做加法运算，再将运算结果赋值给 i1。
- 第 5 行代码 c1-=c2 等价于 c1=c1-c2，即先将 c1 和 c2 的值做减法运算，再将运算结果赋值给 c1。
- 第 8 行代码 f1*=f2 等价于 f1=f1*f2，即先将 f1 和 f2 的值做乘法运算，再将运算结果赋值给 f1。
- 第 11 行代码 i1**=f1 等价于 i1=i1**f1，即先将 i1 和 f1 的值做幂运算，再将运算结果赋值给 i1。

【思考题 2-23】 已知 a=15，则执行"a%=6"后，a 的值为（　　）。
A. 15　　　　　　B. 2.5　　　　　　C. 3　　　　　　D. 2

2.3.4　比较运算符

比较运算的作用是对两个操作数对象的大小关系进行判断，Python 中的比较运算符如表 2-5 所示。

表 2-5　比较运算符

运算符	使用方法	功能描述
==（等于）	y==x	如果 y 和 x 相等，则返回 True；否则，返回 False
!=（不等于）	y!=x	如果 y 和 x 不相等，则返回 True；否则，返回 False

(续)

运算符	使用方法	功能描述
>（大于）	y>x	如果 y 大于 x，则返回 True；否则，返回 False
<（小于）	y<x	如果 y 小于 x，则返回 True；否则，返回 False
>=（大于或等于）	y>=x	如果 y 大于或等于 x，则返回 True；否则，返回 False
<=（小于或等于）	y<=x	如果 y 小于或等于 x，则返回 True；否则，返回 False

这里通过代码清单 2-15 理解各比较运算符的作用和使用方法。

代码清单 2-15　比较运算符使用示例

```
1  i1, i2, i3=25, 35, 25  #i1、i2 和 i3 分别被赋为 25、35 和 25
2  print(i1==i2)   # 输出: False
3  print(i1!=i2)   # 输出: True
4  print(i1>i3)    # 输出: False
5  print(i1<i2)    # 输出: True
6  print(i1>=i3)   # 输出: True
7  print(i1<=i2)   # 输出: True
```

代码清单 2-15 执行完毕后，第 2～7 行代码分别按对应注释中的描述输出结果，如图 2-29 所示。

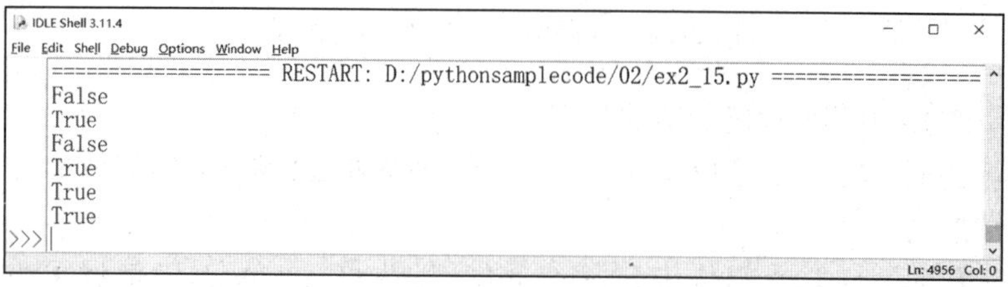

图 2-29　代码清单 2-15 的运行结果

提示　比较运算返回的结果是布尔值 True 或 False。在执行程序时，程序中的每条语句并不一定按顺序依次执行。比较运算的主要作用是设置条件，某些语句在满足条件时才会执行一次（即条件语句），而某些语句在满足条件时会重复执行多次（即循环语句）。本章后面会详细介绍这两种语句的实现方法。

注意　区分赋值运算符 =（一个等号）和比较运算符 ==（两个等号）。例如，a=5 表示通过赋值运算将数值 5 赋给变量 a；而 a==5 用于判断变量 a 是否等于 5，返回 True 或 False。

2.3.5　逻辑运算符

逻辑运算可以将多个比较运算连接起来形成更复杂的条件判断，Python 中的逻辑运算符如表 2-6 所示。

表 2-6 逻辑运算符

运算符	使用方法	功能描述
and（逻辑与）	x and y	如果 x 和 y 都为 Ture，则返回 True；否则，返回 False
or（逻辑或）	x or y	如果 x 和 y 都为 False，则返回 False；否则，返回 True
not（逻辑非）	not x	如果 x 为 True，则返回 False；如果 x 为 False，则返回 True

这里通过代码清单 2-16 理解各逻辑运算符的作用和使用方法。

代码清单 2-16 逻辑运算符使用示例

```
1   n, a=80, 100
2   print(n>=0 and n<=a)          # 输出：True
3   print(n<0 or n>a)             # 输出：False
4   print(not (n>=0 and n<=a))    # 输出：False
```

代码清单 2-16 执行完毕后，第 2~4 行代码分别按对应注释中的描述输出结果，如图 2-30 所示。

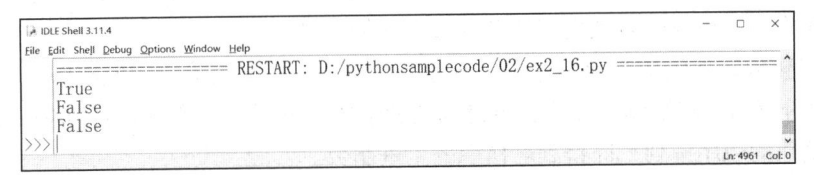

图 2-30 代码清单 2-16 的运行结果

代码清单 2-16 中第 2~4 行代码的描述如下。

- 第 2 行代码中，n>=0 and n<=a 使用逻辑与运算符 and 连接了两个比较运算。前面的比较运算 n>=0 用于判断 n 是否大于或等于 0；后面的比较运算 n<=a 用于判断 n 是否小于或等于 a。当两个比较运算都成立（即都返回 True）时，逻辑与运算结果为 True；当至少有一个比较运算不成立（即其中一个比较运算返回 False 或两个比较运算都返回 False）时，逻辑与运算结果为 False。变量 n 和 a 的值分别是 80 和 100，n>=0 和 n<=a 这两个比较运算都成立，因此逻辑与运算的结果为 True。
- 第 3 行代码中，n<0 or n>a 使用逻辑或运算符 or 连接了两个比较运算。前面的比较运算 n<0 用于判断 n 是否小于 0；后面的比较运算 n>a 用于判断 n 是否大于 a。当至少有一个比较运算成立（即其中一个比较运算返回 True 或两个比较运算都返回 True）时，逻辑或运算结果为 True；当两个比较运算都不成立（即都返回 False）时，逻辑或运算结果为 False。变量 n 和 a 的值分别是 80 和 100，n<0 和 n>a 这两个比较运算都不成立，因此逻辑或运算的结果为 False。
- 第 4 行代码中，not (n>=0 and n<=a) 对 n>=0 and n<=a 的结果做逻辑非运算。根据第 2 行代码的描述，n>=0 and n<=a 的返回结果是 True，因此逻辑非运算的结果为 False。

提示

1.逻辑运算的运算数是布尔型数据，返回结果也是布尔型数据。使用逻辑运算符可以将多个比较运算连接起来,形成更复杂的条件。

2. 代码清单 2-16 第 2 行代码中的 n>=0 and n<=a 也可以写为 0<=n<=a,二者完全等价。

【思考题 2-24】 下列选项中,可以用于判断 c 中保存的字符是否是英文字母的表达式是（　　）。

A. c>='a' and c<='Z'
B. c>='A' and c<='z'
C. (c>='a' and c<='z') and (c>='A' and c<='Z')
D. (c>='a' and c<='z') or (c>='A' and c<='Z')

2.3.6 位运算符

位运算是指对二进制数进行逐位运算,因此在给出各位运算符的功能前,先介绍十进制数和二进制数的相互转换方法。由于位运算符要求运算数必须是整数,所以这里只给出整数的转换规则,小数的转换规则读者可参阅其他资料。

十进制整数转换为二进制数采用"除基取余法":用 2 去除十进制整数,得到商和余数;如果商不为 0,则继续用 2 除,再得到商和余数,重复该步骤直至商为 0;最后将余数按照从后至前的顺序排列,即得到转换后的十进制数。

提示 "除基取余法"中的"基"是指基数,基数即一种数制中可用数码的个数。二进制可用的数码只有 0 和 1 两个,所以二进制的基数是 2。

下面以 26 转换为二进制数为例说明"除基取余法"的具体步骤。如图 2-31 所示,首先,用 26 除以 2,商 13,余 0。然后,对得到的商不断用 2 除,直至商为 0,依次得到如下结果:商 6,余 1;商 3,余 0;商 1,余 1;商 0,余 1。最后,将得到的余数按照从后向前的顺序排列,得到最后的转换结果,即 11010B(以 B 作为后缀表示这是一个二进制数)。

图 2-31 十进制整数转二进制数示例

二进制数转十进制数的规则是"按权展开求和",即将二进制数的每一位写成数码乘以位权的形式,再对乘积求和。例如,对于二进制数 11010B,其对应的十进制数为

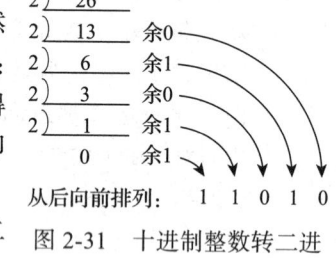

$$11010B = 1 \times 2^4 + 1 \times 2^3 + 0 \times 2^2 + 1 \times 2^1 + 0 \times 2^0$$
$$= 1 \times 16 + 1 \times 8 + 0 \times 4 + 1 \times 2 + 0 \times 1$$
$$= 16 + 8 + 0 + 2 + 0$$
$$= 26$$

提示 对于任何一种数制,一个数码在不同的位上所表示的值大小不同,它的值等于数码乘以该数码所在位的位权。位权是基数的整数次幂,小数点左边第一位的位权是基数的 0 次幂,左边第二位的位权是基数的 1 次幂,依此类推。

例如,十进制数的基数是 10,因此对于十进制数 333,百位上的 3 表示 300(3×10^2),

而十位和个位上的 3 分别表示 $30(3 \times 10^1)$ 和 $3(3 \times 10^0)$。再例如，二进制数的基数是 2，因此对于二进制数 11010B，从左到右的 3 个 "1" 所表示的值分别是 $16(1 \times 2^4)$、$8(1 \times 2^3)$ 和 $2(1 \times 2^1)$。

Python 中的位运算符如表 2-7 所示。

表 2-7 位运算符

运算符	使用方法	功能描述
&（按位与）	y&x	如果 y 和 x 的对应位都为 1，则结果中该位为 1；否则，该位为 0
|（按位或）	y|x	如果 y 和 x 的对应位都为 0，则结果中该位为 0；否则，该位为 1
^（按位异或）	y^x	如果 y 和 x 的对应位不同，则结果中该位为 1；否则，该位为 0
<<（左移位）	y<<x	将 y 左移 x 位（右侧补 0）
>>（右移位）	y>>x	将 y 右移 x 位（左侧补 0）
~（按位取反）	~x	如果 x 的某位为 1，则结果中该位为 0；否则，该位为 1

这里通过代码清单 2-17 理解位运算符的作用和使用方法。

代码清单 2-17 位运算符使用示例

```
1  i1, i2=3, 6  #i1 对应的二进制数是 11B，i2 对应的二进制数是 110B
2  print(i1&i2)  # 输出：2。计算方法：011B&110B=010B=2
3  print(i1|i2)  # 输出：7。计算方法：011B|110B=111B=7
4  print(i1^i2)  # 输出：5。计算方法：011B^110B=101B=5
5  print(i1<<1)  # 输出：6。计算方法：11B<<1=110B=6
6  print(i1>>1)  # 输出：1。计算方法：11B>>1=1B=1
```

代码清单 2-17 执行完毕后，第 2~6 行代码分别按对应注释中的描述输出结果，如图 2-32 所示。

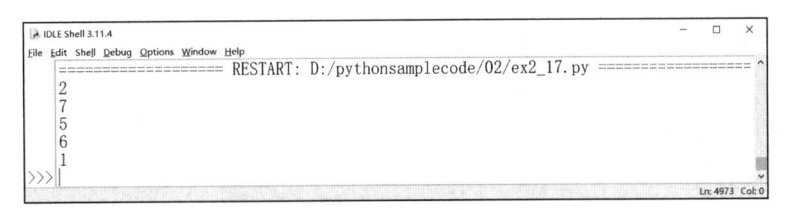

图 2-32 代码清单 2-17 的运行结果

这里以第 2 行代码为例说明位运算的具体方法：
- 将 `i1` 和 `i2` 的值分别转换为二进制数，得到 11B 和 110B；
- 按小数点将两个运算数对齐，缺少的位补 0，因此 `i1` 表示为 011B，`i2` 仍表示为 110B；
- 对每一个二进制位分别做"与"运算，两个运算数只有从右数第 2 位的值都为 1，所以运算结果中只有从右数第 2 位的值为 1，其他位的值均为 0；
- 将按位与运算结果 010B 转换为十进制数，得到 2。

$$\begin{array}{r} 011B \\ \&\ 110B \\ \hline 010B \end{array}$$

【思考题 2-25】十进制数 37 转为二进制数的结果为（　　）。
A. 100101B　　　**B.** 101001B　　　**C.** 100100B　　　**D.** 100001B

【思考题 2-26】7^10 的运算结果为（　　）。
A. 17　　　**B.** 15　　　**C.** 13　　　**D.** 2

2.3.7 身份运算符

身份运算用于比较两个对象是否对应同样的存储单元，Python 的身份运算符如表 2-8 所示。

表 2-8　身份运算符

运算符	使用方法	功能描述
is	x is y	如果 x 和 y 对应相同的存储单元，则返回 True；否则，返回 False
is not	x is not y	如果 x 和 y 对应不同的存储单元，则返回 True；否则，返回 False

提示　程序在运行时，输入数据和输出数据都存放在内存中。内存中的一个存储单元可以存储一个字节的数据，每个存储单元都有一个唯一的编号，称为内存地址。根据数据类型不同，数据所占用的内存大小也不同。一个数据通常会占据内存中连续多个存储单元，起始存储单元的地址称为该数据的内存首地址。利用 id 函数可以查看一个数据的内存首地址。

x is y 等价于 id(x)==id(y)，即判断 x 和 y 的内存首地址是否相同；x is not y 等价于 id(x)!=id(y)，即判断 x 和 y 的内存首地址是否不同。

这里通过代码清单 2-18 理解身份运算符的作用和使用方法。

代码清单 2-18　身份运算符使用示例

```
1  x, y=15, 15
2  print(x is y)            #输出：True
3  print(x is not y)        #输出：False
4  print(x is 15)           #输出：True
5  x, y=[1, 2, 3], [1, 2, 3]
6  print(x is y)            #输出：False
7  print(x==y)              #输出：True
8  print(x is [1, 2, 3])    #输出：False
9  x=y
10 print(x is y)            #输出：True
```

代码清单 2-18 执行完毕后，第 2～4、6～8、10 行代码分别按对应注释中的描述输出结果，如图 2-33 所示。

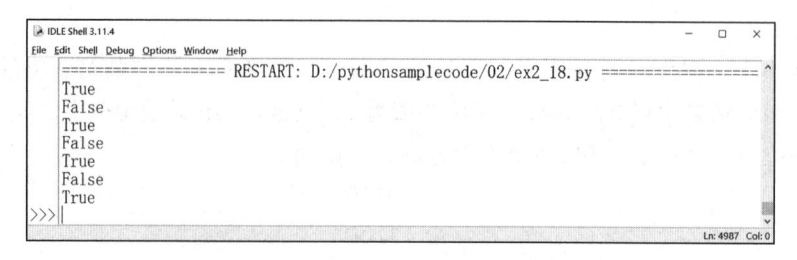

图 2-33　代码清单 2-18 的运行结果

根据输出结果可以得到以下信息：
- 从第 2~4 行代码的输出结果可以看到，对于数值类型的数据，无论它是常量还是变量，只要其值相同，就对应相同的存储单元。
- 从第 6~8 行代码的输出结果可以看到，对于列表类型的数据，无论它是常量还是变量，虽然它们的值相同，但对应的存储单元不同。因此，第 6 行和第 8 行中的 is 运算都会返回 False。而比较运算符 == 只是单纯进行值的比较，只要值相等就会返回 True（如第 7 行代码）。
- 如果赋值运算符 = 的右操作数也是一个变量，则赋值运算后左操作数变量和右操作数变量会对应相同的存储单元（如第 10 行代码）。

提示 在前面学习的 6 种 Python 基本数据类型中，需要关注列表、集合、字典这 3 种类型的数据对象是否对应相同的存储单元，以避免对元素的意外修改。

例如，如图 2-34 所示，对于列表 y=[1, 2, 3]，执行 x=y，则 x 和 y 对应相同的存储单元。此时，如果执行 x[1]=20，将列表 x 中索引值为 1 的元素由 2 改为 20，则列表 y 中的元素也会同时改变。出现这种结果的原因在于：通过赋值运算 x=y，并不会创建新的列表，而是使 x 和 y 对应了同一个已有的列表。后面章节中，会介绍根据一个已有列表创建一个新列表的方法。

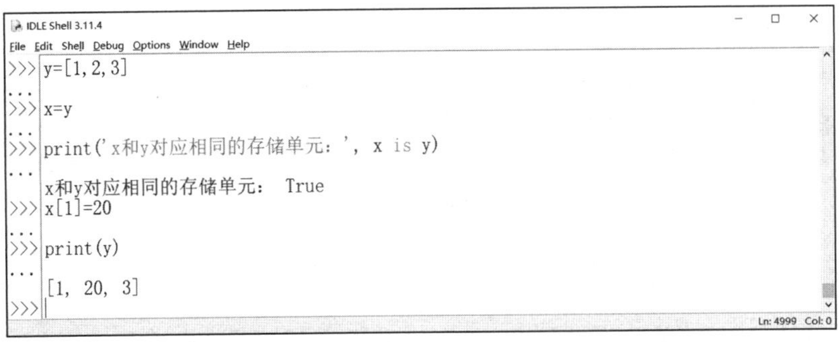

图 2-34 对应相同存储单元的列表的操作示例

【思考题 2-27】 程序在运行时，输入数据和输出数据都存放在（　　）中。
A. 外存　　　　　　B. 内存　　　　　　C. CPU　　　　　　D. 硬盘

2.3.8 成员运算符

成员运算用于判断一个可迭代对象（如序列、集合、字典）中是否包含某个元素，Python 中的成员运算符如表 2-9 所示。

表 2-9 成员运算符

运算符	使用方法	功能描述
in	x in y	如果 x 是可迭代对象 y 的一个元素，则返回 True；否则，返回 False
not in	x not in y	如果 x 不是可迭代对象 y 的一个元素，则返回 True；否则，返回 False

提示 对于字符串,可以使用 in 或 not in 判断一个字符串是否是另一个字符串的子串。

这里通过代码清单 2-19 理解成员运算符的作用和使用方法。

代码清单 2-19　成员运算符使用示例

```
1   x, y=15, ['abc', 15, True]
2   print(x in y)        # 输出: True
3   x=20
4   print(x not in y)    # 输出: True
5   y=(20, 'Python')
6   print(x in y)        # 输出: True
7   x, y='Py', 'Python'
8   print(x in y)        # 输出: True
9   x, y=20, {15, 20, 25}
10  print(x in y)        # 输出: True
11  x, y='one', {'one':1, 'two':2, 'three':3}
12  print(x in y)        # 输出: True
13  print(1 in y)        # 输出: False
```

代码清单 2-19 执行完毕后,第 2、4、6、8、10、12、13 行代码分别按对应注释中的描述输出结果,如图 2-35 所示。

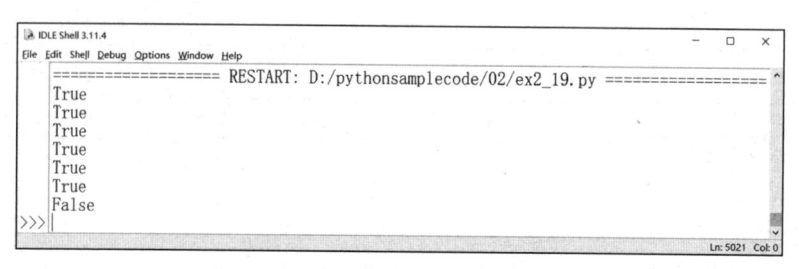

图 2-35　代码清单 2-19 的运行结果

提示
　　1. 代码清单 2-19 的第 8 行代码中,x 和 y 是两个字符串 'Py' 和 'Python'。因此,通过 x in y,可以判断 x 是否是 y 的子串。'Py' 是 'Python' 的子串,所以结果为 True。
　　2. 使用成员运算符判断一个数据是否是字典中的元素,实际上就是判断该数据是否是字典中某个元素的键。如代码清单 2-19 的第 12 和 13 行代码所示,'one' 是 y 中第一个元素的键,因此 x in y 返回 True;而 1 虽然是 y 中第一个元素的值,但不是任何一个元素的键,因此 1 in y 返回 False。

【思考题 2-28】下列选项中,返回结果为 True 的表达式为(　　)。
A. 1 in {'ab':1}　　　　　　　　　B. 'ab' in 'abc'
C. 'ac' in 'abc'　　　　　　　　　D. 'ab' in ['abc', 1]

2.3.9　序列运算符

这里介绍两个用于序列的运算符:+ 和 *,如表 2-10 所示。

表 2-10 序列运算符

运算符	使用方法	功能描述
+（拼接）	x+y	将序列 x 和序列 y 中的元素连接，生成一个新的序列
*（重复）	x*n	将序列 x 中的元素重复 n 次，生成一个新的序列

这里通过代码清单 2-20 理解序列运算符的作用和使用方法。

代码清单 2-20 序列运算符使用示例

```
1   x, y=[12, False], ['abc', 15, True]
2   z=x+y              #将 x 和 y 拼接后的结果赋给 z
3   print(z)           #输出：[12, False, 'abc', 15, True]
4   s1, s2='我喜欢学习', 'Python'
5   s=s1+s2            #将 s1 和 s2 拼接后的结果赋给 s
6   print(s)           #输出：我喜欢学习 Python
7   x_3=x*3            #将序列 x 的元素重复 3 次，生成一个新序列并赋给 x_3
8   print(x_3)         #输出：[12, False, 12, False, 12, False]
9   s_3=s*3            #将字符串 s 重复 3 次，生成一个新字符串并赋给 s_3
10  print(s_3)         #输出：我喜欢学习 Python 我喜欢学习 Python 我喜欢学习 Python
```

代码清单 2-20 执行完毕后，第 3、6、8、10 行代码分别按对应注释中的描述输出结果，如图 2-36 所示。

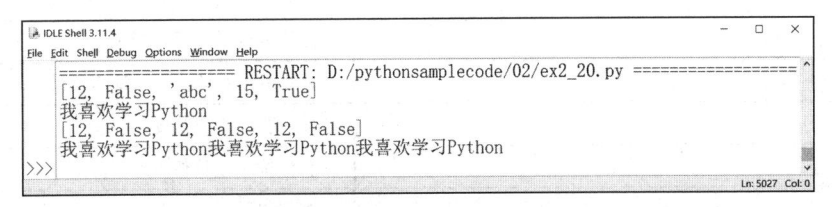

图 2-36 代码清单 2-20 的运行结果

代码清单 2-20 中部分代码的描述如下。

- 第 2 行代码中，x 和 y 是第 1 行代码中创建的两个列表变量，值分别是 [12, False] 和 ['abc', 15, True]。因此，x+y 中的"+"表示序列的拼接运算，而不是数值的加法运算，其会创建一个新列表，该新列表包含了 x 和 y 中的元素，其值为 [12, False, 'abc', 15, True]。
- 第 5 行代码中，s1 和 s2 是第 4 行代码中创建的两个字符串变量，值分别是 '我喜欢学习' 和 'Python'。执行 s1+s2，则会进行两个字符串的拼接运算，创建一个新的字符串，其值为 '我喜欢学习 Python'。
- 第 7 行代码中，x 是第 1 行代码中创建的列表变量，其值为 [12, False]。因此，x*3 中的"*"表示序列的重复运算，而不是数值的乘法运算，其会将列表 x 中的元素重复 3 次，创建一个新列表，该新列表的值为 [12, False, 12, False, 12, False]。
- 第 9 行代码中，s 是第 5 行代码中通过字符串拼接运算创建的字符串变量，其值为 '我喜欢学习 Python'。执行 s*3，则会执行字符串的重复运算，将字符串 s 中的元素重复 3 次，创建一个新字符串，该新字符串的值为 '我喜欢学习 Python 我喜欢学习 Python 我喜欢学习 Python'。

2.3.10 运算符优先级

在一个表达式中，通常会包含多个运算，这就涉及运算的顺序，其由两个因素确定：运算符的优先级和运算符的结合性。

- 对于具有不同优先级的运算符，会先完成高优先级的运算，再完成低优先级的运算。例如，表达式 3+5*6 中，"*"的优先级高于"+"，因此先计算 5*6，得到 30，再计算 3+30。
- 对于具有相同优先级的运算符，其运算顺序由结合性来决定。结合性包括左结合和右结合两种：左结合是按照从左向右的顺序完成计算，而右结合是按照从右向左的顺序完成计算。例如，表达式 5-3+6 中，"-"和"+"的优先级相同，它们是左结合的运算符，因此先计算 5-3，得到 2，再计算 2+6；表达式 a=b=1 中，"="是右结合的运算符，因此先计算 b=1，再计算 a=b。

前面所介绍的各运算符的优先级如表 2-11 所示。优先级的值越小，则表示优先级越高。

表 2-11 运算符优先级

优先级	运算符	描述
1	**	乘方
2	~、+、-	按位取反、正号、负号
3	*、/、//、%	乘/序列重复、除、整除、模
4	+、-	加/序列拼接、减
5	>>、<<	右移位、左移位
6	&	按位与
7	^	按位异或
8	|	按位或
9	>、<、>=、<=、==、!=、is、is not、in、not in	比较运算符、身份运算符、成员运算符
10	not	逻辑非
11	and	逻辑与
12	or	逻辑或
13	=、+=、-=、*=、/=、//=、%=、**=	赋值运算符

提示 如果不确定优先级和结合性，或者希望不按优先级和结合性规定的顺序完成计算，可以使用圆括号改变计算顺序。例如，对于 3+5*6，如果希望先算"+"，再算"*"，则可以写为 (3+5)*6。

【思考题 2-29】 3*5**2 的运算结果为（　　）。
A. 30　　　　　B. 225　　　　　C. 75　　　　　D. 报错

【思考题 2-30】 已知 x=5，则执行"x*=3+6"后，x 的值为（　　）。
A. 15　　　　　B. 21　　　　　C. 45　　　　　D. 报错

【思考题 2-31】 表达式 a=b=1 中两个运算符的运算顺序是否是从右至左?

2.4 条件语句

通过设置条件,可以使得某些语句在条件满足时才会执行。例如,如果一名学生某门课程的成绩小于 60 分,则输出"不及格",否则不输出任何信息,那么可以按照图 2-37a 所示流程编写程序。当然,在实际使用中,我们希望能给及格的学生也反馈一些信息,所以可以按照图 2-37b 所示流程编写程序:当一名学生某门课程的成绩小于 60 分时,则输出"不及格",否则输出"及格"。

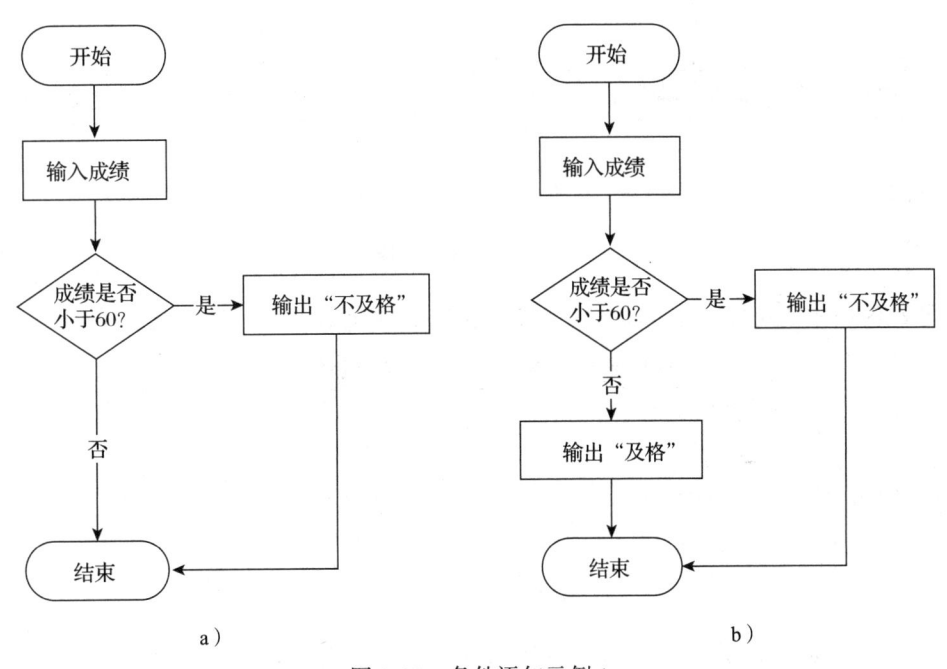

图 2-37 条件语句示例 1

图 2-37a 和图 2-37b 所示的流程图也可以分别改成如代码清单 2-21 和代码清单 2-22 所示的伪代码来描述。

代码清单 2-21　图 2-37a 对应的伪代码

```
1   输入成绩并保存到变量 score 中
2   如果 score 小于 60
3       输出"不及格"
```

代码清单 2-22　图 2-37b 对应的伪代码

```
1   输入成绩并保存到变量 score 中
2   如果 score 小于 60
3       输出"不及格"
4   否则
5       输出"及格"
```

接下来考虑更复杂的情况,进一步将大于或等于 60 分的学生成绩分为优秀(90~100 分)、良好(80~89 分)、中等(70~79 分)和及格(60~69 分)。此时,按照图 2-38 所示的流程进行程序编写。

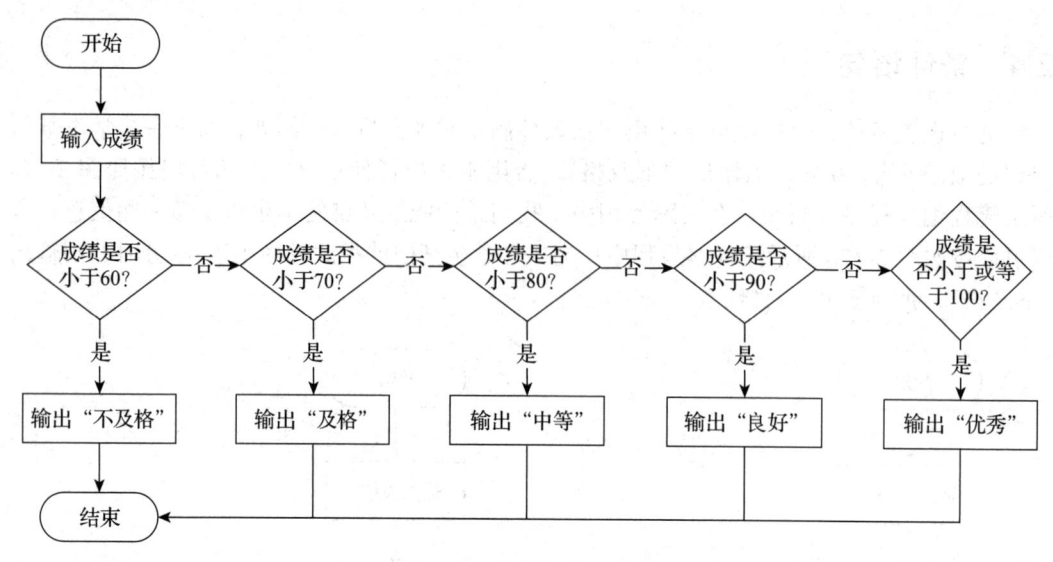

图 2-38　条件语句示例 2

图 2-38 所示的流程图也可以改成如代码清单 2-23 所示的伪代码来描述。

代码清单 2-23　图 2-38 对应的伪代码

```
1    输入成绩并保存到变量 score 中
2    如果 score 小于 60
3        输出 "不及格"
4    否则，如果 score 小于 70
5        输出 "及格"
6    否则，如果 score 小于 80
7        输出 "中等"
8    否则，如果 score 小于 90
9        输出 "良好"
10   否则，如果 score 小于或等于 100    #显然，可以将条件去掉，直接改为 "否则"
11       输出 "优秀"
```

提示

1. 在解决一个实际问题时，可以先使用流程图、自然语言或伪代码等形式描述数据处理流程（即算法设计），再按照设计好的流程编写程序（即算法实现）。这样，在设计算法时可以忽略具体代码实现，而专注于如何解决问题，有利于避免程序的逻辑错误。

2. 在绘制流程图时，要求必须从 "开始" 出发，经过任何处理后必然能到达 "结束"。另外，对于流程图中使用的图形符号有着严格规定，"开始" 和 "结束" 一般放在圆角矩形或圆中，数据处理放在矩形框中，而条件判断放在菱形框中。

3. 代码清单 2-23 的第 4 行代码 "否则，如果 score 小于 70" 中，虽然没有写 "score 大于或等于 60"，但因为第 2 行代码 "如果 score 小于 60" 不成立，才执行第 4 行代码的判断，所以在执行第 4 行代码时 score 必然是大于或等于 60 的。第 6、8、10 行代码的判断也类似。在编写程序时，应尽量减少冗余的判断，以尽可能提高程序执行效率。

【思考题 2-32】 在绘制流程图时，条件判断应放在（　　）中。
A. 圆角矩形　　　　　　B. 圆　　　　　　C. 矩形框　　　　　　D. 菱形框
【思考题 2-33】 在绘制流程图时，只有（　　）后面允许有多个分支。
A. 圆角矩形　　　　　　B. 圆　　　　　　C. 矩形框　　　　　　D. 菱形框
【思考题 2-34】 伪代码是否必须符合 Python 语言的语法要求？

2.4.1 if、elif、else

在理解了条件语句的作用后，下面来看一下如何使用 Python 语言实现条件语句。条件语句的语法格式如下：

```
if 条件1:
    语句序列1
[elif 条件2:
    语句序列2
……
elif 条件K:
    语句序列K]
[else:
    语句序列K+1]
```

其中，if 表示"如果"，elif 表示"否则如果"，else 表示"否则"。最简单的条件语句只有 if，elif 和 else 都是可选项，根据需要决定是否使用。

下面给出代码清单 2-21、代码清单 2-22 和代码清单 2-23 中的伪代码对应的 Python 语言编程实现。

代码清单 2-24　代码清单 2-21 中伪代码对应的 Python 语言编程实现

```
1  score=eval(input('请输入成绩（0~100之间的整数）: '))
2  if score<60:  #注意要写上 ":"
3      print('不及格')
```

代码清单 2-25　代码清单 2-22 中伪代码对应的 Python 语言编程实现

```
1  score=eval(input('请输入成绩（0~100之间的整数）: '))
2  if score<60:
3      print('不及格')
4  else:  #注意else后也要写上 ":"
5      print('及格')
```

代码清单 2-26　代码清单 2-23 中伪代码对应的 Python 语言编程实现

```
1   score=eval(input('请输入成绩（0~100之间的整数）: '))
2   if score<60:
3       print('不及格')
4   elif score<70:  #注意elif后也要写上 ":"
5       print('及格')
6   elif score<80:
7       print('中等')
8   elif score<90:
9       print('良好')
10  elif score<=100:  #也可以改为 "else:"
11      print('优秀')
```

代码清单 2-24、代码清单 2-25 和代码清单 2-26 的运行结果示例分别如图 2-39、图 2-40 和图 2-41 所示。

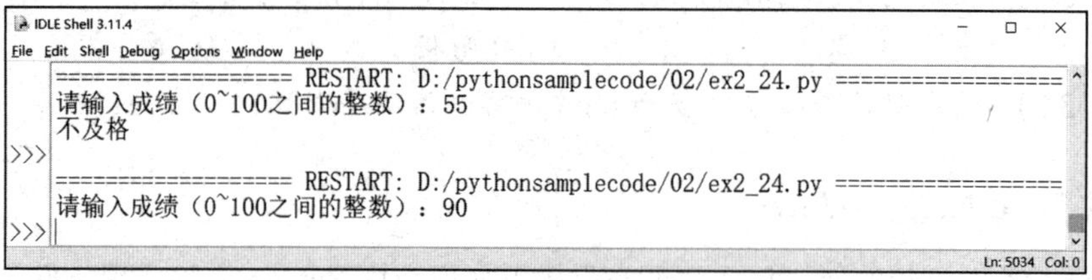

图 2-39　代码清单 2-24 的运行结果

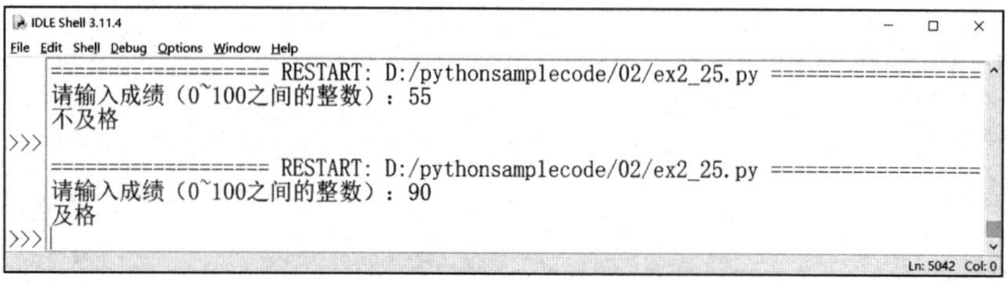

图 2-40　代码清单 2-25 的运行结果

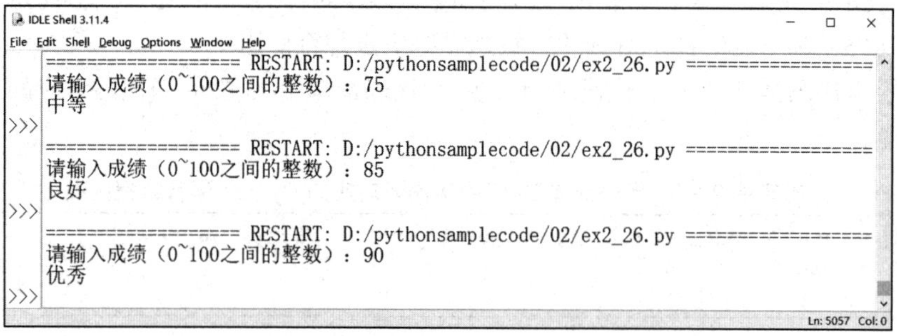

图 2-41　代码清单 2-26 的运行结果

提示　每一个语句序列中可以包含一条或多条语句。例如，将代码清单 2-24 改写为

```
1  score=eval(input('请输入成绩（0~100之间的整数): '))
2  if score<60:
3      print('你的成绩是 %d'%score)
4      print('不及格')
```

则第 3 行和第 4 行代码都是只有在 score<60 这个条件成立时才执行，如图 2-42 所示。

这里需要注意 if 语句序列中的这两条语句需要有同样的缩进，如果误写为

```
1  score=eval(input('请输入成绩（0~100之间的整数): '))
2  if score<60:
3      print('你的成绩是 %d'%score)
4  print('不及格')  # 缺少缩进
```

则无论 score<60 这个条件是否成立，第 4 行代码都会被执行，如图 2-43 所示。

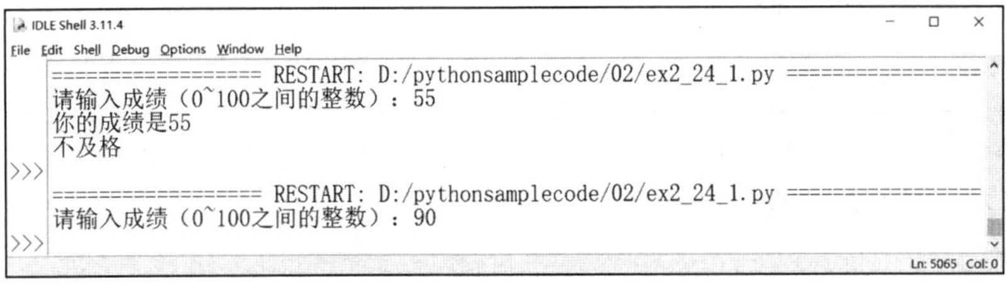

图 2-42　if 语句序列中包含多条语句的程序运行结果示例

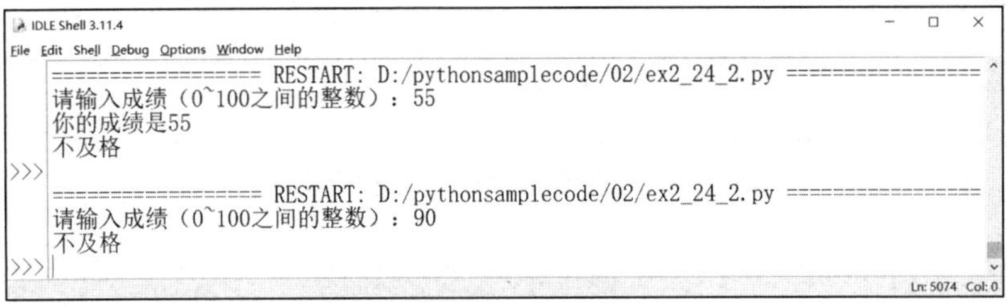

图 2-43　错误缩进方式下的程序运行结果示例

【思考题 2-35】下面程序的输出结果是（　　）。

```
score=80
if score<60:
    print('成绩为%d'%score, end=' ')
print('不及格')
```

A. 成绩为 80 不及格　　　　　　　　　B. 成绩为 80
C. 不及格　　　　　　　　　　　　　　D. 无输出

【编程练习 2-1】下面程序的功能是将输入数据取绝对值并输出。请改正下面程序中存在的错误。

```
val=eval(input())
if val<0
val*=-1
print(val)
```

【编程练习 2-2】编写程序实现以下功能：输入一个年份，判断该年份是否是闰年，并将判断结果输出（是闰年则输出 yes，否则输出 no）。

【编程练习 2-3】编写程序实现以下功能：输入一个数值 x，如果 x 在区间 (1, 2] 上，则输出 x+2.5 的值；如果 x 在区间 [-1, 1] 上，则输出 4.35x 的值；如果 x 在区间 [-2, -1) 上，则输出 x 的值；如果 x 为其他值，则输出 invalid。

2.4.2　pass

pass 表示一个空操作，只起到一个占位作用，执行时什么都不做。例如，可以将代码清单 2-24 改为代码清单 2-27 的写法。

代码清单 2-27　使用 pass 改写代码清单 2-24

```
1  score=eval(input('请输入成绩（0~100之间的整数）: '))
2  if score>=60:
```

```
3       pass  #什么都不做
4   else:
5       print(' 不及格 ')
```

代码清单 2-27 执行完毕后，对于相同的输入，其输出结果与代码清单 2-24 的输出结果完全相同，如图 2-44 所示。

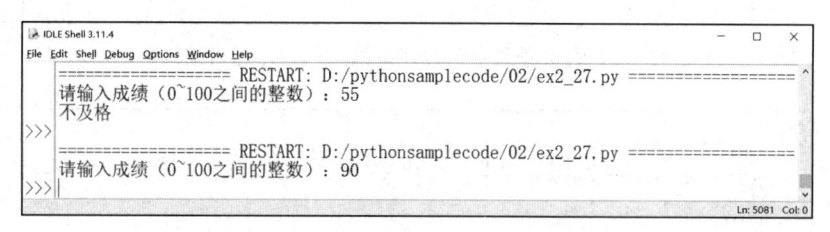

图 2-44　代码清单 2-27 的运行结果

提示

1. 在某些必要的语句（如条件语句中的各语句序列）还没有编写的情况下，如果要运行程序，则可以先在这些必要语句处写上"pass"，使得程序不存在语法错误，能够正常运行。

2. 实际上，pass 与条件语句并没有直接关系，在程序中所有需要的地方都可以使用 pass 作为占位符。比如，在后面将要学习的循环语句中，也可以使用 pass 作为占位符。

【思考题 2-36】下面程序的输出结果是（　　）。

```
score=80
if score<60:
    print(' 不及格 ')
else:
    pass
```

A. 不及格　　　　**B**. pass　　　　**C**. 报错　　　　**D**. 无输出

2.5　循环语句

通过循环，可以使得某些语句重复执行多次。例如，要计算 1～n 的和，可以使用一个变量 sum=0 保存求和结果，并设置一个变量 i，让其遍历 1～n 这 n 个整数；对于 i 的每一个取值，执行 sum+=i 的运算；遍历结束后，sum 中即保存了求和结果。

提示　"遍历"这个词在计算机程序设计中经常会用到，其表示对某一个数据中的数据元素按照某种顺序进行访问，使得每个数据元素会被访问且仅被访问一次。例如，对于列表 ls=[1, 'Python', True] 中的 3 个元素，如果按照某种规则（如从前向后或从后向前）依次访问了 1、'Python'、True 这 3 个元素，且每个元素仅被访问了一次，则可以说对列表 ls 完成了一次遍历。

循环语句的执行过程如图 2-45 所示。其中，语句序列 1 和语句序列 3 分别是循环语句前和循环语句后所执行的操作。循环条件判断和语句序列 2 构成了循环语句：只要满足循环条件，就会执行语句序列 2；执行语句序列 2 后，会再次判断是否满足循环条件。

这里介绍 Python 的两种循环语句：`for` 循环和 `while` 循环。

2.5.1 `for` 循环

与 C/C++ 语言不同，Python 语言中的 `for` 循环用于遍历可迭代对象中的每一个元素，并根据当前访问的元素做数据处理，其语法格式为

```
for 变量名 in 可迭代对象：
    语句序列
```

变量依次获取可迭代对象中每一个元素的值，在语句序列中可以根据当前变量保存的元素值进行相应的数据处理。例如，代码清单 2-28 可以将一个列表中各元素的值依次输出。

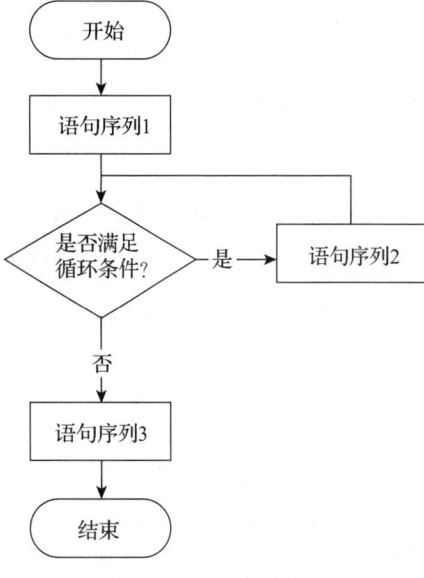

图 2-45 循环语句执行过程

代码清单 2-28 使用 `for` 循环输出列表中的元素

```
1  ls=['Python', 'C++', 'Java']
2  for k in ls: #注意 for 后要写上 ":"
3      print(k)
```

代码清单 2-28 执行完毕后，输出结果如图 2-46 所示。

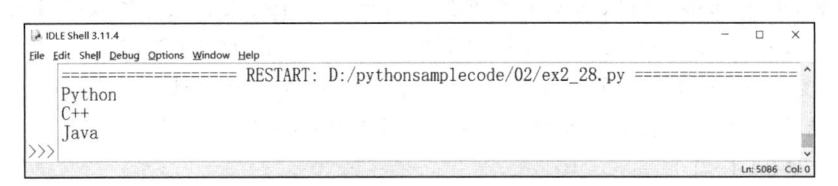

图 2-46 代码清单 2-28 的运行结果

再如，代码清单 2-29 可以将一个字典中各元素的键和值依次输出。

代码清单 2-29 使用 `for` 循环输出字典中的元素

```
1  d={'Python':1, 'C++':2, 'Java':3}
2  for k in d: #注意 for 后要写上 ":"
3      print('%s:%d'%(k, d[k]))
```

代码清单 2-29 执行完毕后，输出结果如图 2-47 所示。

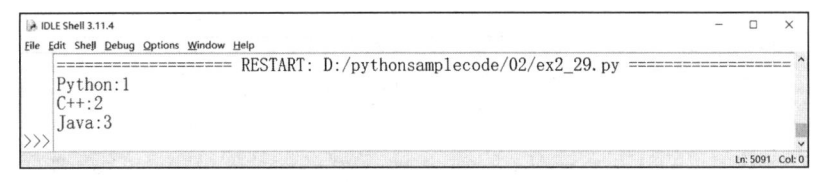

图 2-47 代码清单 2-29 的运行结果

提示 使用 for 遍历字典中的元素时，每次获取的是元素的键，通过键可以再获取到元素的值。如代码清单 2-29 中，通过第 2 行代码，每次从 d 中获取一个元素的键并赋给循环变量 k，因此，k 依次被赋值为字符串 'Python'、字符串 'C++' 和字符串 'Java'。通过第 3 行代码中的 d[k] 则可以根据 k 的值依次获取每个元素的值，即 d['Python'] 的值为 1，d['C++'] 的值为 2，d['Java'] 的值为 3。

使用 for 循环时，如果需要遍历一个数列中的所有数字，则通常利用 range 函数生成一个可迭代对象。range 函数的语法格式如下：

range([beg], end, [step])

各参数的含义如下。
- beg：表示起始数值。
- end：表示终止数值，注意生成对象中不包含值为 end 的元素。
- step：表示步长，允许为负值。

提示
1. 生成的可迭代对象中包含的元素依次为 beg、beg+1×step、beg+2×step、⋯、beg+k×step（满足 beg+k×step<end 且 beg+(k+1)×step ≥ end，即生成对象中不包含值为 end 的元素）。例如，range(1, 9, 2) 生成的可迭代对象中包含的元素依次为 1、3（即 1+1×2）、5（即 1+2×2）和 7（即 1+3×2），而不会包含值为 9 的元素。

2. step 允许为负值。例如，range(5, -1, -2) 生成的可迭代对象中包含的元素依次为 5、3（即 5+1×(-2)）、1（即 5+2×(-2)）。

3. 如果 step 省略，则默认以 1 为步长。例如，range(1, 5) 生成的可迭代对象中包含的元素依次为 1、2（即 1+1×1）、3（即 1+2×1）、4（即 1+3×1）。

4. 在 step 省略的情况下，如果 beg 也省略，则默认从 0 开始。例如，range(5) 生成的可迭代对象中包含的元素依次为 0、1（即 0+1×1）、2（即 0+2×1）、3（即 0+3×1）、4（即 0+4×1）。

代码清单 2-30 展示了 range 函数的使用方法。

代码清单 2-30 range 函数的使用方法示例

```
1    print(list(range(1, 5, 2)))       #输出：[1, 3]
2    print(list(range(5, -1, -2)))     #输出：[5, 3, 1]
3    print(list(range(1, 5)))          #输出：[1, 2, 3, 4]
4    print(list(range(5)))             #输出：[0, 1, 2, 3, 4]
```

代码清单 2-30 执行完毕后，第 1~4 行代码分别按照对应注释中的描述输出结果，如图 2-48 所示。

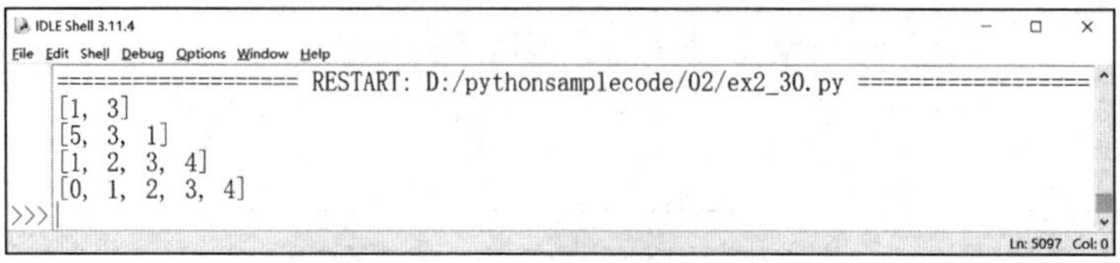

图 2-48 代码清单 2-30 的运行结果

提示 range 函数返回的是一个可迭代对象，通过 list 可将该对象转换为列表。

代码清单 2-31 展示了 1~n 的和的计算方法。

代码清单 2-31　使用 for 循环实现 1~n 的求和

```
1  n=eval(input('请输入一个大于0的整数: '))
2  sum=0
3  for i in range(1, n+1): #range函数将生成由1~n这n个整数组成的可迭代对象
4      sum+=i
5  print(sum) # 输出求和结果
```

如图 2-49 所示，执行代码清单 2-31，如果输入 10，则输出 55；如果输入 100，则输出 5050。

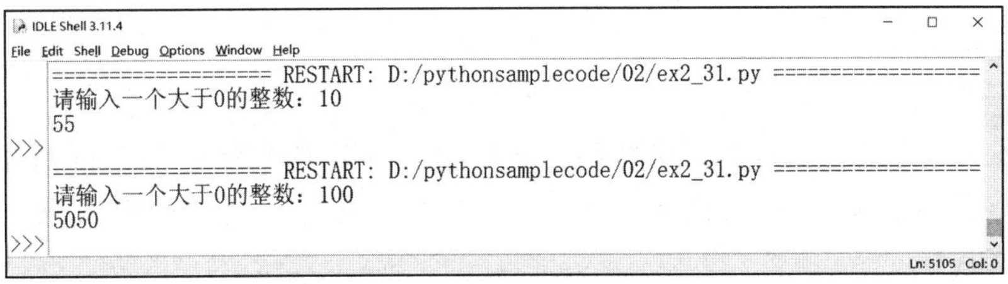

图 2-49　代码清单 2-31 的运行结果

如果希望计算 1~n 之间所有奇数的和，则可以编写如代码清单 2-32 所示的程序。

代码清单 2-32　使用 for 循环实现 1~n 之间所有奇数的求和

```
1  n=eval(input('请输入一个大于0的整数: '))
2  sum=0
3  for i in range(1, n+1, 2): # 步长为2，因此会生成1、3、5等奇数
4      sum+=i
5  print(sum) # 输出求和结果
```

如图 2-50 所示，执行代码清单 2-32，如果输入 10，则输出 25；如果输入 100，则输出 2500。

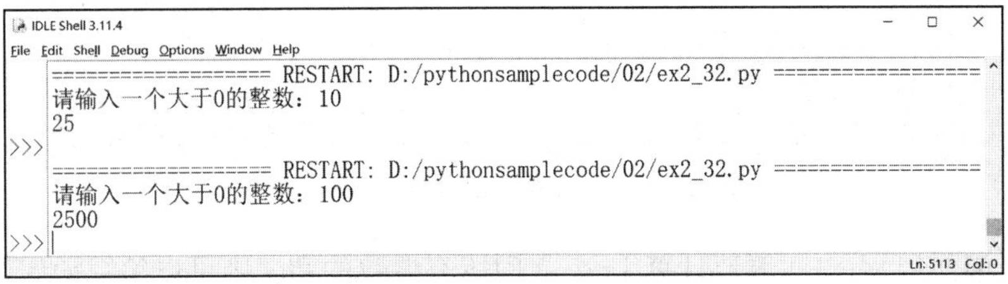

图 2-50　代码清单 2-32 的运行结果

思考　如果希望计算 1~n 之间所有是 3 的倍数的数字的和，应该如何编写程序呢？如果要计算 n 的阶乘呢？

【思考题 2-37】 已知有代码"for x in y:"，则 y 必然是一个（　　）。
A. 可哈希对象　　B. 可迭代对象　　C. 列表对象　　D. 集合对象

【思考题 2-38】`print(list(range(5)))` 的输出结果是否是 [0, 1, 2, 3, 4]？

【编程练习 2-4】 编写程序实现以下功能：输入一个大于 0 的整数 n，表示有 n 元人民币（人民币有 10 元、5 元和 1 元 3 种面额），将所有可能的情况及可能情况的总数输出。输出格式如下：每一行输出一种情况，先输出 10 元的张数，再依次输出 5 元和 1 元的张数，各张数之间用一个英文逗号分开；最后一行输出可能情况的总数。

【编程练习 2-5】 编写程序实现以下功能：输入两个大于 0 的整数 beg 和 end，计算 beg 到 end 之间（包括 beg 和 end）的所有水仙花数并输出（水仙花数是一个三位整数，其值与各位数字的立方和相等）。如果 beg 到 end 之间不存在水仙花数，则输出 not found。

2.5.2　while 循环

Python 中 while 循环的使用方法与 C/C++ 语言类似，其语法格式为

```
while 循环条件:
    语句序列
```

当循环条件返回 True 时，则执行语句序列；执行语句序列后，再判断循环条件是否成立。例如，对于 1~n 的求和计算，也可以使用 while 循环实现，如代码清单 2-33 所示。

代码清单 2-33　使用 while 循环实现 1~n 的求和

```
1  n=eval(input('请输入一个大于0的整数: '))
2  i, sum=1, 0         #i 和 sum 分别被赋值为 1 和 0
3  while i<=n:         # 当 i<=n 成立时则继续循环，否则退出循环
4      sum+=i
5      i+=1            # 注意该行也是 while 循环语句序列中的代码，与第 4 行代码应有相同缩进
6  print(sum)          # 输出求和结果
```

如图 2-51 所示，代码清单 2-33 与代码清单 2-31 的功能完全相同。执行代码清单 2-33 后，如果输入 10，则输出 55；如果输入 100，则输出 5050。

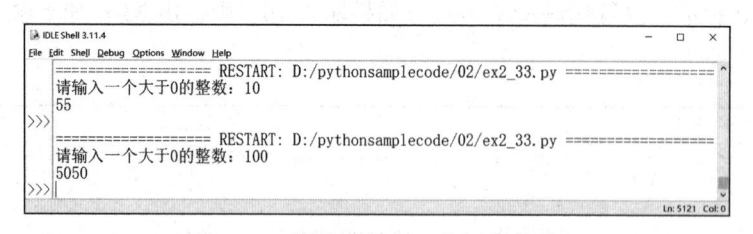

图 2-51　代码清单 2-33 的运行结果

如果希望使用 while 循环计算 1~n 之间所有偶数的和，则可以编写如代码清单 2-34 所示的程序。

代码清单 2-34　使用 while 循环实现 1~n 之间所有偶数的求和

```
1  n=eval(input('请输入一个大于0的整数: '))
2  i, sum=2, 0
3  while i<=n:
4      sum+=i
5      i+=2
6  print(sum)  #输出求和结果
```

如图 2-52 所示，执行代码清单 2-34 后，如果输入 10，则输出 30；如果输入 100，则输出 2550。

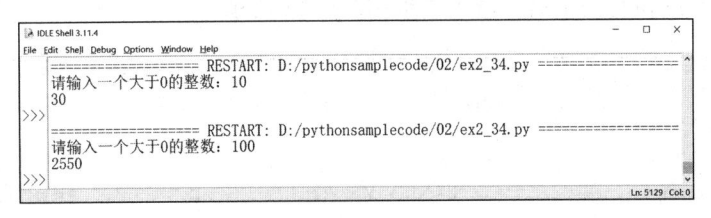

图 2-52　代码清单 2-34 的运行结果

思考　在代码清单 2-34 中，为什么第 2 行代码将 i 赋值为 2？为什么第 5 行代码每次循环将 i 加 2？

【思考题 2-39】下面程序的输出结果是（　　）。

```
m=5
while(m==0):
    m-=1
print(m)
```

A. 0　　　　　　　　B. 4　　　　　　　　C. 5　　　　　　　　D. −1

【编程练习 2-6】下面程序的作用是计算 1~n 的和，请改正程序中存在的错误。

```
n=eval(input())
i, sum=1, 0
while i<=n:
    sum+=i
i+=1
print(sum)
```

【编程练习 2-7】下面程序的作用是计算 n!，请改正程序中存在的错误。

```
n=eval(input())
i, rlt=1, 0
while i<=n:
    rlt*=i
    i+=1
print(rlt)
```

【编程练习 2-8】编写程序实现以下功能：输入一个大于 0 的整数 n，计算 $1!+2!+\cdots+n!$，并将计算结果输出到屏幕上。

2.5.3　索引

对于 2.5.1 节中的代码清单 2-28，如果希望不仅获取每一个元素的值，而且能获取每一个元素的索引值，则可以改成如代码清单 2-35 所示的方式，即通过 len 函数获取可迭代对象中的元素数量，再通过 range 函数生成由所有元素的索引值组成的可迭代对象。

代码清单 2-35　同时访问索引值和元素值

```
1  ls=['Python', 'C++', 'Java']
```

```
2   for k in range(len(ls)):  #k为每一个元素的索引值
3       print(k, ls[k])  #通过ls[k]可访问索引值为k的元素
```

代码清单 2-35 执行完毕后，输出结果如图 2-53 所示。

```
0 Python
1 C++
2 Java
```

图 2-53　代码清单 2-35 的运行结果

即先输出每个元素的索引值，再输出该元素的值。

除了代码清单 2-35 所给出的实现方式外，还可以通过一种更简洁的方式即利用 enumerate 函数来访问每个元素的索引，如代码清单 2-36 所示。

代码清单 2-36　enumerate 函数使用示例

```
1   ls=['Python', 'C++', 'Java']
2   for k, v in enumerate(ls):  #k保存当前元素索引值，v保存当前元素值
3       print(k, v)
```

代码清单 2-36 执行完毕后，输出结果与代码清单 2-35 完全相同，如图 2-54 所示。

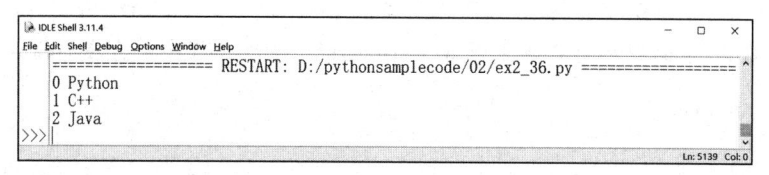

```
0 Python
1 C++
2 Java
```

图 2-54　代码清单 2-36 的运行结果

enumerate 函数的功能是将一个可迭代对象组成一个索引序列对象，利用这个索引序列对象可以同时获得每个元素的索引和值。

提示

1.通过 list 可以将 enumerate 函数生成的对象转换成列表，从而查看该对象中的每一个元素，如图 2-55 所示。可以看到，每个元素是一个元组，其第一个元素对应列表 ls 中每个元素的索引值，第二个元素对应列表 ls 中每个元素的值。

2.代码清单 2-36 中第 2 行代码的 for 循环，实际上是每次获取一个元组，并用元组的第一个元素为 k 赋值（即 ls 中每个元素的索引值），用元组的第二个元素为 v 赋值（即 ls 中每个元素的值）。

```
>>> ls=['Python','C++','Java']
... 
>>> obj=enumerate(ls)
... 
>>> print(list(obj))
... 
[(0, 'Python'), (1, 'C++'), (2, 'Java')]
>>> 
```

图 2-55　enumerate 函数生成的对象

enumerate 函数还可以指定索引的起始值，如代码清单 2-37 所示。

代码清单 2-37　enumerate 函数指定索引起始值

```
1  ls=['Python', 'C++', 'Java']
2  for k, v in enumerate(ls, 1):  #索引从1开始（默认为0）
3      print(k, v)
```

代码清单 2-37 执行完毕后，输出结果如图 2-56 所示。

```
========== RESTART: D:/pythonsamplecode/02/ex2_37.py ==========
1 Python
2 C++
3 Java
>>>
```

图 2-56　代码清单 2-37 的运行结果

思考　在代码清单 2-37 中，将"enumerate(ls, 1)"改为"enumerate(ls, 3)"，则程序执行完毕后会输出什么结果呢？

【思考题 2-40】已知 t=(5, 10, 15)，则 list(range(len(t))) 的输出结果是否是 [1, 2, 3]？

2.5.4　break

break 语句用于跳出 for 循环或 while 循环。对于多层循环的情况，break 语句用于跳出它所在的最近的那层循环。例如，代码清单 2-38 的功能是求 1~100 之间的素数。

代码清单 2-38　求 1～100 之间的素数

```
1  for n in range(2, 101):   # n 在 2~100 之间取值
2      m=int(n**0.5)          # m 等于根号 n 取整
3      i=2
4      while i<=m:
5          if n%i==0:         # 如果 n 能够被 i 整除
6              break           # 跳出 while 循环
7          i+=1
8      if i>m:  # 如果 i>m，则说明 i 在 2~m 上的取值都不能整除 n，所以 n 是素数
9          print(n, end=' ')  # 输出 n
```

代码清单 2-38 执行完毕后，输出结果如图 2-57 所示。

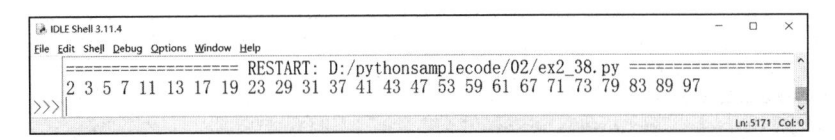

```
========== RESTART: D:/pythonsamplecode/02/ex2_38.py ==========
2 3 5 7 11 13 17 19 23 29 31 37 41 43 47 53 59 61 67 71 73 79 83 89 97
>>>
```

图 2-57　代码清单 2-38 的运行结果

提示

1.在代码清单 2-38 的第 9 行代码中，将 print 函数的 end 参数设置为 ' '（仅包含

一个空格的字符串），表示将结束符由默认的回车改为一个空格，使得多个素数能够输出到同一行。

2. 在代码清单2-38中，有两层循环：第1行的for循环是外层循环，第4行的while循环是内层循环。break语句位于这两层循环中，但离break语句最近的那层循环是第4行的while循环。因此，当n%i==0成立时，通过第6行的break语句会跳出while循环（即结束当前n值的素数判断），而不会跳出for循环（即不会结束后面n值的素数判断）。

3. 如果n不是素数，则其必然可以写为n=a×b（a和b均为大于1的正整数）。令a<=b，则a×a<=n，即a小于或等于n的平方根。因此，在代码清单2-38的第2行代码中，可以计算n的平方根并取整数部分，得到m；在第4行代码中，只需要将循环变量i的取值上限设定为m；如果n不是素数，则必然可以找到一个小于或等于m的值，其可以整除n。通过这种方式，可以减少程序的计算代价。

注意 break语句只能用于跳出for循环或while循环，而不能用于跳出if语句。例如，代码清单2-39在IDLE中执行时会报如图2-58所示的错误信息"`'break' outside loop`"，即"break在循环之外"。

代码清单2-39　break语句的错误使用

```
1  score=50
2  if score<60:
3      print('成绩为: %d'%score)
4      break  #执行到该语句时会因找不到要跳出的for循环或while循环，而报错
5      print('不及格')
```

图2-58　代码清单2-39的运行结果

思考 请分别结合n=5和n=10这两种取值情况，分析一下代码清单2-38中第2~9行代码的执行过程。

2.5.5　continue

continue语句用于结束本次循环并开始下一次循环。与break类似，对于多层循环的情况，continue语句作用于它所在的最近的那层循环。例如，代码清单2-40的功能如下：对于用户输入的每一个整数，判断其是否是3的倍数，如果是3的倍数则进行求和；当用户输入0时结束输入，并输出所有3的倍数的整数的求和结果。

代码清单 2-40　3 的倍数的整数求和

```
1  sum=0
2  while True:  #因为循环条件设置为True，所以无法通过条件不成立退出循环
3      n=eval(input('请输入一个整数（输入0结束程序）: '))
4      if n==0:  #如果输入的整数是0，则通过break跳出循环
5          break
6      if n%3!=0:  #如果n不是3的倍数，则不做求和运算
7          continue  #通过continue结束本次循环，开始下一次循环，即转到第2行代码
8      sum+=n  #将n加到sum中
9  print('所有是3的倍数的整数之和为: %d'%sum)
```

执行代码清单 2-40 时，依次输入 10、15、20、25、30、0，则最后输出 45（即 15 + 30 的结果），如图 2-59 所示。

图 2-59　代码清单 2-40 的运行结果

提示

1. 在代码清单 2-40 中，循环条件被设置为 True。通常称这种循环为"永真循环"，即不可能通过条件不成立退出循环。对于这种永真循环，循环的语句序列中必然包含 break 等能跳出永真循环的语句。否则，将导致死循环，程序无法正常退出。

2. 与 break 语句相同，continue 语句只能作用于 for 循环或 while 循环，而不能作用于 if 语句。例如，代码清单 2-41 在 IDLE 中执行时会报如图 2-60 所示的错误信息 "'continue' not properly in loop"，即 "continue 不在循环中"。

代码清单 2-41　continue 语句的错误使用

```
1  score=50
2  if score<60:
3      print('成绩为: %d'%score)
4      continue  #执行到该语句时会因找不到作用的for循环或while循环，而报错
5      print('不及格')
```

图 2-60　代码清单 2-41 的运行结果

2.5.6 `else`

`for`循环和`while`循环后面可以跟着`else`分支，当`for`循环已经遍历完列表中所有元素或`while`循环的条件为`False`时，就会执行`else`分支。例如，代码清单2-42给出了使用`else`进行素数判断的程序示例。

代码清单2-42 素数判断

```
1  n=eval(input('请输入一个大于1的整数：'))
2  m=int(n**0.5)  #m等于根号n取整
3  for i in range(2, m+1):  #i在2～m取值
4      if n%i==0:  #如果n能够被i整除
5          break   #跳出for循环
6  else:  #注意这个else与第3行的for具有相同的缩进，所以它们是同一层次的语句
7      print('%d是素数 '%n)
```

如图2-61所示，执行代码清单2-42时，如果输入5，则会输出"5是素数"；如果输入10，则不会输出任何信息。

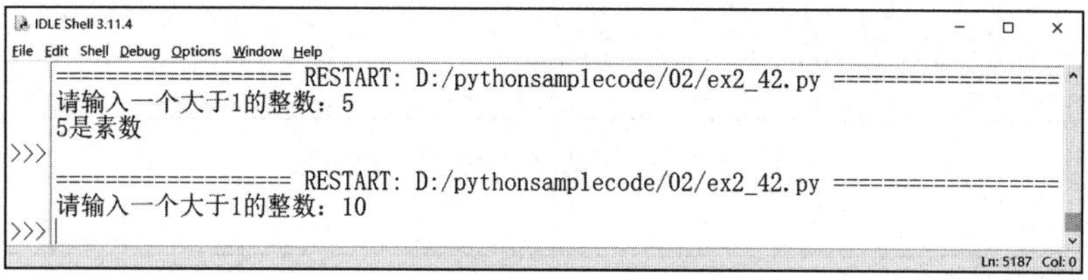

图2-61 代码清单2-42的运行结果

提示 如果是通过`break`语句跳出，则循环后的`else`分支不会执行。例如，代码清单2-42执行时，如果输入10，则`for`循环就会通过`break`语句跳出循环，此时就不会执行`else`分支下的第7行代码。

注意 Python通过缩进方式体现各语句的逻辑关系。由于`else`既可以用于`for`循环或`while`循环，也可以用于`if`语句，所以在使用时要特别注意`else`的缩进。例如，如果将代码清单2-42中第6行和第7行代码多加一层缩进，则会输出错误的结果，如代码清单2-43和图2-62所示。

代码清单2-43 错误的缩进方式

```
1  n=eval(input('请输入一个大于1的整数：'))
2  m=int(n**0.5)  #m等于根号n取整
3  for i in range(2, m+1):  #i在2～m取值
4      if n%i==0:  #如果n能够被i整除
5          break  #跳出for循环
6      else:  #else与if具有相同的缩进，所以else与if对应，而不会与for循环对应
7          print('%d是素数 '%n)
```

提示 虽然代码清单2-43执行时不会报错，但可能会输出不正确的运行结果，这说明程序中存在逻辑错误。对于逻辑错误，可以直接通过复查代码的方式找到错误原因，也可以通

过程序调试的方式找到错误原因。

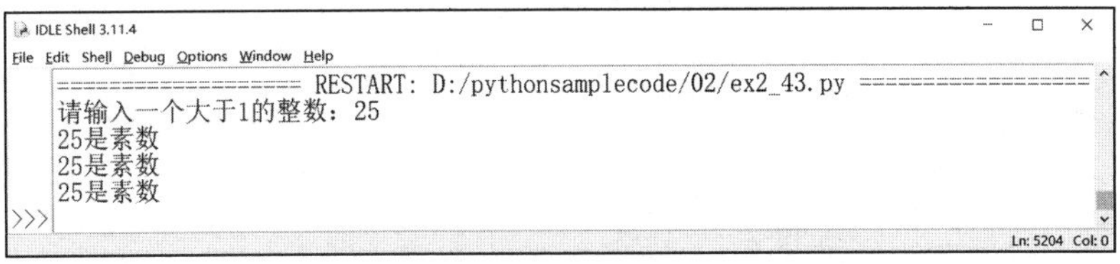

图 2-62　代码清单 2-43 的运行结果

【思考题 2-41】　用于跳出循环的命令是（　　）。
A. break　　　　　B. continue　　　　　C. else　　　　　D. pass

【思考题 2-42】　用于结束本次循环并开始下一次循环的命令是（　　）。
A. break　　　　　B. continue　　　　　C. else　　　　　D. pass

2.6　应用案例——简易数据管理程序

基于本章所学习的知识，可实现简易数据管理程序中所包含的数据录入、数据删除、数据修改、数据查询等操作，如代码清单 2-44 所示。

代码清单 2-44　简易数据管理程序

```
1   ls_data = []  #使用该列表保存所有数据
2   ls_iteminfo = []  #使用该列表保存每一条数据所包含的数据项信息（名称和数据类型）
3   while True:  #永真循环
4       print('请输入数字进行相应操作：')
5       print('1 数据录入 ')
6       print('2 数据删除 ')
7       print('3 数据修改 ')
8       print('4 数据查询 ')
9       print('5 数据项维护 ')
10      print('0 退出程序 ')
11      op = int(input('请输入要进行的操作（0~5）: '))
12      if op<0 or op>5:  #输入的操作不存在
13          print('该操作不存在，请重新输入！ ')
14          continue
15      elif op==0:  #退出程序
16          break  #结束循环
17      elif op==1:  #数据录入
18          if len(ls_iteminfo)==0:  #如果没有数据项
19              print('请先进行数据项维护！ ')
20          else:
21              data = {}  #每条数据用一个字典保存
22              for iteminfo in ls_iteminfo:  #遍历每一个数据项信息
23                  itemname = iteminfo['name']  #获取数据项名称
24                  value = input('请输入%s: '%itemname)  #输入数据项值
25                  #根据数据项的数据类型将输入字符串转为整数或实数
26                  if iteminfo['dtype'] == '整数':
27                      value = int(value)
28                  elif iteminfo['dtype'] == '实数':
29                      value = eval(value)
30                  data[itemname] = value  #将数据项保存到 data 中
```

```python
31              ls_data += [data]  #将该条数据加到ls_data列表的最后
32              print('数据录入成功！')
33      elif op==2:  #数据删除
34          idx = int(input('请输入要删除的数据编号：'))-1
35          if idx<0 or idx>=len(ls_data):  #如果超出了有效索引范围
36              print('要删除的数据不存在！')
37          else:
38              del ls_data[idx]
39              print('数据删除成功！')
40      elif op==3:  #数据修改
41          idx = int(input('请输入要修改的数据编号：'))-1
42          if idx<0 or idx>=len(ls_data):  #如果超出了有效索引范围
43              print('要修改的数据不存在！')
44          else:
45              data = {}  #每条数据用一个字典保存
46              for iteminfo in ls_iteminfo:  #遍历每一个数据项信息
47                  itemname = iteminfo['name']  #获取数据项名称
48                  value = input('请输入%s：'%itemname)  #输入数据项值
49                  #根据数据项的数据类型将输入字符串转为整数或实数
50                  if iteminfo['dtype'] == '整数':
51                      value = int(value)
52                  elif iteminfo['dtype'] == '实数':
53                      value = eval(value)
54                  data[itemname] = value  #将数据项保存到data中
55              ls_data[idx] = data
56              print('数据修改成功！')
57      elif op==4:  #数据查询
58          for idx in range(len(ls_data)):  #依次获取每条数据的索引
59              print('第%d条数据：'%(idx+1))
60              for iteminfo in ls_iteminfo:  #遍历每一个数据项信息
61                  itemname = iteminfo['name']  #获取数据项的名称
62                  if itemname in ls_data[idx]:  #如果存在该数据项
63                      print(itemname, '：', ls_data[idx][itemname])  #输出数据项
                            名称及对应的值
64                  else:  #否则，不存在该数据项
65                      print(itemname, '：无数据')  #输出提示信息
66  else:  #数据项维护
67      while True:  #永真循环
68          print('请输入数字进行相应操作：')
69          print('1 数据项录入')
70          print('2 数据项删除')
71          print('3 数据项修改')
72          print('4 数据项查询')
73          print('0 返回上一层操作')
74          subop = int(input('请输入要进行的操作（0~4）：'))
75          if subop<0 or subop>4:  #输入的操作不存在
76              print('该操作不存在，请重新输入！')
77              continue
78          elif subop==0:  #返回上一层操作
79              break  #结束循环
80          elif subop==1:  #数据项录入
81              iteminfo = {}  #使用字典保存数据项信息
82              iteminfo['name'] = input('请输入数据项名称：')
83              for tmp_iteminfo in ls_iteminfo:  #遍历每一个数据项
84                  if iteminfo['name']==tmp_iteminfo['name']:  #如果该数据项已
                        存在
85                      print('该数据项已存在！')
86                      break
```

```
 87                else: # 该数据项不存在
 88                    ls_dtype = ['字符串','整数','实数'] # 支持的数据类型列表
 89                    while True: # 永真循环
 90                        dtype = int(input('请输入数据项数据类型(0字符串,1整数,
                            2实数):'))
 91                        if dtype<0 or dtype>2:
 92                            print('输入的数据类型不存在,请重新输入!')
 93                            continue
 94                        iteminfo['dtype'] = ls_dtype[dtype]
 95                        ls_iteminfo += [iteminfo] # 将该数据项信息加到ls_
                            iteminfo列表的最后
 96                        print('数据项录入成功!')
 97                        break
 98            elif subop==2: # 数据项删除
 99                itemname = input('请输入要删除的数据项名称:')
100                for idx in range(len(ls_iteminfo)): # 遍历每一个数据项的索引
101                    tmp_iteminfo = ls_iteminfo[idx]
102                    if itemname==tmp_iteminfo['name']: # 如果该数据项存在
103                        del ls_iteminfo[idx] # 删除该数据项
104                        print('数据项删除成功!')
105                        break
106                    else:
107                        print('该数据项不存在!')
108            elif subop==3: # 数据项修改
109                itemname = input('请输入要修改的数据项名称:')
110                for tmp_iteminfo in ls_iteminfo: # 遍历每一个数据项
111                    if itemname==tmp_iteminfo['name']: # 如果该数据项存在
112                        while True: # 永真循环
113                            dtype = int(input('请输入数据项数据类型(0字符串,1整
                                数,2实数):'))
114                            if dtype<0 or dtype>2:
115                                print('输入的数据类型不存在,请重新输入!')
116                                continue
117                            tmp_iteminfo['dtype'] = ls_dtype[dtype] # 修改数据
                                项数据类型
118                            print('数据项修改成功!')
119                            break
120                        break
121                    else:
122                        print('该数据项不存在!')
123            else: # 数据项查询
124                for iteminfo in ls_iteminfo: # 遍历数据项信息
125                    print('数据项名称:%s,数据类型:%s'%(iteminfo['name'],
                        iteminfo['dtype']))
126            input('按回车继续……')
127            continue # 通过返回上一层结束循环时,不需要按回车继续
128    input('按回车继续……')
```

运行代码清单2-44后,依次执行下面的操作。

操作1 根据程序运行后显示的提示信息,输入5,进入数据项维护菜单,如图2-63所示。

操作2 根据数据项维护菜单的提示信息,输入1,进行数据项录入,分别录入身高(m)、体重(kg)和交通方式共3个数据项,并将数据类型分别设置为实数、整数和字符串,如图2-64所示。

```
================== RESTART: D:/pythonsamplecode/02/ex2_44.py ==================
请输入数字进行相应操作：
1 数据录入
2 数据删除
3 数据修改
4 数据查询
5 数据项维护
0 退出程序
请输入要进行的操作（0~5）：5
请输入数字进行相应操作：
1 数据项录入
2 数据项删除
3 数据项修改
4 数据项查询
0 返回上一层操作
```

图 2-63　操作 1 的运行结果

```
请输入要进行的操作（0~4）：1
请输入数据项名称：身高（m）
请输入数据项数据类型（0 字符串，1 整数，2 实数）：2
数据项录入成功！
按回车继续……
请输入数字进行相应操作：
1 数据项录入
2 数据项删除
3 数据项修改
4 数据项查询
0 返回上一层操作
请输入要进行的操作（0~4）：1
请输入数据项名称：体重（kg）
请输入数据项数据类型（0 字符串，1 整数，2 实数）：1
数据项录入成功！
按回车继续……
请输入数字进行相应操作：
1 数据项录入
2 数据项删除
3 数据项修改
4 数据项查询
0 返回上一层操作
请输入要进行的操作（0~4）：1
请输入数据项名称：交通方式
请输入数据项数据类型（0 字符串，1 整数，2 实数）：0
数据项录入成功！
按回车继续……
```

图 2-64　操作 2 的运行结果

操作 3　根据数据项维护菜单的提示信息，输入 4，进行数据项查询，可看到操作 2 中录入的 3 个数据项的信息，如图 2-65 所示。

```
请输入数字进行相应操作：
1 数据项录入
2 数据项删除
3 数据项修改
4 数据项查询
0 返回上一层操作
请输入要进行的操作（0~4）：4
数据项名称：身高（m），数据类型：实数
数据项名称：体重（kg），数据类型：整数
数据项名称：交通方式，数据类型：字符串
按回车继续……
```

图 2-65　操作 3 的运行结果

操作 4　根据数据项维护菜单的提示信息，输入 0，返回上一层操作，如图 2-66 所示。

操作 5　根据提示信息，输入 1，进行数据录入，依次录入 3 条数据，如图 2-67 所示。

操作 6　根据提示信息，输入 4，进行数据查询，可看到操作 5 中输入的 3 条数据的信息，如图 2-68 所示。

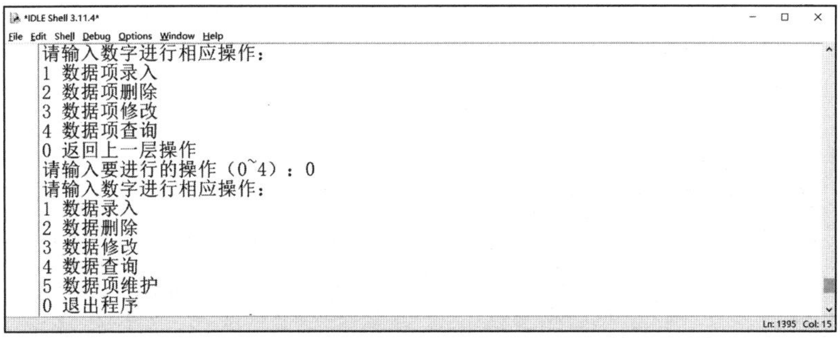

图 2-66 操作 4 的运行结果

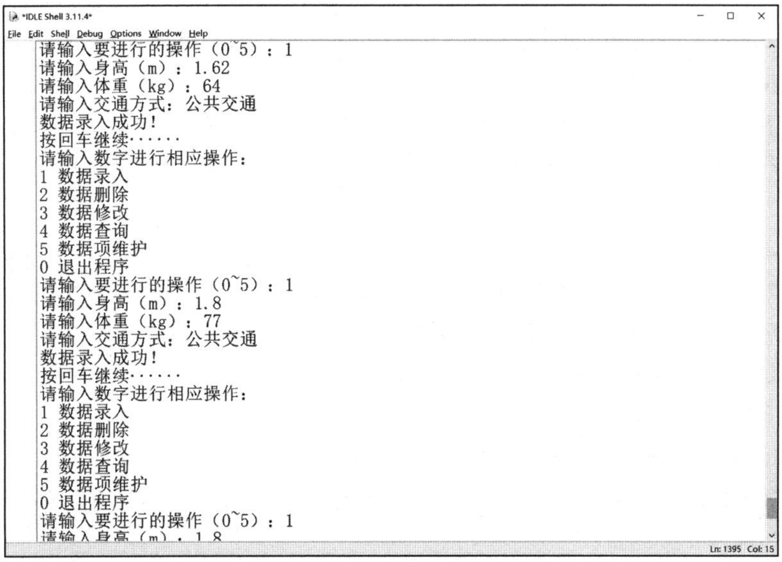

图 2-67 操作 5 的部分运行结果截图

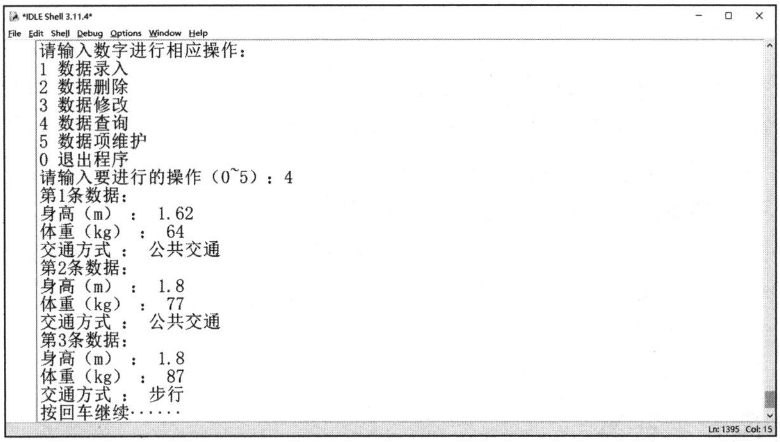

图 2-68 操作 6 的运行结果

操作 7 根据提示信息，输入 0，退出程序，如图 2-69 所示。

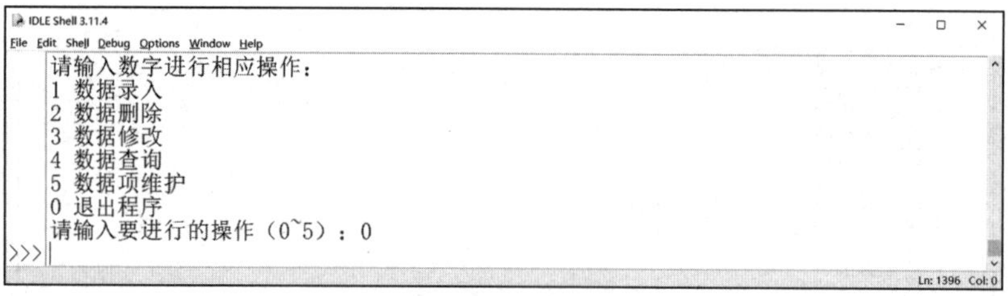

图 2-69　操作 7 的运行结果

提示

1. 程序运行时输入的数据来源于 UCI 机器学习存储库提供的公开数据集，其下载网址为 https://archive.ics.uci.edu/dataset/544/estimation+of+obesity+levels+based+on+eating+habits+and+physical+condition。

2. 本书只演示了数据项和数据的录入、查询操作，读者可根据程序运行时的提示信息，尝试进行其他操作；读者也可以结合自己的数据管理需求，尝试录入其他数据项和数据。

3. 代码清单 2-44 虽然实现了预期的功能，但仍存在代码可读性差，数据录入不方便，数据无法永久存储，输入错误数据时程序会异常退出等问题。在后面的章节中，将利用所学习的知识逐一解决这些问题，具体包括：

（1）通过模块化程序设计方法（第 3 章）和面向对象程序设计方法（第 4 章），实现功能分块，增强程序的可读性。

（2）通过字符串的模糊匹配（第 6 章），简化数据录入方式。

（3）通过 I/O 编程和异常处理（第 7 章），实现数据的永久存储，并能够处理错误的输入数据，避免程序异常退出。

2.7　本章小结

本章主要介绍了 Python 的基础语法。通过本章的学习，读者应熟记 Python 的常用数据类型并能定义和使用变量来保存程序中的各种数据，掌握各运算符的作用并能利用 Python 中支持的这些运算完成数据的处理，理解条件语句和循环语句的作用并能在实际编写程序时灵活运用不同结构的语句完成实际问题的自动求解。

利用本章所学习的知识，读者应该已经能编写程序解决一些较复杂的问题。当运行程序过程中遇到逻辑错误时，读者需要具备利用调试工具发现问题和解决问题的能力，为后面进一步的学习打下坚实基础。

2.8　思考题参考答案

【思考题 2-1】D

解析：A 选项的 12 是一个整型常量，B 选项的 35.7 是一个浮点型常量，C 选项的 'Python' 是一个字符串类型的常量，D 选项的 abc 是一个标识符名。区分字符串和标识符名的方法如下。字符串必须写在一对引号中，如'abc'和"abc"都是字符串；标识符名则不能包含引号，如abc是一个标识符名，可以作为变量名使用，也可以作为后面要学习的函数名和类名来使用。

【思考题2-2】 C

解析：Python支持多重赋值，m，n=3，5表示用3给m赋值，用5给n赋值，因此这条语句定义了2个变量m和n。类似地，如果执行"a，b，c=1.2，True，25"，则定义了3个变量a、b和c，a的值是1.2，b的值是True，c的值是25。

【思考题2-3】 否

解析：Python中的变量在使用前不需要定义，在第一次给一个变量赋值时则会自动创建该变量。

【思考题2-4】 C

解析：一个整数前面不加任何前缀，则表示该整数是一个十进制数；加前缀0o，则表示该整数是一个八进制数；加前缀0x，则表示该整数是一个十六进制数。因此，0o20是一个八进制数，它的值为 $2 \times 8 + 0 \times 1 = 16$。

【思考题2-5】 D

解析：0x20是一个十六进制数，它的值为 $2 \times 16 + 0 \times 1 = 32$。

【思考题2-6】 是

解析：1.25e3是浮点数的科学记数法表示形式，表示1.25乘以10的3次幂，即1250.0。

【思考题2-7】 B

解析：int可以将字符串形式的整数转为数值形式的整数，其有两个参数，第一个参数是字符串形式的整数，第二个参数是第一个参数所对应整数的数制（省略则表示是十进制）。与eval函数不同，int单纯进行类型转换，而不会做任何计算，而B选项中的字符串是一个表达式，int无法完成该表达式的计算，因此执行时会报错。D选项中，int('2a', 16)的第二个参数16表示第一个参数是一个十六进制数，a是十六进制数中的有效数码，对应10，所以不会报错。

【思考题2-8】 C

解析：int的说明请参考思考题2-7。float可以将字符串形式的浮点数转为数值形式的浮点数，其有一个参数，即字符串形式的浮点数。A选项中，传给int的是字符串形式的浮点数，int无法完成转换，会报错。B选项中，字符串是一个表达式，与思考题2-7的int类似，float无法完成该表达式的计算，因此会报错。C选项中，传给float的参数是一个字符串形式的浮点数，能够转换成功，并返回浮点数23.5。D选项中，int的第二个参数为8，表示第一个参数应该是一个字符串形式的八进制数，而八进制数的数码只能是0~7，a是无效数码，因此转换时也会报错。

【思考题2-9】 否

解析：Python中的字符串是一种不可变类型的数据，即只能通过对字符串变量进行整体赋值来改变字符串变量的值，而不能对字符串变量中的某个或某一范围内的元素做任何修改。关于可变类型和不可变类型的概念，在第5章会进一步介绍。

【思考题2-10】 A

解析：列表中的元素类型可以不同。如 ls=[12, 34.5, [True, 'test'], 3+5j] 是一个有效的列表，各元素类型并不相同：第 1 个元素 12 是整数类型，第 2 个元素 34.5 是浮点数类型，第 3 个元素 [True, 'test'] 是列表类型，第 4 个元素 3+5j 是复数类型。列表中的各元素用逗号分开。因此，A 选项的描述错误，而其他选项的描述均正确。

【思考题 2-11】 C

解析：大家学习时会发现字符串、列表和元组的元素访问方式相同，实际上字符串、列表和元组都是序列数据，关于序列数据的概念将在第 5 章进一步介绍。对序列数据进行访问时，其索引方式有从前向后索引和从后向前索引两种方式。从前向后索引中，第 1 个元素的索引值为 0，后面每个元素的索引值是前一元素索引值加 1；从后向前索引中，最后一个元素的索引值为 -1，前面每个元素的索引值是后一元素索引值减 1。在访问元素时，可以访问单个元素，也可以一次截取多个元素。访问单个元素的语法格式是 ls[idx]，其作用是访问 ls 中索引值为 idx 的元素，因此 A 选项 ls[3] 返回的是 ls 中索引值为 3 的元素 'test'（注意这是一个字符串，而不是列表 ['test']），B 选项 ls[4] 返回的是 ls 中索引值为 4 的元素 3+5j。一次截取多个元素的语法格式是 ls[beg:end]，其作用是截取 beg~end-1 位置上的元素形成一个新的列表，因此 C 选项 ls[3:4] 返回的是由 ls 中索引值为 3 的元素组成的列表 ['test']，D 选项 ls[4:5] 返回的是由 ls 中索引值为 4 的元素组成的列表 [3+5j]。

【思考题 2-12】 是

解析：我们所学习的 3 种序列类型中，字符串和元组都是不可变类型，而列表是一种可变类型，因此可以对列表中的元素做修改。关于可变类型和不可变类型的概念，将在第 5 章进一步介绍。

【思考题 2-13】 C

解析：对元组这种序列数据进行访问时，其索引方式有从前向后索引和从后向前索引两种方式，参见思考题 2-11 的解析说明。A 选项 t[3] 返回的是 t 中索引值为 3 的元素 'test'（注意这是一个字符串，而不是元组 ('test',)），B 选项 t[4] 返回的是 t 中索引值为 4 的元素 3+5j。C 选项 t[3:4] 返回的是由 t 中索引值为 3 的元素组成的元组 ('test',)，D 选项 t[4:5] 返回的是由 t 中索引值为 4 的元素组成的元组 (3+5j,)。需要注意，如果一个元组中只包含一个元素，则需要在该元素后面加一个逗号。

【思考题 2-14】 C、D

解析：元组是不可变类型，因此任何修改元组中元素的操作都会报错。A 和 B 选项都试图对元组 t 中的元素做修改，执行时会报错。C 选项中，t[2] 访问的是 t 中索引值为 2 的列表类型的元素 [True, 3+5j]，而 t[2][1] 访问的是列表 t[2] 中索引值为 1 的元素 3+5j，通过赋值实际上是将列表 t[2] 中索引值为 1 的元素的值改为了 'test'，因此 C 选项中的语句执行后元组 t 的值是 (12, 1.5, [True, 'test'])。可见，虽然不能修改元组中的元素，但如果元组中包含了列表等可变类型的元素，则可以对这些可变类型数据中的元素做修改。D 选项是将元组 t 中索引值为 2 的元素输出，输出的是列表 [True, 3+5j]。

【思考题 2-15】 否

解析：我们所学习的 3 种序列类型中，字符串和元组都是不可变类型，而列表是一种可变类型，因此不可以对元组中的元素做修改，但可以对元组变量进行整体赋值操作，如 t=(1, 2, 3) 等。关于可变类型和不可变类型的概念，将在第 5 章进一步介绍。

【思考题 2-16】 B

解析：使用 set 函数创建集合时，要求只能传入一个参数，且该参数必须是可迭代的（即可以依次访问每个元素的数据）。B 选项中，给了两个参数，因此执行时报错。A 选项中，传入了一个字符串参数，执行 set 函数时会依次将每个字符取出来形成子串作为新建集合中的元素。C 选项和 D 选项中，分别传入了列表和元组作为参数，执行 set 函数时会依次将每个元素取出作为新建集合中的元素。

【思考题 2-17】 D

解析：集合中的元素必须是可哈希的。哈希是数据结构中的一种存储方式，其特点是检索效率很高。大家只需要记住，在 Python 中，可变类型的数据都不可哈希，不能作为集合的元素；不可变类型的数据都可哈希，可以作为集合的元素。我们已学习及将要学习的内置类型中，数字（含布尔值）、字符串和元组是不可变类型，而列表、集合和字典是可变类型。A 选项和 B 选项中，列表是可变类型，因此不能作为集合中的元素；C 选项中，集合是可变类型，因此不能作为集合中的元素；D 选项中，数字和布尔值都是不可变类型，因此执行时不会报错。

【思考题 2-18】 否

解析：创建空集合只能使用 set() 函数，使用一对花括号 {} 创建的是空字典。

【思考题 2-19】 C

解析：字典中不同元素的键不能相同，但值可以相同。

【思考题 2-20】 B

解析：B 选项应改为 dict(one=1, two=2, three=3)。

【思考题 2-21】 A

解析：A 选项的 %d 表示有符号整型十进制数的占位符，B 选项的 %% 表示 %，C 选项的 %f 表示浮点数的占位符，D 选项的 %s 表示字符串的占位符。

【思考题 2-22】 B

解析：Python 中提供了乘方运算 **，3**4 即 3 的 4 次幂，可计算出结果为 81。

【思考题 2-23】 C

解析：a%=6 等价于 a=a%6，% 是求余数的运算，15%6 的结果为 3，因此最终 a 的值为 3。

【思考题 2-24】 D

解析：判断 c 中保存的字符是否是英文字母的条件是 c 在 'a'～'z' 之间取值或者在 'A'～'Z' 之间取值。其中，c 在 'a'～'z' 之间取值的表达式是 c>='a' and c<='z'，c 在 'A'～'Z' 之间取值的表达式是 c>='A' and c<='Z'，二者取或运算，即得 (c>='a' and c<='z') or (c>='A' and c<='Z')。

【思考题 2-25】 A

解析：十进制数转非十进制数的规则是除基取余法。这里要转换为二进制数，因此每次除以 2 取余数，得到的商再除以 2 取余数，重复该过程直到商为 0。将余数按照从后向前的顺序写出来，即得到转换后的二进制数。具体计算过程如下。

  37 除以 2 商 18 余 1
  18 除以 2 商 9   余 0
  9 除以 2   商 4   余 1
  4 除以 2   商 2   余 0
  2 除以 2   商 1   余 0
  1 除以 2   商 0   余 1

将余数按从后向前的顺序写出来，即得 100101B。

【思考题 2-26】 C

解析：Python 中 ^ 表示异或位运算符，即按二进制位运算，对应位的值相同（都为 0 或都为 1）则结果位为 0，对应位的值不同（一个为 0，另一个为 1）则结果位为 1。7 对应的二进制数是 0111B，10 对应的二进制数是 1010B。异或运算可得如下结果。

  7：0111B
  10：1010B
  结果：1101B（转成十进制数为 $1\times2^3+1\times2^2+0\times2^1+1\times2^0=13$）

【思考题 2-27】 B

解析：计算机程序运行时，不仅程序要加载到内存中，所有数据也都要放在内存中。

【思考题 2-28】 B

解析：A 选项，判断 1 是否是 in 后面字典中某个元素的键，由于字典中没有值为 1 的键，因此返回结果为 False。B 选项，判断 in 前面字符串是否是 in 后面字符串的子串，'ab' 是 'abc' 的子串，因此返回结果为 True。C 选项，判断 in 前面字符串是否是 in 后面字符串的子串，'ac' 不是 'abc' 的子串（'abc' 中虽然包含字符 a 和字符 c，但没有连续的 'ac'），因此返回结果为 False。D 选项，判断 'ab' 是否是 in 后面列表中的元素，列表中没有 'ab' 这个元素，因此返回结果为 False。

【思考题 2-29】 C

解析：一个表达式中包含多个运算时，按照优先级从高到低进行计算，对于优先级相同的运算再考虑结合性。** 的优先级高于 *，因此先计算 5**2，得到 25，再计算 3*25，得到 75。

【思考题 2-30】 C

解析：+ 的优先级高于 *=，因此先计算 3+6，得到 9，再计算 x*=9，x 的值为 45。

【思考题 2-31】 是

解析：表达式 a=b=1 中两个 = 运算的优先级相同，= 是右结合运算符，因此先执行 b=1，b 的值被赋为 1，再执行 a=b，a 的值也被赋为 1。

【思考题 2-32】 D

解析：在流程图中，圆或圆角矩形表示开始和结束，矩形框表示具体的计算，菱形框表示条件判断。

【思考题 2-33】 D

解析：菱形框表示条件判断，不同的条件可以有不同的分支。

【思考题 2-34】 否

解析：伪代码是为了让人容易看懂，而不是让计算机能够执行，因此伪代码不需要满足编程语言的语法要求。

【思考题 2-35】 C

解析：Python 通过缩进体现代码的逻辑结构。与 if 相比，第一个 print 函数调用前面有缩进，因此只有在 if 后面的条件成立时该 print 函数才会执行。第二个 print 函数调用与 if 是同一层次的语句，因此 if 后面的条件是否成立并不会影响第二个 print 函数的调用。由于 score 的值是 80，if 后面的条件不成立，因此第一个 print 函数不执行，而第二个 print 函数会被执行，输出"不及格"。

【思考题 2-36】 D

解析：根据缩进关系可以看出，print 函数调用是隶属于 if 的语句，if 后面的条件成立时才会执行；pass 是隶属于 else 的语句，if 条件不成立时才执行。pass 语句只起到占位作用，实际上不执行任何操作。又因为 score 的值是 80，if 条件不成立，所以 pass 语句被执行，无输出。

【思考题 2-37】 B

解析：in 后面的操作数要求必须是一个可迭代对象，通过"for x in y:"可以依次让 x 取 y 中的每一个元素值。

【思考题 2-38】 是

解析：range 的一种形式是 range(stop)，其能够返回一个包含 0～stop-1 这 stop 个数的对象。list 可以将对象转换为列表。因此，range(5) 生成了一个包含 0～4 这 5 个数的对象，而 list(range(5)) 得到的是列表 [0, 1, 2, 3, 4]。

【思考题 2-39】 C

解析：while 后面的条件是 m==0，即 m 的值为 0 时才会执行循环体。m 的初始值是 5，因此该 while 循环一次都不会执行，循环后通过 print 函数输出 m 的值仍然是 5。

【思考题 2-40】 否

解析：len 函数可以获取元组 t 的长度（即元素个数），得到 3；再通过 range(3) 可以返回一个包含 0～2 这 3 个数的对象；最后通过 list(range(3)) 得到列表 [0, 1, 2]。

【思考题 2-41】 A

解析：break 用于跳出循环，continue 用于结束本次循环并开始下一次循环。例如，运行下面的程序，并依次输入 5、10、15、20、0 这 5 个整数。当输入 15 时，因为 15%3==0 成立，所以会执行 continue 结束本次循环并开始下一次循环，此时 s+=n 不会执行；当输入 0 时，因为 n==0 成立，所以会执行 break 结束循环，再执行 print(s) 输出 35（即 5+10+20 的结果）。

```
s=0
while True:
    n=eval(input('请输入一个整数（输入 0 停止）: '))
    if n==0:
        break  # 跳出 while 循环
    if n%3==0:
        continue  # 结束本次循环并开始下一次循环
    s+=n
print(s)
```

【思考题 2-42】 B
解析：请参考思考题 2-41 的解析。

2.9 编程练习参考代码

【编程练习 2-1】
参考代码：

```
val=eval(input())
if val<0:
    val*=-1
print(val)
```

运行示例：

```
IDLE Shell 3.11.4                                                    —  □  ×
File Edit Shell Debug Options Window Help
================ RESTART: D:/pythonsamplecode/02/code2_1.py ================
-1.5
1.5
>>>
================ RESTART: D:/pythonsamplecode/02/code2_1.py ================
2.5
2.5
>>>
                                                              Ln: 5222 Col: 0
```

【编程练习 2-2】
参考代码：

```
year=eval(input())
if (year%4==0 and year%100!=0) or year%400==0:
    print('yes')
else:
    print('no')
```

运行示例：

```
IDLE Shell 3.11.4                                                    —  □  ×
File Edit Shell Debug Options Window Help
================ RESTART: D:/pythonsamplecode/02/code2_2.py ================
1900
no
>>>
================ RESTART: D:/pythonsamplecode/02/code2_2.py ================
2008
yes
>>>
                                                              Ln: 5230 Col: 0
```

【编程练习 2-3】
参考代码：

```
x=eval(input())
if x>1 and x<=2:
    print(x+2.5)
elif x>=-1 and x<=1:
    print(4.35*x)
elif x>=-2 and x<-1:
    print(x)
else:
    print('invalid')
```

运行示例：

```
============ RESTART: D:/pythonsamplecode/02/code2_3.py ============
5
invalid
>>>
============ RESTART: D:/pythonsamplecode/02/code2_3.py ============
1
4.35
>>>
============ RESTART: D:/pythonsamplecode/02/code2_3.py ============
-1.5
-1.5
>>>
============ RESTART: D:/pythonsamplecode/02/code2_3.py ============
1.5
4.0
>>>
```

【编程练习 2-4】

参考代码：

```python
n=eval(input())
count=0
for ten in range(n//10+1):
    for five in range((n-ten*10)//5+1):
        count+=1
        one=n-ten*10-five*5
        print('%d, %d, %d'%(ten, five, one))
print(count)
```

运行示例：

```
============ RESTART: D:/pythonsamplecode/02/code2_4.py ============
20
0, 0, 20
0, 1, 15
0, 2, 10
0, 3, 5
0, 4, 0
1, 0, 10
1, 1, 5
1, 2, 0
2, 0, 0
9
>>>
```

【编程练习 2-5】

参考代码：

```python
beg=eval(input())
end=eval(input())
count=0
for n in range(beg, end+1):
    i=n//100
    j=(n%100)//10
    k=n%10
    if i**3+j**3+k**3==n:
        count+=1
        print(n)
if count==0:
    print('not found')
```

运行示例：

```
================= RESTART: D:/pythonsamplecode/02/code2_5.py =================
111
121
not found
>>>
================= RESTART: D:/pythonsamplecode/02/code2_5.py =================
100
370
153
370
>>>
```

【编程练习 2-6】
参考代码：

```python
n=eval(input())
i, sum=1, 0
while i<=n:
    sum+=i
    i+=1
print(sum)
```

运行示例：

```
================= RESTART: D:/pythonsamplecode/02/code2_6.py =================
3
6
>>>
================= RESTART: D:/pythonsamplecode/02/code2_6.py =================
5
15
>>>
```

【编程练习 2-7】
参考代码：

```python
n=eval(input())
i, rlt=1, 1
while i<=n:
    rlt*=i
    i+=1
print(rlt)
```

运行示例：

```
================= RESTART: D:/pythonsamplecode/02/code2_7.py =================
3
6
>>>
================= RESTART: D:/pythonsamplecode/02/code2_7.py =================
10
3628800
>>>
```

【编程练习 2-8】
参考代码：

```
n=eval(input())
i, sum, j=1, 0, 1
while i<=n:
    j*=i
    sum+=j
    i+=1
print(sum)
```

运行示例:

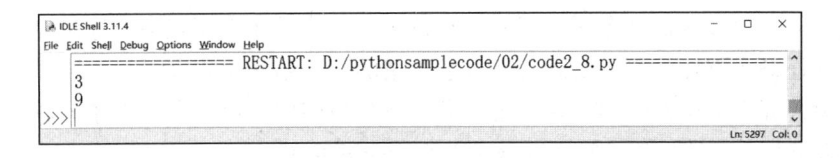

```
======== RESTART: D:/pythonsamplecode/02/code2_8.py ========
3
9
>>>
```

第 3 章　函数

在完成一项较复杂的任务时，通常会将任务分解成若干个子任务，通过完成这些子任务逐步实现任务的整体目标。实际上，这里采用的就是结构化程序设计方法中模块化的思想。在利用计算机解决实际问题时，也通常是将原始问题分解成若干个子问题，对每个子问题分别求解后，再根据各子问题的解求得原始问题的解。

在 Python 中，函数是实现模块化的工具。本章首先介绍函数的定义与调用方法，以及与函数定义和调用相关的参数列表、返回值等内容。然后，介绍模块和包的概念、作用以及使用方法。接着，介绍变量的作用域，包括全局变量和局部变量的定义和使用方法以及 global、nonlocal 关键字的作用。最后，介绍一些特殊的函数，包括递归函数、高阶函数、lambda 函数、闭包和装饰器。

3.1　函数的定义与调用

Python 语言中使用函数分为两个步骤：定义函数和调用函数。
- 定义函数即根据函数的输入、输出和数据处理完成函数代码的编写。定义函数只是规定函数会执行什么操作，但并不会真正去执行。
- 调用函数即真正执行函数中的代码，是指根据传入的数据完成特定的运算，并将运算结果返回到函数调用位置的过程。

Python 语言中函数定义需要使用 def 关键字，代码清单 3-1 通过一个简单的例子展示了函数定义和调用的过程，关于函数的更详细信息和更多使用方法将在后面给出。

代码清单 3-1　函数定义和调用示例

```
1    def CalCircleArea():        #定义名为 CalCircleArea 的函数
2        s=3.14*3*3              #计算半径为 3 的圆的面积
3        print('半径为 3 的圆的面积为：%.2f'%s)  #将计算结果输出
4    CalCircleArea()             #调用函数 CalCircleArea
```

代码清单 3-1 执行完毕后，将在屏幕上输出 28.26，如图 3-1 所示。

图 3-1　代码清单 3-1 的运行结果

提示

1.代码清单 3-1 中，第 1~3 行是 CalCircleArea 函数的定义。其中，第 1 行是函数头，def是定义函数所需要使用的关键字，CalCircleArea是函数名，紧跟函数名的一对圆括号是函数的形参列表，该函数没有参数（后面将会介绍有参数的函数如何定义和调用）；第2行和第3行是函数体，包含了函数调用时实际执行的操作。

2. 第4行是CalCircleArea函数的调用。其中，CalCircleArea是要调用的函数的名称；紧跟函数名的一对圆括号是函数的实参列表，与函数的形参列表相对应，因为CalCircleArea并没有参数，所以调用时实参列表为空。

3. 开发者在Python程序中定义的变量名、函数名、类名等都是Python语言的自定义标识符，它们的命名规则完全相同。读者可参考第2章中关于变量名的命名规则。

注意

1. Python通过缩进方式体现语句之间的逻辑关系。如代码清单3-1中，相对于第1行的函数头，第2行和第3行代码有相同的缩进，表示这两行代码都是函数的函数体。

2. 在定义函数时，即便函数没有参数，也需要在函数名后面写上一对圆括号。如果函数名后面缺少了一对圆括号，则会报如图3-2所示的错误信息。

3. 类似地，在调用函数时，即便函数没有参数，也需要在函数名后面写上一对圆括号。如果函数名后面缺少了一对圆括号，虽然没有报错信息，但实际上该函数并没有被调用成功，如图3-3所示。

图3-2 定义函数时函数名后面缺少圆括号的程序运行报错信息

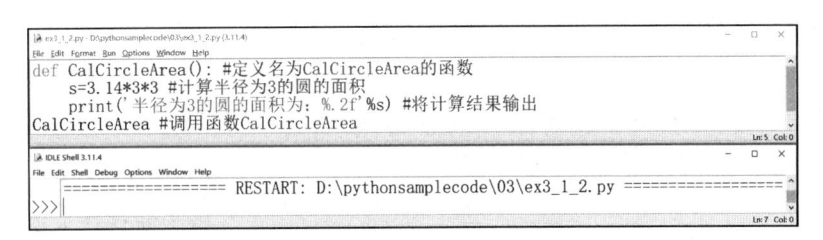

图3-3 调用函数时函数名后面缺少圆括号的程序运行结果

代码清单3-1的执行过程如图3-4所示。程序运行后，会直接执行第4行代码CalCircleArea()，然后通过该函数调用转去执行第1~3行的代码。CalCircleArea函数执行结束后，会回到函数调用位置继续执行，因为后面没有其他代码，所以程序结束。

思考 如果将代码清单3-1中第4行代码改为calCircleArea()，则运行程序后会得到什么结果？读者可上机实验，并根据得到的错误提示信息将程序修改正确。

提示 编写程序时，难免会输入一些错误的代码，如标识符名写错等。平时上机练习时，如果程序报错，应仔细分析报错信息的含义，并根据报错信息分析程序中的错误。通过这样的日常积累，就能够快速定位到错误点并将程序修改正确。

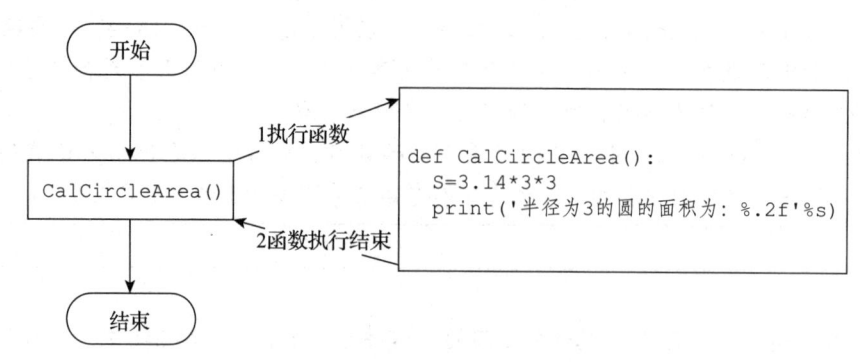

图 3-4　代码清单 3-1 执行过程

【思考题 3-1】 在完成一项较复杂的任务时，通常会将任务分解成若干个子任务，通过完成这些子任务逐步实现任务的整体目标。采用这种思想的程序设计方法称为（　　）程序设计方法。

A.面向对象　　　　**B**.面向类　　　　**C**.结构化　　　　**D**.分解化

【思考题 3-2】 Python 中函数定义是否是通过 define 关键字完成的？

3.2　参数列表与返回值

代码清单 3-1 中实现的 CalCircleArea 函数只能用于计算半径为 3 的圆的面积，而无法用于计算其他半径的圆的面积。另外，在计算了圆的面积后，只是通过 print 函数将计算结果输出到屏幕上，而无法使用该计算结果再去做其他运算。这里将要介绍的参数列表与返回值实际上就是实现函数的输入和输出功能。

- 通过函数的参数列表，可以为函数传入待处理的数据，从而使得一个函数更加通用。例如，对于计算圆面积的函数 CalCircleArea，可以将半径 r 作为参数。这样，每次调用 CalCircleArea 函数时，只要传入不同的半径值，函数就可以自动计算出传入半径所对应的圆的面积。
- 通过返回值，可以将函数的计算结果返回到函数调用的位置，从而可以利用函数调用返回的结果再去做其他运算。例如，要计算图 3-5 所示的零件的面积，则需要先计算半径分别为 r1 和 r2 的圆的面积 C1 和 C2，以及边长分别为 d11 和 d12、d21 和 d22 的两个长方形的面积 S1 和 S2，然后通过计算 C1 - C2 - S1 - S2 或 C1 - (C2 + S1 + S2) 得到零件面积。

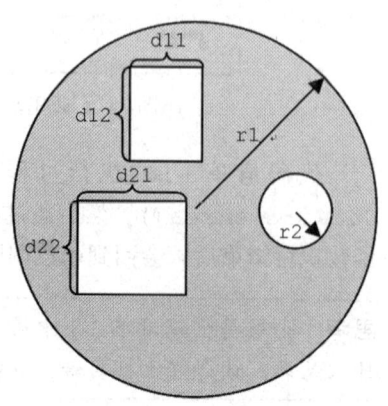

图 3-5　零件示意图

3.2.1 形参

形参的全称是形式参数，即定义函数时函数名后面的一对圆括号中给出的参数列表。形参只能在函数的函数体中使用，其作用是接收函数调用时传入的参数值（即后面要介绍的实参），并在函数中参与运算。

代码清单 3-2 定义了两个函数：计算圆面积的函数 CalCircleArea 和计算长方形面积的函数 CalRectArea。

代码清单 3-2　圆面积计算函数和长方形面积计算函数的定义

```
1  def CalCircleArea(r):  #定义名为 CalCircleArea 的函数
2      s=3.14*r*r  #计算半径为 r 的圆的面积
3      print('半径为%.2f的圆的面积为：%.2f'%(r, s))  #将计算结果输出
4  def CalRectArea(a, b):  #定义名为 CalRectArea 的函数
5      s=a*b  #计算边长分别为 a 和 b 的长方形的面积
6      print('边长为%.2f和%.2f的长方形的面积为：%.2f'%(a, b, s))  #将计算结果输出
```

提示　代码清单 3-2 中，第 1~3 行是 CalCircleArea 函数的定义，其只有一个参数 r，表示要计算面积的圆的半径。第 4~6 行是 CalRectArea 函数的定义，其有两个参数 a 和 b（多个形参需要用逗号分隔），表示要计算面积的长方形的两个边长。

3.2.2 实参

实参的全称是实际参数，即在调用函数时函数名后面的一对圆括号中给出的参数列表。当调用函数时，会将实参的值传递给对应的形参，函数体再利用形参做运算，得到结果。

例如，对于代码清单 3-2 中的 CalCircleArea 和 CalRectArea 两个函数，代码清单 3-3 给出了相应的调用示例。

代码清单 3-3　圆面积计算函数和长方形面积计算函数的调用示例

```
1  a=eval(input('请输入圆的半径：'))
2  CalCircleArea(a)
3  x=eval(input('请输入长方形的一条边长：'))
4  y=eval(input('请输入长方形的另一条边长：'))
5  CalRectArea(x, y)
```

将代码清单 3-2 和代码清单 3-3 中的代码放到同一个脚本文件 ex3_3.py 中（如图 3-6 所示）并运行，如果输入圆的半径为 3，输入长方形的两条边长分别为 3.5 和 2，则在屏幕上会输出如图 3-7 所示的结果。

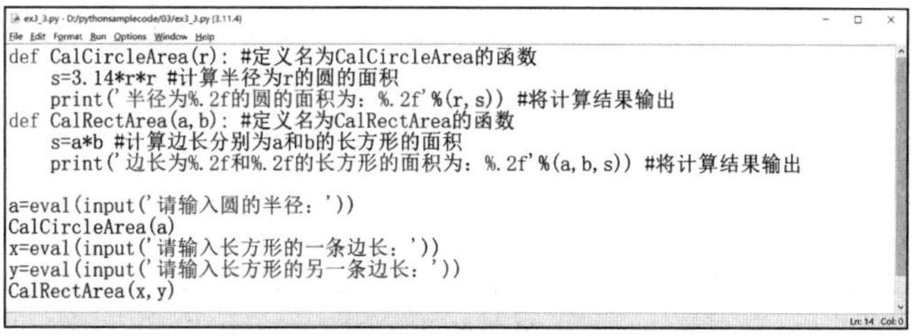

图 3-6　脚本文件 ex3_3.py 中的代码

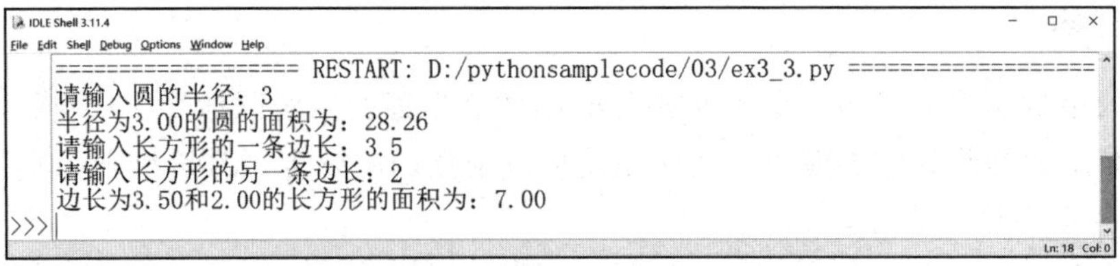

图 3-7　脚本文件 ex3_3.py 的运行结果

提示

1. 函数调用时，多个实参之间用逗号分隔。

2. 实参名和形参名不需要相同，在传递时根据位置一一对应，即第 1 个实参传给第 1 个形参，第 2 个实参传给第 2 个形参……这种按位置对应关系传参的方式，称为位置参数。除了位置参数外，还有一种按指定形参名传参的方式，称为关键字参数，将在后面介绍。

Python 中，实参与形参采用单向传递方式：当调用函数时，会将实参传递给形参；而当函数执行完毕后，并不会再将形参传递给实参。也就是说，如果在函数体中对形参的值做了修改，则该修改并不会影响实参，即实参的值不会发生变化。但需要注意的是，如果实参是列表、集合、字典这类由元素组成且元素值可以修改的对象，则可在函数体中通过形参修改实参中对应元素的值。例如，代码清单 3-4 给出了形参与实参的单向传递方式示例。

代码清单 3-4　形参与实参的单向传递方式示例

```
1   def ModifyVal(x, y):  #ModifyVal 函数定义
2       x=y  #将 y 的值赋给形参 x
3   def ModifyListElement(ls, idx, val):  #ModifyListElement 函数定义
4       ls[idx]=val  #将 ls 中索引值为 idx 的元素值赋为 val
5   a, b=5, 10  #a 和 b 的值分别赋为 5 和 10
6   print(a, b)  #输出: 5 10
7   ModifyVal(a, 10)  #调用 ModifyVal 函数试图将 a 赋为 10，但实际不会修改 a 的值
8   print(a, b)  #仍输出: 5 10
9   c=[1, 2, 3]  #c 的值赋为 [1, 2, 3]
10  print(c)  #输出: [1, 2, 3]
11  ModifyVal(c, [4, 5, 6])  #调用 ModifyVal 函数试图将 c 赋为-[4, 5, 6]，但实际不会修改
12  print(c)  #仍输出: [1, 2, 3]
13  ModifyListElement(c, 1, 5) #调用 ModifyListElement 函数将索引值为 1 的元素赋为 5
14  print(c)  #输出: [1, 5, 3]
```

代码清单 3-4 执行完毕后，会按照注释中的描述在屏幕上输出运行结果，如图 3-8 所示。

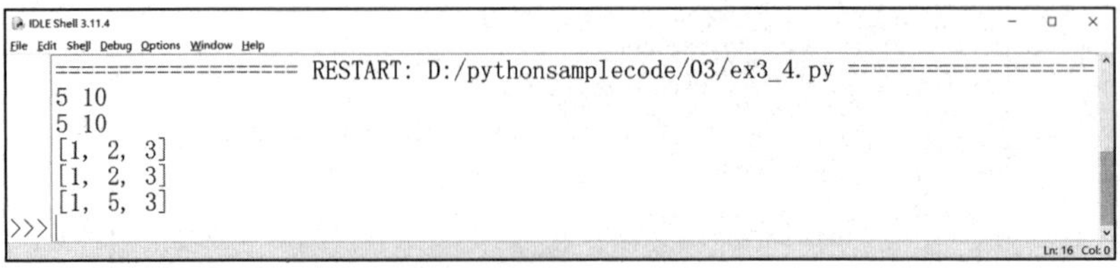

图 3-8　代码清单 3-4 的运行结果

下面给出代码清单 3-4 的说明。

- 第 1 和 2 行代码定义了 ModifyVal 函数，函数体中通过赋值运算将第 1 个形参 x 的值修改为第 2 个形参 y 的值。
- 第 3 和 4 行代码定义了 ModifyListElement 函数，函数体中通过赋值运算将第 1 个形参 ls 中索引值为 idx（第 2 个形参）的元素修改为第 3 个形参 val 的值。
- 第 7 行代码调用 ModifyVal 函数，用实参 a 给形参 x 赋值，用实参 10 给形参 y 赋值。在执行 ModifyVal 函数时，形参 x 的值被赋为形参 y 的值，因此形参 x 的值被修改为 10。第 8 行代码的输出结果为：5 10，可见，在函数体中修改形参 x 的值并不会影响到对应实参 a 的值，从而验证了：函数的形参与实参采用的是单向传递方式。
- 第 11 行代码调用 ModifyVal 函数，用实参 c 给形参 x 赋值，用实参 [4, 5, 6] 给形参 y 赋值。在执行 ModifyVal 函数时，形参 x 的值被赋为形参 y 的值，因此形参 x 的值被修改为 [4, 5, 6]。第 12 行代码的输出结果为 [1, 2, 3]，可见，在函数体中修改形参 x 的值并不会影响到对应实参 c 的值，从而验证了：不仅对于数值，而且对于其他任何数据类型，函数的形参与实参也都采用单向传递方式。
- 第 13 行代码调用 ModifyListElement 函数，分别用实参 c、1 和 5 给形参 ls、idx 和 val 赋值。在执行 ModifyListElement 函数时，形参 ls 中索引为 1 的元素被修改为 5。第 14 行代码的输出结果为 [1, 5, 3]，可见，在函数体中通过形参修改元素的值，则实参对应元素的值也会发生变化。

提示 函数调用时，实际上做了"形参 = 实参"这样一个赋值运算。也就是说，在执行代码清单 3-4 第 13 行代码的函数调用时，会先执行 3 个"形参 = 实参"的赋值运算，即 ls=c、idx=1 和 val=5。读者可以回顾 2.3.7 节介绍的内容，通过执行赋值运算 ls=c，ls 和 c 会对应同样的存储单元（即对应同一个列表）。此时，通过形参 ls 修改列表中索引值为 1 的元素，则通过实参 c 访问到的结果也必然是元素值修改后的列表。

【思考题 3-3】 定义函数时函数名后面的一对圆括号中给出的参数称为（　　）。
A. 实参　　　　　　**B**. 形参　　　　　　**C**. 类型参数　　　　　　**D**. 名字参数

【思考题 3-4】 调用函数时函数名后面的一对圆括号中给出的参数称为（　　）。
A. 实参　　　　　　**B**. 形参　　　　　　**C**. 类型参数　　　　　　**D**. 名字参数

【编程练习 3-1】 编写程序实现以下功能：输入若干整数（输入 0 则结束），每个整数输入完毕后按 <Enter> 键，马上输出该整数是否为素数。要求：判断一个整数是否为素数的功能用一个函数实现。

【编程练习 3-2】 编写程序实现以下功能：输入两个字符串，如果第一个字符串是第二个字符串的前缀，则输出第一个字符串；如果第二个字符串是第一个字符串的前缀，则输出第二个字符串；如果两个字符串互相都不为前缀则输出 'no'。要求：判断一个字符串是否是另一个字符串的前缀的功能用函数实现。

3.2.3 默认参数

默认参数也称为缺省参数，是指在函数定义时可以给全部或部分形参指定参数值。当调用函数时，如果没有给具有默认参数值的形参传递对应的实参，则这些形参会自动使用函数定义时所指定的默认参数值。

提示 使用默认参数的主要目的是使函数使用者能够更加方便地完成具有复杂参数列表的函数调用。当编写一个函数时，为了使函数能够具有更强的通用性，通常倾向于让这个函数的参数列表中包含很多参数（一部分系统函数就是这种情况）。但这样做会给函数调用造成麻烦，开发者在调用函数时需要弄清楚函数中每一个参数的含义。实际上，这个函数的大部分参数在很多情况下取特定的参数值即可。此时，通过给一些通常取特定参数值的形参指定默认参数值，开发者就可以忽略这些具有默认参数值的形参，而只给那些没有默认参数值的形参传递实参；在默认参数值无法满足开发需求的特定情况下，再去考虑如何给全部或部分具有默认参数值的形参传递对应的实参。

下面先通过一个例子说明带默认参数的函数的定义方法和调用方法，如代码清单 3-5 所示。例如，在输入中国某高校学生信息时，大多数学生所在国家都是中国，所以可以考虑将国家的默认值设置为"中国"；在输入外国留学生信息时，再将其指定为其他国家。

代码清单 3-5　带默认参数的函数的定义和调用方法示例

```
1    def StudentInfo(name, country='中国'):  #参数 country 的默认参数值为字符串'中国'
2        print('姓名：%s, 国家：%s'%(name, country))
3    StudentInfo('李晓明')                #这里没有给 country 传实参值，但因为有默认参数所以不会出错
4    StudentInfo('大卫', '美国')  #给 country 传了实参，则不再使用默认参数
```

代码清单 3-5 执行完毕后，将在屏幕上输出如图 3-9 所示的结果。可以看到，虽然第 3 行代码在进行 StudentInfo 函数调用时，没有给形参 country 传递对应的实参值，但由于形参 country 具有默认参数值，所以不会报错，且通过 print 输出的形参 country 的值为指定的默认参数值'中国'。

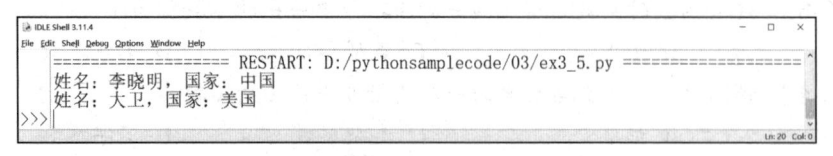

图 3-9　代码清单 3-5 的运行结果

注意 在代码清单 3-5 的 StudentInfo 函数中，形参 name 并没有默认参数值，所以在调用函数时必须为其指定实参，否则运行程序会报错。例如，如果将第 3 行代码改为 StudentInfo()，则程序运行时系统会给出如图 3-10 所示的报错信息"TypeError: StudentInfo() missing 1 required positional argument: 'name'"，即"StudentInfo 函数调用时缺少了一个必需的位置参数 name"。

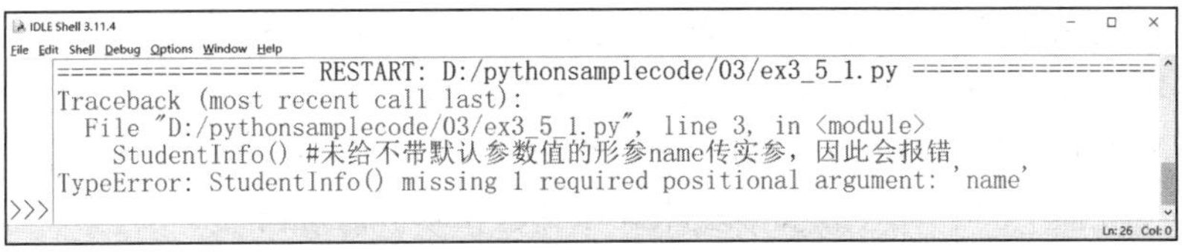

```
IDLE Shell 3.11.4
File Edit Shell Debug Options Window Help
================== RESTART: D:/pythonsamplecode/03/ex3_5_1.py ==================
Traceback (most recent call last):
  File "D:/pythonsamplecode/03/ex3_5_1.py", line 3, in <module>
    StudentInfo() #未给不带默认参数值的形参name传实参，因此会报错
TypeError: StudentInfo() missing 1 required positional argument: 'name'
>>>
```

图 3-10　未给不带默认参数值的形参 name 传实参所产生的报错信息

【思考题 3-5】 下面的程序的输出结果是（　　）。

```
def StudentInfo(country='中国', name):
    print('%s, %s'%(name, country))
StudentInfo('美国', '大卫')
```

A. 大卫，美国　　**B**. 美国，大卫　　**C**. 大卫，中国　　**D**. 报错

【思考题 3-6】 对于没有默认参数值的形参，在函数调用时是否必须为其指定实参？

3.2.4　关键字参数

在调用函数时，除了前面介绍的那种通过位置来体现实参和形参的对应关系的方法（即位置参数），还有一种通过指定形参名传参的方法，称为关键字参数，其形式为“形参 = 实参”。

在使用关键字参数调用函数时，实参的传递顺序可以与形参列表中形参的顺序不一致。这样，当一个函数的很多参数都有默认值，而我们只想对其中一部分带默认值的参数传递实参时，就可以直接通过关键字参数的方式来进行实参传递，而不必考虑这些带默认值的参数在形参列表中的实际位置。例如，代码清单 3-6 给出了关键字参数的使用方法示例。

代码清单 3-6　关键字参数的使用方法示例

```
1  def StudentInfo(name, chineselevel='良好', country='中国'):
2      print('姓名：%s，中文水平：%s，国家：%s'%(name, chineselevel, country))
3  StudentInfo('李晓明')
4  StudentInfo('大卫', country='美国')
5  StudentInfo(country='美国', chineselevel='一般', name='约翰')
```

代码清单 3-6 执行完毕后，将在屏幕上输出如图 3-11 所示的结果。

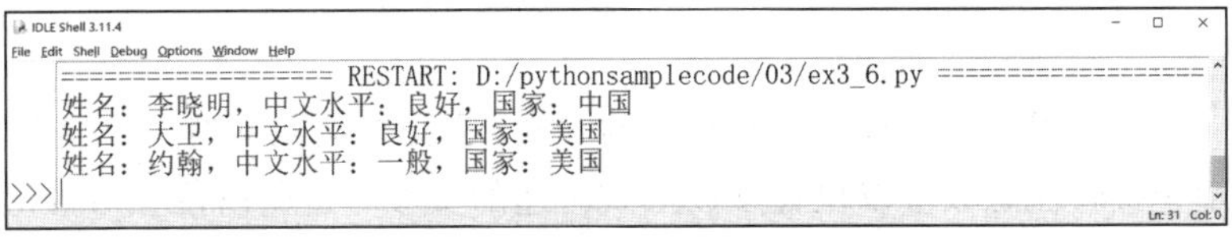

```
IDLE Shell 3.11.4
File Edit Shell Debug Options Window Help
================== RESTART: D:/pythonsamplecode/03/ex3_6.py ==================
姓名：李晓明，中文水平：良好，国家：中国
姓名：大卫，中文水平：良好，国家：美国
姓名：约翰，中文水平：一般，国家：美国
>>>
```

图 3-11　代码清单 3-6 的运行结果

提示

1. 在代码清单 3-6 中，StudentInfo 函数的两个形参 chineselevel 和 country 都有默认参数值，所以在调用函数时可以只给 name 参数传递实参，如第 3 行代码所示。

2. 位置参数和关键字参数可以混合使用，但必须是位置参数在前而关键字参数在

后，如第 4 行代码所示。如果将第 4 行代码改为 StudentInfo(name='大卫', '良好', '美国')，即第一个参数使用了关键字参数形式，后两个参数使用了位置参数形式，则系统会给出如图 3-12 所示的语法错误提示 "positional argument follows keyword argument"，即"位置参数跟在了关键字参数的后面"。

3. 可以对所有参数都使用关键字参数形式，如第 5 行代码所示，此时可以将这 3 个参数的位置随意调换。

图 3-12 关键字参数在前而位置参数在后所产生的报错信息

【编程练习 3-3】 请改正下面的程序中存在的错误。

```
def StudentInfo(country='China', chineselevel='A', name):
    print('%s, %s, %s'%(name, country, chineselevel))
StudentInfo(country='America', chineselevel='B', name='John')
```

3.2.5 不定长参数

不定长参数是指一种特殊形式的形参，在函数调用时该形参可以用于接收任意数量的实参。带不定长参数的函数的定义方法有以下 3 种形式。

形式一：

```
def 函数名([普通形参列表,] *不定长参数名 [,普通形参列表]):
    函数体
```

形式二：

```
def 函数名([普通形参列表,] **不定长参数名):
    函数体
```

形式三：

```
def 函数名([普通形参列表,] *不定长参数名, **不定长参数名):
    函数体
```

在形式一中，使用"*不定长参数名"的方式（即形参名前面有一个星号），表示这个不定长参数用于接收任意数量以位置参数形式传递的实参。这些以位置参数形式传递的实参，会被封装为一个元组并赋给不定长参数。

在形式二中，使用"**不定长参数名"的方式（即形参名前面有两个星号），表示这个不定长参数用于接收任意数量以关键字参数形式传递的实参。这些以关键字参数形式传递的实参，会被封装为一个字典并赋给不定长参数。

在形式三中，同时使用了"*不定长参数名"和"**不定长参数名"这两种不定长参数。根据前两种形式的描述，"*不定长参数名"用于接收任意数量以位置参数形式传递的实参，而"**不定长参数名"则用于接收任意数量以关键字参数形式传递的实参。

注意

1.在形式一中，"*不定长参数名"的前面和后面都允许有普通形参。

（1）对于"*不定长参数名"前面的普通形参，在函数调用时必须以位置参数形式传递对应的实参。这是由于在函数调用时必须是位置参数在前而关键字参数在后，"*不定长参数名"用于接收任意数量的位置参数，所以其前面的普通形参对应的实参也都只能采用位置参数的形式。

（2）对于不定长参数后面的普通形参，在函数调用时必须以关键字参数形式传递对应的实参。这是由于所有以位置参数形式传递的实参都会被形式一中的不定长参数所接收，而无法传递给后面的普通形参，造成后面的普通形参会因没有对应的实参而报错。

2.在形式三中，两种不定长参数同时存在，此时必须"*不定长参数名"在前，"**不定长参数名"在后。这是由于在函数调用时必须是位置参数在前而关键字参数在后，因此，必须先有用于接收任意数量位置参数的不定长参数，再有用于接收任意数量关键字参数的不定长参数。

下面通过一个例子说明两种不定长参数的使用方法，如代码清单3-7所示。

代码清单3-7　两种不定长参数的使用方法示例

```
1   def StudentInfo1(name, *args): #定义函数StudentInfo1
2       print('姓名: ', name, ', 其他: ', args)
3   def StudentInfo2(name, **kwargs): #定义函数StudentInfo2
4       print('姓名: ', name, ', 其他: ', kwargs)
5   def StudentInfo3(name, *args, country='中国'): #定义函数StudentInfo3
6       print('姓名: ', name, ', 国家: ', country, ', 其他: ', args)
7   StudentInfo1('李晓明', '良好', '中国')
8   StudentInfo2('李晓明', 中文水平='良好', 国家='中国')
9   StudentInfo3('李晓明', 19, '良好')
10  StudentInfo3('大卫', 19, '良好', country='美国')
```

代码清单3-7执行完毕后，将会输出如图3-13所示的结果。

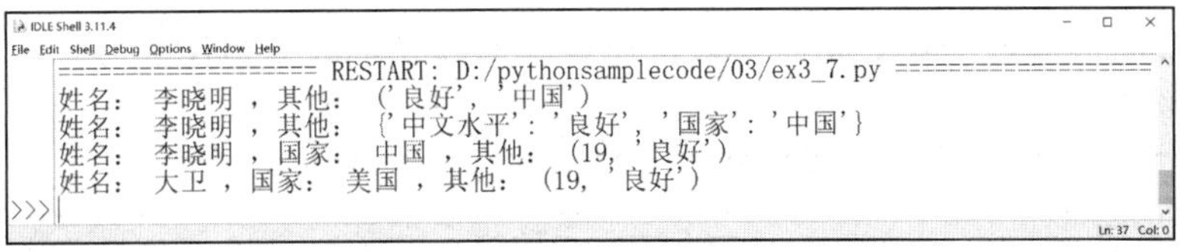

图3-13　代码清单3-7的运行结果

下面分别分析代码清单3-7中的3个函数。

- 对于第1和2行定义的StudentInfo1函数，name是一个普通形参，而args是用于接收任意数量位置参数的不定长参数（注意args前面只有一个*）。在第7行调用StudentInfo1函数时，共传入3个实参，其中第一个实参'李晓明'传给了形参name，而后两个实参将被封装成一个元组('良好', '中国')，并传给不定长参数args。因此，当StudentInfo1函数中使用print输出args时，会输出('良好', '中国')。

- 对于第3和4行定义的StudentInfo2函数，name是一个普通形参，而kwargs

是用于接收任意数量关键字参数的不定长参数（注意 kwargs 前面有两个 *）。在第 8 行调用 StudentInfo2 函数时，共传入 3 个实参，其中第一个实参 '李晓明' 传给了形参 name，而后两个关键字参数形式的实参被封装成一个字典 {'中文水平': '良好' '国家': '中国'}，并传给不定长参数 kwargs。因此，当 StudentInfo2 函数中使用 print 输出 kwargs 时，会输出 {'中文水平': '良好' '国家': '中国'}。

- 对于第 5 和 6 行定义的 StudentInfo3 函数，name 和 country 是两个普通形参（其中 country 有默认参数值 '中国'），而 args 是用于接收任意数量位置参数的不定长参数（注意 args 前面仅有一个 *）。在第 9 行调用 StudentInfo3 函数时，共传入 3 个实参，其中第一个实参 '李晓明' 传给了形参 name，后两个实参被封装成一个元组 (19, '良好')，并传给不定长参数 args。形参 country 在不定长参数 args 后面，所以必须以关键字参数的形式进行实参的传递，但后两个实参都是位置参数，即没有给 country 传入实参值，因此 country 取默认参数值 '中国'。
- 在第 10 行调用 StudentInfo3 函数时，共传入 4 个实参：第一个实参 '大卫' 传给了形参 name；中间两个实参被封装成一个元组 (19, '良好')，并传给不定长参数 args；最后一个关键字参数形式的实参传给了 country，即此时形参 country 的值为 '美国'。

注意 如果将代码清单 3-7 第 7 行代码中 StudentInfo1 函数的调用形式改为

```
StudentInfo1('李晓明', 中文水平='良好', 国家='中国')
```

则运行程序时系统会给出如图 3-14 所示的报错信息。这是由于 StudentInfo1 的不定长参数 args 只能用于接收一组位置参数，而传入的关键字参数会因没有对应的形参接收而报错。

如果将第 8 行代码中 StudentInfo2 函数的调用形式改为

```
StudentInfo2('李晓明', '良好', '中国')
```

则运行程序时系统会给出如图 3-15 所示的报错信息。这是由于 StudentInfo2 的 kwargs 只能用于接收一组关键字参数，而传入的位置参数会因没有对应的形参接收而报错。

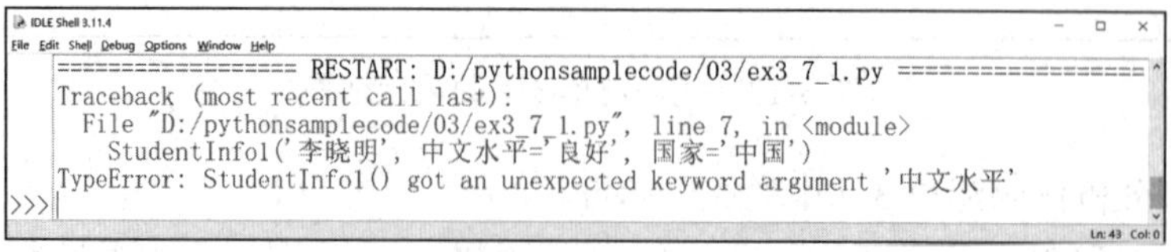

```
================= RESTART: D:/pythonsamplecode/03/ex3_7_1.py =================
Traceback (most recent call last):
  File "D:/pythonsamplecode/03/ex3_7_1.py", line 7, in <module>
    StudentInfo1('李晓明', 中文水平='良好', 国家='中国')
TypeError: StudentInfo1() got an unexpected keyword argument '中文水平'
>>>
```

图 3-14 错误使用不定长参数的示例 1

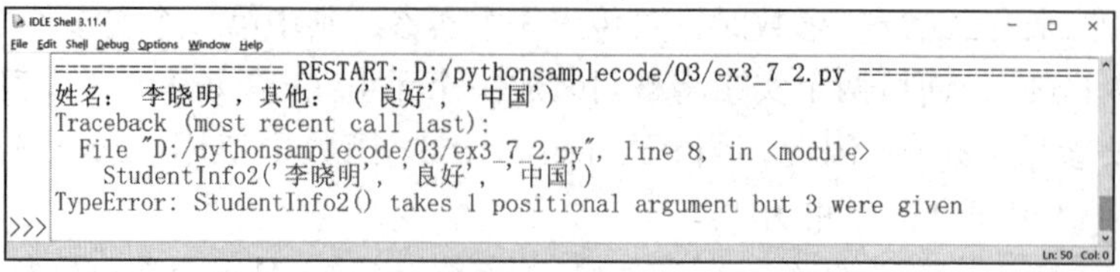

```
================= RESTART: D:/pythonsamplecode/03/ex3_7_2.py =================
姓名： 李晓明 ，其他： ('良好', '中国')
Traceback (most recent call last):
  File "D:/pythonsamplecode/03/ex3_7_2.py", line 8, in <module>
    StudentInfo2('李晓明', '良好', '中国')
TypeError: StudentInfo2() takes 1 positional argument but 3 were given
>>>
```

图 3-15 错误使用不定长参数的示例 2

【思考题 3-7】 不定长的位置参数在传递给函数时会被封装成（　　）。
A. 元组　　　　　　B. 列表　　　　　　C. 集合　　　　　　D. 字典

【思考题 3-8】 对于一个带不定长参数的函数，其普通形参是否可以有默认参数值？

【编程练习 3-4】 请改正下面的程序中存在的错误。

```
def StudentInfo(name, **args):
    print(name, args)
StudentInfo('Li Xiaoming', 'China', 'A')
```

3.2.6　拆分参数列表

如果一个函数所需要的参数已经存储在了列表、元组或字典中，则可以直接从列表、元组或字典中拆分出来函数所需要的这些参数，其中从列表、元组中拆分出来的结果形成一组位置参数，而从字典中拆分出来的结果形成一组关键字参数。下面先看一个不通过拆分方法传递参数的例子，如代码清单 3-8 所示。

代码清单 3-8　不通过拆分方法传递参数的示例

```
1  def SumVal(*args): #定义函数 SumVal
2      sum=0
3      for i in args:
4          sum+=i
5      print('求和结果为: ', sum)
6  ls=[3, 5.2, 7, 1]
7  SumVal(ls[0], ls[1], ls[2], ls[3])
```

代码清单 3-8 执行结束后，将在屏幕上输出如图 3-16 所示的结果。

图 3-16　代码清单 3-8 的运行结果

实际上，代码清单 3-8 中第 7 行代码可以简写为 SumVal(*ls)，如代码清单 3-9 所示。

代码清单 3-9　通过拆分方法传递参数的示例

```
1  def SumVal(*args): #定义函数 SumVal
2      sum=0
3      for i in args:
4          sum+=i
5      print('求和结果为: ', sum)
6  ls=[3, 5.2, 7, 1]
7  SumVal(*ls)
```

代码清单 3-9 执行结束后，可得到与代码清单 3-8 完全相同的运行结果。

提示　代码清单 3-9 的第 7 行代码中，*ls 的作用是把列表 ls 中的所有元素拆分出来作为 SumVal 的实参，即等价于 SumVal(3, 5.2, 7, 1)。

下面再通过一个例子说明如何将字典的拆分结果作为函数调用的一组关键字参数，如代码清单 3-10 所示。

代码清单 3-10　字典拆分结果作为函数关键字参数的示例

```
1   def StudentInfo(name, chineselevel, country):  #定义函数 StudentInfo
2       print('姓名：%s, 中文水平：%s, 国家：%s'%(name, chineselevel, country))
3   d={'country': '中国', 'chineselevel':'良好', 'name':'李晓明'}
4   StudentInfo(**d)
```

代码清单 3-10 执行结束后，将在屏幕上输出如图 3-17 所示的结果。

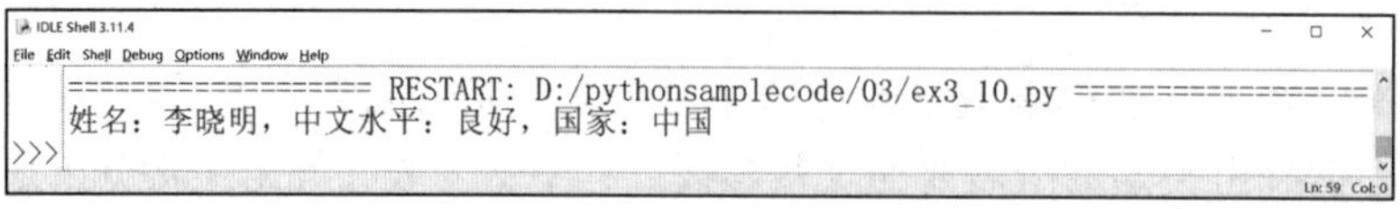

图 3-17　代码清单 3-10 的运行结果

提示　代码清单 3-10 的第 4 行代码中，**d 的作用是把字典 d 中的所有元素拆分出来作为 StudentInfo 的实参，其中每个元素的键是一个字符串，对应用于接收实参的形参名，每个元素的值对应传入的实参，即等价于 StudentInfo(country='中国', chineselevel='良好', name='李晓明')。

【思考题 3-9】　已知函数调用 Fun(**a)，则 a 可能是（　　　）。
A. 元组　　　　　　**B**. 列表　　　　　　**C**. 集合　　　　　　**D**. 字典
【思考题 3-10】　字典拆分出来的结果是否作为关键字参数传递给函数？
【编程练习 3-5】　请改正下面的程序中存在的错误。

```
def Sum(a, b, c):
    print(a+b+c)
t=(1, 2, 3)
Sum(**t)
```

3.2.7　返回值

在前面的例子中，都是利用 print 函数将计算结果输出到屏幕上，但这些显示在屏幕上的结果并没有办法再被获取到以参与其他计算。如果希望能够将一个函数的计算结果返回到调用函数的位置，以使得可以继续用该计算结果再去进行其他计算，此时则应使用 return 语句。

在前面写的函数中虽然都没有显式地写 return 语句，但实际上这些函数都有一个隐式的什么数据都不返回的 return 语句，即"return None"（或直接写为 return）。下面以 3.2 节中图 3-5 的零件面积计算问题为例，说明如何利用 return 语句将函数中的运算结果返回到函数调用的位置，以及如何使用返回结果再去进行其他计算，如代码清单 3-11 所示。

代码清单 3-11　return 语句使用示例

```
1   def CalCircleArea(r):  #定义函数 CalCircleArea
```

```
2        return 3.14*r*r  #通过return语句将计算得到的圆面积返回
3    def CalRectArea(a, b):  #定义函数CalRectArea
4        return a*b  #通过return语句将计算得到的长方形面积返回
5    r1, r2, d11, d12, d21, d22=10, 1, 4, 5, 6, 5
6    C1=CalCircleArea(r1)  #计算大圆的面积
7    C2=CalCircleArea(r2)  #计算小圆的面积
8    S1=CalRectArea(d11, d12)  #计算第一个长方形的面积
9    S2=CalRectArea(d21, d22)  #计算第二个长方形的面积
10   A=C1-C2-S1-S2  #大圆面积依次减去小圆和两个长方形的面积，即得到零件面积
11   print('零件面积为：%.2f'%A)  #将零件面积输出
```

代码清单3-11执行完毕后，将在屏幕上输出如图3-18所示的结果。

```
================ RESTART: D:/pythonsamplecode/03/ex3_11.py ================
零件面积为：260.86
>>>
```

图3-18　代码清单3-11的运行结果

提示

1. 这里以代码清单3-11的第8行代码为例分析函数调用和返回的过程：首先，执行函数调用CalRectArea(d11, d12)，转到CalRectArea函数执行，并将实参d11（等于4）和d12（等于5）分别传给形参a和b；然后，执行"return a*b"，计算a*b的结果（等于20）并通过return将其返回到函数调用的位置（即将函数调用的代码"CalRectArea(d11, d12)"替换成return的返回值20）；最后，执行S1=20，将函数返回值赋给S1。

2. 第6~10行代码也可以写为一行：

```
A= CalCircleArea(r1)-CalCircleArea(r2)-CalRectArea(d11, d12)-CalRectArea(d21, d22)
```

即函数的返回值不一定要赋给一个变量保存，也可以直接用于计算。

通过return不仅能够返回数值数据，也可以返回字符串、列表、元组等数据。代码清单3-12展示了如何返回列表和元组数据。

代码清单3-12　使用return返回列表和元组数据的示例

```
1    def GetList():              #定义函数GetList
2        return [1, 2, 3]        #将包含3个元素的列表返回
3    def GetTuple():             #定义函数GetTuple
4        return (1, 2, 3)        #将包含3个元素的元组返回
5    def GetElements():          #定义函数GetElements
6        return 1, 2, 3          #返回3个数值数据，实际上会将这3个数据封装成一个元组返回
7    print(type(GetList()))
8    print(GetList())
9    print(type(GetTuple()))
10   print(GetTuple())
11   print(type(GetElements()))
12   print(GetElements())
13   x, y, z=GetTuple()
14   print(x, y, z)
```

代码清单 3-12 执行完毕后，将会在屏幕上输出如图 3-19 所示的结果。

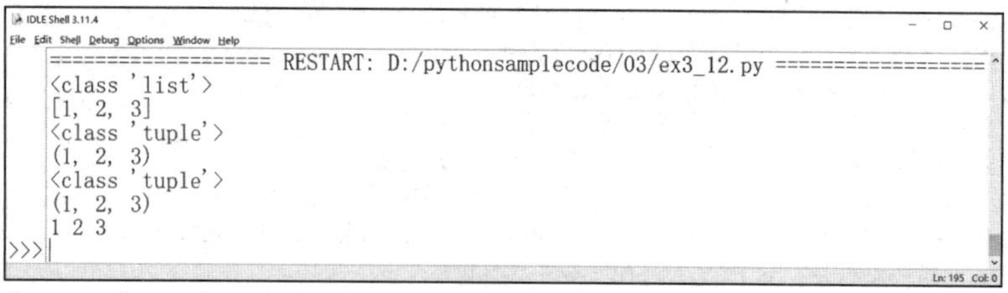

图 3-19 代码清单 3-12 的运行结果

从输出结果可以看到，当调用 `GetList` 函数时，返回的是列表；当调用 `GetTuple` 和 `GetElements` 函数时，返回的都是元组。

提示

1. `type` 用于获取数据的类型。
2. `return` 后面有多个逗号分隔的数据时，这些数据将被封装成一个元组作为函数的返回值，如代码清单 3-12 中第 11 和 12 行代码的输出结果。
3. 如果一个函数的返回值是列表或元组，则可以通过赋值运算，将列表或元组中的多个元素拆分出来赋给多个变量，如代码清单 3-12 的第 13 行代码。

【思考题 3-11】将一个函数的运算结果返回到函数调用的地方，应使用（　　）。
A. `print`　　　　　　**B.** `return`　　　　　　**C.** `break`　　　　　　**D.** `continue`

【思考题 3-12】如果在一个函数中没有显式地写 `return` 语句，则调用该函数时得到的返回值是否一定是 `None`？

3.3 模块

如前面介绍，Python 提供了交互式和脚本式两种运行方式。当要执行的代码比较长且需要重复使用时，通常将代码放在扩展名为 .py 的 Python 脚本文件中。当要编写一个规模比较大的程序时，如果将所有代码都放在一个脚本文件中，则不方便维护和多人协同开发。另外，对于可以在多个程序中重用的功能，也最好将其放在单独的脚本文件中，以方便多个程序通过引用该脚本文件共享这些功能。此时，需要按照代码功能的不同，将代码分门别类地放在不同的脚本文件中，这些脚本文件就称为模块（module）。

当要使用一个模块中的某些功能时，可以通过 `import` 方式将该模块导入。例如，假设模块 A 中定义了一些变量和函数，如果希望在模块 B 中使用它们，则可以在模块 B 中通过 `import` 将模块 A 导入，此时在模块 B 中就可以使用这些变量并调用模块 A 的所有函数。

3.3.1 `import`

使用 `import` 语句导入模块的语法如下：

```
import module1
```

```
import module2
   ...
import moduleN
```

也可以在一行内导入多个模块：

```
import module1, module2, …, moduleN
```

其中，module1、module2、…、moduleN 对应了要导入的 N 个模块的名字（即 .py 脚本文件的主文件名）。

下面通过一个具体的例子说明使用模块的方法。首先，定义一个名为 fibo.py 的脚本文件，其中包括 PrintFib 和 GetFib 两个函数的定义，如代码清单 3-13 所示。

代码清单 3-13　fibo.py 脚本文件

```
1    def PrintFib(n): #定义函数 PrintFib，输出斐波那契数列的前 n 项
2        a, b = 1, 1    #将 a 和 b 都赋为 1
3        for i in range(1, n+1): # i 的取值依次为 1, 2, …, n
4            print(a, end=' ')      #输出斐波那契数列的第 i 项
5            a, b = b, a+b          #更新斐波那契数列第 i+1 项的值，并计算第 i+2 项的值
6        print()        #输出一个换行
7    def GetFib(n): #定义函数 GetFib，返回斐波那契数列的前 n 项
8        fib=[]         #定义一个空列表 fib
9        a, b = 1, 1 #将 a 和 b 都赋为 1
10       for i in range(1, n+1): #i 的取值依次为 1, 2, …, n
11           fib.append(a)  #将斐波那契数列的第 i 项存入列表 fib 中
12           a, b = b, a+b #更新斐波那契数列第 i+1 项的值，并计算第 i+2 项的值
13       return fib  #将列表 fib 返回
14   PrintFib(10)     # 调用 PrintFib 输出斐波那契数列前 10 项
15   ls=GetFib(10)   # 调用 GetFib 函数获取由斐波那契数列前 10 项组成的列表
16   print(ls)        #输出列表 ls 中的元素
```

代码清单 3-13 执行完毕后，将在屏幕上输出如图 3-20 所示的结果。

图 3-20　fibo.py 脚本文件的运行结果

> **提示**　斐波那契数列（Fibonacci sequence）又称黄金分割数列，因数学家列昂纳多·斐波那契（Leonardoda Fibonacci）以兔子繁殖为例子而引入，故又称为"兔子数列"。斐波那契数列前两项的值都为 1，后面每一项的值等于其前两项的和，即 $F(1) = F(2) = 1$，$F(n) = F(n-1) + F(n-2)$（$n > 2$）。

下面再编写一个名为 testfibo.py 的脚本文件，如代码清单 3-14 所示。

代码清单 3-14　testfibo.py 脚本文件

```
1    import fibo         #导入 fibo 模块
2    fibo.PrintFib(5) #调用 fibo 模块中的 PrintFib 函数，输出斐波那契数列前 5 项
3    ls=fibo.GetFib(5) #调用 fibo 模块中的 GetFib 函数，得到斐波那契数列前 5 项的列表
4    print(ls)           #输出 ls 中保存的斐波那契数列前 5 项
```

testfibo.py 脚本文件执行完毕后，将在屏幕上输出如图 3-21 所示的结果。

图 3-21　testfibo.py 脚本文件的运行结果

提示

1. 使用 import 导入模块后，如果要使用该模块中定义的标识符，则需要通过"模块名.标识符名"的方式。

2. 运行 testfibo.py 脚本文件时，fibo.py 应存在且与 testfibo.py 在同一目录下。

从 testfibo.py 脚本文件的运行结果中可以看到，虽然只在 testfibo.py 中输出了斐波那契数列的前 5 项，但当 import fibo 时，fibo.py 中第 14～16 行代码也执行了，所以会同时输出斐波那契数列的前 10 项数据。

下面考虑如何避免这个问题，使得一个脚本文件单独运行时就执行这些语句，而作为模块导入时就不执行这些语句。要实现这个功能，需要用到每个模块中都有的一个全局变量 __name__（注意 name 的前面和后面各有两个连续的下划线）。__name__ 的作用是获取当前模块的名称，如果当前模块是单独执行的，则其全局变量 __name__ 的值就是字符串 '__main__'（注意 main 的前面和后面也各有两个连续的下划线）；否则，如果是作为模块导入的，则其全局变量 __name__ 的值就是模块的名字。例如，分别创建 module.py 和 testmodule.py 两个脚本文件，如代码清单 3-15 和代码清单 3-16 所示。

代码清单 3-15　module.py 脚本文件

```
1   print(__name__)   #输出全局变量__name__的值
```

代码清单 3-16　testmodule.py 脚本文件

```
1   import module   #导入module模块
```

当执行 module.py 时，module 模块中通过 print(__name__) 输出的全局变量 __name__ 的值为 __main__，如图 3-22 所示；而当执行 testmodule.py 时，使用 "import module" 导入 module 模块则会自动执行 module 模块中的 print(__name__)，此时在屏幕上输出的 module 模块中全局变量 __name__ 的值为 module，如图 3-23 所示。可见，module.py 脚本文件单独运行和作为模块导入时，其全局变量 __name__ 的值是不同的。

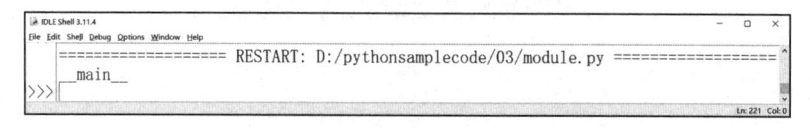

图 3-22　module.py 脚本文件的运行结果

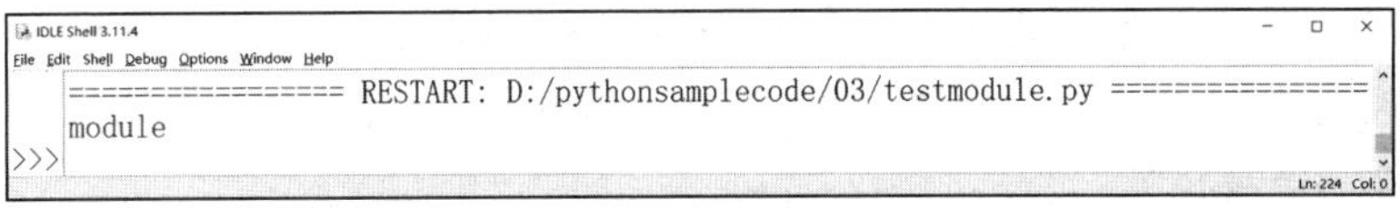

图 3-23　testmodule.py 脚本文件的运行结果

基于上述分析，为了使代码清单 3-13 中第 14～16 行代码只在 fibo.py 脚本文件单独运行时才执行，可以在第 14～16 行代码前增加对全局变量 __name__ 的值的判断，修改后的代码如代码清单 3-17 所示。

代码清单 3-17　修改后的 fibo.py 脚本文件

```
1   def PrintFib(n):    #定义函数PrintFib,输出斐波那契数列的前n项
2       a, b = 1, 1     #将a和b都赋为1
3       for i in range(1, n+1):  # i的取值依次为1, 2, …, n
4           print(a, end=' ')    #输出斐波那契数列的第i项
5           a, b = b, a+b        #更新斐波那契数列第i+1项的值,并计算第i+2项的值
6       print()         #输出一个换行
7   def GetFib(n):      #定义函数GetFib,返回斐波那契数列的前n项
8       fib=[]          #定义一个空列表fib
9       a, b = 1, 1     #将a和b都赋为1
10      for i in range(1, n+1):  # i的取值依次为1, 2, …, n
11          fib.append(a)        #将斐波那契数列的第i项存入列表fib中
12          a, b = b, a+b        #更新斐波那契数列第i+1项的值,并计算第i+2项的值
13      return fib      #将列表fib返回
14  if __name__=='__main__':     #只有单独执行fibo.py时该条件才成立
15      PrintFib(10)    #调用PrintFib输出斐波那契数列前10项
16      ls=GetFib(10)   #调用GetFib函数获取由斐波那契数列前10项组成的列表
17      print(ls)       #输出列表ls中的元素
```

当执行修改后的 fibo.py 时，将在屏幕上输出如图 3-24 所示的结果，说明第 14 行代码的条件成立，所以第 15～17 行代码被执行了。

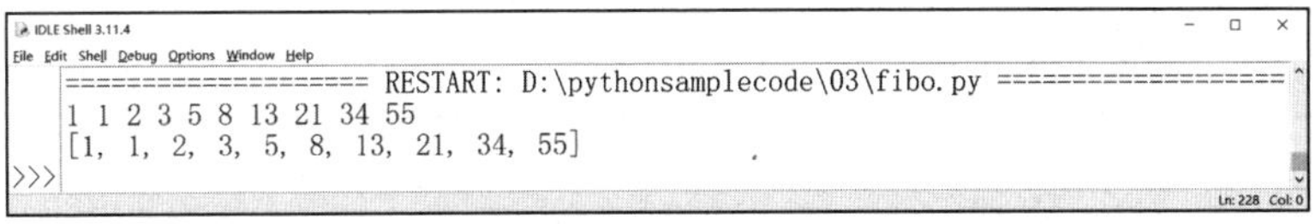

图 3-24　修改后的 fibo.py 脚本文件的运行结果

当执行 testfibo.py 时，将在屏幕上输出如图 3-25 所示的结果，说明 fibo.py 中第 14 行代码的条件不成立，所以第 15～17 行代码没有被执行。

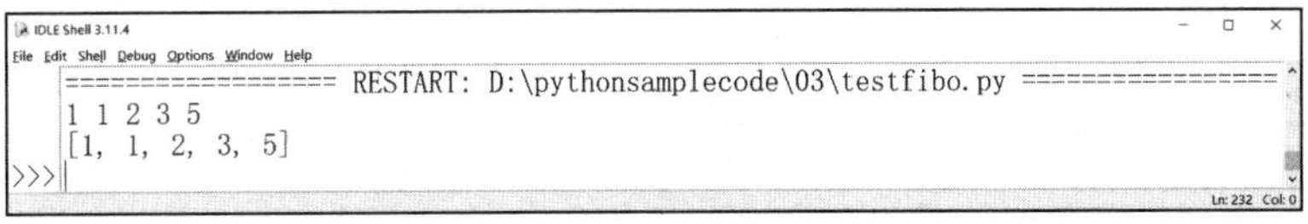

图 3-25　导入修改后的 fibo 模块的 testfibo.py 脚本文件的运行结果

提示　在一个模块中编写了一些供其他模块调用的函数或类（下一章的学习内容）后，通常会在该模块中同时编写一些测试代码，以测试这些函数或类是否能正常工作，如代码清单 3-17 中的第 15～17 行代码的作用是对前面定义的 PrintFib 和 GetFib 两个函数进行

测试。在将该模块导入其他模块时，这些测试代码不应执行，如代码清单 3-17 中的第 14 行代码对全局变量 __name__ 的值进行判断，使得 fibo.py 作为模块被导入时其第 15~17 行的测试代码不会被执行。

除了可以导入自己编写的模块外，也可以直接导入系统提供的模块，使用系统模块提供的功能。例如，可以通过 sys 模块获取运行 Python 脚本时传入的参数，如代码清单 3-18 所示。

代码清单 3-18　修改后的 testfibo.py 脚本文件

```
1    import fibo    # 导入 fibo 模块
2    import sys     # 导入系统提供的 sys 模块
3    n=int(sys.argv[1])    # 通过 sys 模块的 argv 获取执行脚本时传入的参数
4    fibo.PrintFib(n)      # 调用 fibo 模块中的 PrintFib 函数，输出斐波那契数列前 n 项
5    ls=fibo.GetFib(n)     # 调用 fibo 模块中的 GetFib 函数，得到斐波那契数列前 n 项的列表
6    print(ls)    # 输出 ls 中保存的斐波那契数列前 n 项
```

提示　在运行 testfibo.py 时需要传入参数，可以在 IDLE 的脚本文件编辑窗口下单击 Run 菜单下的 Run… Customized 菜单项，此时会弹出允许输入命令行参数（Command Line Arguments）的对话框，分别在编辑框中填入 5 和 10，如图 3-26a 和图 3-27a 所示。单击 OK 按钮，脚本文件执行结束后，可看到对应的输出结果：分别按指定的命令行参数值 5 和 10 输出了斐波那契数列的前 5 项和前 10 项，如图 3-26b 和图 3-27b 所示。

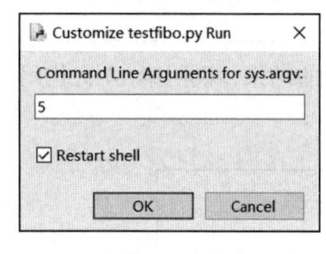

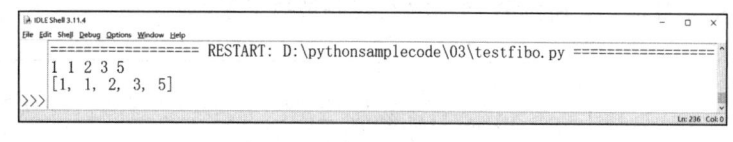

　　　a）输入运行参数　　　　　　　　　　　　b）运行结果

图 3-26　修改后的 testfibo.py 脚本文件的运行示例 1

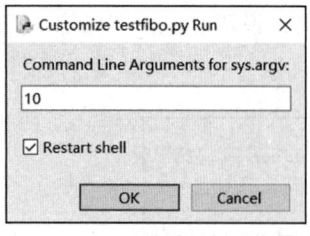

　　　a）输入运行参数　　　　　　　　　　　　b）运行结果

图 3-27　修改后的 testfibo.py 脚本文件的运行示例 2

提示　读者可尝试在一个 Python 脚本文件中导入 sys 模块后，执行 print(sys.argv)，即可看到会输出一个列表，其中第一个元素是脚本文件名，后面的元素是运行脚

本文件时传入的参数。因此，通过 `sys.argv[0]`，可以获取到正在运行的脚本文件名；而通过 `sys.argv[1]`、`sys.argv[2]`、…，则可以获取到运行脚本文件时传入的第 1 个命令行参数、第 2 个命令行参数、…。如在代码清单 3-18 的第 3 行代码中，通过 `sys.argv[1]` 获取到了运行脚本文件时传入的第 1 个命令行参数。

【思考题 3-13】 当要使用一个模块中的某些功能时，可以通过（　　）语句将该模块导入。
A. `include`　　　　**B**. `import`　　　　**C**. `export`　　　　**D**. `load`

【思考题 3-14】 通过 `import` 语句是否一次只能导入一个模块？

【思考题 3-15】 脚本文件 M.py 单独执行时，其 `__name__` 变量的值为（　　）。
A. `'M'`　　　　**B**. `'__main__'`　　　　**C**. `'M.py'`　　　　**D**. 不存在

【思考题 3-16】 每个模块中是否都有一个全局变量 `__name__`？

3.3.2 `from import`

除了前面介绍的使用 `import` 将整个模块导入的方式，还可以使用 `from import` 将模块中的标识符（变量名、函数名等）直接导入当前环境，这样在访问这些标识符时就不再需要指定模块名。其语法格式为

```
from 模块名 import 标识符1, 标识符2, …, 标识符N
```

例如，代码清单 3-19 展示了如何直接导入模块中的标识符。

代码清单 3-19　testfibo2.py 脚本文件

```
1   from fibo import PrintFib, GetFib  #导入fibo模块中的PrintFib和GetFib
2   PrintFib(5)     #不需要指定fibo模块名，直接调用PrintFib函数
3   ls=GetFib(5)    #不需要指定fibo模块名，直接调用GetFib函数
4   print(ls)       #输出ls中保存的斐波那契数列前5项数据
```

testfibo2.py 脚本文件执行结束后，将在屏幕上输出如图 3-28 所示的结果。

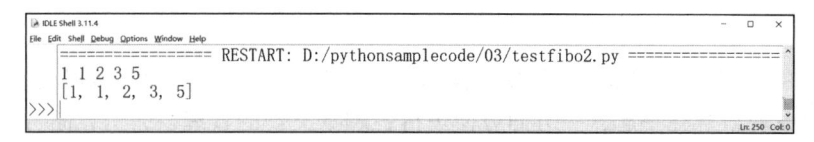

图 3-28　testfibo2.py 脚本文件的运行结果

也可以改为只导入一个模块中的部分标识符，如代码清单 3-20 所示。

代码清单 3-20　testfibo3.py 脚本文件

```
1   from fibo import PrintFib  #只导入fibo模块中的PrintFib
2   PrintFib(5)                #不需要指定fibo模块名，直接调用PrintFib函数
```

testibo3.py 脚本文件执行结束后，将在屏幕上输出如图 3-29 所示的结果。

提示　如果要导入一个模块中的所有标识符，也可以使用"`from 模块名 import *`"的方式。例如，代码清单 3-19 中的第 1 行代码可以直接改为 `from fibo import *`。

```
================ RESTART: D:/pythonsamplecode/03/testfibo3.py ================
1 1 2 3 5
>>>
```

图 3-29　testfibo3.py 脚本文件的运行结果

注意　如果一个模块定义了列表 `__all__`，则"`from 模块名 import *`"语句只能导入 `__all__` 列表中存在的标识符。例如，对于代码清单 3-17 中定义的 `fibo` 模块，如果在第 1 行加入 `__all__` 列表的定义 `__all__=['PrintFib']`，则通过"`from fibo import *`"只能导入 `fibo` 模块中的 `PrintFib`，而不会导入 `GetFib`。

无论是利用 `import` 导入模块，还是用 `from import` 导入模块中的标识符，在导入的同时都可以使用 `as` 为模块或标识符起别名。如代码清单 3-21 和代码清单 3-22 所示。

代码清单 3-21　testfibo4.py 脚本文件

```
1  import fibo as f      #导入 fibo 模块，并为 fibo 起了个别名 f
2  f.PrintFib(5)         #调用 fibo 模块中的 PrintFib 函数，输出斐波那契数列前 5 项
```

代码清单 3-22　testfibo5.py 脚本文件

```
1  from fibo import PrintFib as pf    #导入 fibo 模块中的 PrintFib，并重命名为 pf
2  pf(5)    #调用 fibo 模块中的 PrintFib 函数，输出斐波那契数列前 5 项
```

代码清单 3-21 和代码清单 3-22 运行结束后，都会在屏幕上输出 1 1 2 3 5。

【思考题 3-17】 已知 M 模块中有一个无参函数 fun，且在脚本文件 N.py 中有语句：`from M import fun`，则在 N.py 中调用 M 模块中的 fun 函数的方式为（　　）。
A. fun()　　　　　B. N.fun()　　　　C. M.fun()　　　　D. N.M.fun()

【思考题 3-18】 已知 M 模块中有两个函数 f1 和 f2，则在脚本文件 N.py 中通过语句 `from M import *`，是否必然可以将 M 模块中的 f1 和 f2 导入？

3.3.3　包

Python 中的包（package）的作用与操作系统中文件夹的作用相似，利用包可以将多个关系密切的模块组合在一起，一方面方便进行各脚本文件的管理，另一方面可以有效避免模块命名冲突问题。

定义一个包，就是创建一个文件夹并在该文件夹下创建一个 `__init__.py` 文件，文件夹的名字就是包名。另外，可以根据需要在该文件夹下再创建子文件夹，子文件夹中创建一个 `__init__.py` 文件，则又形成了一个子包。模块可以放在任何一个包或子包中，在导入模块时需要指定其所在的包和子包的名字。例如，如果要导入包 A 中的模块 B，则需要使用 `import A.B`。

提示　`__init__.py` 可以是一个空文件，也可以包含包的初始化代码或者设置 `__all__` 列表。

下面通过 Python 官方文档中的一个例子说明包的结构和使用方法。下面是关于声音数据处理的包结构：

```
sound/ 顶级包
    __init__.py 初始化这个声音包
    formats/ 文件格式转换子包
        __init__.py
        wavread.py
        wavwrite.py
        aiffread.py
        aiffwrite.py
        auread.py
        auwrite.py
        ...
    effects/ 音效子包
        __init__.py
        echo.py
        surround.py
        reverse.py
        ...
    filters/ 过滤器子包
        __init__.py
        equalizer.py
        vocoder.py
        karaoke.py
        ...
```

如果要使用 sound 包的 effects 子包的 echo 模块，则可以通过下面的方式将其导入：

`import sound.effects.echo`

假设在 echo 模块中有一个 echofilter 函数，则调用该函数时必须指定完整的名字（包括各层的包名和模块名），即

`sound.effects.echo.echofilter(实参列表)`

也可以使用 from import 方式导入包中的模块，如

`from sound.effects import echo`

通过这种方式，也可以正确导入 sound 包的 effects 子包的 echo 模块，而且在调用 echo 模块中的函数时不需要加包名，如

`echo.echofilter(实参列表)`

也可以使用 from import 直接导入模块中的标识符，如

`from sound.effects.echo import echofilter`

这里直接导入了 echo 模块中的 echofilter 函数，此时调用 echofilter 函数可直接写作

`echofilter(实参列表)`

提示 本书作为一本入门级教材，只介绍了包和模块的一些基本用法。读者可通过分析一个开源项目的程序结构和代码实现，掌握应该如何设计和编写较大规模程序。

【**思考题 3-19**】 已知在脚本文件 N.py 中有函数调用 A.B.C.d()，则 import 语句的正

确写法是(　　)。
A. from A.B import C　　　　B. from A.B.C import d
C. import A.B.C　　　　　　D. import A.B.C.d

【思考题 3-20】 模块是否可以放在任何一个包或子包中？

3.3.4 猴子补丁

猴子补丁（monkey patch）是指在运行时实现函数的动态替换，而不需要修改已有函数中的代码。下面通过一个例子说明猴子补丁的使用方法，如代码清单 3-23 所示。

代码清单 3-23　猴子补丁示例

```
1   def Sum(a, b):  #定义函数 Sum
2       print('Sum 函数被调用！')  #通过输出信息显示哪个函数被调用
3       return a+b  #将 a 和 b 的求和结果返回
4   def NewSum(*args):  #定义函数 NewSum
5       print('NewSum 函数被调用！')  #通过输出信息显示哪个函数被调用
6       s=0  #s 用于保存求和结果，初始赋为 0
7       for i in args:  #i 取传入的每一个参数值
8           s+=i  #将 i 加到 s 上
9       return s  #将保存求和结果的 s 返回
10  Sum=NewSum    # 将 NewSum 赋给 Sum，后面再调用 Sum 函数，实际上就是执行 NewSum 函数
11  print(Sum(1, 2, 3, 4, 5))  #调用 Sum 函数（实际上执行 NewSum）计算 1～5 的和并输出
```

代码清单 3-23 执行完毕后，将在屏幕上输出如图 3-30 所示的结果。

图 3-30　代码清单 3-23 的运行结果

> **提示**　猴子补丁主要用于支持在不修改已有代码的情况下修改其功能或增加新功能。例如，在使用第三方模块时，模块中的某些函数可能无法满足开发需求。此时，可以在不修改这些函数代码的情况下，通过猴子补丁用一些自己编写的新函数进行替代，从而实现一些新的功能。

3.3.5 第三方模块的获取与安装

Python 是一个流行的开源项目，许多第三方开发者也将其开发的功能开放，供其他开发者在开源协议下免费使用。第三方模块大大丰富了 Python 的功能，从而使得开发工作变得更加容易，这也是 Python 目前如此流行的原因之一。

第三方模块的获取与安装有多种方法，其中最推荐的一种方法是使用 pip 工具。这里以用于科学计算的 numpy 模块的安装为例，介绍 pip 的使用方法。在安装 numpy 之前，可以先在 IDLE 中输入"import numpy"，此时会得到如图 3-31 所示的错误信息，即没有名为 numpy 的模块。

图 3-31　导入 numpy 失败的报错信息

下面我们打开系统控制台，并输入命令"pip install numpy"。在联网情况下，系统就会自动下载安装包并完成安装，如图 3-32 所示。

图 3-32　使用 pip 命令安装 numpy 工具包

提示　为了加快安装包的下载速度，可以指定从国内镜像完成安装包的下载和安装，如将前面安装 numpy 的 pip 命令改为

```
pip install numpy -i http://pypi.douban.com/simple --trusted-host=pypi.douban.com
```

可以更快地完成 numpy 模块的安装。关于可用的国内镜像的网址，可以在搜索引擎上搜索"pip 国内镜像源"。

成功安装 numpy 模块后，再在 IDLE 中执行"import numpy"，则不会报错，可以正常导入，如图 3-33 所示。

图 3-33　成功导入 numpy

【思考题 3-21】　第三方模块的获取与安装可以使用（　　）工具。
A. pip　　　　　　B. get　　　　　　C. install　　　　　　D. setup

【思考题 3-22】　对于两个已定义的函数 f 和 g，是否可以在调用函数 f 时实际去执行函数 g 的代码？

3.4　变量的作用域

变量的作用域是指变量的作用范围，即定义一个变量后在哪些地方可以使用这个变量。按照作用域的不同，Python 中的变量可分为局部变量和全局变量，下面分别介绍。

3.4.1 局部变量

在一个函数中创建的变量（包括形参）就是局部变量，其作用域是从创建局部变量的位置至函数结束位置。下面通过一个例子说明局部变量的作用域，如代码清单 3-24 所示。

代码清单 3-24　局部变量示例

```
1   def LocalVar1(x): #定义函数 LocalVar1，形参 x 是局部变量
2       print('LocalVar1 中 x 的值为：', x) #输出 x
3       x=100 #将 x 的值修改为 100
4       print('LocalVar1 中 x 修改后的值为：', x) #输出 x
5       #print('LocalVar1 中 y 的值为：', y) #取消注释后，该行代码报错
6       y=20 #创建局部变量 y，将其赋值为 20
7       print('LocalVar1 中 y 的值为：', y) #输出 y
8   def LocalVar2(): #定义函数 LocalVar2
9       x=10 #创建局部变量 x，将其赋值为 10
10      print('LocalVar2 中调用 LocalVar1 前 x 的值为：', x) #输出 x
11      LocalVar1(15) #调用 LocalVar1 函数
12      print('LocalVar2 中调用 LocalVar1 后 x 的值为：', x) #输出 x
13      #print('LocalVar2 中 y 的值为：', y) #取消注释后，该行代码报错
14  LocalVar2() #调用 LocalVar2 函数
```

代码清单 3-24 执行结束后，将在屏幕上输出如图 3-34 所示的结果。

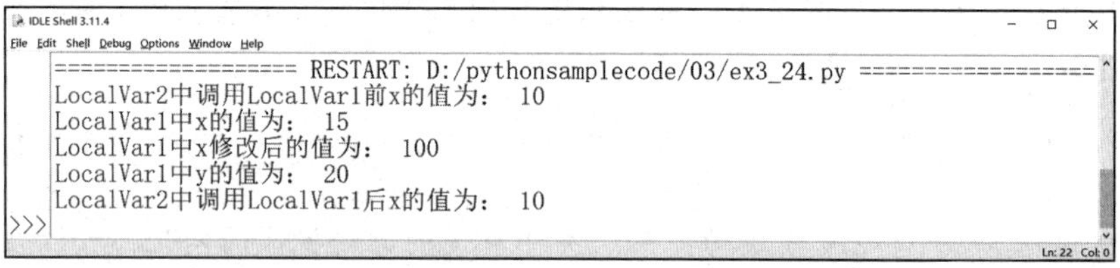

图 3-34　代码清单 3-24 的运行结果

从输出结果中可以看到：

- 在 `LocalVar1` 和 `LocalVar2` 中都有名为 `x` 的局部变量，在 `LocalVar1` 函数中将 `x` 的值先赋为 `15`，再改为 `100`，但在 `LocalVar2` 中调用 `LocalVar1` 函数后 `x` 的值仍然为 `10`，即在 `LocalVar1` 中对 `x` 所做的修改不会影响 `LocalVar2` 中 `x` 的值。在不同的函数中可以定义相同名字的变量，二者不会冲突，虽然同名但代表不同的变量，所以可以存储不同的数据。
- 在 `LocalVar1` 中定义的变量 `y` 也是局部变量，其作用域是从定义 `y` 的位置到 `LocalVar1` 函数结束的位置。如果删除代码清单 3-24 中第 5 行代码前面的注释符号，则系统会给出报错信息"`UnboundLocalError: local variable 'y' referenced before assignment`"，即"局部变量 y 在赋值前被使用"；如果删除第 13 行代码前面的注释符号，则系统会给出报错信息"`NameError: name 'y' is not defined`"，即"y 没有定义"。

3.4.2 全局变量

在所有函数外定义的变量就是全局变量，其在所有函数中都可以使用。代码清单 3-25

给出了全局变量示例。

代码清单 3-25　全局变量示例

```
1  def GlobalVar1():  #定义函数 GlobalVar1
2      print('GlobalVar1 中 x 的值为: ', x)  #输出 x
3  def GlobalVar2():  #定义函数 GlobalVar2
4      x=100  #将 x 赋为 100
5      print('GlobalVar2 中 x 的值为: ', x)  #输出 x
6  x=20  #在所有函数之外创建值为 20 的变量 x，所以 x 是全局变量
7  GlobalVar1()  #调用 GlobalVar1 函数
8  GlobalVar2()  #调用 GlobalVar2 函数
9  GlobalVar1()  #调用 GlobalVar1 函数
```

代码清单 3-25 执行结束后，将在屏幕上输出如图 3-35 所示的结果。

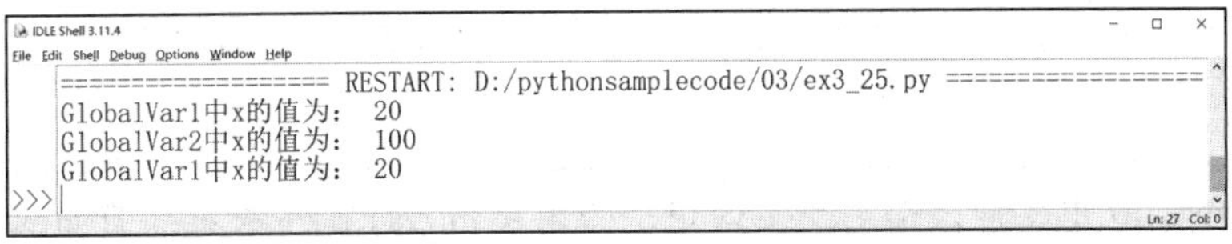

图 3-35　代码清单 3-25 的运行结果

提示

1. 在代码清单 3-25 中，第 4 行代码实际上是在 GlobalVar2 函数中定义了一个局部变量 x 并将其赋值为 100，而不是修改全局变量 x 的值。因此，在调用 GlobalVar2 函数后，再调用 GlobalVar1 函数时输出的全局变量 x 的值仍然为 20。如果要在函数中对全局变量进行操作，则需要使用 3.4.3 节中将介绍的 global 关键字。

2. 可以创建具有不同作用域的同名变量，在使用时会优先使用具有更小作用域的变量。例如，在代码清单 3-25 中，有两个名为 x 的变量：一个是在所有函数之外创建的全局变量 x，另一个是在 GlobalVar2 函数中创建的局部变量 x。在 GlobalVar2 函数中，通过 print 输出 x 的值，此时会优先访问具有更小作用域的局部变量 x；在 GlobalVar1 函数中，通过 print 输出 x 的值，此时由于没有可以访问的局部变量 x，因此只能访问全局变量 x。

3.4.3　global 关键字

在一个函数中使用 global 关键字，可以声明在该函数中直接操作全局变量，而不会创建同名的局部变量。这里对代码清单 3-25 加以修改，使得在 GlobalVar2 函数中可以直接修改全局变量 x 的值，如代码清单 3-26 所示。

代码清单 3-26　global 关键字使用示例

```
1  def GlobalVar1():  #定义函数 GlobalVar1
2      print('GlobalVar1 中 x 的值为: ', x)  #输出全局变量 x
3  def GlobalVar2():  #定义函数 GlobalVar2
4      global x  #通过 global 关键字声明在 GlobalVar2 函数中使用的是全局变量 x
5      x=100  #将全局变量 x 赋为 100
6      print('GlobalVar2 中 x 的值为: ', x)  #输出全局变量 x
7  x=20  #在所有函数之外创建值为 20 的变量 x，所以 x 是全局变量
```

```
8    GlobalVar1()    # 调用 GlobalVar1 函数
9    GlobalVar2()    # 调用 GlobalVar2 函数
10   GlobalVar1()    # 调用 GlobalVar1 函数
```

代码清单 3-26 执行结束后，将在屏幕上输出如图 3-36 所示的结果。

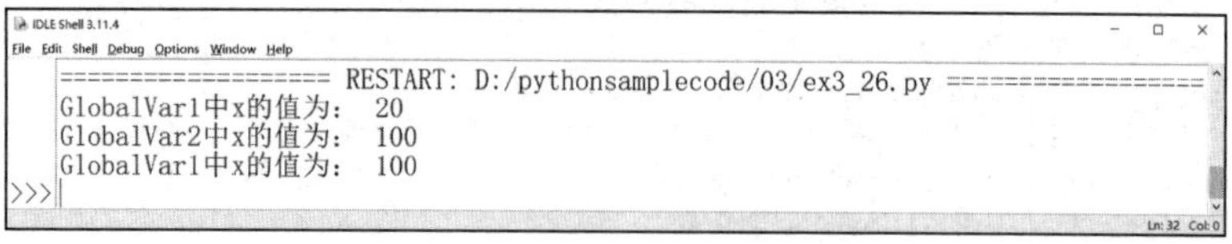

图 3-36　代码清单 3-26 的运行结果

从输出结果可以看到，在 `GlobalVar2` 函数中将全局变量 x 修改为了 100，而不是创建了一个新的局部变量 x，因此当第 2 次调用 `GlobalVar1` 函数时输出的全局变量 x 的值为 100。

提示　在一个函数中要修改全局变量的值，必须使用 `global` 关键字声明使用该全局变量。另外，虽然在不修改全局变量值的情况下，可以省略 `global` 声明（如 `GlobalVar1` 函数在没有 `global` 声明的情况下直接访问了全局变量 x 的值），但不建议这么做，因为这样会降低程序的可读性。

3.4.4　`nonlocal` 关键字

在 Python 中，函数的定义可以嵌套，即在一个函数的函数体中可以包含另一个函数的定义。通过 `nonlocal` 关键字，可以使内层的函数直接使用外层函数中定义的变量。下面通过不使用和使用 `nonlocal` 关键字的两个例子来说明 `nonlocal` 关键字的作用，如代码清单 3-27 和代码清单 3-28 所示。

代码清单 3-27　不使用 `nonlocal` 关键字的示例

```
1    def outer():      # 定义函数 outer
2        x=10          # 创建值为 10 的局部变量 x
3        def inner():  # 在 outer 函数中定义嵌套函数 inner
4            x=20      # 创建值为 20 的局部变量 x
5            print('inner 函数中的 x 值为: ', x)
6        inner()       # 在 outer 函数中调用 inner 函数
7        print('outer 函数中的 x 值为: ', x)
8    outer()           # 调用 outer 函数
```

代码清单 3-27 执行结束后，将在屏幕上输出如图 3-37 所示的结果。

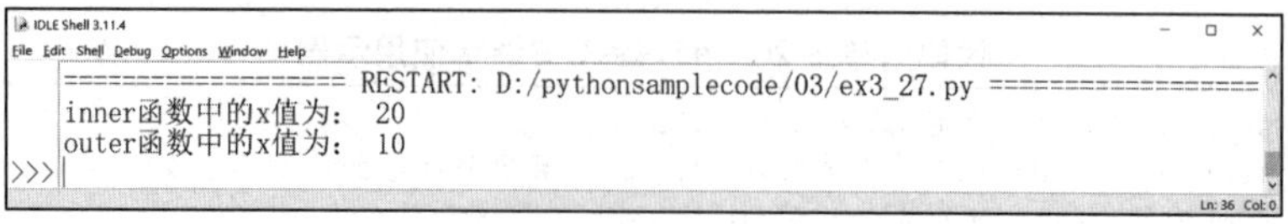

图 3-37　代码清单 3-27 的运行结果

从输出结果中可以看到，在 `inner` 函数中通过执行第 4 行代码 x=20，创建了一个新的值为 20 的局部变量 x，而不是将 outer 函数中创建的局部变量 x 的值修改为 20。

下面对代码清单 3-27 稍做修改，通过增加 nonlocal 声明，使内层函数可以直接修改外层函数中定义的变量，如代码清单 3-28 所示。

代码清单 3-28　使用 nonlocal 关键字的示例

```
1    def outer():  # 定义函数 outer
2        x=10  # 创建值为 10 的局部变量 x
3        def inner():  # 在 outer 函数中定义嵌套函数 inner
4            nonlocal x  #nonlocal 声明
5            x=20  # 将 outer 函数中创建的局部变量 x 的值修改为 20
6            print('inner 函数中的 x 值为: ', x)
7        inner()  # 在 outer 函数中调用 inner 函数
8        print('outer 函数中的 x 值为: ', x)
9    outer()  # 调用 outer 函数
```

代码清单 3-28 执行结束后，将在屏幕上输出如图 3-38 所示的结果。

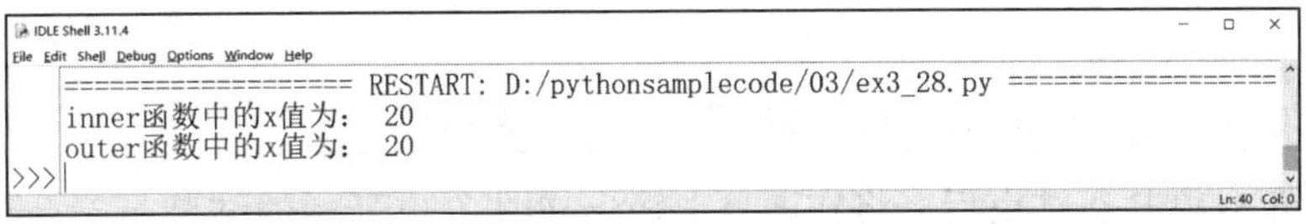

图 3-38　代码清单 3-28 的运行结果

与代码清单 3-27 相比，代码清单 3-28 只是增加了第 4 行代码，通过 "nonlocal x" 声明，实现了在 inner 函数中直接修改 outer 函数中创建的变量 x，而不是重新创建一个局部变量 x。

【思考题 3-23】 一个函数中定义的变量是（　　）。
A. 局部变量　　　　B. 全局变量　　　　C. 静态变量　　　　D. 函数变量

【思考题 3-24】 对于两个没有嵌套关系的函数 f 和 g，是否可以在函数 g 中使用函数 f 中定义的变量？

【思考题 3-25】 所有函数之外定义的变量是（　　）。
A. 局部变量　　　　B. 全局变量　　　　C. 静态变量　　　　D. 文件变量

【思考题 3-26】 在内层函数的函数体中修改外层函数中创建的变量，应使用（　　）关键字。
A. local　　　　B. nonlocal　　　　C. global　　　　D. nonglobal

【思考题 3-27】 要在内层函数的函数体中访问外层函数中创建的变量的值，是否必须使用 nonlocal 关键字？

【编程练习 3-6】 请改正下面的程序中存在的错误。

```
def f1():
    print(x)
def f2():
    x=50  # 将全局变量 x 的值修改为 50
    print(x)
x=10
f2()  # 输出: 50
f1()  # 输出: 50
```

3.5 递归函数

递归函数是指在一个函数内部通过调用自己来完成一个问题的求解。当我们在进行问题分解时,发现分解之后待解决的子问题与原问题有着相同的特性和解法,只是在问题规模上与原问题相比有所减小,此时,就可以设计递归函数进行求解。

例如,对于计算n!(n的阶乘)的问题,可以将其分解为n!=n×(n-1)!(即n的阶乘等于n乘以(n-1)的阶乘)。可见,分解后的子问题(n-1)!与原问题n!的计算方法完全一样,只是规模有所减小。同样,(n-1)!这个子问题又可以进一步分解为(n-1)×(n-2)!,(n-2)!可以进一步分解为(n-2)×(n-3)!……直到要计算1!时,直接返回1。代码清单3-29给出了使用递归函数求解n的阶乘的方法。

代码清单3-29 编写递归函数计算n的阶乘

```
1  def fac(n):  #定义函数fac
2      if n==1:  #如果要计算1的阶乘,则直接返回1(结束递归调用的条件)
3          return 1
4      return n*fac(n-1)  #将计算n!分解为n*(n-1)!
5  print(fac(5))  #调用fac函数计算5的阶乘并将结果输出到屏幕
```

代码清单3-29执行结束后,将在屏幕上输出如图3-39所示的结果。

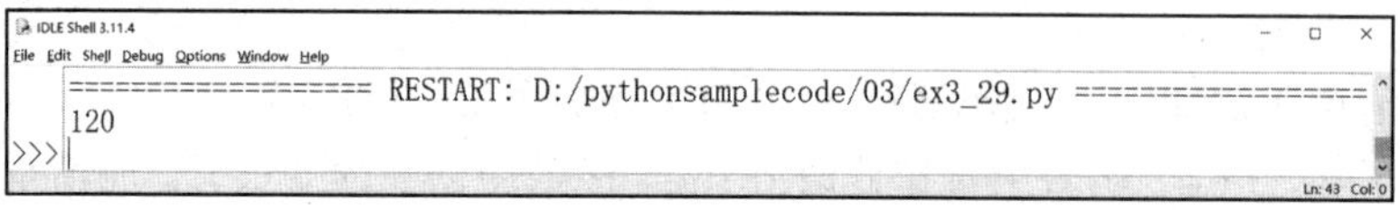

图3-39 代码清单3-29的运行结果

fac(5)的计算过程如下:

fac(5)=>5*fac(4)=>5*(4*fac(3))=>5*(4*(3*fac(2)))=>5*(4*(3*(2*fac(1))))
=>5*(4*(3*(2*1)))=>5*(4*(3*2))=>5*(4*6)=>5*24=>120

其中,第1行是逐层调用的过程,第2行是逐层返回的过程。

代码清单3-29的具体执行过程描述如下。

- 第1~4行代码是fac函数的定义,运行程序后会直接执行第5行代码。
- 执行函数调用fac(5),会转到fac函数进行执行。首先,将实参5赋给形参n;然后,执行第2行的判断语句,由于n不等于1,因此不会执行第3行代码;最后,执行第4行代码,进行函数调用fac(n-1),因为此时的n等于5,所以此处传入的实参n-1的值是4,即执行了函数调用fac(4)。
- 执行函数调用fac(4),会再转到fac函数进行执行。注意此时fac(5)的函数调用还没有执行结束,因此目前有两个fac函数在执行状态。fac(4)的执行过程与fac(5)类似:首先,将实参4赋给形参n;然后执行第2行的判断语句,由于n不等于1,因此不会执行第3行代码;最后,执行第4行代码,进行函数调用fac(n-1),因为此时的n等于4,所以此处传入的实参n-1的值是3,即执行了函数调用fac(3)。
- 执行函数调用fac(3),会再转到fac函数进行执行。注意此时fac(5)和fac(4)的函数调用还没有结束,因此目前有3个fac函数在执行状态。fac(3)

的执行过程与 fac(5) 和 fac(4) 类似,这里不再赘述。当执行到第 4 行代码时,再次进行函数调用 fac(n-1),因为此时的 n 等于 3,所以此处传入的实参 n-1 的值是 2,即执行了函数调用 fac(2)。

- 执行函数调用 fac(2),目前有 4 个 fac 函数在执行状态。当执行到第 4 行代码时,再次进行函数调用 fac(n-1),此时的 n 等于 2,因此执行了函数调用 fac(1)。
- 执行函数调用 fac(1),目前有 5 个 fac 函数在执行状态。当执行到第 2 行代码的条件判断时,因为此时的 n 等于 1,满足条件,所以会执行第 3 行代码,直接通过 return 语句将 1 返回到 fac(2) 调用 fac(1) 的位置。
- 接收到 fac(1) 的返回值 1 后,fac(2) 继续执行后面的计算,即 return n*1,将 n*1 的结果 2 通过 return 语句返回到 fac(3) 调用 fac(2) 的位置;接收到 fac(2) 的返回值 2 后,fac(3) 继续执行后面的计算,即 return n*2,将 n*2 的结果 6 通过 return 语句返回到 fac(4) 调用 fac(3) 的位置;接收到 fac(3) 的返回值 6 后,fac(4) 继续执行后面的计算,即 return n*6,将 n*6 的结果 24 通过 return 语句返回到 fac(5) 调用 fac(4) 的位置;接收到 fac(4) 的返回值 24 后,fac(5) 继续执行后面的计算,即 return n*24,将 n*24 的结果 120 通过 return 语句返回到第 5 行代码调用 fac(5) 的位置,并通过 print 将 fac(5) 的计算结果 120 显示到屏幕上。

注意 递归函数在解决某些问题时,代码会非常简单明了。但在计算机中,每次函数调用都涉及栈(stack)操作,即用栈保存每一层函数的运行状态(如局部变量的值、当前运行位置等)。当问题规模较大时,递归调用会涉及很多层的函数调用,一方面会由于栈操作影响程序运行速度,另一方面在 Python 中有栈的限制,太多层的函数调用会引起栈溢出问题(如将代码清单 3-29 中第 5 行的 fac(5) 改为 fac(2000) 则会报如图 3-40 所示的错误,即超过了最大递归层数)。因此,建议读者在解决规模较大的问题时,不要使用递归函数。

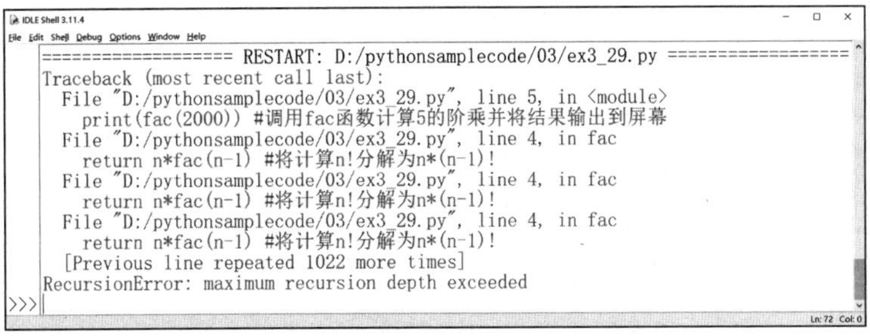

图 3-40 递归层数太多产生的错误信息

一般来说,递归函数可以改为循环方式实现。例如,对于计算 n 的阶乘这个问题,可以采用如代码清单 3-30 所示的非递归方式实现。

代码清单 3-30 使用非递归方式计算 n 的阶乘

```
1    def fac(n):    #定义函数 fac
2        f=1        #保存阶乘结果
3        for i in range(2, n+1):    #i 依次取值为 2~n
```

```
4            f*=i       #将i乘到f上
5            return f   #将计算结果返回
6     print(fac(5))     #调用fac函数计算5的阶乘并将结果输出到屏幕
```

代码清单 3-30 执行结束后，将在屏幕上输出与代码清单 3-29 相同的结果，即 120。

【思考题 3-28】 递归函数是指（   ）。
A. 在一个函数内部通过调用自己完成问题的求解
B. 在一个函数内部通过不断调用其他函数完成问题的求解
C. 一个函数不断被其他函数调用来完成问题的求解
D. 把函数作为参数的一种函数

【思考题 3-29】 对于计算 $1+2+\cdots+n$ 的问题，是否可以设计递归函数完成求解？

【编程练习 3-7】 编写程序解决汉诺塔问题：有 3 根杆（编号为 A、B、C），在 A 杆上自下而上且由大到小按顺序放置 n 个盘子（编号从 n 至 1，即最下面的盘子的编号为 n，最上面的盘子的编号为 1）；目标是把 A 杆上的盘子全部移到 C 杆上，并仍保持原有顺序叠好。操作规则如下：每次只能移动一个盘子，并且在移动过程中 3 根杆上都始终保持大盘在下且小盘在上，操作过程中盘子可以置于 A、B、C 任一杆上。程序运行后，用户先用键盘输入盘子的个数 n，然后程序自动在屏幕上显示盘子移动的操作，格式为"盘子编号：原杆编号 -> 目标杆编号"。

3.6 高阶函数

高阶函数是指把函数名作为参数的一种函数。例如，在代码清单 3-31 中，我们定义了一个函数 FunAdd，其功能是对两个数据 x 和 y 先用函数 f 进行处理后，再进行求和运算，即实现 f(x)+f(y)。

代码清单 3-31　高阶函数示例

```
1   def FunAdd(f, x, y):  #定义函数 FunAdd
2       return f(x)+f(y)  #用传给f的函数对x和y分别进行处理后，再求和并返回
3   def Square(x):        #定义函数 Square
4       return x**2       #返回x的平方
5   def Cube(x):          #定义函数 Cube
6       return x**3       #返回x的立方
7   print(FunAdd(Square, 3, -5))  #调用函数 FunAdd，计算 $3^2+(-5)^2$
8   print(FunAdd(Cube, 3, -5))    #调用函数 FunAdd，计算 $3^3+(-5)^3$
```

代码清单 3-31 执行完毕后，将在屏幕上输出如图 3-41 所示的结果。

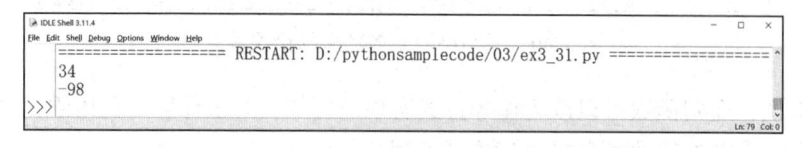

图 3-41　代码清单 3-31 的运行结果

提示

1. 在代码清单 3-31 中，执行第 7 行代码时将 Square 函数作为实参传给了 FunAdd

函数的形参 f，此时在 FunAdd 函数中调用 f(x) 和 f(y) 相当于调用 Square(x) 和 Square(y)；执行第 8 行代码时将 Cube 函数作为实参传给了 FunAdd 函数的形参 f，此时在 FunAdd 函数中调用 f(x) 和 f(y) 则相当于调用 Cube(x) 和 Cube(y)。

2. 函数不仅可以赋给形参，也可以赋给普通变量（实际上，形参也是一个变量）。赋值后，即可以用变量名替代函数名完成函数调用。

3.7 lambda 函数

lambda 函数也称为匿名函数，是一种不使用 def 定义函数的形式，其作用是能快速定义一个简短的函数。lambda 函数的函数体只是一个表达式，所以 lambda 函数通常只能实现比较简单的功能。

提示 任何 lambda 函数都可以改成使用 def 来定义，但有时候使用 lambda 函数会让代码看起来更简洁。

lambda 函数的定义形式如下所示：

lambda [参数 1[, 参数 2, …, 参数 n]]: 表达式

冒号后面的表达式的计算结果即为该 lambda 函数的返回值。例如，代码清单 3-31 可以简写为代码清单 3-32 的形式。

代码清单 3-32　lambda 函数示例

```
1    def FunAdd(f, x, y):  #定义函数 FunAdd
2        return f(x)+f(y)  #用传给 f 的函数先对 x 和 y 分别进行处理后，再求和并返回
3    print(FunAdd(lambda x:x**2, 3, -5))  #调用函数 FunAdd，计算 3²+(-5)²
4    print(FunAdd(lambda x:x**3, 3, -5))  #调用函数 FunAdd，计算 3³+(-5)³
```

代码清单 3-32 执行完毕后，将在屏幕上输出如图 3-42 所示的结果。

```
================ RESTART: D:/pythonsamplecode/03/ex3_32.py ================
34
-98
>>>
```

图 3-42　代码清单 3-32 的运行结果

提示

1. 代码清单 3-32 的第 3 行代码中，lambda x:x**2 定义了一个 lambda 函数，其有一个参数 x，返回值是 x**2（即 x 的平方）；第 4 行代码中，lambda x:x**3 定义了另一个 lambda 函数，其有一个参数 x，返回值是 x**3（即 x 的立方）。

2. 也可以将 lambda 函数赋给一个变量，然后通过该变量去调用相应的 lambda 函数。如

```
fun=lambda x:x**2
print(fun(3))  #输出 9
```

3. 与def定义的函数相同，lambda函数允许有多个传入的参数。如

```
fun=lambda x, y, z:x+y+z  #定义包含x、y、z这3个参数的匿名函数，返回3个参数的求和结果
print(fun(3, 4, 5))  #通过fun调用匿名函数，输出12（即3、4、5的求和结果）
```

通过fun调用匿名函数时，实参3、4、5分别传给形参x、y、z，匿名函数将3个形参的求和结果作为返回值。

4. 通过前面的例子，读者应该能够理解lambda函数与普通函数的对应关系。lambda函数中，lambda关键字和冒号之间的内容是函数的形参列表，冒号之后的内容是函数的返回值。因此，匿名函数的定义

```
fun=lambda x, y, z:x+y+z
```

可以改为使用def定义的普通函数形式：

```
def fun(x, y, z):
    return x+y+z
```

5. 任意lambda函数都可以改为使用def定义的普通函数形式。Python提供lambda函数，主要是为了能够简化简单函数的定义。

6. lambda函数主要与高阶函数结合使用，在后面章节中我们会看到对应的应用实例。

【思考题3-30】 高阶函数是指（   ）。
A. 在一个函数内部通过调用自己完成问题的求解
B. 在一个函数内部通过不断调用其他函数完成问题的求解
C. 一个函数不断被其他函数调用来完成问题的求解
D. 把函数作为参数的一种函数

【思考题3-31】 lambda函数是否可以作为实参传给高阶函数的形参？

3.8 闭包

在介绍nonlocal关键字时，我们已经看到Python语言的函数允许嵌套定义，即在一个函数的函数体中可以定义另外一个函数。如果内层函数使用了外层函数中定义的局部变量，并且外层函数的返回值是内层函数的引用，就构成了闭包。

在外层函数中创建但会在内层函数中使用的局部变量，称为自由变量。一般情况下，如果一个函数执行结束，则该函数中定义的局部变量都会被释放。然而，闭包是一种特殊情况，外层函数在执行结束时，如果发现其定义的部分局部变量会在内层函数中使用，此时外层函数就会把这些局部变量绑定到内层函数，使其成为自由变量。

因此，所谓闭包，实际上就是将内层函数的代码以及自由变量（在外层函数中创建但会在内层函数中使用）打包在一起。

例如，代码清单3-33给出了闭包示例。

代码清单3-33 闭包示例

```
1    def outer(x):  #定义函数outer
2        y=10  #创建值为10的局部变量y
3        def inner(z):  #在outer函数中定义嵌套函数inner
```

```
4          nonlocal x, y   # nonlocal 声明
5          return x+y+z    # 返回 x+y+z 的结果
6      return inner         # 返回嵌套函数的函数名 inner
7  f=outer(5)    # 将返回的 inner 函数赋给变量 f
8  g=outer(50)   # 将返回的 inner 函数赋给变量 g
9  print('f(20) 的值为: ', f(20))
10 print('g(20) 的值为: ', g(20))
11 print('f(30) 的值为: ', f(30))
12 print('g(30) 的值为: ', g(30))
```

代码清单 3-33 执行完毕后，将在屏幕上输出如图 3-43 所示的结果。

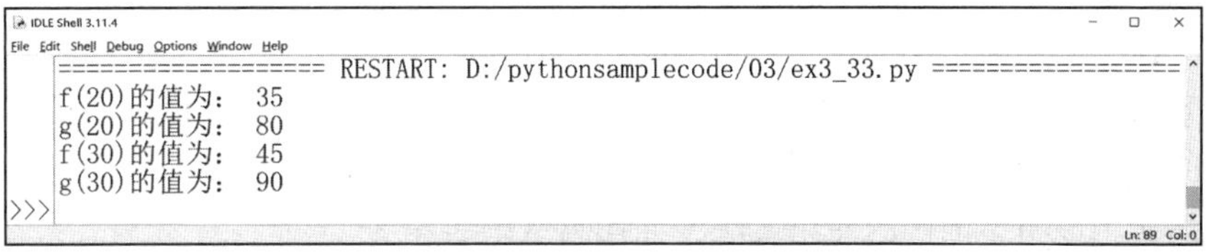

图 3-43　代码清单 3-33 的运行结果

代码清单 3-33 中部分代码的描述如下。

- 第 7 行代码中，通过执行 f=outer(5)，会调用 outer 函数，并将 outer 返回的 inner 函数的函数名赋给变量 f。根据 3.6 节中关于高阶函数的介绍，可通过变量 f 调用 inner 函数。由于 outer 函数中的两个局部变量 x（等于 5）和 y（等于 10）会在返回的 inner 函数中使用，因此这两个局部变量会作为自由变量绑定到返回的 inner 函数，从而形成了一个闭包。

- 第 9 行代码中，通过执行 f(20)，会将实参 20 传给 f 所对应的 inner 函数的形参 z，且 f 所对应的 inner 函数中存在两个自由变量 x 和 y，它们的值分别为 5 和 10。因此，f(20) 返回的计算结果为 35（即 x+y+z=5+10+20）。

- 类似地，第 11 行代码中，通过调用 f(30)，会将实参 30 传给 f 所对应的 inner 函数的形参 z，且 f 所对应的 inner 函数中的两个自由变量 x 和 y 的值分别为 5 和 10。因此，f(30) 返回的计算结果为 45（即 x+y+z=5+10+30）。

- 第 8 行代码中，通过执行 g=outer(50)，会调用 outer 函数，并将 outer 返回的 inner 函数的函数名赋给变量 g。根据 3.6 节中关于高阶函数的介绍，可通过变量 g 调用 inner 函数。由于 outer 函数中的两个局部变量 x（等于 50）和 y（等于 10）会在返回的 inner 函数中使用，因此这两个局部变量会作为自由变量绑定到返回的 inner 函数，从而形成了另一个闭包。

- 第 10 行代码中，通过调用 g(20)，会将实参 20 传给 g 所对应的 inner 函数的形参 z，且 g 所对应的 inner 函数中的两个自由变量 x 和 y 的值分别为 50 和 10。因此，g(20) 返回的计算结果为 80（即 x+y+z=50+10+20）。

- 类似地，第 12 行代码中，通过调用 g(30)，会将实参 30 传给 g 所对应的 inner 函数的形参 z，且 g 所对应的 inner 函数中的两个自由变量 x 和 y 的值分别为 50 和 10。因此，g(30) 返回的计算结果为 90（即 x+y+z=50+10+30）。

提示　闭包的主要作用在于可以封存函数执行的上下文环境。例如，对于代码清单 3-33，

就通过两次调用 outer 函数形成了两个闭包，这两个闭包具有相互独立的上下文环境（一个闭包中 x=5，y=10；另一个闭包中 x=50，y=10），且每个闭包可多次调用。

【思考题 3-32】 对于闭包，在外层函数中创建但在内层函数中使用的变量称为（　　）。
A. 外层变量　　　　**B**. 闭包变量　　　　**C**. 自由变量　　　　**D**. 约束变量

【思考题 3-33】 内层函数 inner 中使用了外层函数 outer 中创建的局部变量，则是否每调用一次外层函数 outer 都会形成一个闭包？

3.9 装饰器

利用装饰器，可以在不修改已有函数的情况下向已有函数中注入代码，使其具备新的功能。一个装饰器可以为多个函数注入代码，一个函数也可以注入多个装饰器的代码。下面通过具体例子说明装饰器的使用方法，如代码清单 3-34 所示。

代码清单 3-34　装饰器示例 1

```
1   def deco1(func):   #定义函数 deco1
2       def inner1(*args, **kwargs):  #定义函数 inner1
3           print('deco1 begin')
4           func(*args, **kwargs)
5           print('deco1 end')
6       return inner1  #返回 inner1 函数
7   def deco2(func):   #定义函数 deco2
8       def inner2(*args, **kwargs):  #定义函数 inner2
9           print('deco2 begin')
10          func(*args, **kwargs)
11          print('deco2 end')
12      return inner2  #返回 inner2 函数
13  @deco1
14  def f1(a, b):      #定义函数 f1
15      print('a+b=', a+b)
16  @deco1
17  @deco2
18  def f2(a, b, c):   #定义函数 f2
19      print('a+b+c=', a+b+c)
20  if __name__=='__main__':  #当脚本文件独立执行时，则调用 f1 函数和 f2 函数
21      f1(3, 5)       #调用 f1 函数
22      f2(1, 3, 5)    #调用 f2 函数
```

代码清单 3-34 执行完毕后，将在屏幕上输出如图 3-44 所示的结果。

```
================== RESTART: D:/pythonsamplecode/03/ex3_34.py ==================
deco1 begin
a+b= 8
deco1 end
deco1 begin
deco2 begin
a+b+c= 9
deco2 end
deco1 end
>>>
```

图 3-44　代码清单 3-34 的运行结果

下面对代码清单 3-34 进行分析。

- 第1～6行代码定义了一个装饰器，第7～12行代码定义了另一个装饰器。装饰器的外层函数会返回内层函数的函数名；在装饰器外层函数的形参列表中，只有一个形参 func（形参名可以自己设置，满足标识符命名规则即可），用于接收要装饰的函数；在内层函数中，可以通过 func 调用所装饰的函数。可见，装饰器实际上是一个特殊的闭包。
- 将装饰器内层函数的形参列表写为"*args, **kwargs"，表示要装饰的函数可以具有任意形式的形参列表，其中 args 用于接收任意数量的位置参数，kwargs 用于接收任意数量的关键字参数；对应地，调用要装饰的函数时也要将实参列表写为"*args, **kwargs"，即将 args 和 kwargs 分别拆分成位置参数和关键字参数后，再传给所装饰的函数。
- 在要装饰的函数前面写上"@装饰器名"，即可将装饰器中的代码注入该函数中。例如，对于第13～15行代码，使用 deco1 装饰 f1 函数。此时，内层函数 inner 中的 func(*arg, **kwargs) 即对应被装饰的 f1 函数的调用，print('deco1 begin') 和 print('deco1 end') 则分别是被装饰的函数调用前和调用后所执行的语句。因此，在第21行调用 f1 函数时，先通过执行 print('deco1 begin')，在屏幕上输出 deco1 begin；再通过执行 f1 函数中的代码，在屏幕上输出 a+b=8；最后通过执行 print('deco1 end')，在屏幕上输出 deco1 end。
- 一个函数前面有多个"@装饰器名"时，按照从后至前的顺序依次装饰。例如，对于第16～19行代码，先使用 deco2 装饰 f2 函数，即在 f2 函数的代码前注入 print('deco2 begin')，在 f2 函数的代码后注入 print('deco2 end')；然后再在前面装饰的基础上使用 deco1 装饰，即在已装饰代码前注入 print('deco1 begin')，在已装饰代码后注入 print('deco1 end')。f2 函数经过两层装饰后，实际执行的代码如下所示：

```
print('deco1 begin')        # 通过 @deco1 注入的代码
print('deco2 begin')        # 通过 @deco2 注入的代码
print('a+b+c=', a+b+c)      # f2 函数中的代码
print('deco2 end')          # 通过 @deco2 注入的代码
print('deco1 end')          # 通过 @deco1 注入的代码
```

提示 利用装饰器可以将日志记录、权限判断等较为通用的代码注入不同的函数中，从而使得代码更加简洁。

如果要注入的函数的形参列表形式固定，则在定义装饰器时也可以不使用"*args, *kwargs"这种通用形式，如代码清单3-35所示。

代码清单3-35 装饰器示例2

```
1  def deco1(func):          # 定义函数 deco1
2      def inner1(x, y):     # 定义函数 inner1
3          print('deco1 begin')
4          func(x, y)
5          print('deco1 end')
6      return inner1         # 返回 inner1 函数
```

```
 7  def deco2(func):     #定义函数deco2
 8      def inner2():     #定义函数inner2
 9          print('deco2 begin')
10          func()
11          print('deco2 end')
12      return inner2    #返回inner2函数
13  @deco1
14  def f1(a, b):        #定义函数f1
15      print('a+b=', a+b)
16  @deco2
17  def f2():            #定义函数f2
18      print('f2 is called')
19  if __name__=='__main__':  #当脚本文件独立执行时，则调用f1函数和f2函数
20      f1(3, 5)         #调用f1函数
21      f2()             #调用f2函数
```

代码清单3-35执行完毕后，将在屏幕上输出如图3-45所示的结果。

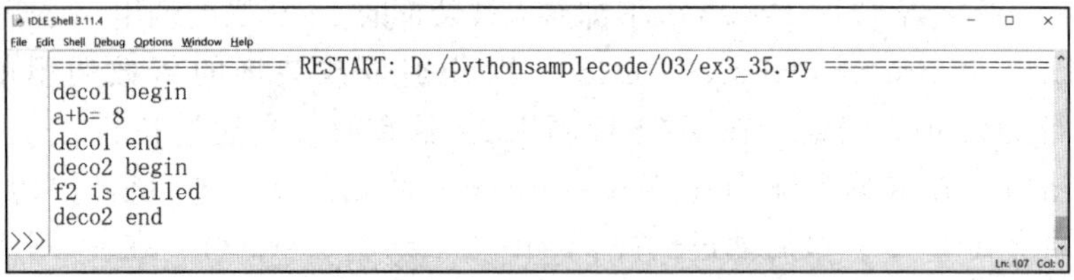

图3-45　代码清单3-35的运行结果

此时，deco1只能用于装饰带两个参数的函数，而deco2只能用于装饰没有参数的函数，否则会产生报错信息。例如，对于代码清单3-35，如果将第13行代码修改为@deco2，即使用deco2装饰f1函数，则运行程序时会报如图3-46所示的错误，即deco2装饰器的内层函数inner2不接收任何参数，但实际传入了两个参数；如果将第16行代码修改为@deco1，即使用deco1装饰f2函数，则运行程序时会报如图3-47所示的错误，即deco1装饰器的内层函数inner1需要接收两个参数，但实际没有传入任何参数。

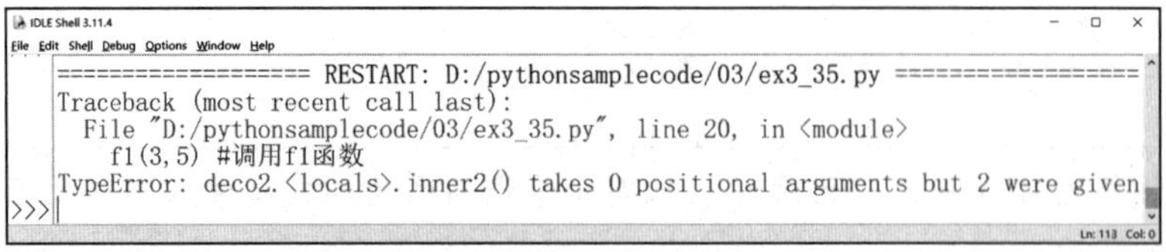

图3-46　装饰器错误使用示例1

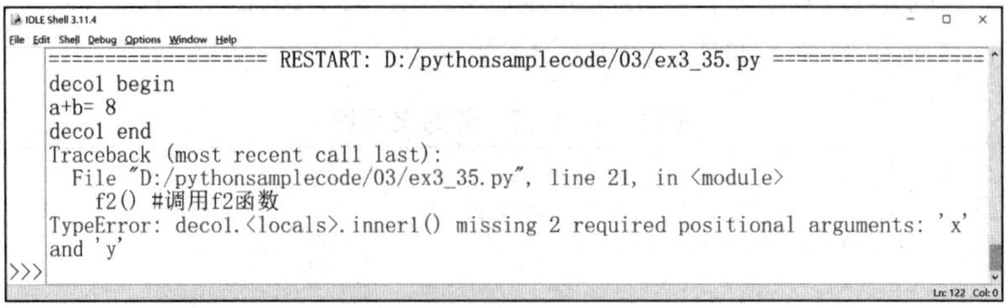

图3-47　装饰器错误使用示例2

【思考题 3-34】 下列选项中,描述正确的是(　　)。(多选)
A. 一个装饰器可以为多个函数注入代码
B. 一个装饰器只可以为一个函数注入代码
C. 一个函数可以注入多个装饰器的代码
D. 一个函数只可以注入一个装饰器的代码

【思考题 3-35】 是否可以定义一个装饰器用于统计每个函数的运行时间?

【编程练习 3-8】 请改正下面的程序中存在的错误。

```python
def deco(func):
    def inner():
        print('deco begin')
        func()
        print('deco end')
    return inner
@deco
def add(a, b):
    print(a+b)
if __name__=='__main__':
    add(3, 5)
```

3.10 应用案例——简易数据管理程序

基于本章所学习的知识,对代码清单 2-44 中数据录入、数据删除、数据修改、数据查询等操作的实现代码进行改写,使程序的逻辑更加清晰;此外,增加操作权限判断、查询条件设置等功能。如代码清单 3-36~代码清单 3-39 所示,共包括 4 个脚本文件。

在代码清单 3-36 所示的 permission_check.py 脚本文件中,实现了用于登录的 login 函数,以及用于权限判断的 permission_check 函数。在 login 函数中,会判断输入的用户信息是否匹配,如果匹配则显示欢迎信息并返回 True;不匹配则返回 False。在 permission_check 函数中,会根据登录用户的角色,判断其是否具有执行某个操作的权限,如果具有操作权限,则会通过调用 func 执行被装饰的函数;否则,会显示提示信息。

代码清单 3-36　permission_check.py 脚本文件(包括登录、权限判断的函数)

```
1    users = [ #用户信息,name、pwd、role 分别对应用户名、密码和角色
2           dict(name='user1', pwd='123', role='admin'),
3           dict(name='user2', pwd='456', role='user'),
4           dict(name='user3', pwd='789', role='guest')
5         ]
6    login_user = None #记录登录用户的相关信息
7    forbiddens = dict( #定义每个角色禁止的操作
8           admin=[], #admin 可以进行所有操作
9           user=['manage_items'], #user 不可以做数据项管理操作
10          guest=['add_data', 'del_data', 'update_data', 'manage_items'] #guest
                只能做数据查询操作
11        )
12
13   def login(): #登录
14       global login_user
15       name = input('请输入用户名: ')
16       pwd = input('请输入密码: ')
```

```
17      for u in users:
18          if u['name']==name and u['pwd']==pwd:  #用户名和密码匹配
19              login_user = u
20              print('欢迎你,%s'%name)
21              return True
22      print('用户名或密码不正确!')
23      return False
24
25  def permission_check(func):           #用于权限判断的函数
26      def inner(*args, **kwargs):       #定义内层函数
27          role = login_user['role']     #获取当前登录用户的角色
28          if func.__name__ in forbiddens[role]:  #在禁止操作列表中
29              print('没有该操作的权限!')
30              input('按回车继续……')
31          else:
32              return func(*args, **kwargs)  #调用被装饰的函数
33      return inner
34
35  if __name__=='__main__':  #当直接执行该脚本文件时,if条件成立
36      pass  #在此处可以编写一些测试代码
```

在代码清单 3-37 所示的 item_manage.py 脚本文件中,定义了用于数据项管理的 manage_items 函数、用于输入数据项类型的 input_item_type 函数、用于数据项录入的 add_item 函数、用于数据项删除的 del_item 函数、用于数据项修改的 update_item 函数及用于数据项查询的 query_item 函数。每个函数都使用 permission_check 装饰,以判断当前登录用户是否有相应权限。在 manage_items 函数中,显示操作菜单,并根据用户输入调用其他函数,实现数据项的录入、删除、修改和查询操作。在 input_item_type 函数中,根据用户输入的数字,返回所对应的数据类型。在 add_item 函数中,输入数据项名称,判断该数据项是否已存在:如果已存在则给出提示信息,并结束输入;如果不存在,则会调用 input_item_type 函数获取对应的数据类型,并将该数据项保存。在 del_item 函数中,输入要删除的数据项名称,判断该数据项是否存在,如果存在,则将其删除。在 update_item 函数中,输入要修改的数据项名称,判断该数据项是否存在,如果存在,则为该数据项输入新的数据类型。在 query_item 函数中,通过循环,依次输出每个数据项的名称和数据类型。

代码清单 3-37 item_manage.py 脚本文件(包括数据项管理的相关函数)

```
1   from permission_check import permission_check
2   @permission_check  #加上权限判断的装饰器
3   def manage_items(iteminfo_list):  #定义用于管理数据项的 manage_items 函数
4       while True:  #永真循环
5           print('请输入数字进行相应操作:')
6           print('1 数据项录入')
7           print('2 数据项删除')
8           print('3 数据项修改')
9           print('4 数据项查询')
10          print('0 返回上一层操作')
11          subop = int(input('请输入要进行的操作(0~4): '))
12          if subop<0 or subop>4:  #输入的操作不存在
13              print('该操作不存在,请重新输入!')
14              continue
15          elif subop==0:  #返回上一层操作
16              return  #结束 manage_items 函数的执行
```

```python
17              elif subop==1:  # 数据项录入
18                  add_item(iteminfo_list)  # 调用 add_item 函数实现数据项录入
19              elif subop==2:  # 数据项删除
20                  del_item(iteminfo_list)  # 调用 del_item 函数实现数据项删除
21              elif subop==3:  # 数据项修改
22                  update_item(iteminfo_list)  # 调用 update_item 函数实现数据项修改
23              else:  # 数据项查询
24                  query_item(iteminfo_list)  # 调用 query_item 函数实现数据项查询
25              input('按回车继续……')
26
27 @permission_check  # 加上权限判断的装饰器
28 def input_item_type():  # 定义用于输入数据项类型的 input_item_type 函数
29     ls_dtype = ['字符串', '整数', '实数']  # 支持的数据类型列表
30     while True:  # 永真循环
31         dtype = int(input('请输入数据项数据类型（0 字符串，1 整数，2 实数）: '))
32         if dtype<0 or dtype>2:
33             print('输入的数据类型不存在，请重新输入！')
34             continue
35         break
36     return ls_dtype[dtype]
37
38 @permission_check  # 加上权限判断的装饰器
39 def add_item(iteminfo_list):  # 定义实现数据项录入功能的 add_item 函数
40     iteminfo = {}  # 使用字典保存数据项信息
41     iteminfo['name'] = input('请输入数据项名称: ')
42     for tmp_iteminfo in iteminfo_list:  # 遍历每一个数据项
43         if iteminfo['name']==tmp_iteminfo['name']:  # 如果该数据项已存在
44             print('该数据项已存在！')
45             break
46     else:  # 该数据项不存在
47         iteminfo['dtype'] = input_item_type()  # 调用 input_item_type 函数输入数据
                                                   项类型
48         iteminfo_list += [iteminfo]  # 将该数据项信息加到 iteminfo_list 列表的最后
49         print('数据项录入成功！')
50
51 @permission_check  # 加上权限判断的装饰器
52 def del_item(iteminfo_list):  # 定义实现数据项删除功能的 del_item 函数
53     itemname = input('请输入要删除的数据项名称: ')
54     for idx in range(len(iteminfo_list)):  # 遍历每一个数据项的索引
55         tmp_iteminfo = iteminfo_list[idx]
56         if itemname==tmp_iteminfo['name']:  # 如果该数据项存在
57             del iteminfo_list[idx]  # 删除该数据项
58             print('数据项删除成功！')
59             break
60     else:
61         print('该数据项不存在！')
62
63 @permission_check  # 加上权限判断的装饰器
64 def update_item(iteminfo_list):  # 定义实现数据项修改功能的 update_item 函数
65     itemname = input('请输入要修改的数据项名称: ')
66     for tmp_iteminfo in iteminfo_list:  # 遍历每一个数据项
67         if itemname==tmp_iteminfo['name']:  # 如果该数据项存在
68             tmp_iteminfo['dtype'] = input_item_type()  # 调用 input_item_type 输
                                                           入数据项类型
69             print('数据项修改成功！')
70             break
71     else:
72         print('该数据项不存在！')
```

```
73
74  @permission_check  # 加上权限判断的装饰器
75  def query_item(iteminfo_list):  # 定义实现数据项查询功能的 query_item 函数
76      for iteminfo in iteminfo_list:  # 遍历数据项信息
77          print('数据项名称:%s, 数据类型:%s'%(iteminfo['name'], iteminfo['dtype']))
78
79  if __name__=='__main__':  # 当直接执行该脚本文件时, if 条件成立
80      pass  # 在此处可以编写一些测试代码
```

在代码清单 3-38 所示的 data_manage.py 脚本文件中, 定义了用于数据管理的 manage_data 函数、用于输入一条新数据的 input_data 函数、用于数据录入的 add_data 函数、用于数据删除的 del_data 函数、用于数据修改的 update_data 函数、用于数据查询的 query_data 函数, 以及数据查询时用于设置查询条件的 judge_condition 函数和用于显示查询结果的 show_query_result 函数。同样, 每个函数都使用 permission_check 装饰, 以判断当前登录用户是否有相应权限。该脚本文件在第 126~141 行代码中, 通过 "if __name__=='__main__':" 条件判断, 给出了用于测试所定义函数是否能正常工作的代码。

代码清单 3-38 data_manage.py 脚本文件 (包括数据管理的相关函数)

```
1   from permission_check import permission_check
2   from item_manage import manage_items
3   @permission_check  # 加上权限判断的装饰器
4   def manage_data(data_list, iteminfo_list):  # 定义用于管理数据的 manage_data 函数
5       while True:  # 永真循环
6           print('请输入数字进行相应操作: ')
7           print('1 数据录入 ')
8           print('2 数据删除 ')
9           print('3 数据修改 ')
10          print('4 数据查询 ')
11          print('5 数据项维护 ')
12          print('6 切换用户 ')
13          print('0 退出程序 ')
14          op = int(input('请输入要进行的操作 (0~6): '))
15          if op<0 or op>6:  # 输入的操作不存在
16              print('该操作不存在, 请重新输入! ')
17              continue
18          elif op==0:  # 退出程序
19              break  # 结束循环
20          elif op==1:  # 数据录入
21              if len(iteminfo_list)==0:  # 如果没有数据项
22                  print('请先进行数据项维护! ')
23              else:
24                  add_data(data_list, iteminfo_list)
25          elif op==2:  # 数据删除
26              del_data(data_list)
27          elif op==3:  # 数据修改
28              update_data(data_list, iteminfo_list)
29          elif op==4:  # 数据查询
30              query_data(data_list, iteminfo_list)
31          elif op==5:  # 数据项维护
32              manage_items(iteminfo_list)
33              continue
34          elif op==6:  # 切换用户
35              login()
```

```python
36          input('按回车继续……')
37
38 @permission_check  #加上权限判断的装饰器
39 def input_data(iteminfo_list): #定义用于输入一条新数据的input_data函数
40     data = {} #每条数据用一个字典保存
41     for iteminfo in iteminfo_list: #遍历每一个数据项信息
42         itemname = iteminfo['name'] #获取数据项名称
43         value = input('请输入%s:'%itemname) #输入数据项值
44         #根据数据项的数据类型将输入字符串转为整数或实数
45         if iteminfo['dtype']=='整数':
46             value = int(value)
47         elif iteminfo['dtype']=='实数':
48             value = eval(value)
49         data[itemname] = value #将数据项保存到data中
50     return data #将输入的数据返回
51
52 @permission_check  #加上权限判断的装饰器
53 def add_data(data_list, iteminfo_list): #定义实现数据录入功能的add_data函数
54     data = input_data(iteminfo_list) #调用input_data函数实现数据录入
55     data_list += [data] #将该条数据加到data_list列表的最后
56     print('数据录入成功!')
57
58 @permission_check  #加上权限判断的装饰器
59 def del_data(data_list): #定义实现数据删除功能的del_data函数
60     idx = int(input('请输入要删除的数据编号:'))-1
61     if idx<0 or idx>=len(data_list): #如果超出了有效索引范围
62         print('要删除的数据不存在!')
63     else:
64         del data_list[idx]
65         print('数据删除成功!')
66
67 @permission_check  #加上权限判断的装饰器
68 def update_data(data_list, iteminfo_list): #定义实现数据修改功能的update_data函数
69     idx = int(input('请输入要修改的数据编号:'))-1
70     if idx<0 or idx>=len(data_list): #如果超出了有效索引范围
71         print('要修改的数据不存在!')
72     else:
73         data = input_data(iteminfo_list) #调用input_data函数实现数据录入
74         data_list[idx] = data #用该条数据替换data_list中索引值为idx的元素
75         print('数据修改成功!')
76
77 @permission_check  #加上权限判断的装饰器
78 def query_data(data_list, iteminfo_list): #定义实现数据查询功能的query_data函数
79     while True:
80         print('请输入数字进行相应查询操作:')
81         print('1 全部显示')
82         print('2 按数据项查询')
83         print('0 返回上一层')
84         subop = int(input('请输入要进行的操作(0~2):'))
85         if subop==0: #返回上一层
86             break
87         elif subop==1: #全部显示
88             retTrue = lambda *args, **kwargs:True #定义一个可以接收任何参数并返回
                 True的匿名函数
89             show_query_result(data_list, iteminfo_list, retTrue, None) #调用
                 函数显示全部数据
90         elif subop==2: #按数据项查询
91             condition = {}
```

```python
92              condition['itemname'] = input('请输入数据项名称：')
93              for iteminfo in iteminfo_list:  #遍历数据项信息
94                  if iteminfo['name']==condition['itemname']:  #如果有匹配的数据项
95                      condition['lowval'] = input('请输入最小值：')
96                      condition['highval'] = input('请输入最大值：')
97                      if iteminfo['dtype']!='字符串':  #不是字符串类型，则转换为数值
98                          condition['lowval'] = eval(condition['lowval'])
99                          condition['highval'] = eval(condition['highval'])
100                     show_query_result(data_list, iteminfo_list, judge_
                            condition, condition)  #调用函数将满足条件的数据输出
101                     break
102                 else:
103                     print('该数据项不存在！')
104         input('按回车继续……')
105 
106 def judge_condition(data, condition):  #判断data是否满足condition中设置的条件
107     itemname = condition['itemname']
108     lowval = condition['lowval']
109     highval = condition['highval']
110     if data[itemname]>=lowval and data[itemname]<=highval:
111         return True
112     return False
113 
114 def show_query_result(data_list, iteminfo_list, filter_fn, condition):  #用于
        显示查询结果的高阶函数
115     for idx in range(len(data_list)):  #依次获取每条数据的索引
116         if filter_fn(data_list[idx], condition)==False:  #如果不满足查询条件
117             continue
118         print('第%d条数据：'%(idx+1))
119         for iteminfo in iteminfo_list:  #遍历每一个数据项信息
120             itemname = iteminfo['name']  #获取数据项的名称
121             if itemname in data_list[idx]:  #如果存在该数据项
122                 print(itemname, '：', data_list[idx][itemname])  #输出数据项名
                        称及对应的值
123             else:  #否则，不存在该数据项
124                 print(itemname, '：无数据')  #输出提示信息
125 
126 if __name__=='__main__':  #当直接执行该脚本文件时，if条件成立
127     from permission_check import login
128     if login()==True:  #登录
129         ls_item = [  #每条数据包含3个数据项
130             dict(name='身高(m)', dtype='实数'),
131             dict(name='体重(kg)', dtype='整数'),
132             dict(name='交通方式', dtype='字符串'),
133         ]
134         ls_data = [  #初始填入5条数据
135             {'身高(m)':1.62, '体重(kg)':64, '交通方式':'公共交通'},
136             {'身高(m)':1.52, '体重(kg)':56, '交通方式':'公共交通'},
137             {'身高(m)':1.8, '体重(kg)':77, '交通方式':'公共交通'},
138             {'身高(m)':1.8, '体重(kg)':87, '交通方式':'步行'},
139             {'身高(m)':1.62, '体重(kg)':53, '交通方式':'汽车'}
140         ]
141         manage_data(ls_data, ls_item)
```

在代码清单3-39所示的ex3_36.py脚本文件中，先调用login函数进行登录，再调用manage_data函数进行数据管理。

代码清单 3-39　ex3_36.py 脚本文件（程序执行的入口）

```
1   from permission_check import login   #从permission_check模块中导入login函数
2   from data_manage import manage_data   #从data_manage模块中导入manage_data函数
3   ls_data = []           #使用该列表保存所有数据
4   ls_iteminfo = []       #使用该列表保存每一条数据所包含的数据项信息（名称和数据类型）
5   if login()==True:  #登录成功
6       manage_data(ls_data, ls_iteminfo) #调用manage_data函数进行数据管理
```

下面仅展示新增的按数据项查询功能和权限判断功能，读者可根据提示信息尝试其他操作。

操作 1　运行代码清单 3-38，先输入用户名"user1"、密码"123"进行登录；再选择数据查询中的按数据项查询，查询身高（m）数据项的值在 1.5～1.7 之间的数据，可看到相应查询结果，如图 3-48 所示。

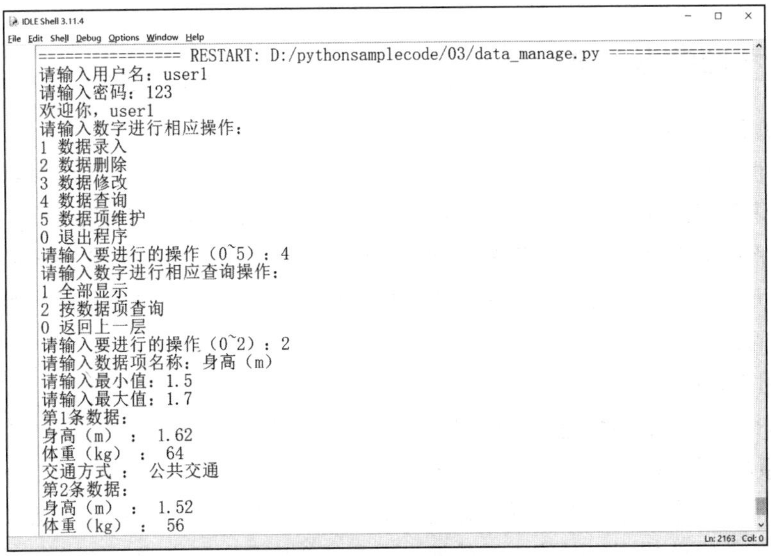

图 3-48　操作 1 的部分运行结果截图

操作 2　运行代码清单 3-39，输入用户名"user2"、密码"456"，当输入 5 进行数据项维护操作时，将显示提示信息"没有该操作的权限！"，如图 3-49 所示。

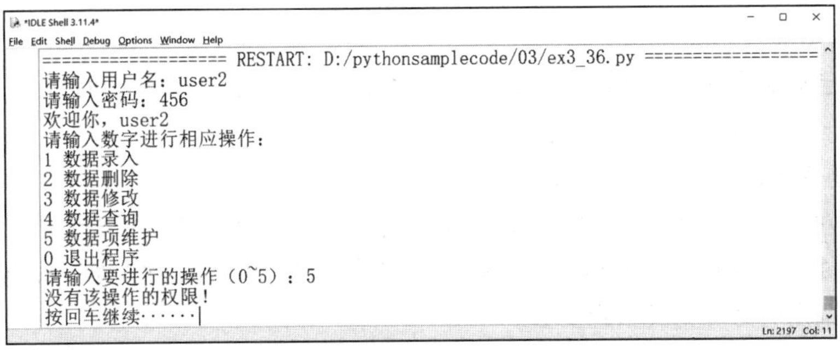

图 3-49　操作 2 的运行结果截图

3.11 本章小结

本章主要介绍了 Python 中实现结构化程序设计的重要工具——函数。通过本章的学习，读者应理解函数的作用，掌握函数的定义与调用方法，能够区分形参和实参在使用上的不同，理解默认参数、不定长参数和返回值的作用并掌握其使用方法，理解包和模块的概念及作用并掌握模块的定义和使用方法，理解各种作用域下变量的作用范围。此外，对递归函数、高阶函数、lambda 函数、闭包和装饰器这些特殊的函数也要有所了解，能够在合适的场合运用它们以更高效地编写程序。

学习本章后，读者在编写程序时应多运用函数，将复杂问题拆解成多个简单的子问题，分别利用函数求解，再综合各子问题的解得到原问题的解，以使得程序结构更加清晰，同时也使得一些功能函数能够复用，减少编写程序和后期代码维护的工作量。

3.12 思考题参考答案

【思考题 3-1】 C

解析：程序设计方法主要分为面向过程（结构化）程序设计方法和面向对象程序设计方法。结构化程序设计方法的特点就是将复杂任务分解为简单的子任务，通过"化繁为简"的方式逐个将子问题解决，最后把各子问题的解按一定方式综合到一起就形成了整个复杂问题的解。面向对象程序设计方法是把系统中的任何事物都看作对象，通过对象之间的交互完成系统的运行。

【思考题 3-2】 否

解析：Python 中的函数定义应使用 def 关键字。

【思考题 3-3】 B

解析：形参的全称是形式参数，它是定义函数时函数名后面的一对小括号中给出的参数，其作用是接收函数调用时传入的数据。实参的全称是实际参数，它是调用函数时函数名后面的一对小括号中给出的参数，其作用是将数据传给对应的形参。在函数体中，只能使用保存实参值的形参完成相应运算，无法直接操作实参。

【思考题 3-4】 A

解析：请参考思考题 3-3 的解析。

【思考题 3-5】 D

解析：定义函数时，带默认值的形参必须放在不带默认值的形参后面。StudentInfo 函数的两个形参不符合该规则，因此会报错。

【思考题 3-6】 是

解析：对于有默认参数值的形参，如果没有为其传入对应实参，则该形参直接使用默认参数值；如果为其传入了对应实参，则该形参使用传入的实参值。对于没有默认值的形参，在函数调用时必须为其指定实参。

【思考题 3-7】 A

解析：不定长的位置参数在传递给函数时会被封装成元组；而不定长的关键字参数在传递给函数时会被封装成字典。

【思考题 3-8】 是

解析：在不定长的位置参数后面可以有普通形参，对于该形参可以指定默认参数值，并在函数调用时使用该默认参数值。对于不定长的关键字参数前面的普通形参，也可以为其指定默认参数值。

【思考题 3-9】 D

解析：a 前面有两个 *，因此 a 是字典；如果 a 前面只有一个 *，则 a 可能是元组、列表或集合。

【思考题 3-10】 是

解析：字典中的每个元素是一个"键：值"对，拆分后键作为形参名而值作为实参，形成关键字参数，即"键（形参名）=值（实参）"。

【思考题 3-11】 B

解析：print 的作用是将数据显示到屏幕上；return 的作用是将一个函数的运算结果返回到函数调用的地方，并替换掉函数调用的代码以参与其他运算；break 的作用是结束其所在的那层循环；continue 的作用是结束本次循环并开始下一次循环，即如果执行到 continue，则 continue 所在那层循环中 continue 后面的语句都不执行，直接跳转到循环开始的位置，再次判断是否可以继续循环。

【思考题 3-12】 是

解析：如果函数中没有写 return 语句，则执行到函数结束位置时会隐式执行一个什么数据都不返回的 return 语句（即 return 或 "return None"），以返回到函数调用的位置。注意，对于一个什么数据都不返回的函数，该函数调用后的返回值为 None，而 None 不能作为算术运算、比较运算等运算的运算数。例如，对于下面的程序，

```
def Square(x):
    print(x*x)
print(Square(2)+3)
```

由于 Square 函数没有 return 语句，因此，函数调用 Square(2) 返回的结果是 None，在使用函数调用 Square(2) 的返回值 None 作为运算数与 3 做加法运算时，则会报如下图所示的错误，即不支持 None 与整数的加法运算。

```
Traceback (most recent call last):
  File "<pyshell#9>", line 1, in <module>
    print(Square(2)+3)
TypeError: unsupported operand type(s) for +: 'NoneType' and 'int'
```

【思考题 3-13】 B

解析：Python 中使用 import 语句导入模块，或者也可以使用 from…import…语句。

【思考题 3-14】 否

解析：使用 import 语句可以一次导入多个模块，各模块之间用逗号（注意必须是英文逗号）分开。

【思考题 3-15】 B

解析：每个 Python 脚本文件对应一个模块，每个模块中都有一个全局变量 __

name__。当该脚本文件单独执行时,则全局变量 __name__ 的值是 '__main__';当该脚本文件作为模块被导入时,则全局变量 __name__ 的值是脚本文件的文件名(不包括扩展名),如 M.py 脚本文件作为模块被导入时其全局变量 __name__ 的值就是 'M'。

【思考题 3-16】 是

解析:请参考思考题 3-15 的解析。

【思考题 3-17】 A

解析:通过语句 from M import fun,直接将 M 模块中的函数 fun 导入,在调用该函数时直接使用该函数名即可,即 fun()。如果通过语句 import M,将 M 模块导入,则在调用 M 模块中的函数时必须指定模块名 M,如调用 M 模块中的 fun 函数应写为 M.fun()。

【思考题 3-18】 否

解析:如果在 M 模块中没有定义 __all__ 列表,则通过语句 from M import *,必然可以将 M 中的所有函数都导入;如果在 M 模块中定义了 __all__ 列表,则通过语句 from M import *,只能导入 __all__ 列表中包含的那些标识符。如 __all__=['f1'],则通过语句 from M import *,只能导入 f1,而不能导入 f2。

【思考题 3-19】 C

解析:A 选项是从 A 包的 B 子包中直接导入了 C 模块,导入后应通过语句 C.d() 调用 C 模块中的函数 d;B 选项是直接导入了函数 d,导入后应通过语句 d() 调用该函数;C 选项是导入了 A 包的 B 子包的 C 模块,在使用时要从最顶层的包名开始写,即 A.B.C.d();D 选项会报错,这是因为无法通过 import 导入一个标识符,如果要导入某个模块中定义的标识符,则需要使用 B 选项的方式。

【思考题 3-20】 是

解析:每个包(包括子包)中都可以包含子包和模块。

【思考题 3-21】 A

解析:pip 是获取并安装第三方模块的常用工具。pip 的命令格式为 "pip install 安装包名称",另外也可以通过 -i 指定国内镜像,以更快速地获取安装包,如

```
pip install matplotlib -i https://pypi.doubanio.com/simple/ --trusted-host pypi.doubanio.com
```

可以从豆瓣镜像下载 Matplotlib 安装包。

【思考题 3-22】 是

解析:通过猴子补丁,可以定义一个新函数,并通过语句"旧函数名 = 新函数名",使得在使用旧函数名调用函数时会自动执行新函数中的那些代码。这种方式相当于在不修改旧函数中那些代码的情况下,动态用新函数的代码替换了旧函数的代码。

【思考题 3-23】 A

解析:一个函数中定义的变量是局部变量,其只能在该函数或其内部的嵌套函数中使用。在所有函数外定义的变量是全局变量,其可以在程序的任何地方使用。

【思考题 3-24】 否

解析:请参考思考题 3-23 的解析。

【思考题 3-25】 B

解析：请参考思考题 3-23 的解析。

【思考题 3-26】 B

解析：内层函数修改外层函数中创建的变量，则应在修改前加上 `nonlocal` 声明；一个函数要修改全局变量，则应在函数中在修改前加上 `global` 声明。

【思考题 3-27】 否

解析：如果在内层函数中只是访问外层函数中所创建变量的值，而不需要修改该变量的值，则可以省去 `nonlocal` 声明；同样，如果在一个函数中只是访问全局变量的值，而不需要修改全局变量的值，则也可以省去 `global` 声明。但为了增强程序可读性，建议在编写程序时无论是否需要修改外层函数中所定义变量的值或全局变量的值，都写上 `nonlocal` 或 `global` 声明。

【思考题 3-28】 A

解析：递归函数是指在一个函数中直接或间接调用自己，以完成问题的求解。需要注意，递归函数必须要有结束递归调用的条件。

【思考题 3-29】 是

解析：对 1～i 进行求和，可以看作 1～i-1 的求和结果再加上 i。当 i 等于 1 时，则直接返回 1。因此，可以编写如下递归函数来完成 1～n 的求和问题。

```
def rsum(i):
    if i==1:
        return i
    return rsum(i-1)+i
print(rsum(100))
```

对于有些问题（如汉诺塔、走迷宫、八皇后），用递归方法求解会更加方便。

【思考题 3-30】 D

解析：高阶函数是指把函数作为参数的一种函数。如果一个形参接收的是一个函数名，则利用该形参可以直接调用其所对应的实参函数。高阶函数的可扩展性更强。如对于一个求解优化问题的高阶函数 A，可以将求解算法的一些计算封装成一个函数 B 并作为参数传给 A，此时 A 就可以通过调用传入的 B 函数来完成问题求解；后面可能会对 B 所完成的计算进行改进，得到一个更高效的算法，那么就可以重新定义函数 C 来实现这个更高效的算法，并在调用 A 时传入函数 C（而不是函数 B）来完成问题求解。这样就可以在不更改原来的函数 A 的情况下，方便地做某些计算方法的替换，从而使得函数 A 具有很强的可扩展性。

【思考题 3-31】 是

解析：所有函数都可以作为实参传给高阶函数的形参。`lambda` 函数是匿名函数，本身没有函数名，也不需要使用 `def` 去定义，定义方式更简洁，适用于功能简单的计算。`lambda` 函数常用的情况就是作为实参传给高阶函数的形参。

【思考题 3-32】 C

解析：一般情况下，如果一个函数执行结束，则该函数中创建的局部变量就会被释放。而闭包是一种特殊情况，外层函数在执行结束时发现其创建的局部变量将在内层函数中继续使用，因此这些变量不会被释放，而成为自由变量。闭包实际上就是将内层函数的代码以及自由变量打包在一起形成的一个整体。

【思考题 3-33】 否

解析：外层函数必须返回内层函数的引用，这样每调用一次外层函数才会形成一个闭包。

【思考题 3-34】 A、C

解析：一个装饰器可以为多个函数注入代码；一个函数也可以注入多个装饰器的代码，多个装饰器按照从后到前的顺序对函数进行逐层装饰，即先使用代码中靠近函数名的装饰器对函数进行装饰，再使用远离函数名的装饰器对函数进行装饰。

【思考题 3-35】 是

解析：通过装饰器，可以在不修改已有函数的情况下向已有的一个或多个函数注入相同代码。可以利用装饰器统计每个函数的运行时间，从而分析出程序执行效率的瓶颈。例如下面的代码：

```python
import time  #导入系统内置的time模块
def RecordRunTime(func):
    def inner(*args, **kwargs):
        start_time=time.time()  #记录所装饰函数调用前的时间
        sum=func(*args, **kwargs)  #调用所装饰的函数
        end_time=time.time()  #记录所装饰函数调用后的时间
        time_diff=end_time-start_time  #两个时间的差值即为所装饰函数的执行时间
        print('%s 函数执行时间（秒）: %f'%(func.__name__, time_diff))  #输出执行时间
        return sum
    return inner

@RecordRunTime
def f1(n):
    sum=0
    for i in range(1, n+1):
        sum+=i
    return sum

@RecordRunTime
def f2(n):
    sum=0
    for i in range(1, n+1):
        sum+=1/i
    return sum

if __name__=='__main__':
    sum1=f1(10000)
    sum2=f2(10000)
    print('f1 函数计算结果: ', sum1)
    print('f2 函数计算结果: ', sum2)
```

程序执行结束后，输出结果如下图所示。可以看到，使用 RecordRunTime 对 f1 函数和 f2 函数进行装饰后，调用 f1 函数和 f2 函数时会输出函数执行的时间。

3.13 编程练习参考代码

【编程练习 3-1】
参考代码：

```
def isprime(n):
    m=int(n**0.5)
    for i in range(2, m+1):
        if n%i==0:
            return False
    return True

if __name__=='__main__':
    while True:
        x=int(input())
        if x==0:
            break
        if x<2:
            print('Invalid')
        elif isprime(x)==True:
            print('Yes')
        else:
            print('No')
```

运行示例：

```
================ RESTART: D:/pythonsamplecode/03/code3_1.py ================
3
Yes
-1
Invalid
50
No
1
Invalid
19
Yes
0
>>>
```

【编程练习 3-2】
参考代码：

```
def isprefix(s1, s2):
    if len(s1)>len(s2):
        return False
    if s2[:len(s1)]==s1:
        return True
    return False

if __name__=='__main__':
    str1=input()
    str2=input()
    if isprefix(str1, str2)==True:
        print(str1)
    elif isprefix(str2, str1)==True:
        print(str2)
    else:
        print('no')
```

运行示例：

```
================= RESTART: D:/pythonsamplecode/03/code3_2.py =================
substring
sub
sub
>>>
================= RESTART: D:/pythonsamplecode/03/code3_2.py =================
sub
substring
sub
>>>
================= RESTART: D:/pythonsamplecode/03/code3_2.py =================
substring
string
no
>>>
```

【编程练习 3-3】
参考代码：

```python
def StudentInfo(country='China', chineselevel='A', name='Zhang'):
    print('%s, %s, %s'%(name, country, chineselevel))
StudentInfo(country='America', chineselevel='B', name='John')
```

运行示例：

```
================= RESTART: D:/pythonsamplecode/03/code3_3.py =================
John, America, B
>>>
```

【编程练习 3-4】
参考代码：

```python
def StudentInfo(name, *args):
    print(name, args)
StudentInfo('Li Xiaoming', 'China', 'A')
```

运行示例：

```
================= RESTART: D:/pythonsamplecode/03/code3_4.py =================
Li Xiaoming ('China', 'A')
>>>
```

【编程练习 3-5】
参考代码：

```python
def Sum(a, b, c):
    print(a+b+c)
t=(1, 2, 3)
Sum(*t)
```

运行示例：

```
================= RESTART: D:/pythonsamplecode/03/code3_5.py =================
6
>>>
```

【编程练习 3-6】

参考代码：

```
def f1():
    global x  # 非必要，但建议写上
    print(x)
def f2():
    global x
    x=50  # 将全局变量x的值修改为50
    print(x)
x=10
f2()  # 输出：50
f1()  # 输出：50
```

运行示例：

```
======= RESTART: D:/pythonsamplecode/03/code3_6.py =======
50
50
>>>
```

【编程练习 3-7】

参考代码：

```
def hanoi(m, src, tmp, dst):
    if m==1:
        print('%d:%s->%s'%(m, src, dst))
    else:
        hanoi(m-1, src, dst, tmp)
        print('%d:%s->%s'%(m, src, dst))
        hanoi(m-1, tmp, src, dst)

if __name__=='__main__':
    n = int(input())
    hanoi(n, 'A', 'B', 'C')
```

运行示例：

```
======= RESTART: D:/pythonsamplecode/03/code3_7.py =======
3
1:A->C
2:A->B
1:C->B
3:A->C
1:B->A
2:B->C
1:A->C
>>>
```

【编程练习 3-8】

参考代码：

```
def deco(func):
    def inner(*args, **kwargs):
        print('deco begin')
        func(*args, **kwargs)
        print('deco end')
    return inner
```

```
@deco
def add(a, b):
    print(a+b)
if __name__=='__main__':
    add(3, 5)
```

运行示例：

```
================ RESTART: D:/pythonsamplecode/03/code3_8.py ================
deco begin
8
deco end
>>>
```

第 4 章 面向对象

扫码获取学习资源

面向对象是当前流行的程序设计方法，其以人类习惯的思维方式，用对象来理解和分析问题空间，使开发软件的方法与过程尽可能接近人类认识世界、解决问题的思维方法与过程。面向对象方法的基本观点是一切系统都是由对象构成的，每个对象都可以接收并处理其他对象发送的消息，它们相互作用、相互影响，实现了整个系统的运转。

本章首先介绍类与对象的概念以及它们的定义和使用方法，并给出 Python 类中包括构造方法和析构方法在内的常用内置方法的作用和定义方法。然后，介绍继承与多态的概念和作用，并给出它们的具体实现方法。最后，介绍类方法、静态方法、动态扩展类与实例、__slots__、@property 等内容。

4.1 类与对象

类与对象是面向对象程序设计的两个重要概念，类与对象的关系即数据类型与变量的关系。类是数据类型，规定了可以用于存储什么数据以及具有哪些处理数据的方法；而对象是变量，用于实际存储数据。根据一个类可以创建多个对象，每个对象可存储不同的数据；而每个对象只能是某一个类的对象。例如，有一个学生类，其中包括学号和姓名两个属性，则根据学生类可以创建多个学生对象，每个学生对象可以具有不同的学号和姓名信息，如图 4-1 所示。

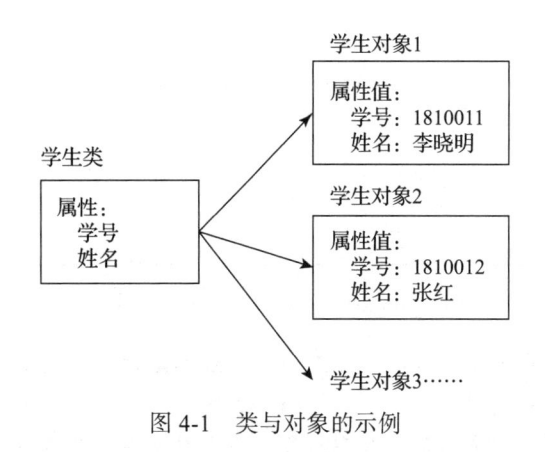

图 4-1 类与对象的示例

提示

1. 包括第 2 章中学习的 6 种基本数据类型在内，Python 中的所有数据类型都是类，利用这些类创建的变量则是对象。

2. 在交互式运行环境下，使用 dir 可以看到类中的所有属性和方法，使用 help 可以看到具体的使用帮助信息。例如，在 IDLE 中，执行 dir(int)，可以看到如图 4-2 所示的结果，其中列出了 int 类所包含的属性和方法；执行 help(int.bit_count)，可以看到如图 4-3 所示的结果，其中给出了 int 类中 bit_count 方法的帮助信息。

3. 属性分为实例属性和类属性。

4. 实例属性与实例对象相关联。每个实例对象用独立的内存空间存储属性值，从而使得各实例对象可以具有不同的实例属性值。如图 4-1 中学号和姓名都是实例属性，每个学生对象可用这两个属性保存不同的学号属性值和姓名属性值。

5. 类属性与类相关联。无论创建了多少个实例对象，一个类属性只会使用一份内存空间，任何时刻只能用于保存一个数据。类属性用于存储各实例对象共享的信息。例如没有必要在每个学生对象中都存储一份学生人数信息（既浪费空间，又可能造成数据不一致的问题），因此合适的做法是将学生人数保存在学生类的一个类属性中。

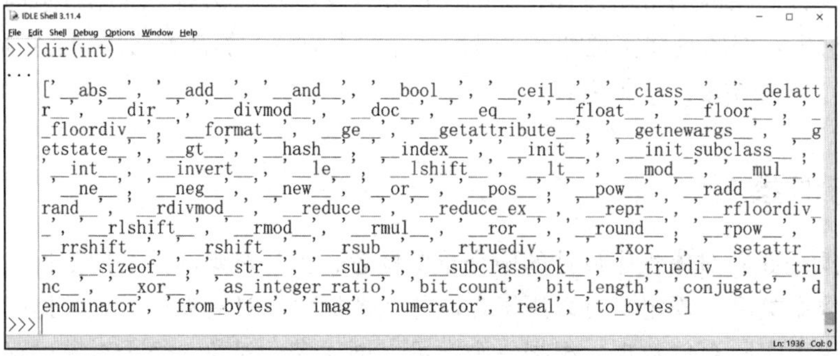

图 4-2　通过 dir 查看类中的属性和方法

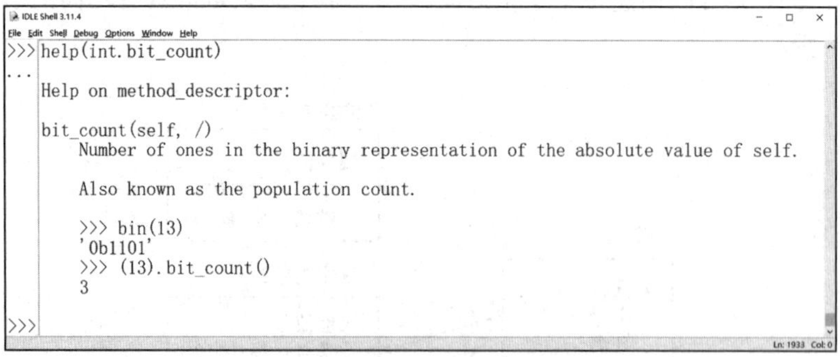

图 4-3　通过 help 查看帮助信息

【思考题 4-1】 面向对象方法的基本观点是一切系统都是由（　　）构成的。
A. 类　　　　　　　**B**. 对象　　　　　　　**C**. 函数　　　　　　　**D**. 方法

【思考题 4-2】 利用一个类可以创建多个对象，每个对象中是否可以存储不同的数据？

4.1.1　类的定义

在一个类中，除了可以包含前面所说的属性，还可以包含各种方法。属性对应一个类可以用来保存哪些数据，而方法对应一个类可以支持哪些操作（即数据处理）。

提示 类中的属性对应前面所学习的变量，而类中的方法对应前面所学习的函数。通过类，可以把数据和操作封装在一起，从而使得程序结构更加清晰，这也就是所谓的类的封装性。

类的定义形式多样。比如，既可以直接创建新的类，也可以基于一个或多个已有的类创建新的类；既可以创建一个空的类，然后再动态添加属性和方法，也可以在创建类的同时设置属性和方法。类的定义形式如下所示：

```
class 类名：
    类属性 1 的定义
    类属性 2 的定义
    ……
    类属性 M 的定义
    方法 1 的定义
    方法 2 的定义
    ……
    方法 N 的定义
```

提示
1. class 所在的第 1 行代码称为类头，其他行的代码称为类体。与类头相比，类体中的各语句需要采用缩进方式以表示它们是类中的语句。
2. 在类头中，class 是定义类所用的关键字；类名是类的名称，与变量名、函数名相同（类名也是标识符，因此其命名规则与变量名、函数名的命名规则完全一致）。
3. 在定义一个类时，在类体中可以给出该类中部分类属性和方法的定义；在定义类后还可以根据需要为类增加其他类属性和方法。
4. 实例属性不需要定义。在给一个对象的实例属性赋值时，如果该实例属性在该对象中不存在，则会自动为该对象增加一个实例属性。

下面先来看一个最简单的类的定义方法，即定义一个空类，如代码清单 4-1 所示。

代码清单 4-1　定义一个空类

```
1   class Student:   #定义一个名为 Student 的类
2       pass         #一个空语句，起到占位作用，表示 Student 类中没有任何属性和方法
```

4.1.2　创建实例

定义了一个类后，就可以创建该类的实例对象，其语法格式如下所示：

类名（参数表）

其中，参数表是指创建对象时传入的参数，类似于函数的形参列表，其具体传递方法将在后面介绍。下面，我们基于代码清单 4-1 定义的 Student 类，给出不传递参数情况下创建对象的程序示例，如代码清单 4-2 所示。

代码清单 4-2　创建 Student 类对象

```
1   class Student:   #定义一个名为 Student 的类
2       pass         #一个空语句，起到占位作用，表示 Student 类中没有任何属性和方法
3   if __name__=='__main__':
```

```
4      stu=Student()  #创建 Student 类的对象,并将创建的对象赋给变量 stu
5      print(stu)     #输出 stu
```

代码清单 4-2 执行完毕后,将在屏幕上输出如图 4-4 所示的结果。

图 4-4　代码清单 4-2 的运行结果

从输出结果中可以看到,stu 是 Student 类的对象,其内存地址为 0x00000269 4B8F8710。

提示　每次创建对象时,系统都会在内存中选择一块空闲的区域分配给对象,每次选择的内存区域通常会不一样。因此,读者在自己机器上运行代码清单 4-2,会看到一个不同的 stu 对象地址。

【思考题 4-3】　类中的(　　)对应一个类可以用来保存哪些数据。
A.属性　　　　　　**B**.方法　　　　　　**C**.数据　　　　　　**D**.对象

【思考题 4-4】　类的封装性是指将一个数据相关的属性封装在一起吗?

4.1.3　类属性和实体属性的操作方法

在定义一个类时,可以直接在类体中通过赋值运算创建该类的类属性。例如,代码清单 4-3 给出了类属性定义的程序示例。

代码清单 4-3　类属性定义

```
1   class Student:       #定义 Student 类
2       name='Unknown'   #创建了一个值为 'Unknown' 的类属性 name
```

在 Student 类的类体中,通过赋值运算创建了一个初始值为 'Unknown' 的类属性 name。

注意　实际上,由于不同学生的姓名通常是不同的,因此,用于保存姓名信息的 name 不应作为 Student 类的类属性,而应作为实例属性。这里主要是为了引出后面的程序示例,以说明在类属性和实例属性同名时,如何分别进行访问。

对类属性的访问,既可以直接通过类名访问,也可以通过该类的对象名访问,访问方式为

　　类名.类属性名

或

　　对象名.类属性名　#当且仅当对象中没有与该类属性同名的实例属性时,才可以使用这种访问方式

对实例属性的访问,则只能通过对象名访问,访问方式为

　　对象名.实例属性名

虽然不建议将一个类的类属性和实例属性命名为相同的名字，但对于初学者，有可能会因错误的操作方法造成一个类中存在同名的类属性和实例属性。

对于一个类属性 a，当一个对象 obj 中没有与该类属性同名的实例属性 a 时，通过该对象的对象名 obj 可以直接访问类属性 a；否则，当对象 obj 中有与该类属性同名的实例属性 a 时，通过该对象的对象名 obj 访问到的则是该对象的实例属性 a，而不会访问到类属性 a。

当通过指定对象名和属性名给属性赋值（即执行语句"对象名 . 属性名 = 属性值"）时，如果该对象中没有该属性名的实例属性，则会自动为该对象创建一个新的实例属性并赋值；如果该对象中已经有该属性名的实例属性，则会修改该实例属性的值。

为了更好理解前面所给出的描述，代码清单 4-4 给出了类属性和实例属性的操作示例。

代码清单 4-4　类属性和实例属性的操作示例

```
1   class Student: #定义 Student 类
2       name='Unknown'  #创建了一个值为 'Unknown' 的类属性 name
3   if __name__=='__main__':
4       print('第 4 行输出: ', , Student.name) #访问类属性 name
5       stu1=Student() # 创建 Student 类对象 stu1
6       stu2=Student() # 创建 Student 类对象 stu2
7       print('第 7 行输出: stu1 %s, stu2 %s'%(stu1.name, stu2.name)) # 通过对象名访问
            类属性 name
8       Student.name='未知'  #将类属性 name 的值修改为 '未知'
9       print('第 9 行输出: ', Student.name) # 输出类属性 name 的值
10      print('第 10 行输出: stu1 %s, stu2 %s'%(stu1.name, stu2.name)) # 通过对象名访
            问类属性 name
11      stu1.name='李晓明' # 通过赋值运算为 stu1 对象创建值为 '李晓明' 的实例属性 name
12      stu2.name='马红' # 通过赋值运算为 stu2 对象创建值为 '马红' 的实例属性 name
13      print('第 13 行输出: ', Student.name)  # 输出类属性 name 的值
14      print('第 14 行输出: stu1 %s, stu2 %s'%(stu1.name, stu2.name)) # 分别输出 stu1
            对象和 stu2 对象中实例属性 name 的值
15      Student.name='学生'  #将类属性 name 的值修改为 '学生'
16      print('第 16 行输出: ', Student.name)  # 输出类属性 name 的值
17      print('第 17 行输出: stu1 %s, stu2 %s'%(stu1.name, stu2.name)) # 分别输出 stu1
            对象和 stu2 对象实例属性 name 的值
```

代码清单 4-4 执行完毕后，将在屏幕上输出如图 4-5 所示的结果。

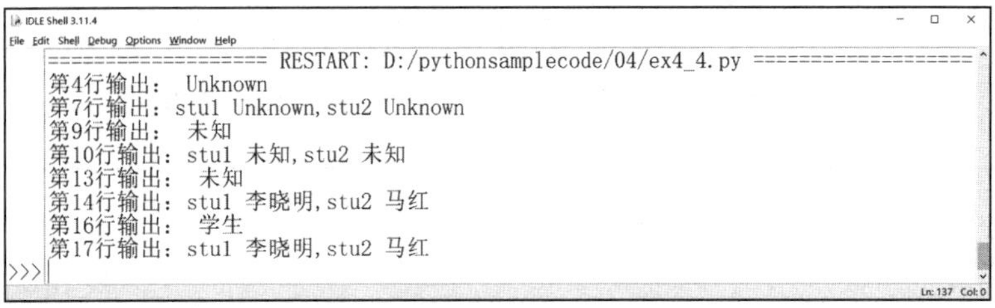

图 4-5　代码清单 4-4 的运行结果

下面结合代码清单 4-4 的运行结果，给出部分代码的说明。

- 第 4、9、13、16 行代码中，均使用 Student.name（即类名 . 类属性名）的方式，访问类属性 name 的值。第 2 行代码中，在类体内创建了值为 'Unknown' 的类属性 name，因此第 4 行代码输出的 Student.name 的值是 'Unknown'；第 8 行代

码中，执行语句 Student.name='未知'，将类属性 name 的值修改为 '未知'，因此第 9 行和第 13 行代码中输出的 Student.name 的值是 '未知'；第 15 行代码中，执行语句 Student.name='学生'，将类属性 name 的值修改为 '学生'，因此第 16 行代码中输出的 Student.name 的值是 '学生'。

- 在执行第 11 行和第 12 行代码之前，stu1 对象和 stu2 对象中均没有名为 name 的实例属性。因此，在第 7 行和第 10 行代码中，通过 stu1.name 和 stu2.name 访问到的均是类属性 name。第 7 行代码中，输出的类属性 name 的值是 'Unknown'；第 10 行代码中，输出的类属性 name 的值是 '未知'。
- 第 11 行代码中，执行语句 stu1.name='李晓明'（即对象名.实例属性名=实例属性值），为 stu1 对象创建了值为 '李晓明' 的实例属性 name；类似地，第 12 行代码中，执行语句 stu2.name='马红'，为 stu2 对象创建了值为 '马红' 的实例属性 name。在第 14 行和第 17 行代码中，通过 stu1.name 和 stu2.name 访问到的分别是 stu1 对象和 stu2 对象中的实例属性 name，而不是类属性 name，因此输出的 stu1.name 的值均是 '李晓明'，输出的 stu2.name 的值均是 '马红'。

Python 作为一种动态语言，除了可以在类体内创建类属性外，还可以动态地为类和对象绑定新的属性。例如，在代码清单 4-4 的第 11 和 12 行代码中，通过赋值运算为对象 stu1 和 stu2 分别绑定了新的实例属性 name。下面，我们通过代码清单 4-5 进一步说明为类和对象动态绑定新属性的方法。

代码清单 4-5　为类和对象动态绑定新属性的示例

```
1    class Student:              #定义 Student 类
2        name='Unknown'          # 为 Student 类创建一个值为 'Unknown' 的类属性 name
3    if __name__=='__main__':
4        Student.count=0         # 为 Student 类动态绑定新的类属性 count
5        stu1=Student()          # 创建 Student 类的实例对象 stu1
6        Student.count+=1        # Student 对象的数量增 1
7        stu2=Student()          # 创建 Student 类的实例对象 stu2
8        Student.count+=1        # Student 对象的数量增 1
9        stu1.age=19             # 为实例对象 stu1 动态绑定新的实例属性 age
10       print('stu1 姓名: %s, 年龄: %d'%(stu1.name, stu1.age)) #输出姓名和年龄
11       #print('stu2 年龄: '%stu2.age)              取消注释则该语句会报错
12       #print('使用类名访问年龄属性: '%Student.age) #取消注释则该语句会报错
```

代码清单 4-5 执行完毕后，将在屏幕上输出如图 4-6 所示的结果。

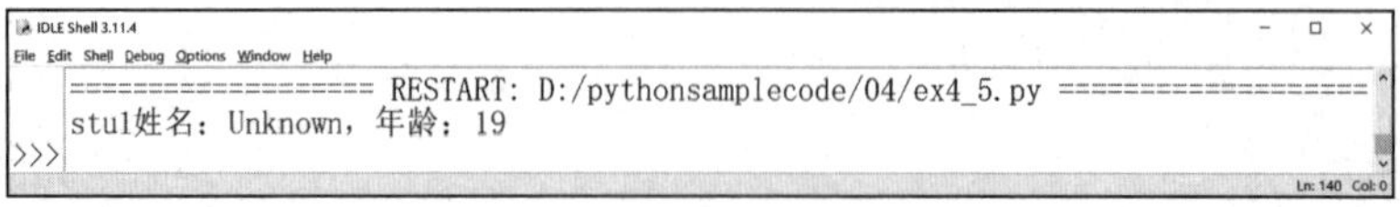

图 4-6　代码清单 4-5 的运行结果

提示

1. 代码清单 4-5 中，实例对象 stu1 中没有名为 name 的实例属性。因此，在第 10 行代码中，通过 stu1.name 访问到的是 Student 类的类属性 name。

2. 如果将代码清单 4-5 中第 11 行代码前面的注释取消，则执行程序时系统会给出如

图4-7所示的错误信息"AttributeError: 'Student' object has no attribute 'age'",即"Student对象(这里指stu2)没有age属性"。如果将第12行代码前面的注释取消,则执行程序时系统会给出如图4-8所示的错误信息"AttributeError: type object 'Student' has no attribute 'age'",即"Student类没有age属性"。

因此,当为一个对象动态绑定新的属性后,只是该对象具有该属性,其他对象和类都没有该动态绑定的属性。如果希望其他对象也具有该属性,则需要按同样的方式再为其他对象动态绑定。例如,可以先通过执行语句 stu2.age=18,为 stu2 对象绑定 age 这个新属性,后面再访问 stu2.age 时就不会再有报错信息。

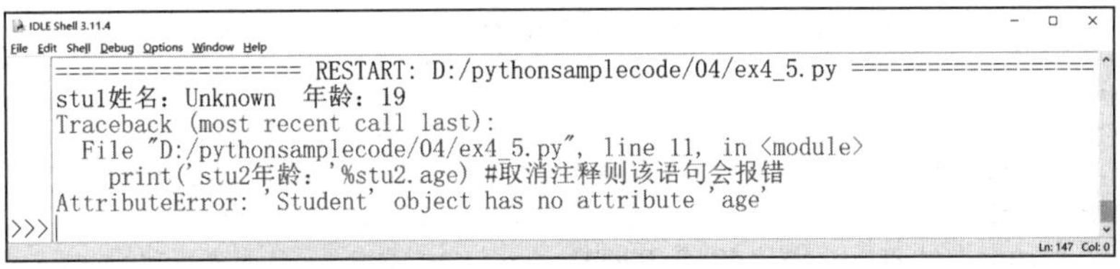

图 4-7　通过对象名访问不存在的属性所产生的报错信息

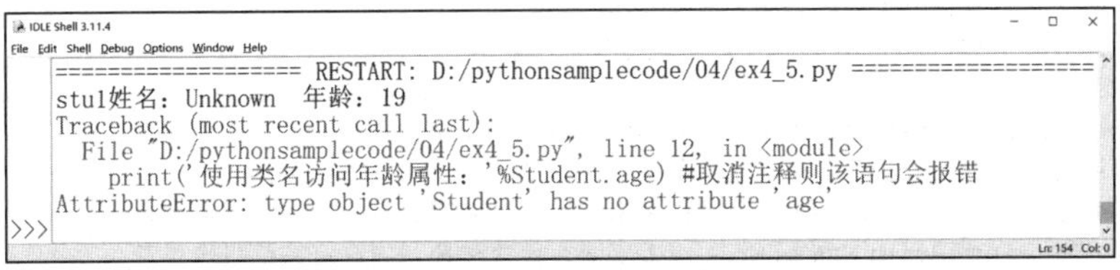

图 4-8　通过类名访问不存在的类属性所产生的报错信息

【思考题 4-5】 已知 Student 类是一个空类,则执行语句 Student.name='unknown',增加的 name 属性可以通过(　　)访问。
A.类名或对象名　　　B.仅类名　　　　C.仅对象名　　　　D.无法访问
【思考题 4-6】 为一个对象动态绑定的新属性,是否只能通过该对象访问?

4.1.4　类中普通方法的定义与调用

类中的方法实际上就是执行某种数据处理功能的函数。与普通函数定义一样,类中的方法在定义时也需要使用 def 关键字。

类中的方法有两种分类方式。一种方式是将类中的方法分为两类:自定义方法和内置方法。自定义方法需要有显式的方法调用才能执行,而内置方法是在特定情况下由系统自动执行。另一种方式是将类中的方法分为 3 类:实例方法、类方法和静态方法。实例方法是通过实例对象调用,而类方法和静态方法都是既可以通过实例对象调用,也可以通过类调用(关于类方法和静态方法的区别,将在后面介绍)。本小节所介绍的类中的普通方法,是指自定义的实例方法。

在定义实例方法时,要求第一个参数需要对应调用方法时所使用的实例对象,其语法格式为

```
def 实例方法名(self, 形参1, 形参2, …, 形参N)
```

> **提示** 实例方法的第一个形参一般命名为 self。虽然也允许改为其他名字，但为了增强程序的可读性，建议统一使用 self。

当使用一个实例对象调用类中的普通方法（即自定义的实例方法）时，其语法格式为

```
实例对象名.自定义实例方法名(实参1, 实参2, …, 实参N)
```

在通过类的实例对象调用类中的普通方法时，并不需要传入 self 参数的值，self 会自动对应调用该方法时所使用的对象。例如，代码清单 4-6 给出了定义及调用类中普通方法的程序示例。

代码清单 4-6　定义及调用类中普通方法的示例

```
1   class Student:   #定义 Student 类
2       def SetName(self, newname):      #定义类的普通方法 SetName
3           self.name=newname            #将 self 对应实例对象中的 name 属性值赋为 newname
4       def PrintName(self):             #定义类的普通方法 PrintName
5           print('姓名:%s'%self.name)   #输出 self 对应实例对象中的 name 属性值
6   if __name__=='__main__':
7       stu1=Student()  #创建 Student 类对象 stu1
8       stu2=Student()  #创建 Student 类对象 stu2
9       stu1.SetName('李晓明')  #通过实例对象 stu1 调用 SetName 方法
10      stu2.SetName('马红')    #通过实例对象 stu2 调用 SetName 方法
11      stu1.PrintName()  #通过实例对象 stu1 调用 PrintName 方法
12      stu2.PrintName()  #通过实例对象 stu2 调用 PrintName 方法
13      #Student.SetName('未知')  #取消前面的注释，则会有系统报错信息
14      #Student.PrintName()      #取消前面的注释，则会有系统报错信息
```

代码清单 4-6 执行完毕后，将在屏幕上输出如图 4-9 所示的结果。

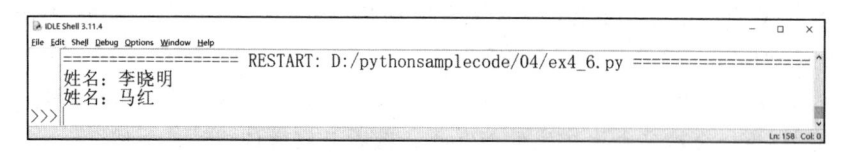

图 4-9　代码清单 4-6 的运行结果

下面结合代码清单 4-6 的运行结果，给出部分代码的说明。

- 第 2 和 3 行、第 4 和 5 行分别定义了 Student 类的普通方法 SetName 和 PrintName，两个方法的第一个形参都是 self，对应调用方法时所使用的实例对象。
- 在第 9 行代码中，通过 stu1 对象调用了 SetName 方法。此时，SetName 方法中的第一个形参 self 对应 stu1 对象，在 SetName 方法中执行赋值运算 self.name=newname，实际上是将形参 newname 的值（即'李晓明'）赋给了 stu1 对象的 name 属性。由于 stu1 对象中没有 name 属性，因此通过这个赋值运算会为 stu1 对象创建一个值为'李晓明'的实例属性 name。
- 在第 11 行代码中，通过 stu1 对象调用 PrintName 方法时，PrintName 的第一个形参 self 也对应 stu1 对象。因此，在 PrintName 方法中执行语句 print('姓名:%s'%self.name)，会输出 stu1 对象中实例属性 name 的值，即'李晓明'。

- 在第 10 行代码中，通过 stu2 对象调用了 SetName 方法。此时，SetName 方法中的第一个形参 self 对应 stu2 对象，在 SetName 方法中执行赋值运算 self.name=newname，实际上是将形参 newname 的值（即 '马红'）赋给了 stu2 对象的 name 属性。由于 stu2 对象中没有 name 属性，因此通过这个赋值运算会为 stu1 对象创建一个值为 '马红' 的实例属性 name。
- 在第 12 行代码中，通过 stu2 对象调用 PrintName 方法时，PrintName 的第一个形参 self 也对应 stu2 对象。因此，在 PrintName 方法中执行语句 print('姓名:%s'%self.name)，会输出 stu2 对象中实例属性 name 的值，即 '马红'。

注意

1. 类的普通方法必须通过实例对象调用，而不能通过类名直接调用。例如，如果删除代码清单 4-6 中的第 13 行或第 14 行代码前面的注释符号，则在运行程序时，系统会分别给出如图 4-10 和图 4-11 所示的报错信息：

```
TypeError: Student.SetName() missing 1 required positional argument: 'newname'
TypeError: Student.PrintName() missing 1 required positional argument: 'self'
```

即都缺少了一个位置参数。这是因为通过实例对象调用类的普通方法时会自动将该实例对象传给 self，而通过类名调用类的普通方法时则不会有这个隐含的参数传递。

2. 在类的方法中，如果要对调用该方法所使用的实例对象的属性值进行访问或修改，则在属性名前必须加上第一个形参名 self，如代码清单 4-6 的第 3 行和第 5 行代码所示。如果第 3 行代码漏写了 self，写为 name=newname，则表示在 SetName 方法中创建了一个局部变量 name，该变量仅能在 SetName 方法中使用；如果第 5 行代码漏写了 self，写为 print('姓名:%s'%name)，则通过 name 会先在 PrintName 方法中找名为 name 的局部变量，再在所有方法、函数和类之外找名为 name 的全局变量，因为 PrintName 方法中不存在局部变量 name，程序中也不存在全局变量 name，所以修改后的第 5 行代码在执行时会报错。

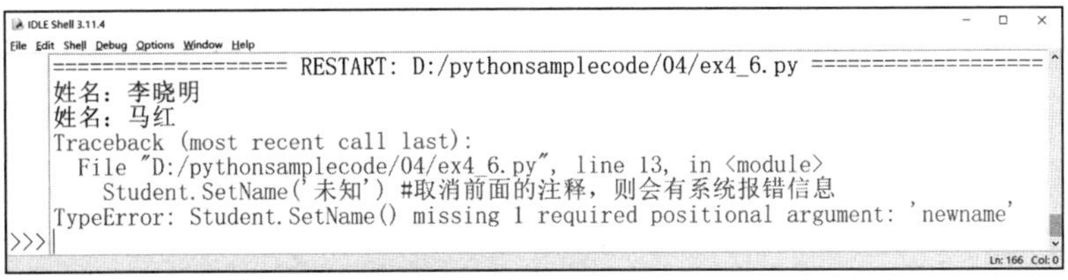

图 4-10　通过类名调用实例方法所产生的报错信息示例 1

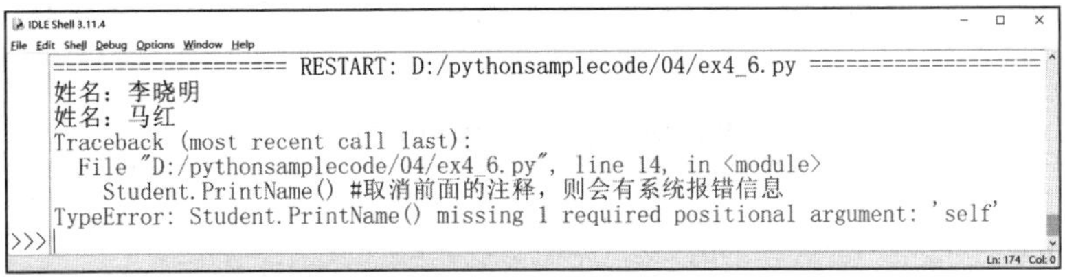

图 4-11　通过类名调用实例方法所产生的报错信息示例 2

【思考题 4-7】 如果方法中的第 1 个形参用于接收调用该方法所使用的实例对象，则该方法是（　　）。
A. 类方法　　　　　　**B**. 静态方法　　　　　　**C**. 内置方法　　　　　　**D**. 实例方法

【思考题 4-8】 已知类的实例方法 func 有 3 个形参且都没有默认参数值，则调用该方法时是否必须传入对应的 3 个实参？

【编程练习 4-1】 请在下面的程序的指定位置增加一个 Circle 类的定义，使得程序能够正常运行，具体要求如下：①每个 Circle 类对象可以存储圆心和半径信息；②具有设置圆心和半径的方法 SetCenter 和 SetRadius；③具有计算圆面积的方法 GetArea。

```
import math
#请在此处补充定义 Circle 类的代码（提示：计算圆面积时使用 math.pi 获取圆周率）

if __name__=='__main__':
    x=eval(input())    #输入圆心的 x 坐标
    y=eval(input())    #输入圆心的 y 坐标
    r=eval(input())    #输入半径
    c=Circle()         #创建 Cirle 对象
    c.SetCenter(x, y)  #设置圆心
    c.SetRadius(r)     #设置半径
    print('center:(%.2f, %.2f), radius:%.2f'%(c.x, c.y, c.r))  #输出圆心和半径
    print('area:%.2f'%c.GetArea())  #输出面积
```

【编程练习 4-2】 请在下面的程序的指定位置增加一个 Time 类的定义，具体要求如下：①每个 Time 类对象可以存储一个时间（包括时、分、秒）；②具有设置当前时间的方法 SetTime；③具有每次增加 1 秒的方法 AddOneSec。

```
#请在此处写出定义 Time 类的代码

if __name__=='__main__':
    h=int(input())    #输入时
    m=int(input())    #输入分
    s=int(input())    #输入秒
    count=int(input())  #输入要数的秒数
    t=Time()
    t.SetTime(h, m, s)
    for i in range(count):
        print('%02d:%02d:%02d'%(t.h, t.m, t.s))  #输出当前时间
        t.AddOneSec()
```

4.1.5 私有属性

私有属性是指在类内可以直接访问而在类外无法直接访问的属性。Python 中规定，在定义类时，如果一个类属性名是以 __（两个下划线）开头，则该类属性为私有属性。如代码清单 4-7 所示。

代码清单 4-7　私有属性示例

```
1  class Student:  #定义 Student 类
2      def SetInfo(self, newname, newid):  #定义 SetInfo 方法
3          self.name=newname  #将 self 对应的实例对象的 name 属性赋为 newname
4          self.__id=newid    #将 self 对应的实例对象的 __id 属性赋为 newid
```

```
5      def PrintInfo(self):  #定义 PrintInfo 方法
6          print('姓名：%s，身份证号：%s'%(self.name, self.__id))
7  if __name__=='__main__':
8      stu=Student()  #定义 Student 类对象 stu
9      stu.SetInfo('李晓明', '120XXXXXXXXXXXXXXX')  #通过 stu 调用 SetInfo 方法
10     stu.PrintInfo()  #通过 stu 对象调用 PrintInfo 方法
11     #print('身份证号：%s'%stu.__id)  #取消前面的注释，则程序会报错
```

代码清单 4-7 执行完毕后，将会在屏幕上输出如图 4-12 所示的结果。

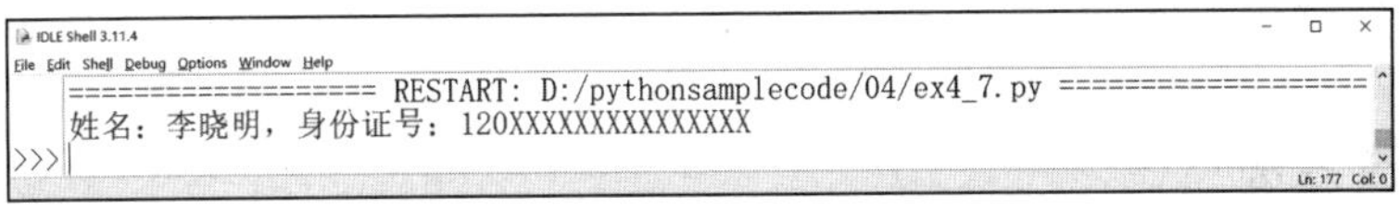

图 4-12　代码清单 4-7 的运行结果

如果删除代码清单 4-7 中第 11 行代码前面的注释符号，则运行程序时系统会给出如图 4-13 所示的报错信息。

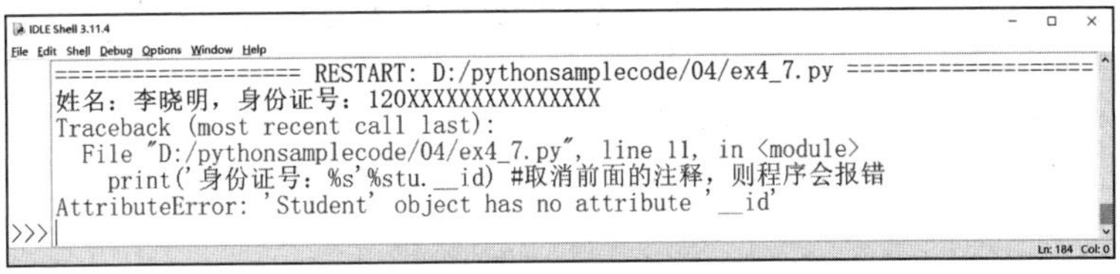

图 4-13　类外访问私有属性所产生的报错信息

可见，在类的方法中可以直接访问该类的私有属性（如代码清单 4-7 中第 4 行和第 6 行代码），而在类的外面则无法通过实例对象访问该类的私有属性（如代码清单 4-7 中第 11 行代码通过 stu 对象访问 Student 类的私有属性 __id 时会报错）。

提示

1. 实际上，Python 中并不存在无法访问的私有属性。如果在类中定义了一个私有属性，则在类外访问该私有属性时需要在私有属性名前加上"_类名"。例如，对于代码清单 4-7，只需要将第 11 行代码改为

```
print('身份证号：%s'%stu._Student__id)
```

程序即可正常运行，并在屏幕上输出如下结果：

姓名：李晓明，身份证号：120XXXXXXXXXXXXXXX
身份证号：120XXXXXXXXXXXXXXX

2. 类中的方法本质上就是前面所学习的函数，因此，类中的方法也可以有默认参数值。例如，对于代码清单 4-7，可以将第 2 行代码修改为

```
def SetInfo(self, newname, newid='Unknown'):  #定义 SetInfo 方法
```

将第 9 行代码修改为

```
stu.SetInfo('李晓明')  #通过 stu 调用 SetInfo 方法
```

此时，由于没有给形参 newid 传入对应的实参，因此其取默认值 'Unknown'。程序

执行完毕后，将在屏幕上输出如下结果：

姓名：李晓明，身份证号：Unknown

【思考题 4-9】 已知类中一个属性的名字是 __id，则该属性是（　　）。
A. 内置属性　　　**B**. 私有属性　　　**C**. 普通属性　　　**D**. 外置属性

【思考题 4-10】 已知 Student 类有一个实例属性 __id，stu 是 Student 类的对象，则通过执行语句 stu.__id='1810101'，是否可以将 stu 对象中的 __id 属性赋值为字符串 '1810101'？

4.1.6 构造方法

构造方法是 Python 类中的内置方法之一，它的方法名为 __init__（注意：init 的前面和后面各有两个连续的下划线），它在创建一个类对象时会自动执行，负责完成新创建对象的初始化工作。例如，代码清单 4-8 给出了构造方法的第一个程序示例。

代码清单 4-8　构造方法示例 1

```
1  class Student: #定义 Student 类
2      def __init__(self): #定义构造方法
3          print('构造方法被调用！')
4          self.name='未知' #将 self 对应对象的 name 属性赋值为 '未知'
5      def PrintInfo(self): #定义普通方法 PrintInfo
6          print('姓名：%s'%self.name) #输出姓名信息
7  if __name__=='__main__':
8      stu=Student()     #创建 Student 类的实例对象 stu，此时会自动执行构造方法
9      stu.PrintInfo() #通过 stu 对象调用 PrintInfo 方法
```

代码清单 4-8 执行完毕后，将在屏幕上输出如图 4-14 所示的结果。

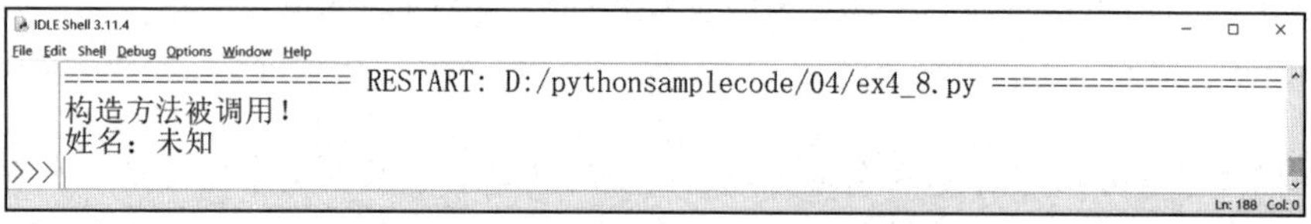

图 4-14　代码清单 4-8 的运行结果

提示　代码清单 4-8 中，第 8 行代码创建了一个 Student 类的实例对象并赋给 stu，此时系统会自动根据新创建对象执行构造方法 __init__。一方面，通过第 3 行代码的 print 函数调用在屏幕上输出"构造方法被调用！"；另一方面，通过第 4 行代码的赋值语句将 self 对应的新创建对象中的实例属性 name 赋值为 '未知'，由于新创建对象中没有 name 属性，因此通过该赋值语句会为新创建对象增加一个值为 '未知' 的实例属性 name。当执行第 9 行代码时，会调用 PrintInfo 方法输出 stu 中实例属性 name 的值，即 '未知'。

构造方法中，除了 self，也可以设置其他参数。例如，代码清单 4-9 给出了构造方法的第二个程序示例。

代码清单 4-9　构造方法示例 2

```
1  class Student:  #定义 Student 类
2      def __init__(self, name):  #定义构造方法
3          print('构造方法被调用！')
4          self.name=name  #将 self 对应对象的 name 属性赋为形参 name 的值
5      def PrintInfo(self):  #定义普通方法 PrintInfo
6          print('姓名：%s'%self.name)  #输出姓名信息
7  if __name__=='__main__':
8      stu=Student('李晓明')  #创建 Student 类的实例对象 stu，自动执行构造方法
9      stu.PrintInfo()  #通过 stu 对象调用 PrintInfo 方法
```

代码清单 4-9 执行完毕后，将在屏幕上输出如图 4-15 所示的结果。

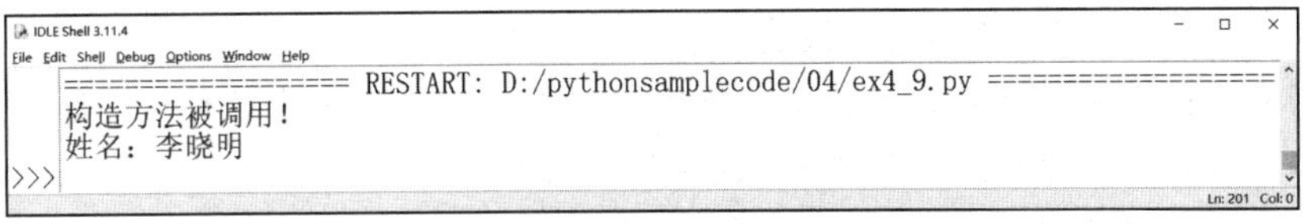

图 4-15　代码清单 4-9 的运行结果

提示　代码清单 4-9 中，第 8 行代码创建 Student 类的实例对象时，类名后面的一对圆括号中传入了实参 '李晓明'。该实参会传递给第 2 行代码的构造方法中的形参 name。通过第 4 行代码的赋值运算，将新创建对象中实例属性 name 的值赋为形参 name 的值，即 '李晓明'。可见，创建对象时，类名后面一对圆括号中给出的参数列表实际上是构造方法对应的实参列表。

另外，构造方法也可以设置默认参数。例如，代码清单 4-10 给出了构造方法的第三个程序示例。

代码清单 4-10　构造方法示例 3

```
1  class Student:  #定义 Student 类
2      def __init__(self, name='未知'):  #定义构造方法
3          print('构造方法被调用！')
4          self.name=name  #将 self 对应对象的 name 属性赋为形参 name 的值
5      def PrintInfo(self):  #定义普通方法 PrintInfo
6          print('姓名：%s'%self.name)  #输出姓名信息
7  if __name__=='__main__':
8      stu1=Student()  #创建 Student 类的实例对象 stu1，自动执行构造方法
9      stu2=Student('李晓明')  #创建 Student 类的实例对象 stu2，自动执行构造方法
10     stu1.PrintInfo()  #通过 stu1 对象调用 PrintInfo 方法
11     stu2.PrintInfo()  #通过 stu2 对象调用 PrintInfo 方法
```

代码清单 4-10 执行完毕后，将在屏幕上输出如图 4-16 所示的结果。

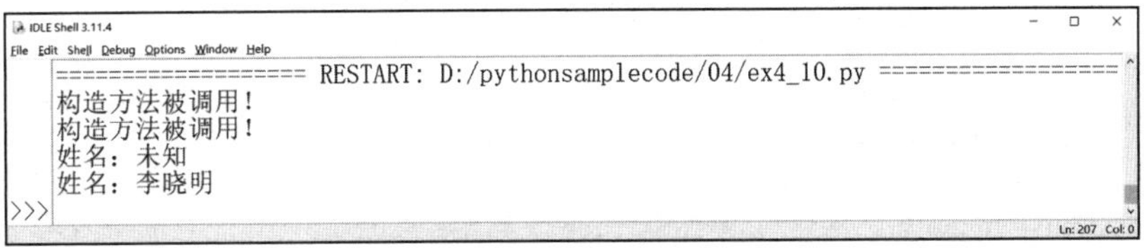

图 4-16　代码清单 4-10 的运行结果

提示 代码清单4-10中,第8行代码创建Student类的实例对象stu1时,没有为构造方法的形参name传入对应的实参。因此,其取默认值'未知'。相应地,stu1对象中实例属性name的值在构造方法中被赋为'未知'。而第9行代码创建Student类的实例对象stu2时,为构造方法的形参name传入了实参'李晓明'。因此,stu2对象中实例属性name的值在构造方法中被赋为'李晓明'。

【思考题4-11】 构造方法的方法名是(   )。
A. __construct__   B. __init__
C. __begin__   D. __start__

【思考题4-12】 构造方法是否可以没有形参?

【编程练习4-3】 请在下面程序的指定位置增加一个Cylinder类的定义,具体要求如下:①每个Cylinder类对象可以存储一个圆柱体的相关数据(包括半径和高);②具有用于初始化半径和高的构造方法;③具有计算圆柱体体积的方法GetVolume。

```
import math
#请在此处写出定义Cylinder类的代码(提示:计算体积时使用math.pi作为圆周率)

if __name__=='__main__':
    r=eval(input())  #输入半径
    h=eval(input())  #输入高
    c=Cylinder(r, h) #创建Cylinder对象
    print('radius:%.2f, height:%.2f'%(c.r, c.h)) #输出半径和高
    print('volume:%.2f'%c.GetVolume()) #输出体积
```

4.1.7 析构方法

析构方法是类的另一个内置方法,它的方法名为__del__(注意:del的前面和后面各有两个连续的下划线),它在销毁一个类对象时会自动执行,负责完成待销毁对象的资源清理工作,如关闭文件等。例如,代码清单4-11给出了析构方法的程序示例。

代码清单4-11 析构方法示例

```
1   class Student: #定义Student类
2       def __init__(self, name): #定义构造方法
3           self.name=name #将self对应对象的name属性赋值为形参name的值
4           print('姓名为%s的对象被创建!'%self.name)
5       def __del__(self): #定义析构方法
6           print('姓名为%s的对象被销毁!'%self.name)
7   def func(name):
8       stu=Student(name) #创建Student类对象stu
9   def main():
10      stu1=Student('李晓明') #创建Student类对象stu1
11      stu2=Student('马红')   #创建Student类对象stu2
12      stu3=stu2
13      del stu2 #使用del删除stu2对象
14      func('张刚') #调用func函数
15      del stu3 #使用del删除stu3对象
16      stu4=Student('刘建') #创建Student类对象stu3
17  if __name__=='__main__':
18      main()
```

代码清单 4-11 执行完毕后，将在屏幕上输出如图 4-17 所示的结果。

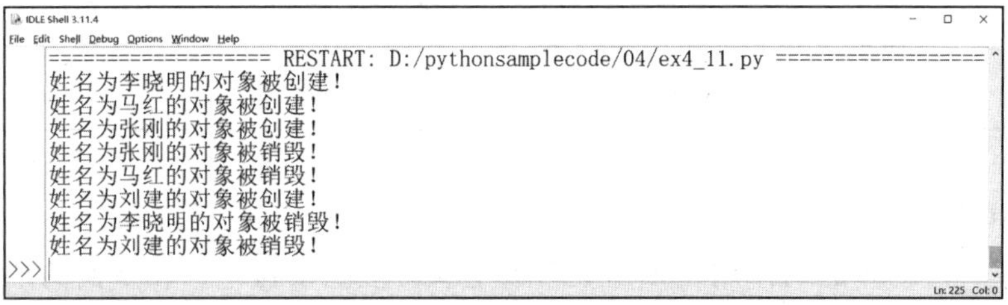

```
================= RESTART: D:/pythonsamplecode/04/ex4_11.py =================
姓名为李晓明的对象被创建！
姓名为马红的对象被创建！
姓名为张刚的对象被创建！
姓名为张刚的对象被销毁！
姓名为马红的对象被销毁！
姓名为刘建的对象被创建！
姓名为李晓明的对象被销毁！
姓名为刘建的对象被销毁！
>>>
```

图 4-17　代码清单 4-11 的运行结果

提示

1. 类对象的销毁有如下两种情况。

（1）使用 del 删除对象。例如，代码清单 4-11 中，第 15 行代码通过执行 del stu3，删除了 stu3 对象，此时会自动执行析构方法在屏幕上输出姓名为马红的对象被销毁！。

（2）变量的作用域结束。例如，代码清单 4-11 中，第 14 行代码调用了 func 函数，在 func 函数中创建了一个 Student 类的局部变量 stu，此时会自动执行构造方法在屏幕上输出姓名为张刚的对象被创建！；当 func 函数执行完毕时，局部变量 stu 的作用域结束，此时会销毁 stu 对象，自动执行析构方法在屏幕上输出姓名为张刚的对象被销毁！。类似地，在 main 函数中，stu1 和 stu4 两个对象在作用域结束时也会依次被销毁，先输出姓名为李晓明的对象被销毁！，再输出姓名为刘建的对象被销毁！。

2. 在有些开发环境（如 PyCharm）中，当程序执行结束，所有对象的作用域结束，内存中的对象会自动被销毁；而在有些开发环境（如 IDLE、Jupyter Notebook）中，当程序执行结束，内存中的对象不会被销毁，这些对象还可以在开发环境中（如 IDLE 的交互式运行环境下）继续使用。

注意　Python 中的每个变量都对应一片内存空间，对变量进行访问实质上就是对其所对应内存中的数据进行访问。如果多个变量对应同一片内存空间，则只有这些变量都被删除后才会销毁这片内存空间中所保存的对象，才会自动执行析构方法。例如，代码清单 4-11 中，通过赋值语句 stu3=stu2，使得 stu3 和 stu2 对应同一片内存空间。因此，执行第 13 行代码 del stu2，并不会自动执行析构方法，需要再执行第 15 行代码 del stu3，才会将这片内存空间中的对象销毁，自动执行析构方法。

【思考题 4-13】　析构方法的方法名是（　　）。
A．__destruct__　　B．__term__　　C．__del__　　D．__end__

【思考题 4-14】　析构方法是否可以没有形参？

4.1.8　常用内置方法

除了前面介绍的 __init__ 和 __del__ 这两种内置方法外，Python 类中还提供了大量其他的内置方法。这里仅介绍以下几个常用内置方法。

注意　每个内置方法的方法名都是以两个连续下划线（即 __）开始，并以两个连续下划线结束。

1. `__str__`

`__str__` 内置方法的作用是根据类对象生成对应的字符串，在下面的两种情况下它会自动执行：

- 使用 `str` 类（即字符串类）创建字符串对象时，将类对象作为参数传入。
- 调用 Python 内置函数 `format()` 和 `print()` 时，将类对象作为参数传入。

这两种情况下，程序均会使用传入的类对象，自动执行 `__str__` 内置方法，并返回生成的字符串。下面来看一个具体的例子，如代码清单 4-12 所示。

代码清单 4-12　`__str__` 方法使用示例

```
1  class Complex: #定义复数类 Complex
2      def __init__(self, real, imag): #定义构造方法
3          self.real=real # 将 self 对应对象的 real 属性赋值为形参 real 的值
4          self.imag=imag # 将 self 对应对象的 imag 属性赋值为形参 imag 的值
5      def __str__(self): #定义内置方法 __str__
6          return str(self.real)+'+'+str(self.imag)+'i'  #返回一个字符串
7  if __name__=='__main__':
8      c=Complex(3.2, 5.3) #创建 Complex 类的实例对象 c
9      print(c) #输出 c
```

代码清单 4-12 执行结束后，将在屏幕上输出如图 4-18 所示的结果。

图 4-18　代码清单 4-12 的运行结果

提示

1. 在代码清单 4-12 的第 9 行执行 `print(c)` 时，系统会通过对象 c 自动调用 Complex 类的内置方法 `__str__`，返回字符串并通过 `print` 函数输出到屏幕上。

2. 自定义 `__str__` 内置方法时，其 return 语句必须要返回一个字符串。

3. 在定义一个类时，如果没有为该类定义 `__str__` 内置方法，则该类中会有一个执行默认功能的 `__str__` 内置方法，其作用是生成一个包含对象所属类的信息及对象地址信息的字符串，如 4.1.2 节中图 4-4 所示代码清单 4-2 的运行结果。

2. 比较运算的内置方法

根据自定义的类可以创建多个实例对象，如果需要进行多个实例对象之间的比较运算，则需要在自定义的类中编写相应的内置方法，如表 4-1 所示。

表 4-1　类的比较运算内置方法

内置方法	功能描述
__gt__(self, other)	进行 self>other 运算时自动执行
__lt__(self, other)	进行 self<other 运算时自动执行
__ge__(self, other)	进行 self>=other 运算时自动执行
__le__(self, other)	进行 self<=other 运算时自动执行
__eq__(self, other)	进行 self==other 运算时自动执行
__ne__(self, other)	进行 self!=other 运算时自动执行

下面通过具体例子说明这些内置方法的使用方法，如代码清单 4-13 所示。

代码清单 4-13　类的比较运算内置方法使用示例

```
1   class Student:  #定义 Student 类
2       def __init__(self, name, age):  #定义构造方法
3           self.name=name  #将 self 对应对象的 name 属性赋为形参 name 的值
4           self.age=age  #将 self 对应对象的 age 属性赋为形参 age 的值
5       def __gt__(self, other):  #定义内置方法 __gt__
6           return self.age>other.age
7       def __ne__(self, other):  #定义内置方法 __ne__
8           return self.age!=other.age
9       def __le__(self, other):  #定义内置方法 __le__
10          return self.age<=other.age
11  if __name__=='__main__':
12      stu1=Student('李晓明', 19)    # 创建 Student 类的实例对象 stu1
13      stu2=Student('马红', 20)      # 创建 Student 类的实例对象 stu2
14      stu3=Student('张刚', 19)      # 创建 Student 类的实例对象 stu3
15      print('马红的年龄小于等于李晓明的年龄：', stu2<=stu1) #自动执行 __le__ 方法
16      print('张刚的年龄小于等于李晓明的年龄：', stu3<=stu1) #自动执行 __le__ 方法
17      print('马红的年龄大于李晓明的年龄：', stu2>stu1) #自动执行 __gt__ 方法
18      print('张刚的年龄大于李晓明的年龄：', stu3>stu1) #自动执行 __gt__ 方法
19      print('张刚的年龄不等于李晓明的年龄：', stu3!=stu1) #自动执行 __ne__ 方法
20      print('张刚的年龄不等于马红的年龄：', stu3!=stu2)   #自动执行 __ne__ 方法
```

代码清单 4-13 执行完毕后，将在屏幕上输出如图 4-19 所示的结果。

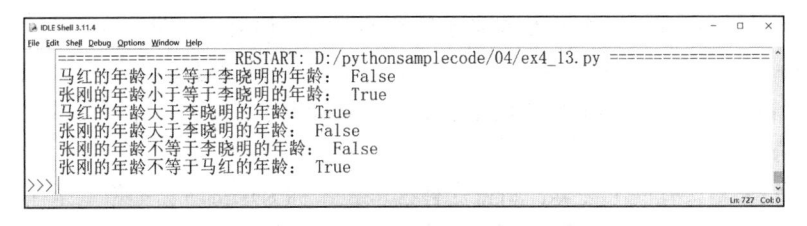

图 4-19　代码清单 4-13 的运行结果

下面给出代码清单 4-13 中部分代码的说明。

- 执行第 15 行代码 stu2<=stu1，程序会通过 stu2 对象自动执行 Student 类的内置方法 __le__：先将左运算数 stu2 传给形参 self，将右运算数 stu1 传给形参 other；再执行第 10 行代码 return self.age<=other.age，判断 stu2 对象的 age 属性值（即 20）是否小于或等于 stu1 对象的 age 属性值（即 19），并将判断结果返回。

- 第 16～20 行代码中，Student 类各实例对象之间的比较运算也是通过程序自动调用 Student 类的内置方法完成的。与第 15 行代码相同，执行第 16 行代码时，程序会自动调用 Student 类中定义的 __le__ 内置方法；执行第 17 行和第 18 行代码时，程序会自动调用 Student 类中定义的 __gt__ 内置方法；执行第 19 行和第 20 行代码时，程序会自动调用 Student 类中定义的 __ne__ 内置方法。

提示　在代码清单 4-13 中，虽然没有定义用于 >= 和 < 这两个比较运算的内置方法，但 a>=b 等价于 b<=a，a<b 等价于 b>a。因此，在没有定义用于 >= 比较运算的 __ge__ 内置方法时，程序会自动将两个运算数交换，通过调用 __le__ 内置方法实现两个运算数的 >= 比较运算；类似地，在没有定义用于 < 比较运算的 __lt__ 内置方法时，程序会自动将两个运算数交换，通过调用 __gt__ 内置方法实现两个运算数的 < 比较运算。例如，将第 15 行代码中的比较运算 stu2<=stu1 修改为 stu1>=stu2，程序会自动将比较运算 stu1>=stu2 转为 stu2<=stu1，因此程序仍然可以正常运行。

【思考题 4-15】已知 stu 是 Student 类对象，则执行语句 print(stu) 会自动调用 Student 类的（　　）方法。
A. __init__　　　　B. __str__　　　　C. __format__　　　　D. __print__
【思考题 4-16】__str__ 方法的返回值是否可以是整数？

4.2 继承与多态

　　除了前面介绍的封装性以外，继承和多态是面向对象程序设计的另外两个重要特性。通过继承，可以基于已有类创建新的类，新类除了继承已有类的所有属性和方法，还可以根据需要增加新的属性和方法。通过多态，程序可以在执行同一条语句时，根据实际使用的对象类型动态地决定调用类中定义的哪个方法。

4.2.1 什么是继承

　　继承允许开发者基于已有的类创建新的类。例如，如果一个类 C1 是通过继承已有类 C 而创建的，则将 C1 称作派生类或子类（sub class），将 C 称作基类、父类或超类（base class、super class）。子类会继承父类中定义的所有属性和方法，另外还能够在子类中增加新的属性和方法。

　　如果一个子类只有一个父类，则将这种继承关系称为单继承；如果一个子类有两个或更多父类，则将这种继承关系称为多重继承。为了更好地理解继承的概念，我们来看一个具体的例子，如图 4-20 所示。

　　下面结合图 4-20 说明继承的相关概念。
- Student 类和 Teacher 类都是基于 Person 类创建的。因此，Student 类和 Teacher 类都是 Person 类的子类，而 Person 类是 Student 类和 Teacher 类的父类。
- Student 类和 Teacher 类都只有 Person 类这一个父类，所以 Student 类与 Person 类、Teacher 类与 Person 类之间的继承关系都是单继承。

```
                    ┌─────────────────────────┐
                    │      Student（学生）类    │
                    │  ┌──────┐ ┌──────────┐  │
                    │  │属性: │ │方法:      │  │
                    │  │ sno  │ │ SetSno   │  │
                    │  │major │ │ PrintInfo│  │
                    │  │ ...  │ │ ...      │  │
                    │  └──────┘ └──────────┘  │
                    └─────────────────────────┘
┌──────────────────┐   ↗                        ┌─────────────────────────┐
│  Person（人）类   │                           │     TA（助教）类         │
│ ┌──────┐┌──────┐ │                           │  ┌────────┐┌──────────┐ │
│ │属性: ││方法: │ │                           │  │ 属性:  ││方法:      │ │
│ │ name ││SetName││                           │  │teacher ││SetTeacher │ │
│ │ sex  ││PrintInfo│                          │  │        ││PrintInfo  │ │
│ │ ...  ││ ...  │ │                           │  │        ││ ...       │ │
│ └──────┘└──────┘ │                           │  └────────┘└──────────┘ │
└──────────────────┘   ↘                        └─────────────────────────┘
                    ┌─────────────────────────┐
                    │     Teacher（教师）类    │
                    │  ┌──────┐ ┌──────────┐  │
                    │  │属性: │ │方法:      │  │
                    │  │ tno  │ │ SetTno   │  │
                    │  │depart│ │ PrintInfo│  │
                    │  │ ...  │ │ ...      │  │
                    │  └──────┘ └──────────┘  │
                    └─────────────────────────┘
```

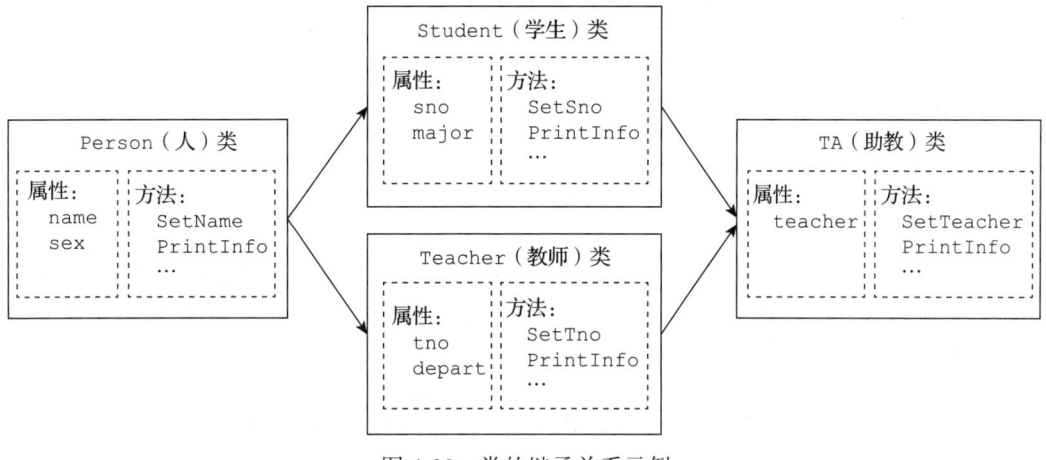

图 4-20 类的继承关系示例

- Student 类和 Teacher 类会从 Person 类中继承所有的属性和方法，如 name、SetName 等；另外，还能根据需要增加新的属性和方法，如 Student 类中的 sno、SetSno 等，Teacher 类中的 tno、SetTno 等。
- TA 类是基于 Student 类和 Teacher 类创建的。因此，TA 类是 Student 类和 Teacher 类的子类，而 Student 类和 Teacher 类则是 TA 类的父类。
- TA 类有 Student 和 Teacher 这两个父类，因此 TA 类是通过多重继承创建的子类。TA 类中既包含了从 Student 类继承的属性和方法（如 sno、SetSno 等），也包含了从 Teacher 类继承的属性和方法（如 tno、SetTno 等），另外还增加了新的属性和方法（如 teacher、SetTeacher 等）。
- 子类中可以对父类中的方法进行重新定义。例如，Student 类和 Teacher 类都对从 Person 类继承过来的 PrintInfo 方法进行了重新定义，TA 类对从 Student 类和 Teacher 类继承过来的 PrintInfo 方法也进行了重新定义。

提示 需要结合具体的继承关系判断一个类是父类还是子类，一个类可能在一种继承关系中是子类，而在另一种继承关系中是父类。例如，图 4-20 中，Student 类对于 Person 类来说是子类，而对于 TA 类来说则是父类。

【思考题 4-17】 如果一个类 C1 是通过继承已有类 C 而创建的，则将 C1 称作（　　）。
A. 子类　　　　　　**B**. 基类　　　　　　**C**. 父类　　　　　　**D**. 超类

【思考题 4-18】 面向对象程序设计中的多态性是否是指基于已有的类创建新的类？

4.2.2　子类的定义

定义子类时需要指定父类，其语法格式为

```
class 子类名 ( 父类名 1, 父类名 2, …, 父类名 M):
    新增类属性 1 的定义
    新增类属性 2 的定义
    ……
    新增类属性 X 的定义
```

新增方法 1 的定义
新增方法 2 的定义
……
新增方法 Y 的定义
继承方法 1 的重定义
继承方法 2 的重定义
……
继承方法 Z 的重定义

当 M 等于 1 时，则为单继承；当 M 大于 1 时，则为多重继承。例如，代码清单 4-14 定义了 Person 类，并以 Person 作为父类创建了子类 Student（这里只给出了图 4-20 中的部分属性和方法以简化代码）。

代码清单 4-14　继承示例

```
1  class Person:  #定义 Person 类
2      def SetName(self, name):  #定义 SetName 方法
3          self.name=name  #将 self 对应对象的 name 属性赋为形参 name 的值
4  class Student(Person):  #以 Person 类作为父类，定义子类 Student
5      def SetSno(self, sno):  #定义 SetSno 方法
6          self.sno=sno  #将 self 对应对象的 sno 属性赋为形参 sno 的值
7  class Teacher(Person):  #以 Person 类作为父类，定义子类 Teacher
8      def SetTno(self, tno):  #定义 SetTno 方法
9          self.tno=tno  #将 self 对应对象的 tno 属性赋为形参 tno 的值
10 class TA(Student, Teacher):  #以 Student 类和 Teacher 类作为父类，定义子类 TA
11     def SetTeacher(self, teacher):  #定义 SetTeacher 方法
12         self.teacher=teacher  #将 self 对象的 teacher 属性赋为形参 teacher 的值
13 if __name__=='__main__':
14     stu=Student()  #创建 Student 类的实例对象 stu
15     stu.SetSno('1810100')  #调用 Student 类中定义的 SetSno 方法
16     stu.SetName('李晓明')  #调用 Student 类从 Person 类继承来的 SetName 方法
17     print('学号：%s, 姓名：%s'%(stu.sno, stu.name))  #输出学号和姓名
18     t=Teacher()  #定义 Teacher 类对象 t
19     t.SetTno('998012')  #调用 Teacher 类中定义的 SetTno 方法
20     t.SetName('马红')  #调用 Teacher 类从 Person 类继承过来的 SetName 方法
21     print('教工号：%s, 姓名：%s'%(t.tno, t.name))  #输出教工号和姓名
22     ta=TA()  #定义 TA 类对象 ta
23     ta.SetSno('1600125')  #调用 Student 类中定义的 SetSno 方法
24     ta.SetTno('T18005')  #调用 Teacher 类中定义的 SetTno 方法
25     ta.SetName('张刚')  #调用 Person 类中定义的 SetName 方法
26     ta.SetTeacher('马红')  #调用 TA 类中定义的 SetTeacher 方法
27     print('学号：%s, 教工号：%s, 姓名：%s, 主讲教师：%s'%(ta.sno, ta.tno, ta.name,
           ta.teacher))  #输出学号、教工号、姓名和主讲教师
```

代码清单 4-14 执行结束后，将在屏幕上输出如图 4-21 所示的结果。

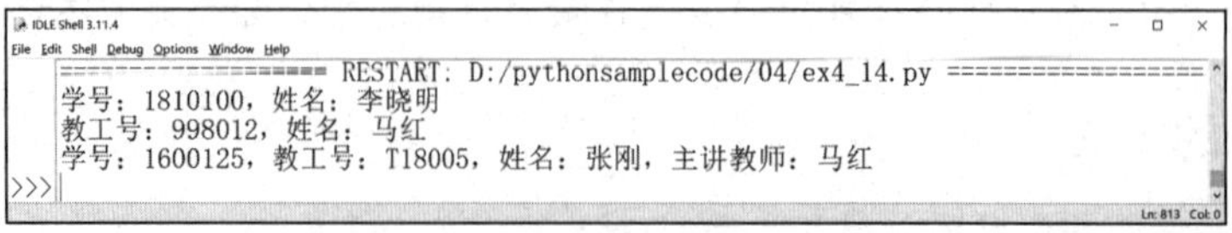

图 4-21　代码清单 4-14 的运行结果

下面给出代码清单 4-14 中部分代码的说明。
- 第 1～3 行代码定义了 Person 类，其只有一个 SetName 方法。
- 第 4～6 行代码以 Person 类作为父类定义了 Student 类，虽然 Student 类中只

定义了 SetSno 方法，但实际上 Student 类还会从 Person 类继承到 SetName 方法。因此，在第 16 行代码中，通过 Student 类的实例对象 stu 调用 SetName 方法时不会报错。

- 类似地，第 7~9 行代码以 Person 类作为父类定义了 Teacher 类，虽然 Teacher 类中只定义了 SetTno 方法，但实际上 Teacher 类还会从 Person 类继承到 SetName 方法。因此，在第 20 行代码中，通过 Teacher 类的实例对象 t 调用 SetName 方法时也不会报错。
- 第 10~12 行代码以 Student 类和 Teacher 类作为父类定义了 TA 类，虽然 TA 类中只定义了 SetTeacher 方法，但实际上 TA 类还会从直接父类 Student 继承到 SetSno 方法，从直接父类 Teacher 继承到 SetTno 方法，从间接父类 Person 继承到 SetName 方法。因此，在第 23~25 行代码中，通过 TA 类的实例对象 ta 分别调用 SetSno、SetTno 和 SetName 方法时不会报错。

提示 在 Python 中，所有的数据类型都是类，所有的变量都是对象。所有的类都直接或间接继承自 object 类，即 object 是 Python 类层次结构中第一层的类。在定义类时如果没有显式地为其指定父类，则该类会有一个隐含的父类 object。例如，在代码清单 4-14 中，第 1 行代码定义 Person 类时既可以写作 class Person:，也可以写作 class Person(object):，这两种写法完全等价。

思考 如果将代码清单 4-14 中第 4 行代码改为 class Student:，即 Student 类不是 Person 类的子类，则程序是否还能正常运行？为什么？

【思考题 4-19】 如果以 A 和 B 作为父类定义子类 C，则定义 C 时第 1 行代码正确的写法是（　　）。

A. class C:A, B　　　　　　　　　B. class C:A, C:B
C. class C(A, B):　　　　　　　　D. class C(A), C(B):

【思考题 4-20】 已知 A 类中定义了方法 fa1 和 fa2，B 类中定义了方法 fb，A 是 B 的父类，则 B 类中包含的方法有（　　）。（多选）

A. fa1　　　　　B. fa2　　　　　C. fb　　　　　D. 不包含任何方法

4.2.3 方法重写和多态

方法重写是指子类可以对从父类中继承过来的方法进行重新定义，从而使得子类对象表现出与父类对象不同的行为。方法重写是多态的基础，下面来看一个具体的例子，如代码清单 4-15 所示。

代码清单 4-15 方法重写示例

```
1  class Person: #定义 Person 类
2      def __init__(self, name): #定义构造方法
3          self.name=name       #将 self 对象的 name 属性赋为形参 name 的值
4      def PrintInfo(self): #定义 PrintInfo 方法
5          print('姓名：%s'%self.name) #输出 self 对象的 name 属性值
```

```
 6  class Student(Person):  # 以 Person 类作为父类，定义子类 Student
 7      def __init__(self, sno, name):  # 定义构造方法
 8          self.sno=sno       # 将 self 对象的 sno 属性赋为形参 sno 的值
 9          self.name=name  # 将 self 对象的 name 属性赋为形参 name 的值
10      def PrintInfo(self):  # 定义 PrintInfo 方法
11          print('学号: %s, 姓名: %s'%(self.sno, self.name))  # 输出 self 对象的 sno 属
                性值和 name 属性值
12  def PrintPersonInfo(person):  # 定义普通函数 PrintPersonInfo
13      print('PrintPersonInfo 函数中的输出结果 ', end='#')
14      person.PrintInfo()  # 通过 person 调用 PrintInfo 方法
15  if __name__=='__main__':
16      p=Person('李晓明')  # 创建 Person 类的实例对象 p
17      stu=Student('1810100', '李晓明')  # 创建 Student 类的实例对象 stu
18      p.PrintInfo()
19      stu.PrintInfo()
20      PrintPersonInfo(p)
21      PrintPersonInfo(stu)
```

代码清单 4-15 执行结束后，将在屏幕上输出如图 4-22 所示的结果。

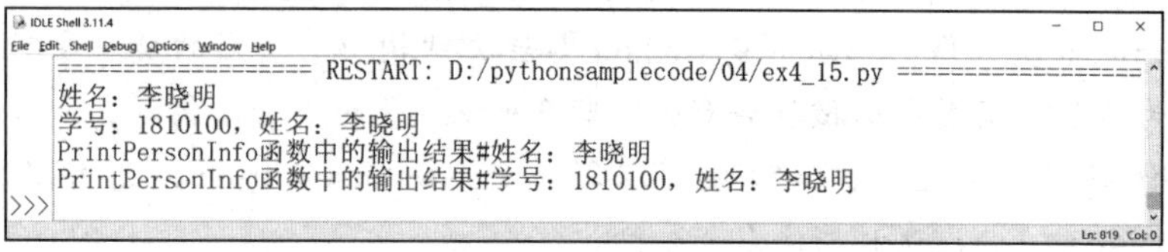

图 4-22　代码清单 4-15 的运行结果

下面结合代码清单 4-15 的运行结果，给出部分代码的说明。

- 第 18 行和第 19 行代码中，分别使用 Person 类对象 p 和 Student 类对象 stu 调用 PrintInfo 方法。从输出结果中可以看到，第 18 行代码执行的是 Person 类中定义的 PrintInfo 方法，而第 19 行执行的是 Student 类中定义的 PrintInfo 方法。
- 第 20 行和第 21 行代码中，都调用了普通函数 PrintPersonInfo。只是第 20 行代码中传入的实参是 Person 类对象 p，而第 21 行代码中传入的实参是 Student 类对象 stu。从输出结果中可以看到，两次 PrintPersonInfo 函数调用都会执行相同的第 14 行代码 person.PrintInfo()，但程序会根据实际传入的实参对象的类型决定执行哪个类中定义的 PrintInfo 方法。第 20 行代码的 PrintPersonInfo 函数调用将 Person 类对象 p 传给了形参 person，因此在执行第 14 行代码的 person.PrintInfo() 时会调用 Person 类中定义的 PrintInfo 方法；第 21 行代码的 PrintPersonInfo 函数调用将 Student 类对象 stu 传给了形参 person，因此在执行第 14 行代码的 person.PrintInfo() 时会调用 Student 类中重新定义的 PrintInfo 方法。

提示　所谓的多态，是指在执行同样代码的情况下，程序会根据对象实际所属的类去调用相应类中的方法。例如，在代码清单 4-15 的 PrintPersonInfo 函数中，会根据形参 person 接收的实参对象所属的类，动态确定 person.PrintInfo() 应该调用哪个类中定义的 PrintInfo 方法。

【思考题 4-21】 在执行同样代码的情况下，程序会根据对象实际所属的类去调用相应类中的方法，这个特性是类的（　　）。

A. 封装性　　　　　B. 继承性　　　　　C. 多态性　　　　　D. 自适应性

【思考题 4-22】 方法重写是否是指子类可以对从父类中继承过来的方法进行重新定义，从而使得子类对象可以表现出与父类对象不同的行为？

4.2.4 鸭子类型

鸭子类型（duck typing）这个概念来源于美国印第安纳州的诗人詹姆斯·惠特科姆·莱利（James Whitcomb Riley，1849—1916）的诗句："When I see a bird that walks like a duck and swims like a duck and quacks like a duck, I call that bird a duck."其中文含义是"当看到一只鸟走起来像鸭子，游起来像鸭子，叫起来也像鸭子，那么这只鸟就可以被称为鸭子"。

在鸭子类型中，关注的不是对象所属的类，而是一个对象能够如何使用。在 Python 中编写一个函数，传递实参前其参数的类型并不确定。在函数体中使用形参进行操作时，只要传入的对象能够支持该操作，程序就能正常执行。例如，代码清单 4-16 给出了鸭子类型的示例。

代码清单 4-16　鸭子类型示例

```
1   class Person:   #定义 Person 类
2       def CaptureImage(self):  #定义 CaptureImage 方法
3           print('Person 类中的 CaptureImage 方法被调用！')
4   class Camera:   #定义 Camera 类
5       def CaptureImage(self):  #定义 CaptureImage 方法
6           print('Camera 类中的 CaptureImage 方法被调用！')
7   def CaptureImageTest(arg):   #定义 CaptureImageTest 方法
8       arg.CaptureImage()       #通过 arg 调用 CaptureImage 方法
9   if __name__=='__main__':
10      p=Person()  #创建 Person 类的实例对象 p
11      c=Camera()  #创建 Camera 类的实例对象 c
12      CaptureImageTest(p)
13      CaptureImageTest(c)
```

代码清单 4-16 执行结束后，将在屏幕上输出如图 4-23 所示的结果。

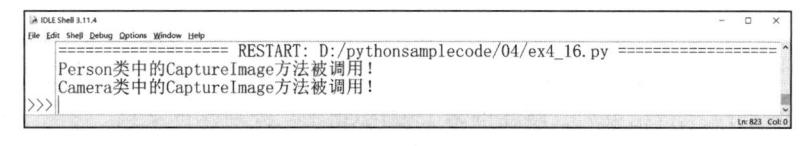

图 4-23　代码清单 4-16 的运行结果

提示　在代码清单 4-16 中，Person 类和 Camera 类之间虽然没有任何关系，但它们都具有 CaptureImage 方法。因此，当调用 CaptureImageTest 函数时，无论是将 Person 类对象 p 还是 Camera 类对象 c 作为实参，传给 CaptureImageTest 函数的形参 arg，通过 arg.CaptureImage 都能成功调用 Person 类或 Camera 类中的 CaptureImage 方法。

可以看到，鸭子类型与前面介绍的多态非常相似。实际上，Python 中的多态也是借助鸭子类型实现的，与 C++、Java 等语言中的多态并不是同一含义。

4.2.5 super

super 用于获取父类的代理对象，以执行已在子类中被重写的父类方法，其语法格式为

```
super([类名[, 对象名或类名]])
```

super 方法有两个参数。第一个参数是要获取的父类代理对象的类名。第二个参数如果传入对象名，则该对象所属的类必须是第一个参数指定的类或该类的子类，找到的父类对象的 self 会绑定到这个对象上；如果传入类名，则该类必须是第一个参数指定的类的子类。

在一个类 A 的方法中调用 super 方法时，可以将两个参数都省略，即写作 super()。super() 等价于 super(A, self)，即获取 A 的父类代理对象，且获取到的父类代理对象会绑定到当前方法中 self 所对应的 A 类对象上。此时，通过获取到的父类代理对象，能且仅能调用父类中定义的那些方法，对 self 所对应的 A 类对象进行操作。代码清单 4-17 给出了 super 方法的使用示例。

代码清单 4-17　super 方法使用示例

```
1   class Person:  #定义 Person 类
2       def __init__(self, name):  #定义构造方法
3           print('Person 类构造方法被调用！')
4           self.name=name  #将 self 对象的 name 属性赋为形参 name 的值
5   class Student(Person):  #以 Person 类作为父类定义子类 Student
6       def __init__(self, sno, name):  #定义构造方法
7           print('Student 类构造方法被调用！')
8           super().__init__(name)  #调用父类的构造方法
9           self.sno=sno  #将 self 对象的 sno 属性赋为形参 sno 的值
10  class Postgraduate(Student):  #以 Student 类作为父类定义子类 Postgraduate
11      def __init__(self, sno, name, tutor):  #定义构造方法
12          print('Postgraduate 类构造方法被调用！')
13          super().__init__(sno, name)  #调用父类的构造方法
14          self.tutor=tutor  #将 self 对象的 tutor 属性赋为形参 tutor 的值
15  if __name__=='__main__':
16      pg=Postgraduate('1810100', '李晓明', '马红')  #创建 Postgraduate 类对象 pg
17      print('学号: %s, 姓名: %s, 导师: %s'%(pg.sno, pg.name, pg.tutor))
```

代码清单 4-17 执行结束后，将在屏幕上输出如图 4-24 所示的结果。

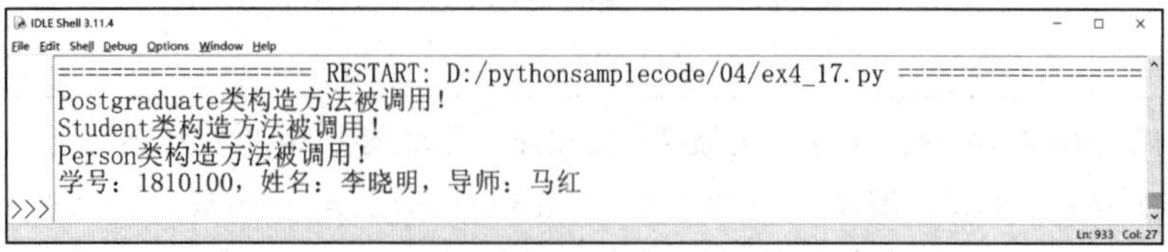

图 4-24　代码清单 4-17 的运行结果

下面结合代码清单 4-17 的运行结果，给出第 16 行代码的执行过程的说明。

- 在执行第16行代码创建Postgraduate类的实例对象pg时，会转去执行Postgraduate类中的构造方法 __init__（第11~14行），其中形参self对应新创建的对象。
- 在执行到第13行代码时，通过super()会返回Postgraduate类的父类（即Student类）的代理对象，该代理对象会绑定到新创建的Postgraduate类对象上，即对该父类代理对象的操作都会反映到新创建的Postgraduate类对象中。因此，执行第13行代码super().__init__(sno, name)，会自动调用Student类的构造方法（第6~9行），且Student类构造方法的形参self对应新创建的Postgraduate类对象。此时，通过第9行代码self.sno=sno，实际上将新创建的Postgraduate类对象中的sno属性赋为形参sno的值。
- 类似地，在执行到第8行代码时，通过super()会返回Student类的父类（即Person类）的代理对象，该代理对象会绑定到Student对象上，而Student对象在前面被绑定到了新创建的Postgraduate类对象上。因此，执行第8行代码super().__init__(name)，会自动调用Person类的构造方法（第2~4行），且Person类构造方法的形参self对应新创建的Postgraduate类对象。此时，通过第4行代码self.name=name，实际上是将新创建的Postgraduate类对象中的name属性赋为形参name的值。

提示

1. 代码清单4-17中，将第8行代码

   super().__init__(name)

   改为

   super(Student, self).__init__(name)

   将第13行代码

   super().__init__(sno, name)

   改为

   super(Postgraduate, self).__init__(sno, name)

   程序运行结果完全相同。

2. 在子类的方法中，通过super获取父类代理对象，再通过父类代理对象去调用父类中被子类重写的那些方法，这是super的主要应用方法。作为初学者，读者先结合代码清单4-17掌握super的该应用方法即可。

【思考题4-23】 使用（　　）可以获取父类代理对象。
A. parent　　　　B. proxy　　　　C. delegate　　　　D. super

【思考题4-24】 使用获取到的父类代理对象，是否可以在子类中调用被重写的父类方法？

4.2.6 内置函数isinstance、issubclass和type

本小节介绍3个与继承相关的内置函数：isinstance函数，用于判断一个对象所属的类是否是指定类或指定类的子类；issubclass 函数，用于判断一个类是否是另一个类的子类；type 函数，用于获取一个对象所属的类。下面通过具体例子说明这 3 个内置函数的作用，如代码清单 4-18 所示。

代码清单 4-18　内置函数 isinstance、issubclass 和 type 的使用示例

```
1   class Person:  #定义 Person 类
2       pass
3   class Student(Person):  #以 Person 类作为父类，定义子类 Student
4       pass
5   class Flower:  #定义 Flower 类
6       pass
7   if __name__=='__main__':
8       stu=Student()  #创建 Student 类的实例对象 stu
9       f=Flower()  #创建 Flower 类的实例对象 f
10      print('stu 是 Person 类或其子类对象: ', isinstance(stu, Person))
11      print('stu 是 Student 类或其子类对象: ', isinstance(stu, Student))
12      print('f 是 Person 类或其子类对象: ', isinstance(f, Person))
13      print('Student 是 Person 类的子类: ', issubclass(Student, Person))
14      print('Flower 是 Person 类的子类: ', issubclass(Flower, Person))
15      print('stu 对象所属的类: ', type(stu))
16      print('f 对象所属的类: ', type(f))
17      print('stu 是 Person 类对象: ', type(stu)==Person)
18      print('stu 是 Student 类对象: ', type(stu)==Student)
```

代码清单 4-18 执行完毕后，将在屏幕上输出如图 4-25 所示的结果。

```
================ RESTART: D:/pythonsamplecode/04/ex4_18.py ================
stu是Person类或其子类对象:  True
stu是Student类或其子类对象:  True
f是Person类或其子类对象:  False
Student是Person类的子类:  True
Flower是Person类的子类:  False
stu对象所属的类:  <class '__main__.Student'>
f对象所属的类:  <class '__main__.Flower'>
stu是Person类对象:  False
stu是Student类对象:  True
>>>
```

图 4-25　代码清单 4-18 的运行结果

下面结合代码清单 4-18 的运行结果，给出部分代码的说明。

- 第 10~12 行调用 isinstance 函数判断一个对象所属的类是否是指定类或指定类的子类。stu 是 Person 类的子类（即 Student 类）的对象，因此 isinstance(stu, Person) 的返回结果为 True；stu 是 Student 类的对象，因此 isinstance(stu, Student) 的返回结果也为 True；f 是 Flower 类的对象，Flower 类不是 Person 类的子类，因此 isinstance(f, Person) 的返回结果为 False。
- 第 13 和 14 行代码调用 issubclass 函数判断一个类是否是另一个类的子类。Student 类是 Person 类的子类，因此 issubclass(Student, Person) 的返回结果为 True；Flower 类不是 Person 类的子类，因此 issubclass(Flower, Person) 的返回结果为 False。
- 第 15 和 16 行代码调用 type 函数获取对象所属的类。type(stu) 返回的是 Student 类；type(f) 返回的是 Flower 类。

- 第 17 和 18 行代码通过比较运算判断一个对象所属的类是否是指定类。type(stu) 返回的是 Student 类，因此比较运算 type(stu)==Person 的结果是 False，比较运算 type(stu)==Student 的结果是 True。

提示 如果要判断一个对象的类型是否是指定类或该类的子类，则应使用 isinstance 函数，如代码清单 4-18 的第 10 和 11 行代码所示；如果要判断一个对象的类型是否是指定类，则需要使用比较运算：type(对象名)==类名，如代码清单 4-18 的第 17 和 18 行代码所示。

【思考题 4-25】 判断一个对象所属的类是否是指定类或指定类的子类，应使用内置函数（　　）。
A. isinstance　　**B**. issubclass　　**C**. type　　**D**. isclass

【思考题 4-26】 已知 B 是 A 的父类，a 是 A 类的对象，b 是 B 类的对象，则执行 isinstance(a, type(b))，其返回结果为 True，是否正确？

4.3 类方法和静态方法

前面所介绍的方法都是实例方法，本节介绍另外两种方法：类方法和静态方法。

4.3.1 类方法

类方法是指使用 @classmethod 修饰的方法，其第一个参数是类本身（而不是类的实例对象）。类方法的特点是既可以通过类名直接调用，也可以通过类的实例对象调用。下面的例子说明了类方法的使用方法，如代码清单 4-19 所示。

代码清单 4-19　类方法使用示例

```
1   class Complex:  #定义 Complex 类
2       def __init__(self, real=0, imag=0):  #定义构造方法
3           self.real=real  #初始化一个复数的实部值
4           self.imag=imag  #初始化一个复数的虚部值
5       @classmethod
6       def add(cls,c1,c2):  #定义类方法 add，实现两个复数的加法运算
7           print(cls)  # 输出 cls
8           c=Complex()  # 创建 Complex 类的实例对象 c
9           c.real=c1.real+c2.real   #实部相加
10          c.image=c1.imag+c2.imag   #虚部相加
11          return c  #将计算结果返回
12  if __name__=='__main__':
13      c1=Complex(1, 2.5)     # 创建 Complex 类的实例对象 c1
14      c2=Complex(2.2, 3.1)  # 创建 Complex 类的实例对象 c2
15      c=Complex.add(c1, c2)  #直接使用类名调用类方法 add
16      print('c1+c2 的结果为 %.2f+%.2fi'%(c.real, c.image))
```

代码清单 4-19 执行结束后，将在屏幕上输出如图 4-26 所示的结果。

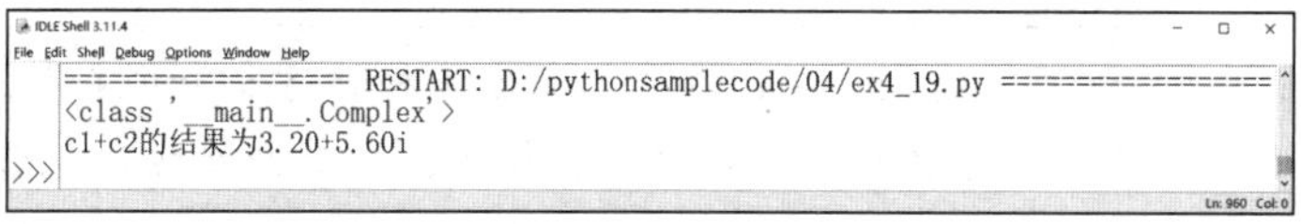

图 4-26　代码清单 4-19 的运行结果

提示

1. 类方法的第一个形参一般命名为 `cls`，用于接收调用该方法时所使用的类。虽然类方法的第一个形参也可以使用其他名字，但为了增强程序的可读性，建议统一使用 `cls`。

2. 代码清单 4-19 中，第 7 行代码通过执行 `print(cls)`，输出类方法 add 的第一个形参 `cls`。从输出结果中可以看到 `cls` 是 Complex 类。

3. 可以使用类的实例对象调用相应类的类方法，类方法的第一个形参 `cls` 接收到的是实例对象所属的类。例如，对于代码清单 4-19，将第 15 行代码 `c=Complex.add(c1, c2)` 改为 `c=c1.add(c1, c2)` 或 `c=c2.add(c1, c2)` 或 `c=Complex().add(c1, c2)`，程序运行后可得到相同的输出结果。即虽然是通过 Complex 类对象调用类方法 add，但类方法 add 的第一个形参接收到的仍然是 Complex 类。

4.3.2 静态方法

静态方法是指使用 `@staticmethod` 修饰的方法。与类方法相同，静态方法既可以直接通过类名调用，也可以通过类的实例对象调用。与类方法不同的地方在于，静态方法中没有类方法中的第一个类参数。代码清单 4-20 将代码清单 4-19 中的类方法替换成了静态方法。

代码清单 4-20　静态方法使用示例

```
1   class Complex:  #定义 Complex 类
2       def __init__(self, real=0, image=0):  #定义构造方法
3           self.real=real    #初始化一个复数的实部值
4           self.image=image  #初始化一个复数的虚部值
5       @staticmethod
6       def add(c1,c2):  #定义静态方法 add，实现两个复数的加法运算
7           c=Complex()  #创建 Complex 类对象 c
8           c.real=c1.real+c2.real  #实部相加
9           c.image=c1.image+c2.image  #虚部相加
10          return c    #返回计算结果
11  if __name__=='__main__':
12      c1=Complex(1, 2.5)      #创建 Complex 类的实例对象 c1
13      c2=Complex(2.2, 3.1)    #创建 Complex 类的实例对象 c2
14      c=Complex.add(c1, c2)   #直接使用类名调用静态方法 add
15      print('c1+c2 的结果为 %.2f+%.2fi'%(c.real, c.image))
```

代码清单 4-20 执行结束后，将在屏幕上输出如图 4-27 所示的结果。

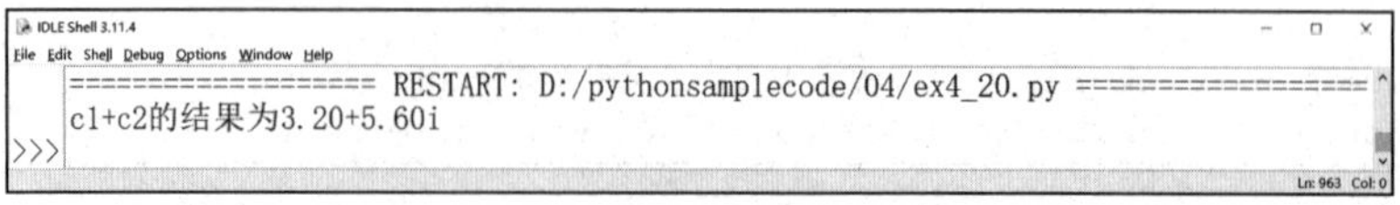

图 4-27　代码清单 4-20 的运行结果

提示　通过上述程序示例可以看到，实例方法、类方法和静态方法的主要区别在于第一个形参。一般来说，所有类方法都可以用实例方法替代，所有静态方法也都可以用类方法替代。

在具体应用中，如果在方法中需要对调用该方法时所使用的实例对象中的实例属性进行操作，则该方法应实现为实例方法；如果在方法中仅需要对调用该方法时所使用的类的类属性进行操作，则该方法应实现为类方法；如果不满足前述两种情况，则该方法应实现为静态方法。

例如，对于代码清单 4-19 中实现的类方法 add，若将第 7 行代码删除，则在该方法中并不会用到第一个形参 cls（即不会用到调用该方法时所使用的类），因此将 add 方法改为静态方法更为合理。

【思考题 4-27】 类方法是指使用（　　）修饰的方法。
A. @classmethod B. @class
C. @staticmethod D. @static

【思考题 4-28】 如果使用类的实例对象调用类方法，则类方法中的第一个形参对应该实例对象，是否正确？

4.4 动态扩展类与实例

Python 作为一种动态语言，除了可以在类体中定义类属性和方法外，还可以动态地为类和对象绑定新的属性和方法。关于为类和对象绑定新属性的方法已在 4.1.3 节中介绍（具体实例请读者参考代码清单 4-5）。本节一方面介绍如何为类和对象绑定新的方法，另一方面介绍如何限制可动态扩展的属性。

这里通过一个实例说明如何为类和对象绑定新的方法，如代码清单 4-21 所示。

代码清单 4-21　为类和对象绑定新方法的示例

```
1   from types import MethodType  #从 types 模块中导入 MethodType 方法
2   class Student:  #定义学生类
3       pass
4   def SetName(self, name):  #定义 SetName 函数
5       self.name=name
6   def SetSno(self, sno):  #定义 SetSno 函数
7       self.sno=sno
8   if __name__=='__main__':
9       stu1=Student()  #创建 Student 类的实例对象 stu1
10      stu2=Student()  #创建 Student 类的实例对象 stu2
11      stu1.SetName=MethodType(SetName, stu1)  #为 stu1 对象绑定 SetName 方法
12      Student.SetSno=SetSno  #为 Student 类绑定 SetSno 方法
13      stu1.SetName('李晓明')
14      stu1.SetSno('1810100')
15      #stu2.SetName('张刚')
16      stu2.SetSno('1810101')
```

代码清单 4-21 执行时，程序不会报任何错误信息，说明 stu1 对象通过第 11 行代码成功绑定了 SetName 方法，而 Student 类通过第 12 行代码成功绑定了 SetSno 方法。

提示

1.在给对象绑定方法时，需要使用 types 模块中的 MethodType 方法，其第一个参数是要绑定的函数名，第二个参数是要绑定的对象名。

2. 给一个对象绑定方法后，只能通过该对象调用该方法，其他未绑定该方法的对象则不能调用。例如，代码清单 4-21 中并没有为 stu2 对象绑定 SetName 方法。因此，如果删除第 15 行代码前面的注释符，则程序运行时系统会报如图 4-28 所示的错误信息。

3. 给一个类绑定方法后，则该类的所有实例对象都可以调用该方法。例如，代码清单 4-21 的第 12 行代码中，为 Student 类绑定了 SetSno 方法，则 Student 类中的所有实例对象都可以调用该方法，如第 14 行和第 16 行代码分别使用 stu1 和 stu2 成功调用了 SetSno 方法。

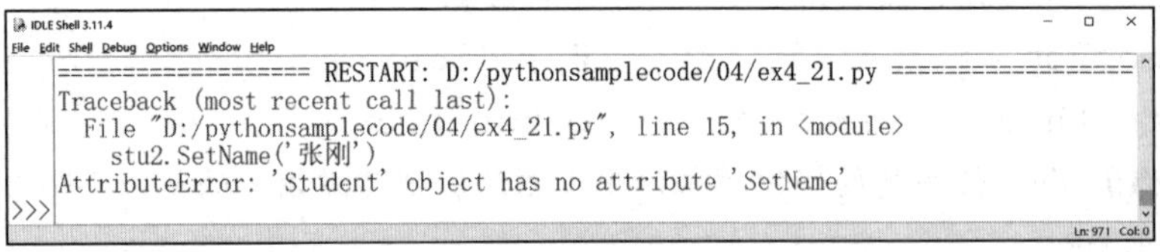

图 4-28　删除代码清单 4-21 第 15 行代码前面的注释符后所产生的报错信息

下面介绍如何限制可动态扩展的属性。在定义类时，Python 提供了 __slots__ 变量用于定义允许动态扩展的实例属性。例如，如果要求 Student 类对象只能动态扩展 sno 和 name 属性，则可以采用代码清单 4-22 所示的实现方式。

代码清单 4-22　__slots__ 使用示例

```
1   class Person:    #定义 Person 类
2       __slots__ = ('name')  #定义允许动态扩展的属性
3   class Student(Person):    # 以 Person 类作为父类，定义子类 Student
4       __slots__ = ('sno')   #定义允许动态扩展的属性
5   class Postgraduate(Student):  # 以 Student 类作为父类，定义子类 Postgraduate 类
6       pass
7   if __name__=='__main__':
8       stu=Student()  #创建 Student 类的实例对象 stu
9       stu.sno='1810100'  #为 stu 对象动态扩展属性 sno
10      stu.name='李晓明'  #为 stu 对象动态扩展属性 name
11      #stu.tutor='马红'  #删除前面的注释符则会报错
12      pg=Postgraduate()  #创建 Postgraduate 类的实例对象 pg
13      pg.sno='1810101'   #为 pg 对象动态扩展属性 sno
14      pg.name='张刚'     #为 pg 对象动态扩展属性 name
15      pg.tutor='马红'    #为 pg 对象动态扩展属性 tutor
```

代码清单 4-22 执行时，程序不会报错，说明可以为 stu 对象动态扩展属性 sno 和 name，且可以为 pg 对象动态扩展属性 sno、name 和 tutor。如果删除代码清单 4-22 中第 11 行前面的注释符，则程序会因无法为 stu 对象动态扩展 tutor 属性而给出如图 4-29 所示的报错信息。

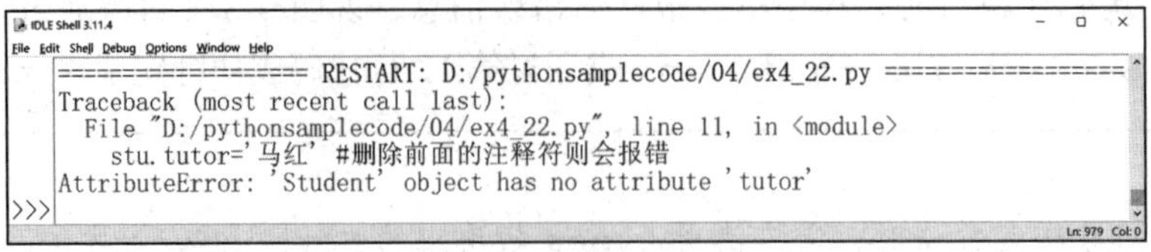

图 4-29　删除代码清单 4-22 第 11 行代码前面的注释符后所产生的报错信息

下面结合代码清单 4-22 和图 4-29，对 __slots__ 的使用方法进行总结。
- __slots__ 中定义的动态扩展属性限制只对 __slots__ 所在类的实例对象有效。如果子类中没有 __slots__ 定义，则子类的实例对象可以进行任意属性的动态扩展。例如，在代码清单 4-22 中，Postgraduate 类中没有 __slots__ 定义，因此，对 Postgraduate 类的实例对象可动态扩展任意属性（如 tutor 属性）。
- 如果子类中有 __slots__ 定义，则子类的实例对象可动态扩展的属性包括子类中通过 __slots__ 定义的属性和其父类中通过 __slots__ 定义的属性。例如，在代码清单 4-22 中，Student 类有 __slots__ 定义，因此，对 Student 类的实例对象 stu 可动态扩展的属性包括 Student 类中 __slots__ 定义的 sno 属性和父类 Person 中 __slots__ 定义的 name 属性。当在第 11 行试图为 stu 对象动态扩展 tutor 属性时，则会报错。

【思考题 4-29】已知 A 类中 __slots__ 定义为 __slots__=('a1', 'a2')，B 类中没有 __slots__ 定义，B 是 A 的子类，则 B 类可以动态扩展的属性包括（   ）。
A. a1　　　　　**B**. a2　　　　　**C**. a1 和 a2　　　　　**D**. 任意属性

4.5 @property

类中的属性可以直接访问和赋值，这为类的使用者提供了方便，但也带来了问题：类的使用者可能会给一个属性赋上超出有效范围的值。为了解决这个问题，Python 提供了 @property 装饰器，可以将类中属性的访问和赋值操作自动转为方法调用，这样可以在方法中对属性值的取值范围做一些条件限定。例如，代码清单 4-23 通过使用 @property 装饰器，限制学生成绩的取值范围必须在 0~100 之间。

代码清单 4-23　@property 装饰器使用示例

```
1    import datetime  #导入 datetime 模块
2    class Student:   # 定义 Student 类
3        @property
4        def score(self): #用 @property 装饰器定义一个用于获取 score 值的方法
5            return self._score
6        @score.setter
7        def score(self, score): #用 @score.setter 定义一个用于设置 score 值的方法
8            if score<0 or score>100: #不符合 0~100 的限定条件
9                print('成绩必须在 0~100 之间！')
10           else:
11               self._score=score
12       @property
13       def age(self): #用 @property 装饰器定义一个用于获取 age 值的方法
14           return datetime.datetime.now().year-self.birthyear
15   if __name__=='__main__':
16       stu=Student()  #创建 Student 类的实例对象 stu
17       stu.score=80   #将 stu 对象的 score 属性赋值为 80
18       stu.birthyear=2000 #将 stu 对象的 birthyear 属性赋值为 2000
19       print('年龄: %d, 成绩: %d'%(stu.age, stu.score))
20       #stu.age=19    #删除前面的注释符则会报错
21       stu.score=105  #将 stu 对象的 score 属性赋值为 105
22       print('年龄: %d, 成绩: %d'%(stu.age, stu.score))
```

代码清单 4-23 执行完毕后，将在屏幕上输出如图 4-30 所示的结果。

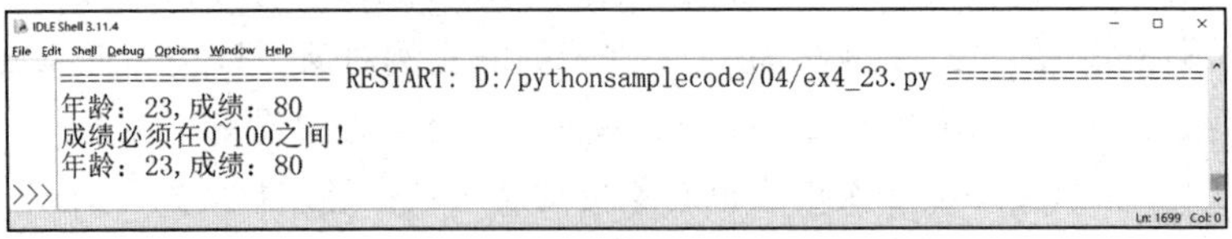

图 4-30　代码清单 4-23 的运行结果

下面结合代码清单 4-23 及其运行结果，给出 `@property` 使用方法的说明。
- 直接使用 `@property`，可以定义一个用于获取属性值的方法（即 `getter`）。例如，代码清单 4-23 中第 3～5 行代码以及第 12～14 行代码，分别定义了用于获取 `score` 和 `age` 属性值的方法。
- 如果要定义一个设置属性值的方法 (`setter`)，则需要使用：`@getter` 方法名`.setter`。例如，代码清单 4-23 中第 6～11 行代码，定义了用于设置 `score` 属性值的方法，对应的装饰器名为 `@score.setter`，其中 `score` 是通过 `@property` 定义的 `getter` 方法的名字。
- 如果一个属性只有用于获取属性值的 `getter` 方法，而没有用于设置属性值的 `setter` 方法，则该属性是一个只读属性。只允许读取该属性的值，而不能设置该属性的值。例如，代码清单 4-23 中的 `age` 就是一个只读属性，如果删除第 20 行代码前面的注释符，则程序会报如图 4-31 所示的错误，即 `Student` 类对象没有提供设置 `age` 属性值的方法。
- 对于有 `getter/setter` 方法的属性，只要对该属性赋值，就会执行 `setter` 方法；只要获取该属性的值，就会执行 `getter` 方法。例如，对于代码清单 4-23 中的第 17 行和第 21 行代码，当给 `stu.score` 赋值时，都会自动执行第 6～11 行代码定义的 `score` 属性的 `setter` 方法。对于第 19 行和第 22 行代码，当获取 `stu.age` 的值时，会自动执行第 12～14 行代码定义的 `age` 属性的 `getter` 方法；当获取 `stu.score` 的值时，会自动执行第 3～5 行代码定义的 `score` 属性的 `getter` 方法。

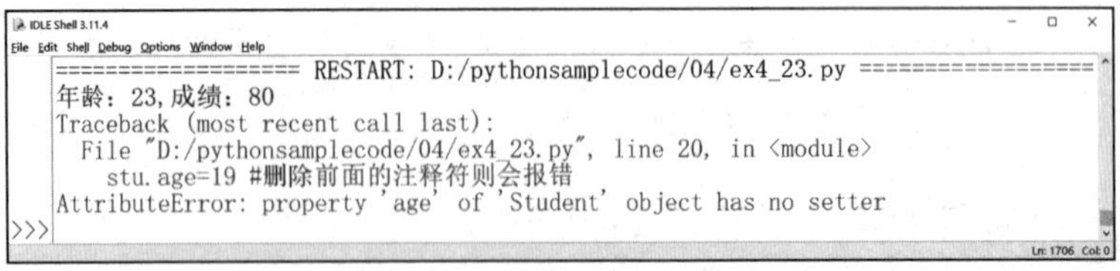

图 4-31　删除代码清单 4-23 第 20 行代码前面的注释符后所产生的报错信息

注意　在类的 `getter` 和 `setter` 方法中，使用 `self` 获取属性值或修改属性值时，属性名与 `getter` 和 `setter` 的方法名不能相同，否则程序会报错。通常在 `getter` 和 `setter` 的方法名前加上一个下划线，作为 `getter` 和 `setter` 方法内通过 `self` 操作的属性的名字。例如，在代码清单 4-23 的第 5 和 11 行代码中，通过 `self` 操作属性时都是写作 `self._score`（即在 `getter` 和 `setter` 方法名 `score` 的前面加上一个下划线）。

【思考题 4-30】 为 A 类中的 t 属性定义一个获取属性值的方法（即 getter），则应使用（　　）装饰器。

A. @property　　　　　　　　　　B. @t.getter
C. @property.getter　　　　　　　D. t.property.getter

【思考题 4-31】 如果一个属性只有用于获取属性值的 getter 方法，而没有用于设置属性值的 setter 方法，则该属性是一个只读属性，是否正确？

4.6 应用案例——简易数据管理程序

基于本章所学习的知识，将代码清单 3-36～代码清单 3-39 改为用面向对象的方法实现，将数据及对数据的操作封装在一起，此外，增加了对多个数据集的管理功能，如代码清单 4-24～代码清单 4-28 所示。

在代码清单 4-24 中，定义了 DatasetManage 类，用于进行数据集的切换操作。每次切换数据集后，类属性 dataset 会对应所切换数据集的 DataManage 类对象；再通过类属性 dataset 调用 DataManage 类定义的 manage_data 方法，即可进行该数据集的数据管理操作。

代码清单 4-24　dataset_manage.py 脚本文件

```
1   from data_manage import DataManage # 导入 DataManage 类
2   class DatasetManage:
3       datasets = [ # 数据集信息，每个数据集有唯一的名称
4           dict(name='BMI', obj=DataManage(data_list=[], iteminfo_list=[])),
5           dict(name='Diabetes', obj=DataManage(data_list=[], iteminfo_list=[])),
6           dict(name='CKD', obj=DataManage(data_list=[], iteminfo_list=[]))
7       ]
8       @classmethod
9       def run(cls): # 开始运行程序
10          while True:
11              if cls.switch_dataset()==False: # 设置当前使用的数据集
12                  break
13              cls.dataset.manage_data() # 进行当前数据集的数据管理操作
14
15      @classmethod
16      def switch_dataset(cls): # 切换数据集
17          for idx in range(len(cls.datasets)): # 依次输出每一个数据集的编号和名称
18              print('%d %s'%(idx+1, cls.datasets[idx]['name']))
19          dataset_no = int(input('请输入数据集编号（输入 0 结束程序）: '))
20          if dataset_no == 0:
21              return False
22          if dataset_no<1 or dataset_no>len(cls.datasets):
23              print('该数据集不存在！ ')
24          cls.dataset = cls.datasets[dataset_no-1]['obj'] # 设置当前使用的数据集
25          return True
```

代码清单 4-25～代码清单 4-27 分别定义了用于数据管理操作的 DataManage 类、用于数据项管理操作的 ItemManage 类和用于用户操作的 User 类。与第 3 章的函数实现方式相比，由于数据与方法在同一个类中，因此，在方法中可直接对相应的数据进行操作，而不需要再将要操作的数据作为参数。

代码清单 4-25　data_manage.py 脚本文件

```python
1   from user import User  # 导入 User 类
2   from item_manage import ItemManage  # 导入 ItemManage 类
3   
4   class DataManage:  # 定义 DataManage 类
5       def __init__(self, data_list, iteminfo_list):  # 定义构造方法
6           self.data_list = data_list  # 用于保存数据
7           self.item_manage = ItemManage(iteminfo_list)  # 数据项管理对象
8           self.iteminfo_list = self.item_manage.iteminfo_list  # 获取数据项列表
9   
10      @User.permission_check  # 加上权限判断的装饰器
11      def manage_data(self):  # 定义用于管理数据的 manage_data 方法
12          while True:  # 永真循环
13              print('请输入数字进行相应操作：')
14              print('1 数据录入 ')
15              print('2 数据删除 ')
16              print('3 数据修改 ')
17              print('4 数据查询 ')
18              print('5 数据项维护 ')
19              print('6 切换用户 ')
20              print('0 返回上一层 ')
21              op = int(input('请输入要进行的操作（0~6）：'))
22              if op<0 or op>6:  # 输入的操作不存在
23                  print('该操作不存在，重新输入！')
24                  continue
25              elif op==0:  # 返回上一层
26                  break  # 结束循环
27              elif op==1:  # 数据录入
28                  if len(self.iteminfo_list)==0:  # 如果没有数据项
29                      print('请先进行数据项维护！')
30                  else:
31                      self.add_data()
32              elif op==2:  # 数据删除
33                  self.del_data()
34              elif op==3:  # 数据修改
35                  self.update_data()
36              elif op==4:  # 数据查询
37                  self.query_data()
38              elif op==5:  # 数据项维护
39                  self.item_manage.manage_items()
40                  continue
41              elif op==6:  # 切换用户
42                  User.login()
43              input('按回车继续……')
44   
45      @User.permission_check  # 加上权限判断的装饰器
46      def input_data(self):  # 定义用于输入一条新数据的 input_data 方法
47          data = {}  # 每条数据用一个字典保存
48          for iteminfo in self.iteminfo_list:  # 遍历每一个数据项信息
49              itemname = iteminfo['name']  # 获取数据项名称
50              value = input('请输入%s：'%itemname)  # 输入数据项值
51              # 根据数据项的数据类型将输入字符串转为整数或实数
52              if iteminfo['dtype']=='整数':
53                  value = int(value)
54              elif iteminfo['dtype']=='实数':
55                  value = eval(value)
56              data[itemname] = value  # 将数据项保存到 data 中
```

```python
57          return data  # 将输入的数据返回
58
59     @User.permission_check  # 加上权限判断的装饰器
60     def add_data(self):  # 定义实现数据录入功能的 add_data 方法
61         data = self.input_data()  # 调用 input_data 方法实现数据录入
62         self.data_list += [data]  # 将该条数据加到 data_list 列表的最后
63         print('数据录入成功!')
64
65     @User.permission_check  # 加上权限判断的装饰器
66     def del_data(self):  # 定义实现数据删除功能的 del_data 方法
67         idx = int(input('请输入要删除的数据编号: '))-1
68         if idx<0 or idx>=len(self.data_list):  # 如果超出了有效索引范围
69             print('要删除的数据不存在!')
70         else:
71             del self.data_list[idx]
72             print('数据删除成功!')
73
74     @User.permission_check  # 加上权限判断的装饰器
75     def update_data(self):  # 定义实现数据修改功能的 update_data 方法
76         idx = int(input('请输入要修改的数据编号: '))-1
77         if idx<0 or idx>=len(self.data_list):  # 如果超出了有效索引范围
78             print('要修改的数据不存在!')
79         else:
80             data = input_data(self.iteminfo_list)  # 调用 input_data 方法实现数据录入
81             self.data_list[idx] = data  # 用该条数据替换 data_list 中索引值为 idx 的元素
82             print('数据修改成功!')
83
84     @User.permission_check  # 加上权限判断的装饰器
85     def query_data(self):  # 定义实现数据查询功能的 query_data 方法
86         while True:
87             print('请输入数字进行相应查询操作: ')
88             print('1 全部显示')
89             print('2 按数据项查询')
90             print('0 返回上一层')
91             subop = int(input('请输入要进行的操作(0~2): '))
92             if subop==0:  # 返回上一层
93                 break
94             elif subop==1:  # 全部显示
95                 retTrue = lambda *args, **kwargs:True  # 定义一个可以接收任何参数并返回 True 的匿名函数
96                 self.show_query_result(retTrue, None)  # 调用函数显示全部数据
97             elif subop==2:  # 按数据项查询
98                 condition = {}
99                 condition['itemname'] = input('请输入数据项名称: ')
100                for iteminfo in self.iteminfo_list:  # 遍历数据项信息
101                    if iteminfo['name']==condition['itemname']:  # 如果有匹配的数据项
102                        condition['lowval'] = input('请输入最小值: ')
103                        condition['highval'] = input('请输入最大值: ')
104                        if iteminfo['dtype']!='字符串':  # 不是字符串类型, 则转换为数值
105                            condition['lowval'] = eval(condition['lowval'])
106                            condition['highval'] = eval(condition['highval'])
107                        self.show_query_result(self.judge_condition, condition)  # 调用函数将满足条件的数据输出
108                        break
```

```python
109            else:
110                print('该数据项不存在！')
111        input('按回车继续……')
112
113    def judge_condition(self, data, condition):  #判断data是否满足condition中设置的条件
114        itemname = condition['itemname']
115        lowval = condition['lowval']
116        highval = condition['highval']
117        if data[itemname]>=lowval and data[itemname]<=highval:
118            return True
119        return False
120
121    def show_query_result(self, filter_fn, condition):  #用于显示查询结果的高阶函数
122        for idx in range(len(self.data_list)):  #依次获取每条数据的索引
123            if filter_fn(self.data_list[idx], condition)==False:  #如果不满足查询条件
124                continue
125            print('第 %d 条数据：'%(idx+1))
126            for iteminfo in self.iteminfo_list:  #遍历每一个数据项信息
127                itemname = iteminfo['name']  #获取数据项的名称
128                if itemname in self.data_list[idx]:  #如果存在该数据项
129                    print(itemname, ': ', self.data_list[idx][itemname])
                                                   #输出数据项名称及对应的值
130                else:  #否则，不存在该数据项
131                    print(itemname, ': 无数据')  #输出提示信息
132
133 if __name__=='__main__':  #当直接执行该脚本文件时，if条件成立
134    ls_item = [  #每条数据包含3个数据项
135        dict(name='身高(m)', dtype='实数'),
136        dict(name='体重(kg)', dtype='整数'),
137        dict(name='交通方式', dtype='字符串')
138        ]
139    ls_data = [  #初始填入5条数据
140        {'身高(m)':1.62, '体重(kg)':64, '交通方式':'公共交通'},
141        {'身高(m)':1.52, '体重(kg)':56, '交通方式':'公共交通'},
142        {'身高(m)':1.8, '体重(kg)':77, '交通方式':'公共交通'},
143        {'身高(m)':1.8, '体重(kg)':87, '交通方式':'步行'},
144        {'身高(m)':1.62, '体重(kg)':53, '交通方式':'汽车'}
145        ]
146    dm = DataManage(ls_data, ls_item)
147    if User.login()==True:  #登录
148        dm.manage_data()
```

代码清单 4-26　item_manage.py 脚本文件

```python
1  from user import User
2
3  class ItemManage:  #定义ItemManage类
4      def __init__(self, iteminfo_list):
5          self.iteminfo_list = iteminfo_list
6
7      @User.permission_check  #加上权限判断的装饰器
8      def manage_items(self):  #定义用于管理数据项的manage_items方法
9          while True:  #永真循环
10             print('请输入数字进行相应操作：')
11             print('1 数据项录入')
```

```python
12              print('2 数据项删除 ')
13              print('3 数据项修改 ')
14              print('4 数据项查询 ')
15              print('0 返回上一层操作 ')
16              subop = int(input('请输入要进行的操作（0~4）: '))
17              if subop<0 or subop>4: #输入的操作不存在
18                  print('该操作不存在，请重新输入! ')
19                  continue
20              elif subop==0: #返回上一层操作
21                  return #结束 manage_items 函数执行
22              elif subop==1: #数据项录入
23                  self.add_item() #调用 add_item 方法实现数据项录入
24              elif subop==2: #数据项删除
25                  self.del_item() #调用 del_item 方法实现数据项删除
26              elif subop==3: #数据项修改
27                  self.update_item() #调用 update_item 方法实现数据项修改
28              else: #数据项查询
29                  self.query_item() #调用 query_item 方法实现数据项查询
30              input('按回车继续……')
31
32      @User.permission_check #加上权限判断的装饰器
33      def input_item_type(self): #定义用于输入数据项类型的 input_item_type 方法
34          ls_dtype = ['字符串', '整数', '实数'] #支持的数据类型列表
35          while True: #永真循环
36              dtype = int(input('请输入数据项数据类型（0 字符串，1 整数，2 实数）: '))
37              if dtype<0 or dtype>2:
38                  print('输入的数据类型不存在，请重新输入! ')
39                  continue
40              break
41          return ls_dtype[dtype]
42
43      @User.permission_check #加上权限判断的装饰器
44      def add_item(self): #定义实现数据项录入功能的 add_item 方法
45          iteminfo = {} #使用字典保存数据项信息
46          iteminfo['name'] = input('请输入数据项名称: ')
47          for tmp_iteminfo in self.iteminfo_list: #遍历每一个数据项
48              if iteminfo['name']==tmp_iteminfo['name']: #如果该数据项已存在
49                  print('该数据项已存在! ')
50                  break
51          else: #该数据项不存在
52              iteminfo['dtype'] = self.input_item_type() #调用 input_item_type
                      方法输入数据项类型
53              self.iteminfo_list += [iteminfo] #将该数据项信息加到 iteminfo_list 列
                      表的最后
54              print('数据项录入成功! ')
55
56      @User.permission_check #加上权限判断的装饰器
57      def del_item(self): #定义实现数据项删除功能的 del_item 方法
58          itemname = input('请输入要删除的数据项名称: ')
59          for idx in range(len(self.iteminfo_list)): #遍历每一个数据项的索引
60              tmp_iteminfo = self.iteminfo_list[idx]
61              if itemname==tmp_iteminfo['name']: #如果该数据项存在
62                  del self.iteminfo_list[idx] #删除该数据项
63                  print('数据项删除成功! ')
64                  break
65          else:
66              print('该数据项不存在! ')
67
```

```
68      @User.permission_check  #加上权限判断的装饰器
69      def update_item(self):  #定义实现数据项修改功能的update_item方法
70          itemname = input('请输入要修改的数据项名称：')
71          for tmp_iteminfo in self.iteminfo_list:  #遍历每一个数据项
72              if itemname==tmp_iteminfo['name']:  #如果该数据项存在
73                  tmp_iteminfo['dtype'] = self.input_item_type()  #调用input_
                        item_type方法输入数据项类型
74                  print('数据项修改成功！')
75                  break
76              else:
77                  print('该数据项不存在！')
78
79      @User.permission_check  #加上权限判断的装饰器
80      def query_item(cls):  #定义实现数据项查询功能的query_item方法
81          for iteminfo in cls.iteminfo_list:  #遍历数据项信息
82              print('数据项名称：%s，数据类型：%s'%(iteminfo['name'],
                    iteminfo['dtype']))
83
84  if __name__=='__main__':  #当直接执行该脚本文件时，if条件成立
85      pass  #在此处可以编写一些测试代码
```

代码清单 4-27　user.py 脚本文件

```
1   class User:  #定义User类
2       users = [  #用户信息，name、pwd、role分别对应用户名、密码和角色
3           dict(name='user1', pwd='123', role='admin'),
4           dict(name='user2', pwd='456', role='user'),
5           dict(name='user3', pwd='789', role='guest'),
6       ]
7       forbiddens = dict(  #定义每个角色禁止的操作
8           admin=[],  #admin可以进行所有操作
9           user=['manage_items'],  #user不可以做数据项管理操作
10          guest=['add_data', 'del_data', 'update_data', 'manage_items']
                #guest只能做数据查询操作
11      )
12      login_user = None
13      @classmethod
14      def login(cls):  #登录
15          name = input('请输入用户名：')
16          pwd = input('请输入密码：')
17          for u in cls.users:
18              if u['name']==name and u['pwd']==pwd:  #用户名和密码匹配
19                  cls.login_user = u
20                  print('欢迎你，%s'%name)
21                  return True
22          print('用户名或密码不正确！')
23          return False
24
25      @staticmethod
26      def permission_check(func):  #用于权限判断的函数
27          def inner(*args, **kwargs):  #定义内层函数
28              role = User.login_user['role']  #获取当前登录用户的角色
29              if func.__name__ in User.forbiddens[role]:  #在禁止操作列表中
30                  print('没有该操作的权限！')
31                  input('按回车继续……')
32              else:
33                  return func(*args, **kwargs)  #调用被装饰的函数
34          return inner
```

```
35
36  if __name__=='__main__':  # 当直接执行该脚本文件时，if 条件成立
37      pass  # 在此处可以编写一些测试代码
```

代码清单 4-28 是程序执行的入口，先执行 `User.login` 进行用户登录，再执行 `DatasetManage.run` 进行数据集的选择及所选数据集的数据和数据项管理操作。

代码清单 4-28　ex4_24.py 脚本文件（程序执行的入口）

```
1  from user import User                        # 导入 User 类
2  from dataset_manage import DatasetManage     # 导入 DatasetManage 类
3  if User.login()==True:                       # 登录
4      DatasetManage.run()                      # 开始进行数据管理操作
```

下面仅展示新增的数据集的选择功能，读者可根据提示信息尝试其他操作。在运行 ex4_24.py 脚本文件时，会先看到数据集列表，通过输入数字选择数据集后，即可对该数据集中的数据进行管理，如图 4-32 所示。

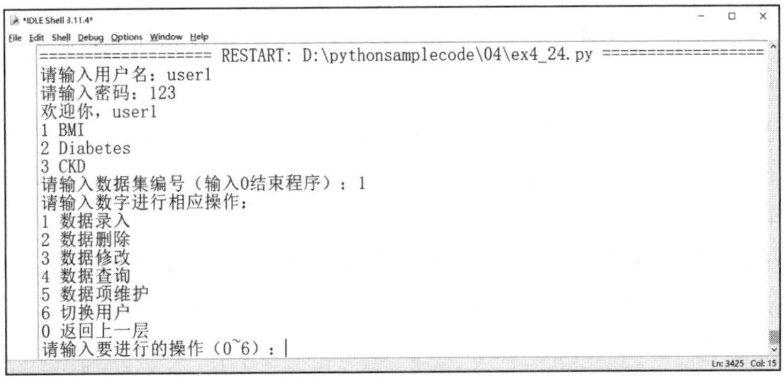

图 4-32　ex4_24.py 脚本文件的运行结果示例

4.7　本章小结

本章主要介绍了 Python 中如何实现面向对象的程序设计。通过本章的学习，读者应掌握类与对象的概念及它们的定义和使用方法，理解继承与多态的作用和实现方式，理解实例属性和类属性的区别，理解实例方法、类方法和静态方法的区别，掌握动态扩展类与实例的实现方式，理解 `@property` 的作用。学习本章后，读者在编写程序时应能熟练运用面向对象的程序设计方法，通过类和对象使程序的结构更加清晰。

4.8　思考题参考答案

【思考题 4-1】B

解析：面向对象方法的基本观点是一切系统都是由对象构成的，通过对象之间的交互完成系统的运行。

【思考题 4-2】是

解析：类和对象是面向对象方法中的两个重要概念，类是对具有相同属性和方法的对象的抽象。类和对象的关系就是数据类型和数据的关系。利用一个类可以创建多个对象，

每个对象可以存储不同的数据。如定义了一个学生类，其规定每名学生具有学号、姓名、性别等属性以及选课、退课等行为，则根据该学生类可以定义多个学生对象；在学号为1910100 的学生对象和学号为 1910101 的学生对象中，可以存储不同的属性值（即不同的学号、不同的姓名、不同的性别等）以表示不同的数据。

【思考题 4-3】 A

解析：类中包括属性和方法。属性对应一个类的对象可以用来保存哪些数据；方法对应可以对一个类的对象做哪些操作。

【思考题 4-4】 否

解析：类的封装性是指将一个数据相关的属性和方法封装在一起。

【思考题 4-5】 A

解析：通过执行语句 Student.name='unknown'，为 Student 类增加了一个类属性 name。类属性既可以通过类名访问，也可以通过该类的对象名访问。

【思考题 4-6】 是

解析：为一个对象动态绑定的新属性是该对象的实例属性，只能通过该对象进行访问。

【思考题 4-7】 D

解析：类中的方法包括类方法、静态方法和实例方法。实例方法的第一个形参 self 用于接收调用该方法时所使用的实例对象，通过 self 可以操作对应的实例对象。

【思考题 4-8】 否

解析：类的实例方法有三个形参，则其中第一个形参对应类的实例对象，通过对象调用该实例方法时不需要额外为第一个形参传入实参，只需要为后两个形参传入两个实参即可。

【思考题 4-9】 B

解析：如果一个属性的名字以 __（两个下划线）开始，则该属性是私有属性。

【思考题 4-10】 否

解析：对于私有属性，不能直接使用类名或对象名进行操作。Python 中没有严格意义上的私有属性，实际上是自动将以两个下划线开始的属性的名字进行了修改，在其前面加上了前缀 "_类名"。如对于 Student 类的实例属性 __id，Python 会自动将其名字改为 _Student__id。因此，如果要通过 stu 操作该属性，应写作 stu._Student__id。

【思考题 4-11】 B

解析：构造方法的方法名是 __init__（注意开始和结束各有两个连续的下划线）。

【思考题 4-12】 否

解析：构造方法至少要有一个形参 self，对应新创建的对象。

【思考题 4-13】 C

解析：析构方法的方法名是 __del__（注意开始和结束各有两个连续的下划线）。

【思考题 4-14】 否

解析：析构方法有且仅有一个形参 self，对应正在销毁的对象。

【思考题 4-15】 B

解析：使用 print 函数输出一个对象时，会自动调用该对象所属类的 __str__ 内置方法将对象转为字符串再输出。

【思考题 4-16】 否

解析：__str__ 方法的返回值必须是一个字符串。

【思考题 4-17】 A

解析：如果一个类 C1 是通过继承已有类 C 而创建的，则将 C1 称作子类（或派生类），将 C 称作父类（或基类、超类）。

【思考题 4-18】 否

解析：基于已有的类创建新的类是面向对象程序设计中的继承性。

【思考题 4-19】 C

解析：定义子类的语法格式是"class 子类名 (基类 1, 基类 2, …):"，各基类之间用英文逗号分隔。

【思考题 4-20】 A、B、C

解析：A 是 B 的父类，即 B 是 A 的子类，B 继承了 A 的所有属性和方法。因此，B 类中有自己定义的方法 fb，以及从 A 类继承的方法 fa1 和 fa2。

【思考题 4-21】 C

解析：封装性、继承性和多态性是面向对象的 3 个重要特性。封装性是指将一个数据的属性和方法封装在一起；继承性是指基于已有类创建新类，新类继承已有类中的属性和方法；多态性是指执行相同代码时，能够根据对象实际所属的类去调用相应类中定义的方法。

【思考题 4-22】 是

解析：方法重写就是在子类中对从父类继承过来的方法进行重新定义，这样通过子类对象和父类对象调用同一方法时就会执行不同的代码，从而表现出不同的行为。

【思考题 4-23】 D

解析：使用 super 可以在子类中获取父类代理对象，从而可以根据该代理对象调用被重写的父类方法。

【思考题 4-24】 是

解析：请参考思考题 4-23 的解析。

【思考题 4-25】 A

解析：isinstance 函数的作用是判断一个对象所属的类是否是指定类或指定类的子类；issubclass 函数的作用是判断一个类是否是另一个类的子类；type 函数用于获取一个对象所属的类。

【思考题 4-26】 是

解析：type(b) 可以获取到对象 b 所属的类型，即 B 类；isinstance(a, B) 则会判断对象 a 所属的类是否是 B 类或 B 类的子类。因为 a 所属的 A 类是 B 类的子类，所以 isinstance(a, B) 返回 True。

【思考题 4-27】 A

解析：@classmethod 用于修饰类方法；@staticmethod 用于修饰静态方法。

【思考题 4-28】 否

解析：类方法的第一个形参对应调用该方法时所使用的类。即便通过实例对象调用类方法，也是将该实例对象所属的类传给类方法的第一个形参。

【思考题 4-29】 D

解析：如果一个类中有 `__slots__` 定义，则该类可以动态扩展的属性包括 `__slots__` 中列出的属性以及其父类可以动态扩展的属性；如果一个类中没有 `__slots__` 定义，则其可以扩展任意属性。

【思考题 4-30】 A

解析：定义 getter 方法应使用装饰器 `@property`，而定义 setter 方法则应使用装饰器"`@getter` 方法名 `.setter`"。

【思考题 4-31】 是

解析：getter 方法用于获取属性值，而 setter 方法用于设置属性值。如果没有 setter 方法则无法对相应属性进行赋值操作，因此该属性是一个只读属性（即不可以直接修改属性的值）。

4.9 编程练习参考代码

【编程练习 4-1】

参考代码：

```python
import math
#请在此处补充定义 Circle 类的代码 (提示：计算圆面积时使用 math.pi 获取圆周率)
class Circle:
    def SetCenter(self, x, y):
        self.x = x
        self.y = y
    def SetRadius(self, r):
        self.r = r
    def GetArea(self):
        return math.pi*self.r*self.r
if __name__=='__main__':
    x=eval(input())  #输入圆心的 x 坐标
    y=eval(input())  #输入圆心的 y 坐标
    r=eval(input())  #输入半径
    c=Circle()  #创建 Cirle 对象
    c.SetCenter(x, y)  #设置圆心
    c.SetRadius(r)  #设置半径
    print('center:(%.2f, %.2f), radius:%.2f'%(c.x, c.y, c.r))  #输出圆心和半径
    print('area:%.2f'%c.GetArea())  #输出面积
```

运行示例：

```
================= RESTART: D:/pythonsamplecode/04/code4_1.py =================
2
3
4
center:(2.00, 3.00), radius:4.00
area:50.27
>>>
```

【编程练习 4-2】

参考代码：

```python
#请在此处写出定义 Time 类的代码
```

```
class Time:
    def SetTime(self, h, m, s):
        self.h = h
        self.m = m
        self.s = s
    def AddOneSec(self):
        self.s += 1
        if self.s==60:
            self.s = 0
            self.m += 1
            if self.m==60:
                self.m = 0
                self.h += 1
                if self.h==24:
                    self.h = 0

if __name__=='__main__':
    h=int(input())   # 输入时
    m=int(input())   # 输入分
    s=int(input())   # 输入秒
    count=int(input())  # 输入要数的秒数
    t=Time()
    t.SetTime(h, m, s)
    for i in range(count):
        print('%02d:%02d:%02d'%(t.h, t.m, t.s))  # 输出当前时间
        t.AddOneSec()
```

运行示例：

```
================ RESTART: D:/pythonsamplecode/04/code4_2.py ================
23
59
55
10
23:59:55
23:59:56
23:59:57
23:59:58
23:59:59
00:00:00
00:00:01
00:00:02
00:00:03
00:00:04
>>>
```

【编程练习 4-3】

参考代码：

```
import math
# 请在此处写出定义 Cylinder 类的代码（提示：计算体积时使用 math.pi 作为圆周率）
class Cylinder:
    def __init__(self, r, h):
        self.r = r
        self.h = h
    def GetVolume(self):
        return math.pi*self.r*self.h
if __name__=='__main__':
    r=eval(input())   # 输入半径
    h=eval(input())   # 输入高
    c=Cylinder(r, h)  # 创建 Cylinder 对象
```

```
print('radius:%.2f, height:%.2f'%(c.r, c.h))  #输出半径和高
print('volume:%.2f'%c.GetVolume())  #输出体积
```

运行示例：

```
================ RESTART: D:/pythonsamplecode/04/code4_3.py ================
3
5.2
radius:3.00,height:5.20
volume:49.01
>>>
```

第 5 章　序列、集合和字典

本章首先介绍可变类型与不可变类型的概念和区别。然后，在第 2 章内容的基础上进一步介绍列表、元组、集合和字典这些数据类型的更多使用方法。最后，介绍切片、列表生成表达式、生成器和迭代器的作用与具体使用方法。

5.1　可变类型与不可变类型

Python 中的数据类型分为两种：可变类型和不可变类型。
- 可变类型，即可以对该类型对象中保存的元素值做修改，如列表、集合、字典都是可变类型。
- 不可变类型，即该类型对象所保存的元素值不允许修改，只能通过给对象整体赋值来修改对象所保存的数据。但此时实际上是创建了一个新的不可变类型的对象，而不是修改了原对象的值，如数值、字符串、元组都是不可变类型。

代码清单 5-1 说明了可变类型对象和不可变类型对象的区别。

代码清单 5-1　可变类型对象和不可变类型对象示例

```
1  n1, n2=1, 1 #定义两个整型变量 n1 和 n2，都赋值为 1
2  print('第 2 行 n1 和 n2 的内存地址分别为：', id(n1), id(n2))
3  n2=3 #将 n2 重新赋值为 3
4  print('第 4 行 n1 和 n2 的内存地址分别为：', id(n1), id(n2))
5  n1=3 #将 n1 重新赋值为 3
6  print('第 6 行 n1 和 n2 的内存地址分别为：', id(n1), id(n2))
7  s1, s2='Python', 'Python' #定义两个字符串变量 s1 和 s2，都赋值为 'Python'
8  print('第 8 行 s1 和 s2 的内存地址分别为：', id(s1), id(s2))
9  s2='C++' #将 s2 重新赋值为 'C++'
10 print('第 10 行 s1 和 s2 的内存地址分别为：', id(s1), id(s2))
11 s1='C++' #将 s1 重新赋值为 'C++'
12 print('第 12 行 s1 和 s2 的内存地址分别为：', id(s1), id(s2))
13 t1, t2=(1, 2, 3), (1, 2, 3) #定义两个元组变量 t1 和 t2，都赋值为 (1, 2, 3)
14 print('第 14 行 t1 和 t2 的内存地址分别为：', id(t1), id(t2))
15 t2=(1, 2, 3) #t2 被重新赋值为 (1, 2, 3)
16 print('第 16 行 t1 和 t2 的内存地址分别为：', id(t1), id(t2))
17 ls1, ls2=[1, 2, 3], [1, 2, 3] #定义两个列表变量 ls1 和 ls2，都赋值为 [1, 2, 3]
18 print('第 18 行 ls1 和 ls2 的内存地址分别为：', id(ls1), id(ls2))
19 ls2[1]=5 #将列表 ls2 中下标为 1 的元素值重新赋值为 5
20 print('第 20 行 ls1 和 ls2 的内存地址分别为：', id(ls1), id(ls2))
21 ls2=[1, 2, 3] #ls2 被重新赋值为 [1, 2, 3]
22 print('第 22 行 ls1 和 ls2 的内存地址分别为：', id(ls1), id(ls2))
```

代码清单 5-1 执行完毕后，将在屏幕上输出如图 5-1 所示的结果。

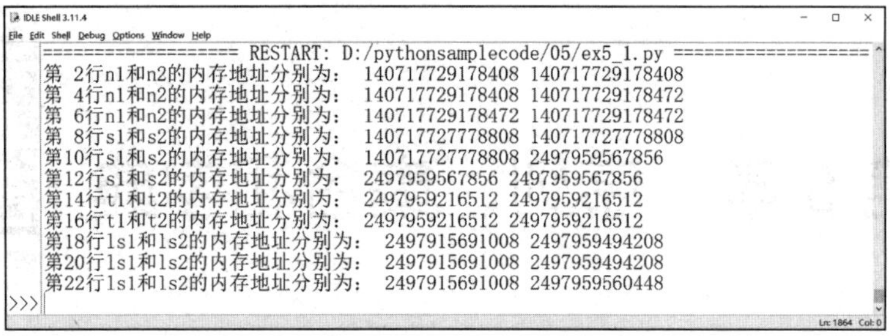

```
IDLE Shell 3.11.4
File Edit Shell Debug Options Window Help
================ RESTART: D:/pythonsamplecode/05/ex5_1.py ================
第 2 行 n1 和 n2 的内存地址分别为:   140717729178408 140717729178408
第 4 行 n1 和 n2 的内存地址分别为:   140717729178472 140717729178472
第 6 行 n1 和 n2 的内存地址分别为:   140717729178472 140717729178472
第 8 行 s1 和 s2 的内存地址分别为:   140717727778808 140717727778808
第 10 行 s1 和 s2 的内存地址分别为:  140717727778808 2497959567856
第 12 行 s1 和 s2 的内存地址分别为:  2497959567856 2497959567856
第 14 行 t1 和 t2 的内存地址分别为:  2497959216512 2497959216512
第 16 行 t1 和 t2 的内存地址分别为:  2497959216512 2497959216512
第 18 行 ls1 和 ls2 的内存地址分别为: 2497915691008 2497959494208
第 20 行 ls1 和 ls2 的内存地址分别为: 2497915691008 2497959494208
第 22 行 ls1 和 ls2 的内存地址分别为: 2497915691008 2497959560448
>>>
```

图 5-1　代码清单 5-1 的运行结果

下面结合代码清单 5-1 的运行结果，给出相应的分析。

- 对于可变类型的数据，允许对其元素进行修改。因此，对于多个具有同一可变类型的变量，即便它们的值相同，这些变量的内存地址也可能会不同。通过这种方式，可以使这些取值相同的可变类型的变量在进行元素操作时，彼此之间相互独立，即对于两个具有相同值的可变类型的变量 a 和 b，修改 a 中的元素不会影响 b 中的元素，反之亦然。例如，从第 18 行和第 20 行代码输出的列表变量 ls1 和 ls2 的内存地址可以看到，虽然 ls1 和 ls2 的值相同，均为 [1, 2, 3]，但它们对应了不同的内存地址。此时，对 ls1 中的元素做修改，不会对 ls2 中的元素有任何影响；反之亦然。
- 对可变类型数据中的元素做修改，该可变类型数据的内存地址不会发生变化；而对可变类型数据做整体赋值，则该可变类型数据的内存地址可能会发生变化。例如，第 19 行代码对 ls2 中索引值为 1 的元素做了修改，但通过对比第 18 行和第 20 行代码输出的列表变量 ls2 的内存地址可以看到，ls2 的内存地址并不会发生变化。第 21 行代码对 ls2 做了整体赋值，通过对比第 20 行和第 22 行代码输出的列表变量 ls2 的内存地址可以看到，ls2 的内存地址发生了变化。
- 对于不可变类型的数据，不允许对其元素进行任何修改，所以不会出现修改了一个数据中的元素而另一个数据中的元素也同时改变的情况。因此，如果多个具有同一不可变类型的变量保存了相同的数据，则为了节省内存，数据可以在内存中只保存一份，这些取值相同的变量都对应内存中的同一份数据。例如，第 2 行和第 6 行代码输出整型变量 n1 和 n2 的内存地址时，因为 n1 和 n2 这两个变量的值相同，所以输出的内存地址也相同。从第 8 行和第 12 行代码输出的字符串变量 s1 和 s2 的地址，以及第 14 行和第 16 行代码输出的元组变量 t1 和 t2 的地址，也可以看到相同的结论。

提示　在代码清单 5-1 的运行结果中，对于取值相同的不可变类型的变量，均输出了相同的内存地址。然而，这与运行环境相关，在有的运行环境下，对于字符串和元组类型的变量，也可能会出现取值相同但内存地址不同的情况。实际上，在平常编写程序时，只需要关注可变类型变量的内存情况即可，以防止两个可变类型变量对应同一内存，造成对一个变量中的元素进行修改而影响另一个变量中的元素的情况。

【思考题 5-1】　对于不可变类型的对象 a，是否可以通过执行 a=b，修改 a 的值？

5.2 列表

列表是 Python 提供的一种内置序列类型。列表的概念和基本使用方法在 2.2.3 节已经介绍过，这里对前面的内容做简单回顾并进一步介绍关于列表的更多使用方法。

5.2.1 创建列表

列表是用一对方括号 [] 括起来的多个元素的有序集合，各元素之间用逗号分隔。如果一个列表中不包含任何元素（即只有一对方括号），则该列表是一个空列表。代码清单 5-2 说明了如何创建列表对象。

代码清单 5-2　使用一对方括号 [ ] 创建列表对象的示例

```
1   ls1=[1, 'one', '一']  #创建列表对象并将其赋给变量ls1，其包含3个元素
2   ls2=[]  #创建列表对象并将其赋给变量ls2，其不包含任何元素，因此是一个空列表
3   print('ls1 的值为: ', ls1)
4   print('ls2 的值为: ', ls2)
```

代码清单 5-2 执行结束后，将在屏幕上输出如图 5-2 所示的结果。

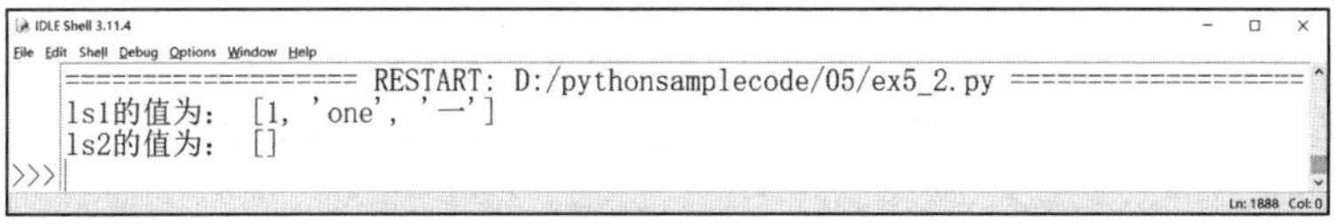

图 5-2　代码清单 5-2 的运行结果

除了可以使用一对方括号创建列表对象外，还可以使用 Python 内置的 list 类，根据一个可迭代对象创建列表对象。程序会依次取出可迭代对象中的每个元素，并将其作为所创建列表对象中的元素。例如，代码清单 5-3 给出了使用 list 类创建列表对象的示例。

代码清单 5-3　使用 list 类创建列表对象的示例

```
1   ls=list((1, 'one', '一'))  #使用 list 类，根据元组创建列表对象，并赋给 ls 变量
2   print('ls的值为: ', ls)
3   print('ls的第一个元素和最后一个元素的值分别为 :', ls[0], ls[-1])
4   print('ls的前两个元素的值为: ', ls[0:-1])
```

代码清单 5-3 执行完毕后，将在屏幕上输出如图 5-3 所示的结果。

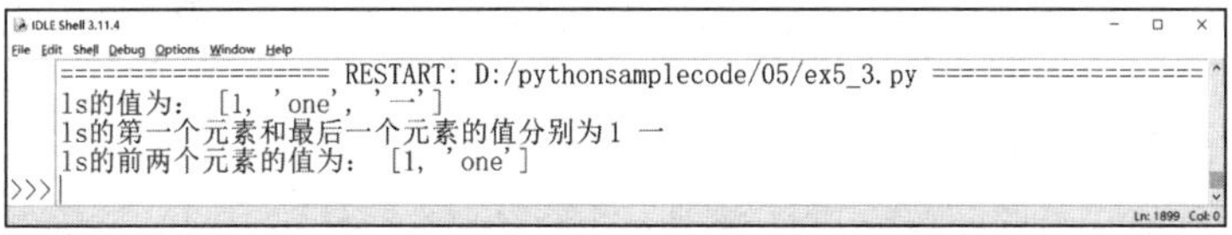

图 5-3　代码清单 5-3 的运行结果

提示

1. 在 Python 中，每一个列表都是 list 类的对象。因此，可以通过 list 类提供的方法，对列表对象进行操作，后面会介绍 list 类中部分方法的作用和使用方法。

2. ls=list((1, 'one', '一')) 的外面一对圆括号对应 list 方法的形参列表，

里面一对圆括号对应元组。也可以将该行代码分成两条语句：

```
t=(1, 'one', '一')  #创建元组对象并赋给t
ls=list(t)  #根据元组t创建列表对象并赋给ls
```

3. 通过`ls[0]`和`ls[-1]`可以访问列表中的某个元素，通过`ls[0:-1]`可以截取列表中的部分元素生成一个新的列表。关于列表元素的访问和截取方法读者可查阅2.2.3节的内容。

5.2.2 拼接列表

通过拼接运算，可以将多个列表连接在一起，生成一个新的列表。例如，代码清单5-4给出了列表对象的拼接运算示例。

代码清单5-4 列表对象的拼接运算示例

```
1  ls1=[1, 2, 3]  #创建列表对象并赋给变量ls1
2  ls2=['Python', 'C++']  #创建列表对象并赋给变量ls2
3  ls3=ls1+ls2    #通过拼接运算"+"将ls1和ls2连接生成一个新的列表对象并赋给ls3
4  print('ls1和ls2的值分别为：', ls1, ls2)
5  print('ls3的值为：', ls3)
```

代码清单5-4执行结束后，将在屏幕上输出如图5-4所示的结果。

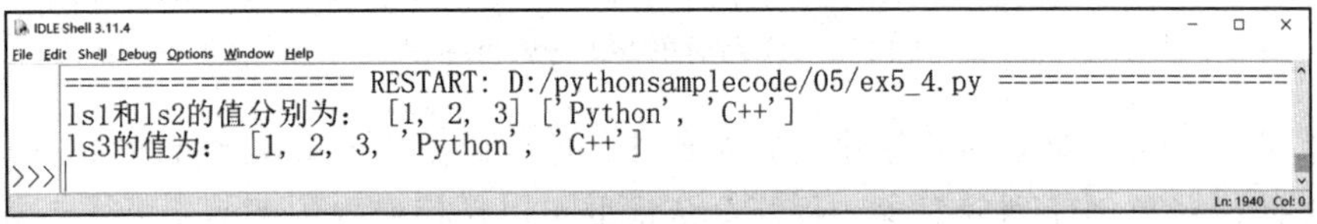

图5-4 代码清单5-4的运行结果

可见，ls3是ls1和ls2拼接后的结果，其前三个元素对应ls1中的元素，后两个元素对应ls2中的元素。

提示 除了拼接运算"+"外，Python中的序列还支持重复运算"*"。关于这两个序列运算符的说明，读者可查阅2.3.9节的内容。

【思考题5-2】 已知a=list((1, 2))+list((2, 3))，则a的值是（   ）。
A. [1, 2, 3]   B. [1, 2, 2, 3]   C. (1, 2, 3)   D. (1, 2, 2, 3)

5.2.3 复制列表元素

Python中，两个变量间的赋值运算（如a=b）实际上是将两个变量指向同一个对象，而不是将一个变量的值赋给另一个变量。两个变量指向同一个对象后，通过一个变量修改对象中元素的值，那么通过另一个变量访问对象时，访问到的对象中的元素值也是修改后的值。例如，代码清单5-5给出了两个变量指向同一列表对象的示例。

代码清单5-5 两个变量指向同一列表对象的示例

```
1  ls1=[1, 2, 3]  #创建列表对象并赋给变量ls1
```

```
2   ls2=ls1   #通过两个变量间的赋值运算,ls2和ls1指向同一个对象
3   print('ls1 和 ls2 的值分别为: ', ls1, ls2)
4   print('ls1 和 ls2 的内存地址分别为: ', id(ls1), id(ls2))
5   ls1[1]=5  #将ls1中下标为1的元素值修改为5
6   print('ls1 和 ls2 的值分别为: ', ls1, ls2)
```

代码清单 5-5 执行结束后,将在屏幕上输出如图 5-5 所示的结果。

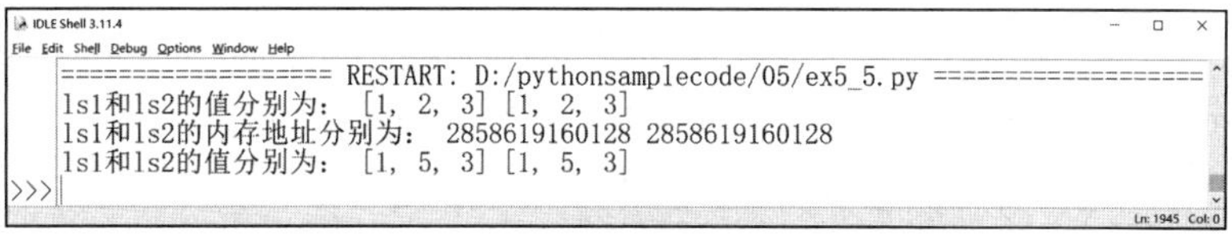

图 5-5 代码清单 5-5 的运行结果

可见,执行 ls2=ls1,实际上是使 ls2 和 ls1 这两个变量对应了同一个列表对象,在输出 ls1 和 ls2 时不仅它们的值相同,而且内存地址也相同。因此,通过执行赋值语句 ls1[1]=5,将 ls1 中索引值为 1 的元素修改为 5,再输出 ls2 时,可以看到 ls2[1] 的值也发生了变化。

如果要根据一个已有列表对象复制出另一个新的列表对象,使得后面对两个对象的操作能够相互独立,即修改一个对象中的元素不会影响另一个对象中的元素,则需要采用浅拷贝和深拷贝的方式。下面分别介绍这两种方式的具体实现方法及二者的区别。

1. 浅拷贝

列表的浅拷贝是通过指定索引范围的索引操作方式实现的。代码清单 5-6 给出了列表浅拷贝的示例。

代码清单 5-6 列表浅拷贝示例

```
1   ls1=[1, 2, 3]   #创建列表对象并赋给变量ls1
2   ls2=ls1[:]      #通过ls1[:],生成包含ls1所有元素的新列表对象,并赋给ls2
3   print('ls1 和 ls2 的值分别为: ', ls1, ls2)
4   print('ls1 和 ls2 的内存地址分别为: ', id(ls1), id(ls2))
5   ls1[1]=5        #将ls1中索引值为1的元素值修改为5
6   print('ls1 和 ls2 的值分别为: ', ls1, ls2)
```

代码清单 5-6 执行结束后,将在屏幕上输出如图 5-6 所示的结果。

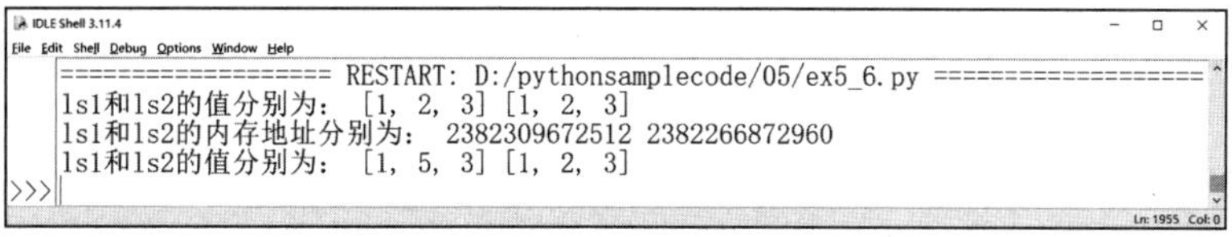

图 5-6 代码清单 5-6 的运行结果

从输出结果中可以看到,通过执行 ls2=ls1[:],会获取 ls1 中的所有元素,生成一个新的列表对象,并赋给 ls2。此时,ls2 与 ls1 的元素值完全相同,但它们具有不同的内存地址,即指向了不同的列表对象。此时,再执行 ls1[1]=5,只会修改 ls1 中索引值为 1 的元素的值,而 ls2 中的元素不会受到影响。

如果一个列表中不包含可变类型的元素,使用浅拷贝的方法完全可行;否则,也会出

现两个列表中的部分元素指向同一个对象的问题，从而导致两个列表只是在第 1 层元素的操作上能够做到相互独立，而在更深层元素的操作上仍然相互关联。代码清单 5-7 给出了一个具体的程序示例。

代码清单 5-7　列表浅拷贝在更深层元素操作上存在问题的示例

```
1    ls1=[1, [2, 3]] #创建列表对象并赋给变量ls1
2    ls2=ls1[:]        #通过ls1[:]，获取ls1所有元素，生成新列表，并赋给ls2
3    print('ls1和ls2的值分别为：', ls1, ls2)
4    print('ls1和ls2的内存地址分别为：', id(ls1), id(ls2))
5    print('ls1[1]和ls2[1]的内存地址分别为：', id(ls1[1]), id(ls2[1]))
6    ls1[1][0]=5       #将ls1索引值为1的列表元素（即ls[1]）中索引值为0的元素值修改为5
7    print('ls1和ls2的值分别为：', ls1, ls2)
```

代码清单 5-7 执行结束后，将在屏幕上输出如图 5-7 所示的结果。

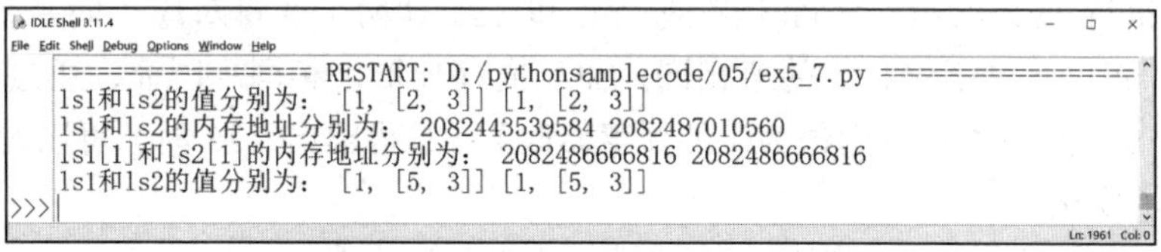

```
========== RESTART: D:/pythonsamplecode/05/ex5_7.py ==========
ls1和ls2的值分别为： [1, [2, 3]] [1, [2, 3]]
ls1和ls2的内存地址分别为： 2082443539584 2082487010560
ls1[1]和ls2[1]的内存地址分别为： 2082486666816 2082486666816
ls1和ls2的值分别为： [1, [5, 3]] [1, [5, 3]]
>>>
```

图 5-7　代码清单 5-7 的运行结果

从输出结果中可以看到，虽然 ls1 和 ls2 对应了不同的内存地址，即指向了不同的列表对象，但它们中列表类型的元素 ls1[1] 和 ls2[1] 对应了相同的内存地址，即指向了同一个列表对象。此时，对列表对象 ls1[1] 中索引值为 0 的元素赋值后，列表对象 ls2[1] 中的元素也随之改变。因此，对于列表 ls1 和 ls2 来说，通过浅拷贝的方式，只能使它们的第一层元素的取值相互独立，即修改 ls1 中某个元素的值，ls2 中对应元素的值不会改变，而 ls1 和 ls2 的第二层元素或更深层元素的取值仍然彼此关联，如代码清单 5-7 中对 ls1 中第二层元素（即 ls1[1][0]）做修改后，ls2 中对应的第二层元素（即 ls2[1][0]）也会同步改变。

提示　读者可以根据访问元素时所使用的方括号数量，判断访问的是第几层的元素。例如，对于 ls1[1]，ls1 后面只有一对方括号，因此 ls1[1] 访问的是 ls1 中第一层的元素；而对于 ls1[1][0]，ls1 后面有两对方括号，因此 ls1[1][0] 访问的是 ls1 中第二层的元素。

2. 深拷贝

为了使两个列表对象在各层元素的操作上均能保持相互独立，需要使用 Python 在 copy 模块中提供的 deepcopy 函数，以实现列表的深拷贝。代码清单 5-8 说明了 copy.deepcopy 的具体使用方法。

代码清单 5-8　列表深拷贝示例

```
1    import copy  #导入copy模块
2    ls1=[1, [2, 3]] #创建列表对象并赋给变量ls1
3    ls2=copy.deepcopy(ls1)  #通过调用deepcopy函数复制ls1生成新对象，并赋给ls2
4    print('ls1和ls2的值分别为：', ls1, ls2)
```

```
5  print('ls1和ls2的内存地址分别为: ', id(ls1), id(ls2))
6  print('ls1[1]和ls2[1]的内存地址分别为: ', id(ls1[1]), id(ls2[1]))
7  ls1[1][0]=5  #将ls1索引值为1的列表元素(即ls[1])中索引值为0的元素值修改为5
8  print('ls1和ls2的值分别为: ', ls1, ls2)
```

代码清单 5-8 执行结束后，将在屏幕上输出如图 5-8 所示的结果。

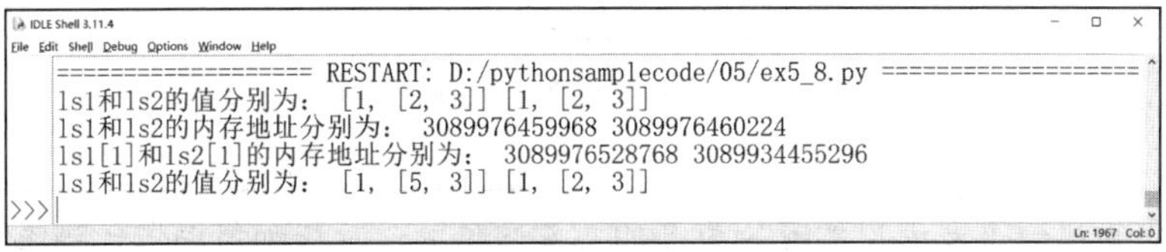

图 5-8　代码清单 5-8 的运行结果

从输出结果可以看到，通过使用 copy 模块的 deepcopy 函数，不仅 ls1 和 ls2 指向了不同的列表对象，它们的列表元素（即 ls1[1] 和 ls2[1]）也都指向了不同的列表对象。因此，通过执行 ls1[1][0]=5，将 ls1[1] 中索引值为 0 的元素修改为 5，ls2[1] 中索引值为 0 的元素并没有发生变化。

【思考题 5-3】 已知 a=[1, 2, 3] 且 b=a，则执行 a[1]=10，b 的值为（　　）。
A. [10, 2, 3]　　B. [1, 10, 3]　　C. [1, 2, 10]　　D. [1, 2, 3]

【思考题 5-4】 已知 a=[1, 2, 3] 且 b=a[:]，则执行 a[1]=10，b 的值为（　　）。
A. [10, 2, 3]　　B. [1, 10, 3]　　C. [1, 2, 10]　　D. [1, 2, 3]

【编程练习 5-1】 请在【1】和【2】处补充代码，使程序运行的输出结果为

```
[[1.2, True], 'Python']
```

待补充代码的程序如下：

```
【1】
a=[[1.2, True], 'Python']
b=【2】(a)
a[0][0]=3.5
print(b)
```

5.2.4　列表元素的查找、插入和删除

1. 查找列表元素

通过 list 类提供的 index 方法，可以根据指定值查找第 1 个匹配的列表元素的位置，index 方法的语法格式为

```
ls.index(x)
```

其中，ls 是要进行元素查找操作的列表对象，x 是要查找的元素值，返回值是 ls 中第一个值为 x 的元素的索引值。如果在 ls 中未找到值为 x 的元素，则会报错。

例如，代码清单 5-9 给出了查找列表元素的示例。

代码清单 5-9　查找列表元素的示例

```
1  ls=[1, 3, 5, 3]  #创建列表对象，并赋给ls变量
```

```
2   print('ls中值为3的元素第一次出现的位置为：', ls.index(3))
```

代码清单 5-9 执行完毕后，将在屏幕上输出如图 5-9 所示的结果。

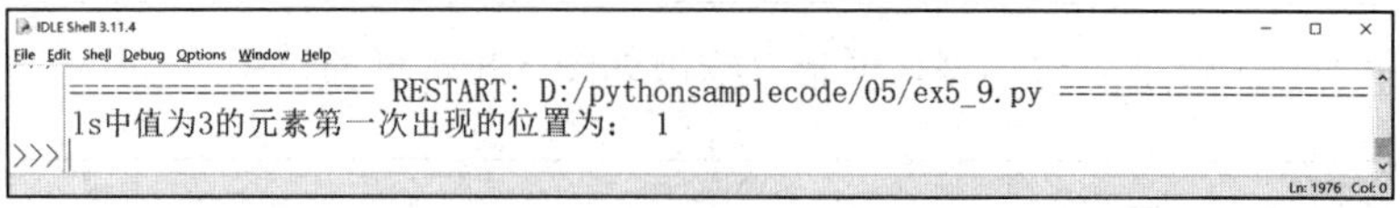

图 5-9　代码清单 5-9 的运行结果

思考　如果要查找一个列表中所有值为 3 的元素的位置，应该如何编写代码呢？（提示：需要使用 5.2.6 节介绍的 count 方法。）

2. 插入列表元素

通过 list 类提供的 insert 方法，可以将一个元素插入到列表的指定位置，insert 方法的语法格式为

```
ls.insert(index, x)
```

其作用是将元素 x 插入到 ls 列表中索引值为 index 的位置上，列表中原索引值为 index 的元素及其之后的元素都会后移一个位置。

如果要在列表的最后添加新元素，则还可以直接使用 list 类提供的 append 方法，append 方法的语法格式为

```
ls.append(x)
```

例如，代码清单 5-10 给出了插入列表元素的示例。

代码清单 5-10　插入列表元素的示例

```
1   ls=[1, 2, 3]              #创建列表对象并赋给 ls
2   ls.insert(0, 'Python')    #在 ls 列表中索引值为 0 的位置插入新元素 'Python'
3   print(ls)                 #输出 ls
4   ls.insert(2, True)        #在 ls 列表中索引值为 2 的位置插入新元素 True
5   print(ls)                 #输出 ls
6   ls.append([5, 10])        #在 ls 列表最后添加新元素 [5, 10]
7   print(ls)                 #输出 ls
```

代码清单 5-10 执行结束后，将在屏幕上输出如图 5-10 所示的结果。

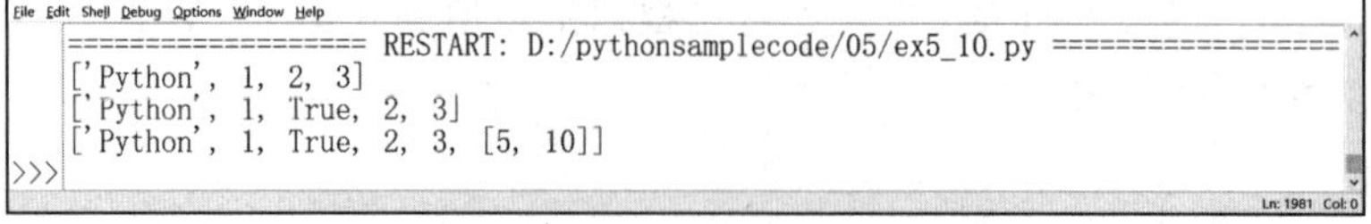

图 5-10　代码清单 5-10 的运行结果

3. 删除列表元素

使用 del 语句，可以删除列表中指定索引值的元素。如果要删除列表中的连续多个元素，可以通过指定索引范围的索引操作访问列表中的多个元素，并将其赋为空列表。

例如，代码清单 5-11 给出了删除列表元素的示例。

代码清单 5-11 删除列表元素的示例

```
1    ls=[0, 1, 2, 3, 4, 5, 6, 7, 8, 9]  #创建列表对象并赋给ls
2    del ls[8]     #使用del，将ls中索引值为8的元素删除
3    print(ls)     #输出ls
4    ls[1:6]=[]    #将ls中索引值为1～5的元素删除
5    print(ls)     #输出ls
```

代码清单 5-11 执行结束后，将在屏幕上输出如图 5-11 所示的结果。

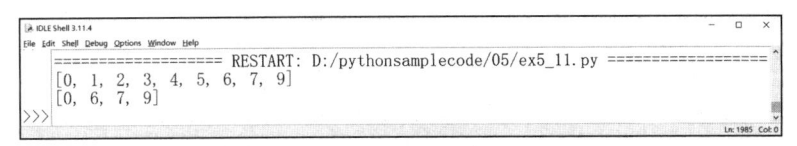

图 5-11 代码清单 5-11 的运行结果

思考　如果要将整个列表清空，应该如何编写代码呢？

【思考题 5-5】通过 list 类提供的（　　）方法可以根据指定值在列表中查找第一个匹配的元素的位置。
A. index　　　　　B. find　　　　　C. search　　　　　D. at

【思考题 5-6】已知 ls=[0, 1, 2, 3, 4, 5, 6, 7, 8, 9]，则执行 "del ls[7:9]" 与 "ls[7:9]=[]" 得到的 ls 中的元素是否相同？

5.2.5 获取列表中最大元素和最小元素的值

1. 获取最大元素的值

使用 max 函数可以获取一个列表中最大元素的值，max 函数的语法格式如下：

max(ls)

其中，ls 是要获取最大元素值的列表。例如，代码清单 5-12 给出了获取列表最大元素值的示例。

代码清单 5-12 获取列表最大元素值的示例

```
1    ls=[23, 56, 12, 37, 28]  #创建列表对象并赋给ls
2    print('ls中的最大元素值为：', max(ls))  #输出ls中最大元素的值
```

代码清单 5-12 执行完毕后，将在屏幕上输出如图 5-12 所示的结果。

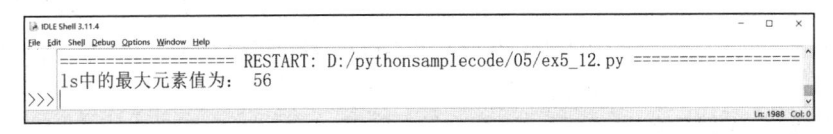

图 5-12 代码清单 5-12 的运行结果

2. 获取最小元素的值

使用 min 函数可以获取一个列表中最小元素的值，min 函数的语法格式如下：

```
min(ls)
```

其中，ls 是要获取最小元素值的列表。例如，代码清单 5-13 给出了获取列表最小元素值的示例。

代码清单 5-13　获取列表最小元素值的示例

```
1    ls=[23, 56, 12, 37, 28]  #创建列表对象并赋给 ls
2    print('ls 中的最小元素值为 ', min(ls))  #输出 ls 中最小元素的值
```

代码清单 5-13 执行完毕后，将在屏幕上输出如图 5-13 所示的结果。

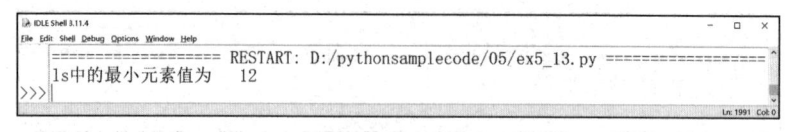

图 5-13　代码清单 5-13 的运行结果

思考　如果要获取列表中最大元素和最小元素的位置，应该如何编写代码呢？

【思考题 5-7】　通过执行 ls.max()，可以得到列表 ls 中最大元素的值，是否正确？

5.2.6　统计元素出现次数

使用 list 类提供的 count 方法，可以统计某个值在列表中出现的次数。count 方法的语法格式如下：

```
ls.count(x)
```

其作用是统计 x 在列表 ls 中出现的次数，即列表 ls 中值为 x 的元素的数量。例如，代码清单 5-14 给出了统计元素出现次数的示例。

代码清单 5-14　统计元素出现次数的示例

```
1    ls=[23, 37, 12, 37, 28]  #创建列表对象并赋给 ls
2    print('ls 中值为 37 的元素的数量为： ', ls.count(37))
3    print('ls 中值为 28 的元素的数量为： ', ls.count(28))
4    print('ls 中值为 56 的元素的数量为： ', ls.count(56))
```

代码清单 5-14 执行结束后，将在屏幕上输出如图 5-14 所示的结果。

图 5-14　代码清单 5-14 的运行结果

5.2.7　计算列表长度

使用 len 函数，可以获取一个列表中包含的元素数量（即列表长度）。len 函数的语法格式如下：

```
len(ls)
```

其中，ls 是要计算长度的列表。例如，代码清单 5-15 给出了计算列表长度的示例。

代码清单 5-15　计算列表长度的示例

```
1    ls=[23, 56, 12, 37, 28]  #创建列表对象并赋给 ls
2    print('ls 的列表长度为: ', len(ls))  #输出 ls 中元素的数量
```

代码清单 5-15 执行结束后，将在屏幕上输出如图 5-15 所示的结果。

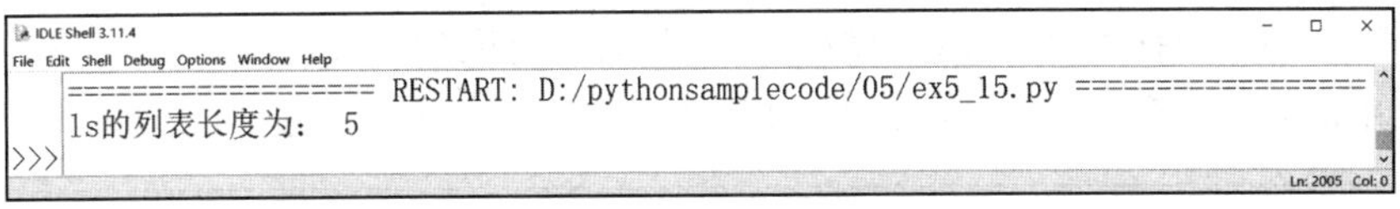

图 5-15　代码清单 5-15 的运行结果

【思考题 5-8】 计算列表 ls 中的元素个数应使用（　　）。
A. ls.count()　　**B.** count(ls)　　**C.** ls.len()　　**D.** len(ls)

【编程练习 5-2】 编写程序实现以下功能：使用选择排序算法将列表中的元素按照升序方式排列。程序运行时，先输入列表中的元素个数 n，再分 n 行输入 n 个元素的值，最后分 $n-1$ 行输出排序过程，分别对应下面的提示中（1）～（$n-1$）处理后的列表。

例如，输入

5
15
10
2
3
1

则输出结果为

[1, 10, 2, 3, 15]
[1, 2, 10, 3, 15]
[1, 2, 3, 10, 15]
[1, 2, 3, 10, 15]

提示：假设列表中有 n 个元素，则选择排序算法处理过程如下。

（1）从 n 个元素中找出具有最小值的元素，如果其不是第 1 个元素则将其与第 1 个元素交换。

（2）从后 $n-1$ 个元素中找出具有最小值的元素，如果其不是第 2 个元素则将其与第 2 个元素交换。

……

（i）从后 $n-i+1$ 个元素中找出具有最小值的元素，如果其不是第 i 个元素则将其与第 i 个元素交换。

……

（$n-1$）从后 2 个元素中找出具有最小值的元素，如果其不是第 $n-1$ 个元素则将其与第 $n-1$ 个元素交换。

排序完毕。

5.2.8 列表元素排序

使用 list 类提供的 sort 方法，可以对列表中的元素按照指定规则进行排序。sort 方法的语法格式如下：

```
ls.sort(key=None, reverse=False)
```

其中，ls 是待排序的列表；key 接收一个函数，通过该函数获取用于排序时比较大小的数据，如果列表中的数据本身可直接比较大小，则 key 可取默认参数值 None；reverse 指定将列表中的元素按升序（False，默认值）还是按降序（True）排列。

提示 sort 方法的形参 key 用于接收一个函数，因此 sort 是 3.6 节介绍的高阶函数。

代码清单 5-16 给出了使用 sort 方法进行列表元素排序的示例。

代码清单 5-16　列表元素排序的示例

```
1   class Student: #定义 Student 类
2       def __init__(self, sno, name): #定义构造方法
3           self.sno=sno #将 self 对象的 sno 属性赋为形参 sno 的值
4           self.name=name #将 self 对象的 name 属性赋为形参 name 的值
5       def __str__(self): #定义内置方法 __str__
6           return '学号：'+self.sno+'，姓名：'+self.name
7   if __name__=='__main__':
8       ls1=[23, 56, 12, 37, 28] #创建列表对象，并赋给变量 ls1
9       ls1.sort() #将 ls1 中的元素按升序排序
10      print('ls1 升序排序后的结果：', ls1)
11      ls1.sort(reverse=True) #将 ls1 中的元素按降序排序
12      print('ls1 降序排序后的结果：', ls1)
13      ls2=[Student('1810101', '李晓明'), Student('1810100', '马红'), Student
            ('1810102', '张刚')] #创建包含 3 个 Student 类对象的列表，并赋给变量 ls2
14      ls2.sort(key=lambda stu:stu.sno) #按学号升序排序
15      print('ls2 按学号升序排序后的结果：')
16      for stu in ls2: #遍历 ls2 中的每名学生并输出其信息
17          print(stu) #使用 stu 会自动执行 Student 类的 __str__ 内置方法
18      ls2.sort(key=lambda stu:stu.sno, reverse=True) #按学号降序排序
19      print('ls2 按学号降序排序后的结果：')
20      for stu in ls2: #遍历 ls2 中的每名学生并输出其信息
21          print(stu) #使用 stu 会自动执行 Student 类的 __str__ 内置方法
```

代码清单 5-16 执行结束后，将在屏幕上输出如图 5-16 所示的结果。

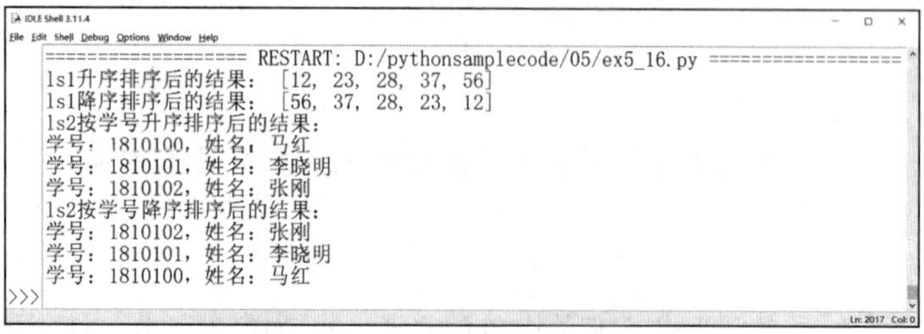

图 5-16　代码清单 5-16 的运行结果

下面结合代码清单 5-16 的运行结果，给出部分代码的说明。

- 第 9 行代码中，使用 ls1 调用 sort 方法时没有传入任何参数，则形参 key 取默

认参数值 None，表示排序时直接按 ls1 各元素的值比较大小，形参 reverse 取默认参数值 False，表示各元素按元素值的升序排序。从输出结果中可以看到，列表 ls1 中的元素直接按各元素的值进行了升序排序。

- 第 11 行代码中，使用 ls1 调用 sort 方法时，形参 key 仍然取默认参数值 None，表示排序时直接按 ls1 各元素的值比较大小，给形参 reverse 传入了实参 True，表示各元素按元素值的降序排序。从输出结果中可以看到，列表 ls1 中的元素直接按各元素的值进行了降序排序。
- 第 14 行代码中，使用 ls2 调用 sort 方法时，给形参 key 传入了一个 lambda 函数作为实参，该 lambda 函数的作用是将传入 stu 对象的 sno 属性作为返回值，即 ls2 排序时以 sno 属性值作为各元素（每个元素是一个 Student 类对象）比较大小的依据。形参 reverse 取默认参数值 False，表示 ls2 中各元素按升序排序。从输出结果中可以看到，列表 ls2 中的元素按各元素的 sno 属性值进行了升序排序，即学号小的元素在前，学号大的元素在后。
- 与第 14 行代码相比，第 18 行代码给形参 reverse 传入了实参 True，表示 ls2 中各元素按降序排序。从输出结果中可以看到，列表 ls2 中的元素按各元素的 sno 属性值进行了降序排序，即学号大的元素在前，学号小的元素在后。

提示 代码清单 5-16 中，第 14 行和第 18 行代码中使用的 lambda 函数

```
lambda stu:stu.sno
```

也可以改为使用 def 定义一个函数，如

```
def GetStuSno(stu):  # 定义 GetStuSno 函数
    return stu.sno   # 返回 stu 的 sno 属性
```

再将第 14 行和第 18 行代码分别改为

```
14    ls2.sort(key=GetStuSno)  # 按学号升序排序
18    ls2.sort(key=GetStuSno, reverse=True)  # 按学号降序排序
```

运行程序后，可得到同样的输出结果。

注意 代码清单 5-16 中，Student 类中没有定义比较运算的内置方法，因此 Student 类对象不支持比较运算。此时，在对由多个 Student 类对象组成的列表 ls2 进行排序时，由于各元素之间无法直接比较大小，所以必须要通过形参 key 指定各元素的比较规则。如果将第 14 行代码修改为 ls2.sort()，即没有指定 ls2 中各元素之间的比较规则，则程序运行时会报如图 5-17 所示的错误信息。

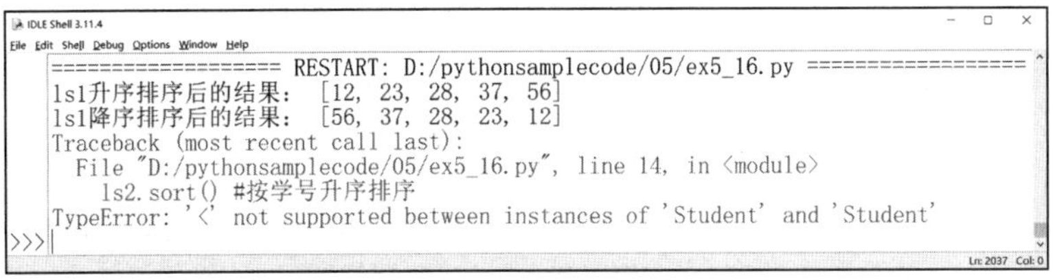

图 5-17 未指定各元素之间比较规则所产生的报错信息

【思考题 5-9】 已知 ls=[1, 3, 2, 5]，则执行 ls.sort()，ls 的值为（　　）。
A. [1, 3, 2, 5]　　　　　　　　　　**B.** [1, 2, 3, 5]
C. [5, 3, 2, 1]　　　　　　　　　　**D.** [5, 2, 3, 1]

【思考题 5-10】 list 类中 sort 方法的形参 key 接收的函数必须有返回值，是否正确？

【编程练习 5-3】 请在【1】和【2】处补充代码，使其输出结果为

```
a:30, b:15
a:20, b:10
a:10, b:20
```

待补充代码的程序如下：

```
class A:
    def __init__(self, a, b):
        self.a=a
        self.b=b
if __name__=='__main__':
    ls=[A(10, 20), A(30, 15), A(20, 10)]
    ls.sort(key=【1】, reverse=【2】)
    for x in ls:
        print('a:%d, b:%d'%(x.a, x.b))
```

5.3 元组

元组是 Python 的另一种内置序列类型。元组与列表相似，都可以用于顺序保存多个元素，但元组是一种不可变类型，即元组中的元素不能修改。对于只需要读取而不需要修改的元素序列，应优先使用元组，以防止使用列表存储时元素会被意外修改，从而导致程序运行结果不正确。元组的概念和基本使用方法在 2.2.4 节已经介绍过，这里对前面的内容做简单回顾并进一步介绍关于元组的更多使用方法。

5.3.1 创建元组

元组就是用一对圆括号()括起来的多个元素的有序集合，各元素之间用逗号分隔。如果一个元组中不包含任何元素（即只有一对圆括号），则该元组就是一个空元组。代码清单 5-17 给出了使用一对圆括号创建元组的示例。

代码清单 5-17　使用一对圆括号()创建元组的示例

```
1  t1=(1, 'one', '一')  #创建一个包含3个元素的元组对象，并将其赋给变量t1
2  t2=()  #创建一个不包含任何元素的元组对象（即空元组），并将其赋给变量t2
3  print('t1 的值为：', t1)
4  print('t2 的值为：', t2)
```

代码清单 5-17 执行结束后，将在屏幕上输出如图 5-18 所示的结果。

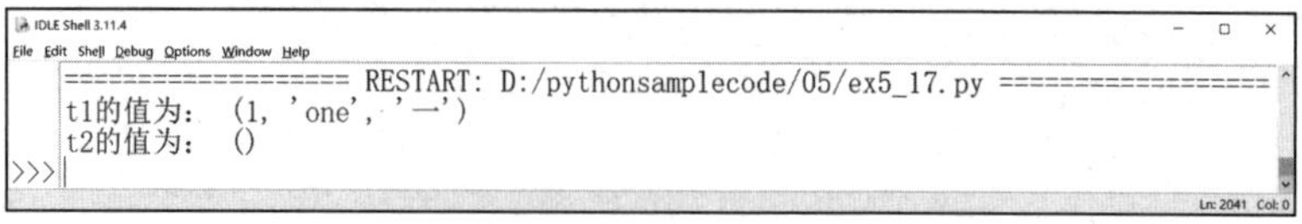

图 5-18　代码清单 5-17 的运行结果

除了可以使用一对圆括号创建元组对象外，还可以使用 Python 内置的 tuple 类，根据一个可迭代对象创建元组对象。程序会依次取出可迭代对象中的每个元素，并将其作为所创建元组对象中的元素。例如，代码清单 5-18 给出了使用 tuple 类创建元组的示例。

代码清单 5-18　使用 tuple 类创建元组的示例

```
1  t=tuple([1, 'one', '一'])  #使用 tuple 类，根据列表创建元组对象，并赋给变量 t
2  print('t 的值为: ', t)
3  print('t 的第一个元素和最后一个元素的值分别为: ', t[0], t[-1])
4  print('t 的前两个元素的值为: ', t[0:-1])
```

代码清单 5-18 执行完毕后，将在屏幕上输出如图 5-19 所示的结果。

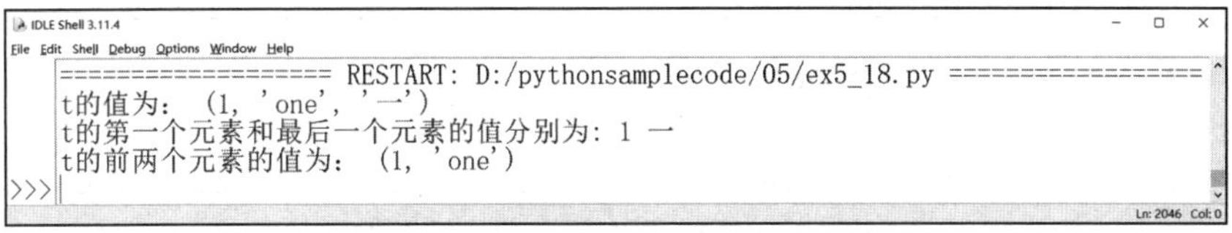

图 5-19　代码清单 5-18 的运行结果

提示

1. 在 Python 中，每一个元组都是 tuple 类的对象。

2. 通过 t[0] 和 t[-1] 可以访问元组中的某个元素，通过 t[0:-1] 可以截取元组中的部分元素生成一个新的元组。关于元组元素的访问和截取方法读者可查阅 2.2.4 节的内容。

5.3.2　创建具有单个元素的元组

在使用一对圆括号创建元组时，如果创建的元组中只包含单个元素，则需要在这唯一的一个元素后面添加逗号，否则圆括号会被系统认为是括号运算符，而不会被认为是在创建元组。例如，代码清单 5-19 给出了创建具有单个元素的元组的示例。

代码清单 5-19　创建具有单个元素的元组的示例

```
1  t1=(15)   #不加逗号，则 t1 是一个整型变量
2  t2=(15, ) #加逗号，则 t2 是一个元组
3  print('t1 的类型为: ', type(t1))
4  print('t2 的类型为: ', type(t2))
```

代码清单 5-19 执行结束后，将在屏幕上输出如图 5-20 所示的结果。

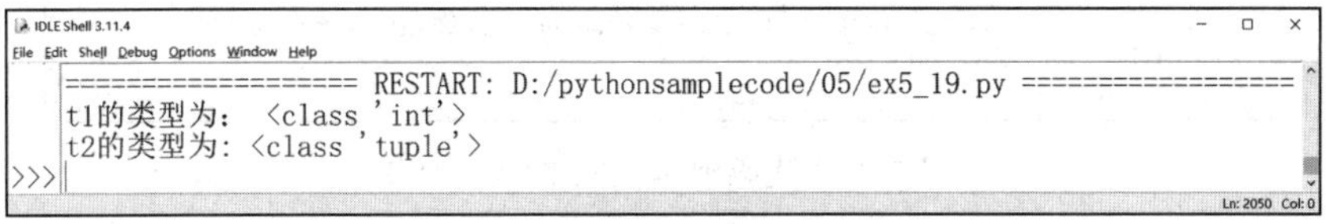

图 5-20　代码清单 5-19 的运行结果

可见，t1 是一个整型变量，而 t2 是元组型变量。

5.3.3 拼接元组

虽然元组中的元素值不允许修改，但通过拼接运算可以连接两个元组，生成一个新元组，如代码清单 5-20 所示。

代码清单 5-20　拼接元组示例

```
1  t1=(1, 2, 3)  #创建元组对象，并赋给变量t1
2  t2=('Python', 'C++')  #创建元组对象，并赋给变量t2
3  t3=t1+t2  #通过拼接运算+，将t1和t2连接生成一个新的元组对象，并赋给t3
4  print('t1和t2的值分别为：', t1, t2)
5  print('t3的值为：', t3)
```

代码清单 5-20 执行结束后，将在屏幕上输出如图 5-21 所示的结果。

图 5-21　代码清单 5-20 的运行结果

可见，t3 就是 t1 和 t2 拼接后的结果，其前 3 个元素对应 t1 中的元素，后两个元素对应 t2 中的元素。

提示　除了拼接运算"+"外，元组也支持重复运算"*"，读者可查阅 2.3.9 节。

5.3.4 获取元组中最大元素和最小元素的值

1. 获取最大元素的值

使用 max 函数可以获取一个元组中最大元素的值，max 函数的语法格式如下：

max(t)

其中，t 是要获取最大元素值的元组。代码清单 5-21 给出了获取元组中最大元素值的示例。

代码清单 5-21　获取元组中最大元素值的示例

```
1  t=(23, 56, 12, 37, 28)  #创建元组对象，并赋给t
2  print('t中的最大元素值为：', max(t))  #输出t中最大元素的值
```

代码清单 5-21 执行结束后，将在屏幕上输出如图 5-22 所示的结果。

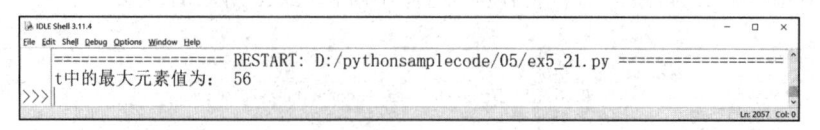

图 5-22　代码清单 5-21 的运行结果

2. 获取最小元素的值

使用 min 函数可以获取一个元组中最小元素的值，min 函数的语法格式如下：

```
min(t)
```

其中，t 是要获取最小元素值的元组。代码清单 5-22 给出了获取元组中最小元素值的示例。

代码清单 5-22　获取元组中最小元素值的示例

```
1  t=(23, 56, 12, 37, 28)  #创建元组对象，并赋给 t
2  print('t 中的最小元素值为：', min(t))  #输出 t 中最小元素的值
```

代码清单 5-22 执行结束后，将在屏幕上输出如图 5-23 所示的结果。

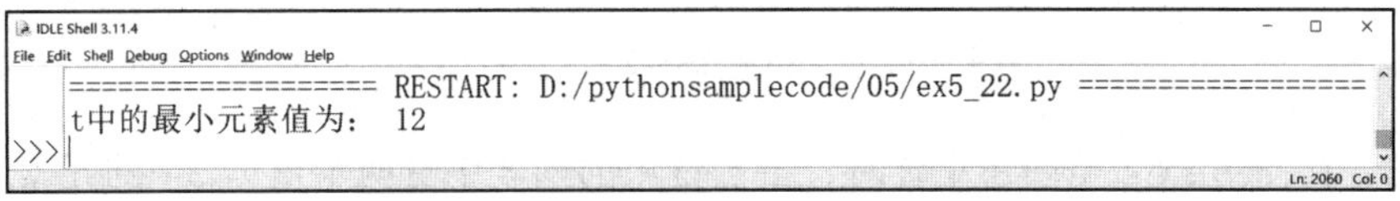

图 5-23　代码清单 5-22 的运行结果

5.3.5　元组的不变性

元组中的元素值不允许修改。因此，元组不支持 sort 等需要修改元素值的方法，也没有必要做深拷贝。

【思考题 5-11】已知 a=tuple([1, 2])+tuple([2, 3])，则 a 的值是（　　）。
A. [1, 2, 3]　　　B. [1, 2, 2, 3]　　　C. (1, 2, 3)　　　D. (1, 2, 2, 3)

【思考题 5-12】通过执行 max(t)，是否可以得到元组 t 中最大元素的值？

5.4　集合

与数学上的集合概念相同，Python 中的集合由若干无序的元素组成，每个元素都是唯一的（即集合中不能包含重复值的元素），且每个元素都必须是可哈希类型的数据。集合的概念和基本使用方法在 2.2.5 节已经介绍过，这里对前面的内容做简单回顾并进一步介绍关于集合的更多使用方法。

5.4.1　创建集合

可以使用一对花括号 {} 或 Python 内置的 set 类创建集合，如果要创建空集合则只能使用 set 类。关于具体方法，读者可查阅 2.2.5 节的相关内容。

提示　在 Python 中，每一个集合都是 set 类的对象。因此，可以通过 set 类提供的方法，对集合对象进行操作，后面会介绍 set 类中部分方法的作用和使用方法。

5.4.2　集合元素的唯一性

集合中各元素的取值必须唯一，即不同的元素必须具有不同的取值。如果创建集合或向集合中插入元素时，存在多个元素具有相同值的情况，则集合会自动过滤取值重复的元素，使得每一取值的元素在集合中只保留一份。例如，代码清单 5-23 给出了集合元素唯一性的示例。

代码清单 5-23　集合元素唯一性的示例

```
1   s=set([23, 37, 12, 37, 28])    #创建集合对象，并赋给 s
2   print('s 的值为: ', s)           #输出 s
```

代码清单 5-23 执行结束后，将在屏幕上输出如图 5-24 所示的结果。

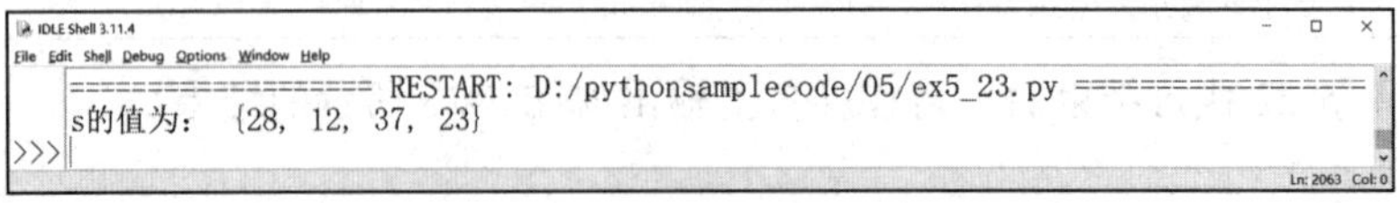

```
================== RESTART: D:/pythonsamplecode/05/ex5_23.py ==================
s的值为:  {28, 12, 37, 23}
>>>
```

图 5-24　代码清单 5-23 的运行结果

可见，在使用 set 类创建集合时，虽然传入的列表中有两个值为 37 的元素，但在所创建的集合对象中只保留了一个。

提示　集合对象中的各元素没有顺序之分，集合对象会自动以方便高效进行元素检索的方式进行元素的存储。在查看集合对象的输出结果时，只需要关注集合对象中包含了哪些元素，而不需要关注这些元素是按照什么顺序显示的。

5.4.3　插入集合元素

集合中提供了两种插入元素的方法，分别是 add 和 update。add 方法的语法格式为

```
s.add(x)
```

其中，x 必须是一个可哈希对象。add 方法的作用是把 x 作为一个新的元素插入集合 s 中。
update 方法的语法格式为

```
s.update(x)
```

其中，x 必须是一个可迭代对象。update 方法的作用是遍历 x 中的每个元素，并将其插入集合 s 中。

提示　关于可哈希对象和可迭代对象的相关介绍，读者可查阅 2.2.5 节。

代码清单 5-24 说明了 add 方法和 update 方法的区别。

代码清单 5-24　add 方法和 update 方法使用示例

```
1   s1=set([1, 2])   #创建集合对象，并赋给变量 s1
2   s2=set([1, 2])   #创建集合对象，并赋给变量 s2
3   s1.add('Python')        #使用 add 方法，向 s1 中插入元素 'Python'
4   s2.update('Python')     #使用 update 方法，遍历 'Python' 中的每个元素并插入 s2 中
5   print('s1 的值为: ', s1) #输出 s1
6   print('s2 的值为: ', s2) #输出 s2
7   #s1.add([4, 5])          #取消前面的注释则会报错
8   s2.update([4, 5])       #使用 update 方法，遍历 [4, 5] 中的每个元素并插入 s2 中
9   s1.add(3)               #使用 add 方法，向 s1 中插入元素 3
10  #s2.update(3)            #取消前面的注释则会报错
11  print('s1 的值为: ', s1) #输出 s1
12  print('s2 的值为: ', s2) #输出 s2
```

代码清单 5-24 执行结束后，将在屏幕上输出如图 5-25 所示的结果。

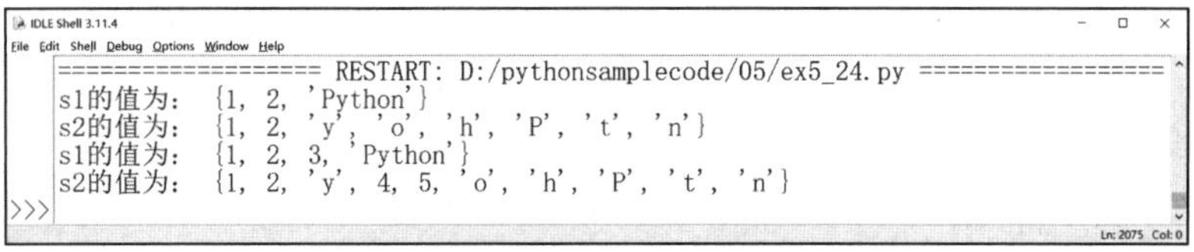

图 5-25　代码清单 5-24 的运行结果

下面结合代码清单 5-24 的运行结果，给出部分代码的说明。
- 对比第 5 行和第 6 行代码的输出结果可以看到，第 3 行代码使用 add 方法，会将 'Python' 作为一个元素插入集合 s1 中；而第 4 行代码使用 update 方法，则会遍历 'Python' 中的每一个字符，得到由单个字符组成的字符串元素，并插入集合 s2 中。
- 类似地，从第 11 行代码的输出结果可以看到，第 9 行代码使用 add 方法，会将数值 3 作为一个元素插入集合 s1 中；从第 12 行代码的输出结果可以看到，第 8 行代码使用 update 方法，则会遍历列表 [4, 5] 中的每一个元素，并插入集合 s2 中。

提示

1. 对于代码清单 5-24 的第 7 行代码，因为 add 方法要求插入集合中的元素必须是可哈希的，而列表是不可哈希的，所以如果取消前面的注释则会报如图 5-26 所示的错误。

2. 对于代码清单 5-24 的第 10 行代码，因为 update 方法要求传入的实参必须是一个可迭代对象，而整数不可迭代，所以如果取消前面的注释则会报如图 5-27 所示的错误。

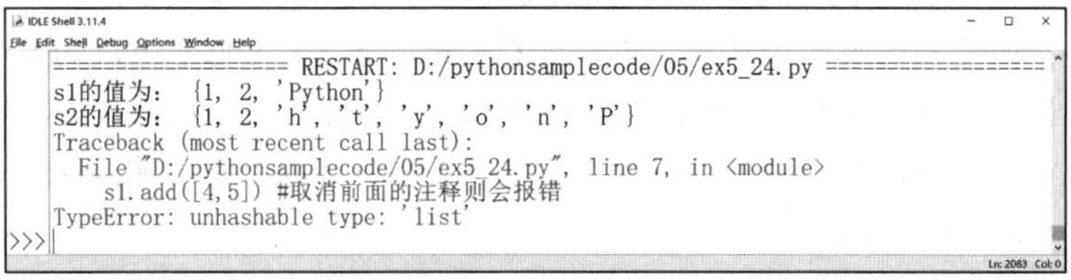

图 5-26　将不可哈希对象作为 add 方法的实参所产生的报错信息

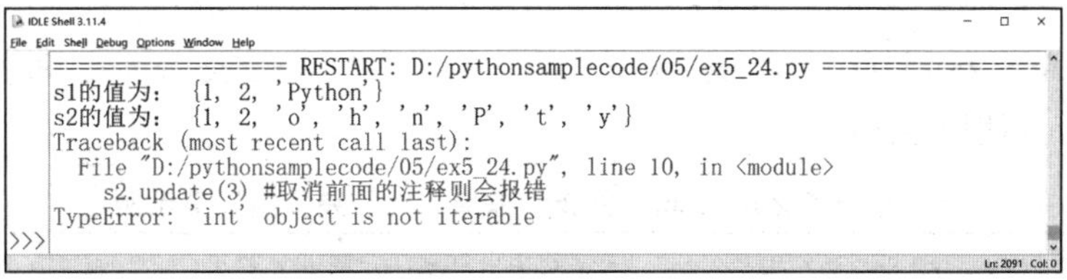

图 5-27　将不可迭代对象作为 update 方法的实参所产生的报错信息

【思考题 5-13】 使用 set 类提供的 update 方法，要求传入的实参必须是（　　）。
A．元组　　　　　　B．列表　　　　　　C．可哈希对象　　　　D．可迭代对象

【思考题 5-14】 已知 s={1, 20, 25}，则通过执行 s.add([2, 3])，可以向 s 中添加一个新的列表类型的元素，是否正确？

【编程练习 5-4】 请在【1】和【2】处补充代码，使程序运行的输出结果为

```
True
True
```

待补充代码的程序如下：

```
s=set([1, 20, 300])
s.【1】((1, 2))
print(2 in s)
s.【2】((1, 2))
print((1, 2) in s)
```

5.4.4 集合的运算

1. 交集、并集、差集和对称差集

使用集合提供的 intersection、union、difference 和 symmetric_difference 方法，分别可以计算一个集合与另一个集合的交集、并集、差集和对称差集。这 4 个方法的语法格式为

```
s1.intersection(s2)          #计算 s1 和 s2 的交集
s1.union(s2)                 #计算 s1 和 s2 的并集
s1.difference(s2)            #计算 s1 和 s2 的差集
s1.symmetric_difference(s2)  #计算 s1 和 s2 的对称差集
```

其中，s1 和 s2 是两个集合对象，方法调用的返回值仍然是一个集合。

提示

1. 交集是指由那些既包含在 s1 中，又包含在 s2 中的元素组成的集合。
2. 并集是指由那些或者包含在 s1 中，或者包含在 s2 中的元素组成的集合。
3. 差集是指由那些包含在 s1 中，但不包含在 s2 中的元素组成的集合。
4. 对称差集是指由那些只包含在 s1 中但不包含在 s2 中，或只包含在 s2 中但不包含在 s1 中的元素组成的集合。
5. intersection、union、difference 和 symmetric_difference 这 4 个方法均将计算结果作为方法调用的返回值，而不会改变 s1 和 s2 的值。

代码清单 5-25 说明了 intersection、union、difference 和 symmetric_difference 的使用方法。

代码清单 5-25　交集、并集、差集、对称差集的计算示例

```
1  s1=set([1, 2, 3])                    #创建集合对象，并赋给变量 s1
2  s2=set([2, 3, 4])                    #创建集合对象，并赋给变量 s2
3  s3=s1.intersection(s2)               #计算 s1 和 s2 的交集，并将返回的集合赋给 s3
4  s4=s1.union(s2)                      #计算 s1 和 s2 的并集，并将返回的集合赋给 s4
5  s5=s1.difference(s2)                 #计算 s1 和 s2 的差集，并将返回的集合赋给 s5
6  s6=s1.symmetric_difference(s2)       #计算 s1 和 s2 的对称差集，并将返回的集合赋给 s6
7  print('s1 和 s2 的值分别为：', s1, s2)
8  print('s1 和 s2 的交集为：', s3)
9  print('s1 和 s2 的并集为：', s4)
```

```
10  print('s1和s2的差集为: ', s5)
11  print('s1和s2的对称差集为: ', s6)
```

代码清单 5-25 执行结束后，将在屏幕上输出如图 5-28 所示的结果。

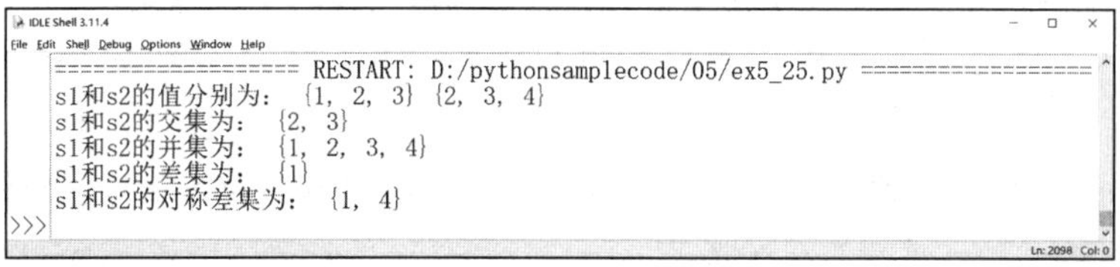

```
======== RESTART: D:/pythonsamplecode/05/ex5_25.py ========
s1和s2的值分别为: {1, 2, 3} {2, 3, 4}
s1和s2的交集为: {2, 3}
s1和s2的并集为: {1, 2, 3, 4}
s1和s2的差集为: {1}
s1和s2的对称差集为: {1, 4}
```

图 5-28　代码清单 5-25 的运行结果

2. 子集和父集

使用集合提供的 issubset 方法，可以判断一个集合是否是另一个集合的子集；使用集合提供的 issuperset 方法，可以判断一个集合是否是另一个集合的父集。issubset 和 issuperset 方法的语法格式为

```
s1.issubset(s2)      # 判断 s1 是否是 s2 的子集
s1.issuperset(s2)    # 判断 s1 是否是 s2 的父集（即判断 s2 是否是 s1 的子集）
```

其中，s1 和 s2 是两个集合对象，方法调用的返回值是 True（条件成立）或 False（条件不成立）。

提示　对于两个集合 s1 和 s2，如果 s1 中的所有元素都包含在 s2 中，则 s1 是 s2 的子集，且 s2 是 s1 的父集。

例如，代码清单 5-26 给出了子集和父集的判断示例。

代码清单 5-26　子集和父集的判断示例

```
1  s1=set([1, 2, 3, 4])           # 创建集合对象，并赋给变量 s1
2  s2=set([2, 3, 4, 5])           # 创建集合对象，并赋给变量 s2
3  s3=set([1, 3])                 # 创建集合对象，并赋给变量 s3
4  print('s3是s1的子集: ', s3.issubset(s1))
5  print('s1是s3的父集: ', s1.issuperset(s3))
6  print('s3是s2的子集: ', s3.issubset(s2))
7  print('s3是s2的父集: ', s3.issuperset(s2))
```

代码清单 5-26 执行结束后，将在屏幕上输出如图 5-29 所示的结果。

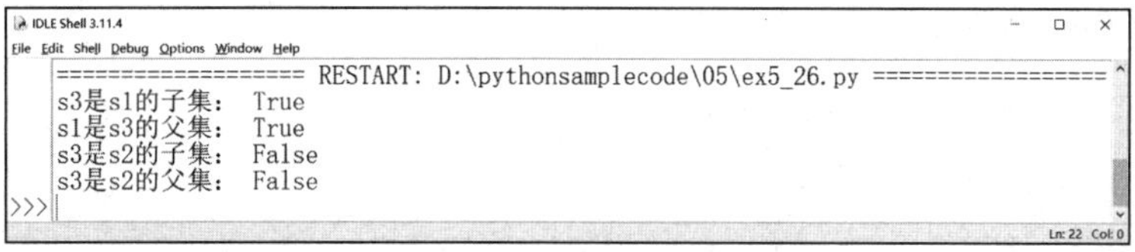

```
======== RESTART: D:\pythonsamplecode\05\ex5_26.py ========
s3是s1的子集: True
s1是s3的父集: True
s3是s2的子集: False
s3是s2的父集: False
```

图 5-29　代码清单 5-26 的运行结果

【思考题 5-15】如果要计算两个集合的交集，应使用集合中的（　　）方法。
A. intersection　　　　　　　　　　B. union
C. difference　　　　　　　　　　　D. symmetric_difference

【思考题 5-16】 已知 s1 和 s2 是两个集合，则 "s1.issubset(s2)" 与 "s2.issuperset(s1)" 的返回结果必然相同，是否正确？

【编程练习 5-5】 一个 n 度幻方共有 n 的平方个数字的排列（n 行、n 列），它们都是不同的整数，在一个方块中，n 个数字在所有行、所有列和所有对角线中的和都相同。

请编写 is_magicsquare 函数判断一个填充好数字的方形是否是幻方。程序运行时，先输入一个整数 n，表示该数字方形的度数（n 行、n 列）；然后，输入 n 行数据，每行包含 n 个用英文逗号分开的正整数；最后，输出判断结果，如果是幻方则输出 Yes，否则输出 No。

例如，如果输入

```
2
1, 2
3, 4
```

或

```
2
4, 4
4, 4
```

则输出结果为

```
No
```

如果输入

```
3
8, 1, 6
3, 5, 7
4, 9, 2
```

或

```
4
16, 9, 6, 3
5, 4, 15, 10
11, 14, 1, 8
2, 7, 12, 13
```

则输出结果为

```
Yes
```

待补充代码的程序如下：

```python
#在此处编写 is_magicsquare 函数的定义代码

if __name__=='__main__':
    n = eval(input())
    ls = []
    for i in range(n):
        ls.append(list(eval(input())))
    #print(ls)
    if is_magicsquare(ls)==True:
        print('Yes')
```

```
else:
    print('No')
```

5.5 字典

与集合类似,字典也是由若干无序的元素组成。但与集合不同的是,字典是一种映射类型,字典中的每个元素都是"键(key):值(value)"的形式。需要注意,字典中每个元素的键的取值必须唯一(即字典中不能包含具有相同键值的元素),且每个元素的键必须是一个可哈希数据;对于字典中每个元素的值,则没有任何取值上的限制。

与集合相同,字典的主要应用之一是做数据的快速检索。实际使用字典时,将作为查询条件的数据项作为元素的键,将其他数据项作为元素的值。例如,在进行学生信息管理时,经常要根据学号进行学生信息的查询,此时就可以将学号作为键,而将其他信息作为值。

字典的概念和基本使用方法在 2.2.6 节已经介绍过,这里对前面的内容做简单回顾并进一步介绍关于字典的更多使用方法。

5.5.1 字典的创建和初始化

可以使用一对花括号 {} 或 Python 内置的 `dict` 类创建字典,如果要创建空字典则可以使用 {} 或 `dict()`。在创建字典对象的同时,可以初始化字典中的元素。除了 2.2.6 节所介绍的字典创建和初始化的方法外,还可以使用 `dict` 类提供的类方法 `fromkeys`,其语法格式如下:

```
dict.fromkeys(iterable, value=None)
```

其中,`dict` 是字典类;`iterable` 是一个可迭代对象,用于指定新创建的字典对象中每一个元素的键;`value` 用于指定各元素的初始值,未传实参的情况下所有元素的值都被赋为 `None`。例如,代码清单 5-27 给出了 `fromkeys` 方法的使用示例。

代码清单 5-27　`dict` 类的类方法 `fromkeys` 的使用示例

```
1  d1=dict.fromkeys(['sno', 'name', 'major'])
2  d2=dict.fromkeys(['sno', 'name', 'major'], 'Unknown')
3  print('d1 的值为: ', d1)
4  print('d2 的值为: ', d2)
```

代码清单 5-27 执行结束后,将在屏幕上输出如图 5-30 所示的结果。

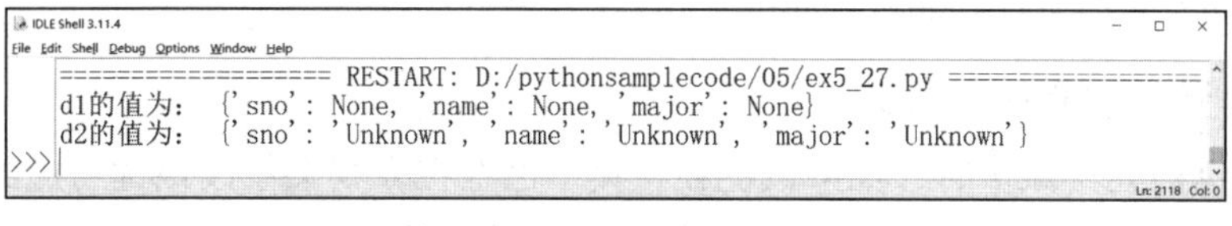

图 5-30　代码清单 5-27 的运行结果

下面结合代码清单 5-27 的运行结果,给出部分代码的说明。
- 第 1 和 2 行代码中,为 `fromkeys` 方法的形参 `iterable` 传入的实参均是包含 3 个元素的列表 `['sno', 'name', 'major']`。从输出结果中可以看到,列表中每一个元素的值作为所创建字典对象中每一个元素的键。
- 第1行代码中，没有为 fromkeys 方法的形参 value 传实参，形参 value 取默认参数值 None。因此，所创建的字典对象中，每一个元素的值都被赋为 None。
- 与第1行代码相比，第2行代码为 fromkeys 方法的形参 value 传入了实参 'Unknown'。因此，所创建的字典对象中，每一个元素的值都被赋为 'Unknown'。

提示 fromkeys 是一个类方法，可以通过 dict 类调用，也可以通过 dict 类的实例对象调用。当通过 dict 类的实例对象调用时，类方法 fromkeys 的第1个形参也只会接收该实例对象所属的 dict 类，在方法中不会对调用类方法时所使用的实例对象做任何操作。因此，如果使用一个 dict 类对象调用类方法 fromkeys，即便该实例对象中原来已经有其他元素，但这些已有元素并不会作为新创建字典对象中的元素。例如，下面的代码

```
d1=dict(age=18)
print('d1 的值为: ', d1)
d2=d1.fromkeys(['sno', 'name', 'major'])
print('d2 的值为: ', d2)
```

执行完毕后，将在屏幕上输出

```
d1 的值为: {'age': 18}
d2 的值为: {'sno': None, 'name': None, 'major': None}
```

可以看到，虽然在调用 fromkeys 方法前 d1 对象中已经有了一个键为 'age' 的元素，但该元素在 d2 中并不存在。

【思考题 5-17】 已知 d1={'age':19}，则执行 d1.fromkeys(['sno', 'name'])，d1 中的元素个数为（　　）。
A. 0　　　　　　**B.** 1　　　　　　**C.** 2　　　　　　**D.** 3

【思考题 5-18】 已知 d1={'age':19}，则执行 d2=d1.fromkeys(['sno', 'name'])，d2 中的元素个数为（　　）。
A. 0　　　　　　**B.** 1　　　　　　**C.** 2　　　　　　**D.** 3

5.5.2　字典元素的修改、插入和删除

在 2.2.6 节介绍了通过字典中一个元素的键获取该元素的值的方式，采用同样的方式可以完成字典元素的修改、插入和删除。

1. 字典元素的修改和插入

给指定键的元素赋值时，如果该键在字典中已存在，则会修改该键对应的元素的值；如果该键在字典中不存在，则会在字典中插入一个新元素。

另外，也可以使用 dict 类提供的 update 方法向字典对象中一次修改或插入多个元素，其语法格式为

```
d.update(d2)    #遍历字典对象 d2 中的每一个元素，对字典对象 d 做元素修改或插入操作
```

或

```
d.update(键1=值1, 键2=值2, …, 键N=值N)  #用不定长的关键字参数，对字典对象d做元素修改
    或插入操作
```

提示

1. 第2种语法格式中，会将传入的多个实参封装成一个字典，传给update方法的不定长形参。因此，实际上无论采用哪种语法格式，update方法接收到的都是一个字典对象。

2. update方法会遍历传入字典对象中的每一个元素的键k和值v，并通过d[k]=v的方式，实现对字典中已有元素的修改（当d中有键为k的元素时）或新元素的插入（当d中没有键为k的元素时）。

代码清单5-28给出了字典元素的修改和插入示例。

代码清单5-28 字典元素的修改和插入示例

```
1   stu=dict(sno='1810101')  # 创建字典对象，并赋给变量stu
2   print(stu)  # 输出stu的值
3   stu['sno']='1810100'  # 将键为'sno'的元素的值修改为'1810100'
4   print(stu)  # 输出stu的值
5   stu['name']='李晓明'  # 插入一个键为'name'的元素，其值为'李晓明'
6   print(stu)  # 输出stu的值
7   stu.update({'name':'马红', 'age':19})  # 进行多个元素的修改和插入
8   print(stu)  # 输出stu的值
9   stu.update(name='张刚', major='计算机')  # 进行多个元素的修改和插入
10  print(stu)  # 输出stu的值
```

代码清单5-28执行结束后，将在屏幕上输出如图5-31所示的结果。

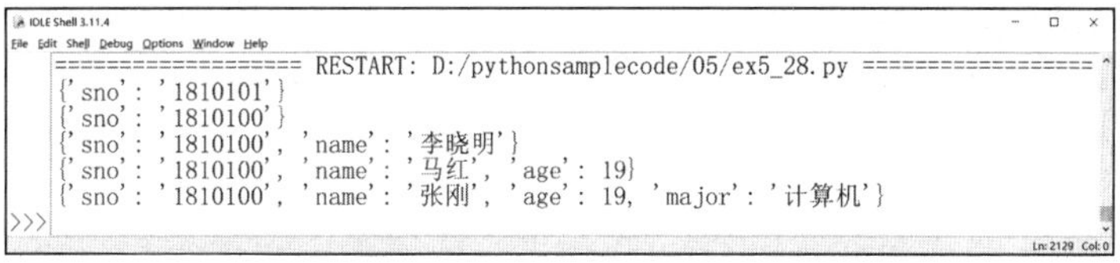

```
================= RESTART: D:/pythonsamplecode/05/ex5_28.py =================
{'sno': '1810101'}
{'sno': '1810100'}
{'sno': '1810100', 'name': '李晓明'}
{'sno': '1810100', 'name': '马红', 'age': 19}
{'sno': '1810100', 'name': '张刚', 'age': 19, 'major': '计算机'}
```

图5-31 代码清单5-28的运行结果

下面结合代码清单5-28的运行结果，给出部分代码的说明。

- 第3行代码中，为字典对象stu中键为'sno'的元素赋值。字典对象stu中已存在键为'sno'的元素，因此会直接修改该元素的值，而不会插入新的元素。
- 第5行代码中，为字典对象stu中键为'name'的元素赋值。字典对象stu中不存在键为'name'的元素，因此会在stu对象中插入一个键为'name'的新元素，其值为'李晓明'。
- 第7行代码中，通过字典对象stu调用update方法进行多个元素的修改和插入。stu对象中已存在键为'name'的元素，但不存在键为'age'的元素。因此，该行代码执行时会将stu对象中键为'name'的元素的值修改为'马红'；并在stu对象中插入一个键为'age'的新元素，其值为19。
- 第9行代码中，通过字典对象stu调用update方法进行多个元素的修改和插入。stu对象中已存在键为'name'的元素，但不存在键为'major'的元素。因此，

该行代码执行时会将 stu 对象中键为 'name' 的元素的值修改为 '张刚'；并在 stu 对象中插入一个键为 'major' 的新元素，其值为 '计算机'。

2. 字典元素的删除

可以使用 del 语句或 dict 类提供的 pop 方法按指定的键删除对应元素。pop 方法的语法格式为

```
d.pop(k[, default])
```

其作用是从字典对象 d 中删除键为 k 的元素并返回该元素的值。如果 d 中不存在键为 k 的元素，但调用 pop 方法时为形参 default 传了实参，则将形参 default 的值作为返回值；如果 d 中不存在键为 k 的元素，且调用 pop 方法时没有为形参 default 传实参，则会报错。例如，代码清单 5-29 给出了字典元素的删除示例。

代码清单 5-29　字典元素的删除示例

```
1  d=dict(sno='1810100', name='李晓明', age=19)  #创建字典对象，并赋给变量d
2  print('第2行输出的字典d: ', d)  #输出d的值
3  del d['age']  #使用del语句，删除d中键为'age'的元素
4  name=d.pop('name')  #使用pop方法，删除d中键为'name'的元素，并将所删除元素的值赋给name
5  print('name的值为: ', name)
6  print('第6行输出的字典d: ', d)
7  major=d.pop('major', 'Not found')  #使用pop方法，删除d中键为'major'的元素，如果
                                       不存在键为'major'的元素则返回'Not Found'
8  print('major的值为: ', major)
9  #major=d.pop('major')  #取消前面的注释会报错
```

代码清单 5-29 执行结束后，将在屏幕上输出如图 5-32 所示的结果。

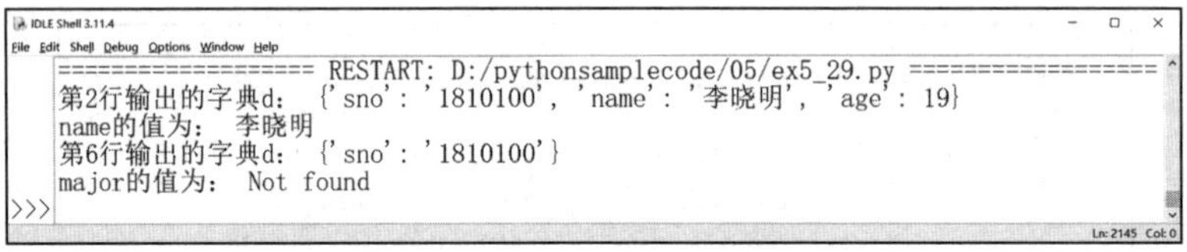

图 5-32　代码清单 5-29 的运行结果

提示　代码清单 5-29 中，如果将第 9 行代码前面的注释取消，则会因未找到键为 'major' 的元素，产生如图 5-33 所示的错误信息。

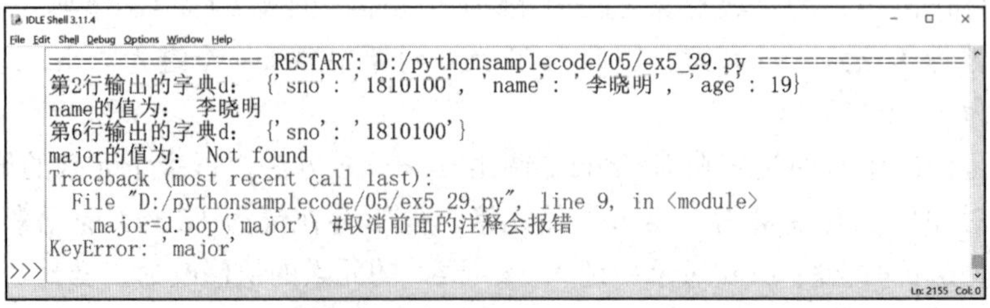

图 5-33　删除不存在的字典元素且未指定 default 参数值时所产生的报错信息

【思考题 5-19】　使用 dict 类提供的（　　）方法，可以向字典对象中一次修改或插入多

A. add **B.** update **C.** push **D.** insert

【思考题 5-20】已知 d=dict(sno='1810100', name='李晓明', age=19)，则执行"r=del d['age']"，r 的值为 19，是否正确？

5.5.3 字典的浅拷贝和深拷贝

与列表相同，可以对字典变量进行直接赋值、浅拷贝和深拷贝。通过两个字典变量间的直接赋值，两个字典变量在任何层元素的取值上均彼此关联，对一个字典变量中的元素做了修改，则另一个字典变量对应的元素也会发生变化；通过浅拷贝，可以使两个字典变量在第 1 层元素的取值上相互独立，在第 2 层或更深层次元素的取值上仍然彼此关联；通过深拷贝，则可以使两个字典变量在任何层元素的取值上均保持相互独立。

1. 浅拷贝

字典不支持指定索引范围的索引操作，要实现字典的浅拷贝，则需要使用 dict 类提供的 copy 方法。copy 方法的语法格式为

```
d.copy()
```

其作用是对字典对象 d 进行浅拷贝，创建一个新的字典对象并返回。下面通过具体示例说明浅拷贝的概念及 copy 方法的作用，如代码清单 5-30 所示。

代码清单 5-30　字典浅拷贝示例

```
1  stu1={'name':'李晓明', 'age':19, 'score':{'python':95, 'math':92}}
2  stu2=stu1                    #直接赋值，此时 stu1 和 stu2 指向同一个字典对象
3  stu3=stu1.copy()             #使用 copy 方法进行浅拷贝
4  print('stu1、stu2 和 stu3 的内存地址分别为: ', id(stu1), id(stu2), id(stu3))
5  stu1['name']='马红'           #对字典对象中第 1 层的元素做修改
6  print('stu1 的值为: ', stu1)
7  print('stu2 的值为: ', stu2)
8  print('stu3 的值为: ', stu3)
9  print("stu1['score']和 stu3['score']的内存地址分别为: ", id(stu1['score']),
       id(stu3['score']))
10 stu1['score']['python']=100  #对字典对象 stu1 中第 2 层的元素做修改
11 print('stu1 的值为: ', stu1)
12 print('stu3 的值为: ', stu3)
```

代码清单 5-30 执行结束后，将在屏幕上输出如图 5-34 所示的结果。

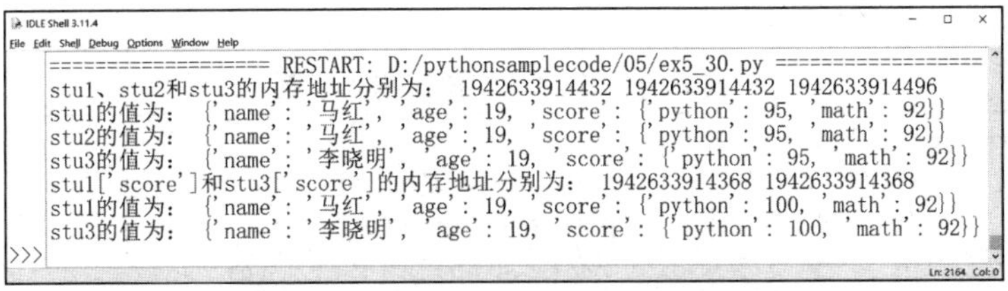

图 5-34　代码清单 5-30 的运行结果

下面结合代码清单 5-30 的运行结果，给出部分代码的说明。

- 赋值运算实际上使得两个变量指向了同一字典对象。当使用其中一个变量更新字典

对象中的元素后，用另一个变量访问字典对象时也会访问到更新后的元素值。例如，第 2 行代码中，将 stu1 直接赋给了 stu2，此时 stu1 和 stu2 就指向同一个字典对象；第 4 行代码输出 stu1 和 stu2 的内存地址时，会输出相同的地址值；第 5 行代码通过 stu1 对键为 'name' 的元素的值做了修改，则第 7 行代码使用 stu2 输出字典对象时键为 'name' 的元素的值也做了相应改变。

- 通过 dict 类提供的 copy 方法，可以根据已有字典对象生成一个新的字典对象。例如，第 3 行代码中，使用 copy 方法根据 stu1 生成了一个新的字典对象并赋给 stu3；第 4 行代码输出 stu1 和 stu3 的内存地址时，会输出不同的地址值；第 5 行代码通过 stu1 对键为 'name' 的元素值做了修改，第 8 行代码使用 stu3 输出字典对象时键为 'name' 的元素的值并没有随之改变。这说明使用 copy 方法进行浅拷贝，可以使原有字典对象和浅拷贝生成的字典对象在第 1 层元素的取值上相互独立。

- 通过 dict 类提供的 copy 方法实现的浅拷贝，只是使原有字典对象和浅拷贝生成的字典对象分别占用不同的内存空间，但这两个字典对象中的元素仍然对应同样的内存空间，即对于第 2 层及更深层次的元素的操作，二者仍然彼此关联。例如，第 9 行代码输出 stu1['score'] 和 stu3['score'] 的内存地址时，会输出相同的内存地址，即 stu1 和 stu3 虽然对应不同的字典对象，但两个字典对象中键为 'score' 的元素仍然对应同样的内存。因此，第 10 行代码修改了 stu1['score']['python'] 的值后，第 12 行代码输出 stu3 的值时，stu3['score']['python'] 的值也随之改变。

可见，浅拷贝使得原有字典对象和生成的字典对象具有一定独立性，但并不完全独立；当对字典可变类型元素中的元素做修改时，则会产生问题。为了解决这个问题，对于含有可变类型元素的字典对象，需要使用深拷贝方法。

2. 深拷贝

使用 copy 模块的 deepcopy 方法可以实现深拷贝，其语法格式为

```
copy.deepcopy(d)
```

其作用是对字典对象 d 进行深拷贝，创建一个新的字典对象并返回。深拷贝不仅使原有字典对象和生成的字典对象对应不同的内存空间，而且使两个字典对象中的可变类型元素也对应不同的内存空间，从而使得两个字典对象在各层元素的取值上完全独立。例如，代码清单 5-31 给出了字典深拷贝示例。

代码清单 5-31　字典深拷贝示例

```
1  import copy  # 导入 copy 模块
2  stu1={'name':' 李晓明 ', 'age':19, 'score':{'python':95, 'math':92}}
3  stu2=copy.deepcopy(stu1)  # 使用 copy.deepcopy 方法进行深拷贝
4  print("stu1 和 stu2 的内存地址分别为: ", id(stu1), id(stu2))
5  print("stu1['score'] 和 stu2['score'] 的内存地址分别为: ", id(stu1['score']),
       id(stu2['score']))
6  stu1['score']['python']=100  # 对字典对象 stu1 中第 2 层的元素做修改
7  print('stu1 的值为: ', stu1)
8  print('stu2 的值为: ', stu2)
```

代码清单5-31执行完毕后,将在屏幕上输出如图5-35所示的结果。

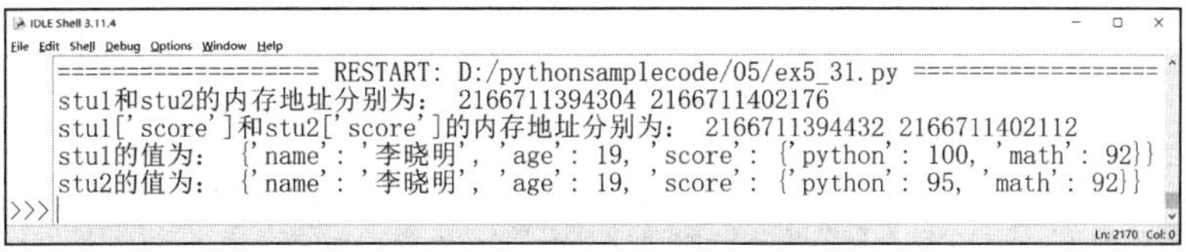

图5-35 代码清单5-31的运行结果

从输出结果中可以看到,通过深拷贝,不仅原有字典对象stu1和深拷贝生成的字典对象stu2对应不同的内存空间,而且两个对象中的可变类型元素也对应不同的内存空间,从而使得原有字典对象和生成的字典对象完全独立,即对一个字典对象的任何修改都不会影响另一个字典对象。

【思考题5-21】 已知a=dict(x=1, y=2)且b=a,则执行a['y']=10, print(b)的输出结果为( )。

A. {x=1, y=10}
B. {x=1, y=2}
C. {'x':1, 'y':10}
D. {'x':1, 'y':2}

【思考题5-22】 如果字典对象a中包含可变类型的元素,则在用a给b赋值时,为了使a和b中各元素的取值具有完全的独立性,应使用copy模块的deepcopy函数,是否正确?

5.5.4 判断字典中是否存在指定键的元素

可以使用两种方式判断字典中是否存在指定键的元素。一种方式是使用dict类提供的get方法,其语法格式为

```
d.get(key, default=None)
```

其作用是从字典对象d中获取键为key的元素的值,并返回。如果在字典对象d中不存在键为key的元素,则返回default参数的值(默认为None)。

另一种方式是使用成员运算符in(读者可查阅2.3.8节的相关内容)。

提示 两种方式在作用上存在如下差异。

1. 使用字典对象d调用get方法,如果返回结果为None,则说明字典对象d中不存在指定键的元素,或者字典对象d中虽然存在指定键的元素,但其值为None(即该元素没有有效值)。

2. 使用成员运算符in,可以判断字典对象d是否包含指定键的元素,但无法判断字典对象d中指定键的元素的值是否是有效值(即不为None)。

读者在使用时应根据实际应用场景的需要,选择合适的方式。

代码清单5-32给出了判断字典中是否存在指定键的元素的示例。

代码清单5-32 判断字典中是否存在指定键的元素的示例

```
1   d=dict(sno='1810100', name='李晓明')   #创建字典对象,并赋给变量d
```

```
2   if d.get('sno')!=None:  #如果get方法返回的不是None
3       print('字典d中存在键为sno的元素,且其值不为None')
4   else:  #否则
5       print('字典d中不存在键为sno的元素,或键为sno的元素的值为None')
6   if 'name' in d:  #如果字典d中有键为'name'的元素
7       print('字典d中存在键为name的元素')
8   else:
9       print('字典d中不存在键为name的元素')
10  if d.get('age')!=None:  #如果get方法返回的不是None
11      print('字典d中存在键为age的元素')
12  else:  #否则
13      print('字典d中不存在键为age的元素')
```

代码清单 5-32 执行结束后,将在屏幕上输出如图 5-36 所示的结果。

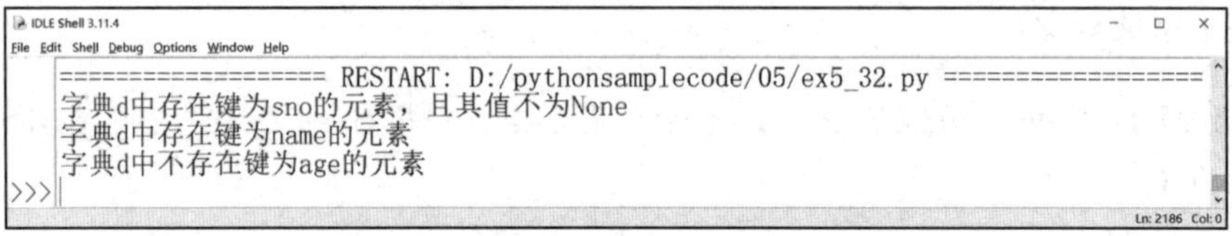

图 5-36 代码清单 5-32 的运行结果

【思考题 5-23】已知 d=dict(x=1, y=2),则 d.get('z') 返回的结果是(　　)。
A. None　　　　B. default　　　　C. null　　　　D. 报错

5.5.5 拼接两个字典

这里介绍两种不同的字典拼接方法。

方法 1:

```
dMerge=dict(d1, **d2)
```

方法 2:

```
dMerge=d1.copy()
dMerge.update(d2)
```

其中,d1 和 d2 是待拼接的两个字典,dMerge 用于保存拼接后的字典。

注意 拼接运算符"+"不支持对两个字典对象的拼接操作。

例如,代码清单 5-33 给出了字典拼接示例。

代码清单 5-33　字典拼接示例

```
1   d1=dict(sno='1810100', name='李晓明')  #创建字典对象,并赋给变量d1
2   d2=dict(age=19)         #创建字典对象,并赋给变量d2
3   dMerge1=dict(d1, **d2)
4   print('dMerge1的值为: ', dMerge1)
5   dMerge2=d1.copy()       #使用copy方法对d1进行浅拷贝,生成新的字典对象并赋给dMerge2
6   dMerge2.update(d2)      #根据d2中的元素对dMerge2进行修改和插入操作
7   print('dMerge2的值为: ', dMerge2)
```

代码清单 5-33 执行完毕后,将在屏幕上输出如图 5-37 所示的结果。

图 5-37　代码清单 5-33 的运行结果

提示　两种字典拼接方法实现的均是浅拷贝,即拼接后所创建的新的字典对象与原有的两个字典对象在第 1 层元素的取值上相互独立,但在第 2 层及更深层次元素的取值上彼此关联。如果要实现深拷贝,则需要对 d1 和 d2 进行深拷贝。例如,将方法 1 和方法 2 分别进行如下改写。

修改后的方法 1:

```
dMerge=dict(copy.deepcopy(d1), **copy.deepcopy(d2))
```

修改后的方法 2:

```
dMerge=copy.deepcopy(d1)
dMerge.update(copy.deepcopy(d2))
```

【思考题 5-24】　已知 d1 和 d2 是两个字典对象,则直接执行"dMerge=dict(d1, **d2)"与先执行"dMerge=d1.copy()",再执行"dMerge.update(d2)"的效果完全相同,是否正确?

5.5.6　字典的其他常用操作

1. 计算字典中元素个数

使用 Python 提供的内置函数 len,可以计算字典中的元素个数。len 函数的语法格式为

```
len(d)
```

其中,d 为要计算元素个数的字典对象。代码清单 5-34 给出了计算字典中元素个数的示例。

代码清单 5-34　计算字典中元素个数的示例

```
1  d=dict(sno='1810100', name='李晓明', age=19)  #创建字典对象,并赋给变量 d
2  print('字典 d 中的元素个数为: ', len(d))
```

代码清单 5-34 执行结束后,将在屏幕上输出如图 5-38 所示的结果。

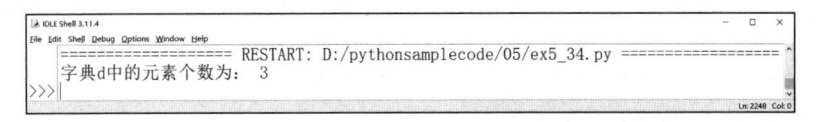

图 5-38　代码清单 5-34 的运行结果

2. 清除字典中所有元素

使用 dict 类提供的 clear 方法,可以一次将一个字典中的所有元素都清除。clear 方法的语法格式为

```
d.clear()
```

其中，d为要清除元素的字典对象。代码清单5-35给出了清除字典中所有元素的示例。

代码清单5-35　清除字典中所有元素的示例

```
1  d=dict(sno='1810100', name='李晓明', age=19)  #创建字典对象，并赋给变量d
2  print('字典d中的元素个数为: ', len(d))
3  d.clear()  #调用clear方法清除字典对象d中的所有元素
4  print('字典d中的元素个数为: ', len(d))
```

代码清单5-35执行结束后，将在屏幕上输出如图5-39所示的结果。

图5-39　代码清单5-35的运行结果

可见，通过clear方法，可以一次删除字典对象d中的所有元素。

3. 获取字典中所有元素的键

使用dict类提供的keys方法，可以获取一个字典对象所有元素的键。keys方法的语法格式为

```
d.keys()
```

其作用是返回一个包含字典对象d中所有元素的键的可迭代对象。代码清单5-36给出了获取字典中所有元素的键的示例。

代码清单5-36　获取字典中所有元素的键的示例

```
1  d=dict(sno='1810100', name='李晓明')  #创建字典对象，并赋给变量d
2  print('d中的键为: ', d.keys())
```

代码清单5-36执行结束后，将在屏幕上输出如图5-40所示的结果。

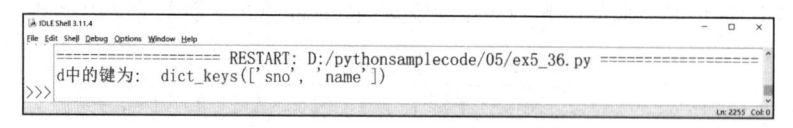

图5-40　代码清单5-36的运行结果

思考　keys方法返回的是一个dict_keys对象，是否可以将其转换为列表？如何实现？

4. 获取字典中所有元素的值

使用dict类提供的values方法，可以获取一个字典对象所有元素的值。values方法的语法格式为

```
d.values()
```

其作用是返回一个包含字典对象d中所有元素的值的可迭代对象。代码清单5-37给出了获

取字典中所有元素的值的示例。

代码清单 5-37　获取字典中所有元素的值的示例

```
1  d=dict(sno='1810100', name='李晓明')  #创建字典对象,并赋给变量d
2  print('d中的值为: ', d.values())
```

代码清单 5-37 执行完毕后,将在屏幕上输出如图 5-41 所示的结果。

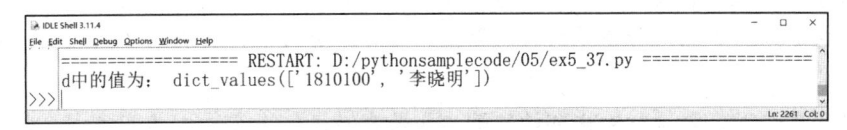

图 5-41　代码清单 5-37 的运行结果

思考　values 方法返回的是一个 `dict_values` 对象,是否可以将其转换为列表?如何实现?

5. 获取字典中所有元素的键和值

使用 dict 类提供的 items 方法,可以返回一个可迭代对象,该可迭代对象以元组形式存储字典对象中每个元素的键和值。items 的语法格式为

```
d.items()
```

其中,d 是一个字典对象。如果字典对象中包含 N 个元素,即 d={ 键 1: 值 1, 键 2: 值 2, …, 键 N: 值 N},则生成的可迭代对象中包含 N 个元组,分别是 (键 1, 值 1)、(键 2, 值 2)、…、(键 N, 值 N)。代码清单 5-38 给出了获取字典中所有元素键和值的示例。

代码清单 5-38　获取字典中所有元素键和值的示例

```
1  d=dict(sno='1810100', name='李晓明')  #创建字典对象并赋给变量d
2  for key, value in d.items():
3      print(key, value)
```

代码清单 5-38 执行结束后,将在屏幕上输出如图 5-42 所示的结果。

图 5-42　代码清单 5-38 的运行结果

提示　代码清单 5-38 的第 2 行代码中,通过 for 循环,可以遍历 d.items() 返回的可迭代对象中的每个元素。由于该可迭代对象中的每个元素都是一个包含两个元素的元组,所以可以在循环中用两个变量 k 和 v 分别获取元组中的这两个元素。

【思考题 5-25】 已知 d=dict(x=1, y=2),则执行 d.clear() 后,len(d) 返回的结果是 (　　)。

A. 0　　　　　　　B. 1　　　　　　　C. 2　　　　　　　D. 报错

【思考题 5-26】 通过执行 d.keys()，是否可以获取由字典对象 d 中所有元素的键组成的一个可迭代对象？

【编程练习 5-6】 假设有一种 A 语言，其单词也是由 26 个英文字母组成，但拼写与英文完全不同。请编写程序实现将 A 语言单词翻译成英文单词的功能。

程序运行时，输入数据如下：先输入单词的数量 n；然后，输入 2n 行英文单词及对应 A 语言单词的数据，每连续两行输入的单词，前一行单词是英文单词，后一行单词是对应的 A 语言单词；再输入待查单词的数量 m；最后，输入 m 行 A 语言单词数据，每行输入一个 A 语言单词。

输出结果如下：分 m 行输出翻译结果。如果能够找到输入的 A 语言单词，则输出对应的英文单词；如果找不到，则输出"notfound"。

例如，输入

```
4
cat
atcay
pig
igpay
froot
ootfray
loops
oopslay
3
atcay
ittenkay
oopslay
```

则输出结果为

```
cat
notfound
loops
```

5.6 切片

从一个序列对象中取部分元素形成一个新的序列对象，是一个非常常用的操作，这个操作被称作切片（slice）。实际上，这里所说的切片操作，就是第 2 章所介绍的指定索引范围的索引操作，读者可查阅 2.2.2～2.2.4 节的相关内容。这里只做一点补充，即切片操作除了可以取指定范围内的多个连续元素，还可以以固定步长取指定范围内的多个不连续元素。

例如，代码清单 5-39 给出了取指定范围内多个不连续元素的切片操作示例。

代码清单 5-39　取指定范围内多个不连续元素的切片操作示例

```
1  ls1=list(range(0, 20))   #创建包含 20 个元素（0～19）的列表对象，并赋给 ls1
2  print('ls1: ', ls1)       #输出 ls1
3  ls2=ls1[3:10:2]           #从 ls1 索引值为 3～9 的元素中，以步长 2 取元素生成一个新列表 ls2
4  print('ls2: ', ls2)       #输出 ls2
5  ls3=ls1[-10::3]           #从 ls1 倒数第 10 个元素到最后一个元素中，以步长 3 取元素生成一个新列表 ls3
```

```
6   print('ls3: ', ls3)   #输出ls3
7   ls4=ls1[-1:-11:-3]    #从ls1最后一个元素到倒数第10个元素中,以步长-3取元素生成一个新列
    表ls4
8   print('ls4: ', ls4)   #输出ls4
```

代码清单 5-39 执行结束后,将在屏幕上输出如图 5-43 所示的结果。

图 5-43   代码清单 5-39 的运行结果

提示   在切片操作时,第 2 个冒号后面的整数用来指定步长,步长默认值为 1。从前向后取元素时,步长应该为正;而从后向前取元素时,步长应该为负。

【思考题 5-27】 从一个序列对象中取部分元素形成一个新的序列对象的操作被称作(   )。

A. 选择   **B**. 切片   **C**. 子序列   **D**. 投影

5.7   列表生成表达式

当创建一个列表对象时,除了前面章节介绍的方法,还可以用列表生成表达式。在列表生成表达式中,可以使用 for、if 以及一些运算生成列表中的元素。例如,代码清单 5-40 给出了使用 for 生成多个元素的列表生成表达式示例。

代码清单 5-40   列表生成表达式示例 1

```
1   ls=[x*x for x in range(10)]  #创建包含10个元素的列表对象,并赋给ls
2   print(ls)   #输出ls
```

代码清单 5-40 执行结束后,将在屏幕上输出如图 5-44 所示的结果。

图 5-44   代码清单 5-40 的运行结果

即通过 for 使得 x 在 0~9 范围内依次取值,对于每一个 x,将 x*x 的计算结果作为列表对象中的元素。

还可以在 for 后面加上 if 判断。例如,代码清单 5-41 给出了使用 for 和 if 生成多个元素的列表生成表达式示例。

代码清单 5-41   列表生成表达式示例 2

```
1   ls=[x*x for x in range(10) if x%2!=0]   #创建由0~9中所有奇数的平方组成的列表对象,
    并赋给ls
2   print(ls)   #输出ls
```

代码清单 5-41 执行结束后，将在屏幕上输出如图 5-45 所示的结果。

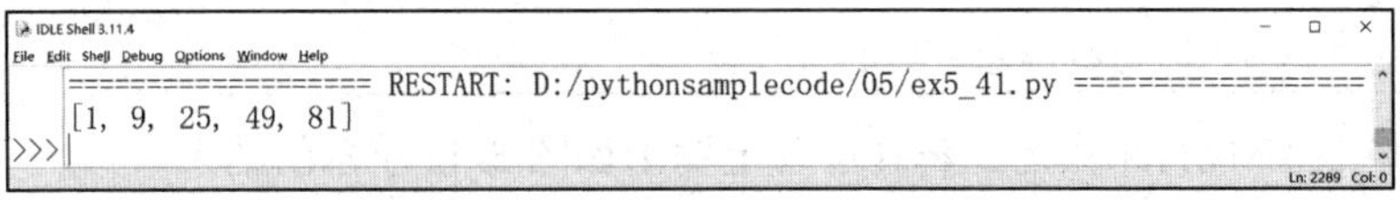

图 5-45　代码清单 5-41 的运行结果

另外，列表生成表达式中也支持多层循环的形式，这里只给出两层循环的例子，如代码清单 5-42 所示。

代码清单 5-42　列表生成表达式示例 3

```
1  snolist=['1810101', '1810102', '1810103']
2  namelist=['李晓明', '马红', '张刚']
3  ls=['学号：'+sno+'，姓名：'+name for sno in snolist for name in namelist]
4  for stu in ls:
5      print(stu)
```

代码清单 5-42 执行结束后，将在屏幕上输出如图 5-46 所示的结果。

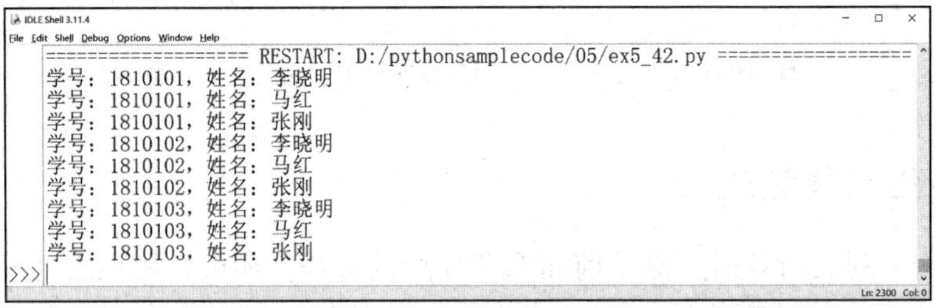

图 5-46　代码清单 5-42 的运行结果

在第 3 行代码的列表生成表达式中，外层 for 循环用 sno 遍历 snolist 列表中的每个元素，对于 sno 的每一个取值，内层 for 循环用 name 遍历 namelist 列表中的每个元素，再通过 "'学号：'+sno+'，姓名：'+name"，根据每次循环中 sno 和 name 的取值，生成 ls 中的一个元素。

5.8　生成器

当一个列表中包含大量元素时，如果一次生成所有元素并保存在列表中，将占用大量的内存空间（有的情况下可用内存甚至无法满足存储需求）。对于这个问题，可以使用生成器（generator），通过"按需生成"来解决，即生成器会根据访问需求计算每个元素的值并返回，而不需要把所有要访问的元素都提前生成好。

将列表生成表达式中的一对方括号改为一对圆括号，即可得到生成器。生成器对象是可迭代的，可以使用 for 循环遍历生成器对象，从而使得生成器对象可以根据访问需求依次返回每一个元素。例如，代码清单 5-43 给出了生成器对象示例。

代码清单 5-43　生成器对象示例

```
1  g=(x*x for x in range(10))  #创建一个生成器对象，并赋给g
2  print('g 的类型为：', type(g))
```

```
3    for i in g:      #使用for循环遍历生成器对象g
4        print(i, end=' ')
```

代码清单 5-43 执行结束后，将在屏幕上输出如图 5-47 所示的结果。

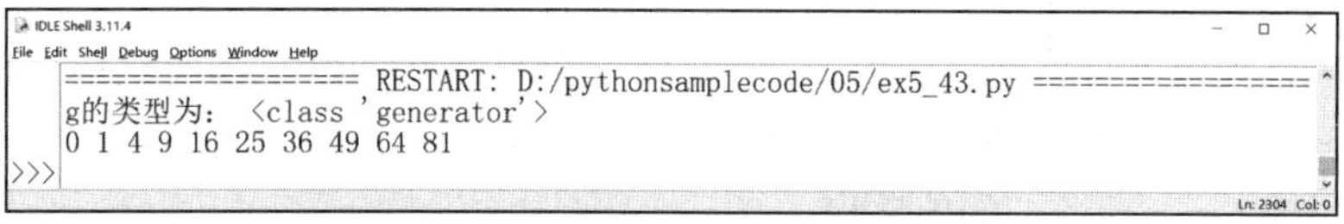

图 5-47　代码清单 5-43 的运行结果

如果生成元素的方法比较复杂，不适合用 for 循环方式实现，还可以借助 yield 关键字，利用函数实现生成器。例如，代码清单 5-44 定义了一个包含 yield 语句的 faclist 函数，可以依次生成 1 的阶乘、2 的阶乘、……、n 的阶乘。

代码清单 5-44　yield 关键字使用示例

```
1  def faclist(n):      #定义函数faclist
2      result=1
3      for j in range(2, n+1):    # j在2~n范围内依次取值
4          yield result           #暂停执行并返回result，下次执行时继续从此处开始执行
5          result*=j              #将j乘到result上
6  for i in faclist(10):          #遍历faclist并输出每个元素的值
7      print(i, end=' ')
```

代码清单 5-44 执行结束后，将在屏幕上输出如图 5-48 所示的结果。

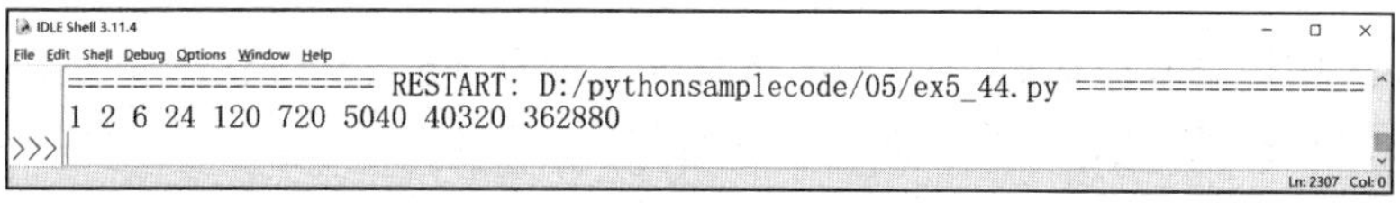

图 5-48　代码清单 5-44 的运行结果

下面结合代码清单 5-44 的运行结果，分析程序的执行过程。

- 第 1～5 行代码是 faclist 函数的定义，因此，程序从第 6 行代码开始执行。第 6 行代码中，会先执行函数调用 faclist(10)，将实参 10 传给形参 n，并返回一个生成器对象。
- 使用变量 i 遍历该生成器对象，会转去执行 faclist 函数体中的语句。第 1 次执行第 6 行代码中的 for 循环时，会从 faclist 函数体的第 1 条语句开始（即第 2 行代码），创建值为 1 的局部变量 result；然后，执行第 3～5 行代码的 for 循环，第 1 次循环时循环变量 j 的值为 2；执行到第 4 行代码 yield result，会暂停函数体的执行，将 yield 后面的 result 变量的值（即 1）返回，并赋给第 6 行代码的循环变量 i，再通过第 7 行代码的 print 将 i 的值输出。
- 第 2 次执行第 6 行代码中的 for 循环时，会从 faclist 函数上次暂停的位置开始继续执行，因此，会直接执行第 5 行代码，通过 result*=j，将 result 的值修改为 2；然后，第 2 次执行第 3 行代码中的 for 循环，此时循环变量 j 的值为 3；再次执行到第 4 行代码 yield result，会再次暂停函数体的执行，将 yield 后面的 result 变量的值（即 2）返回，并赋给第 6 行代码的循环变量 i，再通过第 7

行代码的 print 将 i 的值输出。
- 第 3 次执行第 6 行代码中的 for 循环时，会从 faclist 函数上次暂停的位置开始继续执行，因此，会直接执行第 5 行代码，通过 result*=j，将 result 的值修改为 6；然后，第 3 次执行第 3 行代码中的 for 循环，此时循环变量 j 的值为 4；再次执行到第 4 行代码 yield result，会再次暂停函数体的执行，将 yield 后面的 result 变量的值（即 6）返回，并赋给第 6 行代码的循环变量 i，再通过第 7 行代码的 print 将 i 的值输出。
- ……
- 第 8 次执行第 6 行代码中的 for 循环时，会从 faclist 函数上次暂停的位置开始继续执行，因此，会直接执行第 5 行代码，通过 result*=j，将 result 的值修改为 40320；然后，第 8 次执行第 3 行代码中的 for 循环，此时循环变量 j 的值为 9；再次执行到第 4 行代码 yield result，会再次暂停函数体的执行，将 yield 后面的 result 变量的值（即 40320）返回，并赋给第 6 行代码的循环变量 i，再通过第 7 行代码的 print 将 i 的值输出。
- 第 9 次执行第 6 行代码中的 for 循环时，会从 faclist 函数上次暂停的位置开始继续执行，因此，会直接执行第 5 行代码，通过 result*=j，将 result 的值修改为 362880；然后，第 9 次执行第 3 行代码中的 for 循环，此时循环变量 j 的值为 10；再次执行到第 4 行代码 yield result"，会再次暂停函数体的执行，将 yield 后面的 result 变量的值（即 362880）返回，并赋给第 6 行代码的循环变量 i，再通过第 7 行代码的 print 将 i 的值输出。
- 第 10 次执行第 6 行代码中的 for 循环时，会从 faclist 函数上次暂停的位置开始继续执行，因此，会直接执行第 5 行代码，通过 result*=j，将 result 的值修改为 3628800；然后，第 10 次执行第 3 行代码中的 for 循环，由于循环变量 j 已遍历 range 生成的可迭代对象中的所有元素，因此会退出第 3~5 行代码定义的 for 循环，faclist 函数执行结束；此时，第 6 行代码中的循环变量 i 无法再次通过 yield 语句获取到值，因此，会退出第 6 和 7 行代码定义的 for 循环。后面没有其他代码可运行，程序结束。

【思考题 5-28】 生成器解决了使用列表存储数据可能存在的（   ）问题。
A. 内存不足　　　　B. 访问速度慢　　　　C. 元素值不能重复　　　　D. 元素可修改

【思考题 5-29】 借助 yield 关键字可以通过定义函数的形式实现生成器，是否正确？

【编程练习 5-7】 下面的程序的功能是输出 n 以内的所有素数，请在【1】和【2】处补充代码，使得程序运行时输入一个整数 n 后，能输出小于或等于 n 的所有素数。例如，如果输入 11，则输出结果为

```
2 3 5 7 11
```

待补充代码的程序如下：

```python
def primelist(n):
    for i in range(2, n+1):
        m=int(i**0.5)
        for j in range(2, m+1):
```

```
            if i%j==0:
                break
        else:
            【1】
if __name__=='__main__':
    n=eval(input())
    for i in 【2】:
        print(i, end=' ')
```

5.9 迭代器

通过前面的学习，我们知道for循环可以用于遍历序列、集合、字典等可迭代类型的数据，也可以用于遍历生成器。这些可直接使用for循环遍历的对象，统称为可迭代（iterable）对象。迭代器（iterator）是指可以通过next函数不断获取下一个元素值的可迭代对象。迭代器必然是可迭代对象，但并不是所有的可迭代对象都是迭代器。可以使用isinstance方法判断一个对象是否是可迭代对象或迭代器，如代码清单5-45所示。

代码清单5-45 可迭代对象和迭代器的关系的示例

```
1  from collections.abc import Iterable, Iterator  #导入Iterable和Iterator类，分
                                                    别对应可迭代类型和迭代器类型
2  ls=[1, 2, 3, 4, 5]                  #创建一个列表对象
3  g=(x for x in range(1, 6))          #创建一个生成器
4  print('ls是可迭代对象: ', isinstance(ls, Iterable))
5  print('g是可迭代对象: ', isinstance(g, Iterable))
6  print('ls是迭代器: ', isinstance(ls, Iterator))
7  print('g是迭代器: ', isinstance(g, Iterator))
```

代码清单5-45执行结束后，将在屏幕上输出如图5-49所示的结果。

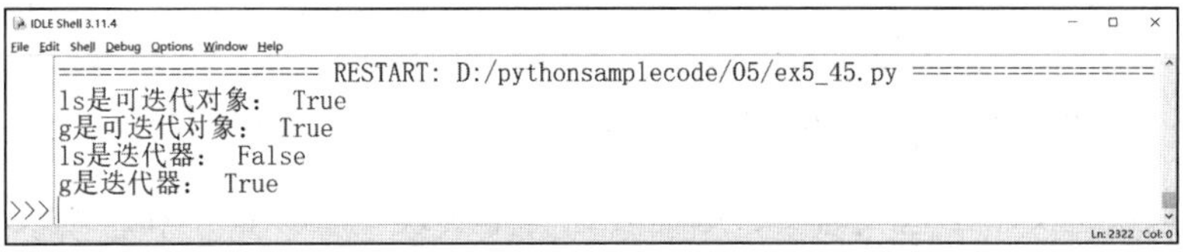

图5-49 代码清单5-45的运行结果

从输出结果中可以看到，列表ls是可迭代对象，但不是迭代器；而生成器g既是可迭代对象，又是迭代器。对于可迭代对象，可以通过iter函数得到迭代器，如代码清单5-46所示。

代码清单5-46 iter函数使用示例

```
1  from collections.abc import Iterator  #导入Iterator类
2  ls=[1, 2, 3, 4, 5]  #创建一个列表对象
3  it=iter(ls)  #利用iter函数获取ls的迭代器
4  print('it是迭代器: ', isinstance(it, Iterator))
```

代码清单5-46执行结束后，将在屏幕上输出如图5-50所示的结果。

对于迭代器，则可以使用next函数不断获取下一个元素。当所有元素都获取完毕后，再调用next函数，就会引发StopIteration异常（关于异常的概念和处理方法，读者可查阅第7章的相关内容）。例如，代码清单5-47给出了next函数使用示例。

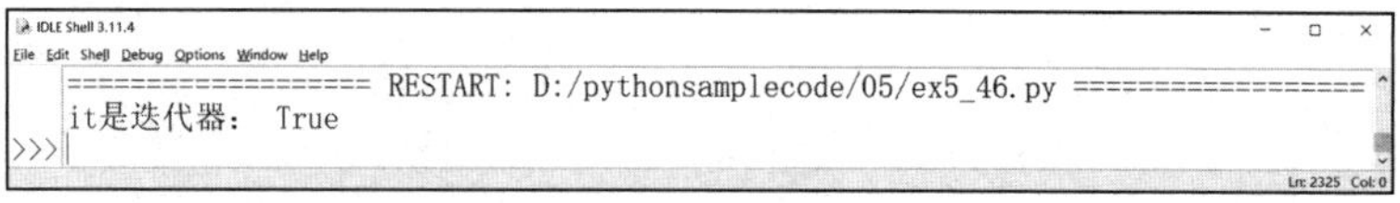

图 5-50　代码清单 5-46 的运行结果

代码清单 5-47　next 函数使用示例

```
1  g=(x for x in range(1, 3))  #创建一个生成器
2  print('第1个元素: ', next(g))
3  print('第2个元素: ', next(g))
4  #print('第3个元素: ', next(g))  #取消前面的注释,则会引发StopIteration异常
```

代码清单 5-47 执行结束后，将在屏幕上输出如图 5-51 所示的结果。

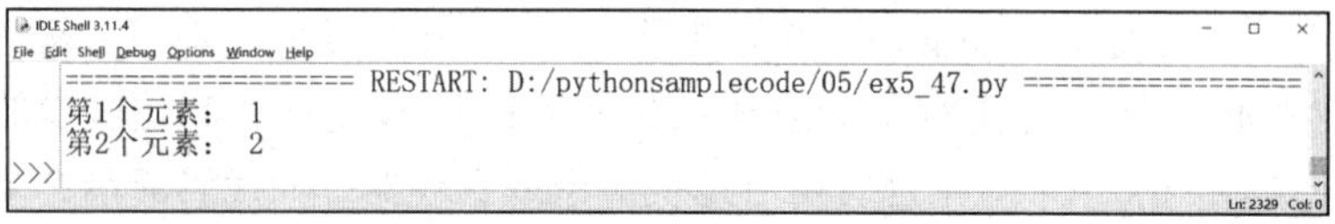

图 5-51　代码清单 5-47 的运行结果

迭代器 g 只能生成两个元素，因此当第 3 次执行 next(g) 时，就会因已经无法生成元素而引发 StopIteration 异常，如取消代码清单 5-47 第 4 行代码前面的注释，则会产生如图 5-52 所示的报错信息。

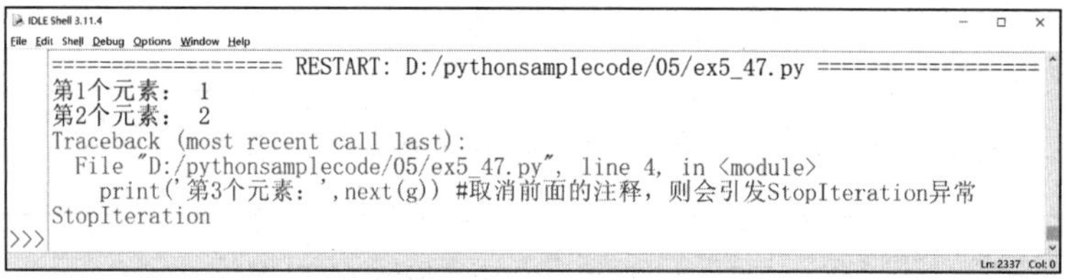

图 5-52　next 函数无法从迭代器获取元素所产生的报错信息

如果要自己定义一个迭代器类，则需要在类中实现 __next__ 和 __iter__ 这两个方法，如代码清单 5-48 所示。

代码清单 5-48　自定义迭代器示例

```
1   from collections.abc import Iterator
2   class Faclist:  #定义Faclist类
3       def __init__(self):  #定义构造方法
4           self.n=1
5           self.fac=1
6       def __next__(self):  #定义__next__方法
7           self.fac*=self.n
8           self.n+=1
9           return self.fac
10      def __iter__(self):  #定义__iter__方法
11          return self
12  if __name__=='__main__':
13      facs=Faclist()  #创建Faclist类的实例对象facs
14      print('facs是迭代器对象: ', isinstance(facs, Iterator))
15      for i in range(1, 6):  #i在1~5范围内依次取值
16          print('第%d个元素: '%i, next(facs))
```

代码清单 5-48 执行结束后，将在屏幕上输出如图 5-53 所示的结果。

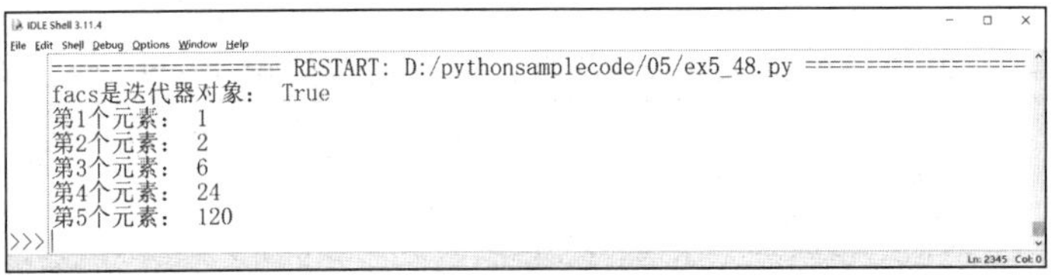

图 5-53　代码清单 5-48 的运行结果

可见，Faclist 类的实例对象 facs 是迭代器对象，可以使用 next 函数进行元素的遍历。

思考　类中实现的 __next__ 方法和 __iter__ 方法会在什么情况下执行？请编写代码验证。

【思考题 5-30】利用 iter 函数是否可以根据可迭代对象获取迭代器？
【思考题 5-31】能够使用 next 函数获取下一个元素值的对象，是否都是迭代器？
【编程练习 5-8】请在【1】和【2】处补充代码，使程序运行的输出结果如下：

```
3 5 7 9 11
```

待补充代码的程序如下：

```
class seq:
    def __init__(self, beg, step):
        self.val=beg
        self.step=step
    def 【1】(self):
        oldval=self.val
        self.val+=self.step
        return oldval
    def __iter__(self):
        return self
if __name__=='__main__':
    s=seq(3, 2)
    for i in range(5):
        print(【2】(s), end=' ')
```

5.10　应用案例——简易数据管理程序

在第 4 章代码清单 4-24～代码清单 4-28 的基础上，本章在 DataManage 类中新增 show_data_list 和 sort_data_list 两个方法，并修改 show_query_result 方法的实现，以支持所查询数据的排序操作，如代码清单 5-49 所示。在 show_data_list 方法中，使用 for 循环依次显示参数 data_list 中的每条数据。在 sort_data_list 方法中，先输入要做的排序操作，如果选择按升序或降序排序，则输入要排序的数据项名称；再定义匿名函数，从每条数据中获取数据项的值，作为排序的依据；最后，调用列表的 sort 方法实现按升序（reverse=False）或降序（reverse=True）排序。在 show_query_result 方法中，先根据查询条件，生成保存查询结果的列表 data_ list；再依次调用 sort_data_list 和 show_data_list 方法完成 data_list 中数据的排序和显示。

代码清单 5-49　DataManage 类中新增的两个方法及修改的 show_query_result 方法

```
1    def show_data_list(self, data_list): #用于显示data_list中的数据
2        for idx in range(len(data_list)):
3            print('第 %d 条数据：'%(idx+1))
4            for iteminfo in self.iteminfo_list: #遍历每一个数据项信息
5                itemname = iteminfo['name'] #获取数据项的名称
6                if itemname in data_list[idx]: #如果存在该数据项
7                    print(itemname, ' : ', data_list[idx][itemname]) #输出数据
                        项名称及对应的值
8                else: #否则，不存在该数据项
9                    print(itemname, ': 无数据 ') #输出提示信息
10
11   def sort_data_list(self, data_list): #用于将data_list中的数据排序
12       print('请输入数字进行相应排序操作：')
13       print('0 不排序 ')
14       print('1 升序排序 ')
15       print('2 降序排序 ')
16       while True:
17           op = int(input('请输入数字进行相应操作（0~2）：'))
18           if op<0 or op>2:
19               print('该操作不存在，请重新输入！')
20               continue
21           if op==0: #不排序
22               break
23           else: #排序
24               while True:
25                   itemname = input('请输入要排序的数据项名称：')
26                   for iteminfo in self.iteminfo_list: #遍历数据项信息
27                       if iteminfo['name']==itemname: #如果有匹配的数据项
28                           break
29                   else:
30                       print('该数据项不存在，请重新输入！')
31                       continue
32                   break
33               sort_fn = lambda x:x[itemname]
34               if op==1: #升序排序
35                   data_list.sort(key=sort_fn, reverse=False)
36               elif op==2: #降序排序
37                   data_list.sort(key=sort_fn, reverse=True)
38               break
39
40   def show_query_result(self, filter_fn, condition): #用于显示查询结果的高阶函数
41       data_list = [] #用于保存满足查询条件的数据
42       for idx in range(len(self.data_list)): #依次获取每条数据的索引
43           if filter_fn(self.data_list[idx], condition)==False:
                 #如果不满足查询条件
44               continue
45           data_list.append(self.data_list[idx]) #将满足查询条件的数据添加到
                data_list 中
46       self.sort_data_list(data_list) #对数据排序
47       self.show_data_list(data_list) #显示数据
```

下面仅展示新增的对查询结果的排序功能，读者可根据提示信息尝试其他操作。为了省去数据录入的操作过程，直接运行 data_manage.py 脚本文件，在进行查询操作时，选择

对查询结果按升序排序，并输入要排序的数据项名称，则可看到按升序排序的查询结果，如图 5-54 所示。

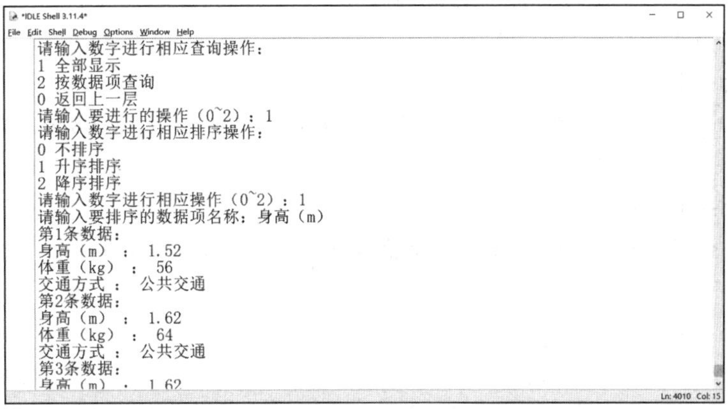

图 5-54 展示查询结果排序功能的部分截图

5.11 本章小结

本章在第 2 章内容基础上更加深入地介绍了序列、集合和字典。通过本章的学习，读者应理解可变类型和不可变类型的概念与区别，掌握列表、元组、集合和字典的使用方法，在实际编程时能够熟练运用切片、列表生成表达式、生成器和迭代器进行数据处理。

5.12 思考题参考答案

【思考题 5-1】 是

解析：对于不可变类型的对象 a，不能修改该对象中的元素，但可以通过整体赋值的方式（a=b），修改 a 的值。赋值后，a 存储的数据可能仍然是不可变类型的对象，也可能是可变类型的对象。

【思考题 5-2】 B

解析：函数调用 list((1, 2)) 返回的是列表 [1, 2]，函数调用 list((2, 3)) 返回的是列表 [2, 3]，根据序列连接运算符（+）的作用可知 [1, 2]+[2, 3] 返回的结果是 [1, 2, 2, 3]。

【思考题 5-3】 B

解析：执行 b=a，b 和 a 会对应同一内存中的数据。此时，通过执行 a[1]=10，将 a 所对应数据中索引为 1 的元素修改为 10，则 b 所对应数据也会相应变化（因为 b 和 a 对应的是同一数据）。

【思考题 5-4】 D

解析：执行 b=a[:]，是将 a 中的元素通过指定索引范围的索引操作（即浅拷贝）复制了一份并赋给了 b，虽然此时 a 和 b 所对应数据的元素值完全一样，但 a 和 b 所对应数据是不同的数据。因此，通过 a[1]=10，将 a 所对应数据中索引为 1 的元素修改为 10 时，b 所对应数据并不会发生任何改变。

【思考题 5-5】 A

解析：list 类提供的 index 方法用于根据指定值从列表中查找第一个匹配的元素的位置。如对于 ls=[1, 2, 3]，则 ls.index(2) 将返回 1。列表中没有 find、search 和 at 这些方法。

【思考题 5-6】 是

解析：del ls[7:9] 和 ls[7:9]=[] 都是将 ls 中索引为 7 和 8 的这两个元素删除，删除元素后 ls 的值为 [0, 1, 2, 3, 4, 5, 6, 9]。

【思考题 5-7】 否

解析：list 类中没有 max 方法。要获取列表 ls 中最大元素的值，应使用 max 函数 max(ls)。

【思考题 5-8】 D

解析：len(ls) 返回列表 ls 中的元素个数，ls.count(val) 返回列表 ls 中值为 val 的元素个数。Python 中不存在内置函数 count，列表中也不存在 len 方法。

【思考题 5-9】 B

解析：list 类中的 sort 方法在未指定 reverse 参数的情况下，默认是将元素按照升序方式排序。

【思考题 5-10】 是

解析：list 类中 sort 方法的形参 key 接收的函数必须返回一个用于排序时比较大小的数据。

【思考题 5-11】 D

解析：使用 tuple 类可以根据传入的可迭代对象创建元组对象，其会将可迭代对象中的元素作为元组中的元素。因此，tuple([1, 2]) 返回元组 (1, 2)，tuple([2, 3]) 返回元组 (2, 3)。通过序列连接运算 (1, 2)+(2, 3) 可得结果 (1, 2, 2, 3)。

【思考题 5-12】 是

解析：max 是 Python 提供的内置函数，其可以返回元组、列表等可迭代对象中最大元素的值。

【思考题 5-13】 D

解析：集合的 update 方法是将传入实参中的各元素依次取出来并加到集合中，因此传入的实参必须是可以依次访问各元素的可迭代对象。

【思考题 5-14】 否

解析：set 类提供的 add 方法是将传入的实参作为一个元素加到集合中。集合的主要作用之一是元素的高效检索，因此要求元素必须可哈希。在 Python 的 6 种内置数据类型中，可变类型都不可哈希，不可变类型都可哈希。列表是可变类型，因此不可哈希，不可作为集合中的元素。

【思考题 5-15】 A

解析：set 类提供的方法中，intersection 用于计算两个集合的交集，union 用于计算两个集合的并集，difference 用于计算两个集合的差集，symmetric_difference 用于计算两个集合的对称差集。

【思考题 5-16】 是

解析：s1.issubset(s2) 用于判断 s1 是否是 s2 的子集，s2.issuperset(s1) 用于判断 s2 是否是 s1 的父集（即判断 s1 是否是 s2 的子集），二者作用完全相同，返回结果必然也相同。

【思考题 5-17】 B

解析：dict 类提供的 fromkeys 是类方法。d1.fromkeys(…) 并不会对 d1 对象做任何操作，也不会改变 d1 对象中的元素，因此执行后 d1 仍然为 {'age':19}，元素个数为 1。

【思考题 5-18】 C

解析：d1.fromkeys(…) 返回的字典对象中的元素完全依赖于传给 fromkeys 的实参，与 d1 中原有元素无关。因此，执行 d2=d1.fromkeys(['sno', 'name'])，d2 的值为 {'sno':None, 'name':None}，元素个数为 2。

【思考题 5-19】 B

解析：dict 类提供的 update 方法会使用接收到的字典对象中的多个元素，对调用 update 方法所使用的字典对象进行元素修改和插入操作。dict 类中没有 add、push 和 insert 方法。

【思考题 5-20】 否

解析：使用 del 命令删除元素时没有返回值。如果需要获取删除的字典元素的值，应使用字典的 pop 方法，如 r=d.pop('age')。

【思考题 5-21】 C

解析：执行 b=a，则 b 和 a 对应的是同一块内存中的数据。通过执行 a['y']=10，将 a 所对应数据中键为 'y' 的元素修改为 10，则 b 中元素也会同时改变。

【思考题 5-22】 是

解析：在用 a 给 b 赋值时，如果字典 a 中不包含可变类型的元素，则使用浅拷贝（调用 copy 模块的 copy 函数）就可以使 a 和 b 中各元素的取值具有完全的独立性。但如果字典 a 中包含可变类型的元素，则需要使用深拷贝（调用 copy 模块的 deepcopy 函数）才能使 a 和 b 中各元素的取值具有完全的独立性，此时如果用浅拷贝则在修改 a 中可变类型元素中的元素时，b 中对应可变类型元素的值也会同时改变。

【思考题 5-23】 A

解析：调用 dict 类提供的 get 方法时，如果没有指定 default 参数，则指定键的元素不存在时会返回 None；如果指定了 default 参数，则指定键的元素不存在时会返回给 default 参数指定的值。

【思考题 5-24】 是

解析：dict(d1, **d2) 返回的字典中包含了 d1 和 d2 这两个字典中的所有元素；dMerge=d1.copy() 将 d1 通过浅拷贝创建的字典对象赋给 dMerge（此时 dMerge 中包含了 d1 中的所有元素），再通过 dMerge.update(d2) 将 d2 中的元素更新到 dMerge 中（此时 dMerge 中包含了 d1 和 d2 的所有元素）。二者的执行效果完全相同。

【思考题 5-25】 A

解析：dict 类提供的 clear 方法的作用是将字典中的元素清空。因此，先执行 d.clear()，d 中没有任何元素；再执行 len(d)，返回的字典中元素个数为 0。

【思考题 5-26】是

解析：dict 类提供的 keys 方法返回由字典中所有元素的键组成的一个可迭代对象，values 方法返回由字典中所有元素的值组成的一个可迭代对象，items 方法返回由字典中所有元素的键和值组成的一个可迭代对象。

【思考题 5-27】B

解析：这是切片的基本概念。

【思考题 5-28】A

解析：当一个列表中包含大量元素时，如果一次生成所有元素并保存在列表中，将占用大量的内存空间（有的情况下可用内存甚至无法满足这些列表元素的存储需求）。对于这个问题，可以使用生成器，通过"按需生成"来解决，即生成器会根据访问需求计算每个元素的值并返回，而不需要把所有要访问的元素都提前生成好。

【思考题 5-29】是

解析：使用一对圆括号创建生成器的方式中，只能使用一些简单的方法生成元素。如果生成元素的方法比较复杂，则可以借助 yield 关键字，利用函数实现生成器。调用含有 yield 关键字的函数，会得到一个生成器对象。使用 for 循环遍历该生成器对象，则会根据函数体中的语句依次生成元素；函数体执行时，遇到 yield 则会暂停执行，将 yield 后面的数据赋给循环变量；下次循环时，则会从上次函数体暂停的位置开始继续往后执行；重复上述过程直到函数执行结束，此时循环变量无法再从生成器对象中获取值，for 循环结束。

【思考题 5-30】是

解析：对于可迭代对象，可以通过 iter 函数得到迭代器。

【思考题 5-31】否

解析：如果要定义一个类，使得该类的对象是迭代器，则需要在类中实现 __next__ 和 __iter__ 这两个方法。如果一个类没有实现 __iter__ 方法，只实现了 __next__ 方法，则虽然该类对象可以通过 next 函数获取下一个元素值，但该对象不是迭代器，可以通过调用"isinstance(对象名, Iterator)"来验证这一点。

5.13 编程练习参考代码

【编程练习 5-1】

参考代码：

```
import copy
a=[[1.2, True], 'Python']
b=copy.deepcopy(a)
a[0][0]=3.5
print(b)
```

运行示例：

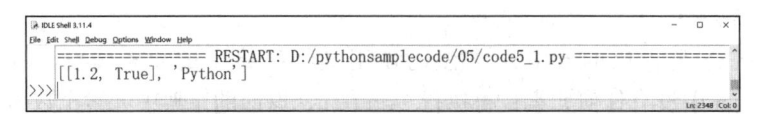

```
============ RESTART: D:/pythonsamplecode/05/code5_1.py ============
[[1.2, True], 'Python']
>>>
```

【编程练习 5-2】
参考代码:

```python
def sortasc(ls):
    n = len(ls)
    for i in range(n-1):
        minval = min(ls[i:])
        minidx = ls[i:].index(minval)+i
        if minidx!=i:
            ls[minidx], ls[i]=ls[i], ls[minidx]
        print(ls)

if __name__=='__main__':
    ls = []
    n = int(input())
    for i in range(n):
        v = eval(input())
        ls.append(v)
    sortasc(ls)
```

运行示例:

```
================ RESTART: D:/pythonsamplecode/05/code5_2.py ================
5
15
10
2
3
1
[1, 10, 2, 3, 15]
[1, 2, 10, 3, 15]
[1, 2, 3, 10, 15]
[1, 2, 3, 10, 15]
>>>
```

【编程练习 5-3】
参考代码:

```python
class A:
    def __init__(self, a, b):
        self.a=a
        self.b=b
if __name__=='__main__':
    ls=[A(10, 20), A(30, 15), A(20, 10)]
    ls.sort(key=lambda x:x.a, reverse=True)
    for x in ls:
        print('a:%d, b:%d'%(x.a, x.b))
```

运行示例:

```
================ RESTART: D:/pythonsamplecode/05/code5_3.py ================
a:30, b:15
a:20, b:10
a:10, b:20
>>>
```

【编程练习 5-4】
参考代码:

```python
s=set([1, 20, 300])
s.update((1, 2))
print(2 in s)
```

```python
s.add((1, 2))
print((1, 2) in s)
```

运行示例：

```
================ RESTART: D:/pythonsamplecode/05/code5_4.py ================
True
True
>>>
```

【编程练习 5-5】
参考代码：

```python
#在此处编写is_magicsquare函数的定义代码
def is_magicsquare(ls):
    element_set = set()
    n = len(ls)
    for r in range(n):
        for c in range(n):
            element_set.add(ls[r][c])
    if len(element_set)<n*n:
        return False

    sum_set = set()
    for r in range(n):
        sum = 0
        for c in range(n):
            sum += ls[r][c]
        sum_set.add(sum)
        if len(sum_set)>1:
            return False

    for c in range(n):
        sum = 0
        for r in range(n):
            sum += ls[r][c]
        sum_set.add(sum)
        if len(sum_set)>1:
            return False

    sum = 0
    for r in range(n):
        sum += ls[r][r]
    sum_set.add(sum)
    if len(sum_set)>1:
        return False

    sum = 0
    for r in range(n):
        sum += ls[r][n-1-r]
    sum_set.add(sum)
    if len(sum_set)>1:
        return False

    return True

if __name__=='__main__':
    n = eval(input())
```

```
ls = []
for i in range(n):
    ls.append(list(eval(input())))
#print(ls)
if is_magicsquare(ls)==True:
    print('Yes')
else:
    print('No')
```

运行示例:

```
================ RESTART: D:/pythonsamplecode/05/code5_5.py ================
2
1, 2
3, 4
No
>>>
================ RESTART: D:/pythonsamplecode/05/code5_5.py ================
2
4, 4
4, 4
No
>>>
================ RESTART: D:/pythonsamplecode/05/code5_5.py ================
3
8, 1, 6
3, 5, 7
4, 9, 2
Yes
>>>
```

【编程练习 5-6】

参考代码:

```
d = {}
n = int(input())
for i in range(n):
    eng = input()
    a = input()
    d[a] = eng

m = int(input())
for i in range(m):
    a = input()
    if a in d:
        print(d[a])
    else:
        print('notfound')
```

运行示例:

```
================ RESTART: D:/pythonsamplecode/05/code5_6.py ================
4
cat
atcay
pig
igpay
froot
ootfray
loops
oopslay
3
atcay
ittenkay
oopslay
cat
notfound
loops
>>>
```

【编程练习 5-7】

参考代码：

```
def primelist(n):
    for i in range(2, n+1):
        m=int(i**0.5)
        for j in range(2, m+1):
            if i%j==0:
                break
        else:
            yield i
if __name__=='__main__':
    n=eval(input())
    for i in primelist(n):
        print(i, end=' ')
```

运行示例：

```
================= RESTART: D:/pythonsamplecode/05/code5_7.py =================
11
2 3 5 7 11
>>>
```

【编程练习 5-8】

参考代码：

```
class seq:
    def __init__(self, beg, step):
        self.val=beg
        self.step=step
    def __next__(self):
        oldval=self.val
        self.val+=self.step
        return oldval
    def __iter__(self):
        return self
if __name__=='__main__':
    s=seq(3, 2)
    for i in range(5):
        print(next(s), end=' ')
```

运行示例：

```
================= RESTART: D:/pythonsamplecode/05/code5_8.py =================
3 5 7 9 11
>>>
```

第 6 章　字符串

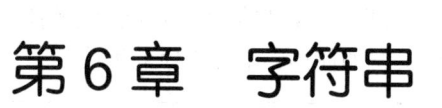

本章在第 2 章内容的基础上进一步介绍字符串的使用方法，包括字符串常用操作、格式化方法及正则表达式。在正则表达式部分将给出一个简单的爬虫程序示例，供读者参考。

6.1　字符串常用操作

字符串是 Python 中的一种序列数据类型，用于保存文本信息。关于字符串的基本使用方法在第 2 章已做过介绍，读者可查阅 2.2.2 节、2.3.1 节和 2.3.9 节的相关内容。这里以前面学习的内容为基础，对字符串的使用方法做进一步的介绍。

6.1.1　创建字符串

创建字符串时，可以使用单引号（'）、双引号（"）或三引号（即 3 个连续的单引号 ''' 或 3 个连续的双引号 """）。例如，代码清单 6-1 给出了使用不同引号创建字符串的示例。

代码清单 6-1　创建字符串的示例

```
1  str1='Hello World!'  #使用一对单引号创建字符串，并赋给变量 str1
2  str2="你好，世界！"    #使用一对双引号创建字符串，并赋给变量 str2
3  str3='''我喜欢学习Python语言！'''  #使用一对三引号创建字符串，并赋给变量 str3
4  print(str1)  #输出 str1
5  print(str2)  #输出 str2
6  print(str3)  #输出 str3
```

代码清单 6-1 执行结束后，将在屏幕上输出如图 6-1 所示的结果。

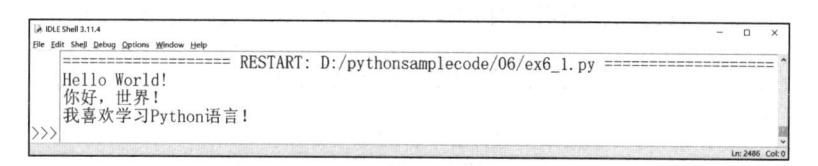

图 6-1　代码清单 6-1 的运行结果

提示　将代码清单 6-1 第 3 行中的 3 个连续单引号改为 3 个连续双引号，即

```
3    str3="""我喜欢学习Python语言！"""
```

程序运行后可得到完全相同的结果。

6.1.2　单引号、双引号、三引号之间的区别

单引号和双引号中的字符串要求写在一行中，二者在使用方法上并没有什么区别。只

是使用单引号创建字符串时,如果字符串中包含单引号字符,则必须在单引号字符前加上转义符"\";而使用双引号创建字符串时,如果字符串中包含双引号字符,则必须在双引号字符前加上转义符"\"。因此,可以根据实际情况决定创建字符串时使用哪种引号,从而在编写代码时可以减少转义符的使用,增强程序的可读性。

提示 关于转义符的介绍,读者可查阅 2.2.2 节的相关内容。

例如,代码清单 6-2 给出了单引号和双引号的使用示例。

代码清单 6-2 单引号和双引号的使用示例

```
1   str1='It\'s a book.'     #使用其\' 说明其是字符串中的一个单引号字符,不加 \ 则会报错
2   str2="It's a book."      #使用一对双引号创建字符串,此时字符串中的单引号不需要转义符
3   str3="He said:\"It is your book.\""  #使用 \" 说明其是字符串中的双引号字符
4   str4='He said:"It is your book."'    #使用一对单引号创建字符串,省掉了转义符
5   print(str1)  # 输出 str1
6   print(str2)  # 输出 str2
7   print(str3)  # 输出 str3
8   print(str4)  # 输出 str4
```

代码清单 6-2 执行结束后,将在屏幕上输出如图 6-2 所示的结果。

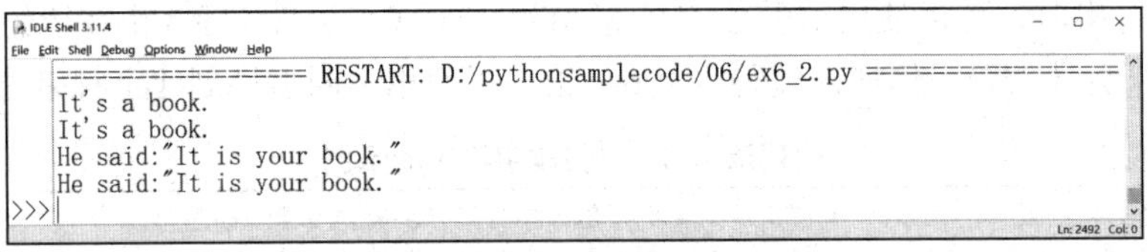

图 6-2 代码清单 6-2 的运行结果

代码清单 6-2 中,第 1 行和第 3 行的字符串都使用了转义符,使得程序的可读性变差;而第 2 行和第 4 行的字符串省掉了转义符,程序更加简洁。

单引号和双引号中的字符串如果分多行写,则必须在每行结尾加上续行符"\";如果一个字符串中包含多行信息,则需要使用换行符"\n"。如代码清单 6-3 所示。

代码清单 6-3 续行符和换行符使用示例

```
1   s1='Hello \
2   World!'  #上一行以 \ 作为行尾,说明上一行与当前行是同一条语句
3   s2="你好! \n 欢迎学习 Python 语言程序设计!"  #通过 \n 换行
4   print(s1)  # 输出 s1
5   print(s2)  # 输出 s2
```

代码清单 6-3 执行结束后,将在屏幕上输出如图 6-3 所示的结果。

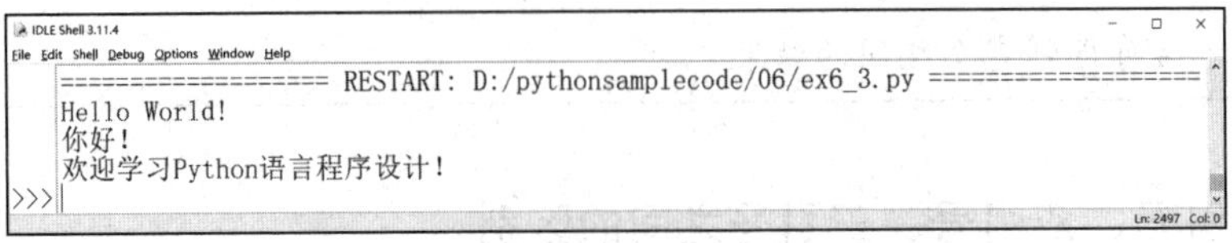

图 6-3 代码清单 6-3 的运行结果

提示

1.通过续行符"\"，可以将一个字符串分多行书写，但该字符串还是一行文本，不会在续行符位置自动加上换行。例如，从代码清单6-3第4行代码的输出结果中可以看到，第1和2行代码通过续行符定义的字符串，实际上是将第2行文本的内容放在了续行符的位置，它们仍然是一行文本。

2.通过换行符"\n"，可以使一个字符串包含多行文本信息。例如，从代码清单6-3第5行代码的输出结果中可以看到，第3行代码通过换行符定义的字符串，实际上是以换行符为分界点，对应了两行文本。

在字符串中加入这些转义符，会使代码看上去更加复杂，会降低程序的可读性。使用三引号创建字符串，则允许直接将字符串写成多行的形式，如代码清单6-4所示。

代码清单6-4　三引号使用示例1

```
1   str='''你好!
2   欢迎学习Python语言程序设计!
3   祝你学习愉快!'''    #通过一对三引号定义包含多行文本信息的字符串
4   print(str)         #输出str
```

代码清单6-4执行结束后，将在屏幕上输出如图6-4所示的结果。

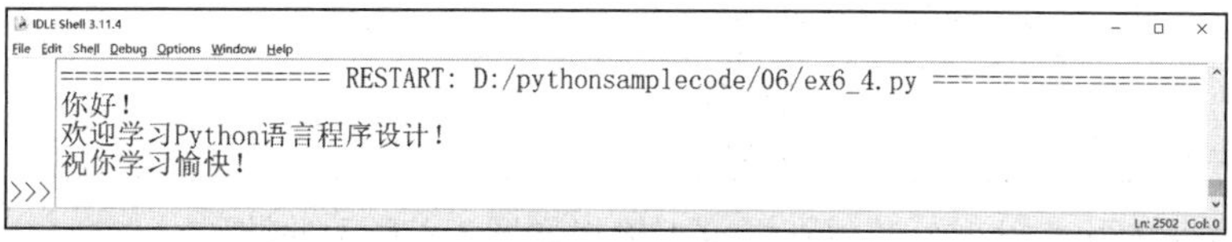

```
================ RESTART: D:/pythonsamplecode/06/ex6_4.py ================
你好!
欢迎学习Python语言程序设计!
祝你学习愉快!
>>>
```

图6-4　代码清单6-4的运行结果

提示　通过三引号定义包含多行文本信息的字符串，等价于在单引号或双引号定义的字符串中使用换行符"\n"。例如，代码清单6-4中的第1~3行代码也可以写作如下形式：

```
str='你好!\n欢迎学习Python语言程序设计!\n祝你学习愉快!'   #可将单引号改为双引号
```

另外，在使用一对三引号括起来的字符串中，可以直接包含单引号和双引号，不需要使用转义符，如代码清单6-5所示。

代码清单6-5　三引号使用示例2

```
1   str='''He said:
2   "It's a book for you."
3   '''  #通过一对三引号定义包含多行文本信息的字符串，其中的单引号和双引号不需要加转义符
4   print(str)  #输出str
```

代码清单6-5执行结束后，将在屏幕上输出如图6-5所示的结果。

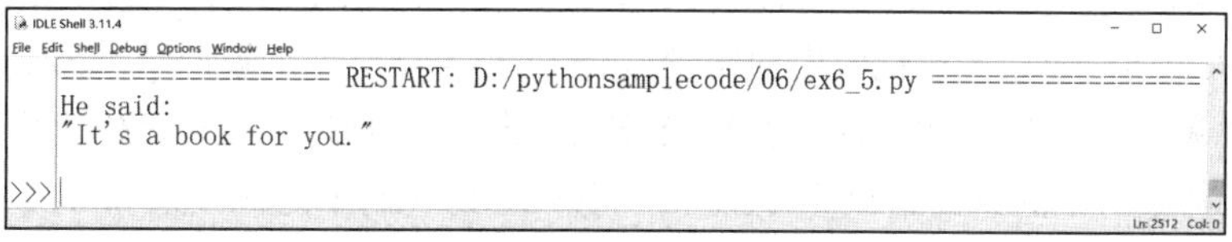

```
================ RESTART: D:/pythonsamplecode/06/ex6_5.py ================
He said:
"It's a book for you."

>>>
```

图6-5　代码清单6-5的运行结果

【思考题 6-1】 使用三引号创建字符串时,是否允许直接将字符串写成多行的形式?

【思考题 6-2】 使用三引号创建字符串时,是否允许使用转义符?

6.1.3 字符串比较

2.3.4 节介绍的比较运算符也可以用于进行字符串之间的比较。字符串比较规则如下。

- 两个字符串按照从左至右的顺序进行逐个字符的比较,如果对应的两个字符相同,则继续比较下一个字符。
- 如果找到了两个不同的字符,则具有较大编码的字符对应的字符串具有更大的值。
- 如果对应字符都相同且两个字符串长度相同,则这两个字符串相等。
- 如果对应字符都相同但两个字符串长度不同,则较长的字符串具有更大的值。

代码清单 6-6 给出了字符串比较示例。

代码清单 6-6　字符串比较示例

```
1   str1='Python'
2   str2='C++'
3   str3='Python3.7'
4   str4='Python'
5   print('str1 大于 str2: ', str1>str2)
6   print('str1 小于等于 str2: ', str1<=str2)
7   print('str1 小于 str3: ', str1<str3)
8   print('str1 大于等于 str3: ', str1>=str3)
9   print('str1 等于 str4: ', str1==str4)
10  print('str1 不等于 str4: ', str1!=str4)
```

代码清单 6-6 执行结束后,将在屏幕上输出如图 6-6 所示的结果。

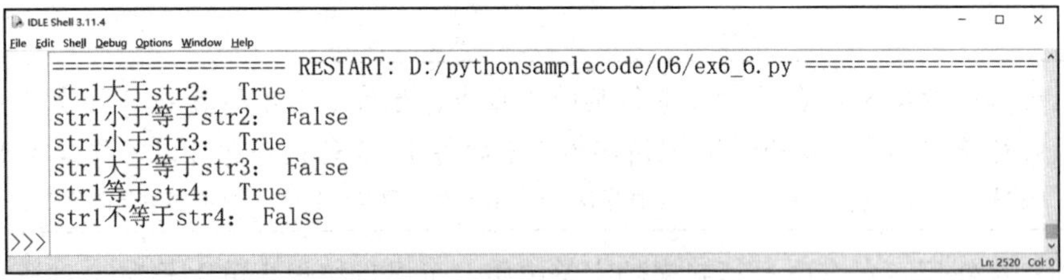

图 6-6　代码清单 6-6 的运行结果

下面结合代码清单 6-6 的运行结果,给出部分代码的分析。

- `str1` 和 `str2` 进行比较时,其第 1 个字符不相同,且字符 P 的编码大于字符 C 的编码。因此,第 5 行代码中的比较运算 `str1>str2` 的返回结果为 `True`;而第 6 行代码中的比较运算 `str1<=str2` 的返回结果为 `False`。
- `str1` 和 `str3` 进行比较时,其前 6 个字符都相同,`str1` 后面已没有其他字符,而 `str3` 后面还有其他字符。因此,第 7 行代码中的比较运算 `str1<str3` 的返回结果为 `True`;而第 8 行代码中的比较运算 `str1>=str3` 的返回结果为 `False`。
- `str1` 和 `str4` 进行比较时,其所有字符都相同。因此,第 9 行代码中的比较运算 `str1==str4` 的返回结果为 `True`;而第 10 行代码中的比较运算 `str1!=str4` 的返回结果为 `False`。

【思考题 6-3】 Python 中需要使用 strcmp 函数比较字符串的大小，是否正确？

【编程练习 6-1】 在使用哈夫曼编码（由 0 和 1 组成的字符串）表示字符时，要求任一字符的哈夫曼编码都不能是其他字符哈夫曼编码的前缀，否则无法根据哈夫曼编码解码得到其对应的字符。请编写程序：判断每一个字符的哈夫曼编码是否是另一个字符哈夫曼编码的前缀。程序运行时，先输入一个整数 n，表示哈夫曼编码的个数；然后，依次输入每一个哈夫曼编码；最后，如果检测到一个编码是另一个编码的前缀，则输出 invalid，否则，如果任一个编码都不是其他编码的前缀，则输出 valid。

例如，输入

```
3
1001
10001
101
```

则输出结果为 valid。

再如，输入

```
5
1001
10001
100
101
11
```

则输出结果为 invalid。

6.1.4 字符串分割

使用字符串中的 split 方法，可以按照指定的分隔符对字符串进行分割，返回由分割结果组成的列表。split 方法的语法格式为

```
str.split(sep=None, maxsplit=-1)
```

其中，str 是待分割的字符串；sep 是指定的分隔符，是由一个或多个字符组成的字符串，其默认值为 None，表示按空白符（空格、换行、制表符等）做字符串分割；maxsplit 决定了最大分割次数，如果指定了 maxsplit 值则最多可以得到 maxsplit+1 个分割结果，其默认值为 -1，表示不对最大分割次数做限制。

例如，代码清单 6-7 给出了 split 方法的使用示例。

代码清单 6-7 split 方法使用示例

```
1  str1='It is a book!'
2  str2='Python##C++##Java##PHP'
3  ls1=str1.split()           #按空白符对 str1 做分割，分割结果列表保存在 ls1 中
4  ls2=str2.split('##')       #按 '##' 对 str2 做分割，分割结果列表保存在 ls2 中
5  ls3=str2.split('##', 2)    #按 '##' 对 str2 做两次分割，分割结果列表保存在 ls3 中
6  print('ls1:', ls1)
7  print('ls2:', ls2)
8  print('ls3:', ls3)
```

代码清单 6-7 执行结束后，将在屏幕上输出如图 6-7 所示的结果。

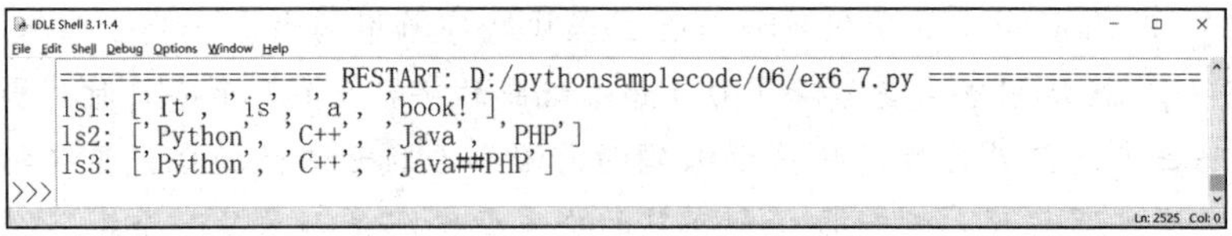

```
================ RESTART: D:/pythonsamplecode/06/ex6_7.py ================
ls1: ['It', 'is', 'a', 'book!']
ls2: ['Python', 'C++', 'Java', 'PHP']
ls3: ['Python', 'C++', 'Java##PHP']
```

图 6-7　代码清单 6-7 的运行结果

从输出结果可以看到，在代码清单 6-7 的第 5 行代码中，通过指定 split 方法的 maxsplit 参数值为 2，对 str2 用 '##' 最多做两次分割，因此得到的结果列表中只包含了 3 个元素。其中，第 3 个元素虽然还包含分隔符 '##'，但因为超出了 maxsplit 参数指定的最大分割次数，所以不再做分割。

除了 split 方法，字符串中还提供了一个 splitlines 方法，该方法固定以行结束符（'\r'、'\n'、'\r\n'）为分隔符对字符串进行分割，即每一个分割结果对应原字符串中的一行文本，返回由分割结果组成的列表。splitlines 的语法格式为

str.splitlines([keepends])

其中，str 是待分割的字符串；keepends 表示分割结果中是否保留最后的行结束符，如果该参数值为 True，则保留行结束符，否则不保留（默认为 False，即在分割结果中不保留行结束符）。例如，代码清单 6-8 给出了 splitlines 方法的使用示例。

代码清单 6-8　splitlines 方法使用示例

```
1  str="你好！\n欢迎学习Python语言程序设计！\r\n祝你学习愉快！\r"
2  ls1=str.splitlines()
3  ls2=str.splitlines(True)
4  print('ls1:', ls1)
5  print('ls2:', ls2)
```

代码清单 6-8 执行结束后，将在屏幕上输出如图 6-8 所示的结果。

```
================ RESTART: D:/pythonsamplecode/06/ex6_8.py ================
ls1: ['你好！', '欢迎学习Python语言程序设计！', '祝你学习愉快！']
ls2: ['你好！\n', '欢迎学习Python语言程序设计！\r\n', '祝你学习愉快！\r']
```

图 6-8　代码清单 6-8 的运行结果

从输出结果中可以看到，ls1 的分割结果中没有保留行结束符，而 ls2 的分割结果中保留了行结束符。

【思考题 6-4】已知 str='a**b*c*d'，则执行 str.split('*', 2) 后，其返回结果是（　　）。
A. ['a', '', 'b', 'c', 'd']　　　　B. ['a', 'b', 'c', 'd']
C. ['a', '', 'b*c*d']　　　　　　D. ['a', 'b', 'c*d']

【思考题 6-5】已知 str='a**b*c*d'，则执行 str.split('**', 2) 后，其返回结果是（　　）。
A. ['a', 'b', 'c', 'd']　　　　　　B. ['a', 'b', 'c*d']
C. ['a', 'b*c*d']　　　　　　　　D. 报错

【编程练习 6-2】 编写程序实现以下功能：从键盘上输入多个数字，各数字之间用空格分开；计算这些数字的和并输出（计算结果保留一位小数）。例如，输入 3 5.2 3.7 -2.1，则输出结果为 9.8。

6.1.5 字符串检索

字符串中提供了 4 种用于进行字符串检索的方法，分别是 find、index、rfind、rindex，它们的语法格式分别为

```
str.find(sub[, start[, end]])
str.index(sub[, start[, end]])
str.rfind(sub[, start[, end]])
str.rindex(sub[, start[, end]])
```

其作用是从字符串 str 中检索字符串 sub 出现的位置。start 和 end 参数指定了检索范围，即在切片 str[start:end] 范围内检索，默认情况下在 str[:] 范围内（即在整个字符串中）检索。find 方法是在指定的检索范围内按照从左至右的顺序检索，找到字符串 sub 第一次出现的位置；而 rfind 方法是在指定的检索范围内按照从右至左的顺序检索，找到字符串 sub 最后一次出现的位置。index 与 find 作用相同，rindex 与 rfind 作用相同，只是 find 和 rfind 在检索不到字符串 sub 时会返回 -1，而 index 和 rindex 会引发 ValueError 异常。

这里只给出 find 和 rfind 方法的使用示例，如代码清单 6-9 所示。

代码清单 6-9 字符串检索示例

```
1  str='cat dog cat dog cat dog'
2  print('str 中第一次出现 cat 的位置为: ', str.find('cat'))
3  print('str 中最后一次出现 cat 的位置为: ', str.rfind('cat'))
4  print('str 中第一次出现 mouse 的位置为: ', str.find('mouse'))
```

代码清单 6-9 执行结束后，将在屏幕上输出如图 6-9 所示的结果。

图 6-9 代码清单 6-9 的运行结果

提示 字符串检索成功时，会将匹配的子串的首字符在字符串中的索引值作为返回值。例如，在代码清单 6-9 中，第 2 行代码匹配到的子串是 str 中的第一个 'cat'，其首字符 c 在 str 中的索引值为 0；第 3 行代码匹配到的子串是 str 中的最后一个 'cat'，其首字符 c 在 str 中的索引值为 16。

【思考题 6-6】 已知 str='Python#C++##Python'，则执行 str.find('Python') 后，其返回的结果是（　　）。
A. 0　　　　　　B. 12　　　　　　C. -1　　　　　　D. 报错

【编程练习 6-3】 编写程序实现以下功能：输入两个字符串 s1 和 s2，在字符串 s1 中检

索指定字符串 s2，获取所有匹配字符串的起始字符位置。

例如，输入

```
cat dog cat dog cat dog cat
cat
```

则输出结果为

```
0
8
16
24
```

6.1.6 字符串替换

使用字符串中的 replace 方法，可以将字符串中的指定子串替换成其他文本。replace 方法的语法格式为

```
str.replace(old, new[, max])
```

其中，str 是要做替换操作的字符串；old 和 new 分别是要替换的子串和替换成的字符串；max 是最多替换的子串数量，如果不指定 max 参数则将所有满足条件的子串替换掉。replace 方法返回替换后的字符串，如代码清单 6-10 所示。

代码清单 6-10　字符串替换示例

```
1  str='cat dog cat dog cat dog'
2  str1=str.replace('cat', 'mouse')      #将 str 中的所有 'cat' 子串替换成 'mouse'
3  str2=str.replace('cat', 'mouse', 2)   #将 str 中的前两个 'cat' 子串替换成 'mouse'
4  print('str1:', str1)
5  print('str2:', str2)
```

代码清单 6-10 执行结束后，将在屏幕上输出如图 6-10 所示的结果。

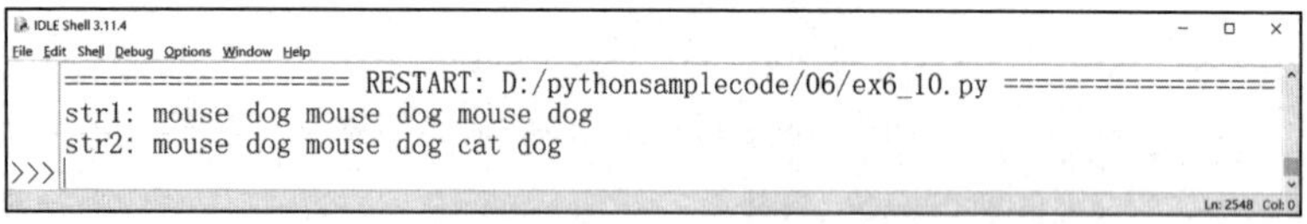

```
================ RESTART: D:/pythonsamplecode/06/ex6_10.py ================
str1: mouse dog mouse dog mouse dog
str2: mouse dog mouse dog cat dog
```

图 6-10　代码清单 6-10 的运行结果

【思考题 6-7】 已知 str='abcdefabc'，则执行 str.replace('abc', 'cba') 后，str 中保存的字符串为 'cbadefcba'。以上是否正确？

6.1.7 去除字符串中的空格

如果要去除字符串头部和尾部的空格，则可以使用字符串中的 strip、lstrip 和 rstrip 方法，它们的语法格式为

```
str.strip()    #去除 str 中头部和尾部的空格
str.lstrip()   #去除 str 中头部的空格
str.rstrip()   #去除 str 中尾部的空格
```

这 3 个方法返回去除空格后的字符串。

如果要去除所有的空格，则可以使用 replace 方法，即

```
str.replace(' ', '')  #去除 str 中所有的空格
```

例如，代码清单 6-11 给出了去除字符串中空格的示例。

代码清单 6-11　去除字符串中空格的示例

```
1   str=' I like Python! '  #创建字符串并赋给变量 str
2   str1=str.strip()    #去除 str 中头部和尾部的空格，并将返回的字符串赋给变量 str1
3   str2=str.lstrip()   #去除 str 中头部的空格，并将返回的字符串赋给变量 str2
4   str3=str.rstrip()   #去除 str 中尾部的空格，并将返回的字符串赋给变量 str3
5   str4=str.replace(' ', '')   #去除 str 中所有的空格，并将返回的字符串赋给变量 str4
6   print('原字符串: #%s#'%str)  #输出时前面和后面各加一个 # 以便能够看出 str 首尾的空格
7   print('去掉头部和尾部空格后: #%s#'%str1)
8   print('去掉头部空格后: #%s#'%str2)
9   print('去掉尾部空格后: #%s#'%str3)
10  print('去掉所有空格后: #%s#'%str4)
```

代码清单 6-11 执行结束后，将在屏幕上输出如图 6-11 所示的结果。

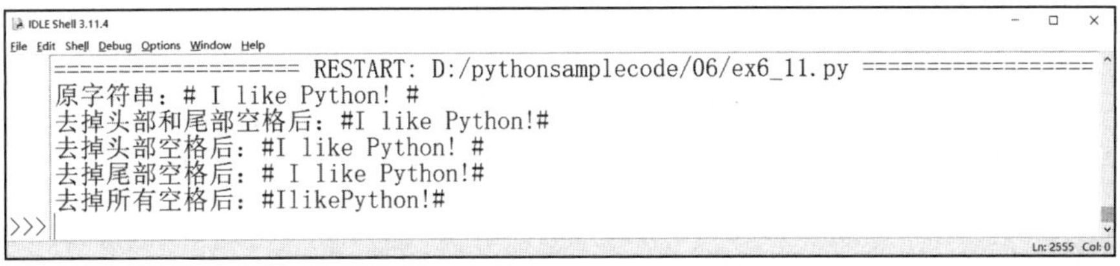

图 6-11　代码清单 6-11 的运行结果

【思考题 6-8】　如果要去除字符串中的所有空格，可以使用字符串的（　　）方法。
A. strip　　　　　　B. lstrip　　　　　　C. rstrip　　　　　　D. replace

6.1.8　大小写转换

字符串中有 capitalize、lower、upper、swapcase 等与大小写转换相关的方法，它们的语法格式分别为

```
str.capitalize()    #将字符串的第一个字母大写，其他字母都小写
str.lower()         #将字符串中的所有字母都小写
str.upper()         #将字符串中的所有字母都大写
str.swapcase()      #将字符串中的小写字母变大写，大写字母变小写
```

其中，str 是待转换大小写的字符串，这些方法执行完毕后都会将转换后的字符串返回，如代码清单 6-12 所示。

代码清单 6-12　字符串大小写转换示例

```
1   str='i Like Python'
2   print('原字符串: ', str)
3   print('capitalize 方法的结果: ', str.capitalize())
4   print('lower 方法的结果: ', str.lower())
5   print('upper 方法的结果: ', str.upper())
6   print('swapcase 方法的结果: ', str.swapcase())
```

代码清单 6-12 执行结束后，将在屏幕上输出如图 6-12 所示的结果。

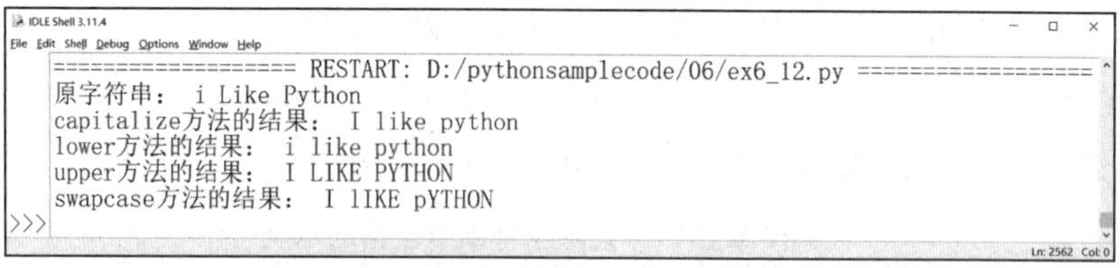

```
================== RESTART: D:/pythonsamplecode/06/ex6_12.py ==================
原字符串： i Like Python
capitalize方法的结果： I like python
lower方法的结果： i like python
upper方法的结果： I LIKE PYTHON
swapcase方法的结果： I lIKE pYTHON
```

图 6-12 代码清单 6-12 的运行结果

【思考题 6-9】 已知 str='Like'，则执行 str.upper() 后，str 保存的数据为字符串 'LIKE'。以上是否正确？

6.1.9 字符串的其他常用操作

1. 复制字符串

由于字符串是不可变类型，无法修改字符串中的某个元素值，不存在修改一个字符串值会影响另一个字符串的问题。因此，直接用赋值运算符"="实现字符串赋值功能即可，如代码清单 6-13 所示。

代码清单 6-13　复制字符串示例

```
1  str1='Java'
2  str2='C++'
3  str1='Python'
4  print('str1: %s, str2: %s'%(str1, str2))
```

代码清单 6-13 执行结束后，将在屏幕上输出如图 6-13 所示的结果。

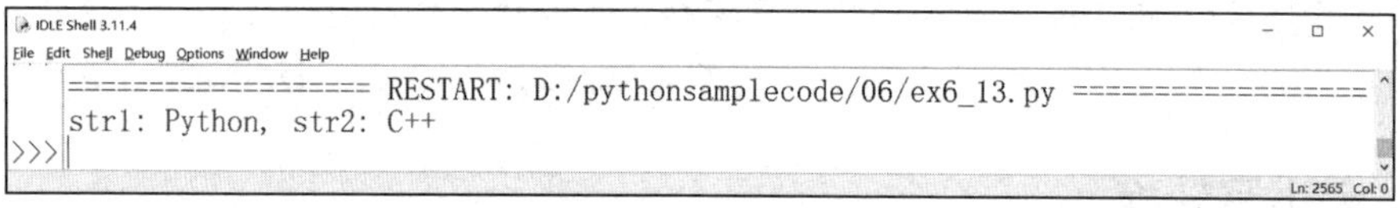

```
================== RESTART: D:/pythonsamplecode/06/ex6_13.py ==================
str1: Python, str2: C++
```

图 6-13 代码清单 6-13 的运行结果

2. 连接字符串

字符串是一种序列数据，直接使用拼接运算（+）即可实现两个字符串的连接，关于拼接运算的具体使用方法读者可查阅 2.3.9 节的相关内容。

另外，还可以使用字符串中的 join 方法将序列中的元素以指定的字符连接成一个新的字符串，join 方法的语法格式为

```
str.join(seq)
```

其中，seq 是一个包含多个字符串元素的序列对象，str 是使用的连接符。join 方法返回连接后的字符串，如代码清单 6-14 所示。

代码清单 6-14　连接字符串示例

```
1  str1=', '   #仅包含一个逗号的字符串
2  str2=' '    #仅包含一个空格的字符串
3  str3=''     #一个空字符串
4  ls=['I', 'like', 'Python'] #列表
5  print(str1.join(ls))
```

```
6    print(str2.join(ls))
7    print(str3.join(ls))
```

代码清单 6-14 执行结束后，将在屏幕上输出如图 6-14 所示的结果。

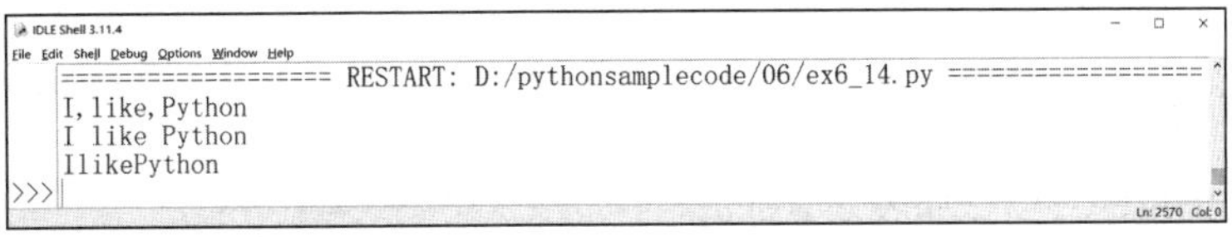

```
I, like, Python
I like Python
IlikePython
```

图 6-14　代码清单 6-14 的运行结果

从输出结果可以看到，代码清单 6-14 中第 5～7 行代码分别以逗号、空格和空串作为连接符，将 ls 列表中的 3 个字符串元素连接为一个字符串。

3. 获取字符串长度

使用 len 函数可以计算一个字符串中包含的字符数量（即字符串长度），len 函数的语法格式为

```
len(str)
```

其作用是返回字符串 str 的长度，如代码清单 6-15 所示。

代码清单 6-15　获取字符串长度示例

```
1    print('字符串"Python"的长度为：', len('Python'))
2    print('字符串"你好！"的长度为：', len('你好！'))
```

代码清单 6-15 执行结束后，将在屏幕上输出如图 6-15 所示的结果。

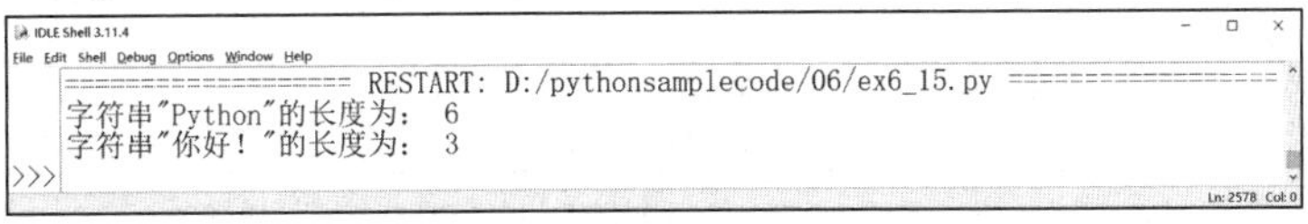

```
字符串"Python"的长度为：  6
字符串"你好！"的长度为：  3
```

图 6-15　代码清单 6-15 的运行结果

4. 测试字符串的组成部分

如果需要判断一个字符串 A 是否是另一个字符串 B 的组成部分（即子串），可以直接使用 6.1.5 节中介绍的字符串检索方法，检索失败则 A 不是 B 的子串，否则 A 是 B 的子串。

另外，也可以使用更简洁的 in 运算符，如代码清单 6-16 所示。

代码清单 6-16　测试字符串的组成部分的示例

```
1    str='cat dog cat'
2    print("'cat'是str的子串：", 'cat' in str)
3    print("'mouse'是str的子串：", 'mouse' in str)
```

代码清单 6-16 执行结束后，将在屏幕上输出如图 6-16 所示的结果。

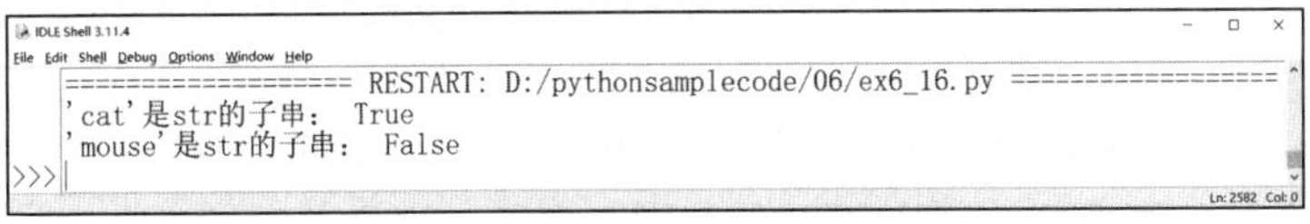

```
'cat'是str的子串：  True
'mouse'是str的子串：  False
```

图 6-16　代码清单 6-16 的运行结果

6.2 格式化方法

第 2 章中已经介绍了部分占位符（参见 2.3.1 节中的表 2-2），这里给出更完整的占位符列表。另外，字符串中提供了 format 方法进行字符串的格式化。下面分别介绍。

6.2.1 占位符

Python 中提供的占位符如表 6-1 所示。

表 6-1 常用占位符

占位符	描述	占位符	描述
%d 或 %i	有符号整型十进制数	%o	有符号八进制数
%x	有符号十六进制数（字母小写）	%X	有符号十六进制数（字母大写）
%e	指数格式的浮点数（字母小写）	%E	指数格式的浮点数（字母大写）
%f 或 %F	有符号浮点型十进制数	%g	浮点数（根据数值大小采用 %e 或 %f）
%G	浮点数（根据数值大小采用 %f 或 %E）	%c	单个字符（整型或单个字符的字符串）
%r	字符串（使用 repr 函数进行对象转换）	%s	字符串（使用 str 函数进行对象转换）
%a	字符串（使用 ascii 函数进行对象转换）	%%	表示一个百分号

另外，Python 中还提供了辅助的格式控制命令，如通过 '0' 可以在代入数字前填 0（读者可查阅 2.3.1 节的相关内容）。

这里仅通过代码清单 6-17 展示部分占位符的作用。

代码清单 6-17 部分占位符使用示例

```
1  n, f=20, 35.67
2  print('n 的十进制形式：%d, 八进制形式：%o, 十六进制形式：%x'%(n, n, n))
3  print('f 的十进制形式：%f, 指数形式：%e'%(f, f))
```

代码清单 6-17 执行结束后，将在屏幕上输出如图 6-17 所示的结果。

图 6-17 代码清单 6-17 的运行结果

【思考题 6-10】 已知 n=31，则执行 print('%X'%n) 后，其输出结果为（　　）。
A. 31　　　　　B. 1F　　　　　C. 1f　　　　　D. 37

6.2.2 format 方法

使用字符串中的 format 方法也可以进行字符串的格式化操作，其语法格式为

```
str.format(*args, **kwargs)
```

其中，str 是用于格式化的字符串，可以包含由大括号 {} 括起来的替换字段。每个替换字段可以是位置参数的数字索引，也可以是关键字参数的名称。format 方法返回的是格式

化的字符串副本（即调用 format 方法并不会改变 str 的值）。例如，代码清单 6-18 给出了 format 方法的使用示例。

代码清单 6-18　format 方法使用示例 1

```
1    str1='{0}的计算机成绩是{1},{0}的数学成绩是{2}'  #{}中的替换字段是位置参数的数字索引
2    str2='{name}的计算机成绩是{cs},{name}的数学成绩是{ms}'  #替换字段是关键字参数的名称
3    print(str1.format('李晓明', 90, 85))
4    print(str2.format(cs=90, ms=85, name='李晓明'))
```

代码清单 6-18 执行结束后，将在屏幕上输出如图 6-18 所示的结果。

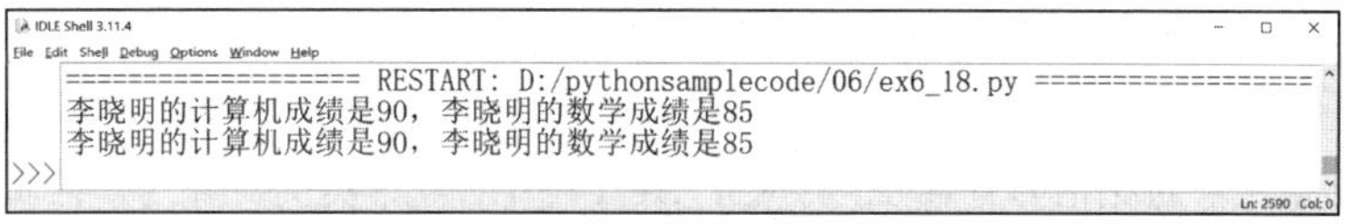

图 6-18　代码清单 6-18 的运行结果

下面结合代码清单 6-18 的输出结果，给出代码的分析。

- 在使用 format 方法时，可以通过 {0}、{1}、{2}、…、{N} 等数字索引方式，将字符串中待填入的数据与 format 方法所传入的位置参数相对应。例如，根据第 3 行代码的输出结果，第 1 行代码所创建的字符串对象中，{0} 对应了 format 方法的第一个实参 '李晓明'，{1} 对应了 format 方法的第二个实参 90，{2} 对应了 format 方法的第三个实参 85。

- 在使用 format 方法时，也可以通过 {标识符名} 的方式，将字符串中待填入的数据与 format 方法所传入的关键字参数相对应。例如，根据第 4 行代码的输出结果，第 2 行代码所创建的字符串对象中，{name} 对应了 format 方法的关键字参数 name='李晓明'，{cs} 对应了 format 方法的关键字参数 cs=90，{ms} 对应了 format 方法的关键字参数 ms=85。

另外，在用 format 方法格式化字符串时，字符串的替换字段中还可以包含对实参属性的访问，如代码清单 6-19 所示。

代码清单 6-19　format 方法使用示例 2

```
1    class Student:  #定义 Student 类
2        def __init__(self, name, cs):  #定义构造方法
3            self.name=name
4            self.cs=cs
5    s=Student('李晓明', 90)
6    str1='{0.name}的计算机成绩是{0.cs}'  #{}中的替换字段是位置参数的数字索引
7    str2='{stu.name}的计算机成绩是{stu.cs}'  #替换字段是关键字参数的名称
8    print(str1.format(s))
9    print(str2.format(stu=s))
```

代码清单 6-19 执行结束后，将在屏幕上输出如图 6-19 所示的结果。

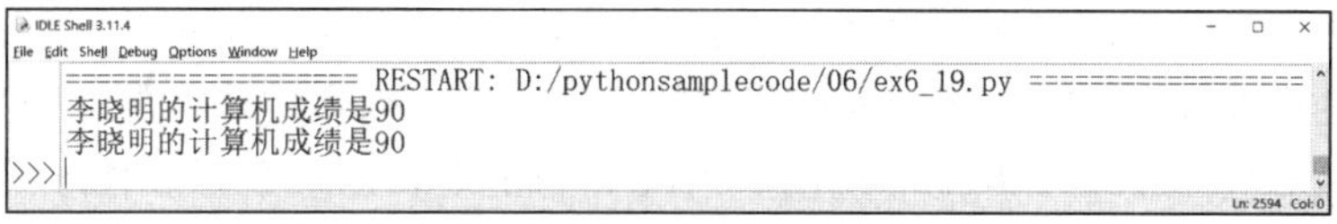

图 6-19　代码清单 6-19 的运行结果

下面结合代码清单 6-19 的输出结果，给出代码的分析。

- 第 1~4 行代码定义了 `Student` 类，第 5 行代码则创建了 `Student` 的实例对象 `s`。
- 第 6 行和第 7 行代码分别创建了两个字符串对象 `str1` 和 `str2`。`str1` 通过数字索引的方式，指定了待填入数据与 `format` 方法的位置参数的对应关系；`str2` 通过名称索引的方式，指定了待填入数据与 `format` 方法的关键字参数的对应关系。
- 第 8 行代码中，通过 `str1` 调用 `format` 方法，传入的实参是 `Student` 类的实例对象 `s`。此时，字符串 `str1` 的花括号中数字 0 对应了 `format` 方法的第一个实参 `s`。因此，`str1` 中的 `{0.name}` 会被替换为 `s.name` 的值（即 '李晓明'），`str1` 中的 `{0.cs}` 会被替换为 `s.cs` 的值（即 90）。
- 第 9 行代码中，通过 `str2` 调用 `format` 方法，传入了关键字参数 `stu=s`。此时，字符串 `str2` 的花括号中 `stu` 对应了 `Student` 类的实例对象 `s`。因此，`str2` 中的 `{stu.name}` 会被替换为 `s.name` 的值（即 '李晓明'），`str2` 中的 `{stu.cs}` 会被替换为 `s.cs` 的值（即 90）。

【思考题 6-11】 使用字符串的 `format` 方法进行字符串格式化时，在字符串中需要把待填入数据的位置用一对花括号标识出来。以上是否正确？

【编程练习 6-4】 请在【1】和【2】处填写合适的代码，使其输出结果为

```
8:1:25
8:1:25
```

待补充代码的程序如下：

```python
class Time:
    def __init__(self, hour, minute, second):
        self.hour=hour
        self.minute=minute
        self.second=second
t=Time(8, 1, 25)
str1='{0.hour}:{0.minute}:{0.second}'
str2='{t.hour}:{t.minute}:{t.second}'
print(str1.format(【1】))
print(str2.format(【2】))
```

6.3　正则表达式

根据本章前面的内容，字符串中提供的 `find`、`rfind` 等方法可以实现字符串的精确匹配，即在一个字符串中查找另一个字符串出现的位置。而通过正则表达式可以定义一些匹配规则，只要满足匹配规则即认为匹配成功，从而实现模糊匹配。

6.3.1　基础语法

正则表达式中既可以包含普通字符，也可以包含由特殊字符指定的匹配模式。在实际应用正则表达式进行匹配时，正则表达式中的普通字符需要做精确匹配，而特殊字符指定的匹配模式则对应用于模糊匹配的规则。Python 的正则表达式中有多种形式的匹配模式，这里只列出一部分，如表 6-2 所示。

表 6-2　正则表达式中的部分匹配模式

匹配模式	描述
.（点）	匹配换行外的任一字符。例如，正则表达式 "ab.c" 表示匹配的字符串以 ab 开始，以 c 结束，且 ab 和 c 之间有一个非换行字符。因此，"ab.c" 可以匹配 "abdc"（点对应字符 d）和 "ab1c"（点对应字符 1），但不能匹配 "acdb"（第 2 个和第 4 个字符不匹配）、"abc"（字符 b 和 c 之间缺少与点对应的字符）和 "ab12c"（点不能对应两个字符 1 和 2）
^（插入符）	匹配字符串开头的若干字符。例如，正则表达式 "^py" 可以匹配 "python" 中的 "py"（以 py 开头），但不能匹配 "puppy" 中的 "py"（未以 py 开头）
$	匹配字符串结尾的若干字符。例如，正则表达式 "py$" 可以匹配 "puppy" 中的 "py"（以 py 结尾），但不能匹配 "python" 中的 "py"（未以 py 结尾）
[]	字符集合，对应位置可以是该集合中的任一字符。既可以依次指定每一个字符，如 [0123456789]；也可以通过短横线 "-" 指定一个范围，如 [0-9]（与 [0123456789] 相同，都表示匹配 0~9 之间的字符）。在字符序列前加 ^ 表示取反，如 [^0-9] 表示匹配不在 0~9 之间的字符
*	匹配前一个模式 0 次、1 次或多次。例如，正则表达式 "a[0-9]*c" 表示匹配的字符串以字符 a 开始，以字符 c 结束，且字符 a 和 c 之间可以有 0 个、1 个或多个数字字符。因此，"a[0-9]*c" 可以匹配 "ac"（字符 a 和 c 之间有 0 个数字字符）、"a0c"（字符 a 和 c 之间有 1 个数字字符）和 "a01c"（字符 a 和 c 之间有 2 个数字字符），但不能匹配 "abc"（a 和 c 之间存在非数字的字符）
+	匹配前一个模式 1 次或多次。例如，正则表达式 "a[0-9]+c" 表示匹配的字符串以字符 a 开始，以字符 c 结束，且字符 a 和 c 之间可以有 1 个或多个数字字符。因此，"a[0-9]+c" 可以匹配 "a0c"（字符 a 和 c 之间有 1 个数字字符）和 "a01c"（字符 a 和 c 之间有 2 个数字字符），但不能匹配 "ac"（字符 a 和 c 之间有 0 个数字字符）和 "abc"（字符 a 和 c 之间存在非数字的字符）
?	匹配前一个模式 0 次或 1 次。例如，正则表达式 "a[0-9]?c" 表示匹配的字符串以字符 a 开始，以字符 c 结束，且字符 a 和 c 之间可以有 0 个或 1 个数字字符。因此，"a[0-9]?c" 可以匹配 "ac"（字符 a 和 c 之间有 0 个数字字符）和 "a0c"（字符 a 和 c 之间有 1 个数字字符），但不能匹配 "a01c"（字符 a 和 c 之间有 2 个数字字符）和 "abc"（字符 a 和 c 之间存在非数字的字符）
*?	匹配前一个模式 0 次、1 次或多次。与 * 的区别在于，* 采用贪婪匹配方式，即匹配尽可能多的字符；*? 则采用非贪婪匹配方式，即匹配尽可能少的字符。例如，正则表达式 ".*?abc" 在字符串 "123abc456abc" 中匹配的结果依次为 "123abc" 和 "456abc"；而正则表达式 ".*abc" 在字符串 "123abc456abc" 中匹配的结果为 "123abc456abc"。再如，正则表达式 "<.*?>" 在字符串 "\<a\>title\</a\>" 中匹配的结果依次为 "\<a\>" 和 "\</a\>"；而正则表达式 "<.*>" 在字符串 "\<a\>title\</a\>" 中匹配的结果为 "\<a\>title\</a\>"
{m}	匹配前一个模式 m 次。例如，正则表达式 "a[0-9]{1}c" 表示字符 a 和 c 之间有 1 个数字字符。因此，其与 "a0c" 匹配，但与 "ac"、"a01c" 和 "abc" 不匹配
{m, n}	匹配前一个模式 m~n 次；省略 n 则匹配前一个模式 m 次至无限次。例如，正则表达式 "a[0-9]{1, 2}c" 表示字符 a 和 c 之间有 1~2 个数字字符。因此，其与 "a0c" 和 "a01c" 匹配，但与 "ac" 和 "abc" 不匹配
|	"A|B" 表示匹配 A 和 B 中的任一模式即可。例如，正则表达式 "a[b|d]c" 表示字符 a 和 c 之间可以是字符 b，也可以是字符 d。因此，其与 "abc" 和 "adc" 匹配，但与 "ac"、"aac" 和 "abbc" 不匹配
(…)	用 () 括起来的内容表示一个分组。在匹配完成后，可以获取每个分组在字符串中匹配到的内容。例如，正则表达式 "(.*?)abc" 不仅可以获取在字符串 "123abc456abc" 中匹配的结果 "123abc" 和 "456abc"，同时还可以获取分组 (.*?) 所匹配到的 "123" 和 "456"
\	转义符，使后面一个字符改变原来的含义。例如，在正则表达式中要精确匹配字符 $，则需要写成 "\$"；要精确匹配字符 ^，则需要写成 "\^"

正则表达式中还提供了特殊序列以表示特殊的含义，其由"\"和一个字符组成。"\"后面的字符可以是数字，也可以是部分英文字母，如表 6-3 所示。

表 6-3 正则表达式中的特殊序列

特殊序列	描述
\number	number 表示一个数字，\number 用于引用同一编号的分组中的模式（分组编号从 1 开始）。例如，正则表达式 "([0-9])abc\1" 中的 "\1" 表示引用第 1 个分组中的匹配结果，即匹配以同一个数字开始和结束且中间是 abc 的字符串。因此，"([0-9])abc\1" 可以匹配 "5abc5"，但不能匹配 "3abc5"
\A	匹配字符串开头的若干字符，同表 6-2 中的 ^。例如，正则表达式 "\Apy" 可以匹配 "python" 中的 "py"（以 py 开头），但不能匹配 "puppy" 中的 "py"（未以 py 开头）
\Z	匹配字符串结尾的若干字符，同表 6-2 中的 $。例如，正则表达式 "py\Z" 可以匹配 "puppy" 中的 "py"（以 py 结尾），但不能匹配 "python" 中的 "py"（未以 py 结尾）
\b	单词边界符，即 \b 两边的字符应该一个是非单词字符，另一个是单词字符，或者一个是单词字符，另一个是空字符（即字符串的开头或结尾）。其中，单词字符包括字母、汉字、数字和下划线，其他字符为非单词字符。例如，正则表达式 "\bfoo\b" 表示匹配的字符串中包含 foo，且 foo 的前面和后面均是空字符，或者均是非单词字符，或者一个非单词字符另一个是空字符。因此，"\bfoo\b" 可以匹配 "foo"（foo 的前面和后面都是空字符）、"foo."（foo 的前面是空字符，后面是非单词字符）和 "(foo)"（foo 的前面和后面都是非单词字符），但不能匹配 "foob"、"foo3" 和 "foo_"（这 3 种情况下，foo 的后面均是一个单词字符）。再如，正则表达式 "\b<a>\b" 表示匹配的字符串中包含 <a>，且 <a> 的前面和后面均是单词字符。因此，"\b<a>\b" 可以匹配 "c<a>_"（<a> 的前面和后面都是单词字符），但不能匹配 "><a>_"（<a> 的前面是非单词字符）和 "c<a>"（<a> 的后面是空白符）
\B	非单词边界符，与 \b 功能相反，即 \B 两边的字符不允许一个是单词字符而另一个是非单词字符或空白符。例如，正则表达式 "\bfoo\B" 表示匹配的字符串中包含 foo，且 foo 的前面是非单词字符或空白符，foo 的后面是单词字符。因此，"\bfoo\B" 可以匹配 "foo_"（foo 的前面是空白符，后面是单词字符），但不能匹配 "(foo)"（foo 的前面和后面都是非单词字符）
\d	匹配任一数字字符，等价于 [0-9]。例如，正则表达式 "a\dc" 表示匹配的字符串以字符 a 开始，以字符 c 结束，且字符 a 和 c 之间有一个数字字符。因此，"a\dc" 可以匹配 "a1c"，但不能匹配 "abc" 和 "a12c"
\D	与 \d 作用相反，匹配任一非数字字符，等价于 [^0-9]。例如，正则表达式 "a\Dc" 表示匹配的字符串以字符 a 开始，以字符 c 结束，且字符 a 和 c 之间有一个非数字字符。因此，"a\Dc" 可以匹配 "abc"，但不能匹配 "a1c"
\s	匹配任一空白字符。例如，正则表达式 "a\sc" 表示匹配的字符串以字符 a 开始，以字符 c 结束，且字符 a 和 c 之间有一个空白字符。因此，"a\sc" 可以匹配 "a c"、"a\tc" 和 "a\nc"，但不能匹配 "abc"
\S	与 \s 作用相反，匹配任一非空白字符。例如，正则表达式 "a\Sc" 表示匹配的字符串以字符 a 开始，以字符 c 结束，且字符 a 和 c 之间有一个非空白字符。因此，"a\Sc" 可以匹配 "abc"，但不能匹配 "a c"、"a\tc" 和 "a\nc"
\w	匹配任一单词字符。例如，正则表达式 "a\wc" 表示匹配的字符串以字符 a 开始，以字符 c 结束，且字符 a 和 c 之间有一个单词字符。因此，"a\wc" 可以匹配 "abc"、"a1c" 和 "a_c"，但不能匹配 "a#c"
\W	与 \w 作用相反，即匹配 \w 不匹配的那些非单词字符。例如，正则表达式 "a\Wc" 表示匹配的字符串以字符 a 开始，以字符 c 结束，且字符 a 和 c 之间有一个非单词字符。因此，"a\Wc" 可以匹配 "a#c"，但不能匹配 "abc"、"a1c" 和 "a_c"

提示

1. 单词字符包括字母、汉字、数字和下划线；其他为非单词字符。

2. 由于 Python 的字符串中使用"\"作为转义符，如果要在字符串中使用字符"\"，则需要写作"\\"。因此，当以正则表达式 `"\bfoo\b"` 进行匹配时，在 Python 中实际编写代码时要写作 `'\\bfoo\\b'`，这样会造成代码编写时容易出错且代码可读性较差的问题。通常在用于表示正则表达式的字符串前加上一个字符 r，使得后面的字符串忽略转义符。例如，字符串 `'\\bfoo\\b'` 可以写作 `r'\bfoo\b'`。

【思考题 6-12】 与正则表达式 `'ab[a-z]+c'` 匹配的字符串是（　　）。
A. abdec　　　　　B. abc　　　　　C. ab0c　　　　　D. ab#c

【思考题 6-13】 与正则表达式 `'ab[a-z]?c'` 匹配的字符串是（　　）。
A. abdec　　　　　B. abc　　　　　C. ab0c　　　　　D. ab#c

6.3.2　re 模块的使用

使用 Python 提供的 re 模块，可以实现基于正则表达式的模糊匹配。re 模块中提供了多个函数，下面分别介绍。

提示　使用 re 模块中的函数前，要先通过执行 import re，导入 re 模块。

1. compile

compile 函数用于将一个字符串形式的正则表达式编译成一个正则表达式对象。通过该正则表达式对象调用 match、search 等方法，可以根据创建该对象时所使用的正则表达式，实现字符串的模糊匹配。compile 函数的语法格式为

```
re.compile(pattern, flags=0)
```

其中，pattern 是一个字符串形式的正则表达式；flags 指定了如表 6-4 所示的匹配选项，可以使用位或运算符（|）将多个选项连接起来；flags 的默认值为 0，表示没有任何匹配选项。在本章后面的内容中将会通过程序示例展示部分匹配选项的使用方法。

表 6-4　compile 中 flags 参数对应的匹配选项

匹配选项	描述
re.A 或 re.ASCII	使表 6-3 中的 \w、\W、\b、\B、\d、\D、\s、\S 仅做 ASCII 的匹配，而不是完全的 Unicode 码的匹配
re.DEBUG	显示被编译的正则表达式的调试信息
re.I 或 re.IGNORECASE	匹配时不区分大小写
re.L 或 re.LOCATE	使表 6-3 中的 \w、\W、\b、\B 和不区分大小写的匹配取决于当前的语言环境（不建议使用）
re.M 或 re.MULTILINE	使表 6-2 中的 ^ 能够匹配每行开头的若干个字符，$ 能够匹配每行结尾的若干个字符
re.S 或 re.DOTALL	使表 6-2 中的 .（点）能够匹配任一字符（包括换行符）
re.X 或 re.VERBOSE	忽略正则表达式中的空格和 # 后面的注释

2. match

re 模块中的 match 函数用于对字符串开头的若干字符进行正则表达式的匹配。re.match 函数的语法格式为

```
re.match(pattern, string, flags=0)
```

其中，pattern 是要匹配的正则表达式；string 是要做正则表达式匹配的字符串；flags 参数与 compile 函数中的 flags 参数具有完全相同的含义。如果匹配成功，则返回一个 Match 对象；如果匹配失败，则返回 None。例如，代码清单 6-20 给出了 re.match 函数的使用示例。

代码清单 6-20　re.match 函数使用示例

```
1  import re  # 导入 re 模块
2  result1=re.match(r'python', 'Python是一门流行的编程语言', re.I)
3  result2=re.match(r'python', '我喜欢学习Python', re.I)
4  result3=re.match(r'python', '''我喜欢学习Python
5  Python是一门流行的编程语言''', re.I|re.M)
6  print('result1:', result1)
7  print('result2:', result2)
8  print('result3:', result3)
```

代码清单 6-20 执行结束后，将在屏幕上输出如图 6-20 所示的结果。

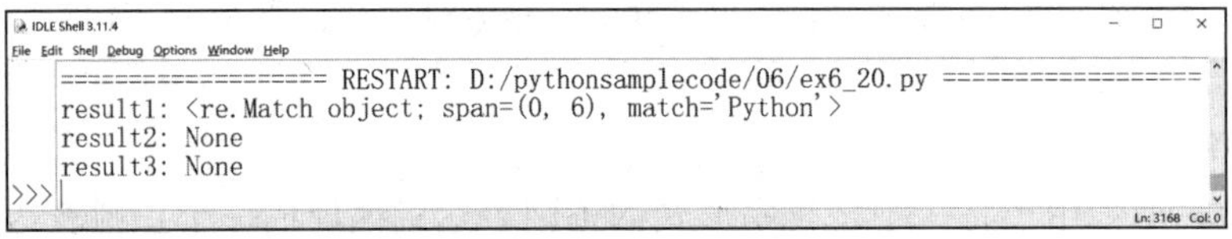

```
============= RESTART: D:/pythonsamplecode/06/ex6_20.py =================
result1: <re.Match object; span=(0, 6), match='Python'>
result2: None
result3: None
```

图 6-20　代码清单 6-20 的运行结果

提示

1. 对于代码清单 6-20 中的第 2 行代码，flags 参数值为 re.I，即匹配时不区分大小写，因此，使用 match 函数能够匹配到字符串中的"Python"。从输出结果中可以看到，其返回的是一个 Match 对象，其中 span 是匹配的字符序列在字符串中的位置信息，而 match 中保存了匹配到的字符序列信息。

2. 对于第 3 行代码，由于"Python"没有在字符串开头的位置，因此通过 re.match 函数无法匹配到，返回了 None。

注意　即便对 flags 参数指定了匹配选项 re.MULTILINE 或 re.M，re.match 函数也只会对字符串开头的若干字符做匹配，而不对后面行的开头字符做匹配。例如，在代码清单 6-20 中，第 4 行和第 5 行代码中待做正则表达式匹配的字符串有两行；但从输出结果可以看出，在使用 re.match 函数进行匹配时，并没有对第 5 行开头的字符进行匹配。

除了直接调用 re 模块中的 match 函数外，还可以使用 compile 函数生成的正则表达式对象中的 match 方法实现同样的功能，其语法格式为

```
Pattern.match(string[, pos[, endpos]])
```

其中，Pattern 是 compile 函数返回的正则表达式对象；string 是要做正则表达式匹配的字符串；可选参数 pos 指定了从 string 的哪个位置开始进行匹配，默认为 0；可选参数 endpos 指定了 string 的结束位置，match 函数将对 string 中 pos～endpos-1 范围内的子串进行正则表达式匹配。例如，代码清单 6-21 给出了 Pattern.match 方法的使用示例。

代码清单 6-21　**Pattern.match 方法使用示例**

```
1  import re
2  pattern=re.compile(r'python', re.I)  #生成正则表达式对象
3  result1=pattern.match('Python是一门流行的编程语言')
4  result2=pattern.match('我喜欢学习Python！', 5)
5  print('result1:', result1)
6  print('result2:', result2)
```

代码清单 6-21 执行结束后，将在屏幕上输出如图 6-21 所示的结果。

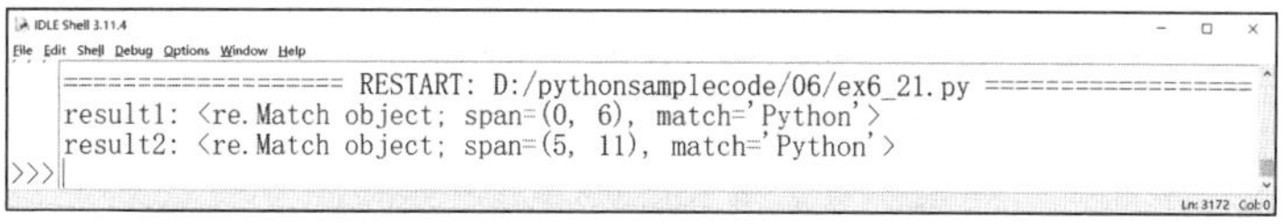

图 6-21　代码清单 6-21 的运行结果

提示

1. 代码清单 6-21 的第 2 行代码中使用了 re.I 匹配选项，因此使用生成的正则表达式对象进行匹配时不会区分大小写。

2. 第 3 行代码中没有指定 pos 和 endpos 参数，因此，默认对整个字符串进行正则表达式匹配。

3. 第 4 行代码中指定了 pos 参数值为 5，即对从索引值为 5 的字符开始的子串（即 'Python！'）进行匹配。因此，可以得到匹配结果，且返回的 Match 对象中的 span 值是匹配字符序列在原字符串中的位置信息。

4. 使用 compile 函数具有以下优点：当一个正则表达式在程序中被多次使用时，通过 compile 函数生成的正则表达式对象可重复使用，从而提高效率。

【思考题 6-14】使用 re.match 函数进行正则表达式匹配时，如果要忽略大小写，则应在匹配选项中指定（　　）。
A. re.A　　　　**B.** re.I　　　　**C.** re.M　　　　**D.** re.S

【思考题 6-15】使用 re.match 函数进行正则表达式匹配时，如果指定的匹配选项中包括 re.MULTILINE，则会对每一行开头的若干字符做匹配。以上是否正确？

3. search

re 模块中的 search 函数对整个字符串进行扫描并返回第一个匹配的结果。re.search 函数的语法格式为

re.search(pattern, string, flags=0)

re.search 函数各参数的含义与 re.match 函数完全相同。如果匹配成功，则返回

一个 Match 对象；否则，返回 None。例如，代码清单 6-22 给出了 re.search 函数的使用示例。

代码清单 6-22 `re.search` 函数使用示例

```
1  import re
2  result1=re.search(r'python', 'Python是一门流行的编程语言', re.I)
3  result2=re.search(r'python', '我喜欢学习Python！', re.I)
4  result3=re.search(r'python', '我喜欢学习Python, Python简单易用！', re.I)
5  result4=re.search(r'Java', '我喜欢学习Python！', re.I)
6  print('result1:', result1)
7  print('result2:', result2)
8  print('result3:', result3)
9  print('result4:', result4)
```

代码清单 6-22 执行结束后，将在屏幕上输出如图 6-22 所示的结果。

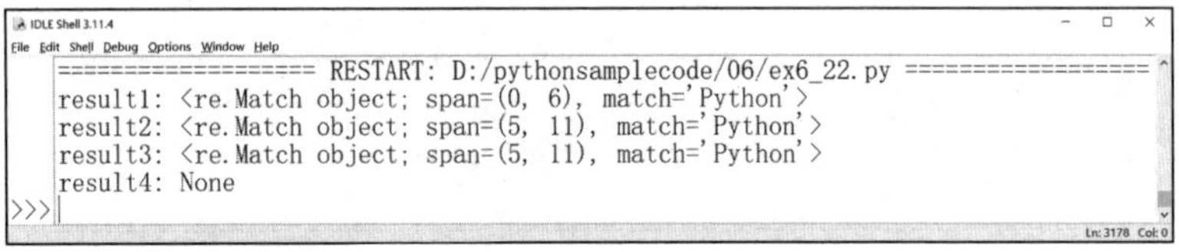

```
================ RESTART: D:/pythonsamplecode/06/ex6_22.py ================
result1: <re.Match object; span=(0, 6), match='Python'>
result2: <re.Match object; span=(5, 11), match='Python'>
result3: <re.Match object; span=(5, 11), match='Python'>
result4: None
>>>
```

图 6-22 代码清单 6-22 的运行结果

提示　不同于 re.match 函数（只匹配字符串开头的若干字符），re.search 函数可以对整个字符串从左向右扫描找到第一个匹配的字符序列。例如，对于代码清单 6-22 中的第 3 行和第 4 行代码，匹配到的字符序列都不在字符串开头的位置。

同 Pattern.match 方法一样，也可以使用 compile 函数返回的正则表达式对象中的 search 方法实现与 re.search 函数同样的功能，其语法格式为

Pattern.search(string[, pos[, endpos]])

各参数的含义与 Pattern.match 方法完全相同。

提示　正则表达式对象除了提供 match 和 search 方法外，还提供了 split、findall、finditer、sub、subn 等方法，它们与 re 模块提供的相应函数的作用相同。一般来说，如果一个正则表达式会被多次使用，则可以通过 compile 函数先生成正则表达式对象，再通过该正则表达式对象调用方法实现匹配；如果一个正则表达式仅使用 1 次，则可以直接使用 re 模块提供的相应函数进行实现。

【思考题 6-16】 re.search(r'py$', 'puppy') 是否可以返回一个 Match 对象？
【思考题 6-17】 re.search(r'^py', 'puppy\npython', re.M) 是否可以返回一个 Match 对象？

4. 匹配对象

使用前面介绍的 match 函数和 search 函数，匹配成功时都会返回一个 re.Match 类的对象，匹配失败时则返回 None。下面看一下如何操作返回的 re.Match 对象。

如果要判断是否匹配成功，可以直接用如代码清单6-23所示的方式。

代码清单6-23　re.Match对象操作示例1

```
1  import re
2  result1=re.search(r'python', '我喜欢学习Python！', re.I)
3  if result1: #判断是否匹配成功，也可以写作if result1!=None:
4      print('result1:', result1) #匹配成功则输出返回的Match对象
5  result2=re.match(r'python', '我喜欢学习Python！', re.I)
6  if result2: #判断是否匹配成功，也可以写作if result2!=None:
7      print('result2:', result2) #匹配成功则输出返回的Match对象
```

代码清单6-23执行结束后，将在屏幕上输出如图6-23所示的结果。

```
================ RESTART: D:/pythonsamplecode/06/ex6_23.py ================
result1: <re.Match object; span=(5, 11), match='Python'>
>>>
```

图6-23　代码清单6-23的运行结果

提示　将re.Match对象作为判断条件时，其永远返回True；而None则返回False。因此，通过"if result1:"和"if result2:"，即可判断前面的匹配是否成功。

re.Match类提供了用于操作re.Match对象的多种方法，这里仅学习group、groups、start和end这几种方法的使用方式，如表6-5所示。

表6-5　re.Match类的部分方法

方法	描述
group([group1, …])	根据传入的组号返回对应分组的匹配结果。如果传入一个组号，则返回一个字符串形式的匹配结果；如果传入多个组号，则返回一个由多个匹配结果字符串组成的元组。如果传入0，则返回的是与正则表达式匹配的整个字符串
groups()	返回一个由所有分组的匹配结果字符串组成的元组
start(group=0)	返回指定分组的匹配结果字符串在原字符串中的起始位置；如果group值为0（默认值），则返回与正则表达式匹配的整个字符串在原字符串中的起始位置
end(group=0)	返回指定分组的匹配结果字符串在原字符串中的结束位置；如果group值为0（默认值），则返回与正则表达式匹配的整个字符串在原字符串中的结束位置

例如，代码清单6-24给出了使用re.Match类提供的方法操作re.Match对象的示例。

代码清单6-24　re.Match对象操作示例2

```
1  import re
2  str='''sno:#1810101#, name:#李晓明#, age:#19#, major:#计算机#
3  sno:#1810102#, name:#马红#, age:#20#, major:#数学#'''
4  rlt=re.search(r'name:#([\s\S]*?)#[\s\S]*?major:#([\s\S]*?)#', str, re.I)
5  if rlt: #判断是否有匹配结果
6      print('匹配到的整个字符串:', rlt.group())
7      print('name:%s, startpos:%d, endpos:%d'%(rlt.group(1), rlt.start(1), rlt.end(1)))
8      print('major:%s, startpos:%d, endpos:%d'%(rlt.group(2), rlt.start(2), rlt.end(2)))
```

```
 9      print('所有分组匹配结果:', rlt.groups())
10 else:
11      print('未找到匹配信息')
```

代码清单 6-24 执行结束后,将在屏幕上输出如图 6-24 所示的结果。

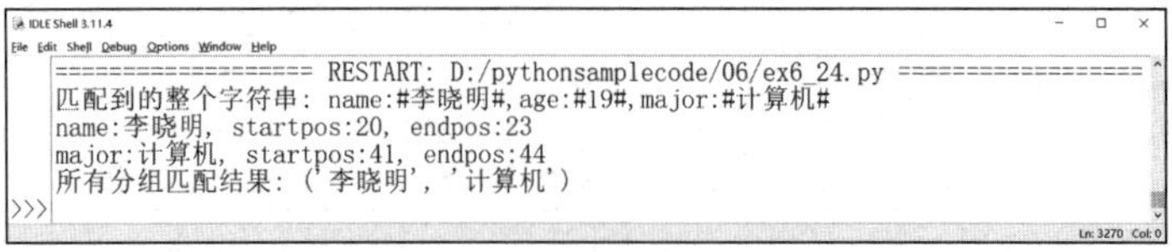

```
============ RESTART: D:/pythonsamplecode/06/ex6_24.py ================
匹配到的整个字符串: name:#李晓明#,age:#19#,major:#计算机#
name:李晓明, startpos:20, endpos:23
major:计算机, startpos:41, endpos:44
所有分组匹配结果: ('李晓明', '计算机')
>>>
```

图 6-24　代码清单 6-24 的运行结果

下面结合代码清单 6-24 的运行结果,给出部分代码的分析。

- 对于第 4 行代码中所使用的正则表达式 'name:#([\s\S]*?)#[\s\S]*?major:#([\s\S]*?)#',其匹配的字符串应满足以下条件:以 'name:#([\s\S]*?)#' 开始,以 'major:#([\s\S]*?)#' 结束,在 'name:#([\s\S]*?)#' 和 'major:#([\s\S]*?)#' 之间的文本满足匹配规则 '[\s\S]*?'。

- 第 4 行代码的正则表达式中出现了 3 次 '[\s\S]*?',表示匹配任意多个 (*?) 空白字符 (\s) 和非空白字符 (\S),且采用非贪婪匹配方式,匹配结果中应包含尽可能少的字符 (*?)。因为空白字符与非空白字符合起来对应了全部字符,所以 '[\s\S]*?' 表示匹配任意多个任意字符。

- 综上,第 4 行代码中的正则表达式 'name:#([\s\S]*?)#[\s\S]*?major:#([\s\S]*?)#' 所匹配的字符串应满足以下条件:以 'name:#([\s\S]*?)#' 开始,两个 # 之间可以有任意多个字符,如果存在多种可能的匹配,则选择匹配字符数少的匹配方案;以 'major:#([\s\S]*?)#' 结束,两个 # 之间可以有任意多个字符,如果存在多种可能的匹配,则选择匹配字符数少的匹配方案;'name:#([\s\S]*?)#' 和 'major:#([\s\S]*?)#' 之间可以有任意多个字符,同样,如果存在多种可能的匹配,则选择匹配字符数少的匹配方案。

- 第 7 行代码中,通过 rlt.group(1) 获取的是正则表达式中第 1 个分组的匹配结果字符串,即 'name:#([\s\S]*?)#' 中 '[\s\S]*?' 所匹配的结果。第 2 行和第 3 行所创建的字符串对象可写为单行的形式(即在两行文本之间加上换行符 \n):

    'sno:#1810101#, name:#李晓明#, age:#19#, major:#计算机#\nsno:#1810102#, name:#马红#, age:#20#, major:#数学#'

有两种匹配方案能够满足匹配要求:name:#(任意多个字符)#。
第一种方案是匹配尽可能少的字符,即

    'name:#李晓明#'

第二种方案是匹配尽可能多的字符,即

    'name:#李晓明#, age:#19#, major:#计算机#\nsno:#1810102#, name:#马红#, age:#20#'

因为这里使用了 *?,而不是 *,所以采用第一种方案,即通过 'name:#([\s\S]*?)#'

匹配到的结果是'name:#李晓明#'。此时，分组'([\s\S]*?)'所对应的字符串是'李晓明'。通过rlt.group(1)、rlt.start(1)和rlt.end(1)，则可以分别获取正则表达式中第1个分组所匹配到的字符串'李晓明'，以及其起始字符和结束字符在原字符串中的索引值。
- 类似地，第8行代码中，通过rlt.group(2)、rlt.start(2)和rlt.end(2)，可以分别获取正则表达式第2个分组（即'major:#([\s\S]*?)#'中的'([\s\S]*?)'）所匹配到的字符串'计算机'，以及其起始字符和结束字符在原字符串中的索引值。

提示 对于代码清单6-24中的第4行代码，读者可尝试将"[\s\S]*?"改为"[\s\S]*"，并查看输出结果有何不同。

【思考题6-18】 已知m是一个Match对象，且生成m所使用的正则表达式中定义了分组，则m.group(1)返回的结果必然是一个（　　）。
A.字符串　　　　**B**.元组　　　　**C**.列表　　　　**D**.不确定

【思考题6-19】 已知m是一个Match对象，且生成m所使用的正则表达式中定义了分组，则m.start(0)返回的是第1个分组的匹配结果字符串的首字符在原字符串中的索引值。以上是否正确？

【编程练习6-5】 请在【1】和【2】处填写合适的代码，使其输出结果为

content:<h1>, beg:0, end:4

待补充代码的程序如下：

```
【1】
pattern=【2】(r'<[^<]*>')
result=pattern.match('<h1>Nankai University</h1>')
print('content:%s, beg:%d, end:%d'%(result.group(), result.start(), result.end()))
```

5. findall

re模块中的findall函数用于在字符串中找到所有与正则表达式匹配的子串。re.findall函数的语法格式为

re.findall(pattern, string, flags=0)

各参数的含义与re.match和re.search函数完全相同。如果匹配成功，则将匹配的子串以列表的形式返回；如果匹配失败，则返回空列表。如代码清单6-25所示。

代码清单6-25　re.findall函数使用示例

```
1  import re
2  str='''sno:#1810101#, name:#李晓明#, age:#19#, major:#计算机#
3  sno:#1810102#, name:#马红#, age:#20#, major:#数学#'''
4  rlt=re.findall(r'name:#([\s\S]*?)#[\s\S]*?major:#([\s\S]*?)#', str, re.I)
5  print(rlt)
```

代码清单6-25执行结束后，将在屏幕上输出如图6-25所示的结果。

```
                    IDLE Shell 3.11.4                                              -  □  ×
                 File Edit Shell Debug Options Window Help
                 ================ RESTART: D:/pythonsamplecode/06/ex6_25.py ================
                 [('李晓明', '计算机'), ('马红', '数学')]
                 >>>
                                                                                  Ln: 3281  Col: 0
```

图 6-25　代码清单 6-25 的运行结果

提示

1. 与 re.match 和 re.search 函数不同，re.findall 函数可以一次完成字符串中所有满足正则表达式规则的子串的匹配。

2. 使用 re.findall 函数进行正则表达式匹配时，如果正则表达式中使用一对圆括号 () 定义了分组，则返回的匹配结果列表中会给出与各分组匹配的子串；如果正则表达式中不包含分组，则返回的匹配结果列表中会给出与正则表达式匹配的子串。例如，如果取消代码清单 6-25 第 4 行代码的正则表达式中的分组，将其改为

```
rlt=re.findall(r'name:#[\s\S]*?#[\s\S]*?major:#[\s\S]*?#', str, re.I)
```

则程序运行结果如图 6-26 所示，即返回了与正则表达式匹配的子串。

```
                    IDLE Shell 3.11.4                                              -  □  ×
                 File Edit Shell Debug Options Window Help
                 ================ RESTART: D:/pythonsamplecode/06/ex6_25.py ================
                 ['name:#李晓明#,age:#19#,major:#计算机#', 'name:#马红#,age:#20#,major:#数学#']
                 >>>
                                                                                  Ln: 3290  Col: 0
```

图 6-26　re.findall 函数使用不包含分组的正则表达式所返回的匹配结果

【思考题 6-20】 re.findall 函数的返回结果必然是（　　）。
A. 列表　　　　B. 元组　　　　C. 字符串　　　　D. 迭代器

6. finditer

re 模块中的 finditer 函数与 re.findall 函数功能完全相同，唯一区别在于 re.findall 函数返回列表形式的结果，而 re.finditer 返回迭代器形式的结果。re.finditer 的语法格式为

```
re.finditer(pattern, string, flags=0)
```

各参数的含义与 re.findall 函数完全相同。代码清单 6-26 给出了 re.finditer 函数的使用示例。

代码清单 6-26　re.finditer 函数使用示例

```
1  import re
2  str='''sno:#1810101#, name:# 李晓明 #, age:#19#, major:# 计算机 #
3  sno:#1810102#, name:# 马红 #, age:#20#, major:# 数学 #'''
4  rlt1=re.finditer(r'name:#([\s\S]*?)#[\s\S]*?major:#([\s\S]*?)#', str, re.I)
5  rlt2=re.finditer(r'department:#([\s\S]*?)#', str, re.I)
6  print('rlt1:')
7  for r in rlt1:
8      print(r)
9  print('rlt2:')
10 for r in rlt2:
11     print(r)
```

代码清单 6-26 执行结束后，将在屏幕上输出如图 6-27 所示的结果。

```
============ RESTART: D:/pythonsamplecode/06/ex6_26.py ============
rlt1:
<re.Match object; span=(14, 45), match='name:#李晓明#,age:#19#,major:#计算机#'>
<re.Match object; span=(60, 89), match='name:#马红#,age:#20#,major:#数学#'>
rlt2:
>>>
```

图 6-27　代码清单 6-26 的运行结果

提示　re.finditer 函数返回的迭代器中，每一个元素都是一个 Match 对象，如代码清单 6-26 中第 7 行和第 8 行代码通过遍历 rlt1 输出的结果。当匹配失败时，返回的迭代器中不包含任何元素，如代码清单 6-26 中第 10 行和第 11 行代码在遍历 rlt2 时没有输出任何结果。

【思考题 6-21】re.finditer 函数的返回结果必然是（　　　）。
A. 列表　　　　　B. 元组　　　　　C. 字符串　　　　　D. 迭代器

7. split

re 模块中的 split 函数以正则表达式匹配的子串作为分隔符，将字符串分割成多个部分。re.split 函数的语法格式如下：

re.split(pattern, string, maxsplit=0, flags=0)

其中，pattern 是正则表达式；string 是要分割的字符串；maxsplit 是最大分割次数，默认为 0，表示不限制分割次数；flags 与 re.match 等函数中的 flags 参数含义相同。

例如，代码清单 6-27 给出了 re.split 函数的使用示例。

代码清单 6-27　re.split 函数使用示例

```
1  import re
2  str='sno:1810101, name:李晓明, age:19, major:计算机'
3  rlt=re.split(r'\W+', str)
4  print(rlt)
```

代码清单 6-27 执行结束后，将在屏幕上输出如图 6-28 所示的结果。

```
============ RESTART: D:/pythonsamplecode/06/ex6_27.py ============
['sno', '1810101', 'name', '李晓明', 'age', '19', 'major', '计算机']
>>>
```

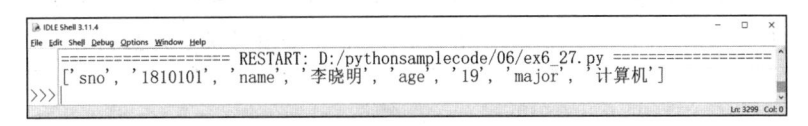

图 6-28　代码清单 6-27 的运行结果

提示　代码清单 6-27 的第 3 行代码中，"\W+"用于匹配多个非单词字符（读者可参考表 6-2 和表 6-3 中的说明）。字符串 str 中的"："和"，"都是非单词字符，因此，以"："和"，"这些非单词字符作为分隔符，得到了程序输出列表中的那些分割结果字符串。

【思考题 6-22】re.split(r'<[^<]*?>', '<h1>t</h1><div>c</div>') 的返回结果是 ['t', 'c']，是否正确？

8. sub

re 模块中的 sub 函数用于替换字符串中与正则表达式匹配的子串。re.sub 函数的语法格式为

re.sub(pattern, repl, string, count=0, flags=0)

其中，pattern 是正则表达式；repl 是要将正则表达式所匹配的子串替换成的字符串；string 是待做替换操作的字符串；count 是最大替换次数，默认为 0，表示不限制替换次数（即将所有符合正则表达式的子串都替换成 repl）；flags 与 re.match 等函数中的 flags 参数含义相同。

代码清单 6-28 给出了 re.sub 函数的使用示例。

代码清单 6-28　re.sub 函数使用示例

```
1  import re
2  html='''<h3 class="news-title_1YtI1">
3  <a href="http://news.enorth.com.cn/system/2023/10/06/054462883.shtml"><em>南开大学</em>历史学科创建100周年纪念大会举行</a>
4  </h3>'''
5  content=re.sub(r'<[^<]*>', '', html)
6  content=content.strip()  #去除字符串 content 中两边的空白符
7  print('去除 HTML 标记后的内容为： ', content)
```

代码清单 6-28 执行结束后，将在屏幕上输出如图 6-29 所示的结果。

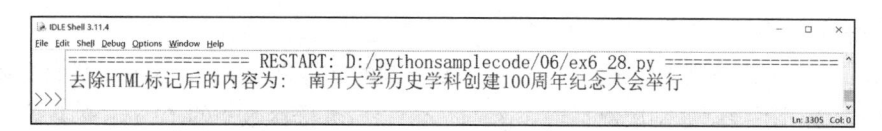

图 6-29　代码清单 6-28 的运行结果

提示　代码清单 6-28 的第 5 行代码中，"<[^<]*>"表示匹配由一对尖括号括起来的字符串，并通过"[^<]"限制匹配的字符串中不能包含左尖括号"<"。因此，<h3 class="news-title_1YtI1">、<a href="http://news.enorth.com.cn/system/2023/10/06/054462883.shtml">、、、</a>、</h3>都符合正则表达式的要求，这些子串会被替换为空串（即删除了这些与正则表达式匹配的子串）。读者可尝试将"<[^<]*>"改为"<[\s\S]*>"，并查看结果会产生何种变化。

9. subn

re 模块中的 subn 函数与 re.sub 函数功能完全相同，只是 re.subn 函数会以一个元组的形式同时返回替换匹配子串后得到的新字符串和替换的次数。re.subn 函数的语法格式为

re.subn(pattern, repl, string, count=0, flags=0)

各参数的含义与 re.sub 函数相同。代码清单 6-29 给出了 re.subn 函数的使用示例。

代码清单 6-29　re.subn 函数使用示例

```
1   import re
2   html='''<h3 class="news-title_1YtI1">
3   <a href="http://news.enorth.com.cn/system/2023/10/06/054462883.shtml"><em>南开大学</em>历史学科创建100周年纪念大会举行</a>
4   </h3>'''
5   content=re.subn(r'<[^<]*>', '', html)
6   print('去除HTML标记后的内容为：', content)
```

代码清单 6-29 执行结束后，将在屏幕上输出如图 6-30 所示的结果。

```
================ RESTART: D:/pythonsamplecode/06/ex6_29.py ================
去除HTML标记后的内容为： ('\n南开大学历史学科创建100周年纪念大会举行\n', 6)
>>>
```

图 6-30　代码清单 6-29 的运行结果

即调用 re.subn 函数时对 6 个匹配的子串进行了替换。

【思考题 6-23】 re.subn 函数返回的结果是（　　）。

A. 字符串　　　　　B. 元组　　　　　C. 列表　　　　　D. 不确定

6.3.3　正则表达式的应用

这里通过一个简单的爬虫程序，说明正则表达式在实际中的应用，如代码清单 6-30 所示。

代码清单 6-30　爬虫程序示例

```
1   import re
2   import requests
3   from urllib.parse import quote
4   class NankaiNewsCrawler: #定义NankaiNewsCrawler类
5       headersParameters = { #发送HTTP请求时的HEAD信息
6           'Connection': 'Keep-Alive',
7           'Accept': 'text/html, application/xhtml+xml, */*',
8           'Accept-Language': 'en-US, en;q=0.8, zh-Hans-CN;q=0.5, zh-
                Hans;q=0.3',
9           'Accept-Encoding': 'gzip, deflate',
10          'User-Agent': 'Mozilla/6.1 (Windows NT 6.3; WOW64; Trident/7.0;
                rv:11.0) like Gecko'
11          }
12      def __init__(self, timeout): #定义构造方法
13          self.url='https://news.nankai.edu.cn/ywsd/index.shtml' #要爬取的南开大
                学新闻网的网址
14          self.timeout=timeout #连接超时时间设置（单位：秒）
15      def GetHtml(self): #定义GetHtml方法
16          request=requests.get(self.url, timeout=self.timeout, headers=self.
                headersParameters) #根据指定网址爬取网页
17          self.html=request.text #获取新闻网页内容
18      def GetTitles(self): #定义GetTitles方法
19          self.titles = re.findall(r'<div align="left"><a href=[^<]*target="_
                blank">[\s\S]*?</a></div>', self.html) #匹配新闻标题
20          for i in range(len(self.titles)): #对于每一个标题
21              self.titles[i]=re.sub(r'<[^>]+>', '', self.titles[i])  #去除所有
                HTML标记，即<…>
```

```
22              self.titles[i]=self.titles[i].strip()  #将标题两边的空白符去掉
23       def PrintTitles(self):  #定义 PrintTitle 方法
24           no=1
25           for title in self.titles:  #输出标题
26               print(str(no)+':'+title)
27               no+=1
28  if __name__ == '__main__':
29      nnc = NankaiNewsCrawler(30)   #创建 NankaiNewsCrawler 类对象
30      nnc.GetHtml()           #获取新闻网页的内容
31      nnc.GetTitles()         #获取新闻标题
32      nnc.PrintTitles()       #输出新闻标题
```

代码清单 6-30 执行结束后，将在屏幕上输出如图 6-31 所示的结果。

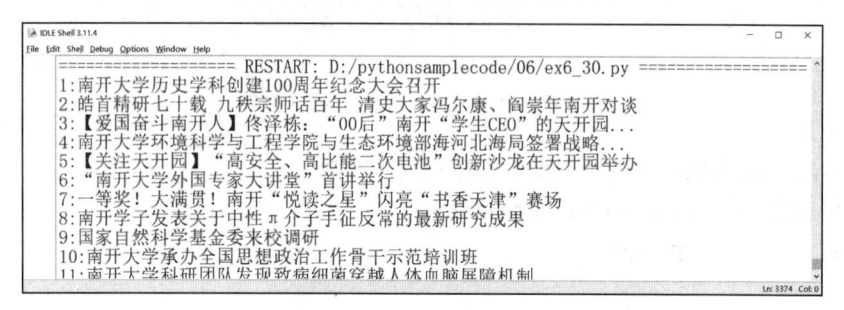

图 6-31　代码清单 6-30 的运行结果的部分截图

提示

1. 因为程序输出的是从南开大学新闻网上实时抓取的新闻标题，所以读者实际运行该程序时会看到不同的输出结果。

2. requests 模块在使用前需要先安装，可以在系统控制台下输入如下命令完成 requests 模块的下载和安装：

pip install requests -i http://pypi.douban.com/simple --trusted-host=pypi.douban.com

3. 在用正则表达式对要爬取的网页进行分析前，可以先在浏览器下访问该网页，按键盘上的 F12 功能键打开浏览器的调试工具以查看页面上的元素；然后查看要获取的元素的 HTML 代码，并根据 HTML 代码书写正则表达式进行元素匹配。例如，在代码清单 6-30 的第 19 行中，

<a href=[^<]*target="_blank">[\s\S]*?</a>

即是每条新闻标题对应的 HTML 代码格式。

4. 因网站升级等原因，代码清单 6-30 中第 13 行代码所给出的网址及第 19 行代码所给出的正则表达式可能会不适用于升级后的网站内容。此时，可以按照第 3 点提示，分析升级后的网站中待提取信息的上下文，并根据分析结果编写对应的正则表达式。

注意　使用爬虫程序从网站上爬取信息时，需要遵循网站的 robots 协议：如果网站对爬虫程序所爬取的内容有限制，则会在网站的根目录下提供一个 robots.txt 文件；通过该文件，可以知道网站上的哪些内容是不允许爬取的。例如，通过 https://www.baidu.com/robots.txt 可以查看百度对爬虫程序的限制。

6.4 应用案例——简易数据管理程序

在第 5 章修改后的案例代码的基础上，本章修改 DataManage 类中 input_data 方法的实现，以简化数据的录入方式，如代码清单 6-31 所示。

在修改后的 input_data 方法中，先通过 for 循环获取要输入的数据项名称，并使用字符串的 join 方法，生成数据项输入的提示信息；再使用正则表达式定义分隔符，调用 re.split 函数实现用户输入的各数据项的值的切分；如果输入的数据项的值列表与数据项的名称列表在元素数量上匹配，则使用 for 循环，根据输入的数据项的值列表，生成数据并返回。

提示 修改后的代码使用了 re 模块，因此在 data_manage.py 脚本文件的开始需要加上导入 re 模块的代码，即 import re。

代码清单 6-31　DataManage 类中修改后的 input_data 方法的实现

```
1    @User.permission_check  #加上权限判断的装饰器
2    def input_data(self):  #定义用于输入一条新数据的 input_data 方法
3        data = {}  #每条数据用一个字典保存
4        itemname_list = []
5        for iteminfo in self.iteminfo_list:  #遍历每一个数据项信息
6            itemname = iteminfo['name']  #获取数据项名称
7            itemname_list.append(itemname)
8        item_prompt = '、'.join(itemname_list)  #将数据项名称用顿号连接
9        prompt = '请依次输入 %s：'%item_prompt
10       while True:
11           itemvalue = input(prompt)  #输入各数据项的值
12           itemvalue_list = re.split(r'[^.\w]+', itemvalue)  #以点和单词字符以
                外的字符作为分隔符进行输入字符串的切分
13           if len(itemvalue_list) != len(itemname_list):
14               print('输入的数据项值的数量不正确，请重新输入！')
15               continue
16           for idx in range(len(itemvalue_list)):  #遍历 itemvalue_list 中的每
                一个元素
17               value = itemvalue_list[idx]  #获取输入的数据项的值
18               iteminfo = self.iteminfo_list[idx]  #获取对应的数据项信息
19               itemname = iteminfo['name']  #获取数据项名称
20               #根据数据项的数据类型将输入字符串转为整数或实数
21               if iteminfo['dtype']=='整数':
22                   value = int(value)
23               elif iteminfo['dtype']=='实数':
24                   value = eval(value)
25               data[itemname] = value  #将数据项保存到 data 中
26           break  #结束 while 循环
27       return data  #将输入的数据返回
```

下面仅展示修改后的数据输入操作，读者可根据提示信息尝试其他操作。为了省去数据项维护的操作过程，直接运行 data_manage.py 脚本文件。在做数据录入操作时，直接在一行中输入以点（.）和单词字符以外的字符分隔的多个数据项即可，如图 6-32 所示。

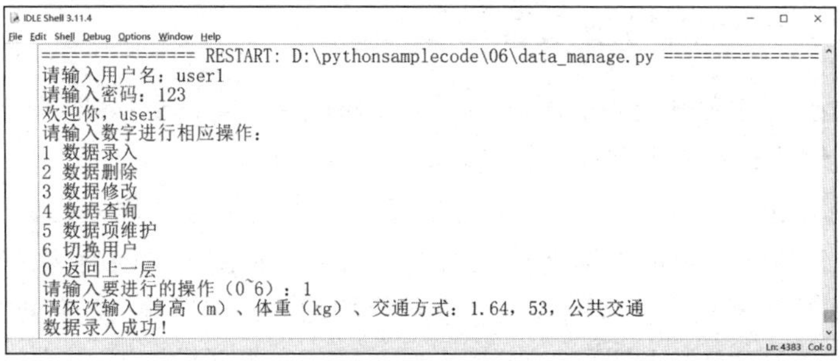

图 6-32 修改后的数据录入功能展示

6.5 本章小结

本章在第 2 章内容基础上更加深入地介绍了字符串。通过本章的学习，读者应掌握字符串创建、字符串比较等常用字符串操作方法，掌握占位符和 `format` 方法的使用方法，理解正则表达式的基础语法并掌握 `re` 模块的使用方法，能够利用正则表达式编写爬虫程序。

6.6 思考题参考答案

【思考题 6-1】 是

解析：字符串的定界符可以是一对单引号、一对双引号或一对三引号。一对单引号或双引号中的字符串只能写为单行形式，而一对三引号中的字符串可以写为多行形式。

【思考题 6-2】 是

解析：与一对单引号或一对双引号中的字符串一样，一对三引号中的字符串也可以使用转义符。

【思考题 6-3】 否

解析：`strcmp` 是 C++ 语言中的函数。Python 中进行字符串比较可直接使用 >、< 等各种比较运算符。

【思考题 6-4】 C

解析：字符串的 `split` 方法用于将字符串按指定方式分割并以列表形式返回分割后的结果。其中，第一个参数指定了用于分割字符串的字符串信息，第二个参数指定了最大分割次数。`str.split('*', 2)` 表示按 * 对 `str` 进行分割，并且最多做两次分割，因此，字符串 `'a**b*c*d'` 会按 * 进行两次分割，分割成 3 个部分，即 `'a'`、`''` 和 `'b*c*d'`，并将这 3 个分割结果字符串组成一个列表返回。

【思考题 6-5】 C

解析：`str.split('**', 2)` 表示按 ** 对 `str` 进行分割，并且最多做两次分割。`'a**b*c*d'` 中出现了一次 `'**'`，因此虽然指定的最大分割次数是 2，但实际上只做了一次分割。`'a**b*c*d'` 被分割为两个部分，即 `'a'` 和 `'b*c*d'`，并将这两个分割结果字符串组成一个列表返回。

【思考题 6-6】 A

解析：`str.find('Python')` 的作用是返回 `str` 中第一个与参数 `'Python'` 相匹

配的子串中第一个字符在 str 中的索引值。对于 str='Python#C++##Python', str.find('Python') 匹配到的是 str 中最开始的那个 'Python' 子串,该子串的第一个字符在 str 中的索引值是 0,因此 find 方法返回的结果为 0。

【思考题 6-7】 否

解析:字符串的 replace 方法会将替换后的结果作为一个新字符串返回,而不会修改原字符串的内容。因此,执行 str.replace('abc', 'cba') 后, str 中保存的字符串仍然为 'abcdefabc'。

【思考题 6-8】 D

解析:字符串的 strip 方法的作用是去除字符串头部和尾部的空格;lstrip 方法的作用是去除字符串头部的空格;rstrip 方法的作用是去除字符串尾部的空格;replace 方法可以通过 str.replace(' ', '') 的方式去除 str 对应字符串中的所有空格,并将去除空格后的字符串结果返回。

【思考题 6-9】 否

解析:字符串的 upper 方法会将所有字符大写后的结果作为一个新字符串返回,而不会修改原字符串的内容。因此,执行 str.upper() 后,str 中保存的字符串仍然为 'Like'。

【思考题 6-10】 B

解析:占位符 %X 表示将数据以十六进制形式表示,并且英文字母使用大写形式。因此,31 对应的十六进制表示形式是 1F。

【思考题 6-11】 是

解析:使用字符串的 format 方法进行字符串格式化时,需要在字符串中标识待填入数据的位置,可以是在一对花括号中加数字的方式(如 {0}、{1}、{2} 等),此时给 format 方法传参数时使用位置参数;也可以是在一对花括号中加关键字参数名的方式(如 {name}、{age} 等),此时给 format 方法传参数时使用关键字参数。

【思考题 6-12】 A

解析:[a-z] 表示匹配 a~z 之间的字符,[a-z]+ 表示匹配 1 个或多个 a~z 之间的字符。即匹配的子串应是 ab 和 c 之间有 1 个或多个小写英文字母的字符串。可见,只有 abdec 满足条件。

【思考题 6-13】 B

解析:[a-z] 表示匹配 a~z 之间的字符,[a-z]? 表示匹配 0 个或 1 个 a~z 之间的字符。即匹配的子串应是 ab 和 c 之间有 0 个或 1 个小写英文字母的字符串。可见,只有 abc 满足条件。

【思考题 6-14】 B

解析:re.I 表示进行正则表达式匹配时忽略大小写。

【思考题 6-15】 否

解析:re.M 表示进行正则表达式匹配时单独对待每行字符串,即使用 ^ 或 $ 匹配模式时会对每行字符串开头的若干字符或末尾的若干字符进行匹配。但 re.match 函数会忽略 re.M 匹配选项,只对字符串开头的若干字符进行匹配。

【思考题 6-16】 是

解析：匹配模式 $ 表示匹配字符串末尾的若干字符。'py' 是字符串 'puppy' 末尾的子串，因此能够匹配成功，返回包含匹配信息的 Match 对象。

【思考题 6-17】 是

解析：匹配模式 ^ 表示匹配字符串开头的若干字符，匹配选项 re.M 表示对每一行单独进行匹配，因此，可以匹配每一行开头的若干字符。字符串 'puppy\npython' 中包含两行文本，即 'puppy' 和 'python'，通过 '^py' 可以匹配第 2 行字符串 'python' 开头的子串，因此能够匹配成功，返回包含匹配信息的 Match 对象。

【思考题 6-18】 A

解析：Match 对象提供了 group、groups、start、end 等方法。group 方法的作用是根据传入的组号返回对应分组的匹配结果。如果只传入一个组号，则返回一个字符串形式的匹配结果；如果传入多个组号，则将多组的匹配字符串以元组形式返回；如果传入 0 或不传参数，则返回与正则表达式匹配的整个字符串。m.group(1) 只传入了一个组号，因此返回的结果必然是一个字符串。

【思考题 6-19】 否

解析：Match 对象的 start 方法的作用是返回指定分组的匹配结果字符串在原字符串中的起始位置。如果参数值为 0，则返回与正则表达式匹配的整个字符串在原字符串中的起始位置。如果要返回第 1 个分组的匹配结果字符串在原字符串中的起始位置，则应使用 m.start(1)。

【思考题 6-20】 A

解析：re.findall 函数用于在字符串中找到所有与正则表达式匹配的子串。如果匹配成功，则将匹配结果以列表形式返回；如果匹配失败，则返回一个空列表。

【思考题 6-21】 D

解析：re.finditer 函数与 re.findall 函数作用完全相同，唯一区别在于 re.finditer 返回迭代器形式的结果。

【思考题 6-22】 否

解析：re.split 函数以正则表达式匹配的子串作为分隔符，将字符串分割成多个部分。正则表达式 '<[^<]*?>' 表示匹配由一对尖括号括起来的子串，其中 [^<]*? 表示不包括 < 在内的其他任意字符组成的字符串。对于 '<h1>t</h1><div>c</div>'，其匹配的子串包括 <h1>、</h1>、<div> 和 </div>。因此，通过这 4 个分隔符，re.split 函数返回的分割结果是由 5 个元素组成的列表 ['', 't', '', 'c', '']。

【思考题 6-23】 B

解析：re.subn 函数用于替换字符串中与正则表达式匹配的子串，其会以一个元组形式同时返回替换匹配子串后得到的新字符串和替换的次数。

6.7 编程练习参考代码

【编程练习 6-1】
参考代码：

```
n = int(input())
```

```
ls = []
for i in range(n):
    ls.append(input())
ls.sort(reverse=False)
for i in range(n-1):
    if ls[i+1].find(ls[i])==0:
        print('invalid')
        break
else:
    print('valid')
```

运行示例：

```
======================== RESTART: D:/pythonsamplecode/06/code6_1.py ========================
3
1001
10001
101

valid
>>>
======================== RESTART: D:/pythonsamplecode/06/code6_1.py ========================
5
1001
10001
100
101
11

invalid
>>>
```

【编程练习6-2】
参考代码：

```
s = input()
ls = s.split(' ')
sum = 0
for v in ls:
    sum += eval(v)
print('%.1f'%sum)
```

运行示例：

```
======================== RESTART: D:/pythonsamplecode/06/code6_2.py ========================
3 5.2 3.7 -2.1
9.8
>>>
```

【编程练习6-3】
参考代码：

```
s1 = input()
s2 = input()
beg = 0
while True:
    pos = s1.find(s2, beg)
    if pos == -1:
        break
    print(pos)
    beg = pos+1
```

运行示例：

```
================== RESTART: D:/pythonsamplecode/06/code6_3.py ==================
cat dog cat dog cat dog cat
...cat
...
0
8
16
24
>>>
```

【编程练习 6-4】
参考代码：

```
class Time:
    def __init__(self, hour, minute, second):
        self.hour=hour
        self.minute=minute
        self.second=second
t=Time(8, 1, 25)
str1='{0.hour}:{0.minute}:{0.second}'
str2='{t.hour}:{t.minute}:{t.second}'
print(str1.format(t))
print(str2.format(t=t))
```

运行示例：

```
================== RESTART: D:/pythonsamplecode/06/code6_4.py ==================
8:1:25
8:1:25
>>>
```

【编程练习 6-5】
参考代码：

```
import re
pattern=re.compile(r'<[^<]*>')
result=pattern.match('<h1>Nankai University</h1>')
print('content:%s, beg:%d, end:%d'%(result.group(), result.start(), result.
    end()))
```

运行示例：

```
================== RESTART: D:/pythonsamplecode/06/code6_5.py ==================
content:<h1>,beg:0,end:4
>>>
```

第 7 章 I/O 编程与异常

本章首先介绍 os 模块的使用方法，它是 I/O 编程的基础；通过 os 模块可以方便地实现对操作系统中目录和文件的操作，如获取当前工作目录、创建目录、删除目录、获取文件所在目录、判断路径是否存在等。然后，介绍文件读/写操作，利用文件进行数据的长期保存。接着，介绍一维数据和二维数据的概念，以及对可用于存储一维/二维数据的 CSV 格式文件的操作方法。最后，介绍与异常相关的内容，包括异常的定义、分类和处理。

7.1 os 模块的使用

I/O 编程需要对操作系统中的文件做读/写操作。在进行 I/O 编程时，经常会用到获取当前工作目录、创建目录、删除目录等操作，通过 os 模块则可以方便地实现这些功能。下面结合具体实例，介绍 os 模块的使用方法。

提示　使用 os 模块的功能前，需要先执行 import os，将 os 模块导入。

7.1.1 基础操作

1. 查看系统平台

使用 "os.name" 可以查看当前操作系统的名字。Windows 系统用字符串 'nt' 表示，Linux 系统用字符串 'posix' 表示。

提示　如果需要在不同的系统平台上执行不同的代码，则可以在代码中对 os.name 的值进行判断。当 "os.name=='nt'" 时，则执行 Windows 平台的代码；当 "os.name=='posix'" 时，则执行 Linux 平台的代码。

2. 获取当前系统平台的路径分隔符

不同操作系统可能会使用不同的路径分隔符。例如，Windows 系统以一个反斜杠 "\" 作为路径分隔符，而 Linux 系统以一个正斜杠 "/" 作为路径分隔符。使用 "os.sep" 可以获取当前系统平台的路径分隔符。

提示　在程序中书写路径时，应该使用 "os.sep" 以使得程序可以在不同平台上运行。例如，如果要访问当前路径下 data 目录中的 test.dat 文件，则文件路径应写为 'data'+os.sep+'test.dat'、'data{sep}test.dat'.format(sep=os.

sep)或os.sep.join(['data', 'test.dat'])。在Windows平台上，这3种写法生成的路径均为'data\\test.dat'（Python中一个反斜杠'\'是转义符，所以字符串中需要用连续的两个反斜杠'\\'表示一个反斜杠）；而在Linux平台上，这3种写法生成的路径则为'data/test.dat'。

3. 获取当前工作目录

使用os.getcwd函数可以获取当前工作目录。因此，如果要访问当前工作目录下的data子目录中的test.dat文件，则除了可以使用'data'+os.sep+'test.dat'或'data{sep}test.dat'.format(sep=os.sep)这种相对路径形式外，还可以使用如下的绝对路径形式：

  os.getcwd()+os.sep+'data'+os.sep+'test.dat'

或

  '{cwd}{sep}data{sep}test.dat'.format(cwd=os.getcwd(), sep=os.sep)

或

  os.sep.join([os.getcwd(), 'data', 'test.dat'])

如果当前脚本文件所在目录是 D:\pythonsamplecode\07，则得到的绝对路径为 D:\pythonsamplecode\07\data\test.dat，如代码清单7-1所示。

代码清单7-1　获取当前工作目录示例

```
1  import os
2  print('当前工作目录：', os.getcwd())
3  print('data 子目录中 test.dat 文件的绝对路径：', os.sep.join([os.getcwd(), 'data',
       'test.dat']))
```

代码清单7-1执行结束后，会在屏幕上输出如图7-1所示的结果。

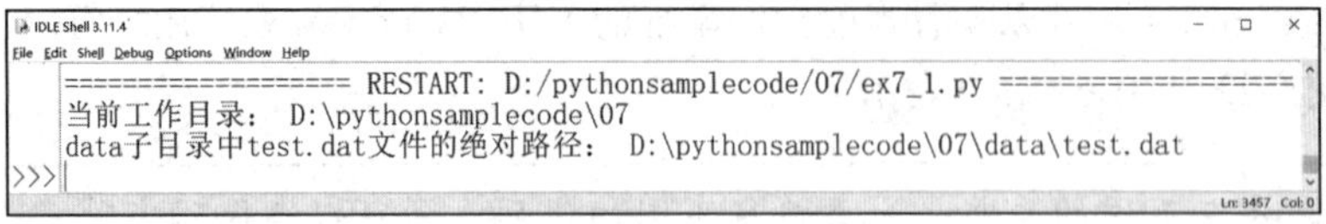

图7-1　代码清单7-1的运行结果

提示

1. 在开发一个软件时，如果软件中自带了一些需要做读/写操作的文件（如用于保存软件配置信息的文件），则通常将这些文件放在软件所在的目录下。例如，可以在软件的目录下创建一个 files 目录，其中有一个 config.dat 文件用于保存软件的配置信息。此时，在编写软件的代码时，则可以通过代码清单7-1中所用的方法得到 config.dat 文件的绝对路径。通过这种方式，无论软件安装在系统中的哪个目录下，都可以获取到 config.dat 文件对应的绝对路径，从而可以通过该绝对路径对 config.dat 文件进行读/写操作。

2. 本章后面的程序中，都假设当前工作目录是 D:\pythonsamplecode\07，因此不再特别说明。

4. 获取环境变量值

os.environ 是一个包含所有环境变量值的映射对象，在 Python 控制台下直接输入 os.environ 即可查看当前所有环境变量。如果要查看某一个环境变量值，则可以采用以下方式：

```
os.environ[key]
```

或

```
os.getenv(key)
```

其中，os.getenv 是一个函数，其功能是根据参数指定的键名返回对应的环境变量值。例如，如果要查看 HOME 环境变量的值，则可以使用

```
os.environ['HOME']
```

或

```
os.getenv('HOME')
```

5. 获取文件和目录列表

使用 os.listdir 函数可以获取指定路径下的所有文件和目录的名字列表。os.listdir 函数的语法格式为

```
os.listdir(path='.')
```

其中，path 用于指定一个路径，表示要获取该指定路径下的所有文件和目录的名字，默认值 '.' 是指当前执行的脚本文件所在的路径。os.listdir 函数的返回值是由 path 路径下所有文件和目录名字组成的列表。在执行程序前，我们先在 D:\pythonsamplecode\07 目录下创建名为 DLLs 的文件夹，再在 D:\pythonsamplecode\07\DLLs 目录下分别创建 3 个 dll 文件（1.dll、2.dll 和 3.dll）及 1 个文件夹 sys。操作完毕后，D:\pythonsamplecode\07 和 D:\pythonsamplecode\07\DLLs 两个目录下的所有文件和目录如图 7-2 所示。

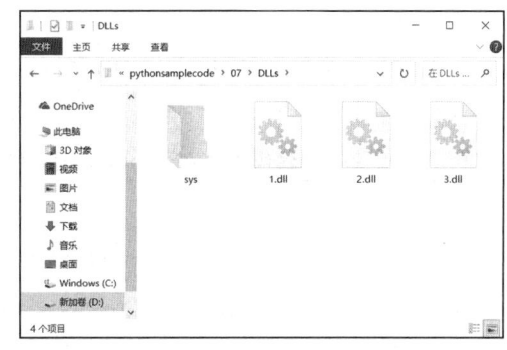

a) D:\pythonsamplecode\07 目录 b) D:\pythonsamplecode\07\DLLs 目录

图 7-2 两个目录下的所有文件和目录

代码清单 7-2 给出了获取文件和目录列表的示例。

代码清单 7-2 获取文件和目录列表示例

```
1  import os
```

```
2    print(os.listdir())
3    print(os.listdir(os.getcwd()+os.sep+'DLLs'))
```

代码清单 7-2 执行结束后，会在屏幕上输出如图 7-3 所示的结果。

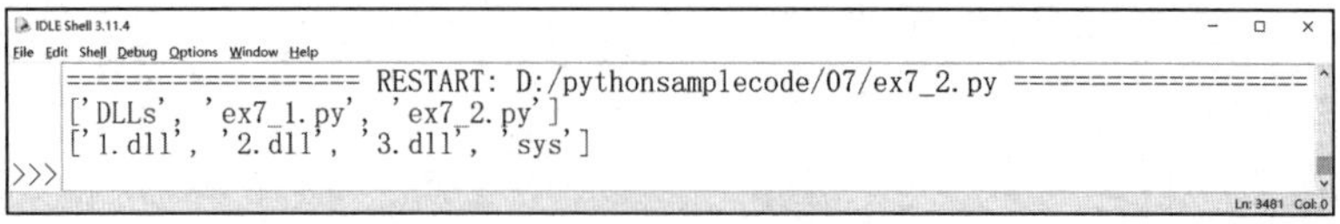

图 7-3　代码清单 7-2 的运行结果

从输出结果中可以看到，第 2 行代码输出的列表中，包含了当前执行脚本文件所在目录（即 D:\pythonsamplecode\07）下所有文件和目录的名字；第 3 行代码输出的列表中，包含了当前工作目录的 DLLs 子目录（即 D:\pythonsamplecode\07\DLLs）下所有文件和目录的名字。

7.1.2　创建和删除目录

程序中经常会根据需要创建或删除指定路径的目录。例如，当要将一些中间处理结果写到临时文件中时，通常会在程序所在目录下创建一个临时目录（如 tmp），将所有临时文件都放到这个临时目录下以方便管理；当程序运行结束时，可以将该临时目录整体删除，从而同时将所有临时文件也都删除。

1. 创建目录

使用 `os.mkdir` 和 `os.makedirs` 函数可以根据指定路径创建目录。`os.mkdir` 和 `os.makedirs` 函数的语法格式分别为

```
os.mkdir(path)
os.makedirs(path)
```

其中，`path` 指明了要创建的目录。二者的区别如下：`os.mkdir` 函数只能用于创建路径中的最后一个目录，即要求路径中除最后一个目录外前面的目录应该都存在；而 `os.makedirs` 函数能够用于依次创建路径中所有不存在的目录。例如，代码清单 7-3 给出了 `os.mkdir` 和 `os.makedirs` 函数的使用示例。

代码清单 7-3　**os.mkdir** 和 **os.makedirs** 函数使用示例

```
1    import os
2    dir1 = os.getcwd()+os.sep+'newdir'
3    print('创建目录: {dir}'.format(dir=dir1))
4    os.mkdir(dir1)
5    dir2 = os.getcwd()+os.sep+'subdir1'+os.sep+'subdir2'
6    print('创建目录: {dir}'.format(dir=dir2))
7    os.makedirs(dir2)
```

代码清单 7-3 执行结束后，会在屏幕上输出如图 7-4 所示的结果，所创建的目录如图 7-5 所示。第 1 行代码将在当前工作目录下创建一个名为 newdir 的目录；第 2 行代码将在当前工作目录下先创建一个名为 subdir1 的目录，再在 subdir1 目录下创建一个名为 subdir2 的目录。

图 7-4　代码清单 7-3 的运行结果

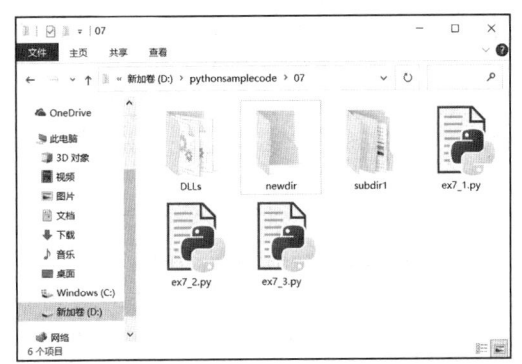

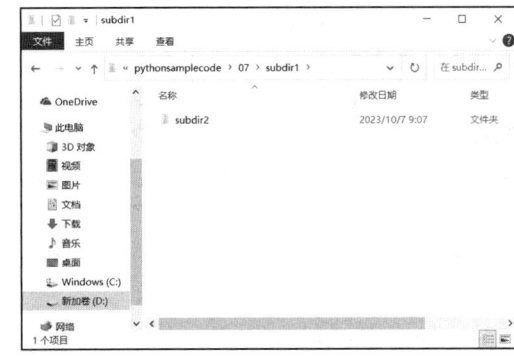

a) D:\pythonsamplecode\07 目录　　　　b) D:\pythonsamplecode\07\subdir1 目录

图 7-5　代码清单 7-3 运行后创建的目录

提示

1. 如果要创建的目录已经存在，则 `os.mkdir` 和 `os.makedirs` 函数都会给出 `FileExistsError` 错误，即 "当目录已存在时，无法创建该目录"。例如，当第 2 次运行代码清单 7-3 时，会因要创建的目录已存在，产生如图 7-6 所示的错误信息。

2. 如果将代码清单 7-3 中第 7 行代码的 `os.makedirs` 函数改为 `os.mkdir` 函数，则执行时系统会给出 `FileNotFoundError` 错误（需要先将前面运行代码清单 7-3 时所创建的 subdir1 目录删除），即 "系统找不到指定的路径"。这是因为 `os.mkdir` 函数要求指定的路径中除最后一个目录（即 subdir2）外，前面的目录都必须存在，而实际上 subdir1 目录不存在，不符合 `os.mkdir` 函数的使用条件。

图 7-6　因要创建的目录已存在而产生的错误信息

2. 删除目录

使用 `os.rmdir` 函数可以删除指定路径的最后一层目录。`os.rmdir` 函数的语法格式为

```
os.rmdir(path)
```

其中，path 指定了要删除的目录。例如，代码清单 7-4 给出了 os.rmdir 函数的使用示例。

代码清单 7-4 os.rmdir 函数使用示例

```
1  import os
2  os.rmdir(os.getcwd()+os.sep+'newdir')
```

代码清单 7-4 执行结束后，会将运行代码清单 7-3 所创建的 D:\pythonsamplecode\07\newdir 目录删除。

注意 os.rmdir 函数只能用于删除空目录（即目录中不包含子目录和文件）。如果要删除的目录不为空，则系统会给出 OSError 错误。

如果需要删除指定路径的最后多层目录，可以使用 os.removedirs 函数，其语法格式为

```
os.removedirs(path)
```

其中，path 指定了要删除的目录。与 os.rmdir 函数相同，os.removedirs 函数只能删除空目录。os.removedirs 函数会从指定路径中的最后一个目录开始逐层向前删除，直到指定路径中的所有目录都删除完毕或者遇到一个不为空的目录。例如，代码清单 7-5 给出了 os.removedirs 函数的使用示例。

代码清单 7-5 os.removedirs 函数使用示例

```
1  import os
2  os.removedirs(os.getcwd()+os.sep+'subdir1'+os.sep+'subdir2')
```

代码清单 7-5 会首先删除当前工作目录的 subdir1 目录下的 subdir2 子目录；然后删除当前工作目录下的 subdir1 目录；最后会因当前工作目录不是空目录而停止删除操作，os.removedirs 函数执行结束。

提示 如果要删除的目录不存在，则执行 os.rmdir 和 os.removedirs 函数时系统都会给出 FileNotFoundError 错误，即"系统找不到指定的路径"。例如，当第 2 次运行代码清单 7-5 时，会因要删除的 subdir2 目录不存在，产生如图 7-7 所示的错误信息。

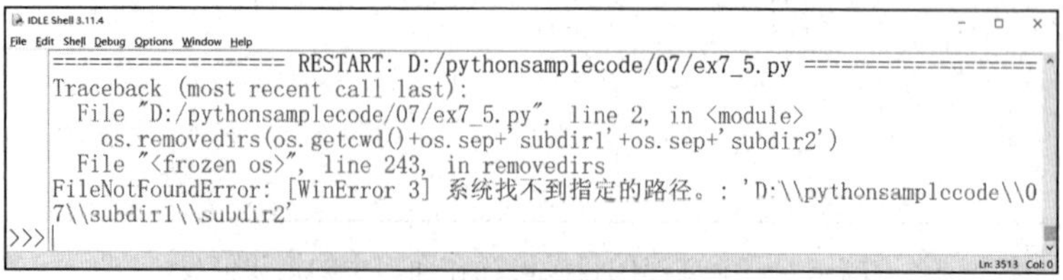

图 7-7 因要删除的目录不存在而产生的错误信息

【思考题 7-1】 os 模块中，用于依次创建路径中所有不存在的目录的函数是（   ）。
A. makedirs　　　**B.** makedir　　　**C.** mkdirs　　　**D.** mkdir

【思考题 7-2】 下面的选项中，描述错误的是（   ）。
A. 如果要创建的目录已经存在，则 os.mkdir 函数会报错

B. 如果要创建的目录已经存在，则 os.makedirs 函数不会报错
C. 如果要删除的目录不存在，则 os.rmdir 函数会报错
D. 如果要删除的目录已存在但目录不为空，则 os.rmdir 函数会报错

7.1.3 获取绝对路径，路径分离和路径连接

1. 获取指定的相对路径的绝对路径

相对路径是指相对于当前工作目录的路径，其中"."表示当前目录，".."表示上一层目录；而绝对路径是指从最顶层目录开始所给出的完整的路径。例如，如果要访问当前工作目录下名为 DLLs 的目录，既可以使用相对路径 '.\\DLLs' 或 'DLLs'，也可以使用绝对路径 'D:\\pythonsamplecode\\07\\DLLs'；如果要访问当前工作目录的上一层目录，既可以使用相对路径 '..'，也可以使用绝对路径 'D:\\pythonsamplecode'。

使用 os.path.abspath 函数可以获取指定的相对路径的绝对路径，其语法格式为

```
os.path.abspath(path)
```

其作用是获取 path 所对应的绝对路径，如代码清单 7-6 所示。

代码清单 7-6　os.path.abspath 函数使用示例

```
1  import os
2  print(os.path.abspath('..'))
3  print(os.path.abspath('DLLs'))
```

代码清单 7-6 执行结束后，将会在屏幕上输出如图 7-8 所示的结果。

图 7-8　代码清单 7-6 的运行结果

提示　编写程序时应尽量使用相对路径，这样当把编写好的程序从一台机器复制到另一台机器上时其也可以正常运行；而如果使用绝对路径，则通常需要根据另一台机器的目录结构对程序中使用的所有绝对路径做修改，增加了工作量。

2. 获取文件所在目录的路径

使用 os.path.dirname 函数可以将指定的文件路径中的文件名删除，获取文件所在目录的路径。其语法格式为

```
os.path.dirname(path)
```

其中，形参 path 是一个字符串，用于表示文件路径。代码清单 7-7 给出了 os.path.dirname 函数的使用示例。

代码清单 7-7　os.path.dirname 函数使用示例

```
1  import os
2  print(os.path.dirname('D:\\pythonsamplecode\\07\\DLLs\\1.dll'))
```

代码清单 7-7 执行结束后，将在屏幕上输出如图 7-9 所示的结果。

图 7-9　代码清单 7-7 的运行结果

提示　使用 os.path.dirname 函数也可以获取指定的目录所在上一级目录的路径。例如，通过执行代码 print(os.path.dirname('D:\\pythonsamplecode\\07\\DLLs'))，可以获取目录 DLLs 所在上一级目录的路径，即 'D:\\pythonsamplecode\\07'。

3. 获取文件路径中的文件名

使用 os.path.basename 可以获取指定的文件路径中的文件名，其语法格式为

os.path.basename(path)

其中，形参 path 是一个字符串，用于表示文件路径。代码清单 7-8 给出了 os.path.basename 函数的使用示例。

代码清单 7-8　**os.path.basename** 函数使用示例

```
1  import os
2  print(os.path.basename('D:\\pythonsamplecode\\07\\DLLs\\1.dll'))
```

代码清单 7-8 执行结束后，将在屏幕上输出如图 7-10 所示的结果。

图 7-10　代码清单 7-8 的运行结果

提示　使用 os.path.basename 函数也可以获取指定的目录路径中最后一层目录的名字。例如，通过执行代码 print(os.path.basename('D:\\pythonsamplecode\\07\\DLLs'))，可以获取最后一层目录的名字，即 DLLs。

4. 分离路径的目录名或文件名

使用 os.path.split 函数可以将指定的文件路径分解成文件名和文件所在目录路径两部分。os.path.split 函数的语法格式为

os.path.split(path)

其返回值是一个由 path 分解得到的目录名和文件名组成的元组，如代码清单 7-9 所示。

代码清单 7-9　**os.path.split** 函数使用示例

```
1  import os
2  print(os.path.split('D:\\pythonsamplecode\\07\\DLLs\\1.dll'))
```

代码清单 7-9 执行结束后，将在屏幕上输出如图 7-11 所示的结果。

```
================= RESTART: D:/pythonsamplecode/07/ex7_9.py =================
('D:\\pythonsamplecode\\07\\DLLs', '1.dll')
>>>
```

图 7-11　代码清单 7-9 的运行结果

提示　如果指定的路径中不包含文件名，则 os.path.split 函数会将指定的路径分成两部分：最后一层目录的名字和由前面所有目录组成的路径名。

例如，通过执行代码 print(os.path.split('D:\\pythonsamplecode\\07\\DLLs'))，可在屏幕上输出 "('D:\\pythonsamplecode\\07', 'DLLs')"。

5. 分离文件扩展名

使用 os.path.splitext 函数可以将文件扩展名从指定的文件路径中分离出来，其语法格式为

os.path.splitext(path)

其返回值是一个元组 (root, ext)，ext 是文件扩展名，root 是文件扩展名前面的内容。例如，代码清单 7-10 给出了 os.path.splitext 函数的使用示例。

代码清单 7-10　os.path.splitext 函数使用示例

```
1  import os
2  print(os.path.splitext('D:\\pythonsamplecode\\07\\DLLs\\1.dll'))
```

代码清单 7-10 执行结束后，将在屏幕上输出如图 7-12 所示的结果。

```
================= RESTART: D:/pythonsamplecode/07/ex7_10.py =================
('D:\\pythonsamplecode\\07\\DLLs\\1', '.dll')
>>>
```

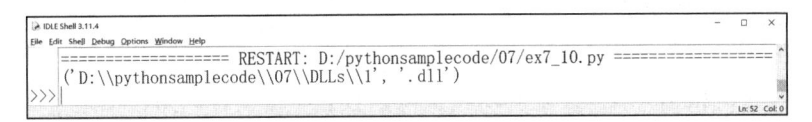

图 7-12　代码清单 7-10 的运行结果

提示　文件的扩展名表明了一个文件的类型，如扩展名为 dll 的文件是一个动态链接库，扩展名为 txt 的文件是一个文本文件，扩展名为 doc 或 docx 的文件是一个 Word 文档。

6. 路径连接

使用 os.path.join 函数可以将一个路径的多个组成部分用系统路径分隔符（即 os.sep）连接在一起，其语法格式为

os.path.join(path, *paths)

其返回值是一个字符串，保存将各参数用系统路径分隔符连接得到的结果。例如，代码清单 7-11 给出了 os.path.join 函数的使用示例。

代码清单 7-11　os.path.join 函数使用示例

```
1  import os
2  print(os.path.join('D:\\pythonsamplecode', '07', 'DLLs', '1.dll'))
```

代码清单 7-11 执行结束后，将在屏幕上输出如图 7-13 所示的结果。

图 7-13　代码清单 7-11 的运行结果

【思考题 7-3】 `os.path.join('.', 'src', 'tools')` 与 `'.{0}src{0}tools'.format(os.sep)` 返回的字符串是否相同？

【编程练习 7-1】 请编写程序实现下面的功能：输入一个文件路径，输出该文件的扩展名。例如，如果输入 d:\python\test.py，则输出 .py；如果输入 d:\python\code\readme.docx，则输出 .docx。

7.1.4　条件判断

在进行文件和目录操作时，通常会做一些条件判断，如指定的路径是否是一个文件的路径，指定的路径是否存在等，从而自动决定是否可以执行某些操作。例如，当使用 `os.rmdir` 删除目录时，需要先判断该目录是否存在；当使用 `os.mkdir` 创建目录时，需要先判断该目录是否不存在，以及待创建目录所在的目录是否存在。这里介绍一些常用的条件判断函数。

1. 判断指定路径的目标是否为文件

使用 `os.path.isfile` 函数可以判断指定路径的目标是否为文件。`os.path.isfile` 函数的语法格式为

`os.path.isfile(path)`

其返回值是一个逻辑值。如果 `path` 所指定的路径是一个文件的路径，则返回 `True`；否则，返回 `False`。例如，代码清单 7-12 给出了 `os.path.isfile` 函数的使用示例。

代码清单 7-12　`os.path.isfile` 函数使用示例

```
1  import os
2  dirpath=os.getcwd()  #dirpath 保存了当前工作目录的路径
3  filepath=os.path.join(dirpath, 'DLLs', '1.dll')  #filepath 保存了当前工作目录的
       DLLs 子目录下 1.dll 文件的路径
4  print(dirpath+' 是文件: '+str(os.path.isfile(dirpath)))
5  print(filepath+' 是文件: '+str(os.path.isfile(filepath)))
```

代码清单 7-12 执行结束后，将在屏幕上输出如图 7-14 所示的结果。

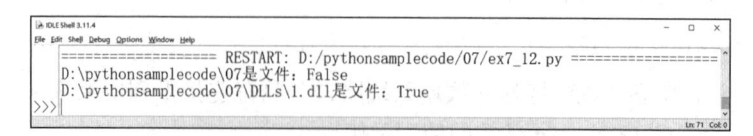

图 7-14　代码清单 7-12 的运行结果

2. 判断指定路径的目标是否为目录

使用 `os.path.isdir` 函数可以判断指定路径的目标是否为目录，其语法格式为

```
os.path.isdir(path)
```

其返回值是一个逻辑值。如果 path 所指定的路径是一个目录的路径，则返回 True；否则，返回 False。例如，代码清单 7-13 给出了 os.path.isdir 函数的使用示例。

代码清单 7-13　os.path.isdir 函数使用示例

```
1  import os
2  dirpath=os.getcwd()  #dirpath 保存了当前工作目录的路径
3  filepath=os.path.join(dirpath, 'DLLs', '1.dll')  #filepath 保存了当前工作目录的
       DLLs 子目录下 1.dll 文件的路径
4  print(dirpath+' 是目录: '+str(os.path.isdir(dirpath)))
5  print(filepath+' 是目录: '+str(os.path.isdir(filepath)))
```

代码清单 7-13 执行结束后，将在屏幕上输出如图 7-15 所示的结果。

图 7-15　代码清单 7-13 的运行结果

3. 判断指定路径是否存在

使用 os.path.exists 函数可以判断指定路径是否存在，其语法格式为

```
os.path.exists(path)
```

其返回值是一个逻辑值。如果 path 所指定的路径存在，则返回 True；否则，返回 False。例如，代码清单 7-14 给出了 os.path.exists 函数的使用示例。

代码清单 7-14　os.path.exists 函数使用示例

```
1  import os
2  path1=os.getcwd()  #path1 保存了当前工作目录的路径
3  path2=path1+os.sep+'mytest'  #path2 保存了当前工作目录下 mytest 子目录的路径
4  print(path1+' 存在: '+str(os.path.exists(path1)))
5  print(path2+' 存在: '+str(os.path.exists(path2)))
```

代码清单 7-14 执行结束后，将在屏幕上输出如图 7-16 所示的结果。

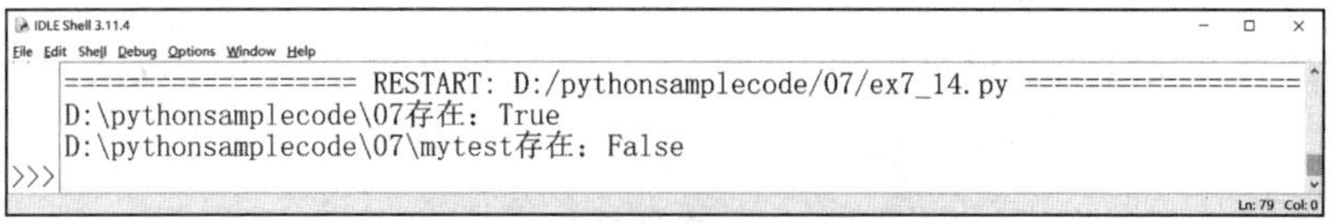

图 7-16　代码清单 7-14 的运行结果

4. 判断指定路径是否为绝对路径

使用 os.path.isabs 函数可以判断指定路径是否为绝对路径，其语法格式为

```
os.path.isabs(path)
```

其返回值是一个逻辑值。如果 path 所指定的路径是绝对路径，则返回 True；否则，返回 False。例如，代码清单 7-15 给出了 os.path.isabs 函数的使用示例。

代码清单 7-15　os.path.isabs 函数使用示例

```
1  import os
2  print('..是绝对路径: '+str(os.path.isabs('..')))
3  print(os.getcwd()+'是绝对路径: '+str(os.path.isabs(os.getcwd())))
```

代码清单 7-15 执行结束后，将在屏幕上输出如图 7-17 所示的结果。

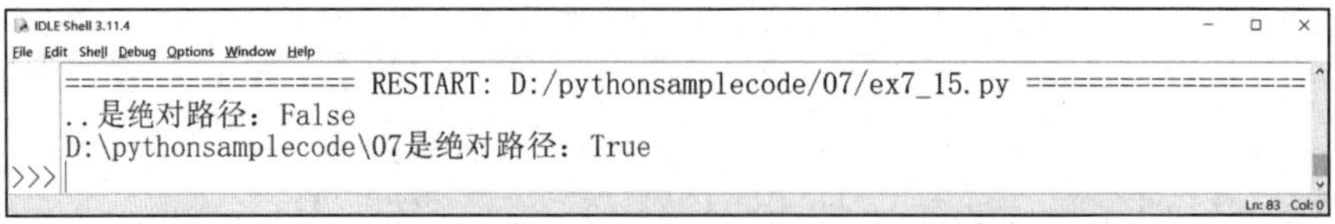

图 7-17　代码清单 7-15 的运行结果

【编程练习 7-2】　请编写程序实现下面的功能：输入一个路径，如果是绝对路径则输出"yes"，否则输出"no"。例如，如果输入"/root/test"，则输出"yes"；如果输入"./test"，则输出"no"。

7.2　文件读/写

程序中的数据都存储在内存中，当程序执行结束后，内存中的数据将丢失。文件可以用来进行数据的长期保存，本节将介绍 Python 中文件读/写操作的实现方法。

7.2.1　文件的打开和关闭

在文件读/写操作前，需要先打开要做读/写操作的文件；在文件读/写操作完成后，需要关闭已完成读/写操作的文件。下面分别介绍在程序中打开文件和关闭文件的方法。

1. 打开文件

使用 open 函数可以打开一个要做读/写操作的文件，其常用形式为

```
open(filepath, mode='r')
```

其中，`filepath` 是要打开的文件的路径；`mode` 是文件打开方式（如表 7-1 所示），不同的文件打开方式可以组合使用（如表 7-2 所示），默认打开方式为 `'r'`（等同于 `'rt'`）。使用 open 函数打开文件后会返回一个文件对象，利用该文件对象可完成文件中数据的读/写操作。

表 7-1　文件打开方式

文件打开方式	描述
`'r'`	以只读方式打开文件（默认），不允许写数据
`'w'`	以写方式打开文件，不允许读数据。若文件已存在则会先将文件内容清空，若文件不存在则会创建新文件
`'a'`	以追加写方式打开文件，不允许读数据。若文件中已有数据则继续向文件中写新数据，若文件不存在则会创建新文件
`'b'`	以二进制方式打开文件

(续)

文件打开方式	描述
't'	以文本方式打开文件（默认）
'+'	以读/写方式打开文件，可以读/写数据

提示 文件中有一个文件指针，其指向当前要读/写数据的位置。在打开文件时，如果打开方式中不包括 'a'，则文件指针指向文件首的位置；随着读/写操作，文件指针顺序向后移动，直至读/写完毕。如果打开方式中包括 'a'，则文件指针指向文件尾的位置，此时向文件中写数据时就会在已有数据后写入新数据。

表 7-2 常用的文件打开方式组合

文件打开方式组合	描述
'r+' 或 'rt+'	以文本方式打开文件，可以对文件进行读/写操作。若文件不存在则会报错
'w+' 或 'wt+'	以文本方式打开文件，可以对文件进行读/写操作。若文件不存在则会新建文件，若文件已存在则会清空文件内容
'a+' 或 'at+'	以文本、追加方式打开文件，可对文件进行读/写操作。若文件不存在则会创建新文件，若文件已存在则文件指针会自动移动到文件尾
'rb+'	与 'r+' 类似，只是以二进制方式打开文件
'wb+'	与 'w+' 类似，只是以二进制方式打开文件
'ab+'	与 'a+' 类似，只是以二进制方式打开文件

2. 关闭文件

使用 open 函数打开文件并完成读/写操作后，必须使用文件对象的 close 方法将文件关闭。例如，代码清单 7-16 给出了打开和关闭文件的示例。

代码清单 7-16　打开和关闭文件的示例

```
1  f=open('.\\test.txt', 'w+')
2  print(' 文件已关闭: ', f.closed)
3  f.close()
4  print(' 文件已关闭: ', f.closed)
```

代码清单 7-16 执行结束后，将在屏幕上输出如图 7-18 所示的结果，并在当前运行脚本文件的 D:\pythonsamplecode\07 目录下创建一个名为 test.txt 的文件。

图 7-18　代码清单 7-16 的运行结果

代码清单 7-16 中，先以"w+"方式打开当前运行脚本文件的目录下的文本文件 test.txt（若该文件不存在则会自动创建），并将返回的文件对象赋给 f，此时输出的文件对象 f 的 closed 属性值为 False，表示文件是打开状态；再通过文件对象 f 调用 close 方法，关闭前面打开的文本文件 test.txt，此时输出的文件对象 f 的 closed 属性值为 True，表示文件是关闭状态。

注意 区分 closed 和 close：closed 是文件对象中的一个属性，通过该属性的值可以判断文件是否是打开状态；而 close 是一个方法，通过文件对象调用该方法，可将文件对象所对应的文件关闭。

3. with 语句

使用 with 语句可以让系统在文件操作完毕后自动关闭文件，从而避免因忘记调用 close 方法而不能及时释放文件资源的问题。代码清单 7-17 给出了 with 语句的使用示例。

代码清单 7-17　with 语句使用示例

```
1  with open('.\\test.txt', 'w+') as f:
2      pass
3  print('文件已关闭: ', f.closed)
```

代码清单 7-17 执行结束后，将在屏幕上输出如图 7-19 所示的结果。

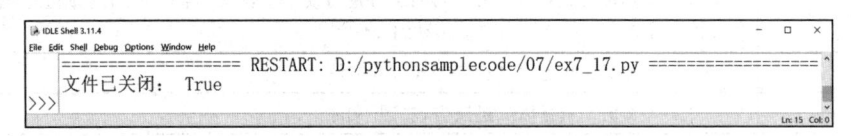

图 7-19　代码清单 7-17 的运行结果

【思考题 7-4】 open 函数的默认文件打开方式是（　　）。
A. w　　　　　　B. w+　　　　　　C. r　　　　　　D. r+

【思考题 7-5】 下面的文件打开方式中，不能对打开的文件进行写操作的是（　　）。
A. w　　　　　　B. wt　　　　　　C. r　　　　　　D. a

7.2.2　文件对象的操作方法

使用 open 函数打开文件后，即可使用返回的文件对象对文件进行读 / 写操作。下面介绍文件对象中与读 / 写数据相关的几种方法。

1. write 方法

使用文件对象的 write 方法可以将字符串写入文件中，其语法格式为

f.write(str)

其中，f 是 open 函数返回的文件对象，str 是要写入文件中的字符串。write 方法会返回一个整数，表示写入文件中的字符数。例如，代码清单 7-18 给出了 write 方法的使用示例。

代码清单 7-18　write 方法使用示例

```
1  charnum=0
2  with open('.\\test.txt', 'w+') as f:
3      charnum+=f.write('Python是一门流行的编程语言！\n')
```

```
4    charnum+=f.write('我喜欢学习Python语言！')
5    print('总共向文件中写入的字符数：%d'%charnum)
```

代码清单 7-18 执行结束后，将在屏幕上输出如图 7-20 所示的结果。

图 7-20　代码清单 7-18 的运行结果

打开文件 D:\pythonsamplecode\07\test.txt，可看到文件中的内容如图 7-21 所示。即通过 write 方法向文件中写入了两行文本。

图 7-21　程序创建的 test.txt 文本文件的内容

提示

1.使用 write 方法向文件中写入一个字符串后并不会自动在字符串后加换行。如果要加换行，则需要向文件中写入换行符 '\n'。

2.write 方法所返回的写入文件中的字符数包括换行符 '\n'。

2. read 方法

使用文件对象的 read 方法可以从文件中读取数据，其语法格式为

`f.read(n=-1)`

其中，f 是 open 函数返回的文件对象；n 指定了要读取的字节数，默认值 -1 表示读取文件中的所有数据。read 方法会返回一个字符串，对应从文件中读取的文本。例如，对于代码清单 7-18 中生成的文本文件 test.txt，利用代码清单 7-19 可读取其内容。

代码清单 7-19　read 方法使用示例

```
1    with open('.\\test.txt', 'r') as f:
2        content1=f.read()
3        content2=f.read()
4    print('content1:\n%s'%content1)
5    print('content2:\n%s'%content2)
```

代码清单 7-19 执行结束后，将在屏幕上输出如图 7-22 所示的结果。

图 7-22　代码清单 7-19 的运行结果

从输出结果中可以看到，第一次调用 `read` 方法时，会一次性地把文件中的所有数据读取到 `content1` 中，且此时文件指针自动移动到刚读取的数据的后面（即文件尾）；第二次再调用 `read` 方法时，不会读取到任何数据，因此 `content2` 是一个空字符串。

3. `readline` 方法

使用文件对象的 `readline` 方法可以从文件中每次读取一行数据，其语法格式为

```
f.readline()
```

其中，`f` 是 `open` 函数返回的文件对象。`readline` 方法的返回值是一个字符串，对应从文件中读取的一行文本。例如，对于代码清单 7-18 中生成的文本文件 test.txt，利用代码清单 7-20 可逐行读取其内容。

代码清单 7-20　`readline` 方法使用示例

```
1  ls=[]
2  with open('.\\test.txt', 'r') as f:
3      ls.append(f.readline())
4      ls.append(f.readline())
5  print(ls)
```

代码清单 7-20 执行结束后，将在屏幕上输出如图 7-23 所示的结果。

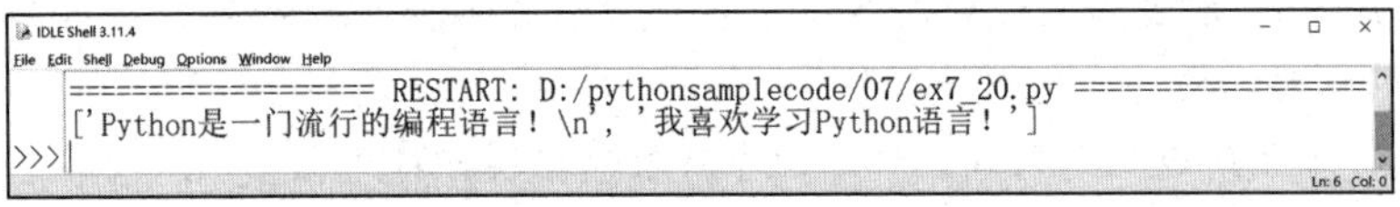

```
================ RESTART: D:/pythonsamplecode/07/ex7_20.py ================
['Python是一门流行的编程语言！\n', '我喜欢学习Python语言！']
>>>
```

图 7-23　代码清单 7-20 的运行结果

提示　文件对象是一个可迭代对象，因此可以使用 `for` 循环遍历。例如，下面的代码

```
ls=[]
with open('.\\test.txt', 'r') as f:
    for line in f:
        ls.append(line)
print(ls)
```

执行结束后，将在屏幕上输出与代码清单 7-20 相同的结果。

4. `readlines` 方法

使用文件对象的 `readlines` 方法可以从文件中按行读取所有数据，其语法格式为

```
f.readlines()
```

其中，`f` 是 `open` 函数返回的文件对象。`readlines` 方法的返回值是一个列表，文件中的每行文本数据作为列表中的一个元素。例如，对于代码清单 7-18 中生成的文本文件 test.txt，利用代码清单 7-21 可一次读取到所有行的文本。

代码清单 7-21　`readlines` 方法使用示例

```
1  with open('.\\test.txt', 'r') as f:
2      ls=f.readlines()
3  print(ls)
```

代码清单 7-21 执行结束后，将在屏幕上输出如图 7-24 所示的结果。

图 7-24　代码清单 7-21 的运行结果

提示　使用 list 类，将文件对象作为实参传给 list 类的构造方法，也可以得到与 readlines 方法同样的结果。例如，将代码清单 7-21 中的第 2 行代码改为 ls=list(f)，最后运行结果相同。

5. seek 方法

使用 seek 方法可以移动文件指针，从而实现文件的随机读/写，其语法格式为

f.seek(pos, whence=0)

其中，f 是 open 函数返回的文件对象；pos 是要移动的字节数；whence 是参照位置，默认值 0 表示以文件首作为参照位置，1 和 2 分别表示以当前文件指针位置和文件尾作为参照位置。seek 方法没有返回值。例如，对于代码清单 7-18 中生成的文本文件 test.txt，利用代码清单 7-22 可从指定位置读取数据。

代码清单 7-22　seek 方法使用示例

```
1   with open('.\\test.txt', 'r') as f:
2       f.seek(6, 0)
3       print(f.readline())
```

代码清单 7-22 执行结束后，将在屏幕上输出如图 7-25 所示的结果。

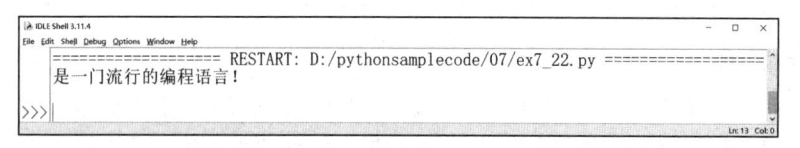

图 7-25　代码清单 7-22 的运行结果

从输出结果中可以看到，通过 f.seek(6, 0) 跳过了文件开头的 6 个字节 'Python'，f.readline() 从第 7 个字节开始读取一行数据。

提示

1. 文件的顺序读/写是指打开文件后按照从前向后的顺序依次进行数据的读/写操作；而随机读/写则可以直接使文件指针指向某个位置，并对该位置的数据进行读/写操作，即读/写数据的位置不按固定顺序，可以随机指定。

2. 当以文本方式打开文件后，只支持以文件首作为参照位置进行文件指针的移动；而以二进制方式打开文件后，可以支持全部的 3 种参照位置。

3. 通过 seek 方法实现的文件随机读/写主要用于二进制文件，建议读者尽量不要对文本文件进行随机读/写。

4. 与 `seek` 对应的还有一个 `tell` 方法，其作用是获取当前文件指针的位置。

【思考题 7-6】 如果要通过一次函数调用从文件中按行读取所有数据，则应使用文件对象的（　　）方法。

A. `read`　　　　　**B**. `readall`　　　　　**C**. `readline`　　　　　**D**. `readlines`

7.3 数据的处理

从维度上分，平常处理的数据可分为一维数据、二维数据以及更高维的数据。这里介绍一维数据和二维数据的概念，以及对可用于存储一维/二维数据的 CSV 格式的文件的操作方法。

7.3.1 一维数据和二维数据

1. 一维数据

一维数据是指数据元素的值由一个因素唯一确定。例如，对于 N 名学生在语文考试中的成绩，每个成绩由学生唯一确定，如图 7-26 所示，学生 1 的考试成绩为成绩 1、学生 2 的考试成绩为成绩 2、……、学生 N 的考试成绩为成绩 N。

对于一维有序数据，可以使用列表存储；对于一维无序数据，可以使用集合存储。例如，对于 5 名学生的语文课成绩，可以使用列表存储，如代码清单 7-23 所示。

学生1	学生2	…	学生N
成绩1	成绩2	…	成绩N

图 7-26　一维数据示例

代码清单 7-23　一维数据存储示例

```
1    data1D=[90, 70, 95, 98, 65]
```

2. 二维数据

二维数据是指数据元素的值由两个因素共同确定。例如，对于 M 名学生在语文、数学、英语 3 门课程考试中的成绩，每个成绩由学生和课程共同确定。如图 7-27 所示，学生 1 在语文、数学和英语课上的考试成绩分别为成绩 11、成绩 12 和成绩 13；学生 2 在语文、数学和英语课上的考试成绩分别为成绩 21、成绩 22 和成绩 23；……；学生 M 在语文、数学和英语课上的考试成绩分别为成绩 $M1$、成绩 $M2$ 和成绩 $M3$。二维数据可以看作由多个一维数据组成。

	语文	数学	英语
学生1	成绩11	成绩12	成绩13
学生2	成绩21	成绩22	成绩23
⋮	⋮	⋮	⋮
学生M	成绩M1	成绩M2	成绩M3

图 7-27　二维数据示例

通过二维列表可以存储二维数据。例如，代码清单 7-24 中，使用二维列表存储了 5 名学生在 3 门课程上的成绩。

代码清单 7-24　二维数据存储示例

```
1   data2D=[[90, 98, 87], #第1名学生的3门课程成绩
2   [70, 89, 92], #第2名学生的3门课程成绩
3   [95, 78, 81], #第3名学生的3门课程成绩
4   [98, 90, 95], #第4名学生的3门课程成绩
5   [65, 72, 70]] #第5名学生的3门课程成绩
```

7.3.2　使用 CSV 格式操作一维、二维数据

1. CSV 文件格式

CSV（Comma-Separated Values，逗号分隔的值）是一种国际通用的一维、二维数据存储格式，其对应的文件扩展名为 .csv，可使用 Excel 软件直接打开。CSV 文件中每行对应一个一维数据，一维数据的各数据元素之间用英文半角逗号分隔（逗号两边不需要加额外的空格）；对于缺失元素，也要保留逗号，使得元素的位置能够与实际数据项对应。CSV 文件中的多行形成了一个二维数据，即一个二维数据由多个一维数据组成；二维数据中的第 1 行可以是列标题，也可以直接存储数据（即没有列标题）。

例如，对于代码清单 7-23 中的一维数据，使用 CSV 文件存储的结果为

90, 70, 95, 98, 65

对于代码清单 7-24 中的二维数据，使用 CSV 文件存储的结果为

90, 98, 87
70, 89, 92
95, 78, 81
98, 90, 95
65, 72, 70

2. CSV 文件操作

Python 中提供了 `csv` 模块用于进行 CSV 文件的读 / 写操作，这里介绍具体操作方法。

（1）`writer` 函数

使用 `csv` 模块的 `writer` 函数可以生成一个 `writer` 对象，通过该 `writer` 对象可以将数据以逗号分隔的形式写入 CSV 文件中。`csv.writer` 函数的语法格式为

`csv.writer(csvfile)`

其中，`csvfile` 是一个具有 `write` 方法的对象。如果将 `open` 函数返回的文件对象作为实参传给 `csvfile`，则调用 `open` 函数打开文件时必须加上一个关键字参数：`newline=''`。

（2）`writerow` 和 `writerows` 方法

生成 `writer` 对象后，就可以使用 `csv` 模块的 `writerow` 和 `writerows` 方法向 CSV 文件中写入数据。`csv.writerow` 和 `csv.writerows` 方法的语法格式分别为

`writer.writerow(row)`

```
writer.writerows(rows)
```

其中，`writer` 是 `csv.writer` 函数返回的 `writer` 对象；`row` 是要写入 CSV 文件中的一行数据（如一维列表）；`rows` 是要写入 CSV 文件中的多行数据（如二维列表）。

（3）`reader` 函数

使用 `csv` 模块的 `reader` 函数可以生成一个 `reader` 对象，通过该 `reader` 对象可以将以逗号分隔的数据从 CSV 文件中读取出来。`csv.reader` 函数的语法格式为

```
csv.reader(csvfile)
```

其中，`csvfile` 要求传入一个迭代器。`open` 函数返回的文件对象除了是可迭代对象，同时也是迭代器。如果将文件对象作为实参传给 `csvfile`，则调用 `open` 函数打开文件时应加上一个关键字参数：`newline=''`。返回的 `reader` 对象是一个可迭代对象，因此可以使用 `for` 循环直接遍历 CSV 文件中的每一行数据，每次遍历会返回一个由字符串组成的列表。

（4）程序示例

代码清单 7-25 给出了 CSV 文件的读 / 写示例。

代码清单 7-25　CSV 文件读 / 写示例

```
1   import csv             # 导入 csv 模块
2   data2D=[[90, 98, 87],  # 第 1 名学生的 3 门课程成绩
3   [70, 89, 92],          # 第 2 名学生的 3 门课程成绩
4   [95, 78, 81],          # 第 3 名学生的 3 门课程成绩
5   [98, 90, 95],          # 第 4 名学生的 3 门课程成绩
6   [65, 72, 70]]          # 第 5 名学生的 3 门课程成绩
7   with open('.\\score.csv', 'w', newline='') as f:  # 打开文件
8       csvwriter=csv.writer(f)  # 得到 writer 对象
9       csvwriter.writerow(['语文', '数学', '英语'])  # 先将列标题写入 CSV 文件
10      csvwriter.writerows(data2D)  # 将二维列表中的数据写入 CSV 文件
11  ls2=[]
12  with open('.\\score.csv', 'r', newline='') as f:  # 打开文件
13      csvreader=csv.reader(f)  # 得到 reader 对象
14      for line in csvreader:   # 将 CSV 文件中的一行数据读取到列表 line 中
15          ls2.append(line)     # 将当前行数据的列表添加到 ls2 的尾部
16  print(ls2) # 输出 ls2
```

代码清单 7-25 执行结束后，将在屏幕上输出如图 7-28 所示的结果。

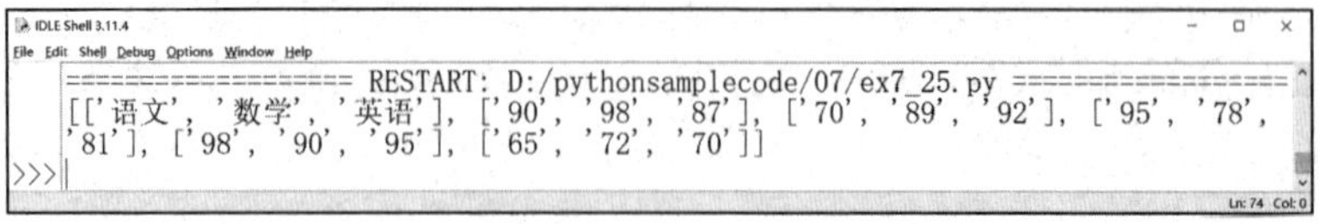

图 7-28　代码清单 7-25 的运行结果

提示　代码清单 7-25 中，第 7～10 行代码完成了 CSV 文件的写入操作，这些代码执行完毕后将生成文件 D:\pythonsamplecode\07\score.csv，其中包含了 6 行数据（第 1 行为列标题），每行数据的相邻两个元素用逗号分隔，如图 7-29 所示；第 12～15 行代码完成了 CSV 文件的读取操作，从 D:\pythonsamplecode\07\score.csv 文件中依次读取每行数据，并将每行数据所对应的列表添加到 ls2 的尾部。

图 7-29　代码清单 7-25 生成的 score.csv 文件的内容

7.4　异常处理

编写程序时，通常需要对程序运行时可能产生的异常做处理，以增强程序的稳定性和容错性。

7.4.1　异常的定义和分类

异常是指程序运行时因发生错误而产生的信号。如果程序中没有对异常进行处理，则程序会抛出该异常并停止运行。为了保证程序的稳定性和容错性，需要在程序中捕获可能的异常并对其进行处理，使得程序不会因异常而意外停止。

异常可以分为语法错误和逻辑错误两类，下面分别介绍。

1. 语法错误

语法错误是指编写的程序不符合编程语言的语法要求。例如，代码清单 7-26 给出了一个语法错误的示例。

代码清单 7-26　语法错误示例

```
1    if True
2        print('Hello World!')
```

代码清单 7-26 运行时，会出现如图 7-30 所示的错误提示。

图 7-30　代码清单 7-26 的运行结果

在代码清单 7-26 的第 1 行存在语法错误（SyntaxError）。根据该错误提示，仔细检查第 1 行代码后，会发现该行代码最后缺少一个冒号，加上冒号即可正常运行。

2. 逻辑错误

逻辑错误是指虽然编写的程序符合编程语言的语法要求，但要执行的数据操作不被系统或当前环境所支持。在前面章节中我们已经看到过一些由逻辑错误引发的异常，如修改不可变类型数据中的元素，将不可哈希的数据作为集合中的元素，创建已存在的目录，删除不存在的目录等。这里给出常见异常的总结，如表 7-3 所示。

表 7-3　常见异常

异常	描述
AssertionError	当 assert 语句失败时引发该异常
AttributeError	当访问一个属性失败时引发该异常
ImportError	当导入一个模块失败时引发该异常
IndexError	当访问序列数据中的元素所使用的索引值越界时引发该异常
KeyError	当访问一个映射对象（如字典）中不存在的键时引发该异常
MemoryError	当一个操作使内存耗尽时引发该异常
NameError	当引用一个不存在的标识符时引发该异常
OverflowError	当算术运算结果超出表示范围时引发该异常
RecursionError	当超过最大递归深度时引发该异常
RuntimeError	当产生其他所有类别以外的错误时引发该异常
StopIteration	当迭代器中没有下一个可获取的元素时引发该异常
TabError	当使用不一致的缩进方式时引发该异常
TypeError	当传给操作或函数的对象类型不符合要求时引发该异常
UnboundLocalError	当引用未赋值的局部变量时引发该异常
ValueError	当内置操作或函数接收到的参数具有正确类型但不正确值时引发该异常
ZeroDivisionError	当除法或求模运算的右运算数为 0 时引发该异常
FileNotFoundError	当要访问的文件或目录不存在时引发该异常
FileExistsError	当要创建的文件或目录已存在时引发该异常

例如，在 IDLE 的 Shell 窗口下，分别执行代码清单 7-27 中的 3 行代码，则会分别引发如图 7-31 所示的 3 种异常，即 ZeroDivisionError、NameError 和 TypeError。

代码清单 7-27　逻辑错误示例

```
1   10*(1/0)
2   4+a*3
3   '2'+2
```

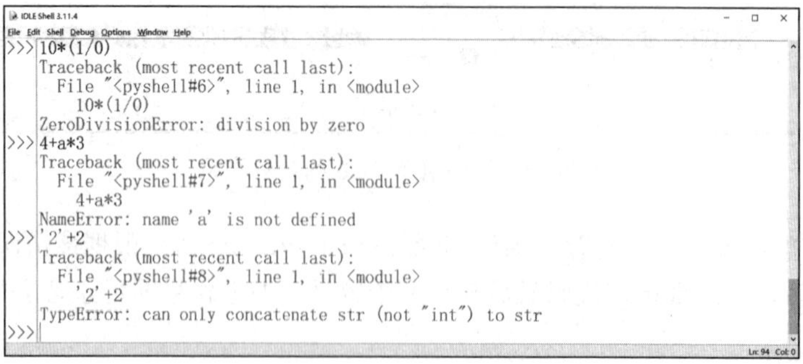

图 7-31　代码清单 7-27 所产生的异常

【思考题 7-7】对于 if 语句序列的两条语句，如果第 1 条语句前面有 4 个空格，第 2 条语句前面有 1 个制表符，则运行时会产生（　　）异常。
A. IndentationError　　　　　　　　B. TabError
C. IndexError　　　　　　　　　　　D. SyntaxError

【思考题 7-8】 执行"a=10*1/0"语句时，会产生（　　）异常。
A. TypeError B. ValueError
C. ZeroDivisionError D. KeyError

7.4.2 try except

使用"try except"语句可以捕获异常并做异常处理，其语法格式为

```
try:
    try 子句的语句块
except 异常类型 1:
    处理异常类型 1 的语句块
except 异常类型 2:
    处理异常类型 2 的语句块
……
except 异常类型 N:
    处理异常类型 N 的语句块
```

"try except"语句的处理过程如下。执行 try 子句的语句块。如果没有异常发生，则 except 子句不被执行。如果有异常发生，则根据异常类型匹配每一个 except 关键字后面的异常名，并执行匹配的那个 except 子句的语句块；如果异常类型与所有 except 子句都不匹配，则该异常会传给更外层的"try except"语句；如果异常无法被任何的 except 子句处理，则程序抛出异常并停止运行。

提示　except 子句后面的异常类型，既可以是单个异常类型，如 except NameError:，表示用于捕获 NameError 异常；也可以是由多个异常类型组成的元组，如 except (TypeError, ZeroDivisionError):，表示用于捕获 TypeError 异常或 ZeroDivisionError 异常；还可以为空，即 except:，表示捕获未被前面 except 子句捕获的其他异常。

例如，代码清单 7-28 给出了"try except"语句的使用示例。

代码清单 7-28　"try except"语句使用示例

```
1  for i in range(3):  # 循环 3 次
2      try:
3          num=int(input('请输入一个数字: '))
4          print(10/num)
5      except ValueError:
6          print('值错误! ')
7      except:
8          print('其他异常! ')
```

运行代码清单 7-28，对于不同的输入将会产生不同的输出结果，如图 7-32 所示。

下面结合代码清单 7-28 的运行结果，给出代码的分析。

- 第 1 次循环中，执行 input 函数时，从键盘上输入：abc，因此，input 函数的返回结果是字符串 'abc'。然后，通过 int 将输入的字符串 'abc' 转为整数，而 int 无法对非整数字符串进行处理，因此，会产生 ValueError 异常。该异常被"except ValueError:"捕获，并在相应语句块中输出"值错误!"。

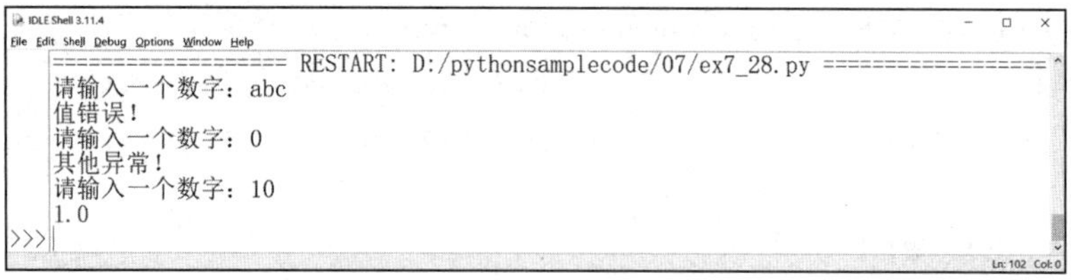
IDLE Shell 3.11.4
File Edit Shell Debug Options Window Help
================== RESTART: D:/pythonsamplecode/07/ex7_28.py ==================
请输入一个数字：abc
值错误！
请输入一个数字：0
其他异常！
请输入一个数字：10
1.0
>>>
Ln: 102 Col: 0

图 7-32　代码清单 7-28 运行时所产生的异常

- 第 2 次循环中，执行 input 函数时，从键盘上输入：0，因此，input 函数的返回结果是字符串 '0'。然后，通过 int 将输入的字符串 '0' 转为整数 0，并赋给变量 num。最后，执行 print(10/num)；除法运算 10/num 中，因除数 num 为 0，会产生 ZeroDivisionError 异常。该异常无法被“except ValueError:”捕获，因此会被后面的“except:”捕获，并在相应语句块中输出“其他异常！”。
- 第 3 次循环中，执行 input 函数时，从键盘上输入：10，因此，input 函数的返回结果是字符串 '10'。然后，通过 int 将输入的字符串 '10' 转为整数 10，并赋给变量 num。最后，执行 print(10/num)，输出 10/num 的运算结果，即“1.0”。

【思考题 7-9】“try except”语句中使用“except:”表示（　　）。

A. 捕获所有异常

B. 捕获未被前面 except 子句捕获的异常

C. 等价于“except None:”

D. 错误的写法

【思考题 7-10】 如果一个异常无法被任何的 except 子句捕获，则程序会抛出该异常并停止，是否正确？

【编程练习 7-3】 请编写程序实现下面的功能：输入一个运算式，如果是有效的运算式则完成计算并输出计算结果，否则输出“invalid”。例如，如果输入 8*5/2+10.5，则输出“30.5”；如果输入：8+5*15-/20，则输出“invalid”。

【编程练习 7-4】 请编写程序实现下面的功能：用户从键盘上输入一个字符串；如果该字符串的内容不是有效的数值，则输出“invalid”；如果是有效的数值，再判断其是否是整数，如果是整数则输出“yes”，否则输出“no”。例如，如果输入：1a，则输出“invalid”；如果输入：20，则输出“yes”；如果输入：12.0，则输出“no”。

【编程练习 7-5】 下面的程序的功能如下：在字符串 s1 中检索指定字符串 s2，获取所有匹配字符串的起始字符索引并输出；如果检索失败则输出“notfound”。请在【1】和【2】处填写适合的代码。

例如，如果输入

```
dog cat dog cat
cat
```

则输出“[4, 12]”。

如果输入

```
dog cat dog cat
mouse
```

则输出 "notfound"。

待补充代码的程序如下：

```
def findsubstr(str, sub):
    beg=0
    rlt=[]
    while True:
        try:
            pos=str.index(sub, beg)
            rlt.append(pos)
            beg=pos+1
        except ValueError:
            【1】
    return rlt
s1=input()
s2=input()
rlt=findsubstr(s1, s2)
if 【2】:
    print('notfound')
else:
    print(rlt)
```

7.4.3 else 和 finally

else 子句和 finally 子句是 "try except" 语句中的两个可选项，下面分别介绍。

1. else 子句

如果 try 子句执行时没有发生异常，则在 try 子句执行结束后会执行 else 子句；否则，如果发生异常，则 else 子句不会执行。例如，与代码清单 7-28 相比，代码清单 7-29 为 try except 语句增加了 else 子句。

代码清单 7-29　else 子句使用示例

```
1   for i in range(3):  # 循环 3 次
2       try:
3           num=int(input(' 请输入一个数字：'))
4           print(10/num)
5       except ValueError:
6           print(' 值错误！')
7       except:
8           print(' 其他异常！')
9       else:
10          print('else 子句被执行！')
```

运行代码清单 7-29，对于不同的输入将会产生不同的输出结果，如图 7-33 所示。从输出结果中可以看到，只有在 try 子句执行过程中没有发生异常的情况下，else 子句才会被执行。

2. finally 子句

与 else 子句不同，无论 try 子句执行时是否发生异常，finally 子句都会被执行。例如，与代码清单 7-28 相比，代码清单 7-30 为 "try except" 语句增加了 finally

子句。

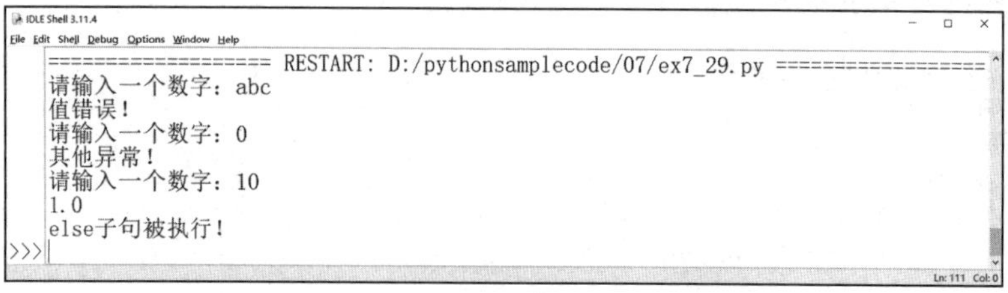

图 7-33　代码清单 7-29 的运行结果

代码清单 7-30　`finally` 子句使用示例

```
1    for i in range(3):  # 循环 3 次
2        try:
3            num=int(input('请输入一个数字：'))
4            print(10/num)
5        except ValueError:
6            print('值错误！')
7        except:
8            print('其他异常！')
9        finally:
10           print('finally 子句被执行！')
```

运行代码清单 7-30，对于不同的输入将会产生不同的输出结果，如图 7-34 所示。从输出结果中可以看到，3 次循环最后均执行了 `finally` 子句。

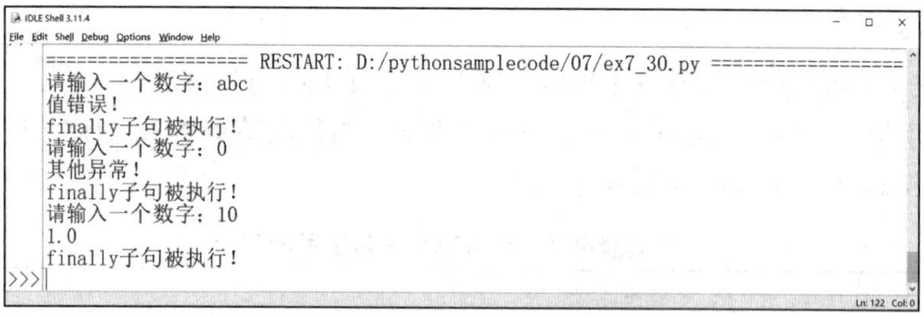

图 7-34　代码清单 7-30 的运行结果

【思考题 7-11】无论 `try` 子句执行时是否发生异常，都会执行的子句是（　　）。
A. `else`　　　　　**B.** `finally`　　　　　**C.** `except`　　　　　**D.** 不存在

【思考题 7-12】只有在 `try` 子句的语句序列未发生执行异常时才会执行的子句是（　　）。
A. `else`　　　　　**B.** `finally`　　　　　**C.** `except`　　　　　**D.** 不存在

7.4.4　`raise`

除了程序运行时出现错误而产生的异常外，也可以使用 `raise` 产生异常。例如，代码清单 7-31 给出了 `raise` 的使用示例。

代码清单 7-31　`raise` 使用示例

```
1    for i in range(2):  # 循环 2 次
2        try:
```

```
3        num=int(input('请输入一个数字: '))
4        if num==0:
5            raise ValueError('输入数字不能为0！')
6        print(10/num)
7    except ValueError as e:
8        print('值错误: ', e)
```

运行代码清单 7-31，对于不同的输入将产生不同的输出，如图 7-35 所示。

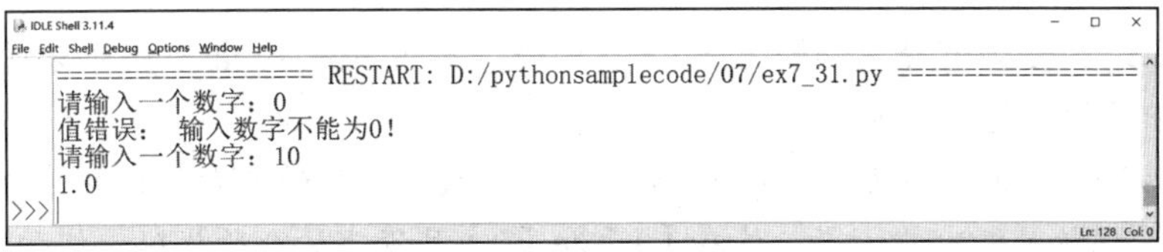

图 7-35 代码清单 7-31 的运行结果

下面结合代码清单 7-31 的运行结果，给出代码的分析。

- 当输入 0 时，第 5 行代码通过 raise 产生了一个 ValueError 异常，同时将异常提示信息设置为 "输入数字不能为 0！"；第 7 行代码的 except 子句捕获了该 ValueError 异常，同时通过 "as e" 生成了 ValueError 的一个实例；第 8 行代码通过 ValueError 的实例 e，可以显示 "raise ValueError" 时所设置的异常提示信息。
- 当输入 10 时，不会执行 raise 语句，直接执行第 6 行代码，输出 10/num 的结果 1.0。

7.4.5 断言

使用 assert 可以判断一个条件是否成立，如果成立则继续执行后面的语句，如果不成立则会引发 AssertionError 异常。例如，代码清单 7-32 给出了 assert 的使用示例。

代码清单 7-32　assert 使用示例

```
1  for i in range(2):  # 循环2次
2      try:
3          num=int(input('请输入一个数字: '))
4          assert num!=0
5          print(10/num)
6      except AssertionError:
7          print('断言失败！')
```

运行代码清单 7-32，对于不同的输入将产生不同的输出，如图 7-36 所示。

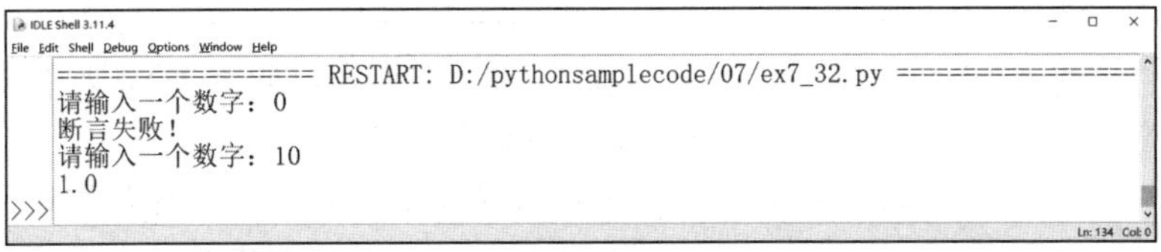

图 7-36 代码清单 7-32 的运行结果

下面结合代码清单 7-32 的运行结果，给出代码的分析。
- 当输入 0 时，第 4 行代码中 assert 后面的条件 num!=0 不成立，因此会引发 AssertionError 异常；该异常被第 6 行代码的"except AssertionError:"捕获，并通过第 7 行代码输出"断言失败！"。
- 当输入 10 时，第 4 行代码中 assert 后面的条件 num!=0 成立，因此不会引发异常，通过执行第 5 行代码输出 10/num 的结果 1.0。

【思考题 7-13】 已知有语句 assert num==0，则当 num 的值为 0 时会引发 AssertionError 异常，是否正确？

【编程练习 7-6】 下面程序的功能如下：输入一个整数，输入的整数是奇数时输出"yes"，输入的整数是偶数时输出"no"。请在【1】和【2】处填上适合的代码。例如，如果输入：15，则输出"yes"；如果输入：-20，则输出"no"。

待补充代码的程序如下：

```
n=int(input())
try:
    【1】
    print('yes')
except 【2】:
    print('no')
```

7.4.6 自定义异常

除了系统提供的异常类型外，还可以根据需要定义新的异常。自定义异常实际上就是以 BaseException 类作为父类，创建一个子类。例如，代码清单 7-33 中定义并使用了 ScoreError 异常。

代码清单 7-33　自定义异常示例

```
1  class ScoreError(BaseException): # 以 BaseException 类作为父类，创建 ScoreError 类
2      def __init__(self, msg): # 定义构造方法
3          self.msg=msg
4      def __str__(self): # 定义 __str__ 方法，将 ScoreError 类对象转换为字符串时自动调用
5          return self.msg
6  if __name__=='__main__':
7      for i in range(2): # 循环 2 次
8          try:
9              score=int(input('请输入一个成绩：'))
10             if score<0 or score>100:
11                 raise ScoreError('输入成绩为 %d，成绩应在 0～100 之间 '%score)
12             print('输入成绩为 %d'%score)
13         except ScoreError as e:
14             print('分数错误：', e)
```

运行代码清单 7-33，对于不同的输入将产生不同的输出，如图 7-37 所示。

下面结合代码清单 7-33 的运行结果，给出代码的分析。
- 第 1～5 行代码中，以 BaseException 作为父类，自定义了异常类 ScoreError。ScoreError 类通过 __init__ 构造方法，完成了新创建对象中 msg 属性的赋值；通过 __str__ 内置方法，将对象中的 msg 属性值作为了对象作为字符串使用时的

转换结果。

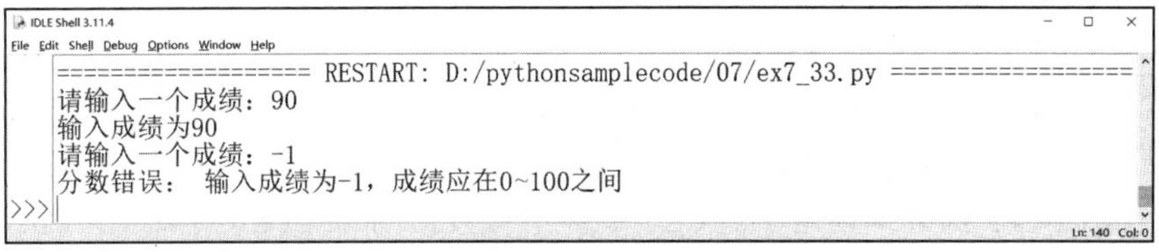

图 7-37 代码清单 7-33 的运行结果

- 第 7～14 行代码中，定义了一个可以循环两次的 `for` 循环。
- 执行第 1 次 `for` 循环时，从键盘输入：90，此时第 10 行的 `if` 条件不成立，因此会直接执行第 11 行的代码，输出"输入成绩为 90"。
- 执行第 2 次 `for` 循环时，从键盘输入：-1，此时第 10 行的 `if` 条件成立，因此会执行第 11 行代码，通过 `raise` 引发 `ScoreError` 异常；引发 `ScoreError` 异常会自动创建一个 `ScoreError` 类的对象，同时将根据 `score` 的值生成的字符串作为实参传给构造方法，从而使得该 `ScoreError` 类对象中 `msg` 属性的值为"输入成绩为 -1，成绩应在 0～100 之间"；该异常被第 13 行代码中的 `except` 子句捕获，同时通过"as e"获得对应的 `ScoreError` 类对象；在 14 行代码中，输出 `ScoreError` 类对象 e 时会自动执行 `ScoreError` 类的 `__str__` 内置方法，获得对象 e 中 `msg` 属性的值并输出。

7.5 应用案例——简易数据管理程序

在第 6 章修改后的案例代码的基础上，本章增加了文件操作和异常处理。

提示 修改后的 data_manage.py 和 item_manage.py 脚本文件中使用了 os 模块和 csv 模块，因此均需要加上导入 os 模块和 csv 模块的代码，即

```
import os
import csv
```

修改后的 dataset_manage.py 脚本文件中使用了 os 模块，因此需要加上导入 os 模块的代码，即"import os"。

作为程序入口的主脚本文件 ex7_34.py 的代码没有修改，如代码清单 7-34 所示。

代码清单 7-34　ex7_34.py 脚本文件中的代码实现

```
1   from user import User            # 导入 User 类
2   from dataset_manage import DatasetManage  # 导入 DatasetManage 类
3   if User.login()==True:           # 登录
4       DatasetManage.run()          # 开始进行数据管理操作
```

7.5.1　增加文件操作

增加文件操作所涉及的代码如代码清单 7-35～代码清单 7-37 所示。

在 item_manage.py 脚本文件所定义的 ItemManage 类中，新增了用于将数据项信息保存到文件的 save_to_file 方法及从文件中读取数据项信息的 load_from_file 方法，如代码清单 7-35 所示。在 save_to_file 方法中，先调用 os.path.split 函数，根据传入的文件路径 item_filepath，获取目录路径 dirpath 和文件名 filename；如果目录不存在，则调用 os.makedirs 创建目录。然后，使用 with 语句打开文件，并调用 csv.writer 函数得到用于向 csv 文件中写数据的 writer 对象 csvwriter。最后，使用 for 循环生成二维列表形式的数据项信息，并调用 csvwriter.writerows 方法将数据项信息写入 csv 文件中。

在 load_from_file 方法中，先判断文件是否存在，如果不存在，则给出提示信息并返回 False；如果存在，则使用 with 语句打开文件，并调用 csv.reader 函数得到用于从 csv 文件读取数据的 reader 对象 csvreader。然后，使用 for 循环，依次读取每行数据，生成数据项信息并加到 self.iteminfo_list 列表中。最后，返回 True，表示成功从文件中加载了数据项信息。

代码清单 7-35　ItemManage 类中新增的 save_to_file 和 load_from_file 方法实现

```
1      @User.permission_check #加上权限判断的装饰器
2      def save_to_file(self, item_filepath): #定义用于保存数据项信息的 save_to_file
          方法
3          dirpath, filename = os.path.split(item_filepath) #获取目录及文件名
4          if os.path.isdir(dirpath)==False: #如果目录不存在
5              os.makedirs(dirpath) #创建目录
6          with open(item_filepath, 'w', newline='') as f: #打开文件
7              csvwriter = csv.writer(f) #得到 writer 对象
8              ls_iteminfo = [] #用于保存二维列表形式的数据项信息
9              for iteminfo in self.iteminfo_list: #遍历每一条数据项信息
10                 ls_iteminfo.append([iteminfo['name'], iteminfo['dtype']])
                   #将列表形式的数据项信息添加到 ls_iteminfo 中
11             csvwriter.writerows(ls_iteminfo) #将数据项信息写入 csv 文件
12
13     @User.permission_check #加上权限判断的装饰器
14     def load_from_file(self, item_filepath): #定义用于读取数据的 load_from_file
          方法
15         if os.path.isfile(item_filepath)==False: #如果文件不存在
16             print('数据项文件不存在！')
17             return False
18         with open(item_filepath, 'r', newline='') as f: #打开文件
19             csvreader = csv.reader(f) #得到 csvreader 对象
20             for line in csvreader: #依次读取 csv 文件中的每一行数据
21                 iteminfo = dict(name=line[0], dtype=line[1])
22                 self.iteminfo_list.append(iteminfo) #将数据保存到 self.
                   iteminfo_list 中
23         return True
```

在 data_manage.py 脚本文件所定义的 DataManage 类中，新增了用于将数据保存到文件的 save_to_file 方法及从文件中读取数据的 load_from_file 方法，如代码清单 7-36 所示。在 save_to_file 方法中，先通过 self.item_manage.save_to_file 调用 ItemManage 类中定义的 save_to_file 方法，将数据项信息保存到文件中。再调用 os.path.split 函数，根据传入的文件路径 data_filepath，获取目录路径 dirpath 和文件名 filename；如果目录不存在，则调用 os.makedirs 创建目录。然

后，使用 with 语句打开文件，并调用 csv.writer 函数得到用于向 csv 文件中写数据的 writer 对象 csvwriter。最后，使用 for 循环生成二维列表形式的数据，并调用 csvwriter.writerows 方法将数据写入 csv 文件中。

在 load_from_file 方法中，先通过 self.item_manage.load_from_file 调用 ItemManage 类中定义的 load_from_file 方法，从文件中读取数据项信息，如果数据项读取失败，则返回 False。再判断 data_filepath 所指定的数据文件是否存在，如果不存在，则给出提示信息并返回 False；如果存在，则使用 with 语句打开文件，并调用 csv.reader 函数得到用于从 csv 文件读取数据的 reader 对象 csvreader。然后，使用 for 循环，依次读取每行数据，生成字典形式的数据并加到 self.data_list 列表中。最后，返回 True，表示成功从文件中加载了数据。

代码清单 7-36　DataManage 类中新增的 save_to_file 和 load_from_file 方法实现

```
1     @User.permission_check #加上权限判断的装饰器
2     def save_to_file(self, item_filepath, data_filepath):  #定义用于保存数据的
      save_to_file方法
3         self.item_manage.save_to_file(item_filepath) #保存数据项
4         dirpath, filename = os.path.split(data_filepath) #获取目录及文件名
5         if os.path.isdir(dirpath)==False: #如果目录不存在
6             os.makedirs(dirpath) #创建目录
7         with open(data_filepath, 'w', newline='') as f: #打开文件
8             csvwriter = csv.writer(f) #得到 writer 对象
9             ls_data = [] #用于保存二维列表形式的数据
10            for data in self.data_list: #遍历每一条数据
11                ls_tmp = []
12                for iteminfo in self.iteminfo_list: #遍历每一个数据项
13                    ls_tmp.append(data[iteminfo['name']])  #将每个数据项的值添加
                      到 ls_tmp 中
14                ls_data.append(ls_tmp) #将列表形式的数据添加到 ls_data 中
15            csvwriter.writerows(ls_data) #将数据写入 csv 文件
16
17    @User.permission_check #加上权限判断的装饰器
18    def load_from_file(self, item_filepath, data_filepath):  #定义用于读取数据的
      load_from_file方法
19        if (self.item_manage.load_from_file(item_filepath)==False): #读取数据项
20            return False
21        if os.path.isfile(data_filepath)==False: #如果文件不存在
22            print('数据文件不存在!')
23            return False
24        with open(data_filepath, 'r', newline='') as f: #打开文件
25            csvreader = csv.reader(f) #得到 csvreader 对象
26            for line in csvreader: #依次读取 csv 文件中的每一行数据
27                data = {}
28                for idx, iteminfo in enumerate(self.iteminfo_list): #依次设置
                  每一个数据项的值
29                    data[iteminfo['name']] = line[idx]
30                self.data_list.append(data) #将数据保存到 self.data_list 中
31        return True
```

在 dataset_manage.py 脚本文件所定义的 DatasetManage 类中，对 run 方法做了修改，如代码清单 7-37 所示。run 方法开始执行时，先使用 for 循环遍历数据集，根据数据集名称自动生成要加载的数据文件路径和数据项文件路径，并通过数据集对象调用

`load_from_file` 方法以实现每一数据集中数据和数据项信息的文件加载操作。`run` 方法执行结束前，再使用 `for` 循环遍历数据集，根据数据集名称自动生成要保存的数据文件路径和数据项文件路径，并通过数据集对象调用 `save_to_file` 方法以实现每一数据集中数据和数据项信息的文件保存操作。

代码清单 7-37 `DatasetManage` 类中修改后的 `run` 方法实现

```
1     @classmethod
2     def run(cls):  #开始运行程序
3         for dataset in cls.datasets:  #从文件加载每个数据集所保存的数据
4             data_filepath = os.sep.join(['.', 'data', dataset['name'], 'data.csv'])
5             item_filepath = os.sep.join(['.', 'data', dataset['name'], 'item.csv'])
6             dataset['obj'].load_from_file(data_filepath, item_filepath)
7         while True:
8             if cls.switch_dataset()==False:  #设置当前使用的数据集
9                 break
10            cls.dataset.manage_data()  #进行当前数据集的数据管理操作
11        for dataset in cls.datasets:  #向文件写入每个数据集的数据
12            data_filepath = os.sep.join(['.', 'data', dataset['name'], 'data.csv'])
13            item_filepath = os.sep.join(['.', 'data', dataset['name'], 'item.csv'])
14            dataset['obj'].save_to_file(data_filepath, item_filepath)
```

完成上述修改后，执行 ex7_34.py 脚本文件，完成数据项信息及数据的录入等操作并结束程序后，可看到在脚本文件所在目录下会自动生成一个 data 文件夹，在 data 文件夹下包含 BMI、CKD、Diabetes 三个子文件夹，每个子文件夹下包含数据项文件 item.csv 和数据文件 data.csv。再次运行程序时，可直接看到上次运行程序时录入的数据项信息及数据。

7.5.2　增加异常处理

使用异常处理可以捕获因用户输入无效数据而导致的程序异常，所修改的代码如代码清单 7-38～代码清单 7-44 所示。

在 dataset_manage.py 脚本文件所定义的 `DatasetManage` 类中，修改了 `switch_dataset` 方法的实现。在使用 `int` 将用户输入的字符串转为整数时，如果用户输入的不是整数，则会产生 `ValueError` 异常。程序中增加了使用 `try…except…` 语句捕获 `ValueError` 异常的代码，从而使程序能够处理用户的无效输入数据，如代码清单 7-38 中的第 5～10 行代码所示。

代码清单 7-38 `DatasetManage` 类中修改后的 `switch_dataset` 方法实现

```
1     @classmethod
2     def switch_dataset(cls):  #切换数据集
3         for idx in range(len(cls.datasets)):  #依次输出每一个数据集的编号和名称
4             print('%d %s'%(idx+1, cls.datasets[idx]['name']))
5         while True:  #只有输入正确的数据集编号才能结束循环
6             try:
7                 dataset_no = int(input('请输入数据集编号（输入 0 结束程序）:'))
8             except ValueError:
9                 print('数据集编号必须是一个整数！')
10                continue
```

```
11              if dataset_no == 0:
12                  return False
13              if dataset_no<1 or dataset_no>len(cls.datasets):
14                  print('该数据集不存在！')
15                  continue
16              break
17          cls.dataset = cls.datasets[dataset_no-1]['obj']  #设置当前使用的数据集
18          return True
```

类似地，在 data_manage.py 脚本文件中，通过修改 manage_data、input_data、query_data 和 sort_data_list 方法，可以使程序能够处理用户输入的无效数据，而不会异常退出。所修改的代码包括代码清单 7-39 的第 12～16 行代码、代码清单 7-40 的第 21～31 行代码、代码清单 7-41 的第 8～12 行代码及代码清单 7-42 的第 7～11 行代码。

代码清单 7-39 DataManage 类中修改后的 manage_data 方法实现

```
1   @User.permission_check  #加上权限判断的装饰器
2   def manage_data(self):  #定义用于管理数据的 manage_data 方法
3       while True:  #永真循环
4           print('请输入数字进行相应操作：')
5           print('1 数据录入')
6           print('2 数据删除')
7           print('3 数据修改')
8           print('4 数据查询')
9           print('5 数据项维护')
10          print('6 切换用户')
11          print('0 返回上一层')
12          try:
13              op = int(input('请输入要进行的操作（0~6）：'))
14          except ValueError:
15              print('输入的操作必须是一个整数！')
16              continue
17          if op<0 or op>6:  #输入的操作不存在
18              print('该操作不存在，请重新输入！')
19              continue
20          elif op==0:  #返回上一层
21              break  #结束循环
22          elif op==1:  #数据录入
23              if len(self.iteminfo_list)==0:  #如果没有数据项
24                  print('请先进行数据项维护！')
25              else:
26                  self.add_data()
27          elif op==2:  #数据删除
28              self.del_data()
29          elif op==3:  #数据修改
30              self.update_data()
31          elif op==4:  #数据查询
32              self.query_data()
33          elif op==5:  #数据项维护
34              self.item_manage.manage_items()
35              continue
36          elif op==6:  #切换用户
37              User.login()
38          input('按回车继续……')
```

代码清单 7-40 DataManage 类中修改后的 input_data 方法实现

```
1   @User.permission_check  #加上权限判断的装饰器
```

```
2        def input_data(self):  #定义用于输入一条新数据的input_data方法
3            data = {}  #每条数据用一个字典保存
4            itemname_list = []
5            for iteminfo in self.iteminfo_list:  #遍历每一个数据项信息
6                itemname = iteminfo['name']  #获取数据项名称
7                itemname_list.append(itemname)
8            item_prompt = '、'.join(itemname_list)  #将数据项名称用顿号连接
9            prompt = '请依次输入 %s: '%item_prompt
10           while True:
11               itemvalue = input(prompt)  #输入各数据项的值
12               itemvalue_list = re.split(r'[^.\w]+', itemvalue)  #以点和单词字符以
                     外的字符作为分隔符进行输入字符串的切分
13               if len(itemvalue_list) != len(itemname_list):
14                   print('输入的数据项值的数量不正确, 请重新输入!')
15                   continue
16               for idx in range(len(itemvalue_list)):  #遍历itemvalue_list中的每
                     一个元素
17                   value = itemvalue_list[idx]  #获取输入的数据项的值
18                   iteminfo = self.iteminfo_list[idx]  #获取对应的数据项信息
19                   itemname = iteminfo['name']  #获取数据项名称
20                   #根据数据项的数据类型将输入字符串转为整数或实数
21                   try:
22                       if iteminfo['dtype']=='整数':
23                           value = int(value)
24                       elif iteminfo['dtype']=='实数':
25                           value = eval(value)
26                       data[itemname] = value  #将数据项保存到data中
27                   except:
28                       print('输入的数据项值的数据类型不正确!')
29                       break
30               else:       # for循环正常结束, 则所有数据项的值都正确
31                   break   #结束while循环
32           return data     #将输入的数据返回
```

代码清单 7-41 DataManage 类中修改后的 query_data 方法实现

```
1        @User.permission_check  #加上权限判断的装饰器
2        def query_data(self):  #定义实现数据查询功能的query_data方法
3            while True:
4                print('请输入数字进行相应查询操作: ')
5                print('1 全部显示 ')
6                print('2 按数据项查询 ')
7                print('0 返回上一层 ')
8                try:
9                    subop = int(input('请输入要进行的操作(0~2): '))
10               except ValueError:
11                   print('输入的操作必须是一个整数!')
12                   continue
13               if subop==0:  #返回上一层
14                   break
15               elif subop==1:  #全部显示
16                   retTrue = lambda *args, **kwargs:True  #定义一个可以接收任何参数
                         并返回 True 的匿名函数
17                   self.show_query_result(retTrue, None)  #调用函数显示全部数据
18               elif subop==2:  #按数据项查询
19                   condition = {}
20                   condition['itemname'] = input('请输入数据项名称: ')
21                   for iteminfo in self.iteminfo_list:  #遍历数据项信息
```

```
22              if iteminfo['name']==condition['itemname']:  # 如果有匹配的
                                                              数据项
23                  condition['lowval'] = input(' 请输入最小值: ')
24                  condition['highval'] = input(' 请输入最大值: ')
25                  if iteminfo['dtype']!=' 字符串 ':  # 不是字符串类型, 则转换
                                                        为数值
26                      condition['lowval'] = eval(condition['lowval'])
27                      condition['highval'] = eval(condition['highval'])
28                  self.show_query_result(self.judge_condition,
                        condition)  # 调用函数将满足条件的数据输出
29                  break
30          else:
31              print(' 该数据项不存在! ')
32      input(' 按回车继续……')
```

代码清单 7-42　DataManage 类中修改后的 sort_data_list 方法实现

```
1   def sort_data_list(self, data_list):  # 用于将 data_list 中的数据排序
2       print(' 请输入数字进行相应排序操作: ')
3       print('0 不排序 ')
4       print('1 升序排序 ')
5       print('2 降序排序 ')
6       while True:
7           try:
8               op = int(input(' 请输入数字进行相应操作（0~2）: '))
9           except:
10              print(' 输入的操作必须是一个整数! ')
11              continue
12          if op<0 or op>2:
13              print(' 该操作不存在, 请重新输入! ')
14              continue
15          if op==0:  # 不排序
16              break
17          else:  # 排序
18              while True:
19                  itemname = input(' 请输入要排序的数据项名称: ')
20                  for iteminfo in self.iteminfo_list:  # 遍历数据项信息
21                      if iteminfo['name']==itemname:  # 如果有匹配的数据项
22                          break
23                  else:
24                      print(' 该数据项不存在, 请重新输入! ')
25                      continue
26                  break
27              sort_fn = lambda x:x[itemname]
28              if op==1:  # 升序排序
29                  data_list.sort(key=sort_fn, reverse=False)
30              elif op==2:  # 降序排序
31                  data_list.sort(key=sort_fn, reverse=True)
32              break
```

在 item_manage.py 脚本文件中，通过修改 manage_items 和 input_item_type 方法，可以使程序能够处理用户输入的无效数据，而不会异常退出。所修改的代码包括代码清单 7-43 的第 10~14 行代码及代码清单 7-44 的第 5~9 行代码。

代码清单 7-43　ItemManage 类中修改后的 manage_items 方法实现

```
1   @User.permission_check  # 加上权限判断的装饰器
2   def manage_items(self):  # 定义用于管理数据项的 manage_items 方法
```

```
3           while True:  # 永真循环
4               print('请输入数字进行相应操作：')
5               print('1 数据项录入 ')
6               print('2 数据项删除 ')
7               print('3 数据项修改 ')
8               print('4 数据项查询 ')
9               print('0 返回上一层操作 ')
10              try:
11                  subop = int(input('请输入要进行的操作（0~4）：'))
12              except ValueError:
13                  print('输入的操作必须是一个整数！')
14                  continue
15              if subop<0 or subop>4:  # 输入的操作不存在
16                  print('该操作不存在，请重新输入！')
17                  continue
18              elif subop==0:  # 返回上一层操作
19                  return  # 结束 manage_items 函数的执行
20              elif subop==1:  # 数据项录入
21                  self.add_item()  # 调用 add_item 方法实现数据项录入
22              elif subop==2:  # 数据项删除
23                  self.del_item()  # 调用 del_item 方法实现数据项删除
24              elif subop==3:  # 数据项修改
25                  self.update_item()  # 调用 update_item 方法实现数据项修改
26              else:  # 数据项查询
27                  self.query_item()  # 调用 query_item 方法实现数据项查询
28              input('按回车继续……')
```

代码清单 7-44　ItemManage 类中修改后的 input_item_type 方法实现

```
1       @User.permission_check  # 加上权限判断的装饰器
2       def input_item_type(self):  # 定义用于输入数据项类型的 input_item_type 方法
3           ls_dtype = ['字符串', '整数', '实数']  # 支持的数据类型列表
4           while True:  # 永真循环
5               try:
6                   dtype = int(input('请输入数据项数据类型（0字符串，1整数，2实数）：'))
7               except ValueError:
8                   print('输入的数据项数据类型必须是一个整数！')
9                   continue
10              if dtype<0 or dtype>2:
11                  print('输入的数据类型不存在，请重新输入！')
12                  continue
13              break
14          return ls_dtype[dtype]
```

完成上述修改后，执行 ex7_34.py 脚本文件时，可尝试在程序要求输入整数时输入一个非整数。此时，程序不会异常退出，而是显示错误提示信息，并可以重新进行输入，如图 7-38 所示。

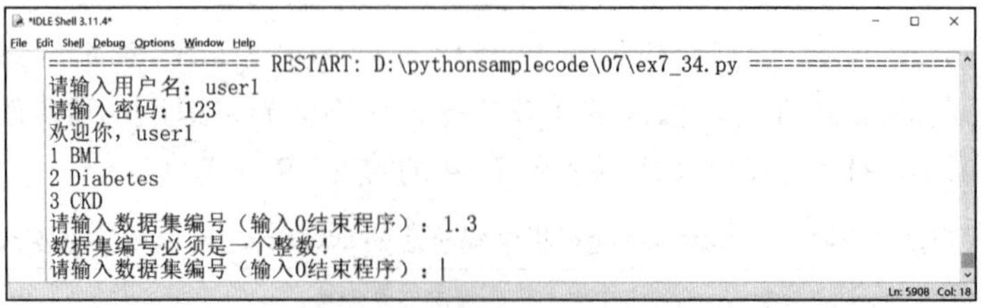

图 7-38　对错误输入数据所引起的异常的处理结果示例

7.6 本章小结

本章主要介绍了 I/O 编程和异常的相关知识。通过本章的学习，读者应掌握利用 os 模块操作目录和文件的方法，掌握文件的读/写方法，理解一维数据和二维数据的概念，掌握 CSV 格式的数据文件的读/写方法，了解异常的作用和分类，掌握异常处理的实现方法。

7.7 思考题参考答案

【思考题 7-1】 A

解析：使用 `os.mkdir` 和 `os.makedirs` 函数可以根据指定路径创建目录。`os.mkdir` 函数只能用于创建路径中的最后一个目录，即要求路径中除最后一个目录外前面的目录应该都存在；而 `os.makedirs` 函数能够用于依次创建路径中所有不存在的目录。

【思考题 7-2】 B

解析：如果要创建的目录已经存在，则 `os.mkdir` 和 `os.makedirs` 函数都会给出 `FileExistsError` 错误，即"当目录已存在时，无法创建该目录"。`os.rmdir` 函数只能用于删除空目录（即目录中不包含子目录和文件）。如果要删除的目录不为空，则系统会给出 `OSError` 错误。

【思考题 7-3】 是

解析：使用 `os.path.join` 函数可以将一个路径的多个组成部分用系统路径分隔符（即 `os.sep`）连接在一起。如果在 Windows 系统下，`os.sep` 对应的系统路径分隔符为 `\`，则 `os.path.join('.', 'src', 'tools')` 与 `'.{0}src{0}tools'.format(os.sep)` 返回的字符串都是 `'.\src\tools'`；如果在 Linux 系统下，`os.sep` 对应的系统路径分隔符为 `/`，则 `os.path.join('.', 'src', 'tools')` 与 `'.{0}src{0}tools'.format(os.sep)` 返回的字符串都是 `'./src/tools'`。

【思考题 7-4】 C

解析：使用 `open` 函数可以打开一个要做读/写操作的文件，其常用形式为 `open(filename, mode='r')`。其中，`filename` 是要打开的文件的路径；`mode` 是文件打开方式，不同文件打开方式可以组合使用，默认打开方式为 `'r'`（等同于 `'rt'`）。

【思考题 7-5】 C

解析：① `w` 或 `wt` 表示以写方式打开文本文件，不允许读数据。若文件已存在会先将文件内容清空，若文件不存在会创建新文件。② `r` 表示以只读方式打开文件（默认），不允许写数据。③ `a` 表示以追加写方式打开文件，不允许读数据；若文件已有数据则继续向文件中写新数据，若文件不存在则会创建新文件。

【思考题 7-6】 D

解析：① 使用文件对象的 `read` 方法可以从文件中读取数据，其语法格式为 `f.read(n=-1)`。其中，`f` 是 `open` 函数返回的文件对象；`n` 指定了要读取的字节数，默认值 `-1` 表示读取文件中的所有数据。`read` 方法返回从文件中读取的数据。② 使用文件对象的 `readline` 方法可以从文件中每次读取一行数据，并以字符串形式返回。③ 使用文件对象的 readlines 方法可以从文件中按行读取所有数据，并以列表形式返回。

【思考题 7-7】 B

解析：①当缩进不当时会引发 IndentationError 异常（如该缩进的代码没有缩进，不该缩进的代码加了缩进等）。②当使用不一致的缩进方式时会引发 TabError 异常。③当访问序列数据中的元素所使用的索引值越界时会引发 IndexError 异常。④当编写的程序不符合编程语言的语法要求时会产生 SyntaxError 异常。由于 if 语句序列的两条语句使用了不一致的缩进方式，因此会产生 TabError 异常。

【思考题 7-8】 C

解析：①当传给操作或函数的对象类型不符合要求时会引发 TypeError 异常。②当内置操作或函数接收到的参数具有正确类型但不正确值时会引发 ValueError 异常。③当除法或求模运算的右运算数为 0 时会引发 ZeroDivisionError 异常。④当访问一个映射对象（如字典）中不存在的键时会引发 KeyError 异常。由于要执行的语句中有 0 作为除数的除法运算，因此会产生 ZeroDivisionError 异常。

【思考题 7-9】 B

解析：except 子句后面的异常类型，既可以是单个异常类型，如"except ValueError:"；也可以是由多个异常类型组成的元组，如"except (TypeError, ZeroDivisionError):"；还可以为空，即"except:"，表示捕获未被前面 except 子句捕获的所有异常。程序执行过程中，在"except:"前如果还有其他 except 子句，则会按照从前至后的顺序依次进行匹配；如果出现的异常与前面的 except 子句匹配，则不会执行到"except:"；只有出现的异常与前面的 except 子句都不匹配时，才会执行到"except:"，由其来捕获前面 except 子句无法捕获的异常。

【思考题 7-10】 是

解析："try except"语句的处理过程如下。①执行 try 子句的语句块。如果没有异常发生，则 except 子句不被执行。②如果有异常发生，则根据异常类型匹配每一个 except 关键字后面的异常名，并执行匹配的那个 except 子句的语句块；如果异常类型与所有 except 子句都不匹配，则该异常会传给更外层的"try except"语句；如果异常无法被任何的 except 子句处理，则程序抛出异常并停止运行。

【思考题 7-11】 B

解析：① else 子句是"try except"语句中的一个可选项。如果 try 子句执行时没有发生异常，则在 try 子句执行结束后会执行 else 子句；否则，如果发生异常，则 else 子句不会执行。② finally 子句是"try except"语句中的另一个可选项。无论 try 子句执行时是否发生异常，finally 子句都会被执行。

【思考题 7-12】 A

解析：请参考思考题 7-11 的解析。

【思考题 7-13】 否

解析：使用 assert 可以判断一个条件是否成立。如果成立则继续执行后面的语句；如果不成立则会引发 AssertionError 异常。当 num 的值为 0 时，num==0 这个条件成立，因此不会引发 AssertionError 异常。

7.8 编程练习参考代码

【编程练习 7-1】

参考代码：

```
import os
path = input()
rlt = os.path.splitext(path)
print(rlt[1])
```

运行示例：

```
================ RESTART: D:/pythonsamplecode/07/code7_1.py ================
d:\python\test.py
.py
>>>
================ RESTART: D:/pythonsamplecode/07/code7_1.py ================
d:\python\code\readme.docx
.docx
>>>
```

【编程练习 7-2】

参考代码：

```
import os
path = input()
if os.path.isabs(path):
    print('yes')
else:
    print('no')
```

运行示例：

```
================ RESTART: D:/pythonsamplecode/07/code7_2.py ================
/root/test
yes
>>>
================ RESTART: D:/pythonsamplecode/07/code7_2.py ================
./test
no
>>>
```

【编程练习 7-3】

参考代码：

```
exp = input()
try:
    print(eval(exp))
except:
    print('invalid')
```

运行示例：

```
================ RESTART: D:/pythonsamplecode/07/code7_3.py ================
8*5/2+10.5
30.5
>>>
================ RESTART: D:/pythonsamplecode/07/code7_3.py ================
8+5*15-/20
invalid
>>>
```

【编程练习 7-4】

参考代码：

```
v = input()
try:
    a = int(v)
    print('yes')
except:
    try:
        a = float(v)
        print('no')
    except:
        print('invalid')
```

运行示例：

```
================ RESTART: D:/pythonsamplecode/07/code7_4.py ================
1a
invalid
>>>
================ RESTART: D:/pythonsamplecode/07/code7_4.py ================
20
yes
>>>
================ RESTART: D:/pythonsamplecode/07/code7_4.py ================
12.0
no
>>>
```

【编程练习 7-5】

参考代码：

```
def findsubstr(str, sub):
    beg=0
    rlt=[]
    while True:
        try:
            pos=str.index(sub, beg)
            rlt.append(pos)
            beg=pos+1
        except ValueError:
            break
    return rlt
s1=input()
s2=input()
rlt=findsubstr(s1, s2)
if len(rlt)==0:
    print('notfound')
else:
    print(rlt)
```

运行示例：

```
================ RESTART: D:/pythonsamplecode/07/code7_5.py ================
dog cat dog cat
cat
[4, 12]
>>>
================ RESTART: D:/pythonsamplecode/07/code7_5.py ================
dog cat dog cat
mouse
notfound
>>>
```

【编程练习 7-6】

参考代码:

```
n=int(input())
try:
    assert n%2!=0
    print('yes')
except AssertionError:
    print('no')
```

运行示例:

```
================ RESTART: D:/pythonsamplecode/07/code7_6.py ================
15
yes
================ RESTART: D:/pythonsamplecode/07/code7_6.py ================
-20
no
>>>
```

第 8 章　数据分析基础

为了对数据有深入的认识，需要工具来分析数据。Python 不但具有简单易学、免费开源、跨平台等优点，而且由于 Python 工具包不断发展和优化，Python 已经成为数据分析任务的优先选择语言。本章首先介绍 NumPy 工具包，它是 Python 科学计算的基础包。然后，本章将介绍 Pandas 工具包。2009 年底开源的数据分析包 Pandas 提供处理结构化数据的数据结构和方法，已成为强大的数据分析工具。最后，本章介绍数据可视化的工具包 Matplotlib，它是目前应用广泛的绘制图表的 Python 工具包。

8.1　NumPy 工具包

本节介绍 NumPy 工具包的数据对象和方法，包括数据访问、文件读/写和统计分析的方法，然后通过一个应用示例说明 NumPy 工具包的具体使用方法。

8.1.1　NumPy 的数据对象和方法

NumPy 是 Numerical Python 的简称，是 Python 用于数值计算的基础工具包。许多科学计算的工具包都是使用 NumPy 作为基础构建的。通过 NumPy 提供的函数，Python 可以将数据传递给像 C 和 C++ 这样的语言的库，这些库也能把数据返回给 Python。因此，NumPy 使 C 和 C++ 语言的库拥有简单易用的 Python 接口。NumPy 就是为了处理大规模数据而设计的，所以 NumPy 在数值计算中的处理效率高。

1. NumPy 的 NDArray

NDArray 是 N-Dimensional Array 的简称，是 NumPy 的一种多维数组对象。NumPy 通过该对象，快速和灵活地处理大规模数据。NDArray 可以看成数据表，其表格中的每个数据称为元素。

NDArray 对象的常用属性如表 8-1 所示，NDArray 对象的常用属性包括 `ndim`、`shape`、`size`、`dtype` 和 `itemsize`，通过访问这些属性可以知道 NDArray 对象的基本信息。例如，经常使用 NDArray 对象的 `shape` 属性获得数据的尺寸。

表 8-1　NDArray 对象的常用属性

属性	说明
`ndim`	表示数组的维数
`shape`	表示数组的尺寸，对于 n 行 m 列的矩阵，形状为 (n, m)
`size`	表示数组的总元素数
`dtype`	描述数组中元素的类型
`itemsize`	表示数组的每个元素的大小（以字节为单位）

（1）NDArray 对象的创建

创建一维 NDArray 对象的方法有很多，其中最简单的是使用 array 函数，还有 arange、linspace 和 logspace 等函数，如表 8-2 所示。

表 8-2　创建一维 NDArray 对象的常用函数

函数	函数原型
array	array(object, dtype=None, copy=True, order='K', subok=False, ndmin=0)
arange	arange([start,] stop[, step], dtype=None)
linspace	linspace(start, stop, num=50, endpoint=True, retstep=False, dtype=None, axis=0)
logspace	logspace(start, stop, num=50, endpoint=True, base=10.0, dtype=None, axis=0)

使用 array 函数可以根据列表生成 NDArray 对象，arange 函数的功能类似内置的 range 函数。linspace 和 logspace 函数分别用于生成包含给定数值范围内等差和等比元素的 NDArray 对象。代码清单 8-1 是 NDArray 对象创建及属性访问的示例代码。

代码清单 8-1　NDArray 对象创建及属性访问的示例代码

```
1   import numpy as np    # 导入 NumPy 模块
2   nda1 = np.array([1, 2, 3, 4])
3   nda2 = np.array([[1, 2, 3, 4], [4, 5, 6, 7], [7, 8, 9, 10]])
4   print('nda1.ndim:', nda1.ndim)          # 显示 ndim 属性
5   print('nda2.shap:', nda2.shape)         # 显示 shape 属性
6   print('nda2.dtype:', nda2.dtype)        # 显示 dtype 属性
7   print('nda2.size:', nda2.size)          # 显示 size 属性
8   nda3 = np.arange(1, 10, 1)     # nda3 = array([1, 2, 3, 4, 5, 6, 7, 8, 9])
9   nda4 = np.linspace(0, 10, 11)  # nda4 = array([ 0, 1, 2, 3, 4, 5, 6, 7, 8, 9, 10])
10  nda5 = np.logspace(0, 3, 4)    # nda5 = array([1, 10, 100, 1000])
11  print('nda3:', nda3)
12  print('nda4:', nda4)
13  print('nda5:', nda5)
14  print('type(nda5):', type(nda5))  # 输出 nda5 的数据类型
```

代码清单 8-1 执行结束后，将在屏幕上输出

```
nda1.ndim: 1
nda2.shap: (3, 4)
nda2.dtype: int32
nda2.size: 12
nda3: [1 2 3 4 5 6 7 8 9]
nda4: [ 0.  1.  2.  3.  4.  5.  6.  7.  8.  9. 10.]
nda5: [    1.   10.  100. 1000.]
type(nda5): <class 'numpy.ndarray'>
```

代码清单 8-1 中，第 2 和 3 行使用 array 函数创建 NDArray 对象 nda1 和 nda2；第 4~7 行显示 NDArray 对象的各种属性值；第 8 行使用 arange 函数创建 NDArray 对象 nda3；第 9 行使用 linspace 函数创建 NDArray 对象 nda4；第 10 行使用 logspace 函数创建 NDArray 对象 nda5；第 11~13 行依次输出 nda3、nda4、nda5 这 3 个 NDArray

对象；第 14 行输出 nda5 的数据类型。

提示

1. array 函数也可以用于创建二维 NDArray 对象，如代码清单 8-1 中的 nda2 是根据二维列表生成的二维 NDArray 对象。

2. NDArray 对象实际上是 NumPy 中 ndarray 类的数据。

除了 array 函数外，创建二维 NDArray 对象的其他常用函数如表 8-3 所示。

表 8-3　创建二维 NDArray 对象的常用函数

函数	函数原型	功能说明
zeros	zeros(shape, dtype=float, order='C')	生成全 0 元素的 NDArray 对象
ones	ones(shape, dtype=None, order='C')	生成全 1 元素的 NDArray 对象
eye	eye(N, M=None, k=0, dtype=<class 'float'>, order='C')	生成单位矩阵形式的 NDArray 对象
identity	identity(n, dtype=None)	生成方阵形式的 NDArray 对象
diag	diag(v, k=0)	生成对角矩阵形式的 NDArray 对象

代码清单 8-2 是创建二维 NDArray 对象的示例代码。

代码清单 8-2　创建二维 NDArray 对象的示例代码

```
1  nda1 = np.zeros((2, 3)) # array([[0., 0., 0.], [0., 0., 0.]])
2  nda2 = np.ones((3, 5)) # array([[1., 1., 1., 1., 1.], [1., 1., 1., 1., 1.],
       [1., 1., 1., 1., 1.]])
3  nda3 = np.eye(3) # array([[1., 0., 0.], [0., 1., 0.], [0., 0., 1.]])
4  nda4 = np.identity(3) # array([[1., 0., 0.], [0., 1., 0.], [0., 0., 1.]])
5  nda5 = np.diag([1, 2, 3]) # array([[1, 0, 0], [0, 2, 0], [0, 0, 3]])
6  print('nda1:\n', nda1)
7  print('nda2:\n', nda2)
8  print('nda3:\n', nda3)
9  print('nda4:\n', nda4)
10 print('nda5:\n', nda5)
```

代码清单 8-2 执行结束后，将在屏幕上输出

```
nda1:
 [[0. 0. 0.]
 [0. 0. 0.]]
nda2:
 [[1. 1. 1. 1. 1.]
 [1. 1. 1. 1. 1.]
 [1. 1. 1. 1. 1.]]
nda3:
 [[1. 0. 0.]
 [0. 1. 0.]
 [0. 0. 1.]]
nda4:
 [[1. 0. 0.]
 [0. 1. 0.]
 [0. 0. 1.]]
nda5:
 [[1 0 0]
```

```
 [0 2 0]
 [0 0 3]]
```

从输出结果中可以看到，第 1 行代码创建了 2 行 3 列全 0 元素的 NDArray 对象 `nda1`；第 2 行代码创建了 3 行 5 列全 1 元素的 NDArray 对象 `nda2`；第 3 和 4 行代码分别创建了单位矩阵形式的 NDArray 对象 `nda3` 和 `nda4`；第 5 行代码创建了对角矩阵形式的 NDArray 对象 `nda5`。

（2）NDArray 中元素的数据类型

NumPy 提供了比 Python 更多的数据类型，可以把 NumPy 的数据类型分成 5 类：布尔值、整数、浮点数、复数和字符串，如表 8-4 所示。

表 8-4　NumPy 的数据类型

分类	数据类型
布尔值	`bool_`
整数	`int8`、`int16`、`int32`、`int64`、`uint8`、`uint16`、`uint32`、`uint64`
浮点数	`float16`、`float32`、`float64`
复数	`complex64`、`complex128`
字符串	`str_`、`string_`

代码清单 8-3 创建了不同元素类型的 NDArray 对象。

代码清单 8-3　创建不同元素类型的 NDArray 对象

```
1  a = np.array([1, 2, 3], dtype=np.int16)
2  print('a.dtype:', a.dtype)              # 显示 int16
3  print('a.itemsize:', a.itemsize)        # 显示 2，即 a 中每个元素占用的字节数
4  b = np.array([0.1, 0.2, 0.3], dtype=np.float64)
5  print('b.dtype:', b.dtype)              # 显示 float64
6  print('b.itemsize:', b.itemsize)        # 显示 8
```

代码清单 8-3 执行结束后，将在屏幕上输出

```
a.dtype: int16
a.itemsize: 2
b.dtype: float64
b.itemsize: 8
```

代码清单 8-3 中，第 1 行创建了元素类型为 `int16` 的 NDArray 对象 a，第 2 和 3 行分别显示了 a 的 `dtype` 和 `itemsize` 属性；第 4 行创建了元素类型为 `float64` 的 NDArray 对象 b，第 5 和 6 行分别显示了 b 的 `dtype` 和 `itemsize` 属性。从结果中可以看到，`int16` 类型的元素占用 2 字节，`float64` 类型的元素占用 8 字节。

2. NDArray 对象的元素访问

（1）通过索引访问

创建一个 NDArray 对象后，经常需要访问对象中的元素。此处先说明一维 NDArray 对象的元素访问方法，然后说明多维 NDArray 对象的元素访问方法。

代码清单 8-4 给出了通过索引访问一维 NDArray 对象中元素的示例代码。

代码清单 8-4　通过索引访问一维 NDArray 对象中元素的示例代码

```
1  nda = np.arange(10)  # array([0, 1, 2, 3, 4, 5, 6, 7, 8, 9])
2  print('nda[4]:', nda[4])         # 4
3  print('nda[-4]:', nda[-4])       # 6
4  print('nda[1:3]:', nda[1:3])     # [1 2]
5  print('nda[:3]:', nda[:3])       # [0 1 2]
6  print('nda[1:]:', nda[1:])       # [1 2 3 4 5 6 7 8 9]
7  print('nda[1:9:2]:', nda[1:9:2]) # [1, 3, 5, 7]
```

代码清单 8-4 执行结束后，将在屏幕上输出

```
nda[4]: 4
nda[-4]: 6
nda[1:3]: [1 2]
nda[:3]: [0 1 2]
nda[1:]: [1 2 3 4 5 6 7 8 9]
nda[1:9:2]: [1 3 5 7]
```

代码清单 8-4 中，第 1 行通过 arange 函数创建 NDArray 对象 nda；第 2 行显示 a 中索引为 4 的元素；第 3 行显示 a 中索引为 -4 的元素；第 4 行显示索引为 1～2 的元素；第 5 行显示索引 3 之前的全部元素；第 6 行显示索引 1 和其后的全部元素；第 7 行显示索引为 1～8 且步长为 2 的元素。

代码清单 8-5 给出了通过索引访问多维 NDArray 对象中元素的示例代码。

代码清单 8-5　通过索引访问多维 NDArray 对象中元素的示例代码

```
1  nda = np.array([[1, 2, 3, 4, 5], [4, 5, 6, 7, 8], [7, 8, 9, 10, 11]])
2  print('nda[1, 2]:\n', nda[1, 2])       # 6
3  print('nda[1, 3:5]:\n', nda[1, 3:5])   # [7 8]
4  print('nda[1:, 2:]:\n', nda[1:, 2:])   # [[ 6 7 8] [ 9 10 11]]
5  print('nda[:, 2:]:\n', nda[:, 2:])     # [[ 3 4 5] [ 6 7 8] [ 9 10 11]]
```

代码清单 8-5 执行结束后，将在屏幕上输出

```
nda[1,2]:
  6
nda[1, 3:5]:
  [7 8]
nda[1:,2:]:
  [[ 6  7  8]
   [ 9 10 11]]
nda[:,2:]:
  [[ 3  4  5]
   [ 6  7  8]
   [ 9 10 11]]
```

代码清单 8-5 中，第 1 行通过 array 函数创建 NDArray 对象 nda；第 2 行显示第 1 维索引为 1 且第 2 维索引为 2 的元素；第 3 行显示第 1 维索引为 1 且第 2 维索引为 [3:5] 的元素；第 4 行显示第 1 维索引为 1 及之后且第 2 维索引为 2 及之后的元素；第 5 行显示第 1 维不限制且第 2 维索引为 2 及之后的元素。

（2）通过条件访问

对于 NDArray 对象，不但可以通过索引访问其元素，还可以通过设置数值条件访问其元素。

代码清单 8-6 是通过条件访问 NDArray 对象中元素的示例代码。

代码清单 8-6　通过条件访问多维 NDArray 对象中元素的示例代码

```
1   nda = np.arange(10)  # array([0, 1, 2, 3, 4, 5, 6, 7, 8, 9])
2   print(nda[(nda>1)&(nda<7)&(nda%2==0)])  #[2 4 6]
3   nda1 = np.array([[1, 2, 3, 4, 5], [4, 5, 6, 7, 8], [7, 8, 9, 10, 11]])
4   print(nda1[nda1[:, -1]%2==0])  # nda1 第 2 维索引为 -1 且元素数值是偶数的元素，即 [[4 5
        6 7 8]]
```

代码清单 8-6 执行结束后，将在屏幕上输出

```
[2 4 6]
[[4 5 6 7 8]]
```

代码清单 8-6 中，第 1 行通过 arange 函数创建一维的 NDArray 对象 nda；第 2 行显示 nda 中数值在 (1,7) 范围内而且是偶数的元素；第 3 行通过 array 函数创建二维的 NDArray 对象 nda1；第 4 行显示 nda1 中第 2 维索引为 –1 且元素数值是偶数的元素。

3. NumPy 的文件读 / 写

如表 8-5 所示，NumPy 提供读 / 写文本和二进制文件的函数。通常，save 函数用于把 NDArray 对象保存成二进制文件，load 函数用于加载二进制文件；savetxt 和 loadtxt 函数则用于文本文件的保存和加载。

表 8-5　NumPy 常用的文件读取函数

函数	函数原型	功能说明
save	save(file, a, allow_pickle=True, fix_imports=True)	把对象 a 保存到二进制文件 file
load	load(file, mmap_mode=None, allow_pickle=False, fix_imports=True, encoding='ASCII')	从二进制文件 file 中加载对象并返回
savetxt	savetxt(fname, X, fmt='%.18e', delimiter=' ', newline='\n', header='', footer='', comments='# ', encoding=None)	把变量 X 中的数据保存到文本文件 fname
loadtxt	loadtxt(fname, dtype=<class 'float'>, comments='#', delimiter=None, converters=None, skiprows=0, usecols=None, unpack=False, ndmin=0, encoding='bytes', max_rows=None)	从文本文件 fname 中加载数据并返回

代码清单 8-7 是文件读 / 写函数的使用示例代码。

代码清单 8-7　文件读 / 写函数的使用示例代码

```
1   import numpy as np
2   a = np.array([1, 2, 3])
3   np.save('a.npy', a)
4   x = np.load('a.npy')
5   print('x:\n', x)
6   d = np.array([[1, 2, 3, ], [4, 5, 6]])
7   np.savetxt('d.out', d)
8   y = np.loadtxt('d.out')
9   print('y:\n', y)
```

代码清单 8-7 执行结束后，将在当前目录下生成 a.npy 和 d.out 两个文件，并在屏幕上输出

```
x:
  [1 2 3]
y:
  [[1. 2. 3.]
   [4. 5. 6.]]
```

在代码清单 8-7 中，第 2 行使用 array 函数创建 NDArray 对象 a，第 3 行使用 save 函数将对象 a 保存到 a.npy 文件，第 4 行使用 load 函数从文件中加载数据到对象 x，第 5 行输出对象 x。第 6 行使用 array 函数创建 NDArray 对象 d，第 7 行使用 savetxt 把对象 d 的数据保存到文本文件 d.out，第 8 行使用 loadtxt 函数把文本文件 d.out 的数据加载到对象 y，第 9 行输出对象 y。

4. NumPy 的统计分析方法

NumPy 提供了很多统计分析的函数，涵盖平均值、方差、最大值、最小值等统计值的计算。表 8-6 列出了常用的统计分析函数。在这些统计分析函数中，大多数函数都有 axis 参数，此参数值表示沿哪个维度进行元素的统计分析；当 axis 为 None 时，统计的范围是全部元素。以二维数据为例，axis 参数设置成 0，则按照列计算（沿行的方向），即对每列统计分析得到一个结果；axis 参数设置成 1，则按照行计算（沿列的方向），即对每行统计分析得到一个结果。这些函数的使用示例将在 8.1.2 节给出。

表 8-6 NumPy 常用的统计分析函数

函数	函数原型	功能说明
sum	sum(a, axis=None, dtype=None)	按照指定的 axis，计算 a 中元素的总和
mean	mean(a, axis=None, dtype=None, out=None)	按照指定的 axis，计算 a 中元素的算术平均值
median	median(a, axis=None, out=None)	按照指定的 axis，计算 a 中元素的中位数
var	var(a, axis=None, dtype=None, out=None)	按照指定的 axis，计算 a 中元素的方差
std	std(a, axis=None, dtype=None, out=None)	按照指定的 axis，计算 a 中元素的标准差
max	max(a, axis=None, out=None)	按照指定的 axis，获取 a 中元素的最大值
min	min(a, axis=None, out=None)	按照指定的 axis，获取 a 中元素的最小值
argmax	argmax(a, axis=None, out=None)	按照指定的 axis，获取 a 中最大值元素的索引
argmin	argmin(a, axis=None, out=None)	按照指定的 axis，获取 a 中最小值元素的索引
unique	unique(a, return_index=False, return_inverse = False, return_counts=False, axis=None)	获取 a 中去重后唯一的那些元素

8.1.2 NumPy 应用示例

这里使用鸢尾花卉数据集。此数据集包含 150 个数据样本，样本分为 3 类，每类 50

个样本。每个样本包括 4 个属性，分别是花萼长度、花萼宽度、花瓣长度、花瓣宽度。鸢尾花卉数据集保存在 iris.csv 文件中，下面是 iris.csv 的前两行数据；每行中前 4 个数据对应鸢尾花卉的 4 个属性，第 5 个数据则是鸢尾花卉的类别。

```
5.1, 3.5, 1.4, 0.2, 0
4.9, 3.0, 1.4, 0.2, 0
```

这里将使用 NumPy 提供的函数，完成对鸢尾花卉数据集的分析。共有 4 个代码片段，第 1 个代码片段如代码清单 8-8 所示。

代码清单 8-8　NumPy 应用示例——代码片段 1

```
1  import numpy as np
2  nda = np.loadtxt("iris.csv", delimiter=", ", skiprows=0)  # 通过 loadtxt 函数加载
     数据到 nda 对象
3  print('nda 对象的形状: ', nda.shape)   # (150, 5)
```

代码清单 8-8 执行结束后，将在屏幕上输出

```
nda 对象的形状: (150, 5)
```

在代码清单 8-8 中，第 2 行使用 `loadtxt` 函数从 iris.csv 文件加载数据到 nda 对象，第 3 行显示 nda 对象的 `shape` 属性。从输出的 nda 对象的形状信息，可以看到文件中共有 150 条数据，每条数据有 5 个元素。

第 2 个代码片段如代码清单 8-9 所示。

代码清单 8-9　NumPy 应用示例——代码片段 2

```
1  print('最后一列的取值情况: ', np.unique(nda[:, -1]))
2  print('前四列每列元素的和: ', np.sum(nda[:, :4], axis=0))
3  print('前五行中每行数据前四列元素的和: ', np.sum(nda[0:5, :4], axis=1))
4  print('前四列每列元素的平均值: ', np.mean(nda[:, :4], axis=0))
5  print('前五行中每行数据前四列元素的平均值: ', np.mean(nda[0:5, :4], axis=1))
6  print('前四列每列元素的中位数: ', np.median(nda[:, :4], axis=0))
7  print('前五行中每行数据前四列元素的中位数: ', np.median(nda[0:5, :4], axis=1))
```

代码清单 8-9 执行结束后，将在屏幕上输出

```
最后一列的取值情况: [0. 1. 2.]
前四列每列元素的和: [876.5 458.1 563.8 179.8]
前五行中每行数据前四列元素的和: [10.2  9.5  9.4  9.4 10.2]
前四列每列元素的平均值: [5.84333333 3.054      3.75866667 1.19866667]
前五行中每行数据前四列元素的平均值: [2.55  2.375 2.35  2.35  2.55 ]
前四列每列元素的中位数: [5.8  3.   4.35 1.3 ]
前五行中每行数据前四列元素的中位数: [2.45 2.2  2.25 2.3  2.5 ]
```

代码清单 8-9 中，第 1 行显示 nda 对象最后一列包括的唯一值，只有 0、1、2 这 3 种取值的元素，对应鸢尾花卉的 3 个类别；第 2 行计算 nda 对象前四列元素中每列元素的加和，`axis=0` 表示沿行的方向将每列的元素加在一起；第 3 行计算 nda 对象前五行数据中每行数据前四列元素的和，`axis=1` 表明沿列的方向将每行的元素加在一起；第 4 行计算 nda 对象前四列元素中每列元素的平均值；第 5 行计算 nda 对象前五行数据中每行数据前四列元素的平均值；第 6 行计算 nda 对象前四列元素中每列元素的中位数；第 7 行计算 nda 对象前五行数据中每行数据前四列元素的中位数。

第 3 个代码片段如代码清单 8-10 所示。

代码清单 8-10　NumPy 应用示例——代码片段 3

```
1  print('前四列每列元素的方差: ', np.var(nda[:, :4], axis=0))
2  print('前五行中每行数据前四列元素的方差: ', np.var(nda[:5, :4], axis=1))
3  print('前四列每列元素的标准差: ', np.std(nda[:, :4], axis=0))
4  print('前五行中每行数据前四列元素的标准差: ', np.std(nda[:5, :4], axis=1))
```

代码清单 8-10 执行结束后，将在屏幕上输出

```
前四列每列元素的方差: [0.68112222 0.18675067 3.09242489 0.57853156]
前五行中每行数据前四列元素的方差: [3.5625    3.111875 2.9925    2.7425    3.4875  ]
前四列每列元素的标准差: [0.82530129 0.43214658 1.75852918 0.76061262]
前五行中每行数据前四列元素的标准差: [1.88745861 1.76405074 1.72988439 1.65604952 1.86748494]
```

代码清单 8-10 中，第 1 行计算 nda 对象前四列元素中每列元素的方差；第 2 行计算 nda 对象前五行中每行数据前四列元素的方差；第 3 行计算 nda 对象前四列元素中每列元素的标准差；第 4 行计算 nda 对象前五行中每行数据前四列元素的标准差。

第 4 个代码片段如代码清单 8-11 所示。

代码清单 8-11　NumPy 应用示例——代码片段 4

```
1  print('前四列每列元素的最大值: ', np.max(nda[:, :4], axis=0))
2  print('前五行中每行数据前四列元素的最大值: ', np.max(nda[0:5, :4], axis=1))
3  print('前四列每列元素的最小值: ', np.min(nda[:, :4], axis=0))
4  print('前五行中每行数据前四列元素的最小值: ', np.min(nda[0:5, :4], axis=1))
5  print('前四列每列元素最小值的索引: ', np.argmin(nda[:, :4], axis=0))
```

代码清单 8-11 执行结束后，将在屏幕上输出

```
前四列每列元素的最大值: [7.9 4.4 6.9 2.5]
前五行中每行数据前四列元素的最大值: [5.1 4.9 4.7 4.6 5. ]
前四列每列元素的最小值: [4.3 2.  1.  0.1]
前五行中每行数据前四列元素的最小值: [0.2 0.2 0.2 0.2 0.2]
前四列每列元素最小值的索引: [13 60 22  9]
```

代码清单 8-11 中，第 1 行计算 nda 对象前四列元素中每列元素的最大值；第 2 行计算 nda 对象前五行中每行数据前四列元素的最大值；第 3 行计算 nda 对象前四列元素中每列元素的最小值；第 4 行计算 nda 对象前五行中每行数据前四列元素的最小值；第 5 行计算 nda 对象前四列元素中每列元素最小值的索引。

【思考题 8-1】 NumPy 提供了什么数据对象来保存数组元素？数据对象有哪些常用属性？
【思考题 8-2】 NumPy 的数据类型包括哪些？
【思考题 8-3】 NumPy 有哪两种访问元素的方法？
【思考题 8-4】 NumPy 提供了哪些统计分析函数？

8.2　Pandas 工具包

Pandas 是一个数据分析包，最初由 AQR Capital Management 于 2008 年 4 月开发，并于 2009 年底开源，目前由 PyData 开发团队继续开发和维护，属于 PyData 项目的一部分。Pandas 是基于 NumPy 开发的结构化数据分析工具包，该工具包主要为结构化数据分析任务而创建。Pandas 纳入了大量模块和一些标准的数据模型，提供了高效操作大型数据集所

需的工具。Pandas 提供了大量能够快速、便捷地处理数据的函数和方法，它使 Python 成为强大而高效的数据分析语言。

8.2.1 Pandas 的数据对象和方法

1. Pandas 的数据对象

Pandas 包括 Series、DataFrame、Panel 等数据对象。表 8-7 列出了创建 Pandas 数据对象的方法。

表 8-7　创建 Pandas 数据对象的方法

类	创建方法
Series	Series(data=None, index=None, dtype=None, name=None, copy=False, fastpath=False)
DataFrame	DataFrame(data=None, index=None, columns=None, dtype=None, copy=False)
Panel	Panel(data=None, items=None, major_axis=None, minor_axis=None, copy=False, dtype=None)

下面主要介绍 Series、DataFrame 数据对象的创建方法。Series 对象用于保存一维数组，类似于 NumPy 的一维 NDArray 对象。代码清单 8-12 给出了创建 Series 对象的代码示例。

代码清单 8-12　创建 Series 对象的代码示例

```
1    import pandas as pd
2    s1 = pd.Series([1, 3, 5, 7])
3    print('s1:\n', s1)
4    s2 = pd.Series([1, 3, 5, 7], index=['a', 'b', 'c', 'd'])
5    print('s2:\n', s2)
```

代码清单 8-12 执行结束后，将在屏幕上输出

```
s1:
0    1
1    3
2    5
3    7
dtype: int64
s2:
a    1
b    3
c    5
d    7
dtype: int64
```

代码清单 8-12 中，第 1 行导入 Pandas 工具包；第 2 行使用 Series 类，根据传入的列表参数创建 Series 对象 s1；第 3 行输出 s1 对象，数据显示为两列，左边一列是索引，右边一列是数据，索引默认使用从 0 开始的整数型索引，dtype 表示元素的数据类型是 int64；第 4 行在使用 Series 类创建 Series 对象 s2 时，通过 index 参数设置索引；第 5 行输出 s2 对象，左边的索引列与 index 参数设置的索引一致。

DataFrame 对象是二维的表格型数据，有列索引和行索引，类似于 NumPy 的二维 NDArray 对象。DataFrame 数据对象的每一列是一个 Series 对象。创建 DataFrame 数据对象可以使用 DataFrame 函数，把基于 NDArray 对象或者列表的字典作为 DataFrame 函数的实际参数，创建的 DataFrame 数据对象会自动添加行索引。代码清单 8-13 给出了创建 DataFrame 对象的代码示例。

代码清单 8-13　创建 DataFrame 对象的代码示例

```
1  student = pd.DataFrame({'sid':[1, 2, 3, 4, 5, 6], 'sname':['Wang',
       'Zhang', 'Li', 'Xu', 'Han', 'Cao'], 'score': [98, 77, 83, 65, 67, 71],
       'sclass':[1, 1, 2, 2, 1, 2]})
2  print(student)
```

代码清单 8-13 执行结束后，将在屏幕上输出

```
   sid  sname  score  sclass
0    1   Wang     98       1
1    2  Zhang     77       1
2    3     Li     83       2
3    4     Xu     65       2
4    5    Han     67       1
5    6    Cao     71       2
```

在代码清单 8-13 中，第 1 行使用 DataFrame 函数，根据传入的字典参数创建对象 student；第 2 行输出 student 对象，最左边的一列是自动添加的行索引。

2. Pandas 数据对象的元素访问

创建了一个 Pandas 数据对象后，经常需要访问数据对象中的元素。Pandas 数据对象的访问方法有两种，一种是通过索引访问，另外一种是通过条件访问。这里以 DataFrame 对象为例介绍 Pandas 数据对象的元素访问方法。

（1）通过索引访问

代码清单 8-14 是通过索引访问 DataFrame 对象中元素的代码示例。

代码清单 8-14　通过索引访问 DataFrame 对象中元素的代码示例

```
1  import pandas as pd, numpy as np
2  data = pd.DataFrame(np.random.randint(100, size=(4, 5)), columns=['a', 'b',
       'c', 'd', 'e'])
3  print("data['a']:\n", data['a'])
4  print("data.loc[:, 'a']:\n", data.loc[:, 'a'])
5  print("data.loc[0:2, ['a', 'b']]:\n", data.loc[0:2, ['a', 'b']])
6  print("data.iloc[:, 0]:\n", data.iloc[:, 0])
```

代码清单 8-14 执行结束后，将在屏幕上输出

```
data['a']:
0    98
1    46
2    53
3    62
Name: a, dtype: int32
data.loc[:, 'a']:
0    98
1    46
```

```
2    53
3    62
Name: a, dtype: int32
```
data.loc[0:2, ['a','b']]:
```
    a   b
0  98  68
1  46  49
2  53  45
```
data.iloc[:, 0]:
```
0    98
1    46
2    53
3    62
Name: a, dtype: int32
```

在代码清单8-14中，第1行同时导入Pandas和NumPy工具包。第2行先使用np.random.randint函数生成由小于100的随机整数组成的4行5列的NDArray对象；然后将该NDArray对象作为参数生成DataFrame对象data，并通过columns参数为每列命名。第3行通过列索引'a'访问data对象中的一列数据，返回一个Series对象。第4行通过loc进行元素访问，冒号表示全部行，'a'表示列索引，仍然返回一个Series对象。第5行是一个稍复杂些的通过loc进行元素访问的示例，访问了行索引为0~2的行、列索引为'a'和'b'的列，返回一个3行2列的DataFrame对象。第6行通过iloc进行元素访问，冒号表示全部行，0表示列索引（即访问索引为0的列），返回一个Series对象。

（2）通过条件访问

DataFrame对象的query方法用于通过条件访问数据。条件是逻辑表达式，所以需要使用符号表示and、or和not。符号"&"表示and，符号"|"表示or，符号"~"表示not。代码清单8-15是通过条件访问DataFrame对象中元素的代码示例。

代码清单8-15　通过条件访问DataFrame对象中元素的代码示例

```
1  import pandas as pd
2  student = pd.DataFrame({'sid':[1, 2, 3, 4, 5, 6], 'sname':['Wang',
     'Zhang', 'Li', 'Xu', 'Han', 'Cao'], 'score': [98, 77, 83, 65, 67, 71],
     'sclass':[1, 1, 2, 2, 1, 2]})
3  print('score>70:\n', student.query('score>70'))
4  print('score>90 | sclass==2:\n', student.query('score>90 | sclass==2'))
```

代码清单8-15执行结束后，将在屏幕上输出

```
score>70:
   sid  sname  score  sclass
0    1   Wang     98       1
1    2  Zhang     77       1
2    3     Li     83       2
5    6    Cao     71       2
score>90 | sclass==2:
   sid  sname  score  sclass
0    1   Wang     98       1
2    3     Li     83       2
3    4     Xu     65       2
5    6    Cao     71       2
```

在代码清单 8-15 中，第 2 行通过字典对象创建 `DataFrame` 对象 `student`。第 3 行通过 `DataFrame` 对象的 `query` 方法访问 `score` 大于 70 的行，返回 `DataFrame` 对象。第 4 行通过 `DataFrame` 对象的 `query` 方法访问 `score` 大于 90 或者 `sclass` 为 2 的行，返回 `DataFrame` 对象。

3. Pandas 数据对象的修改

这里以 `DataFrame` 对象为例。为 `DataFrame` 对象添加新列有两种方法：第一种是通过赋值操作符，第二种是通过 `assign` 方法。如果想要删除一列，使用 `drop` 方法，并把 `axis` 设置为 1。代码示例如代码清单 8-16 所示。

代码清单 8-16 对 `DataFrame` 对象添加列和删除列的代码示例

```
1  import pandas as pd
2  student = pd.DataFrame({'sid':[1, 2, 3, 4, 5, 6], 'sname':['Wang',
       'Zhang', 'Li', 'Xu', 'Han', 'Cao'], 'score': [98, 77, 83, 65, 67, 71],
       'sclass':[1, 1, 2, 2, 1, 2]})
3  student['age'] = [18, 19, 20, 21, 19, 20]
4  print('第一次调用 drop 方法前: \n', student)
5  student = student.drop('age', axis=1)
6  print('第一次调用 drop 方法后: \n', student)
7  student = student.assign(age=[18, 19, 20, 21, 19, 20], height=[1.7, 1.8, 1.7,
       1.9, 1.8, 1.7])
8  print('第二次调用 drop 方法前: \n', student)
9  student = student.drop(['age', 'height'], axis=1)
10 print('第二次调用 drop 方法后: \n', student)
```

代码清单 8-16 执行结束后，将在屏幕上输出

```
第一次调用 drop 方法前:
   sid  sname  score  sclass  age
0    1   Wang     98       1   18
1    2  Zhang     77       1   19
2    3     Li     83       2   20
3    4     Xu     65       2   21
4    5    Han     67       1   19
5    6    Cao     71       2   20
第一次调用 drop 方法后:
   sid  sname  score  sclass
0    1   Wang     98       1
1    2  Zhang     77       1
2    3     Li     83       2
3    4     Xu     65       2
4    5    Han     67       1
5    6    Cao     71       2
第二次调用 drop 方法前:
   sid  sname  score  sclass  age  height
0    1   Wang     98       1   18     1.7
1    2  Zhang     77       1   19     1.8
2    3     Li     83       2   20     1.7
3    4     Xu     65       2   21     1.9
4    5    Han     67       1   19     1.8
5    6    Cao     71       2   20     1.7
第二次调用 drop 方法后:
   sid  sname  score  sclass
0    1   Wang     98       1
1    2  Zhang     77       1
```

```
2    3     Li     83      2
3    4     Xu     65      2
4    5     Han    67      1
5    6     Cao    71      2
```

在代码清单 8-16 中，第 1 和 2 行的作用不再赘述；第 3 行通过赋值操作符给 student 添加 age 列；第 5 行通过 DataFrame 对象的 drop 方法，删除 age 列，将参数 axis 设置成 1 表示按照列进行删除操作；第 7 行通过 assign 方法给 student 添加 age 和 height 列；第 9 行通过 drop 方法，删除 age 和 height 列；第 4、6、8、10 行分别输出 drop 方法调用前后的 student 对象，以直观看到各方法的作用。

在 Pandas 中，可以使用 append 方法增加一行数据。如果想删除一行数据，可以使用 drop 方法，此时需要将参数 axis 设置为 0。代码示例如代码清单 8-17 所示。

代码清单 8-17　对 DataFrame 对象添加行和删除行的代码示例

```
1  import pandas as pd
2  student = pd.DataFrame({'sid':[1, 2, 3, 4, 5, 6], 'sname':['Wang',
       'Zhang', 'Li', 'Xu', 'Han', 'Cao'], 'score': [98, 77, 83, 65, 67, 71],
       'sclass':[1, 1, 2, 2, 1, 2]})
3  student = student.append({'sid':7, 'sname':'Zhao', 'score':88, 'sclass':3},
       ignore_index=True)
4  print('调用 drop 方法前: \n', student)
5  student = student.drop(6, axis = 0)
6  print('调用 drop 方法后: \n', student)
```

代码清单 8-17 执行结束后，将在屏幕上输出

```
调用 drop 方法前:
   sid  sname  score  sclass
0    1   Wang     98       1
1    2  Zhang     77       1
2    3     Li     83       2
3    4     Xu     65       2
4    5    Han     67       1
5    6    Cao     71       2
6    7   Zhao     88       3
调用 drop 方法后:
   sid  sname  score  sclass
0    1   Wang     98       1
1    2  Zhang     77       1
2    3     Li     83       2
3    4     Xu     65       2
4    5    Han     67       1
5    6    Cao     71       2
```

在代码清单 8-17 中，第 3 行调用 DataFrame 对象的 append 方法增加一行（把参数 ignore_index 设置为 True 表示忽略行索引），并返回新的 DataFrame 对象；第 5 行删除索引为 6 的行（将参数 axis 设置为 0 表示按照行进行删除操作），返回新的 DataFrame 对象；第 4、6 行分别输出 drop 方法调用前后的 student 对象。

4. Pandas 的文件读 / 写

Pandas 工具包提供读 / 写数据文件的方法，支持的文件格式包括 CSV、Excel、JSON、HTML 等。这里以 CSV 文件为例，Pandas 可以使用 to_csv 方法，将 DataFrame 对象

保存到 CSV 文件中，代码示例如代码清单 8-18 所示。

代码清单 8-18　使用 Pandas 保存数据到文件的代码示例

```
1  import pandas as pd
2  student = pd.DataFrame({'sid':[1, 2, 3, 4, 5, 6], 'sname':['Wang',
      'Zhang', 'Li', 'Xu', 'Han', 'Cao'], 'score': [98, 77, 83, 65, 67, 71],
      'sclass':[1, 1, 2, 2, 1, 2]})
3  student.to_csv('abc.csv', index=False, encoding='utf-8')
```

代码清单 8-18 执行结束后，将在当前目录下生成一个文件名为 abc.csv 的文件。

在代码清单 8-18 中，第 3 行通过 DataFrame 对象调用 to_csv 方法，将 DataFrame 对象保存到 abc.csv 文件中；设置参数 index 为 False 表示不输出行索引，设置参数 encoding 为 utf-8 表示使用 UTF-8 编码。

使用 Pandas 工具包的 read_csv 函数，可以从 CSV 文件中读取数据到 DataFrame 对象中，代码示例如代码清单 8-19 所示。

代码清单 8-19　使用 Pandas 读取文件的代码示例

```
1  import pandas as pd
2  csv_data = pd.read_csv('abc.csv')
3  print(csv_data)
```

代码清单 8-19 执行结束后，将在屏幕上输出

```
   sid  sname  score  sclass
0   1    Wang     98       1
1   2   Zhang     77       1
2   3      Li     83       2
3   4      Xu     65       2
4   5     Han     67       1
5   6     Cao     71       2
```

在代码清单 8-19 中，第 2 行通过 Pandas 的 read_csv 函数，读取代码清单 8-18 生成的 abc.csv 文件到 DataFrame 对象 csv_data 中；第 3 行输出 csv_data 对象。

5. Pandas 的统计分析方法

Pandas 中常用的统计分析方法如表 8-8 所示。

表 8-8　Pandas 常用的统计分析方法

方法	方法原型	功能说明
describe	describe(self, percentiles=None, include=None, exclude=None)	对 DataFrame 对象各列进行汇总统计
count	count(self, axis=0, level=None, numeric_only = False)	按照指定的 axis，计算 DataFrame 对象中非空元素的数量
var	var(self, axis=None, skipna=None, level=None, ddof=1, numeric_only=None)	按照指定的 axis，计算 DataFrame 对象中元素的方差
std	std(self, axis=None, skipna=None, level=None, ddof=1, numeric_only=None)	按照指定的 axis，计算 DataFrame 对象中元素的标准差

方法	方法原型	功能说明
max	max(self, axis=None, skipna=None, level=None, numeric_only=None)	按照指定的 axis，获取 DataFrame 对象中元素的最大值
min	min(self, axis=None, skipna=None, level=None, numeric_only=None)	按照指定的 axis，获取 DataFrame 对象中元素的最小值
sum	sum(self, axis=None, skipna=None, level=None, numeric_only=None)	按照指定的 axis，计算 DataFrame 对象中元素的总和
mean	mean(self, axis=None, skipna=None, level=None, numeric_only=None)	按照指定的 axis，计算 DataFrame 对象中元素的算术平均数
median	median(self, axis=None, skipna=None, level=None, numeric_only=None)	按照指定的 axis，计算 DataFrame 对象中元素的中位数

describe 方法对于数值列和非数值列的统计结果不同。对于数值列，统计结果包括 count、mean、std、min、max 等数据。对于非数值列，统计结果包括 count、unique、top、freq 等数据。代码清单 8-20 给出了 describe 方法的使用示例。

代码清单 8-20　describe 方法的使用示例

```
1  import pandas as pd
2  student = pd.DataFrame({'sid':[1, 2, 3, 4, 5, 6], 'sname':['Wang',
      'Zhang', 'Li', 'Xu', 'Han', 'Cao'], 'score': [98, 77, 83, 65, 67, 71],
      'sclass':pd.Categorical([1, 1, 2, 2, 1, 2])})
3  student.describe(include='all')
```

代码清单 8-20 执行结束后，将在屏幕上输出如图 8-1 所示的运行结果，对于不支持的统计方式，统计结果显示为"NaN"。

	sid	sname	score	sclass
count	6.000000	6	6.000000	6.0
unique	NaN	6	NaN	2.0
top	NaN	Li	NaN	2.0
freq	NaN	1	NaN	3.0
mean	3.500000	NaN	76.833333	NaN
std	1.870829	NaN	12.303116	NaN
min	1.000000	NaN	65.000000	NaN
25%	2.250000	NaN	68.000000	NaN
50%	3.500000	NaN	74.000000	NaN
75%	4.750000	NaN	81.500000	NaN
max	6.000000	NaN	98.000000	NaN

图 8-1　代码清单 8-20 的运行结果

在代码清单 8-20 中，第 2 行通过字典对象创建 DataFrame 对象 student，其中，通过 pd.Categorical 函数为 sclass 列生成非数值元素；第 3 行通过 describe 方法获取 student 各列的统计结果。

代码清单 8-21 是 Pandas 中其他统计分析方法的使用示例。

代码清单 8-21　其他统计分析方法的使用示例

```
1  print('count:\n', student.count())
2  print('var:\n', student.var())
3  print('std:\n', student.std())
4  print('max:\n', student.max())
5  print('min:\n', student.min())
6  print('sum:\n', student.sum())
7  print('mean:\n', student.mean())
8  print('median:\n', student.median())
```

代码清单 8-21 执行结束后，将在屏幕上输出 `student` 对象的各项统计分析结果：

```
count:
sid       6
sname     6
score     6
sclass    6
dtype: int64
var:
sid         3.500000
score     151.366667
dtype: float64
std:
sid        1.870829
score     12.303116
dtype: float64
max:
sid          6
sname     Zhang
score        98
dtype: object
min:
sid        1
sname     Cao
score      65
dtype: object
sum:
sid                      21
sname     WangZhangLiXuHanCao
score                   461
dtype: object
mean:
sid        3.500000
score     76.833333
dtype: float64
median:
sid       3.5
score    74.0
dtype: float64
```

8.2.2　Pandas 应用示例

这里仍然使用鸢尾花卉数据集，使用 Pandas 提供的函数和方法，完成对鸢尾花卉数据集的分析。共有 3 个代码片段，第 1 个代码片段如代码清单 8-22 所示。

代码清单 8-22　Pandas 应用示例——代码片段 1

```
1  import pandas as pd
2  data = pd.read_csv('iris.csv', names=['a', 'b', 'c', 'd', 'e'], skiprows=1)
3  data.head()
```

代码清单 8-22 执行结束后，将在屏幕上输出如图 8-2 所示的运行结果。

在代码清单 8-22 中，第 2 行是将 iris.csv 文件的内容读到 data 对象中，并且设置了列名；第 3 行调用 head 方法，显示 data 对象的前 5 行数据，显示结果中包括行索引和列名。

	a	b	c	d	e
0	5.1	3.5	1.4	0.2	0
1	4.9	3.0	1.4	0.2	0
2	4.7	3.2	1.3	0.2	0
3	4.6	3.1	1.5	0.2	0
4	5.0	3.6	1.4	0.2	0

图 8-2　代码清单 8-22 的运行结果

第 2 个代码片段如代码清单 8-23 所示。

代码清单 8-23　Pandas 应用示例——代码片段 2

```
1  data1 = data.loc[:, ['a', 'b', 'c', 'd']]
2  data1.describe()
```

代码清单 8-23 执行结束后，将在屏幕上输出如图 8-3 所示的运行结果。

	a	b	c	d
count	150.000000	150.000000	150.000000	150.000000
mean	5.843333	3.054000	3.758667	1.198667
std	0.828066	0.433594	1.764420	0.763161
min	4.300000	2.000000	1.000000	0.100000
25%	5.100000	2.800000	1.600000	0.300000
50%	5.800000	3.000000	4.350000	1.300000
75%	6.400000	3.300000	5.100000	1.800000
max	7.900000	4.400000	6.900000	2.500000

图 8-3　代码清单 8-23 的运行结果

在代码清单 8-23 中，第 1 行通过 loc 得到 data 中 a、b、c、d 列的数据并放在 data1 中；第 2 行通过 describe 方法计算 data1 中各列的统计信息，显示 count、mean、std、min、max 等统计结果。

第 3 个代码片段如代码清单 8-24 所示。

代码清单 8-24　Pandas 应用示例——代码片段 3

```
1  print('e列元素的取值情况: ', data['e'].unique())
2  print('e列元素取值为0的数据条数: ', data.query('e==0')['e'].count())
3  print('e列元素取值为1的数据条数: ', data.query('e==1')['e'].count())
4  print('e列元素取值为2的数据条数: ', data.query('e==2')['e'].count())
```

代码清单 8-24 执行结束后，将在屏幕上输出

```
e列元素的取值情况: [0 1 2]
e列元素取值为0的数据条数: 50
e列元素取值为1的数据条数: 50
e列元素取值为2的数据条数: 50
```

在代码清单 8-24 中，第 1 行打印索引为 'e' 的列的元素取值情况，从结果中看到有

0、1、2共3种不同的取值；第2～4行根据data中索引为'e'的列，分别统计取值为0、1、2的数据条数。

【思考题8-5】 Pandas的数据对象有哪些？
【思考题8-6】 Pandas如何使用drop方法删除一行和一列元素？
【思考题8-7】 Pandas支持哪些文件格式的读/写？
【思考题8-8】 使用Pandas的describe方法对数据对象进行统计分析，可以得到哪些统计结果？

8.3 Matplotlib工具包

Matplotlib是Python的一个可视化工具包，它能以多样化的输出格式将数据图形化，使用该工具包可以将很多数据通过图表的形式更直观地呈现出来。利用Matplotlib可以绘制线图、散点图、等高线图、条形图、柱状图等图表。

8.3.1 图表的组成

图8-4是Matplotlib官方给出的图表组成部分示例图。Matplotlib图表（Figure）都有一个轴集合（Axes）对象，图8-4中用ax表示，一般包括两个轴（Axis），即横轴和纵轴。图表的标题包括图标题（Title）、横轴标题（x Axis label）和纵轴标题（y Axis label），分别是对整张图表、横轴和纵轴的说明。这些标题可以通过调用轴的不同方法来设置，例如 `ax.set_title` 方法用于设置图标题。轴还包括主刻度（Major tick）、主刻度标签（Major tick label）、次刻度（Minor tick）和次刻度标签（Minor tick label）。轴调用 `set_xticks`、`set_yticks` 方法实现对主刻度、主刻度标签、次刻度和次刻度标签的设置。通过轴还可以设置网格（Grid）、图例（Legend）等其他组成部分。在中间的绘图区域，调用绘图方法可以直线绘图和散点绘图，这部分内容将在8.3.2节重点介绍。

下面使用一个代码示例，说明图表各个组成部分的设置方法，如代码清单8-25所示。

代码清单8-25　图表各个组成部分设置方法的代码示例

```
1   import matplotlib.pyplot as plt
2   fig, ax = plt.subplots()
3   ax.set_title('Demo Figure')
4   ax.set_ylabel('Price')
5   ax.set_xlabel('Size')
6   ax.set_xlim(5, 20)
7   ax.set_ylim(5, 20)
8   ax.set_xticks([5, 10, 15, 20])
9   ax.set_xticks(range(5, 21, 1), minor=True)
10  ax.set_yticks([5, 10, 15, 20])
11  ax.set_yticks(range(5, 21, 1), minor=True)
12  plt.plot([6, 8, 10, 14, 18], [7, 9, 13, 17.5, 18])
13  plt.grid(True)
14  plt.show()
```

代码清单8-25执行结束后，将在屏幕上输出如图8-5所示的运行结果。

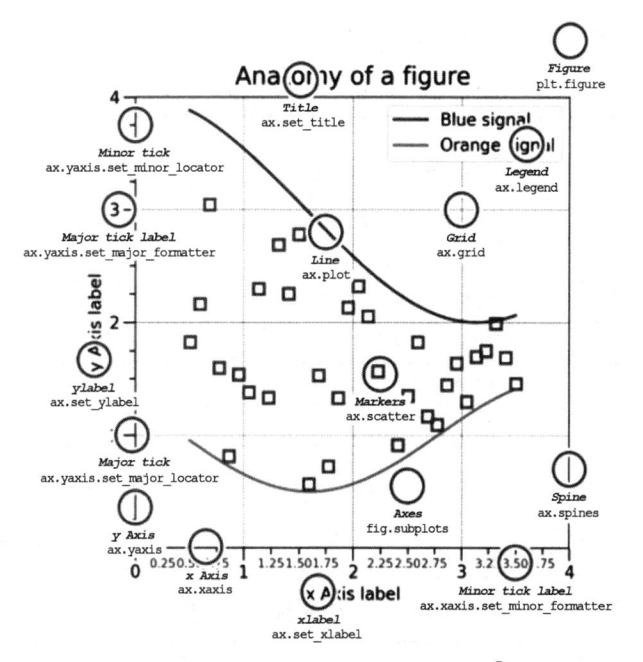

图 8-4　Matplotlib 图表的组成部分[⊖]

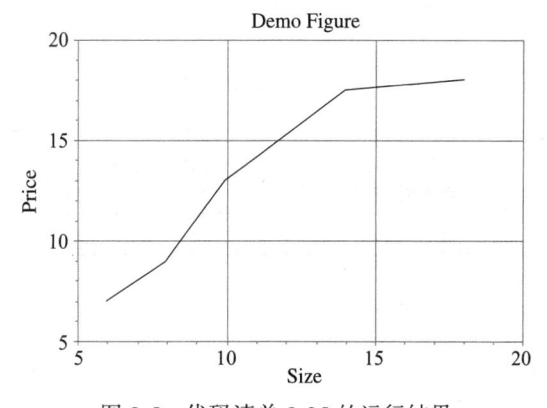

图 8-5　代码清单 8-25 的运行结果

在代码清单 8-25 中，第 1 行导入 Matplotlib 工具包；第 2 行创建一个图表，轴是 `ax`，图表是 `fig`；第 3 行通过 `set_title` 函数设置图标题；第 4 和 5 行通过 `set_ylabel` 和 `set_xlabel` 函数设置纵轴和横轴的标题；第 6 和 7 行通过 `set_xlim` 和 `set_ylim` 函数设置 x 轴和 y 轴的范围；第 8 和 9 行通过 `set_xticks` 函数设置 x 轴的主刻度和次刻度，其中参数 `minor=True` 时设置次刻度，否则设置主刻度；第 10 和 11 行通过 `set_yticks` 函数设置 y 轴的主刻度和次刻度；第 12 行通过 `plot` 方法根据数据绘图；第 13 行通过 `grid` 函数设置显示网格线；第 14 行通过 `show` 方法显示图表。

8.3.2　Matplotlib 的绘图方法

表 8-9 列出了 Matplotlib 中常用的绘图方法。下面分别以 `plot`、`bar`、`pie` 和

⊖　https://matplotlib.org/stable/_images/anatomy.png。

scatter 为例，介绍如何使用这些绘图方法。

表 8-9　Matplotlib 常用绘图方法

方法	说明
plot	绘制折线图或者散点图
bar	绘制柱状图（条形图）
pie	绘制饼状图
scatter	绘制散点图
hist	计算并绘制直方图
polar	绘制雷达图
barplot	绘制箱型图

1. 折线图

表 8-10 是 plot 方法的参数表。

表 8-10　plot 方法的参数

参数	说明
x, y	x 轴和 y 轴坐标的数据
fmt	样式字符串
color	点或者线的颜色
linestyle	线的类型
linewidth	线的宽度
marker	点的类型
markersize	点的大小

代码清单 8-26 是一个使用 plot 方法绘制图表的代码示例。

代码清单 8-26　plot 方法使用示例

```
1   import matplotlib.pyplot as plt
2   fig, ax = plt.subplots()
3   x = [6, 8, 10, 14, 18]
4   y = [7, 9, 13, 17.5, 18]
5   ax.plot(x, y, color='black', linestyle='dashed', linewidth=2, marker='o',
        markersize=12)
6   fig.show()
```

代码清单 8-26 执行结束后，将在屏幕上输出如图 8-6 所示的运行结果。

在代码清单 8-26 中，第 2 行创建了一个图表，轴是 ax，图表是 fig；第 3 和 4 行定义了用于生成图表的数据列表；第 5 行通过轴 ax 调用 plot 方法绘图，参数 color='black' 表示颜色为黑色，参数 linestyle='dashed' 表示线的类型为虚线，参数 linewidth=2 表示线宽为 2，参数 marker 用来设置标记点样式，参数 markersize=12 表示标记点的大小；第 6 行通过 fig 对象的 show 方法显示图表。

在代码清单 8-26 中，还可以通过样式字符串来设置颜色、点和线的样式，第 5 行可以换成如下代码，显示的效果一样。

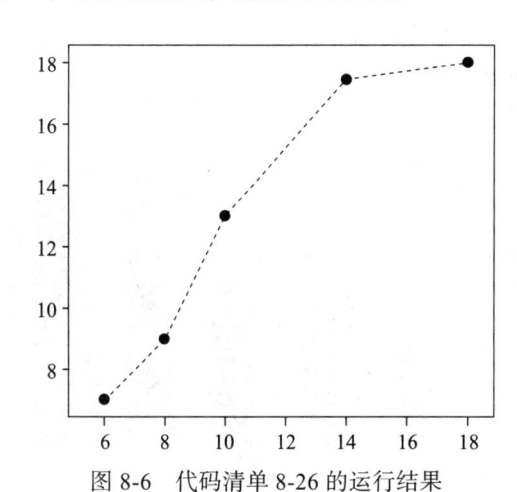

```
ax.plot(x, y, 'ko--', linewidth=2, markersize=12)
```

图 8-6 代码清单 8-26 的运行结果

2. 柱状图

bar 方法的参数如表 8-11 所示。

表 8-11 bar 方法的参数

参数	说明
x	柱状图的 x 轴坐标
height	每个柱子的高度，即对应于 x 的数值
width	柱状图中柱子的宽度
color	柱状图的颜色
align	柱状图中柱子的对齐方式
label	图例标签

bar 方法用于绘制柱状图，代码清单 8-27 是代码示例。

代码清单 8-27　bar 方法使用示例

```
1  fig, ax = plt.subplots()
2  x = [6, 8, 10, 12, 14]
3  y1 = [7, 9, 13, 17, 18]
4  y2 = [8, 10, 12, 16, 19]
5  ax.bar(x, y1, width=0.8, color = 'green', align = 'edge', label = 'y1')
6  ax.bar(x, y2, width=-0.8, color = 'yellow', align = 'edge', label = 'y2')
7  ax.legend()
8  fig.show()
```

代码清单 8-27 执行结束后，将在屏幕上输出如图 8-7 所示的运行结果。

在代码清单 8-27 中，第 2~4 行是用于创建图表的数据列表；第 5 行通过 ax 对象调用 bar 方法绘制柱状图，参数 width=0.8 用来设置线宽，参数 color 用来设置颜色，参数 align 用来设置柱状图中柱子的对齐方式，参数 label 用来设置图例标签；第 6 行与第 5 行类似，不同的是参数 width=-0.8 的设置；第 7 行是通过 ax 对象调用 legend 方法显示图例；第 8 行通过 show 方法显示图表。注意：在第 5 行中，width 被设置成正值，而且 align 被设置成 'edge'，柱形将会显示在 x 轴坐标的右边；在第 6 行中，width 被设置成负值，而且 align 被设置成 'edge'，柱形将会显示在 x 轴坐标的左边。这样就可以使用柱状图可视化两组数据。

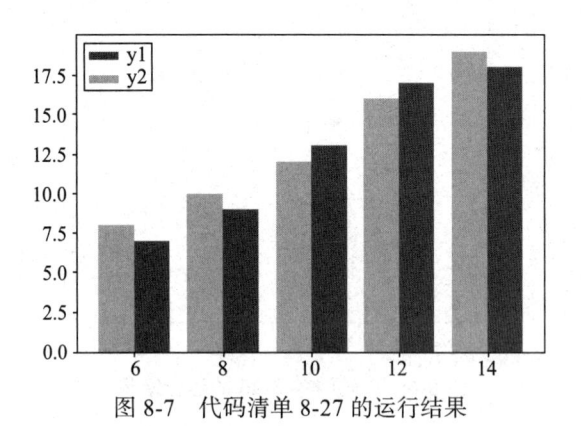

图 8-7　代码清单 8-27 的运行结果

3. 饼状图

表 8-12 列出了绘制饼状图的 pie 方法的参数。

表 8-12　`pie` 方法的参数

参数	说明
x	数组类型的数据
explode	饼状图中每块以半径的比例距离分开
labels	饼状图中每块的标签文字
colors	饼状图中每块的颜色
autopct	饼状图每块中数据的显示格式
labeldistance	标签文字到圆心的距离，以半径的比例表示
pctdistance	饼状图每块中显示的数据到圆心的距离，以半径的比例表示
radius	饼状图的半径

代码清单 8-28 是绘制饼状图的代码示例。

代码清单 8-28　`pie` 方法使用示例

```
1  fig, ax = plt.subplots()
2  x = [6, 8, 10, 12, 14]
3  explode = [0, 0, 0, 0, 0.1]
4  labels = ['a', 'b', 'c', 'd', 'e']
5  colors = ['green', 'red', 'yellow', 'blue', 'orange']
6  ax.pie(x, explode=explode, labels=labels, colors=colors, autopct='%.1f',
       pctdistance=0.6, labeldistance=1.1, radius=1)
7  fig.show()
```

代码清单 8-28 执行结束后，将在屏幕上输出如图 8-8 所示的运行结果。

在代码清单 8-28 中，第 2 行是用于创建图表的数据列表；第 3 行创建 explode 参数列表，用来设置饼状图中每块离开中心点的距离；第 4 行创建 labels 参数列表，用来设置饼状图每块的标签；第 5 行创建 colors 参数列表，用来设置饼状图每块的颜色；第 6

行调用 ax 对象的 pie 方法，绘制饼状图，参数 autopct 设置数值的显示格式是保留一位小数的浮点数；第 7 行通过 show 方法显示图表。注意，explode 变量中最后一个元素是 0.1，表示最后一块分离显示。

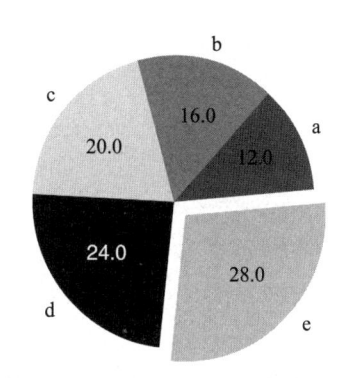

图 8-8　代码清单 8-28 的运行结果

4. 散点图

除了使用 plot 方法绘制散点图，还可以使用 scatter 方法。scatter 方法的参数如表 8-13 所示。

表 8-13　scatter 方法的参数

参数	说明
x，y	x 轴和 y 轴坐标的数据
s	表示点的大小
c	表示点的颜色
marker	表示点的类型
alpha	表示点的透明度

使用 scatter 方法绘制散点图的示例代码如代码清单 8-29 所示。

代码清单 8-29　scatter 方法使用示例

```
1   import matplotlib.pyplot as plt
2   import numpy as np
3   fig, ax = plt.subplots()
4   x =np.random.rand(20)
5   y=np.random.rand(20)
6   ax.scatter(x, y, s=30, c='red', marker='x', alpha=0.9)
7   ax.grid(True)
8   fig.show()
```

代码清单 8-29 执行结束后，将在屏幕上输出如图 8-9 所示的运行结果。

在代码清单 8-29 中，第 3 行创建一个图表，轴是 ax，图表是 fig；第 4 和 5 行通过 NumPy 生成随机数，创建用于生成图表的数据列表；第 6 行根据 x 和 y 的数据绘制散点图，参数 s=30 设置点的大小为 30，参数 c='red' 设置颜色为红色，参数 marker='x' 设置点的样式，参数 alpha=0.9 设置点的透明度；第 7 行通过对象 ax 调用 grid 方法设置显示网格线；第 8 行通过 show 方法显示图表。注意：np.random.rand 函数是

NumPy 提供的用于生成在 [0,1) 之间均匀分布的随机数的函数。

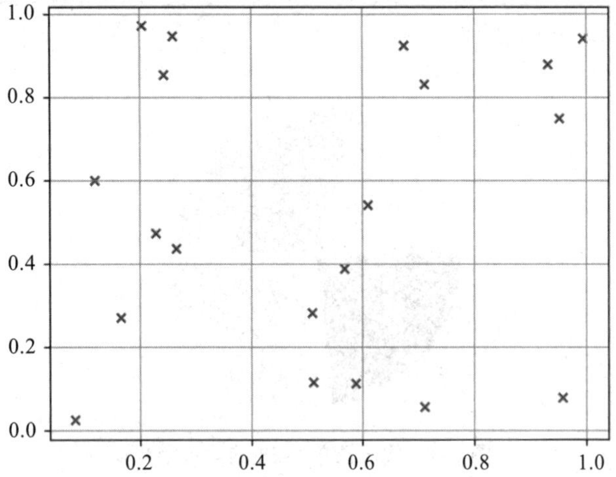

图 8-9　代码清单 8-29 的运行结果

【思考题 8-9】 Matplotlib 图表包括哪些组成部分？

【思考题 8-10】 Matplotlib 绘制折线图、柱状图、饼状图和散点图的方法分别是什么？

8.4　本章小结

在 Python 语言的基础上，如果需要进行数据分析，还需要了解数据分析的工具包 NumPy 和 Pandas，以及数据可视化工具包 Matplotlib。首先，本章介绍 NumPy 工具包的数据对象和方法，包括数据访问、文件读/写和统计分析的方法。通过应用示例，让读者掌握使用 NumPy 工具包进行数据分析的数据对象和方法。然后，介绍 Pandas 工具包的数据对象和方法，包括数据访问和数据修改、统计分析等方法。通过应用示例，让读者掌握数据访问和统计分析的方法。最后，介绍 Matplotlib 工具包，包括图表的组成和一些常用的图表绘制方法，并以折线图、柱状图、饼状图、散点图为例给出了代码实现。理解本章给出的示例程序能够帮助读者掌握 NumPy、Pandas 和 Matplotlib 工具包，为后面章节的学习打下基础。

8.5　思考题参考答案

【思考题 8-1】 NumPy 的数据对象是 NDArray 对象。NDArray 对象的常用属性包括 `ndim`、`shape`、`size`、`dtype` 和 `itemsize`。

【思考题 8-2】 NumPy 的数据类型分为 5 类：布尔值、整数、浮点数、复数和字符串。

【思考题 8-3】 第 1 种是通过索引访问，第 2 种是通过条件访问。

【思考题 8-4】 NumPy 的统计分析函数有 `sum`、`mean`、`median`、`var`、`std`、`max`、`min`、`argmax`、`argmin`、`unique` 等。

【思考题 8-5】 Pandas 包括 Series、DataFrame、Panel 等数据对象。

【思考题 8-6】 `drop` 方法的 `axis=1` 表示删除一列，`axis=0` 表示删除一行。

【思考题 8-7】 Pandas 支持的文件格式包括 CSV、Excel、JSON、HTML 等。

【思考题 8-8】 对于数值列，统计结果包括 count、mean、std、min、max 等。对于非数值列，统计结果包括 count、unique、top、freq 等。

【思考题 8-9】 Matplotlib 图表包括横轴、纵轴、图标题、横轴标题、纵轴标题、主刻度、次刻度、网格、图例等组成部分。

【思考题 8-10】 绘制折线图使用 plot 方法，绘制柱状图使用 bar 方法，绘制饼状图使用 pie 方法，绘制散点图使用 plot 或者 scatter 方法。

第 9 章 人工智能基础

本章介绍人工智能的基础知识及应用案例。首先，简要介绍人工智能的基本概念。然后，一方面介绍机器学习的基本概念，包括有监督学习和无监督学习，可学习参数和超参数，欠拟合和过拟合，损失函数，训练集、验证集、测试集、泛化能力和交叉验证，分类、回归和聚类，以及评价指标；另一方面以糖尿病预测问题为例介绍 Python 经典机器学习工具包 scikit-learn 的使用方法。最后，结合手写数字图像识别和数据检索两个问题，给出应用 scikit-learn 工具包进行机器学习建模的具体过程。

9.1 人工智能的基本概念

人工智能（Artificial Intelligence，缩写为 AI）是以计算机、传感装置、智能芯片等设备为硬件基础，以数据、算法和程序为软件基础，研究如何使机器展示出类似于人类智能行为的一个新兴学科。人工智能包含多个细分领域，如计算机视觉、语音识别、语音合成、自然语言处理、大数据分析、机器学习等。

以计算机视觉为例，其是对人眼功能的模拟，通过照相机、摄像头等传感装置采集图像数据或视频数据，再通过算法模型对图像和视频进行分析计算，从而可以实现图像分类（如自动判断图像是否是行人）、目标检测（如从包含行人的图像中自动生成可表示行人位置信息的多边形区域）、实例分割（如从图像中自动生成每个行人的像素组成）、目标跟踪（如从视频中自动获取每个行人的运动轨迹）、目标行为识别（如根据一段视频判断行人是否正在跑步或跳跃）等功能。

再以机器学习为例，其是对人类学习能力的模拟，通过建立计算模型，并基于数据对计算模型进行训练，实现计算模型中参数的优化，从而使计算模型能够根据传入的数据，输出与人类认知尽可能相符的结果。机器学习模型由于具备从数据中自动学习经验或总结规律的能力，已在计算机视觉、自然语言处理等人工智能的其他细分领域被广泛应用。

作为一本程序设计的教材，本书不对人工智能的相关概念做太多介绍。下面主要结合 scikit-learn 工具包，介绍如何利用 Python 语言快速搭建机器学习模型，完成相关问题的求解。

9.2 机器学习的基本概念及 scikit-learn 工具包简介

9.2.1 机器学习的基本概念

1. 有监督学习和无监督学习

人类的学习分为有监督方式和无监督方式两大类。例如，在教一名幼儿认识水果时，我们会拿着苹果告诉他这是苹果,拿着香蕉告诉他这是香蕉……则这名幼儿可以通过学习具备辨认苹果、香蕉等水果的能力,这就是有监督方式的学习(可以理解为对人类已有经验的学习);如果我们给一名幼儿很多水果,并在不告诉他水果名称的情况下,让他把这些水果分成多个堆,则这名幼儿会根据水果的颜色、形状等特征将水果分开,后面再拿来一个水果,这名幼儿虽然不知道这个水果的名称,但可以将这个水果放在正确的堆中,这就是无监督方式的学习(可以理解为对新事物的探索,从而发现规律)。

作为对人类学习能力的模拟,机器学习同样分为有监督学习和无监督学习两大类,其区别在于训练机器学习模型时所使用的数据是否有标签。例如,在训练机器学习模型解决图像分类问题时,将带有标签的图像数据送入模型,进行模型参数的优化,即告诉模型哪张是苹果的图像,哪张是香蕉的图像……这就是**有监督学习**,苹果、香蕉等则是**这些图像数据的标签**;此时,机器学习模型的训练目标是使模型能够对传入的图像数据给出对应的标签预测结果(即水果名称)。如果将很多没有标签的图像送入模型,由模型根据图像的特征、自动将这些图像分组,这就是**无监督学习**;此时,机器学习模型的训练目标是使模型能够发现各数据之间的联系(即哪些图像对应的是同一类水果)。

2. 可学习参数和超参数

机器学习模型中的参数分为可学习参数和超参数。可学习参数是指那些可以根据给定的数据自动进行优化的参数;而超参数是指那些无法根据传入数据自动优化,而需要人为预先指定好的参数。

例如,利用多项式模型对二维平面上的 4 个数据点 (1.0, 6.9)、(2.0, 12.1)、(3.0, 16.7)、(4.0, 30.4) 进行拟合,需要人为预先指定是用一次多项式(即 $ax + b$)、二次多项式(即 $ax^2 + bx + c$)、三次多项式(即 $ax^3 + bx^2 + cx + d$)还是更高次多项式,因此多项式的次数是模型的**超参数**(简称为超参);指定好多项式的次数后,则可以通过给定的 4 个数据点进行多项式系数的学习,如一次多项式 $ax + b$ 中的 a 和 b,二次多项式 $ax^2 + bx + c$ 中的 a、b 和 c,三次多项式 $ax^3 + bx^2 + cx + d$ 中的 a、b、c 和 d,这些多项式的系数则是模型的**可学习参数**(简称为参数)。

图 9-1a 是一次多项式 $ax + b$ 的拟合结果,可学习参数 a 和 b 的值分别是 7.51 和 −2.25;图 9-1b 是二次多项式 $ax^2 + bx + c$ 的拟合结果,可学习参数 a、b 和 c 的值分别是 2.13、−3.12 和 8.38;图 9-1c 是三次多项式 $ax^3 + bx^2 + cx + d$ 的拟合结果,可学习参数 a、b、c 和 d 的值分别是 1.62、−10.00、23.88 和 −8.60。

3. 欠拟合和过拟合

从图 9-1 中可以看到,越简单的模型,对数据点的拟合效果越差,如图 9-1a 所示的一次多项式拟合结果;越复杂的模型,对数据点的拟合效果越好,如图 9-1c 所示的三次多项式拟合结果。那么,在进行机器学习建模时,是否使用越复杂的模型则效果越好呢?

上面的问题的答案是否定的。图 9-1 中给出的 4 个数据点,实际上是通过一个二次多项式 $y = x^2 + 3x + 1$ 生成的,再加上均值为 0 且标准差为 1 的高斯噪声(实际中获取到的数据通常都会含有噪声)。如图 9-2 所示,当按照同样的方式新生成 50 个数据点,则可以看到:

a）一次多项式拟合结果

b）二次多项式拟合结果

c）三次多项式拟合结果

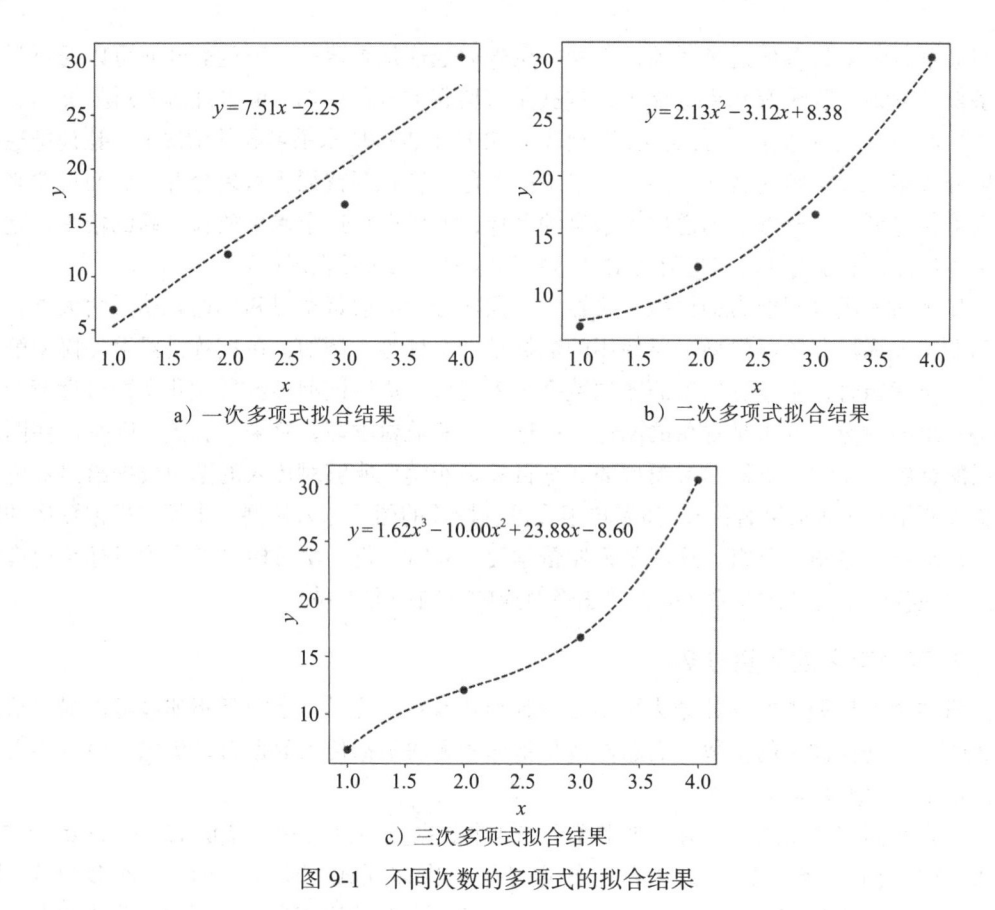

图 9-1　不同次数的多项式的拟合结果

- 一次多项式模型对建模时使用的 4 个数据点拟合效果不好，对新生成的数据点拟合效果也不好，说明模型复杂度不够，不具备表示数据实际分布的能力，这就是**欠拟合问题**。
- 三次多项式模型对建模时使用的 4 个数据点拟合效果很好，但对新生成的数据点拟合效果则不如二次多项式，说明模型太复杂，对用于训练模型参数的数据过度拟合，这就是**过拟合问题**。

在建模时应选择合适的模型复杂度，使模型对数据既不会欠拟合，也不会过拟合。

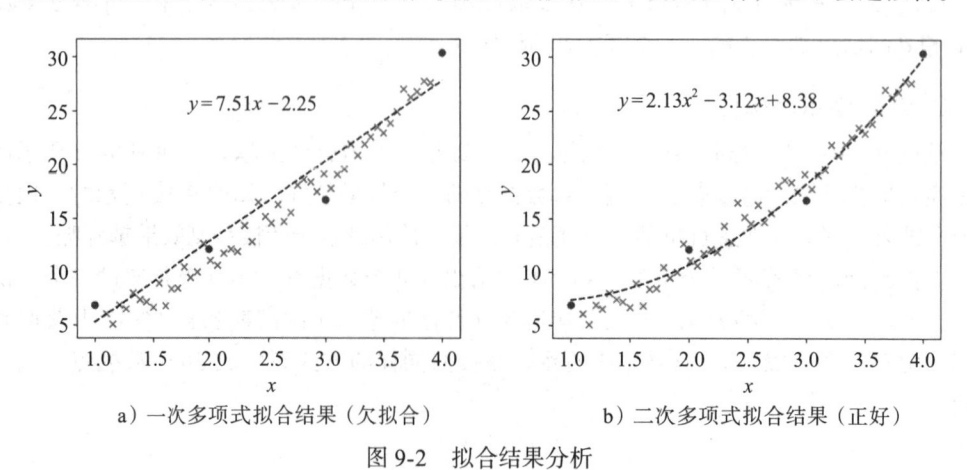

a）一次多项式拟合结果（欠拟合）

b）二次多项式拟合结果（正好）

图 9-2　拟合结果分析

c）三次多项式拟合结果（过拟合）

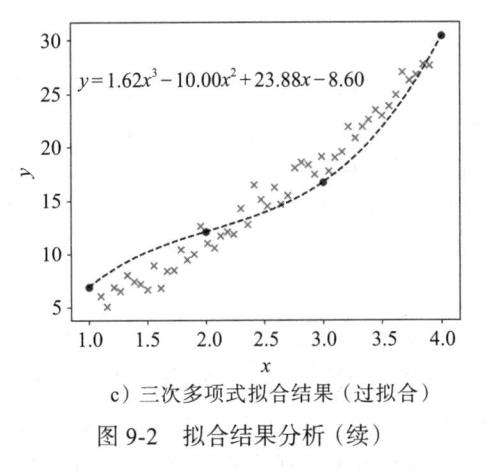

图 9-2 拟合结果分析（续）

提示　由于用于建模的数据点较少且存在噪声的影响，虽然采用了正确的多项式次数，但根据数据学习的各项系数与实际存在较大偏差；如果能够增加可用数据点的数量，则多项式各项系数的学习结果会更接近真实值。例如，图 9-3 给出了不同数据点数量下的二次多项式拟合结果。

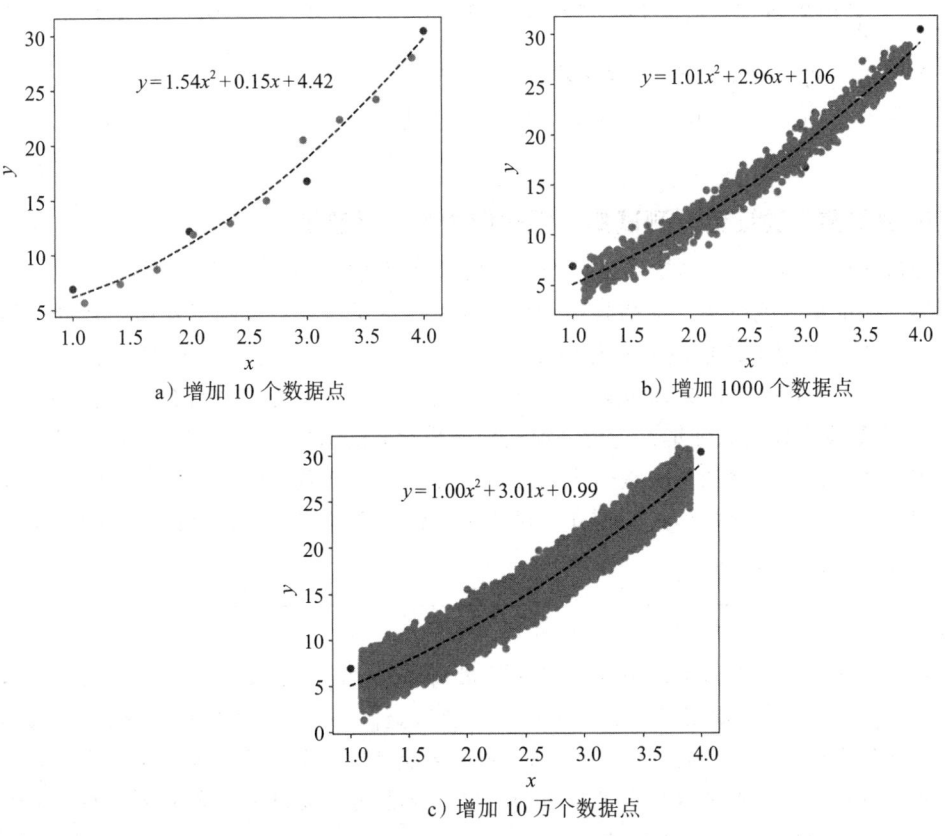

a）增加 10 个数据点　　　　　　　　　b）增加 1000 个数据点

c）增加 10 万个数据点

图 9-3 不同数据点数量下的二次多项式拟合结果

4. 损失函数

损失函数是一种预定义的计算规则，用于评价模型在数据集上的性能优劣。损失函数的值越小，则对应模型的性能越好。对于不同的问题，可以使用不同的损失函数。例如，对于图 9-1 所示的利用多项式模型对 4 个数据点进行拟合的问题，可以使用均方误差（Mean Squared Error，缩写为 MSE）作为损失函数，其计算方法为

$$L_{MSE} = \frac{1}{N}\sum_{i=1}^{N}(y_i - f(x_i|\theta))^2 \tag{9-1}$$

其中，N 表示数据点的数量（该例中 N 的值为 4），x_i 和 y_i 分别表示第 i 个数据点的横坐标值（即模型的输入）和纵坐标值（即模型的目标输出），$f(\cdot|\theta)$ 表示多项式模型，θ 是可学习参数（即各项的系数），$f(x_i|\theta)$ 则表示多项式模型对第 i 个数据点的拟合值（即模型的实际输出）。可见，模型的实际输出与目标输出越接近，则损失函数的值越小，说明模型拟合效果越好。

对图 9-1 中的 4 个数据点 (1.0, 6.9)、(2.0, 12.1)、(3.0, 16.7)、(4.0, 30.4)，可知 $x_1 \sim x_4$ 的值分别是 1.0、2.0、3.0、4.0，$y_1 \sim y_4$ 的值分别是 6.9、12.1、16.7、30.4。对于一次多项式拟合结果 $y = 7.51x - 2.25$，可得到 $f(x_1|\theta) \sim f(x_4|\theta)$ 的值分别是 5.26、12.77、20.28、27.79，此时可计算得到其 MSE 损失为

$$\frac{1}{4}\left[(6.9-5.26)^2 + (12.1-12.77)^2 + (16.7-20.28)^2 + (30.4-27.79)^2\right] = 5.69175$$

类似地，可以计算得到二次多项式拟合结果 $y = 2.13x^2 - 3.12x + 8.38$ 和三次多项式拟合结果 $y = 1.62x^3 - 10x^2 + 23.88x - 8.6$ 在 4 个数据点上的 MSE 损失分别是 1.17755 和 0.117。

5. 训练集、验证集、测试集、泛化能力和交叉验证

在搭建机器学习模型解决实际问题时，可以将可用的数据划分为互不重叠的 3 个部分：训练集、验证集和测试集。**训练集**用于优化模型的可学习参数；**验证集**用于选择模型的超参数；而**测试集**用于评估模型实际应用时在未知数据上的性能（即**泛化能力**）。例如，将图 9-1 中的 4 个数据点作为训练集，进行多项式模型的可学习参数优化；将图 9-2 中新生成的 50 个数据点作为验证集，进行多项式模型超参数的选择，因为二次多项式模型在验证集上表现最佳，所以多项式次数这个超参数设置为 2；最后，可以再生成一些新的数据点作为测试集，验证二次多项式模型在测试集上的性能，并将模型在测试集上的性能指标作为对模型泛化能力的评估。

注意

1. 在优化可学习参数的过程中，只能使用训练集，而不能使用验证集和测试集中的任何数据；在选择超参数的过程中，则只能使用验证集，而不能使用测试集中的任何数据。

2. 示例中使用二次多项式 $y = x^2 + 3x + 1$ 生成数据，再加上均值为 0 且标准差为 1 的高斯噪声，根据这种方式可以生成无限多的数据。但在实际应用中，我们并不知道数据的生成规则，能够拿到的数据也是有限的。

当可用数据较少时，为了能够有更多训练数据用于可学习参数的优化，通常不单独划分验证集，而是使用交叉验证的方式。**K折交叉验证**是将训练集中的数据均匀分为 K 份；每次用 $K-1$ 份进行模型可学习参数的优化，剩余的 1 份用于模型性能的评价；重复 K 次后，每份数据都生成一个模型性能评价结果（即损失函数的值）；对 K 个评价结果计算均值或求和，以此作为模型超参数选择的依据（即选择损失值最小的那组超参数）。

6. 分类、回归和聚类

分类和回归都属于有监督学习，即用于训练模型的数据带有标签信息。二者的区别在于标签是离散值还是连续值：对于一个有监督学习问题，如果数据的标签是离散值，则该问题是一个**分类**问题；如果数据的标签是连续值，则该问题是一个**回归**问题。例如，有若干手写数字图像，每幅图像中有且仅有一个手写数字；需要搭建一个机器学习模型，使其能够根据传入的手写数字图像，识别出该图像中的数字；可见，每幅图像的标签是 0~9 之间的一个整数，即标签值是离散值，因此该问题是一个分类问题。再如，有若干工业时间序列数据，需要搭建一个机器学习模型，利用过去多个时刻的生产数据预测未来时刻的生产数据（如温度等）；所要预测的温度等数据是连续值，因此该问题是一个回归问题。

聚类属于无监督学习，即用于训练模型的数据不带有标签信息。例如，有若干手写数字图像，但并没有给出每幅手写数字图像所对应的数字；此时，若搭建一个机器学习模型，将这些手写数字图像分成多个簇，使得对应同一数字的图像应分到同一个簇中，而对应不同数字的图像应分到不同的簇中，这就是一个聚类问题。可见，与对已有经验进行学习的分类问题相比，聚类的目标是自动发现事物之间的关联，类似于我们"分门别类"地认知客观世界的分类学方法（分类学方法将事物划分为不同类别后，再为每个类别赋予一个名称）。因此，聚类是通过计算的方式，辅助我们发现未知事物的规律；而分类则是通过计算的方式，学习我们已经具有的知识和经验，辅助我们完成一些任务。

7. 评价指标

对于不同类型的问题，会采用不同的评价指标。下面介绍分类、回归、聚类问题的常用评价指标。

（1）分类

对于分类问题，常用的评价指标有准确率（Accuracy）、精确率（Precision）、召回率（Recall）和 F1 分数（F1-Score）。这里以准确率为例，其计算方法为

$$\text{Acc} = \frac{\sum_{i=1}^{N} I(y_i == f(x_i | \theta))}{N} \quad (9\text{-}2)$$

其中，N 是用于评价模型性能的数据集中的样本数量；$I(\text{con})$ 是一个指示函数，当 con 条件为真时，该指示函数返回 1，否则当 con 条件为假时，该指示函数返回 0；y_i 和 $f(x_i|\theta)$ 分别表示第 i 个样本的标签和模型分类结果。可见，该计算公式的分子对应分类结果正确的样本数，而分母对应总样本数，二者相除的结果即为分类正确样本数占总样本数的比例。

（2）回归

对于回归问题，常用的评价指标有均方误差（Mean Squared Error，MSE）、均方根误差（Root Mean Squared Error，RMSE）、平均绝对误差（Mean Absolute Error，MAE）、平

均绝对百分比误差（Mean Absolute Percentage Error，MAPE）、拟合优度（R-Squared）等。在损失函数中已介绍了 MSE 的计算方法，这里以 MAE 为例，其计算方法为

$$L_{\text{MAE}} = \frac{1}{N}\sum_{i=1}^{N}|y_i - f(x_i|\theta)| \tag{9-3}$$

其中，N 是用于评价模型性能的数据集中的样本数量；$|\cdot|$ 表示取绝对值；y_i 和 $f(x_i|\theta)$ 分别表示第 i 个样本的标签和模型预测结果。

（3）聚类

对于聚类问题，常用的评价指标有兰德指数（Rand Index）、互信息分数（Mutual Information Based Score）、轮廓系数（Silhouette Coefficient）等。这里以轮廓系数为例。首先计算每个样本 x_i 的轮廓系数：

$$\text{SC}_i = \frac{b_i - a_i}{\max(a_i, b_i)} \tag{9-4}$$

其中，a_i 是样本 x_i 与其所在簇内其他样本的距离的平均值，而 b_i 是样本 x_i 与其最近簇（不包括样本 x_i 所在的簇）中所有样本的距离的平均值。

然后，计算各样本轮廓系数的平均值，即得到聚类结果的轮廓系数：

$$\text{SC} = \frac{1}{N}\sum_{i=1}^{N}\text{SC}_i \tag{9-5}$$

轮廓系数越大，则聚类结果越好。

9.2.2 scikit-learn 工具包简介

scikit-learn 是一个经典的机器学习工具包，利用该工具包可以仅编写少量代码就快速解决分类、回归、聚类等问题。在 scikit-learn 官网（https://scikit-learn.org）的 Install 菜单界面中，通过选择操作系统、包管理器及是否使用虚拟环境，可以看到对应的帮助信息，如图 9-4 所示。

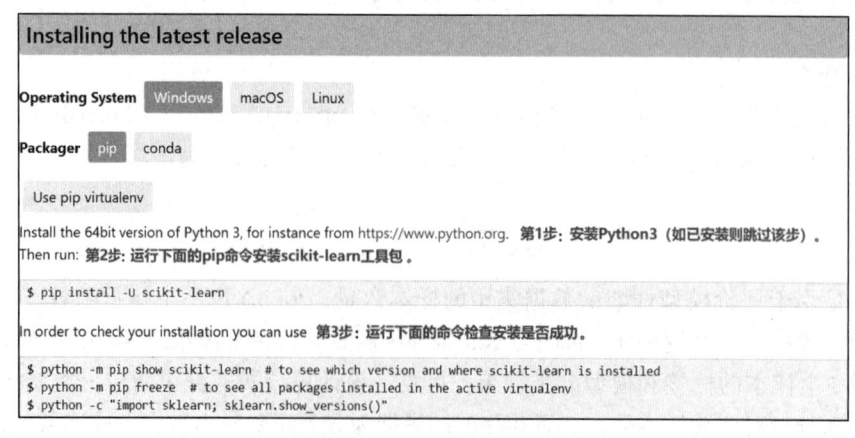

图 9-4　scikit-learn 官网提供的安装帮助信息

提示

1. 通过指定国内镜像，可以加快工具包的安装过程，如可以使用下面的命令安装

scikit-learn 工具包: pip install -U scikit-learn -i http://pypi.douban.com/simple --trusted-host=pypi.douban.com

2. 所有安装命令均需在系统控制台的命令行提示符下运行, 如图9-5所示。

3. 如果使用Anaconda提供的Jupyter Notebook等开发环境, 则环境中已有scikit-learn工具包, 不需要自己安装。

图 9-5 使用 pip 命令安装 scikit-learn 工具包

安装完成后, 即可通过 import 或 from…import…进行工具包的导入, 如代码清单9-1所示。

代码清单 9-1　导入 scikit-learn 工具包

```
1   import sklearn # 导入 sklearn 工具包
2   from sklearn import ensemble # 从 sklearn 工具包中导入 ensemble 模块
3   from sklearn.ensemble import GradientBoostingRegressor # 从 sklearn.ensemble 模
        块中导入 GradientBoostingRegressor 类
```

注意　在程序中导入工具包时, 需要使用 sklearn, 而不是 scikit-learn。

下面结合 scikit-learn 官网所提供的帮助文档, 介绍 scikit-learn 工具包的基本使用方法。

1. 数据集的加载

在使用 scikit-learn 工具包进行机器学习建模时, 首先要加载所用的数据集。scikit-learn 工具包的 datasets 模块中, 提供了新闻分类、房价预测、人脸识别、疾病预测等多种任务的经典数据集。这里以糖尿病预测问题为例介绍 scikit-learn 工具包内置数据集的加载方法, 如代码清单9-2所示。

代码清单 9-2　加载 scikit-learn 工具包内置的糖尿病数据集

```
1   from sklearn import datasets # 从 sklearn 工具包导入 datasets 模块
2   diabetes = datasets.load_diabetes() # 加载糖尿病数据集
3   X, y = diabetes.data, diabetes.target # 获取属性 X 和标签 y
4   print('X type:', type(X), 'shape:', X.shape) # 输出属性 X 的类型和形状
5   print('y type:', type(y), 'shape:', y.shape) # 输出标签 y 的类型和形状
```

代码清单9-2执行结束后, 将在屏幕上输出

```
X type: <class 'numpy.ndarray'> shape: (442, 10)
y type: <class 'numpy.ndarray'> shape: (442, )
```

即所加载糖尿病数据集中, 属性 X 和标签 y 都是 NumPy 工具包 ndarray 类的对象; X 是 442 行、10 列的二维数据, y 是包含 442 个元素的一维数据, 可见, 该数据集共包含 442 条数据, 每条数据有 10 个属性、1 个标签。

通过执行 print(diabetes.DESCR), 可以看到关于糖尿病数据集的描述信息: 对

442名糖尿病患者，分别获取基线时间的10个属性值（如表9-1所示）以及基线时间一年后的疾病进展定量测量值。

表9-1 糖尿病数据集的10个属性

属性名	描述	属性名	描述
age	年龄	s2	LDL（低密度脂蛋白）
sex	性别	s3	HDL（高密度脂蛋白）
bmi	体重指数	s4	TCH（总胆固醇与高密度脂蛋白之比）
bp	平均血压	s5	LTG（可能是血清甘油三酯水平的对数）
s1	TC（血清总胆固醇）	s6	GLU（血糖水平）

注意 糖尿病数据集所给出的属性值均是归一化后的数据，而不是原始数据。

2. 数据集的划分

在 scikit-learn 工具包的 model_selection 模块中，提供了用于进行数据集划分的 train_test_split 函数。下面结合具体实例介绍该函数的使用方法，如代码清单9-3所示。

代码清单9-3 划分训练集和测试集

```
1  from sklearn.model_selection import train_test_split  #从sklearn.model_
      selection模块导入train_test_split函数
2  X_train, X_test, y_train, y_test = train_test_split(X, y, test_size=0.3,
      random_state=13)  # 按7:3的比例划分训练集和测试集
3  print('X_train samples:', X_train.shape[0])  #输出训练集的样本数
4  print('X_test samples:', X_test.shape[0])     #输出测试集的样本数
```

代码清单9-3执行结束后，将在屏幕上输出

```
X_train samples: 309
X_test samples: 133
```

即划分结束后，训练样本的数量是309（约70%），测试样本的数量是133（约30%）。

train_test_split 函数调用中，前两个参数 X 和 y 对应了需要进行划分的数据集；test_size=0.3 表示测试样本数占总样本数的比例约为0.3（即约30%的样本用作测试，剩余70%的样本用作训练）；random_state=13 决定了数据集划分前数据的打乱方式，将 random_state 设置为一个固定整数，则可在多次执行程序时得到完全相同的划分结果，从而使程序的运行结果可重现。

3. 模型的训练和推理

作为一类常用的有监督机器学习方法，集成学习通过合并多个机器学习模型的预测结果，提升模型的泛化能力。在 scikit-learn 工具包的 ensemble 模块中，提供了梯度增强树、随机森林等多种集成学习模型。代码清单9-4给出了创建随机森林回归模型并根据训练数据进行模型参数学习的示例。随机森林回归模型 RandomForestRegressor 合并了多个回归树模型的预测结果，其常用参数包括所使用的回归树的数量 n_estimators 和

每个回归树模型的最大深度 max_depth。另外，为了使实验结果可重现，将用于控制模型随机性的 random_state 参数设置为固定整数 0。创建随机森林回归模型对象 reg 后，直接通过 reg 调用 fit 方法，根据训练样本的属性数据 X_train 和标签数据 y_train 完成模型参数的学习。

代码清单 9-4　模型训练

```
1  from sklearn import ensemble  # 从 sklearn 工具包导入 ensemble 模块
2  params={
3      "n_estimators": 10,  # 所使用回归树的数量
4      "max_depth": 5        # 每棵回归树的最大深度
5  }
6  reg=ensemble.RandomForestRegressor(**params, random_state=0)  # 创建模型
7  reg.fit(X_train, y_train)  # 根据训练数据进行模型的参数学习
```

提示　作为一本 Python 语言程序设计教材，本书只介绍利用 scikit-learn 工具包构建机器学习模型并解决实际问题的方法。关于随机森林等模型的工作原理，读者可查阅机器学习方面的教材。

模型训练完成后，可以通过模型的 predict 方法进行模型推理，即根据输入的属性值，输出对应的预测结果，如代码清单 9-5 所示。为了能够直观地看到预测效果，这里以测试数据的标签值作为横轴坐标，以测试数据的预测值作为纵轴坐标，绘制了如图 9-6 所示的散点图。

代码清单 9-5　模型推理

```
1  import matplotlib.pyplot as plt  # 导入 matplotlib.pyplot
2  import numpy as np        # 导入 numpy
3  y_pred = reg.predict(X_test)  # 在测试数据上进行模型推理
4  plt.scatter(y_test, y_pred)    # 绘制散点图
5  plt.xlabel('label')      # 设置横轴标签
6  plt.ylabel('predict')    # 设置纵轴标签
7  plt.show()  # 显示图表
```

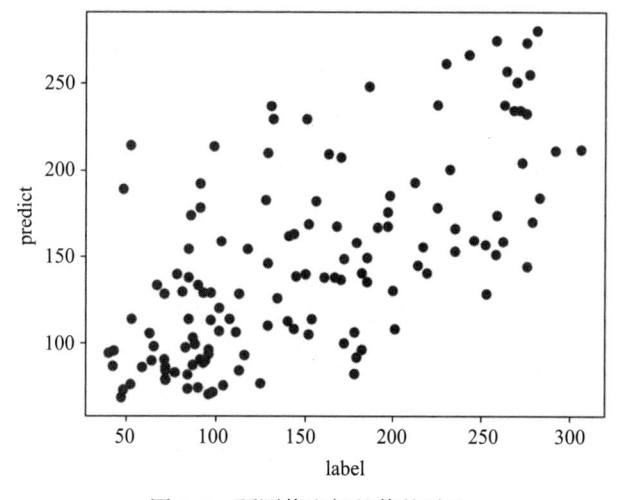

图 9-6　预测值和标签值的对比

4. 模型的性能评价

除了预测值与标签值的可视化对比这种模型性能的定性评估方法外，还可以计算评价指标，对模型性能进行定量的评估。如代码清单9-6所示，通过调用从 `sklearn.metrics` 模块导入的 `mean_squared_error` 函数，根据标签值 `y_test` 和预测值 `y_pred` 计算并输出了均方误差。

代码清单9-6　模型的性能评价

```
1  from sklearn.metrics import mean_squared_error  # 从sklearn.metrics模块导入
      mean_squared_error 函数
2  mse = mean_squared_error(y_test, y_pred)  # 计算MSE指标
3  print("测试集上的MSE指标：%.4f"%mse)       # 输出MSE指标
```

代码清单9-6执行结束后，将在屏幕上输出

测试集上的 MSE 指标：3093.6906

5. 属性的贡献度分析

在 `sklearn.inspection` 模块中，提供了用于计算各属性贡献度的 `permutation_importance` 函数。对于已训练好的模型 M，利用数据集 D 进行属性贡献度分析，数据集 D 包含属性数据 X 和对应的标签数据 y，其中 X 包含 d 个属性，则计算第 i 个属性的贡献度的过程如下：

（1）将数据集 D 送入模型 M，得到预测值 p，根据预测值 p 与标签值 y，计算模型 M 在数据集 D 上的评分 S（评分越高，则说明模型性能越好）；

（2）保持数据集 D 的其他属性不变，将第 i 个属性随机打乱，得到数据集 D^i_{shuffle}；

（3）将数据集 D^i_{shuffle} 送入模型 M，得到预测值 p^i_{shuffle}；

（4）根据预测值 p^i_{shuffle} 与标签值 y，计算模型 M 的评分 S^i_{shuffle}；

（5）将步骤2~步骤4重复 n 次，将 n 个评分取平均值，得到模型 M 在数据集 D^i_{shuffle} 上的评分 S^i；

（6）计算第 i 个属性的贡献度 $S - S^i$，即将第 i 个属性随机打乱后，对模型评分的影响越大，则第 i 个属性越重要。

如代码清单9-7所示，在 `permutation_importance` 函数中，基于测试集的属性数据 `X_test` 和标签数据 `y_test`，使用负均方误差（`neg_mean_squared_error`）作为模型评分规则，对代码清单9-4训练的回归模型 `reg` 进行各属性的贡献度计算；`random_state` 参数设置为固定整数13，以使每次运行程序能得到相同的结果；`n_repeats` 设置为10，表示每个属性被随机打乱10次，取10次评分的平均值作为该属性贡献度的计算依据。

代码清单9-7　属性的贡献度分析

```
1  from sklearn.inspection import permutation_importance  # 从sklearn.inspection
      模块导入permutation_importance函数
2  result = permutation_importance(  # 基于测试集计算各属性的贡献度
3      reg, X_test, y_test, n_repeats=10,
4      random_state=13, scoring='neg_mean_squared_error')
5  sorted_idx = result.importances_mean.argsort()  # 按照贡献度进行排序
6  plt.rcParams['font.family'] = 'Microsoft YaHei'  # 设置中文字体
```

```
 7  plt.boxplot(  #绘制箱图
 8      result.importances[sorted_idx].T,
 9      vert=False,
10      labels=np.array(diabetes.feature_names)[sorted_idx],
11  )
12  plt.xlabel('贡献度')
13  plt.ylabel('属性')
14  plt.title("基于测试集的属性贡献度分析")
15  plt.show()
```

代码清单 9-7 执行结束后,将在屏幕上输出如图 9-7 所示的结果。

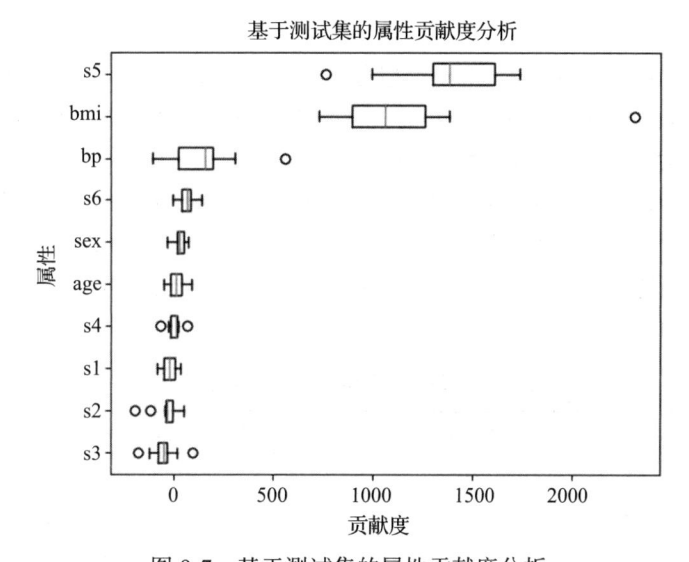

图 9-7 基于测试集的属性贡献度分析

提示 属性之间的相关性会对贡献度分析的可靠性产生较大影响。例如,如果两个属性 A 和 B 具有较强的相关性,则将属性 A 随机打乱后,模型很可能基于属性 B 也能得到较高的评分,从而造成对属性 A 的贡献度的评价偏低;同样,将属性 B 随机打乱后,模型很可能基于属性 A 也能得到较高的评分,从而造成对属性 B 的贡献度的评价偏低。读者可以查阅相关资料,探索解决该问题的方法。

6. 模型超参数的自动搜索

在代码清单 9-4 中,随机森林回归模型 RandomForestRegressor 设置了两个超参数,即所使用的回归树的数量 n_estimators 和每个回归树模型的最大深度 max_depth。sklearn.model_selection 模块提供了 GridSearchCV、RandomizedSearchCV 等用于超参数优化的类,代码清单 9-8 给出了通过 GridSearchCV 进行模型超参数的自动搜索的示例。

代码清单 9-8 模型超参数的自动搜索

```
1  from sklearn.model_selection import GridSearchCV  #导入 GridSearchCV 类
2  params = {'n_estimators': [5, 10, 15],
3           'max_depth': [3, 5, 7]}  #定义超参数搜索空间
4  rf = ensemble.RandomForestRegressor(random_state=0)
```

```
 5    reg_search = GridSearchCV(estimator=rf,
 6                              param_grid=params,
 7                              cv=5) # 创建 GridSearchCV 对象
 8    reg_search.fit(X_train, y_train) # 模型训练及超参数寻优
 9    print('最优超参数: ', reg_search.best_params_) # 输出最优超参数
10    y_pred = reg_search.predict(X_test) # 使用最优超参数模型在测试集上进行推理
11    mse = mean_squared_error(y_test, y_pred) # 计算 MSE 指标
12    print("测试集上的 MSE 指标：%.4f"%mse) # 输出 MSE 指标
```

代码清单 9-8 执行结束后，将在屏幕上输出

```
最优超参数: {'max_depth': 3, 'n_estimators': 15}
测试集上的 MSE 指标：2907.0493
```

在代码清单 9-8 中，params 定义了超参数的搜索空间，超参数 n_estimators 可从 5、10、15 中取值，而超参数 max_depth 则可从 3、5、7 中取值，两个超参数共形成了 9 种组合，如表 9-2 所示。在创建 GridSearchCV 对象时，通过 param_grid=params，指定在 params 指定的 9 种组合中进行超参数的搜索；通过 cv=5，指定采用 5 折交叉验证方式，获取具有最高评分的超参数组合。创建 GridSearchCV 对象后，先调用 fit 方法自动完成模型训练及超参数寻优，然后调用 predict 方法即可使用最优超参数模型进行预测。

表 9-2　代码清单 9-8 中的超参数组合

n_estimators	max_depth	n_estimators	max_depth	n_estimators	max_depth
5	3	10	3	15	3
5	5	10	5	15	5
5	7	10	7	15	7

9.3　应用 scikit-learn 工具包进行机器学习建模

在 9.2.2 节中，通过一个回归问题介绍了 scikit-learn 工具包的基本使用方法。下面结合 scikit-learn 官网所提供的帮助文档，分别给出应用 scikit-learn 工具包解决分类问题和聚类问题的具体实例。

9.3.1　手写数字图像识别问题

在日常生活、学习和工作中，数字无处不在。对印刷体数字和手写数字进行自动采集与识别，可形成一些非常实用的应用软件。例如，可以实现一款小学生算术题自动评分的应用软件：使用手机对小学生写完的一页算术题拍照，通过识别所拍图像中的印刷体数字、手写数字及印刷体运算符，并根据计算规则进行相应分析，即可完成对该页算术题的自动评分。下面以手写数字图像识别问题为例，介绍如何应用 scikit-learn 工具包来解决分类问题。

手写数字图像识别问题的求解目标是建立一个分类模型，根据输入的手写数字图像，输出该手写数字图像对应的数字（即 0～9 之间的整数）。可见，手写数字图像识别问题实际上是一个类别数为 10 的分类问题。

1. 数据集的加载

本实例使用 sklearn.datasets 模块中的 load_digits 函数，加载 scikit-learn 工具包提供的手写数字图像数据集，并通过 Matplotlib 工具包以可视化方式显示数据集中的前 10 幅手写数字图像，如代码清单 9-9 所示。

代码清单 9-9　加载手写数字图像数据集

```
1  import matplotlib.pyplot as plt
2  from sklearn import datasets
3  digits = datasets.load_digits() #加载手写数字图像数据集
4  fig, axes = plt.subplots(nrows=2, ncols=5, figsize=(10, 5)) #将画图区域划分为2
   行5列
5  for idx in range(10): #依次获取前10条数据
6      row, col = idx//5, idx%5 #计算每一子图的行索引和列索引
7      axes[row][col].set_axis_off() #不显示坐标轴
8      axes[row][col].imshow(digits.images[idx], cmap=plt.cm.gray_r) #显示图像
9      axes[row][col].set_title('Label: %d'%digits.target[idx]) #显示标签
```

代码清单 9-9 执行结束后，将在屏幕上输出如图 9-8 所示的结果。

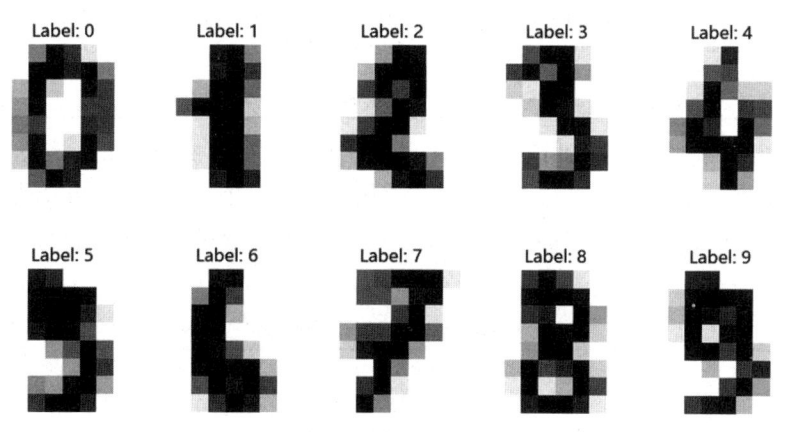

图 9-8　手写数字图像数据集中的数据展示

2. 数据预处理和数据集划分

对于加载的数据集，需要先将二维图像转为一维数据，然后再调用 sklearn.model_selection 的 train_test_split 函数将数据集划分为训练集和测试集，如代码清单 9-10 所示。

代码清单 9-10　数据预处理和数据集划分

```
1  from sklearn.model_selection import train_test_split #从sklearn.model_
      selection模块导入train_test_split函数
2  print('原数据集: ', digits.images.shape) #打印数据集的形状
3  samplenum = digits.images.shape[0] #获取数据条数
4  X = digits.images.reshape((samplenum, -1)) #将二维手写数字图像转为一维数据
5  print('转换数据集: ', X.shape) #打印转换后的数据集的形状
6  y = digits.target #获取数据的标签
7  X_train, X_test, y_train, y_test = train_test_split(
8      X, y, test_size=0.5, random_state=13) #划分训练集和测试集
```

代码清单 9-10 执行结束后，将在屏幕上输出

```
原数据集：(1797, 8, 8)
转换数据集：(1797, 64)
```

从输出结果中可以看到，第 2 行代码通过 `digits.images.shape` 返回了一个包含 3 个元素的元组，即 `digits.images` 是一个三维数据；其中，1797 是数据条数，后面两个 8 分别是每幅手写数字图像的宽度和高度。第 5 行代码通过 `X.shape` 返回了一个包含 2 个元素的数组，即 X 是一个二维数据，其中，1797 仍然是数据条数，而 64 则是将每幅 8×8 的二维手写数字图像转换后得到的一维数据的长度。可见，第 4 行代码通过调用 `reshape` 方法，将每幅 8×8 的二维手写数字图像转换为了长度为 64 的一维数据。

3. 模型的训练和推理

完成数据集划分后，使用 `sklearn.ensemble` 模块中提供的 `RandomForestClassifier` 类创建一个随机森林分类器模型 rfc；并通过调用 fit 方法，根据训练数据 X_train 和 y_train，进行模型 rfc 的参数学习，如代码清单 9-11 所示。

代码清单 9-11　模型训练

```
1  from sklearn import ensemble  # 从 sklearn 工具包导入 ensemble 模块
2  rfc=ensemble.RandomForestClassifier(n_estimators=50, max_depth=10, random_
       state=0)  # 创建模型
3  rfc.fit(X_train, y_train)  # 根据训练数据进行模型的参数学习
```

对训练好的模型 rfc，可以调用 predict 方法，在测试数据 X_test 上进行模型推理，得到模型预测结果 y_pred。然后，使用与代码清单 9-9 类似的可视化代码，显示测试集中前 10 幅手写数字图像及其标签值 y_test 和模型预测结果 y_pred，如代码清单 9-12 所示。

代码清单 9-12　模型推理

```
1  y_pred=rfc.predict(X_test)  # 在测试集上进行模型推理
2  fig, axes = plt.subplots(nrows=2, ncols=5, figsize=(10, 5))  # 将画图区域划分为 2
       行 5 列
3  for idx in range(10):  # 依次获取前 10 条数据
4      row, col = idx//5, idx%5  # 计算每一子图的行索引和列索引
5      axes[row][col].set_axis_off()  # 不显示坐标轴
6      image = X_test[idx].reshape(8, 8)
7      axes[row][col].imshow(image, cmap=plt.cm.gray_r)  # 显示图像
8      axes[row][col].set_title('Label: %d, Predict:%d'%(y_test[idx], y_
          pred[idx]))  # 显示标签
```

代码清单 9-12 执行结束后，将在屏幕上输出如图 9-9 所示的结果。

4. 模型的性能评价

对于分类问题，可以通过调用 `sklearn.metrics` 模块中的 `classification_report` 函数，根据标签值 y_test 和模型预测结果 y_pred 打印分类性能评价报告，并设置参数 digits=4 表示性能指标保留 4 位小数，如代码清单 9-13 所示。

代码清单 9-13　打印模型性能评估报告

```
1  from sklearn import metrics  # 从 sklearn 工具包导入 metrics 模块
2  print(metrics.classification_report(y_test, y_pred, digits=4))  # 打印分类性能评
       价报告
```

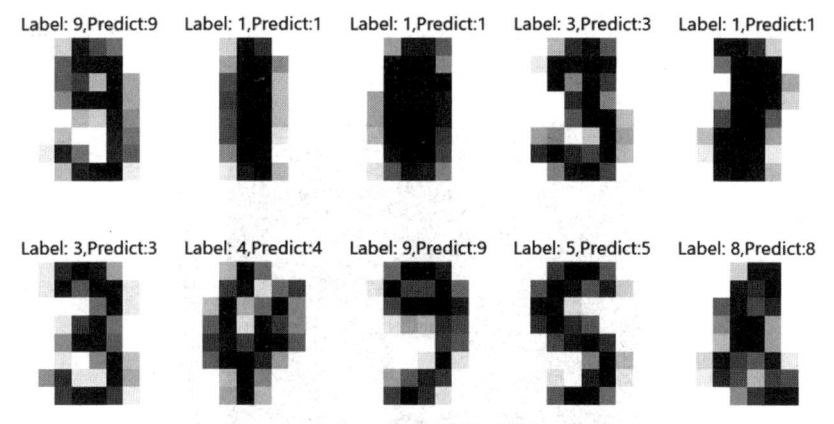

图 9-9　部分数据的模型推理结果展示

代码清单 9-13 执行结束后，将在屏幕上输出如图 9-10 所示的结果。其中，support 列对应的是测试数据中每一类别所包含的样本数量及总样本数量（即后三行中的 899）。

```
              precision    recall  f1-score   support

           0     0.9870    1.0000    0.9935        76
           1     0.9574    1.0000    0.9783        90
           2     1.0000    0.9787    0.9892        94
           3     0.9785    0.9192    0.9479        99
           4     0.9897    0.9796    0.9846        98
           5     0.9787    0.9684    0.9735        95
           6     0.9891    1.0000    0.9945        91
           7     0.9140    0.9884    0.9497        86
           8     0.9481    0.9241    0.9359        79
           9     0.9333    0.9231    0.9282        91

    accuracy                         0.9677       899
   macro avg     0.9676    0.9681    0.9675       899
weighted avg     0.9683    0.9677    0.9677       899
```

图 9-10　模型性能评价报告

除了前面介绍的准确率（Accuracy）这一分类指标外，还有精确率（Precision）、召回率（Recall）、F1 分数（F1-Score）及对应的宏平均（Macro Avg）和加权平均（Weighted Avg）等指标。为了更好地说明这些指标的计算方法，这里调用 sklearn.metrics 模块中的 ConfusionMatrixDisplay 类的 from_predictions 方法，根据标签值 y_test 和模型预测结果 y_pred 打印混淆矩阵，如代码清单 9-14 所示。

代码清单 9-14　打印混淆矩阵

```
1   metrics.ConfusionMatrixDisplay.from_predictions(y_test, y_pred)
```

代码清单 9-14 执行结束后，将在屏幕上输出如图 9-11 所示的结果。

下面结合图 9-10 和图 9-11，说明各分类评价指标的计算方法。

（1）TP、FP、FN 和 TN

分类结果可分为 4 种类型，分别是真正（True Positive，TP）、假正（False Positive，FP）、假负（False Negative，FN）、真负（True Negative，TN）。这里以图 9-11 中的数字 9

为例，先给出正样本和负样本的概念：对于数字 9 来说，一个样本的标签值是 9，则该样本是正样本；一个样本的标签值不是 9，则该样本是负样本。

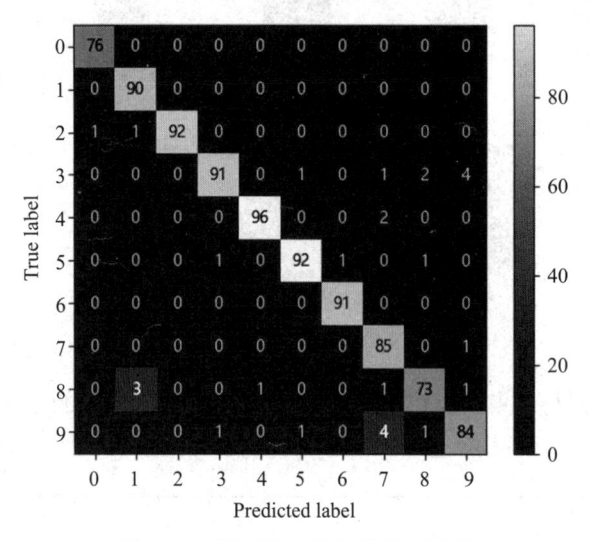

图 9-11　测试集上的分类混淆矩阵

下面仍以图 9-11 中的数字 9 为例，介绍 TP、FP、FN 和 TN 的含义。

- TP：识别正确的正样本数量。如图 9-11 中，有 84 个标签值是 9 的正样本，其模型预测值也是 9；因此，对于数字 9 来说，其 TP 值为 84。
- FP：识别为正样本的负样本数量。如图 9-11 中，有 6 个标签值不是 9 的负样本（即 4 个标签值是 3 的样本、1 个标签值是 7 的样本、1 个标签值是 8 的样本），但其模型预测值是 9（即识别为了正样本）；因此，对于数字 9 来说，其 FP 值为 6。
- FN：识别错误的正样本数量。如图 9-11 中，有 7 个标签值是 9 的正样本（即 1 个预测值是 3 的样本、1 个预测值是 5 的样本、4 个预测值是 7 的样本、1 个预测值是 8 的样本），但其模型预测值不是 9；因此，对于数字 9 来说，其 FN 值为 7。
- TN：识别为负样本的负样本数量。如图 9-11 中，前面 8 行 8 列的 64 个元素的值的和，即为标签值不是 9 且模型预测值也不是 9 的样本数量；因为 4 类样本数量的总和对应了总的样本数量，所以对于数字 9 来说，其 TN 值为 802(= 899 − 84 − 6 − 7)。

（2）精确率 P（Precision）

精确率 P 的计算方法为

$$P = \frac{\text{TP}}{\text{TP} + \text{FP}} \tag{9-6}$$

其中，分子 TP 表示识别正确的正样本数量；分母 TP+FP 表示识别正确的正样本数量与识别错误的负样本数量之和，即模型识别为正样本的样本总数。可见，精确率 P 表示所有识别为正样本的样本中识别正确的样本的比例。以图 9-11 中的数字 9 为例计算精确度 P_9，可得

$$P_9 = \frac{84}{84 + 6} = 0.9333$$

（3）召回率 R（Recall）

召回率 R 的计算方法为

$$R = \frac{TP}{TP + FN} \quad (9\text{-}7)$$

其中，分子 TP 表示识别正确的正样本数量；分母 TP + FN 表示识别正确的正样本数量与识别错误的正样本数量之和，即正样本的总数。可见，召回率 R 表示所有标签值为正的样本中识别正确的样本的比例。以图 9-11 中的数字 9 为例计算召回率 R_9，可得

$$R_9 = \frac{84}{84 + 7} = 0.9231$$

（4）F1 分数（F1-Score）

F1 分数是根据精确率 P 和召回率 R 计算得到的一个综合指标，其计算方法为

$$\text{F1-Score} = \frac{2*P*R}{P + R} \quad (9\text{-}8)$$

以图 9-11 中的数字 9 为例计算 F1 分数 F1-Score_9，可得

$$\text{F1-Score}_9 = \frac{2*0.9333*0.9231}{0.9333+0.9231} = 0.9282$$

（5）宏平均（Macro Avg）

宏平均是直接对各类别样本的性能指标计算平均值。以图 9-11 中的 Precision 指标为例计算宏平均 MacroAvg_P，可得

$$\text{MacroAvg}_P = \frac{0.9870+0.9574+1.0000+\cdots+0.9333}{10} = 0.9676$$

（6）加权平均（Weighted Avg）

加权平均是以每个类别所包含的样本数量作为权重，对各类别样本的性能指标计算加权平均值。以图 9-11 中的 Precision 指标为例计算加权平均 WeightedAvg_P，可得

$$\text{WeightedAvg}_P = \frac{0.9870*76+0.9574*90+1.0000*94+\cdots+0.9333*91}{899} = 0.9683$$

9.3.2 数据检索问题

数据检索是一种常见的数据应用方式。然而，如果待检索数据库中的数据规模较大，则依次计算所输入查询数据与数据库中每条数据的相似度，会产生较大的计算代价。该问题的一种解决方案是，可以将待检索数据库中的数据聚类，形成多个类簇；输入查询数据后，先确定该查询数据所匹配的类簇，再计算查询数据与所匹配类簇内每条数据的相似度，从而大幅降低计算代价。例如，假设待检索数据库中有 100 万条数据，则输入一条查询数据后，计算该查询数据与数据库中每条数据的相似度，总共需要计算 100 万次；如果将 100 万条数据先通过聚类形成 1000 个类簇，平均每个类簇有 1000 条数据，则输入查询数据后，确定该查询数据所匹配的类簇最多需要 1000 次计算，计算查询数据与所匹配类簇内每条数据的相似度平均需要 1000 次计算，计算代价大幅降低。

下面以手写数字图像的查询问题为例，介绍如何应用 scikit-learn 工具包实现数据聚类。

1. 数据集的加载和划分

本实例仍然使用 `sklearn.datasets` 模块提供的 `load_digits` 函数，加载 scikit-learn 工具包提供的手写数字图像数据集。如代码清单 9-15 所示，通过所加载数据的 `data` 属性直接获取到了可作为模型输入的一维数据，并通过调用 `sklearn.model_selection` 模块的 `train_test_split` 函数完成训练集和测试集的划分（99% 的训练样本和 1% 的测试样本）。

代码清单 9-15 数据集的加载和划分

```
1  from sklearn import datasets  #导入sklearn.datasets模块
2  from sklearn.model_selection import train_test_split  #从sklearn.model_
       selection模块导入train_test_split函数
3  digits = datasets.load_digits()  #加载手写数字图像数据集
4  X = digits.data  #直接通过data属性获取一维数据
5  X_train, X_test = train_test_split(X, test_size=0.01, random_state=13)  #划分
       训练集和测试集
```

提示 对于聚类问题，不需要使用标签信息。因此，在代码清单 9-15 中，没有通过 `digits.target` 获取标签。

2. 模型的训练及超参数选择

完成数据集划分后，首先使用训练集进行模型的训练及超参数选择，如代码清单 9-16 所示。

代码清单 9-16 模型的训练及超参数选择

```
1  from sklearn.cluster import KMeans  #从sklearn.cluster模块导入KMeans类
2  from sklearn import metrics  #导入sklearn.metrics模块
3  import matplotlib.pyplot as plt  #导入matplotlib.pyplot模块
4  import numpy as np  #导入numpy工具包
5  ls_K = list(range(3, 20, 4))  #设置聚类簇数列表
6  ls_SC = []  #保存每种聚类簇数的轮廓系数
7  SC_best = 0  #保存当前最优轮廓系数
8  for K in ls_K:  #依次取每种聚类簇数
9      kmeans = KMeans(n_clusters=K, random_state=0)  #创建模型
10     kmeans.fit(X_train)  #根据X_train训练模型
11     SC = metrics.silhouette_score(X_train, kmeans.labels_)  #计算轮廓系数
12     ls_SC.append(SC)  #将轮廓系数保存到ls_SC中
13     if SC > SC_best:  #如果当前轮廓系数更优
14         SC_best = SC  #更新最优轮廓系数
15         kmeans_best = kmeans  #更新最优模型
16 plt.rcParams['font.family'] = 'Microsoft YaHei'  #设置中文字体
17 plt.plot(ls_K, ls_SC, marker='o')  #绘制轮廓系数随簇数K的变化曲线
18 plt.xlabel('簇数K')  #设置x轴标签
19 plt.ylabel('轮廓系数')  #设置y轴标签
20 plt.show()  #显示图表
21 print('最优簇数: %d'%kmeans_best.n_clusters)
```

代码清单 9-16 执行结束后，将在屏幕上输出如图 9-12 所示的结果及最优簇数。

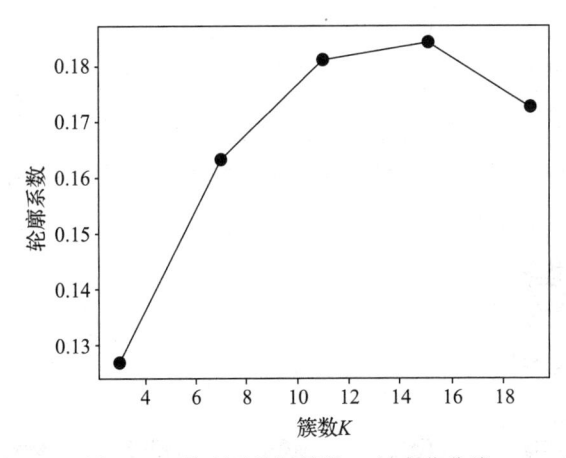

图 9-12 轮廓系数随簇数 K 的变化曲线

最优簇数：15

下面对代码清单 9-16 的关键部分进行说明。

- 程序使用了 K-均值（K-Means）聚类模型，其中的 K 是模型的超参数，表示聚类簇数；第 5 行代码中，通过 `list(range(3, 20, 4))` 生成了包含 3、7、11、15、19 共 5 个元素的列表，作为超参数 K 的候选列表。
- 第 9 和 10 行代码中，对于每种聚类簇数，分别使用 `sklearn.cluster` 模块提供的 KMeans 类，创建 K-均值模型对象，并调用 `fit` 方法，根据训练数据完成模型参数学习。
- 第 11~15 行代码中，使用 `sklearn.metrics` 模块提供的 `silhouette_score` 函数，对聚类结果计算轮廓系数，并将每次计算的轮廓系数保存到 `ls_SC` 中；如果当前轮廓系数比原来保存的最优轮廓系数更优，则更新最优轮廓系数 `SC_best` 及相应的最优模型 `kmeans_best`。
- 第 16~21 行代码中，使用 Matplotlib 工具包绘制轮廓系数随聚类簇数 K 的变化曲线，并输出最优簇数。

3. 模型推理

模型训练完毕后，通过保存的最优模型 `kmean_best` 调用 `predict` 方法，在测试集 `X_test` 上进行推理，可得到每一个测试样本所匹配的类簇信息。并以第 1 个测试样本为例，对其所匹配类簇中的训练样本进行检索和显示，如代码清单 9-17 所示。

代码清单 9-17　模型推理

```
1   preds = kmeans_best.predict(X_test)   #模型推理
2   X_match = X_train[kmeans.labels_==preds[0]]   #获取第1个测试样本的匹配聚类中的训练
        样本
3   fig, axes = plt.subplots(nrows=2, ncols=5, figsize=(10, 5))   #将画图区域划分为2
        行5列
4   for row in range(2):
5       for col in range(5):
6           axes[row][col].set_axis_off()   #不显示坐标轴
7   image = X_test[0].reshape(8, 8)          #将一维数据转换为二维图像
8   axes[0][0].imshow(image, cmap=plt.cm.gray_r)   #显示图像
9   axes[0][0].set_title('输入图像：')        #设置标题
```

```
10    axes[1][0].set_title('检索结果: ')  #设置标题
11    for idx in range(5):  #依次获取前 5 条数据
12        image = X_match[idx].reshape(8, 8)  #将一维数据转换为二维图像
13        axes[1][idx].imshow(image, cmap=plt.cm.gray_r)  #显示图像
```

代码清单 9-17 执行结束后，将在屏幕上输出如图 9-13 所示的结果。

图 9-13 输入图像所匹配类簇中的部分训练数据

这里给出代码清单 9-17 中第 2 行代码的说明。通过 `preds[0]` 可得到第 1 个测试样本所匹配的类簇信息；通过 `kmeans.labels_` 可得到每一训练样本所对应的类簇信息。因此，关系运算 `kmeans.labels_==preds[0]` 可返回一个布尔数组，若是与第 1 个测试样本对应同一类簇的训练样本，其所对应布尔数组中的元素的值为 `True`；否则，若是与第 1 个测试样本对应不同类簇的训练样本，其所对应布尔数组中的元素的值为 `False`。利用该布尔数组，则可从 `X_train` 获取到第 1 个测试样本所匹配类簇中的训练样本。

提示 本实例直接显示了第 1 个测试样本所匹配类簇中的前 5 个训练样本。实际上，可通过进一步计算该测试样本与所匹配类簇中每一个训练样本的相似度，将训练样本按相似度从高到低排序，并显示相似度最高的前若干训练样本。读者可思考如何完成上述处理，以从训练样本中检索到更相似的数据。

9.4 本章小结

本章主要介绍了人工智能和机器学习的基本概念，并结合糖尿病预测、手写数字图像识别、数据检索等问题，介绍了应用 scikit-learn 工具包进行机器学习建模的方法。通过本章的学习，读者应了解人工智能与机器学习之间的关系，理解机器学习中各术语的含义，掌握 scikit-learn 工具包的使用方法，能够熟练应用 scikit-learn 工具包进行机器学习建模以解决实际问题。

9.5 拓展学习

请读者以本章给出的案例为基础，尝试修改相关代码，解决其他机器学习问题（如利用第 2 章给出的 UCI 机器学习存储库提供的公开数据集，根据一个人的生活习惯预测其 BMI）。

第 10 章 人工智能应用案例

本章首先基于 MindSpore 框架，给出了手写数字图像识别和流程工业控制系统时序数据预测两个人工智能应用案例；然后基于 PyTorch 框架，给出了虚假新闻检测的人工智能应用案例。

10.1 手写数字图像识别（基于 MindSpore）

10.1.1 问题描述

关于手写数字图像识别问题，已在 9.3.1 节进行了问题描述，并使用随机森林分类器进行了问题求解。本案例分别使用经典的人工神经网络模型——多层感知器（Multi-Layer Perceptron，MLP），及近年在计算机视觉领域被广泛使用的人工神经网络模型——卷积神经网络（Convolutional Neural Network，CNN）进行问题求解。因此，本案例实现下面的两个任务。

任务 1 基于多层感知器的手写数字图像识别

在 MindSpore 框架下构建多层感知器，使用手写数字图像训练集优化模型参数，并保存训练好的模型。加载模型，在测试集上完成模型性能评估。

任务 2 基于卷积神经网络的手写数字图像识别

在 MindSpore 框架下构建卷积神经网络。与任务 1 相同，使用手写数字图像训练集优化模型参数，并保存模型；再加载模型，在测试集上进行模型性能评估。

10.1.2 数据集介绍

本案例使用 MindSpore 提供的手写数字图像数据集。

1. 数据集的下载

首先，安装 MindSpore 工具包。在 MindSpore 官网（https://www.mindspore.cn/）上，提供了安装帮助信息（https://www.mindspore.cn/install/），通过选择版本、硬件平台、操作系统、编程语言、安装方式，可生成对应的安装命令，如图 10-1 所示。

提示 在撰写本书时，MindSpore 所支持的 Python 最高版本是 3.9，最低版本是 3.7。读者可根据当前学习时 MindSpore 所支持的 Python 版本，进行相应 Python 环境的安装。

然后，在开发环境中运行代码清单 10-1，即可开始自动下载手写数字图像数据集。

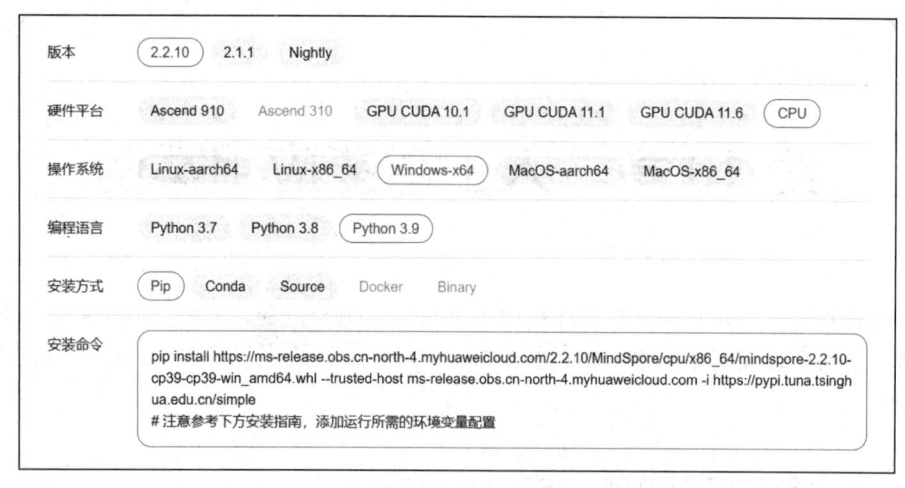

图 10-1　获取 MindSpore 安装命令的示例

代码清单 10-1　下载手写数字图像数据集

```
1  from download import download
2  url = "https://mindspore-website.obs.cn-north-4.myhuaweicloud.com/notebook/
      datasets/MNIST_Data.zip"
3  path = download(url, "./", kind="zip", replace=True)
```

代码清单 10-1 执行结束后，可在程序所在目录下看到新生成的 MNIST_Data 文件夹，该文件夹中的 train 和 test 两个子文件夹分别保存了训练集数据和测试集数据。

提示　在运行代码清单 10-1 前，需要先安装 download 工具包，安装命令如下：
```
pip install download -i http://pypi.douban.com/simple --trusted-host=pypi.douban.com
```

2. 数据集的加载和查看

下载数据集后，运行代码清单 10-2 可加载手写数字图像数据集，并查看数据集的相关信息。

代码清单 10-2　加载手写数字图像数据集

```
1  from mindspore.dataset import MnistDataset
2  train_dataset = MnistDataset('MNIST_Data/train')    # 加载训练集
3  test_dataset = MnistDataset('MNIST_Data/test')      # 加载测试集
4  print('列名: ', train_dataset.get_col_names())      # 输出训练集的列名
5  print('训练集样本数:', len(train_dataset))          # 输出训练集样本数
6  print('测试集样本数:', len(test_dataset))           # 输出测试集样本数
```

代码清单 10-2 执行结束后，将在屏幕上输出

```
列名: ['image', 'label']
训练集样本数：60000
测试集样本数：10000
```

从输出结果可以看到，数据集中存在两列数据，一列为 image（即图像），另一列为 label（即标签）；训练集和测试集的样本数分别是 6 万和 1 万。

3. 数据集的预处理

首先,查看预处理前的数据集,如代码清单 10-3 所示。

代码清单 10-3　查看预处理前的数据集

```
1  for image, label in train_dataset.create_tuple_iterator():
2      print('图像形状: ', image.shape, ', 数据类型: ', image.dtype)
3      print('标签形状: ', label.shape, ', 数据类型: ', label.dtype)
4      break
```

代码清单 10-3 执行结束后,将在屏幕上输出

```
图像形状: (28, 28, 1) ,数据类型: UInt8
标签形状: () ,数据类型: UInt32
```

每条数据包括图像和标签。图像是一个三维数据,其中 28、28 和 1 分别对应图像的高度(H)、宽度(W)和通道数(C),元素类型是 UInt8;标签是一个 UInt32 类型的常量。

然后,通过代码清单 10-4,定义数据预处理的函数 data_preprocessing。该函数有两个参数:dataset 用于接收要做预处理的数据集,batch_size 用于指定将数据集分成多个批次时每个批次中的样本数量。该函数的返回结果是预处理后的数据集。

代码清单 10-4　定义数据预处理的函数

```
1   import mindspore  # 导入 mindspore 工具包
2   from mindspore.dataset import vision, transforms  # 导入模块
3   def data_preprocessing(dataset, batch_size):  # 定义数据预处理的函数
4       image_transforms = [  # 定义图像数据预处理操作列表
5           vision.Rescale(1/255, 0),  # 将数据值缩小为原来的 1/255
6           vision.Normalize(mean=(0.1307, ), std=(0.3081, )),  # 数据归一化
7           vision.HWC2CHW()  # 调整数据格式,H、W、C 分别表示图像高度、宽度和通道数
8       ]
9       label_transform = transforms.TypeCast(mindspore.int32)  # 定义标签数据的预处
            理操作,其作用是将标签数据映射为 mindspore.int32 类型
10      dataset = dataset.map(image_transforms, 'image')  # 对图像数据应用 image_
            transforms 所定义的预处理操作
11      dataset = dataset.map(label_transform, 'label')  # 对标签数据应用 label_
            transform 所定义的预处理操作
12      dataset = dataset.batch(batch_size , drop_remainder=False)  # 将数据分成多个
            批次,以支持批量训练
13      return dataset  # 返回预处理后的数据集
```

在代码清单 10-5 中调用 data_preprocessing 函数,完成训练集和测试集的预处理,这里指定参数 batch_size=32,表示将数据集分批,每批包含 32 个样本。

代码清单 10-5　训练集和测试集的预处理

```
1  train_dataset = data_preprocessing(train_dataset, batch_size=32)  # 对训练集进行
       预处理
2  test_dataset = data_preprocessing(test_dataset, batch_size=32)  # 对测试集进行预
       处理
```

最后,查看预处理后的数据,如代码清单 10-6 所示。

代码清单 10-6　查看预处理后的数据集

```
1  for image, label in test_dataset.create_tuple_iterator():
```

```
2       print('图像形状: ', image.shape, ', 数据类型: ', image.dtype)
3       print('标签形状: ', label.shape, ', 数据类型: ', label.dtype)
4       break
```

代码清单 10-6 执行结束后，将在屏幕上输出

```
图像形状: (32, 1, 28, 28) ,数据类型: Float32
标签形状: (32, ) , 数据类型: Int32
```

即每一条数据中图像是一个四维数据，其中的 32 及 1、28 和 28 分别表示一批数据所包含的图像数量及每一图像的通道数、高度和宽度，元素类型是 `Float32`；标签是一个一维数据，32 表示一批数据所包含的标签数，每个标签与图像一一对应，元素类型是 `Int32`。

提示 在训练人工神经网络模型时，每次根据一批数据进行模型参数的优化，通常可以使训练过程更加稳定。本案例中，将一批数据的样本数量设置为 32，即每次将 32 个样本送入模型，计算整体损失，再进行模型参数的优化。

10.1.3 任务 1：基于多层感知器的手写数字图像识别

1. 基础理论和方法介绍

多层感知器的结构如图 10-2 所示，包括全连接层（Fully Connected Layer，FC）和激活函数两个基础算子。

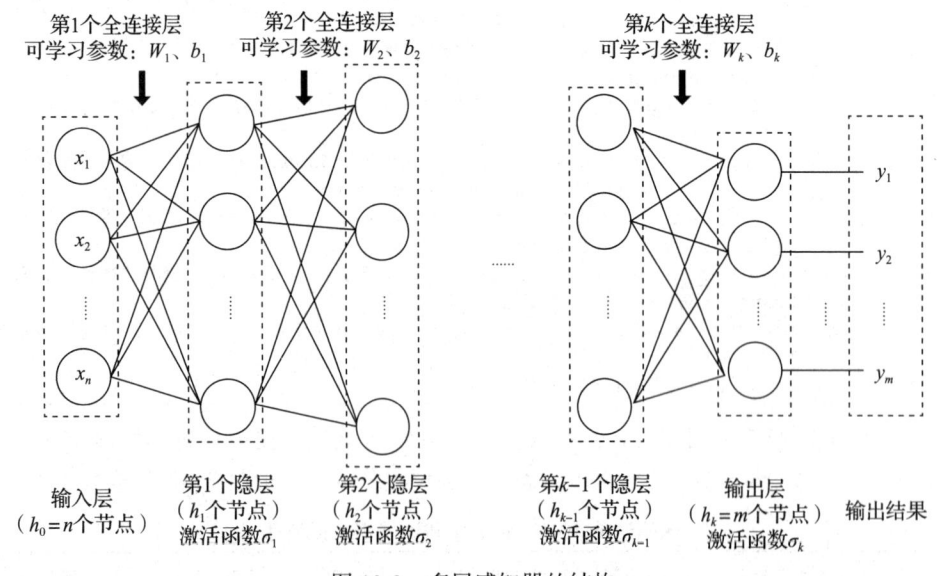

图 10-2 多层感知器的结构

全连接层也称为密集连接层（dense layer），其将前一层中每一个节点（或神经元）与后一层中每一个节点连接。输入层与输出层的节点数量与问题相关。对于手写数字图像识别问题，输入层节点数为 784（= 通道数 1 × 图像高度 28 × 图像宽度 28）；输出层节点数为 10，即对应 0~9 共 10 个类别；隐层数量及每一隐层的节点数量均是模型的超参数，需要在模型训练前人为设置。

多层感知器中，可根据训练样本自动调整的可学习参数全部在全连接层；通过优化权重参数 W 和偏置参数 b（可选参数），可实现模型对特定任务的适应。

激活函数是多层感知器的超参数，常用的激活函数有 Sigmoid、Tanh 和 ReLU，其示意图如图 10-3 所示。可见，Sigmoid 激活函数输出值的取值范围是 (0, 1)，Tanh 激活函数输出值的取值范围是 (−1, 1)，ReLU 激活函数输出值的取值范围是 [0, +∞)。

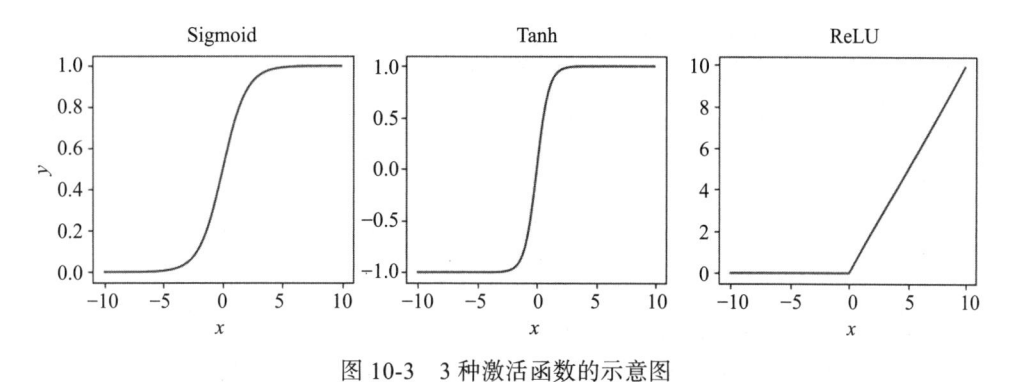

图 10-3　3 种激活函数的示意图

2. 代码实现和分析

首先，定义一个多层感知器 MLP 类，如代码清单 10-7 所示。

代码清单 10-7　定义多层感知器 MLP 类

```
1   from mindspore import nn  #导入 nn 模块
2   class MLP(nn.Cell):  #定义多层感知器 MLP 类
3       def __init__(self):  #定义构造方法
4           super().__init__()  #调用父类的构造方法
5           self.flatten=nn.Flatten()  #定义 flatten 操作，将数据转为一维数据
6           self.dense_relu_seq=nn.SequentialCell(  #定义 dense_relu_seq 操作
7               nn.Dense(1*28*28, 512),  #第 1 个全连接层
8               nn.ReLU(),  #ReLU 激活函数
9               nn.Dense(512, 512),  #第 2 个全连接层
10              nn.ReLU(),  #ReLU 激活函数
11              nn.Dense(512, 10)  #第 3 个全连接层
12          )
13      def construct(self, x):  #定义 construct 方法
14          x=self.flatten(x)  #调用 self.flatten 将 x 转为一维数据
15          logits=self.dense_relu_seq(x)   #调用 self.dense_relu_seq 实现对一维数据 x
                的处理（包含 3 个全连接层和 2 个 ReLU 激活函数）
16          return logits  #返回处理后的结果
```

下面给出代码清单 10-7 的说明。

- 在 MindSpore 框架中，定义的人工神经网络类需要以 nn.Cell 作为父类，其包含 __init__ 构造方法和 construct 方法。
- 在 __init__ 构造方法中，定义神经网络所包含的计算。本例中定义了用于将三维图像数据转为一维数据的 self.flatten 操作，以及包含 3 个全连接层和 2 个 ReLU 激活函数计算的 self.dense_relu_seq 操作。
- 在 construct 方法中，则通过执行 __init__ 构造方法中定义的操作，实现数据的计算。

定义 MLP 类后，可以创建 MLP 类的对象并打印对象信息，如代码清单 10-8 所示。

代码清单 10-8　创建 MLP 对象

```
1  mlp= MLP() #创建 MLP 对象
2  print(mlp) #打印模型信息
```

代码清单 10-8 执行结束后，将在屏幕上输出

```
MLP<
  (flatten): Flatten<>
  (dense_relu_seq): SequentialCell<
    (0): Dense<input_channels=784, output_channels=512, has_bias=True>
    (1): ReLU<>
    (2): Dense<input_channels=512, output_channels=512, has_bias=True>
    (3): ReLU<>
    (4): Dense<input_channels=512, output_channels=10, has_bias=True>
    >
  >
```

从输出结果可以看到该多层感知器对输入数据的计算过程。

- 对于输入的 $1 \times 28 \times 28$ 的手写数字图像，先通过 flatten 操作将其转为长度为 784 的一维数据。
- 将该一维数据送入第 1 个全连接层，该全连接层的输入是长度为 784 的一维数据，输出是长度为 512 的一维数据；has_bias=True 表示该全连接层除了包括可学习的连接权重参数 W，还包括可学习的偏置参数 b。
- 将第 1 个全连接层处理后的长度为 512 的一维数据送入 ReLU 激活函数，通过激活函数得到的仍然是一个长度为 512 的一维数据。
- 将激活函数处理后的长度为 512 的一维数据作为第 2 个全连接层的输入，该全连接层输出的一维数据的长度仍然为 512；同样，has_bias=True 表示第 2 个全连接层也包括可学习的权重参数 W 和偏置参数 b。
- 将第 2 个全连接层处理后的长度为 512 的一维数据再送入 ReLU 激活函数，通过激活函数得到的仍然是一个长度为 512 的一维数据。
- 将激活函数处理后的长度为 512 的一维数据再送入第 3 个全连接层，该全连接层输出的一维数据的长度为 10，对应了手写数字图像的 10 个类别；输出层的 10 个节点中，输出值最大的节点编号（0~9）即为输入的手写数字图像的识别结果。

该多层感知器模型的示意图如图 10-4 所示。

提示　输入的手写数字图像是灰度图，因此只有 1 个通道。如果输入的是彩色图像，则会有 R（红）、G（绿）、B（蓝）共 3 个通道。

然后，定义并调用模型训练函数 train，进行模型训练，分别如代码清单 10-9 和代码清单 10-10 所示。

代码清单 10-9　定义模型训练函数 train

```
1  from mindspore.train import Model #导入 Model 类
2  from mindspore.train.callback import LossMonitor #导入 LossMonitor 类
3  def train(net, train_dataset, lr, num_epochs, ckpt_name): #定义 train 函数
```

```
4       loss = nn.loss.SoftmaxCrossEntropyWithLogits(sparse=True,
            reduction='mean')  # 使用 Softmax 交叉熵损失
5       opt = nn.SGD(net.trainable_params(), lr)  # 使用 SGD 优化算法
6       loss_cb = LossMonitor(per_print_times=train_dataset.get_dataset_size())
            # 训练过程中打印每一轮迭代（epoch）的损失值
7       model = Model(net, loss, opt)  # 创建 Model 对象
8       model.train(epoch=num_epochs, train_dataset=train_dataset,
            callbacks=[loss_cb])  # 训练模型
9       mindspore.save_checkpoint(net, ckpt_name)  # 保存模型
```

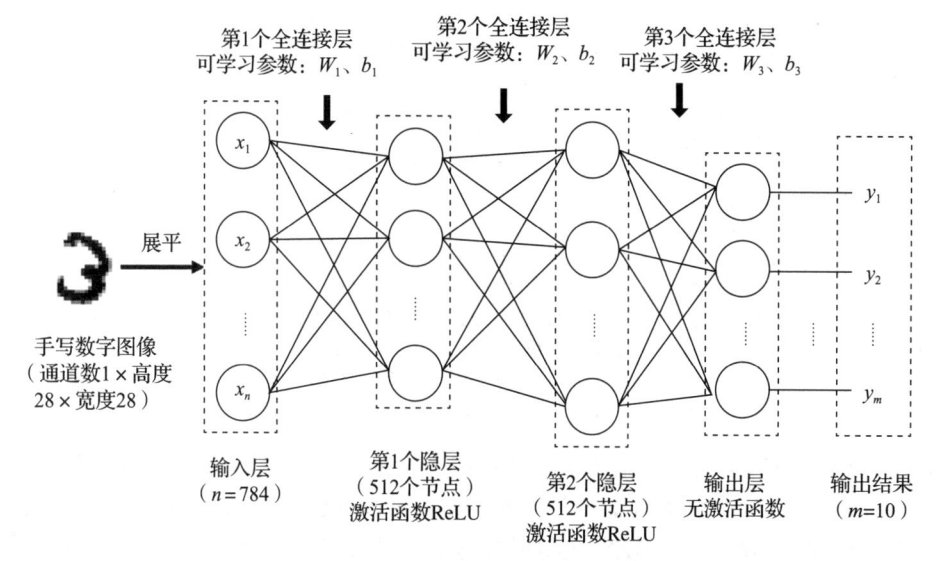

图 10-4　所构建多层感知器的示意图

代码清单 10-10　训练多层感知器

```
1   import mindspore.context as context  # 导入 context 模块
2   context.set_context(mode=context.GRAPH_MODE) # 使用静态图模式以提高运行性能
3   train(mlp, train_dataset, 0.01, 20, 'mlp.ckpt')  # 训练并保存模型
```

train 函数共有 5 个参数：net 用于接收要训练的人工神经网络模型对象，这里传入的是代码清单 10-8 中创建的 MLP 类对象 mlp；train_dataset 用于接收训练数据集；lr 用于设置学习率，学习率越大，则模型训练过程越快，但较难达到局部最优值，本例将学习率设置为 0.01；num_epochs 用于设置迭代轮数，一轮迭代是指将所有训练样本都送入模型一次，本例将迭代轮数设置为 20；ckpt_name 用于设置模型保存路径，本例将训练好的模型保存到程序所在目录的 mlp.ckpt 文件中。

在代码清单 10-9 所给出的 train 函数定义中，首先通过第 4~6 行代码，指定使用 Softmax 交叉熵作为模型优化的损失函数，使用随机梯度下降（SGD）作为模型参数的优化方法，并定义了用于每一轮迭代输出一次模型损失值的回调函数 loss_cb；然后，在第 7 行代码中，创建 Model 类的对象，创建时将要训练的模型 net、使用的损失函数 loss 和使用的优化方法 opt 作为参数；最后，在第 8 和 9 行代码中，分别进行模型的训练及训练好的模型的保存。

在代码清单 10-10 中，通过 context 模块，将模型训练模式设置为静态图模式，以提高训练效率；并调用 train 函数完成模型的训练和保存。

依次执行代码清单 10-9 和代码清单 10-10 后，将在屏幕上输出下面的信息，并在程序所在目录下生成 mlp.ckpt 文件。

```
epoch: 1 step: 1875, loss is 0.409873366355896
epoch: 2 step: 1875, loss is 0.2047421932220459
epoch: 3 step: 1875, loss is 0.04884614050388336
epoch: 4 step: 1875, loss is 0.17616617679595947
epoch: 5 step: 1875, loss is 0.15630578994750977
epoch: 6 step: 1875, loss is 0.05558479577302933
epoch: 7 step: 1875, loss is 0.0452503003180027
epoch: 8 step: 1875, loss is 0.09758582711219788
epoch: 9 step: 1875, loss is 0.14279216527938843
epoch: 10 step: 1875, loss is 0.053055226802825936
epoch: 11 step: 1875, loss is 0.049015987664461136
epoch: 12 step: 1875, loss is 0.01582925394177437
epoch: 13 step: 1875, loss is 0.009998265653848648
epoch: 14 step: 1875, loss is 0.007369362283498049
epoch: 15 step: 1875, loss is 0.02208005264401436
epoch: 16 step: 1875, loss is 0.0077596334740519524
epoch: 17 step: 1875, loss is 0.00518215727061033255
epoch: 18 step: 1875, loss is 0.0055130599066615105
epoch: 19 step: 1875, loss is 0.001958028180524707
epoch: 20 step: 1875, loss is 0.007094281259924173
```

其中，epoch 后面的数值表示当前的迭代轮数；step 后面的数值表示当前轮迭代中的训练步数，总共有 6 万条训练样本，将训练样本分批时每批包含 32 条样本，即将训练样本分成了 1875（=60000/32）批，因此一轮迭代中包含的训练步数是 1875；loss 后面的数值表示当前轮迭代的模型损失值，可以看到模型损失值在振荡下降。

最后，定义并调用模型测试函数 test，进行模型测试，分别如代码清单 10-11 和代码清单 10-12 所示。

代码清单 10-11　定义模型测试函数 test

```
1   import numpy as np
2   def test(net, test_dataset):  # 定义 test 函数
3       model = Model(net)         # 创建 Model 对象
4       preds = []   # 记录每一条测试数据的预测值
5       labels = []  # 记录每一条测试数据的标签值
6       for data in test_dataset.create_dict_iterator():  # 遍历测试数据
7           output = model.predict(data['image'])  # 根据输入图像生成模型预测结果（测试
                数据也是按每 32 条样本一个批次送入模型进行预测的）
8           pred = np.argmax(output.asnumpy(), axis=1)  # 将输出值最大的结果作为预测结果
9           preds += list(pred)    # 将预测结果加到列表中
10          label = data['label']  # 获取测试数据的标签
11          labels += list(label.asnumpy())        # 将测试数据的标签加到列表中
12      return np.array(preds), np.array(labels)   # 返回测试数据的预测结果和标签
```

代码清单 10-12　测试多层感知器

```
1   mlp = MLP()  # 创建 MLP 对象
2   mindspore.load_checkpoint('mlp.ckpt', net=mlp)  # 从文件加载训练好的模型
3   preds, labels = test(mlp, test_dataset)  # 调用 test 函数进行模型测试
```

```
4   print(preds)  #输出测试数据集的预测结果
5   print(labels) #输出测试数据集的标签
6   num_samples = labels.shape[0] #获取测试数据集的样本数量
7   num_correct = (preds==labels).sum().item() #计算识别正确的样本数量
8   acc = num_correct/num_samples #计算准确率
9   print('样本数: %d, 识别正确: %d, 准确率: %f'%(num_samples, num_correct, acc))
                #输出测试结果信息
```

test 函数有两个参数：net 用于接收要测试的人工神经网络模型对象，这里传入的是从 mlp.ckpt 文件加载的训练好的模型；test_dataset 用于接收测试数据集。

在代码清单 10-11 所给出的 test 函数定义中，先创建 Model 类对象 model，创建时将训练好的模型 net 作为参数；然后，通过 for 循环遍历测试数据，并调用 model.predict 方法实现预测；最后，调用 NumPy 提供的 argmax 函数，获取具有最大输出值的输出层节点序号（0~9）作为手写数字图像的识别结果，并将测试数据的预测结果和对应标签返回。

在代码清单 10-12 中，先创建 MLP 类对象 mlp，并从 mlp.ckpt 文件中加载训练好的模型；然后，调用 test 函数，得到测试数据的预测结果和对应标签；最后，根据总样本数和识别正确的样本数，计算准确率并输出。

依次执行代码清单 10-11 和代码清单 10-12 后，将在屏幕上输出

```
[5 9 8 … 5 8 9]
[5 9 8 … 5 8 9]
样本数: 10000, 识别正确: 9810, 准确率: 0.981000
```

提示 人工神经网络模型中，可学习参数采用随机初始化的方式进行初始化。因此，每次运行模型训练和测试程序时，会得到不同的训练和测试结果。

10.1.4 任务 2：基于卷积神经网络的手写数字图像识别

1. 基础理论和方法介绍

在卷积神经网络中，除了包含多层感知器中使用的全连接层和激活函数这两种算子以外，还包含卷积和池化两种算子。

(1) 卷积

对于一个 H（高度）$\times W$（宽度）的二维数据 X，使用 $m \times n$ 的卷积核进行卷积计算，则需要先将 X 划分为多个 $m \times n$ 的块，然后将每个 $m \times n$ 的块分别与 $m \times n$ 的卷积核做矩阵的哈达玛积，最后将哈达玛积结果矩阵中的元素求和，得到卷积运算结果矩阵中的一个元素。

将 X 划分为多个块，是通过滑动窗口来实现的。滑动窗口的尺寸与卷积核的尺寸相同，滑动步长决定了每次在水平方向和垂直方向滑动的距离。例如，如图 10-5 所示，X 是 5×5 的二维数据，将 X 分块时使用的滑动窗口尺寸是 3×3，说明对 X 做卷积运算所使用的卷积核尺寸也是 3×3；滑动步长设置为 1，滑动窗口每次在水平方向上向右滑动 1 列，当到达最右边时，则将滑动窗口移到最左边，并下移 1 行。因此，5×5 的二维数据 X 可以被分成 9（= 3×3）块。如果将滑动步长设置为 2，则会将 5×5 的二维数据 X 分为 4

（=2×2）块，如图 10-6 所示。

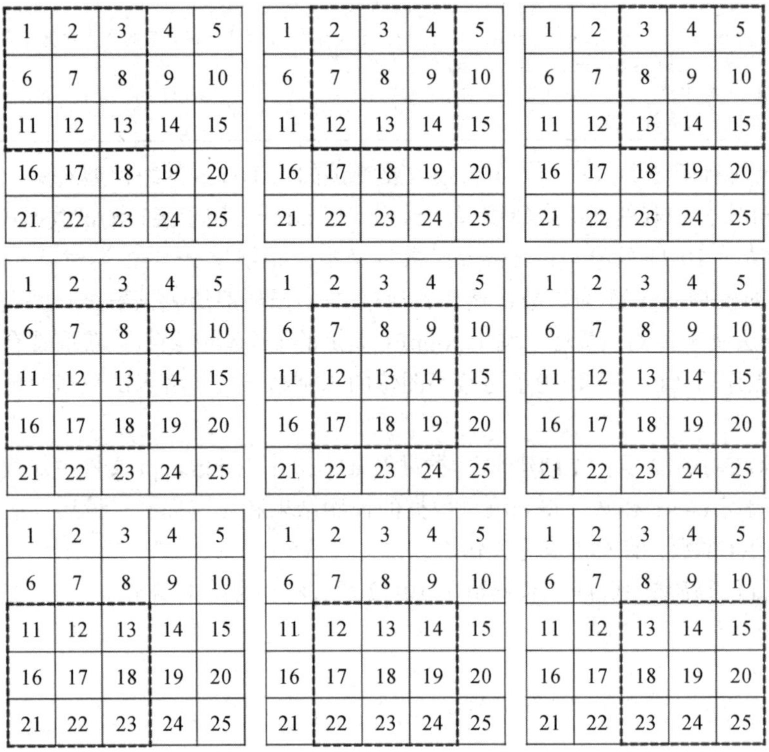

图 10-5 卷积算子的滑动窗口示意图（窗口尺寸为 3×3，以 1 作为滑动步长）

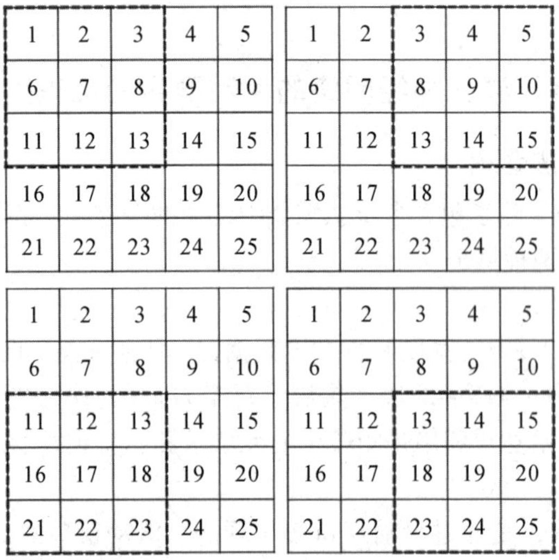

图 10-6 卷积算子的滑动窗口示意图（窗口尺寸为 3×3，以 2 作为滑动步长）

将 X 的每一块分别与卷积核做矩阵的哈达玛积，并将哈达玛积结果矩阵的元素求和，求和结果作为卷积运算结果矩阵中的一个元素。图 10-7 给出了一个具体的卷积计算示例。

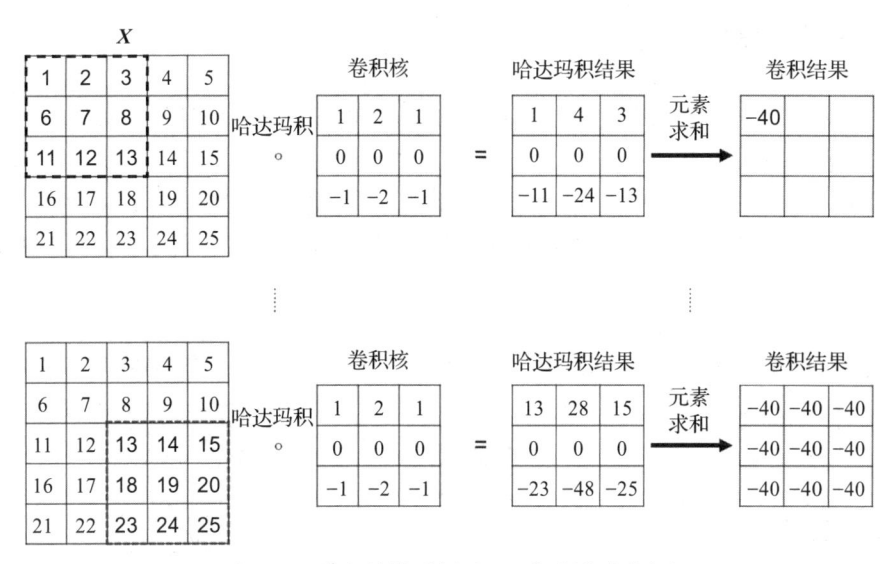

图 10-7 卷积计算示例（以 1 作为滑动步长）

提示

1. 卷积核的尺寸是卷积计算的超参数，需要人为设定；卷积核中的元素则是可学习的参数，可根据训练数据自动优化，以解决特定问题。

2. 从图 10-7 的卷积计算示例可以看到，使用 3×3 的卷积核进行卷积运算，运算结果比输入数据 X 少了 2 行、2 列，即卷积计算前、后数据的形状发生了变化。为了使卷积计算前、后的数据形状一致，可以使用对输入数据 X 补边（padding）的方法。图 10-8 是对输入数据 X 以 0 补边后的一个卷积计算示例。

图 10-8 对输入数据 X 以 0 补边后的卷积计算示例（以 1 作为滑动步长）

对于一个 C（通道数）× H（高度）× W（宽度）的三维数据 Y，需要使用 C 个 $m×n$ 的卷积核进行卷积计算，其计算过程如下。

- Y 中第 1 个通道的二维数据与第 1 个 $m×n$ 的卷积核做卷积计算，得到第 1 个通道的卷积计算结果 R_1。
- Y 中第 2 个通道的二维数据与第 2 个 $m×n$ 的卷积核做卷积计算，得到第 2 个通道

的卷积计算结果 R_2。

……

- Y 中第 C 个通道的二维数据与第 C 个 $m \times n$ 的卷积核做卷积计算，得到第 C 个通道的卷积计算结果 R_C。
- 将 R_1、R_2、…、R_C 中同一位置的元素相加，得到整体的卷积计算结果 R。

图 10-9 给出了多通道数据卷积计算的示意图，其中 p 和 q 分别是卷积计算结果的高度和宽度。

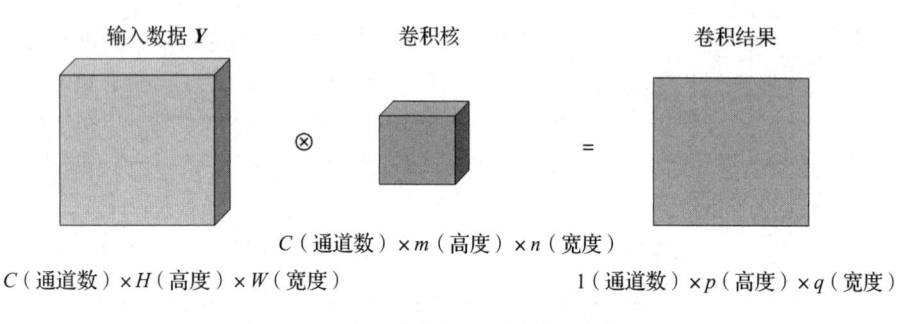

图 10-9　多通道数据卷积计算的示意图

提示　从图 10-9 可以看到，对多通道数据做卷积计算后，得到的结果是单通道数据。如果需要多通道的卷积计算结果，则需要使用多个卷积核；将输入数据与每个卷积核做卷积计算得到的单通道数据拼接在一起，即可得到多通道的结果数据，如图 10-10 所示。

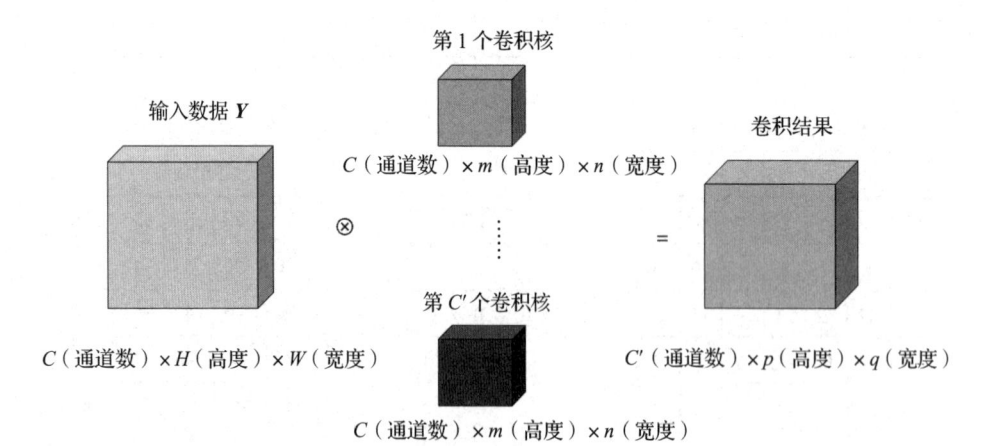

图 10-10　多通道数据的多核卷积计算的示意图

（2）池化

池化是通过取最大值或平均值的方式，将一个窗口中的元素汇聚成一个元素。池化操作中，所使用滑动窗口的滑动步长通常与滑动窗口的尺寸相同，即各滑动窗口区域之间不会重叠。图 10-11 是一个最大池化的计算示例。可以看到，通过 2×2 的池化操作，结果的高度和宽度均缩小为输入数据 X 的 1/2。

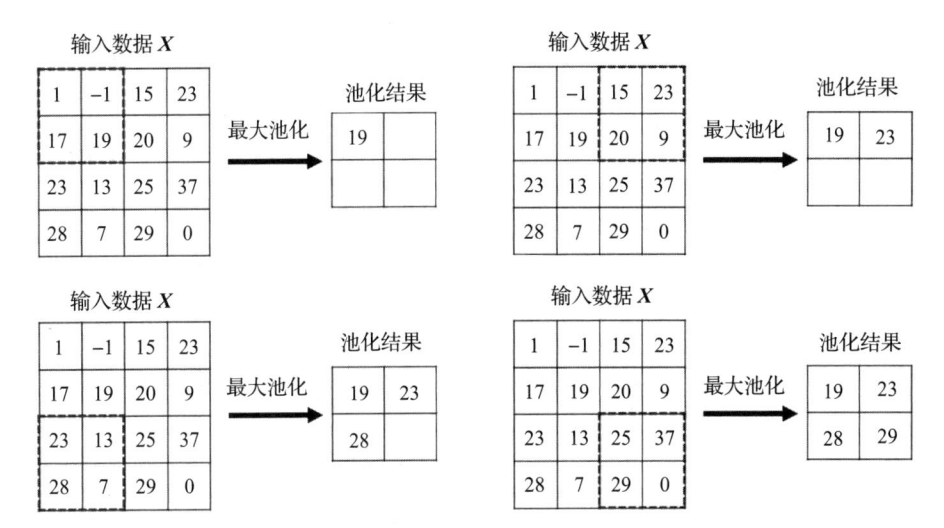

图 10-11　最大池化计算示例（滑动窗口尺寸为 2×2，以 2 作为滑动步长）

提示　将卷积、激活函数、池化等算子组合，通过卷积核中可学习参数的优化，可自动实现适用于特定问题的数据特征的提取，从而提升人工神经网络模型的性能。

2. 代码实现和分析

代码清单 10-13 定义了一个卷积神经网络 CNN 类，引入了卷积和池化。与前面定义的 MLP 类相同，CNN 类中包含了用于定义神经网络所做操作的 __init__ 构造方法，以及将这些操作组合并实现神经网络计算的 construct 方法。

代码清单 10-13　定义卷积神经网络 CNN 类

```
1   class CNN(nn.Cell):  #定义卷积神经网络 CNN 类
2       def __init__(self):  #定义构造方法
3           super().__init__()  #调用父类的构造方法
4           self.layer1 = nn.SequentialCell(  #定义第 1 个卷积层
5               nn.Conv2d(in_channels=1, out_channels=16, kernel_size=3, pad_
                   mode='valid'),   # 输入数据是 1*28*28，输出数据是 16*26*26，使用 3*3
                   的卷积核，不补边
6               nn.ReLU()  #ReLU 激活函数
7           )
8           self.layer2 = nn.SequentialCell(  #定义第 2 个卷积层
9               nn.Conv2d(in_channels=16, out_channels=32, kernel_size=3, pad_
                   mode='valid'),   # 输入数据是 16*26*26，输出数据是 32*24*24，使用 3*3
                   的卷积核，不补边
10              nn.ReLU(),  #ReLU 激活函数
11              nn.MaxPool2d(kernel_size=2, stride=2))   #以 2 为滑动步长进行 2*2 窗口
                   的最大池化，输出数据是 32*12*12
12          self.layer3 = nn.SequentialCell(  #定义第 3 个卷积层
13              nn.Conv2d(in_channels=32, out_channels=64, kernel_size=3, pad_
                   mode='valid'),   # 输入数据是 32*12*12，输出数据是 64*10*10，使用 3*3
                   的卷积核，不补边
14              nn.ReLU())  #ReLU 激活函数
15          self.layer4 = nn.SequentialCell(  #定义第 4 个卷积层
16              nn.Conv2d(in_channels=64, out_channels=128, kernel_size=3, pad_
                   mode='valid'),   # 输入数据是 64*10*10，输出数据是 128*8*8，使用 3*3
```

```
17                nn.ReLU(),  #ReLU 激活函数
                                                的卷积核，不补边
18                nn.MaxPool2d(kernel_size=2, stride=2))   # 以 2 为滑动步长进行 2*2 窗口
                       的最大池化，输出数据是 128*4*4
19       self.flatten = nn.Flatten() # 定义 flatten 操作，将数据转为一维数据
20       self.fc = nn.SequentialCell( # 定义全连接层
21                nn.Dense(128 * 4 * 4, 1024), # 输入的一维数据的长度为 2048（=128*4*4），
                       输出的一维数据的长度为 1024
22                nn.ReLU(),  #ReLU 激活函数
23                nn.Dense(1024, 128),  # 输入的一维数据的长度为 1024，输出的一维数据的长度
                       为 128
24                nn.ReLU(),  #ReLU 激活函数
25                nn.Dense(128, 10))  # 输入的一维数据的长度为 128，输出的一维数据的长度为 10
                       （对应 10 个类别）
26    def construct(self, x): # 定义 construct 方法
27       x = self.layer1(x) # 执行第 1 个卷积层的计算
28       x = self.layer2(x) # 执行第 2 个卷积层的计算
29       x = self.layer3(x) # 执行第 3 个卷积层的计算
30       x = self.layer4(x) # 执行第 4 个卷积层的计算
31       x = self.flatten(x) # 调用 self.flatten 将 x 转为一维数据
32       x = self.fc(x) # 执行全连接层的计算
33       return x # 返回计算结果
```

该卷积神经网络的计算过程示意图如图 10-12 所示。

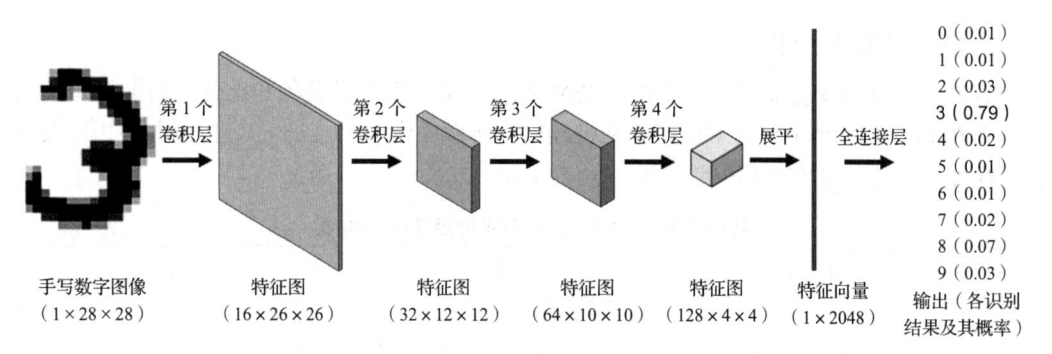

图 10-12 代码清单 10-13 所定义的卷积神经网络的计算过程示意图

定义 CNN 类后，可以创建 CNN 类的对象，如代码清单 10-14 所示。

代码清单 10-14　创建 CNN 对象

```
1  cnn = CNN()  # 创建 CNN 对象
```

在进行模型训练前，按照多层感知器任务中的方式进行手写数字图像数据集的加载及预处理，如代码清单 10-15 所示。

代码清单 10-15　加载及预处理手写数字图像数据集

```
1  train_dataset = MnistDataset('MNIST_Data/train') # 加载训练集
2  test_dataset = MnistDataset('MNIST_Data/test') # 加载测试集
3  train_dataset = data_preprocessing(train_dataset, batch_size=32) # 对训练集进行
      预处理
4  test_dataset = data_preprocessing(test_dataset, batch_size=32) # 对测试集进行预
      处理
```

通过调用代码清单 10-9 定义的模型训练函数 train，可完成卷积神经网络的训练，

如代码清单 10-16 所示。代码清单 10-16 与代码清单 10-10 训练多层感知器的区别如下：第 1 个参数传入的数据是 CNN 类对象 cnn；最后一个参数传入的数据是 'cnn.ckpt'，即训练好的卷积神经网络模型会保存在程序所在目录的 cnn.ckpt 文件中。

代码清单 10-16　训练卷积神经网络

```
1   import mindspore.context as context  # 导入 context 模块
2   context.set_context(mode=context.GRAPH_MODE) # 使用静态图模式以提高运行性能
3   train(cnn, train_dataset, 0.01, 20, 'cnn.ckpt')  # 训练并保存模型
```

代码清单 10-16 执行结束后，将在屏幕上输出下面的信息，并在程序所在目录下生成 cnn.ckpt 文件。

```
epoch: 1 step: 1875, loss is 0.21416901051998138
epoch: 2 step: 1875, loss is 0.063331072002649307
epoch: 3 step: 1875, loss is 0.07789043337106705
epoch: 4 step: 1875, loss is 0.0031499741598963737
epoch: 5 step: 1875, loss is 0.0028126733377575874
epoch: 6 step: 1875, loss is 0.0015634797746315598
epoch: 7 step: 1875, loss is 0.007746921386569738
epoch: 8 step: 1875, loss is 0.17537355422973633
epoch: 9 step: 1875, loss is 0.050000680685043335
epoch: 10 step: 1875, loss is 0.0003803236177191138
epoch: 11 step: 1875, loss is 0.044238738715648655
epoch: 12 step: 1875, loss is 0.0008179523283615708
epoch: 13 step: 1875, loss is 6.128469976829365e-05
epoch: 14 step: 1875, loss is 0.00017810812278185047
epoch: 15 step: 1875, loss is 1.1349857231834903e-05
epoch: 16 step: 1875, loss is 0.00018872936198022217
epoch: 17 step: 1875, loss is 0.0018771735485643148
epoch: 18 step: 1875, loss is 0.0020997629035264254
epoch: 19 step: 1875, loss is 0.0008499562391079962
epoch: 20 step: 1875, loss is 0.007195742800831795
```

通过调用代码清单 10-11 中定义的模型测试函数 test，可进行卷积神经网络的性能测试，如代码清单 10-17 所示。该程序从程序所在目录下的 cnn.ckpt 文件中加载训练好的模型，调用 test 函数进行模型测试，根据样本总数和识别正确的样本数计算准确率，并输出测试结果信息。

代码清单 10-17　测试卷积神经网络

```
1   cnn = CNN()  # 创建 CNN 对象
2   mindspore.load_checkpoint('cnn.ckpt', net=cnn)  # 从文件加载训练好的模型
3   preds, labels = test(cnn, test_dataset)  # 调用 test 函数进行模型测试
4   print(preds)  # 输出测试数据集的预测结果
5   print(labels)  # 输出测试数据集的标签
6   num_samples = labels.shape[0]  # 获取测试数据集的样本数量
7   num_correct = (preds==labels).sum().item()  # 计算识别正确的样本数量
8   acc = num_correct/num_samples  # 计算准确率
9   print('样本数: %d, 识别正确: %d, 准确率: %f'%(num_samples, num_correct, acc))
        # 输出测试结果信息
```

代码清单 10-17 执行结束后，将在屏幕上输出

```
[3 3 3 … 8 8 9]
[3 3 3 … 8 8 9]
样本数: 10000, 识别正确: 9903, 准确率: 0.990300
```

提示 与多层感知器模型相同，每次运行卷积神经网络模型的训练和测试程序时，会得到不同的训练和测试结果。

10.1.5 拓展学习

请读者以本节的案例为基础，尝试修改卷积神经网络模型的相关代码，解决其他图像识别问题（如 CIFAR-10 数据集的 10 类目标分类问题）。

10.2 流程工业控制系统时序数据预测（基于 MindSpore）

10.2.1 问题描述

流程工业控制系统时序数据预测任务是一项多变量时间序列预测任务，其中多变量数据源自多个传感器，每个传感器的输出是一个时间序列数据，这些传感器数据来自控制系统中的多个控制回路。

在工业控制系统中，一个控制回路通常包括一个过程变量（Process Variable，PV）和一个控制变量（Operating Variable，OP）。过程变量是指工业过程或系统中需要监测和控制的实际物理量或状态，可以是温度、压力、流量、速度、液位等，是通过传感器测量并反馈给控制系统的值，用于表示当前的过程状态。控制变量是能够影响工业过程或系统行为的可控变量；控制器通过与设定点进行比较，计算出误差，然后生成相应的控制信号来调整执行器（针对流量作为过程变量的回路，控制变量可以是阀门开度），以使过程变量达到设定点。

此外，在工业控制系统中还存在干扰变量（Disturbance Variable，DV），其是工业过程中会影响过程变量但不能直接控制的变量；它们是工业过程中的外部因素或变化，可以导致过程变量偏离设定点。

对流程工业控制系统时序数据的预测可以用于故障预警和控制系统优化等多种下游任务。在流程工业多元时间序列预测任务中，通常只将过程变量作为预测目标。本案例实现下面的两个任务。

任务 1 流程工业控制系统时序数据单步预测

任务描述：利用过去 30 个时间步的历史时间序列数据，预测未来 1 个时间步的过程变量数据。

输入数据：过去 30 个时间步的过程变量、控制变量和干扰变量数据。

输出数据：未来 1 个时间步的过程变量的预测值。

任务 2 流程工业控制系统时序数据多步预测

任务描述：利用过去 30 个时间步的历史时间序列数据，预测未来 5 个时间步的过程变量数据。

输入数据：过去 30 个时间步的过程变量、控制变量和干扰变量数据；未来 4 个时间步的控制变量数据。

输出数据：未来 5 个时间步的过程变量的预测值。

10.2.2 数据集介绍

本案例的工业数据集来自某厂甲醇精馏装置分布式控制系统（Distributed Control System，DCS）的数据。数据的时间跨度约为 2 天，采样间隔为 10s，共采集 14516 个时间点数据。每个数据点都包括 23 个传感器的读数，其中包括 9 个控制回路的过程变量、9 个对应的控制变量，以及 5 个干扰变量。

本书配套数字资源所提供的 jl_data_train.csv 数据文件中，每一行代表一个时间点的采样数据，time_stamp 列为时间戳，PV_$\{i\}$ 和 OP_$\{i\}$ 列分别表示第 i 个回路中对应的过程变量和控制变量。DV_$\{1\sim5\}$ 列是工段的干扰变量，在本数据集中，干扰变量不随回路划分。

1. 数据集的加载和查看

jl_data_train.csv 数据文件中的部分数据如下所示。第 1 行是标题，后面是 14516 行时间点数据；总共 24 列，第 1 列是时间戳，第 2~10 列是过程变量值，第 11~19 列是对应的控制变量值，第 20~24 列是干扰变量值。

```
time_stamp, PV_0, PV_1, PV_2, PV_3, PV_4, PV_5, PV_6, PV_7, PV_8, OP_0, OP_1,
    OP_2, OP_3, OP_4, OP_5, OP_6, OP_7, OP_8, DV_0, DV_1, DV_2, DV_3, DV_4
1676653474.463, 2.928667473375612, 3.228562299025598, -0.3776697774491603,
    0.018194398571224076, 0.15065963888440215, -1.3713724275911727,
    0.6286228633419532, 0.4713343383369593, -0.5128413267997664,
    1.7997393023880437, 2.0936486173209015, -0.8567731917364653,
    1.2344360961309189, 0.14449855626328592, 0.06037521739495993,
    -1.0953018378918415, -0.9195415215751771, -0.05237780927203853,
    -0.18802061783750987, 0.08506072753524492, 0.8766739856509574,
    0.9443662087339856, -1.5110690297847502
1676653484.463, 2.7507462368709246, 3.209214753227648, -0.34828642194668685,
    0.27028595005501455, -0.1308481054675612, -1.5363414091076377,
    0.24263337169682112, 0.4600655587444748, -0.34021417313223773,
    1.7997393023880437, 2.0936486173209015, -0.8567731917364653,
    1.222503141585273, 0.01760370309129924, 0.06037521739495993,
    -1.0953018378918415, -0.9195415215751771, -0.0587554826876208544,
    -0.1762893934494357, 0.05179812746067258, 0.8688667519172828,
    1.198136862289255, -1.5317178530192024
......
1676798624.463, -0.8540196613277133, -1.0366682025774907, 0.6458162303294639,
    0.53814201137622811, 0.05209880826782493, 2.795733216720692,
    0.9475772544597026, -0.9873690045546079, 1.605065952977119,
    1.44975519549982961, -0.7341883957093849, 1.8509269296462392,
    0.8656865342605564, 0.08912558712440675, -0.1161728505536499,
    0.06701527142484572, 0.38160035488292865, 0.7702212080052996,
    2.0535915079938043, 2.2755723922141358, 1.415288456766165,
    1.196028981769253, 0.9159239828010798
```

可以使用 NumPy 工具包中提供的 `loadtxt` 函数加载该工业数据集，如代码清单 10-18 所示。其中，`delimiter` 参数用于指定每条数据各元素之间的分隔符；`skiprows=1` 表示忽略第 1 条标题数据；`usecols=range(1, sensor_num+1)` 表示读取第 2~24 列数据，忽略第 1 列的时间戳。

代码清单 10-18　加载工业数据集

```
1   import numpy as np  # 导入numpy工具包
```

```
2   sensor_num = 23  #传感器数量
3   horizon = 5  #预测的时间步数
4   PV_index = [idx for idx in range(9)]  #PV 变量的索引值范围
5   OP_index = [idx for idx in range(9, 18)]  #OP 变量的索引值范围
6   DV_index = [idx for idx in range(18, sensor_num)]  #DV 变量的索引值范围
7   data_path = 'data/jl_data_train.csv'  #数据文件路径
8   data = np.loadtxt(data_path, delimiter=',', skiprows=1, usecols=range(1,
        sensor_num+1))  #读取数据(忽略第 1 行的标题及第 1 列的时间戳)
9   print('数据形状:{0},元素类型:{1}'.format(data.shape, data.dtype))
```

代码清单 10-18 执行结束后,将在屏幕上输出如下结果:

数据形状:(14516, 23),元素类型:float64

根据输出结果可知,共读取了 14516 条数据,每条数据有 23 个元素,与 23 个传感器对应,每个元素的数据类型是 float64。

为了直观看到数据变化趋势,代码清单 10-19 绘制了第 1 个传感器的前 100 条数据。

代码清单 10-19　绘制传感器数据

```
1   import matplotlib.pyplot as plt
2   plt.figure(figsize=(8, 4))
3   plt.plot(range(1, 101), data[:100, 0])  #绘制第 1 个传感器的前 100 条数据
4   plt.show()
```

代码清单 10-19 执行结束后,将在屏幕上输出如图 10-13 所示的结果。

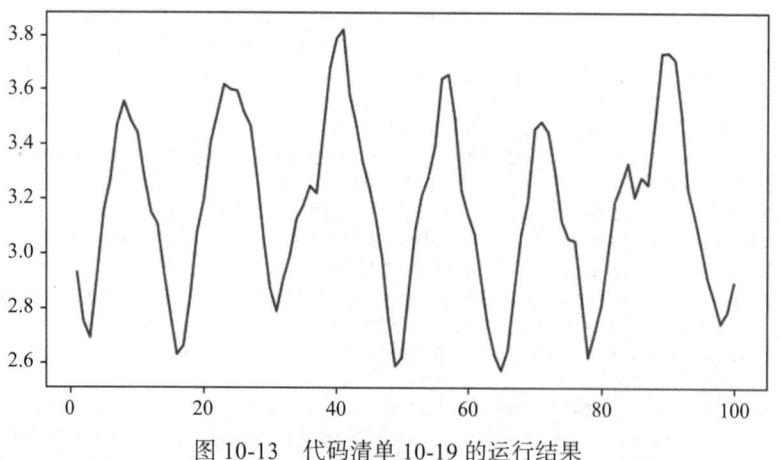

图 10-13　代码清单 10-19 的运行结果

2. 生成模型的输入数据和输出数据

按照任务 1 和任务 2 的要求,需要根据从文件中读取的时间点数据,生成模型的输入数据和输出数据。对于任务 1,每条输入数据由 30 个连续的时间点数据(记为 x_{t+1}、x_{t+2}、…、x_{t+30})组成,其对应的输出数据为 x_{t+31};对于任务 2,每条输入数据仍由 30 个连续的时间点数据(记为 x_{t+1}、x_{t+2}、…、x_{t+30})组成,其对应的输出数据由 5 个连续的时间点数据(x_{t+31}、x_{t+32}、…、x_{t+35})组成。

代码清单 10-20 定义了用于生成模型输入数据和输出数据的 generateData 函数。其中,参数 data 用于接收从文件中读取的时间点数据,X_len 用于接收输入数据的长度,Y_len 用于接收输出数据的长度,sensor_num 用于接收传感器数量。

代码清单 10-20　定义生成模型输入/输出数据的 `generateData` 函数

```
1  def generateData(data, X_len, Y_len, sensor_num):#定义generateData函数
2      point_num = data.shape[0] #时间点总数
3      sample_num = point_num-X_len-Y_len+1 #生成的总样本数
4      X = np.zeros((sample_num, X_len, sensor_num)) #用于保存输入数据
5      Y = np.zeros((sample_num, Y_len, sensor_num)) #用于保存对应的输出数据
6      for i in range(sample_num): #通过遍历逐一生成输入数据和对应的输出数据
7          X[i] = data[i:i+X_len] #前X_len个时间点数据组成输入数据
8          Y[i] = data[i+X_len:i+X_len+Y_len]#后Y_len个时间点数据组成输出数据
9      return X, Y #返回所生成的模型的输入数据X和输出数据Y
```

代码清单10-21通过调用 `generateData` 函数，分别生成了用于任务1和任务2的数据集。

代码清单 10-21　生成用于工业时序预测模型的数据集

```
1  X_t1, Y_t1 = generateData(data, 30, 1, sensor_num)#生成任务1所用的数据集
2  X_t2, Y_t2 = generateData(data, 30, horizon, sensor_num) #生成任务2所用的数据集
3  print('任务1数据集的输入数据形状：{0}，输出数据形状：{1}'.format(X_t1.shape, Y_
       t1.shape))
4  print('任务2数据集的输入数据形状：{0}，输出数据形状：{1}'.format(X_t2.shape, Y_
       t2.shape))
```

代码清单10-21执行结束后，将在屏幕上输出

任务1数据集的输入数据形状：(14486, 30, 23)，输出数据形状：(14486, 1, 23)
任务2数据集的输入数据形状：(14482, 30, 23)，输出数据形状：(14482, 5, 23)

3.划分训练集、验证集和测试集

本案例将数据集划分为3部分，分别是训练集、验证集和测试集。代码清单10-22定义了用于划分数据集的 `splitData` 函数。其中，参数 `X` 和 `Y` 分别用于接收代码清单10-21生成的输入数据和输出数据。

代码清单 10-22　定义用于划分训练集、验证集、测试集的 `splitData` 函数

```
1  def splitData(X, Y): #定义splitData函数
2      N = X.shape[0] #样本总数
3      train_X, train_Y=X[:int(N*0.6)], Y[:int(N*0.6)] #前60%的数据作为训练集
4      val_X, val_Y=X[int(N*0.6):int(N*0.8)], Y[int(N*0.6):int(N*0.8)] #中间20%
         的数据作为验证集
5      test_X, test_Y=X[int(N*0.8):], Y[int(N*0.8)] #最后20%的数据作为测试集
6      return train_X, train_Y, val_X, val_Y, test_X, test_Y#返回划分好的数据集
```

代码清单10-23通过调用 `splitData` 函数，分别生成了用于任务1和任务2的训练集、验证集与测试集。

代码清单 10-23　生成训练集、验证集和测试集

```
1  train_X_t1, train_Y_t1, val_X_t1, val_Y_t1, test_X_t1, test_Y_t1=splitData(X_
       t1, Y_t1) #划分任务1的数据集
2  train_X_t2, train_Y_t2, val_X_t2, val_Y_t2, test_X_t2, test_Y_t2=splitData(X_
       t2, Y_t2) #划分任务2的数据集
3  s = '训练集样本数：{0}，验证集样本数：{1}，测试集样本数：{2}'
4  print('任务1'+s.format(train_X_t1.shape[0], val_X_t1.shape[0], test_X_
       t1.shape[0])) #输出任务1训练集、验证集和测试集的样本数
5  print('任务2'+s.format(train_X_t2.shape[0], val_X_t2.shape[0], test_X_
       t2.shape[0])) #输出任务2训练集、验证集和测试集的样本数
```

代码清单 10-23 执行结束后，将在屏幕上输出

任务 1 训练集样本数：8691，验证集样本数：2897，测试集样本数：2898
任务 2 训练集样本数：8689，验证集样本数：2896，测试集样本数：2897

4. 转换为 MindSpore 要求的数据集格式

使用 MindSpore 搭建的模型，对数据集格式有特定要求，下面介绍如何将前面生成的数据集转换为 MindSpore 要求的数据集格式。

首先，定义多元时间序列数据集类 `MultiTimeSeriesDataset`。如代码清单 10-24 所示，其包含 3 个方法：`__init__` 构造方法分别设置用于模型的输入数据 X 及目标输出数据 Y（即标签）；`__len__` 内置方法返回数据的长度；`__getitem__` 内置方法可以根据传入的索引值 index，从输入数据 X 和目标输出数据 Y 中获得相应的元素。

代码清单 10-24　定义多元时间序列数据集类 `MultiTimeSeriesDataset`

```
1  class MultiTimeSeriesDataset(): # 定义 MultiTimeSeriesDataset 类
2      def __init__(self, X, Y): # 构造方法
3          self.X, self.Y = X, Y # 设置输入数据和输出数据
4      def __len__(self):
5          return len(self.X) # 获取数据的长度
6      def __getitem__(self, index):
7          return self.X[index], self.Y[index] # 获取索引值为 index 的数据
```

然后，定义用于生成训练集、验证集和测试集的 generateMindsporeDataset 函数。如代码清单 10-25 所示，在 generateMindsporeDataset 函数中，根据所创建的 MultiTimeSeriesDataset 类对象 dataset，使用从 mindspore.dataset 模块中导入的 GeneratorDataset 类，将其转换为 MindSpore 要求的数据集对象；其中，column_names 参数指定输入数据和标签的列名分别是 'data' 和 'label'。此外，与 10.1 节给出的手写数字图像识别案例相同，使用转换后的数据集对象调用 batch 方法，将数据集分成多个批次，以支持批量训练。

代码清单 10-25　定义用于生成训练集、验证集和测试集的 `generateMindsporeDataset` 函数

```
1  from mindspore import Tensor # 导入 Tensor 类
2  from mindspore.dataset import GeneratorDataset # 导入 GeneratorDataset 类
3  def generateMindsporeDataset(X, Y, batch_size): # 定义 generateMindsporeDataset
       函数
4      dataset = MultiTimeSeriesDataset(X.astype(np.float32), Y.astype(np.
          float32)) # 根据 X 和 Y 创建 MultiTimeSeriesDataset 类对象
5      dataset = GeneratorDataset(dataset, column_names=['data', 'label']) # 创建
          GeneratorDataset 类对象，并指定数据集两列的列名称分别是 data 和 label
6      dataset = dataset.batch(batch_size=batch_size, drop_remainder=False) # 将
          数据集分成多个批次，以支持批量训练
7      return dataset # 返回可用于模型训练和测试的数据集
```

提示　Tensor 是 MindSpore 提供的一种新的数据类型，其与 NumPy 中的 NDArray 类似，可以用于保存多维数据。

最后，调用 generateMindsporeDataset 函数，将前面为任务 1 和任务 2 生成的数据集，转换为 MindSpore 要求的数据集格式；并通过 batch_size=32，指定每批数据

包含 32 条样本，如代码清单 10-26 和代码清单 10-27 所示。

代码清单 10-26　生成符合 MindSpore 要求的任务 1 的训练集、验证集和测试集

```
1  train_dataset_t1 = generateMindsporeDataset(train_X_t1, train_Y_t1, batch_
      size=32)
2  val_dataset_t1 = generateMindsporeDataset(val_X_t1, val_Y_t1, batch_size=32)
3  test_dataset_t1 = generateMindsporeDataset(test_X_t1, test_Y_t1, batch_
      size=32)
4  for data, label in train_dataset_t1.create_tuple_iterator():
5      print('数据形状: ', data.shape, ', 数据类型: ', data.dtype)
6      print('标签形状: ', label.shape, ', 数据类型: ', label.dtype)
7      break
```

代码清单 10-26 执行结束后，将在屏幕上输出

```
数据形状: (32, 30, 23), 数据类型: Float32
标签形状: (32, 1, 23), 数据类型: Float32
```

代码清单 10-27　生成符合 MindSpore 要求的任务 2 的训练集、验证集和测试集

```
1  train_dataset_t2 = generateMindsporeDataset(train_X_t2, train_Y_t2, batch_
      size=32)
2  val_dataset_t2 = generateMindsporeDataset(val_X_t2, val_Y_t2, batch_size=32)
3  test_dataset_t2 = generateMindsporeDataset(test_X_t2, test_Y_t2, batch_
      size=32)
```

10.2.3　任务 1：流程工业控制系统时序数据单步预测

1. 基础理论和方法介绍

本案例为任务 1 设计了如图 10-14 所示的 TCN_MLP 模型，使用了 10.1 节中介绍的多层感知器模块及卷积模块。空间 MLP 模块包含 4 个全连接层，其作用是对不同传感器的数据做融合，提取传感器数据关联关系的特征表示。然后采用深度学习中常用的残差连接，将生成的特征表示与原始输入数据逐元素相加。残差连接输出的数据依次送入两个具有 3×1 卷积核的时间卷积模块，其作用是提取各时间点数据关联关系的特征表示；在进行卷积操作时不进行补边操作，因此经过两次 3×1 卷积核的卷积操作后，30×23 的数据转换为了 26×23 的数据。最后，使用一个不带补边操作的 26×1 卷积核的卷积操作，将 26×23 的数据转换为 1×23 的数据，对应了 23 个传感器的单步预测结果。

2. 代码实现和分析

下面分步骤给出图 10-14 所示 TCN_MLP 模型的实现方法。

步骤 1　定义 TCN_MLP 类（见代码清单 10-28）。

代码清单 10-28　定义 TCN_MLP 类

```
1  import mindspore
2  from mindspore import nn
3  class TCN_MLP(nn.Cell): # 定义 TCN_MLP 类
4      def __init__(self): # 构造方法
5          super().__init__() # 调用父类的构造方法
6          # 对不同传感器的数据做融合（提取传感器数据间的关联特征）
7          self.spatial_mlp = nn.SequentialCell(
```

```
8            nn.Dense(sensor_num, 128),
9            nn.ReLU(),
10           nn.Dense(128, 64),
11           nn.ReLU(),
12           nn.Dense(64, 32),
13           nn.ReLU(),
14           nn.Dense(32, sensor_num)
15       )
16       # 对时间序列做卷积 (提取时间点数据间的关联特征)
17       self.tcn = nn.SequentialCell(
18           nn.Conv2d(in_channels=1, out_channels=1, kernel_size=(3, 1), pad_
               mode='valid'),
19           nn.Conv2d(in_channels=1, out_channels=1, kernel_size=(3, 1), pad_
               mode='valid'),
20       )
21       # 通过一个卷积层得到最后的预测结果
22       self.final_conv = nn.Conv2d(in_channels=1, out_channels=1, kernel_
           size=(26, 1), pad_mode='valid')  # 使用 26*1 卷积核, 不补边
23   def construct(self, x, step=None):  #construct 方法
24       # 输入数据 x 的形状: [batch_size, 30, 23]
25       h = self.spatial_mlp(x)  # 经过 spatial_mlp 空间处理后, 得到的数据 h 的形状:
           [batch_size, 30, 23]
26       x = x + h  # 残差连接, 将 x 和 h 对应元素相加, 得到的数据 x 的形状: [batch_size,
           30, 23]
27       x = x.unsqueeze(1)  # 根据卷积操作的需要, 将三维数据升为四维数据: [batch_size,
           1, 30, 23]
28       x = self.tcn(x)  # 经过 tcn 时间卷积后, 得到的数据 x 的形状: [batch_size, 1,
           26, 23]
29       y = self.final_conv(x)  # 通过 26*1 的卷积操作后, 得到的数据 y 的形状: [batch_
           size, 1, 1, 23]
30       y = y.squeeze(1)  # 将前面增加的维度去掉, 得到的数据 y 的形状: [batch_size, 1,
           23]
31       return y  # 返回计算结果
```

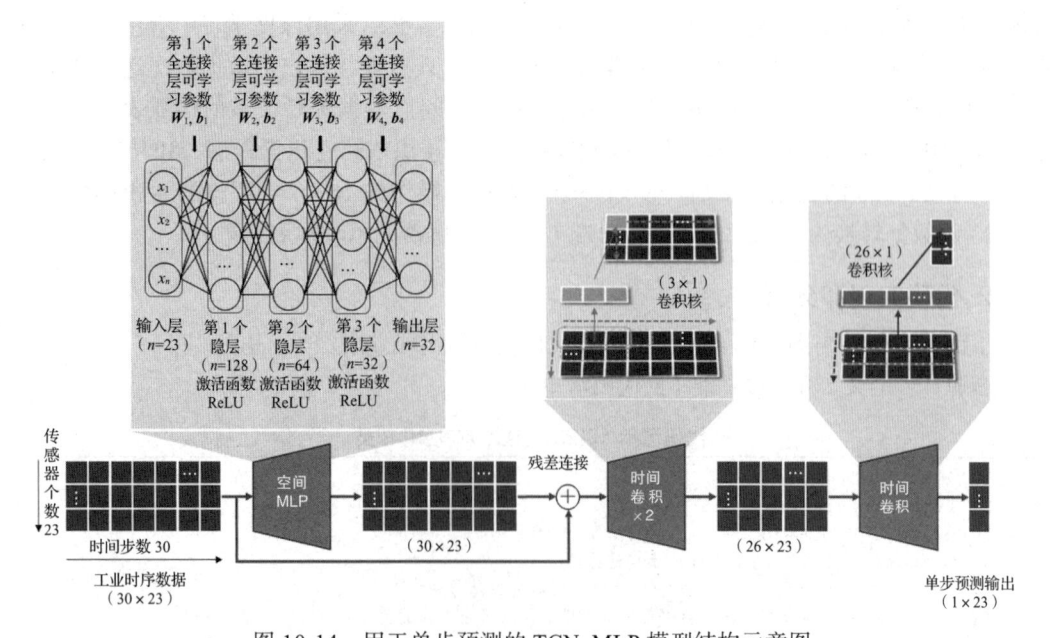

图 10-14 用于单步预测的 TCN_MLP 模型结构示意图

在第 4～22 行代码定义的 __init__ 构造方法中，定义了 spatial_mlp、tcn 和 final_conv 共 3 个操作：第 7～15 行代码定义的 spatial_mlp 操作对应了图 10-14 中的空间 MLP 模块，由全连接层（Dense）和 ReLU 激活函数组成；第 17～20 行代码定义的 tcn 操作对应了 2 个连续的 3×1 时间卷积；第 22 行代码定义的 final_conv 操作对应了最后的 26×1 时间卷积。

在第 23～31 行定义的 construct 方法中，对输入的数据 x，先执行 spatial_mlp 操作（第 25 行代码），得到计算结果 h，并通过残差连接（第 26 行代码）将 h 与 x 逐元素相加得到新的 x；根据 10.1 节介绍的二维卷积计算，要求传入一个四维数据（一批数据中的样本、通道、高、宽），因此在执行 tcn 操作（第 28 行代码）前，调用 unsqueeze 方法（第 27 行代码）将 x 增加一个长度为 1 的通道维度；最后执行 final_conv 操作（第 29 行代码），并调用 squeeze 方法将前面增加的通道维度去掉，得到最终的预测结果 y。

步骤 2 定义 MODEL_RUN 类（见代码清单 10-29）。

代码清单 10-29　定义 MODEL_RUN 类

```
1   import mindspore # 导入 mindspore
2   mindspore.set_context(mode=mindspore.GRAPH_MODE) # 设置为静态图模式
3   class MODEL_RUN: # 定义 MODEL_RUN 类
4       def __init__(self, model, loss_fn, optimizer=None, grad_fn=None): # 构造方法
5           self.model = model # 设置模型
6           self.loss_fn = loss_fn # 设置损失函数
7           self.optimizer = optimizer # 设置优化器
8           self.grad_fn = grad_fn # 设置梯度计算函数
9       def _train_one_step(self, data, label): # 定义用于单步训练的 _train_one_step 方法
10          (loss, _), grads = self.grad_fn(data, label) # 根据数据和标签计算损失和梯度
11          self.optimizer(grads) # 根据梯度进行模型优化
12          return loss # 返回损失值
13      def _train_one_epoch(self, train_dataset): # 定义用于一轮训练的 _train_one_
            epoch 方法
14          self.model.set_train(True) # 设置为训练模式
15          for data, label in train_dataset.create_tuple_iterator(): # 取出每一批数据
16              self._train_one_step(data, label) # 调用 _train_one_step 方法进行模型
                    参数优化
17      def evaluate(self, dataset, step=None): # 定义用于评估模型的 evaluate 方法
18          self.model.set_train(False) # 设置为测试模式
19          ls_pred, ls_label=[], [] # 分别用于保存预测结果和标签
20          for data, label in dataset.create_tuple_iterator(): # 遍历每批数据
21              pred = self.model(data) # 使用模型对一批数据进行预测
22              ls_pred += list(pred[:, :, PV_index].asnumpy()) # 保存预测结果
23              ls_label += list(label[:, :, PV_index].asnumpy()) # 保存标签
24          return loss_fn(Tensor(ls_pred), Tensor(ls_label)), np.array(ls_pred),
                np.array(ls_label)
25      def train(self, train_dataset, val_dataset, max_epoch_num, ckpt_file_
            path): # 定义用于训练模型的 train 方法
26          min_loss = np.finfo(np.float32).max # 将 min_loss 设置为最大值
27          print('开始训练……')
28          for epoch in range(1, max_epoch_num+1): # 迭代训练
29              print('第 {0}/{1} 轮 '.format(epoch, max_epoch_num)) # 输出当前迭代轮
```

```
                    数 / 总轮数
30              self.train_one_epoch(train_dataset)  # 调用_train_one_epoch 完成一
                    轮训练
31              train_loss, _, _ = self.evaluate(train_dataset)  # 在训练集上计算模型
                    损失值
32              eval_loss, _, _ = self.evaluate(val_dataset)  # 在验证集上计算模型损失值
33              print('训练集损失: {0}, 验证集损失: {1}'.format(train_loss, eval_
                    loss))
34              if eval_loss < min_loss:  # 如果验证集损失值低于原来保存的最小损失值
35                  mindspore.save_checkpoint(self.model, ckpt_file_path)  # 更新最
                        优模型文件
36                  min_loss = eval_loss  # 保存新的最小损失值
37          print('训练完成! ')
38      def test(self, test_dataset, ckpt_file_path):  # 定义用于测试模型的 test 方法
39          mindspore.load_checkpoint(ckpt_file_path, net=self.model)  # 从文件中加
                载模型
40          loss, preds, labels = self.evaluate(test_dataset)  # 在测试集上计算模型损
                失值
41          return loss, preds, labels  # 返回损失值
```

在第 4~8 行代码定义的 __init__ 构造方法中，model 参数用于接收 TCN_MLP 类的对象；loss_fn 参数用于接收计算损失值的函数；optimizer 参数用于接收使用的优化器；grad_fn 参数用于接收计算梯度的函数。

在第 9~12 行代码定义的 _train_one_step 方法中，根据传入的一个批次的数据（data）和对应的标签（label），调用 self.grad_fn 函数计算梯度和损失值，再以梯度作为参数，调用 self.optimizer 函数进行模型参数的优化，最后返回当前的损失值。

在第 13~16 行代码定义的 _train_one_epoch 方法中，先调用 set_train 方法将模型设置为训练模式，再通过 for 循环依次取出每批数据，并送入 _train_one_step 方法进行模型参数优化。

在第 17~24 行代码定义的 evaluate 方法中，先调用 set_train 方法将模型设置为测试模式；再通过 for 循环依次取出每批数据送入模型进行预测，并记录每批数据的预测结果和标签（只记录 PV 变量的相关数据）；最后，调用 loss_fn 函数计算损失值，并将损失值、预测结果和标签作为返回值。

在第 25~37 行代码定义的 train 方法中，通过 for 循环进行迭代训练；在每一轮迭代中，先调用 _train_one_epoch 方法进行模型训练，再调用 evaluate 方法分别在训练集和验证集上计算模型损失值并输出，如果当前验证集的损失更小，则更新最优模型文件及最小损失值。

在第 38~41 行代码定义的 test 方法中，先调用 mindspore.load_checkpoint 函数加载训练好的模型，再调用 evaluate 方法计算模型损失值并获得测试集的预测结果和标签，最后将这些数据返回。

步骤 3 进行单步预测模型的训练和测试。

基于前面定义的 TCN_MLP 类和 MODEL_RUN 类，即可进行单步预测模型的训练和测试，分别如代码清单 10-30 和代码清单 10-31 所示。

在代码清单 10-30 中，先创建 TCN_MLP 类对象 tcn_mlp（第 1 行代码），并指定使用 MAE 损失函数（第 2 行代码）和 Adam 优化器（第 3 行代码）；再定义用于前向计算的

forward_fn 函数（第 4～7 行代码），其作用是使用创建的 tcn_mlp 对象进行预测，调用 loss_fn 函数计算损失值（只考虑 PV 变量引起的损失），并将预测结果和损失值返回；然后，将 forward_fn 作为参数传给 mindspore.value_and_grad 函数，获得用于计算梯度的 grad_fn 函数；最后，将 tcn_mlp 模型对象、用于计算损失值的 loss_fn 函数、所使用的优化器对象 optimizer 和用于计算梯度的 grad_fn 函数作为参数，创建 MODEL_RUN 类对象 model_run，并调用 train 方法进行模型训练。

代码清单 10-30　进行单步预测模型的训练

```
1  tcn_mlp = TCN_MLP()      # 创建 TCN_MLP 类对象 tcn_mlp
2  loss_fn = nn.MAELoss()   # 定义损失函数
3  optimizer = nn.Adam(tcn_mlp.trainable_params(), 1e-3) # 使用 Adam 优化器
4  def forward_fn(data, label): # 定义前向计算的 forward_fn 函数
5      pred = tcn_mlp(data) # 使用 tcn_mlp 模型进行预测
6      loss = loss_fn(pred[:, :, PV_index], label[:, :, PV_index]) # 根据损失函数
           计算 PV 变量的损失值
7      return loss, pred # 返回损失值和预测结果
8  grad_fn = mindspore.value_and_grad(forward_fn, None, optimizer.parameters,
       has_aux=True)      # 获取用于计算梯度的函数
9  model_run = MODEL_RUN(tcn_mlp, loss_fn, optimizer, grad_fn) # 创建 MODEL_RUN 类
       对象 model_run
10 model_run.train(train_dataset=train_dataset_t1, val_dataset=val_dataset_t1,
       max_epoch_num=50, ckpt_file_path='tcn_mlp.ckpt') # 调用 model_run.train 方法
       完成训练
```

代码清单 10-30 执行结束后，将在屏幕上输出

```
开始训练……
第 1/50 轮
训练集损失：0.25273442，验证集损失：0.3365518
第 2/50 轮
训练集损失：0.22627762，验证集损失：0.3051599
……
第 50/50 轮
训练集损失：0.090380765，验证集损失：0.20231333
训练完成！
```

在代码清单 10-31 中，先创建 TCN_MLP 类对象 tcn_mlp（第 1 行代码），并指定使用 MAE 损失函数（第 2 行代码）；再以 tcn_mlp 模型对象和用于计算损失值的 loss_fn 函数作为参数，创建 MODEL_RUN 类对象 model_run（第 3 行代码）；然后，使用 model_run 对象调用 test 方法，分别得到模型在训练集、验证集和测试集上的损失值并输出，同时得到测试集上的预测结果和标签以进行可视化显示（第 4～7 行代码）；最后，使用 Matplotlib 工具包绘制折线图，对测试集中第 1 个传感器的前 100 条数据的预测结果和标签进行可视化（第 8～11 行代码）。

代码清单 10-31　进行单步预测模型的测试

```
1  tcn_mlp = TCN_MLP()       # 创建 TCN_MLP 类对象 tcn_mlp
2  loss_fn = nn.MAELoss()    # 定义损失函数
3  model_run = MODEL_RUN(tcn_mlp, loss_fn) # 创建 MODEL_RUN 类对象 model_run
4  train_loss, _, _ = model_run.test(train_dataset_t1, 'tcn_mlp.ckpt') # 计算训练
       集损失
5  val_loss, _, _ = model_run.test(val_dataset_t1, 'tcn_mlp.ckpt') # 计算验证集损失
6  test_loss, preds, labels = model_run.test(test_dataset_t1, 'tcn_mlp.ckpt')
```

```
           # 计算测试集损失
 7  print('训练集损失: {0}, 验证集损失: {1}, 测试集损失: {2}'.format(train_loss, val_
        loss, test_loss))
 8  plt.figure(figsize=(8, 4))
 9  plt.plot(range(1, 101), preds[:100, 0, 0], color='Red')  # 绘制第1个传感器的前
        100条数据的预测结果
10  plt.plot(range(1, 101), labels[:100, 0, 0], color='Blue')  # 绘制第1个传感器的前
        100条数据的标签
11  plt.show()
```

代码清单10-31执行结束后，将在屏幕上输出下面的信息，并显示如图10-15所示的结果。

训练集损失：0.101628296，验证集损失：0.15220875，测试集损失：0.15751104

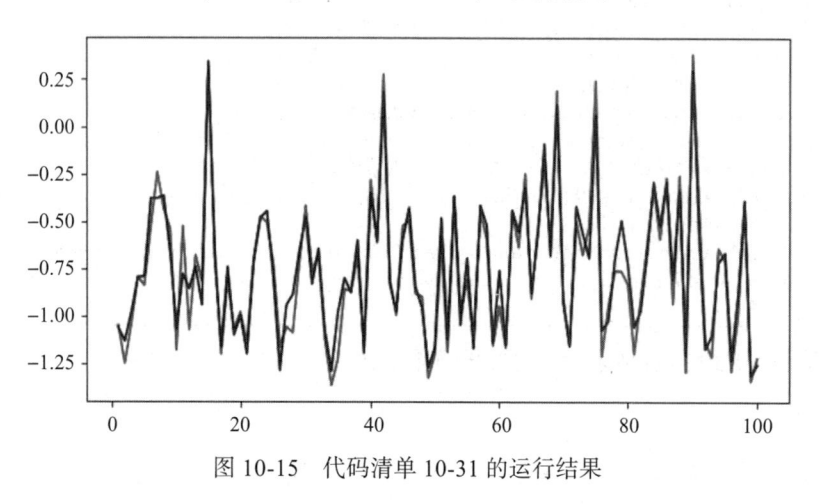

图10-15　代码清单10-31的运行结果

10.2.4　任务2：流程工业控制系统时序数据多步预测

1. 基础理论和方法介绍

虽然未来控制变量的值可以通过计算过程变量与设定值间的误差获得，但一次只能获得一步。因此，模型以迭代单步预测的形式完成多步预测任务，并且每次单步预测只使用该步之前的控制变量序列，即预测 $t+1$ 时刻的过程变量时，只能使用 t 时刻及之前时刻的控制变量的值。

图10-16是基于迭代单步预测的多步预测过程示意图。首先，将 $(t-h\sim t)$ 时刻的历史数据作为输入数据，经单步预测模型（例如为任务1设计的TCN_MLP模型）计算后，得到 $t+1$ 时刻的预测结果；然后，将 $t+1$ 时刻的预测结果加到 $(t-h+1)\sim t$ 时刻的历史数据的尾部，形成新的输入数据，经单步预测模型计算后，得到 $t+2$ 时刻的预测结果……最后，将 $(t+1)\sim(t+f-1)$ 时刻的预测结果加到 $(t-i)\sim t$ 时刻的历史数据的尾部，形成包含 $h+1$ 个时刻的新的输入数据，经单步预测模型计算后，得到 $t+f$ 时刻的预测结果。

对于同一时刻的预测，可能会存在不同输入数据对应同一标签的情况，从而加大模型训练的难度。例如，对于 $p+2$ 时刻的预测，输入的可能是 $(p-h+1)\sim(p+1)$ 时刻的历史数据（对未来第1个时间步的预测），也可能是 $(p-h+1)\sim p$ 时刻的历史数据加上

$p+1$ 时刻的预测数据（对未来第 2 个时间步的预测）。为了让模型能够更好地适应不同时间步的预测，可以将迭代步数作为模型的一个输入，如图 10-17 所示。与图 10-14 的 TCN_MLP 模型相比，Step_Aware_TCN_MLP 模型增加了一个对迭代步数的编码，并将其与传感器数据拼接在一起，作为空间 MLP 模块的输入。

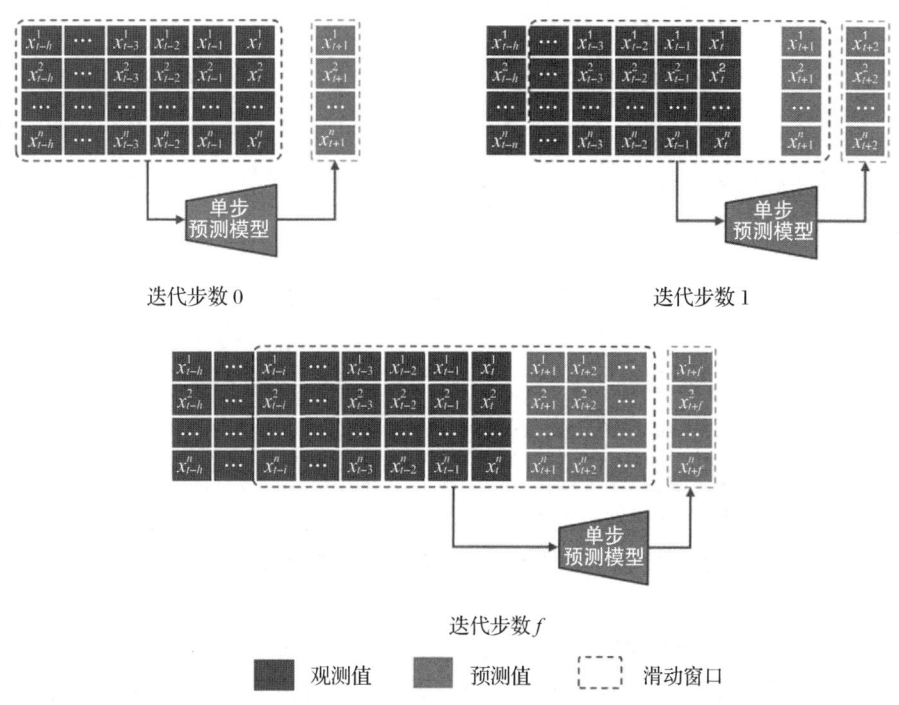

图 10-16 基于迭代单步预测的多步预测过程示意图

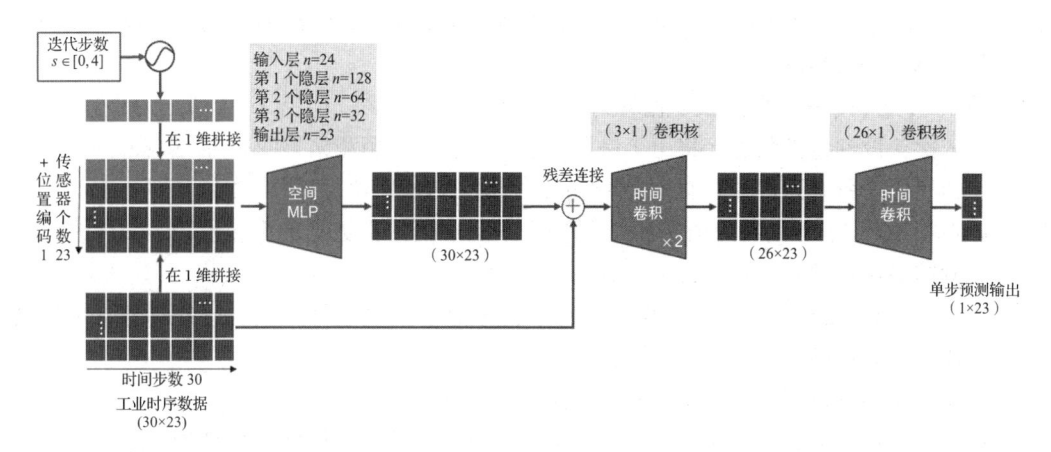

图 10-17 融入迭代步数信息的 Step_Aware_TCN_MLP 模型示意图

2. 代码实现和分析

下面设计了 3 组实验，以使读者能够逐步掌握多步预测的实现方法。

实验 1 基于任务 1 训练的 TCN_MLP 模型进行多步预测。

首先，以 `MODEL_RUN` 类作为父类，定义支持多步预测的 `MULTI_STEP_MODEL_RUN`

类，如代码清单 10-32 所示。

代码清单 10-32　定义 MULTI_STEP_MODEL_RUN 类

```
1   class MULTI_STEP_MODEL_RUN(MODEL_RUN): #定义 MULTI_STEP_MODEL_RUN 类
2       def __init__(self, model, loss_fn, optimizer=None, grad_fn=None): #构造方法
3           super().__init__(model, loss_fn, optimizer, grad_fn)
4       def evaluate(self, dataset): #重定义 evaluate 方法
5           self.model.set_train(False)  #设置为测试模式
6           ls_pred, ls_label=[], []  #分别用于保存预测结果和标签
7           for data, label in dataset.create_tuple_iterator(): #遍历每批数据
8               multi_step_pred = mindspore.numpy.zeros_like(label[:, :, PV_index])
9               x = data
10              for step in range(horizon):
11                  pred = self.model(x, step) #使用 sa_tcn_mlp 模型进行预测
12                  multi_step_pred[:, step:step+1, :] = pred[:, :, PV_index]
                        #将当前时间步的预测结果保存到 multi_step_pred 中
13                  concat_op = mindspore.ops.Concat(axis=1)
14                  x = concat_op((x[:, 1:, :], pred)) #将预测结果加到输入中
15                  x[:, -1:, OP_index] = label[:, step:step+1, OP_index] #OP 控制
                        变量无法预测，始终使用真实值
16              ls_pred += list(multi_step_pred.asnumpy()) #保存预测结果
17              ls_label += list(label[:, :, PV_index].asnumpy()) #保存标签
18          return loss_fn(Tensor(ls_pred), Tensor(ls_label)), np.array(ls_pred),
                np.array(ls_label)
```

在 __init__ 构造方法中（第 2 和 3 行代码），直接调用父类的 __init__ 方法完成初始化。

与 MODEL_RUN 类中实现的 evaluate 方法相比，重定义的 evaluate 方法（第 4~18 行代码）增加了迭代单步预测的处理，并将每批数据多步预测的结果保存到形状为 batch_size×horizon×9 的三维数组对象 multi_step_pred 中。其中 batch_size 是一批数据中的样本数，horizon 是预测时间步数（任务 2 规定预测时间步数是 5），9 对应了 PV 变量的数量。

第 7~17 行代码的外层 for 循环的执行过程如下。

- 依次获取到每批数据，将用于保存当前批数据多步预测结果的 multi_step_pred 初始化为所有元素都是 0，并将当前批数据 data 赋给 x。
- 在第 10~15 行代码的内层 for 循环中，实现当前批数据的多步预测，并将多步预测结果保存到 multi_step_pred 中。
- 将 multi_step_pred 中保存的当前批数据多步预测结果及对应的标签，分别转成列表并保存在 ls_pred 和 ls_label 中。

第 10~15 行代码的内层 for 循环的执行过程如下。

- 第 1 次循环时，输入数据 x 中都是历史数据，将 x 和当前迭代步数 step（值为 0）送入模型后，得到未来第 1 个时间步的预测结果 pred（第 11 行代码）；将 pred 中 PV 变量的预测值保存到 multi_step_pred 对应的位置（第 12 行代码），并通过将 x 去除最前面一个时刻数据的结果与 pred 拼接，形成下一次迭代所需要的输入数据（第 13 和 14 行代码）；由于控制变量 OP 无法被预测，所以需要用未来第 1 个时间步的控制变量 OP 的真实值替换预测值（第 15 行代码），即 x 中最后一个时间点的 PV 数据和 DV 数据是预测值，其他都是历史数据。

- 第 2 次循环时，再次将 x 和当前迭代步数 step（值为 1）送入模型，得到未来第 2 个时间步的预测结果，代码执行过程与第 1 次循环类似。第 2 次循环执行结束后，未来第 2 个时间步的 PV 变量的预测值会保存到 multi_step_pred 对应的位置，且 x 中的后两个时间点的 PV 数据和 DV 数据是预测值，其他数据都是历史数据。

......

- 第 5 次循环时，再次将 x 和当前迭代步数 step（值为 4）送入模型，得到未来第 5 个时间步的预测结果。此时的 x 中，最后 4 个时间点的 PV 数据和 DV 数据是预测值，其他数据都是历史数据。第 5 次循环执行结束后，未来第 5 个时间步的 PV 变量的预测值会保存到 multi_step_pred 对应的位置，且 x 中的后 5 个时间点的 PV 数据和 DV 数据是预测值，其他数据都是历史数据。

第 7~17 行代码执行结束后，调用 loss_fn 函数计算多步预测结果与对应标签的损失值，并将损失值、多步预测结果及对应标签作为 evaluate 方法的返回值。

综上，evaluate 方法的作用是根据传入的数据集 dataset，以迭代单步预测的方式实现多步预测，返回多步预测的损失值、多步预测结果及对应标签。

然后，如代码清单 10-33 所示，创建 MULTI_STEP_MODEL_RUN 类对象 multi_step_model_run（第 3 行代码），调用从 MODEL_RUN 类继承的 test 方法，分别在训练集、验证集和测试集上进行模型测试，计算相应损失并输出（第 4~7 行代码）；同时得到测试集上的多步预测结果及对应标签（第 6 行代码），以进行可视化显示（第 8~15 行代码）。

注意 在通过 MULTI_STEP_MODEL_RUN 类对象 multi_step_model_run 执行从 MODEL_RUN 类继承的 test 方法时，会调用 MULTI_STEP_MODEL_RUN 类重定义的 evaluate 方法，从而返回多步预测的损失值、多步预测结果及对应标签。

代码清单 10-33 直接用单步预测方式训练的 TCN_MLP 模型进行迭代多步预测

```
1   tcn_mlp = TCN_MLP() #创建 TCN_MLP 类对象 tcn_mlp
2   loss_fn = nn.MAELoss() #定义损失函数
3   multi_step_model_run = MULTI_STEP_MODEL_RUN(tcn_mlp, loss_fn)  #创建 MULTI_
        STEP_MODEL_RUN 类对象 multi_step_model_run
4   train_loss, _, _ = multi_step_model_run.test(train_dataset_t2, 'tcn_mlp.
        ckpt') #计算训练集损失
5   val_loss, _, _ = multi_step_model_run.test(val_dataset_t2, 'tcn_mlp.ckpt') #
        计算验证集损失
6   test_loss, preds, labels = multi_step_model_run.test(test_dataset_t2, 'tcn_
        mlp.ckpt') #计算测试集损失
7   print('训练集损失：{0}，验证集损失：{1}，测试集损失：{2}'.format(train_loss, val_
        loss, test_loss))
8   plt.rcParams['font.family'] = 'SimHei'
9   plt.rcParams['axes.unicode_minus'] = False
10  _, axes = plt.subplots(5, 1, figsize=(8, 16))
11  interval = int(horizon/5)
12  for step in range(5):
13      axes[step].set_title('第 %d 个时间步的预测结果 '%(step*interval+1))
14      axes[step].plot(range(1, 101), preds[:100, step*interval, 0],
            color='Red') #绘制第 1 个传感器的前 100 条数据的预测结果
15      axes[step].plot(range(1, 101), labels[:100, step*interval, 0],
            color='Blue') #绘制第 1 个传感器的前 100 条数据的标签
```

代码清单 10-33 执行结束后,将在屏幕上输出下面的信息,并显示如图 10-18 所示的结果。

训练集损失:0.18405068,验证集损失:0.3527572,测试集损失:0.4035026

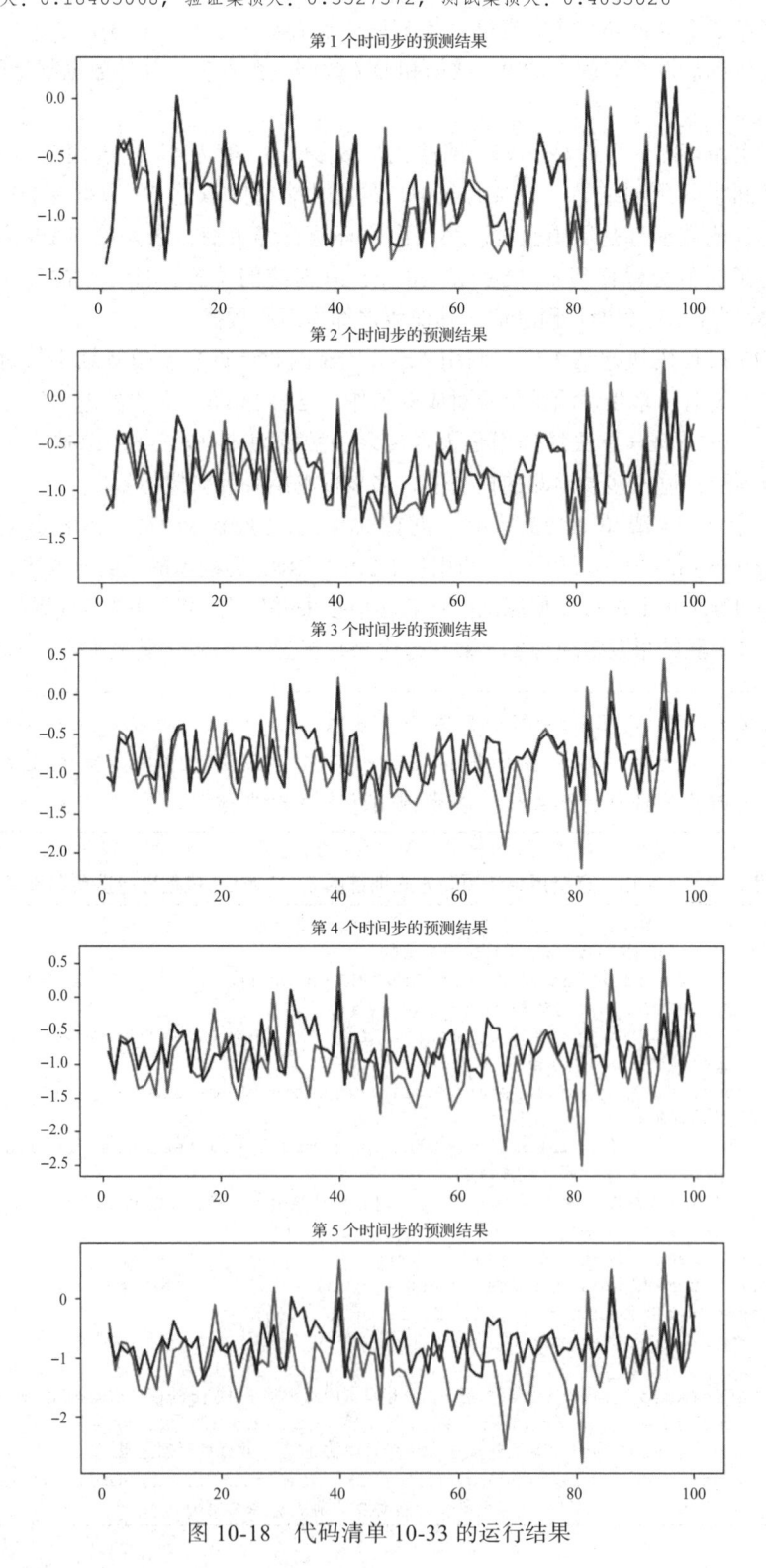

图 10-18 代码清单 10-33 的运行结果

实验 2　基于多步预测损失，重新训练 TCN_MLP 模型。

从图 10-18 的 5 个时间步的可视化结果可以看到，随着要预测的时间步的增加，预测效果会越来越差。产生这种结果的原因在于：在进行模型训练时，只考虑了单步预测的损失，而未考虑多步预测的损失。为了解决该问题，实验 2 基于多步预测损失，对 TCN_MLP 模型进行了重新训练，如代码清单 10-34 所示。其与代码清单 10-30 的主要区别在于前向计算函数的定义。

代码清单 10-34　用迭代多步预测方式重新训练 TCN_MLP 模型

```
1  multi_step_tcn_mlp = TCN_MLP() #创建 TCN_MLP 类对象 multi_step_tcn_mlp
2  loss_fn = nn.MAELoss() #定义损失函数
3  multi_step_optimizer = nn.Adam(multi_step_tcn_mlp.trainable_params(), 1e-3)
   #使用 Adam 优化器
4  def multi_step_forward_fn(data, label): #定义多步预测前向计算的 multi_step_
   forward_fn 方法
5      multi_step_pred = mindspore.numpy.zeros_like(label[:, :, PV_index+DV_
       index])
6      x = data
7      for step in range(horizon):
8          pred = multi_step_tcn_mlp(x, step) #使用 multi_step_tcn_mlp 模型进行预测
9          multi_step_pred[:, step:step+1, :] = pred[:, :, PV_index+DV_index]
           #将当前时间步的预测结果保存到 multi_step_pred 中
10         concat_op = mindspore.ops.Concat(axis=1)
11         x = concat_op((x[:, 1:, :], pred)) #将预测结果加到输入中
12         x[:, -1:, OP_index] = label[:, step:step+1, OP_index] #OP 控制变量无法
           预测，始终使用真实值
13     loss = loss_fn(multi_step_pred, label[:, :, PV_index+DV_index]) #根据损失
       函数计算 PV 和 DV 变量的损失值
14     return loss, multi_step_pred #返回损失值和预测结果
15 multi_step_grad_fn = mindspore.value_and_grad(multi_step_forward_fn, None,
   multi_step_optimizer.parameters, has_aux=True) #获取用于计算梯度的函数
16 multi_step_model_run = MULTI_STEP_MODEL_RUN(multi_step_tcn_mlp, loss_fn,
   multi_step_optimizer, multi_step_grad_fn) #创建 MULTI_STEP_MODEL_RUN 类对象
   multi_step_model_run
17 multi_step_model_run.train(train_dataset_t2, val_dataset_t2, 10, 'multi_step_
   tcn_mlp.ckpt') #调用 multi_step_model_run.train 方法完成训练
```

代码清单 10-34 中的 multi_step_forward_fn 函数，与代码清单 10-32 中的 evaluate 方法的实现思路相同，不同点在于损失函数的计算方法。由于前一步预测结果中的 PV 变量和 DV 变量的值都会作为后一步预测的输入，因此，在 multi_step_forward_fn 函数中计算损失时同时考虑了这两类变量（第 9 和 13 行代码）。

代码清单 10-34 执行结束后，将在屏幕上输出

```
开始训练……
第 1/10 轮
训练集损失：0.25360182，验证集损失：0.3138596
第 2/10 轮
训练集损失：0.23373596，验证集损失：0.29260883
……
第 10/10 轮
训练集损失：0.18328623，验证集损失：0.3755899
训练完成！
```

基于多步预测损失完成模型训练后，运行代码清单 10-35 可对该模型进行测试，其实现过程与代码清单 10-33 相同。

代码清单 10-35　对用迭代多步预测方式重新训练的 TCN_MLP 模型进行测试

```
1  multi_step_tcn_mlp = TCN_MLP() # 创建 TCN_MLP 类对象 multi_step_tcn_mlp
2  loss_fn = nn.MAELoss() # 定义损失函数
3  multi_step_model_run = MULTI_STEP_MODEL_RUN(multi_step_tcn_mlp, loss_fn) # 创
       建 MULTI_STEP_MODEL_RUN 类对象 multi_step_model_run
4  train_loss, _, _ = multi_step_model_run.test(train_dataset_t2, 'multi_step_
       tcn_mlp.ckpt') # 计算训练集损失
5  val_loss, _, _ = multi_step_model_run.test(val_dataset_t2, 'multi_step_tcn_
       mlp.ckpt') # 计算验证集损失
6  test_loss, preds, labels = multi_step_model_run.test(test_dataset_t2, 'multi_
       step_tcn_mlp.ckpt') # 计算测试集损失
7  print('训练集损失：{0}，验证集损失：{1}，测试集损失：{2}'.format(train_loss, val_
       loss, test_loss))
8  plt.rcParams['font.family'] = 'SimHei'
9  plt.rcParams['axes.unicode_minus'] = False
10 _, axes = plt.subplots(5, 1, figsize=(8, 16))
11 interval = int(horizon/5)
12 for step in range(5):
13     axes[step].set_title('第%d个时间步的预测结果'%(step+1))
14     axes[step].plot(range(1, 101), preds[:100, step*interval, 0],
           color='Red') # 绘制第 1 个传感器的前 100 条数据的预测结果
15     axes[step].plot(range(1, 101), labels[:100, step*interval, 0],
           color='Blue') # 绘制第 1 个传感器的前 100 条数据的标签
```

代码清单 10-35 执行结束后，将在屏幕上输出下面的信息，并显示如图 10-19 所示的结果。与代码清单 10-33 的输出进行对比，可以看到：由于在训练过程中考虑了多步预测损失，后面时间步的预测结果有所改善；模型训练过程受到后面时间步的干扰，使得未来第 1 个时间步的预测结果变差；但总体上，通过引入多步预测损失，验证集损失和测试集损失都明显减小。

训练集损失：0.2237426，验证集损失：0.28667635，测试集损失：0.25961894

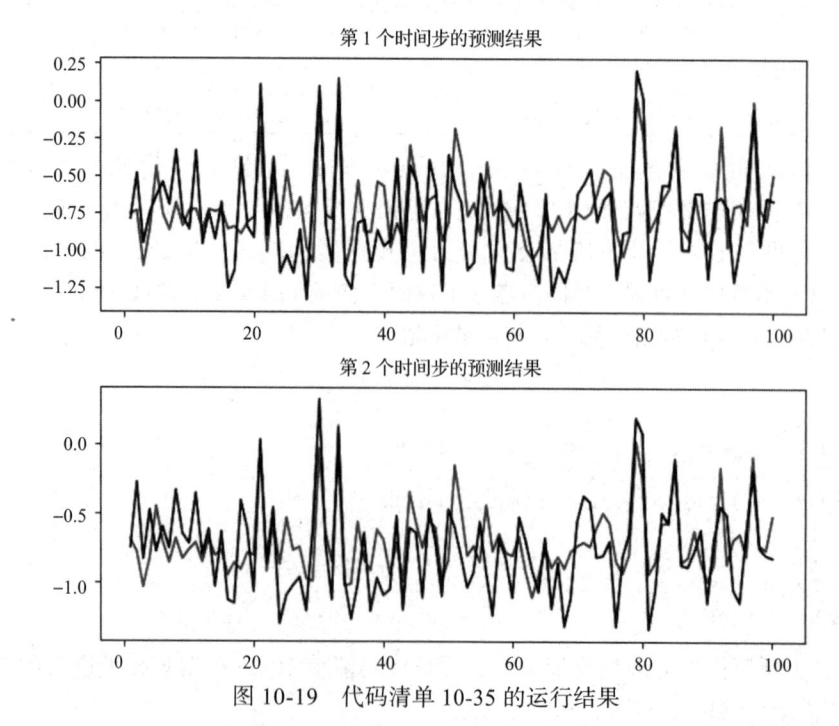

图 10-19　代码清单 10-35 的运行结果

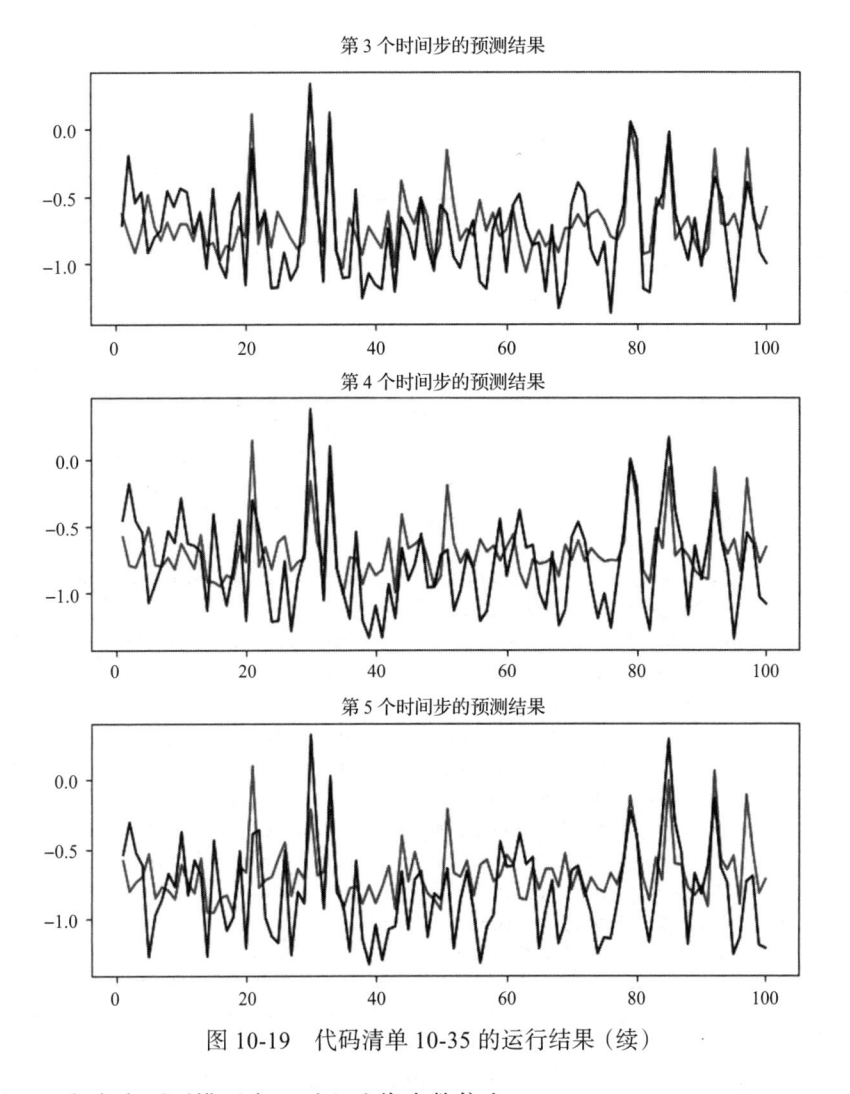

第 3 个时间步的预测结果

第 4 个时间步的预测结果

第 5 个时间步的预测结果

图 10-19 代码清单 10-35 的运行结果（续）

实验 3 在多步预测模型中，引入迭代步数信息。

为了让模型能够更好地适应不同时间步的预测，实验 3 将迭代步数作为模型的一个输入，实现如图 10-17 所示的模型。

首先，定义将迭代步数引入模型的 Step_Aware_TCN_MLP 类，如代码清单 10-36 所示。

代码清单 10-36　定义 Step_Aware_TCN_MLP 类

```
1   class Step_Aware_TCN_MLP(nn.Cell): # 定义 Step_Aware_TCN_MLP 类
2       def __init__(self): # 构造方法
3           super().__init__() # 调用父类的构造方法
4           # 比 TCN_MLP 新增一个对预测时间步数据的嵌入编码操作
5           self.step_embedding = nn.Embedding(horizon, 30)
6           # 对不同传感器的数据做融合（提取传感器数据间的关联特征）
7           self.spatial_mlp = nn.SequentialCell(
8               nn.Dense(sensor_num+1, 128), # 输入数据新增了时间步数据的嵌入编码
9               nn.ReLU(),
10              nn.Dense(128, 64),
```

```
11            nn.ReLU(),
12            nn.Dense(64, 32),
13            nn.ReLU(),
14            nn.Dense(32, sensor_num)
15        )
16        #对时间序列做卷积(提取时间点数据间的关联特征)
17        self.tcn = nn.SequentialCell(
18            nn.Conv2d(in_channels=1, out_channels=1, kernel_size=(3, 1), pad_
                mode='valid'),
19            nn.Conv2d(in_channels=1, out_channels=1, kernel_size=(3, 1), pad_
                mode='valid'),
20        )
21        #通过一个卷积层得到最后的预测结果
22        self.final_conv = nn.Conv2d(in_channels=1, out_channels=1, kernel_
            size=(26, 1), pad_mode='valid') #使用26*1的卷积核,不补边
23    def construct(self, x, iter_step): #construct方法
24        #计算时间步数据的嵌入编码
25        iter_step_tensor = mindspore.numpy.full((x.shape[0], 1), iter_step,
            dtype=mindspore.int32)
26        step_embedding = self.step_embedding(iter_step_tensor) #step_
            embedding的形状:[batch_size,1,30]
27        #将输入数据x与时间步数据的嵌入编码拼接
28        concat_op = mindspore.ops.Concat(axis=2)
29        step_embedding_ = step_embedding.swapaxes(1,2) #将两个维度交换,以支持与
            输入数据x的拼接
30        x_ = concat_op((x, step_embedding_)) # x_的形状:[batch_size,30,23+1]
31        h = self.spatial_mlp(x_) #经过spatial_mlp空间处理后,得到的数据h的形状:
            [batch_size, 30, 23]
32        #输入数据x的形状:[batch_size, 30, 23]
33        x = x + h #残差连接,将x和h对应元素相加,得到的数据x的形状:[batch_size,
            30, 23]
34        x = x.unsqueeze(1) #根据卷积操作的需要,将三维数据升为四维数据:[batch_size,
            1, 30, 23]
35        x = self.tcn(x) #经过tcn时间卷积后,得到的数据x的形状:[batch_size, 1, 26, 23]
36        y = self.final_conv(x) #通过26*1的卷积操作后,得到的数据y的形状:[batch_
            size, 1, 1, 23]
37        y = y.squeeze(1) #将前面增加的维度去掉,得到的数据y的形状:[batch_size, 1, 23]
38        return y #返回计算结果
```

与代码清单10-28定义的TCN_MLP类相比,Step_Aware_TCN_MLP类的__init__构造方法新定义了一个对预测时间步数据的嵌入编码操作。嵌入编码是自然语言处理中常用的一种编码方式,其作用是将 m 个离散值中的每一个值转换为长度为 n 的具有连续值元素的向量表示。任务2对未来5个时间步的数据进行预测,即预测时间步可用5个离散值表示,分别记作0、1、2、3、4;通过第5行代码定义的嵌入编码操作,可对每一个预测时间步,得到一个对应的长度为30的向量表示。

相应地,在construct方法中,先通过第25行代码,根据一批数据中的样本数x.shape[0]和迭代步数iter_step,生成一个所有元素值均为iter_step的列向量;再通过第26行代码,调用self.step_embedding完成当前迭代步数的嵌入编码,得到batch_size×1×30的三维数据step_embedding;最后,通过第28~30行代码,

完成迭代步数嵌入编码数据的维度交换（第 29 行代码），并将时间步数据的嵌入编码与输入数据 x 拼接（第 30 行代码），得到 batch_size×30×24 的三维数据 x_。由于拼接了迭代步数嵌入编码，x_ 最后一个维度的长度比 x 大 1。因此，在 __init__ 构造方法中定义 self.spatial_mlp 操作时，需要将第 1 个全连接层的输入节点数由 sensor_num 改为 sensor_num+1（第 8 行代码）。

然后，创建 Step_Aware_TCN_MLP 类的对象 sa_tcn_mlp，并使用该对象完成模型的训练，如代码清单 10-37 所示。代码清单 10-37 与代码清单 10-34 的实现过程完全相同，读者可参考代码清单 10-34 的说明，理解代码清单 10-37。

代码清单 10-37　进行 Step_Aware_TCN_MLP 多步预测模型的训练

```
1  sa_tcn_mlp = Step_Aware_TCN_MLP()  #创建 Step_Aware_TCN_MLP 类对象 sa_tcn_mlp
2  loss_fn = nn.MAELoss()  #定义损失函数
3  multi_step_optimizer = nn.Adam(sa_tcn_mlp.trainable_params(), 1e-3)  #使用
       Adam 优化器
4  def multi_step_forward_fn(data, label):  #定义多步预测前向计算的 multi_step_
       forward_fn 方法
5      multi_step_pred = mindspore.numpy.zeros_like(label[:, :, PV_index+DV_
           index])
6      x = data
7      for step in range(horizon):
8          pred = sa_tcn_mlp(x, step)  #使用 sa_tcn_mlp 模型进行预测
9          multi_step_pred[:, step:step+1, :] = pred[:, :, PV_index+DV_index]
               #将当前时间步的预测结果保存到 multi_step_pred 中
10         concat_op = mindspore.ops.Concat(axis=1)
11         x = concat_op((x[:, 1:, :], pred))  #将预测结果加到输入中
12         x[:, -1:, OP_index] = label[:, step:step+1, OP_index]  #OP 控制变量无法
               预测，始终使用真实值
13     loss = loss_fn(multi_step_pred, label[:, :, PV_index+DV_index])  #根据损失
           函数计算 PV 和 DV 变量的损失值
14     return loss, multi_step_pred  #返回损失值和预测结果
15 multi_step_grad_fn = mindspore.value_and_grad(multi_step_forward_fn, None,
       multi_step_optimizer.parameters, has_aux=True)  #获取用于计算梯度的函数
16 multi_step_model_run = MULTI_STEP_MODEL_RUN(sa_tcn_mlp, loss_fn, multi_step_
       optimizer, multi_step_grad_fn)  #创建 MULTI_STEP_MODEL_RUN 类对象 multi_step_
       model_run
17 multi_step_model_run.train(train_dataset_t2, val_dataset_t2, 10, 'sa_tcn_mlp.
       ckpt')  #调用 multi_step_model_run.train 方法完成训练
```

代码清单 10-37 执行结束后，将在屏幕上输出下面的信息。可以看到，与代码清单 10-34 所给出的 TCN_MLP 多步预测训练过程的输出结果相比，Step_Aware_TCN_MLP 模型由于引入了迭代步数，有效降低了模型训练的难度，在相同迭代轮数情况下可达到更小的训练损失。

```
开始训练……
第 1/10 轮
训练集损失：0.2596667，验证集损失：0.31359434
第 2/10 轮
训练集损失：0.23568296，验证集损失：0.28494492
……
第 10/10 轮
训练集损失：0.16494644，验证集损失：0.36675557
训练完成！
```

最后，对 `Step_Aware_TCN_MLP` 多步预测模型进行测试，如代码清单 10-38 所示，其实现过程与代码清单 10-35 相同。

代码清单 10-38　进行 `Step_Aware_TCN_MLP` 多步预测模型的测试

```
1  sa_tcn_mlp = Step_Aware_TCN_MLP()  #创建 Step_Aware_TCN_MLP 类对象 sa_tcn_mlp
2  loss_fn = nn.MAELoss()  #定义损失函数
3  multi_step_model_run = MULTI_STEP_MODEL_RUN(sa_tcn_mlp, loss_fn)  #创建 MULTI_
      STEP_MODEL_RUN 类对象 multi_step_model_run
4  train_loss, _, _ = multi_step_model_run.test(train_dataset_t2, 'sa_tcn_mlp.
      ckpt')  #计算训练集损失
5  val_loss, _, _ = multi_step_model_run.test(val_dataset_t2, 'sa_tcn_mlp.ckpt')
      #计算验证集损失
6  test_loss, preds, labels = multi_step_model_run.test(test_dataset_t2, 'sa_
      tcn_mlp.ckpt')  #计算测试集损失
7  print('训练集损失：{0}，验证集损失：{1}，测试集损失：{2}'.format(train_loss, val_
      loss, test_loss))
```

代码清单 10-38 执行结束后，将在屏幕上输出下面的信息。与代码清单 10-35 的输出结果相比，验证集损失和测试集损失都进一步减小。

训练集损失：0.22272797，验证集损失：0.2757552，测试集损失：0.24642661

提示　与 10.1 节中为解决手写数字图像问题搭建的模型相同，由于人工神经网络学习参数的随机初始化方式，读者在运行本案例给出的模型训练和测试程序时，会得到不同的训练和测试结果。

10.2.5　拓展学习

通过本案例，读者应能掌握比较复杂的模型的定义方法。请读者以该案例为基础，尝试修改 `Step_Aware_TCN_MLP` 类的代码，实现如图 10-20 所示的具有更复杂结构的带偏差块的 `TCN_MLP_with_Bias_Block` 类，并编写相应的模型训练和测试代码。

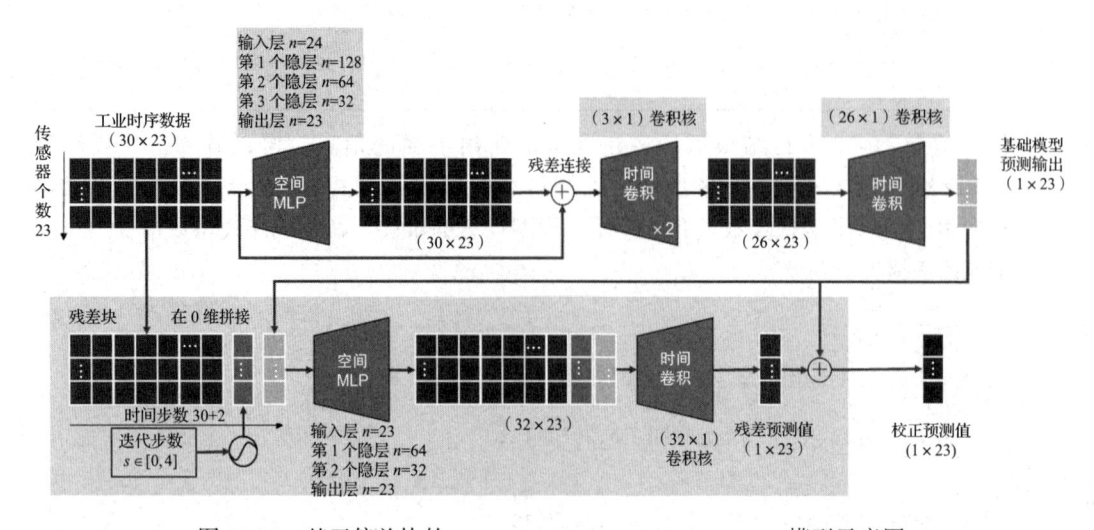

图 10-20　基于偏差块的 `TCN_MLP_with_Bias_Block` 模型示意图

10.3 虚假新闻检测（基于 PyTorch）

10.3.1 问题描述

已知中文社交网络平台的新闻，检测该新闻是否是虚假新闻。社交网络的新闻包括很多信息，包括发布者、标题、图片等。为了简化问题，这里只考虑文本信息，即信息的标题和内容。Title 是新闻的标题，label 是消息的真假标签（0 是真消息，1 是假消息）。训练数据保存在 train.news.csv，测试数据保存在 test.feature.csv。

10.3.2 特征抽取方法

中文的向量化特征抽取是中文自然语言处理的基础任务，有一些常用的方法，例如独热编码、TFIDF 和词嵌入等。这里主要介绍 TFIDF 和词嵌入方法。

1. TFIDF 方法

TFIDF 即词频 – 逆文档频率（Term Frequency Inverse Document Frequency），该方法是一种用于文字向量表示的常用方法，文字中字词的重要性与它在文件中出现的次数成正比，而与它在整个语料库中出现的频率成反比。TFIDF 中的 TF（Term Frequency）表示词条在文档中出现的频率，IDF（Inverse Document Frequency）反映了一个词在整个语料库中的普遍重要性。换句话说，TFIDF 认为如果某个词在一篇文档中出现的频率高，并且在其他文档中很少出现，则该词具有很好的类别区分能力。

每个词在文档中的 TFIDF 值可以反映该词在文档中的重要性和独特性。TFIDF 方法通常用于信息检索、文本挖掘等领域，帮助筛选出文档中的关键词或主题。TFIDF 方法的优点在于简单易懂，计算效率高，且不需要大量的语料库进行训练。然而，它只考虑了词频和文档频率，没有考虑词语之间的顺序和位置关系。因此，TFIDF 在一些需要顺序和位置关系的复杂 NLP 任务中经常表现不理想。

2. 词嵌入（Word Embedding）方法

词嵌入是将词语映射到向量空间的技术。在这个空间中，相似的词语将聚集在一起，而不相关的词语则相距较远。词嵌入的常用方法包括 Word2Vec 和 GloVe 等。这些方法需要大规模的语料库来学习每个词语的上下文信息，从而生成固定维度的向量表示。这些向量表示可以捕捉到词语的语义和语法信息，使得机器学习模型可以更好地通过词嵌入表示理解文本的含义。一些公司和科研机构也提供预训练好的词向量库。对比 TFIDF 方法，词嵌入的方法能够捕捉词语之间的语义关系，对于许多 NLP 任务都有较好的效果。

10.3.3 模型介绍

能够用于虚假新闻检测的模型很多，这里主要介绍朴素贝叶斯模型和长短期记忆（Long Short-Term Memory，LSTM）模型。

1. 朴素贝叶斯模型

朴素贝叶斯模型（Naive Bayes Model）是一种基于贝叶斯定理与特征条件独立假设的

分类方法。

朴素贝叶斯模型假设特征之间是条件独立的，即一个特征的出现概率与其他特征无关，只与类别有关。这个假设简化了模型的计算，见式（10-1）。

$$P(y|x_1,\cdots,x_n) = \frac{P(x_1,\cdots,x_n|y)P(y)}{P(x_1,\cdots,x_n)} \propto P(y)\prod_{i=1}^{n}P(x_i|y) \quad (10\text{-}1)$$

其中，y 表示类别，x_1 表示样本的第一个特征，n 是样本特征的数量。

朴素贝叶斯模型通过训练数据集学习类别与特征之间的联合概率分布，然后利用贝叶斯定理求出样本属于各个类别的概率，选择概率最大的类别作为该待分类项的类别，见式（10-2）。

$$\hat{y} = \underset{y}{\operatorname{argmax}}\, P(y)\prod_{i=1}^{n}P(x_i|y) \quad (10\text{-}2)$$

其中 $\hat{y}$ 是预测的类别。

2. 长短期记忆（LSTM）模型

LSTM 模型是一种改进的递归神经网络，解决传统递归神经网络中存在的长期依赖问题。LSTM 模型通过设计特定的网络结构，有效地捕捉和利用序列数据中的长期依赖关系，从而能够更好地处理长序列数据。

LSTM 模型的基本结构包括输入门、遗忘门、输出门和记忆单元等。这些部分通过一系列的门控机制来控制信息的流动和权重的更新。这些门和记忆单元的协同作用使得 LSTM 模型能够捕捉序列数据中的长期依赖关系，从而有效处理长序列数据。

10.3.4 代码介绍

下面分别使用 TFIDF 方法和词嵌入方法，完成虚假新闻检测任务。

1. 使用 TFIDF 和朴素贝叶斯模型的代码

（1）加载相关的模块、类和函数（见代码清单 10-39）

代码清单 10-39　加载相关的模块、类和函数

```
1  import numpy as np
2  import pandas as pd
3  import jieba
4  from sklearn.model_selection import train_test_split
5  from sklearn.feature_extraction.text import TfidfVectorizer
6  from sklearn.naive_bayes import MultinomialNB
7  from sklearn.metrics import classification_report
```

在代码清单 10-39 中，第 1～3 行分别加载 `numpy`、`pandas` 和 `jieba` 模块；第 4 行从 `sklearn.model_selection` 中加载 `train_test_split` 函数；第 5 行从 `sklearn.feature_extraction.text` 中加载 `TfidfVectorizer` 类；第 6 行从 `sklearn.naive_bayes` 中加载朴素贝叶斯模型 `MultinomialNB` 类；第 7 行从 `sklearn.metrics` 中加载 `classification_report`，用于模型的评价。

（2）文字分词和数据集划分（见代码清单 10-40）

代码清单 10-40　文字分词和数据集划分

```
1  train_data=pd.read_csv('train.news.csv')
2  test_data=pd.read_csv('test.feature.csv')
3  for i in range(len(train_data)):
4      train_data['Title'][i] = jieba.lcut(train_data['Title'][i])
5  for i in range(len(test_data)):
6      test_data['Title'][i] = jieba.lcut(test_data['Title'][i])
7  train_x, train_y = train_data['Title'], train_data['label']
8  test_x, test_y = test_data['Title'], test_data['label']
9  train_x, valid_x, train_y, valid_y = train_test_split( train_x, train_y,
       test_size=0.2, stratify=train_y, random_state = 0)
```

在代码清单 10-40 中，第 1 和 2 行从文件中读取数据到 train_data 和 test_data；第 3 和 4 行通过调用 jieba 分词，完成对训练数据中文的分词；第 5 和 6 行通过调用 jieba 分词，完成对测试数据中文的分词；第 7 和 8 行分别保存训练数据集和测试数据集的 TFIDF 向量表示与标签；第 9 行将训练数据集按照 8∶2 的比例，分成新的训练数据集和验证数据集。

（3）文字的 TFIDF 向量表示（见代码清单 10-41）

代码清单 10-41　文字的 TFIDF 向量表示

```
1  vectorizer=TfidfVectorizer()
2  train_x = [' '.join(title) for title in train_x]
3  valid_x = [' '.join(title) for title in valid_x]
4  test_x = [' '.join(title) for title in test_x]
5  train_vx = vectorizer.fit_transform(train_x)
6  valid_vx, test_vx = vectorizer.transform(valid_x), vectorizer.transform(test_x)
```

在代码清单 10-41 中，第 1 行创建用于 TFIDF 向量表示的实例 vectorizer；第 2～4 行将每个样本分词后的文本放在一个字符串中，并用空格分开；第 5 行基于 train_x 的数据训练 TFIDF 向量表示的实例 vectorizer，并把训练完的 vectorizer 用于 train_x 的向量表示；第 6 行使用 vectorizer，完成 valid_x 和 test_x 的向量表示。

（4）模型训练和预测（见代码清单 10-42）

代码清单 10-42　模型训练和预测

```
1  model = MultinomialNB()
2  model.fit(train_vx, train_y)
3  pred_valid_label = np.argmax(model.predict_proba(valid_vx), axis=1)
4  print(classification_report(valid_y, pred_valid_label))
5  pred_test_label = np.argmax(model.predict_proba(test_vx), axis=1)
6  print(classification_report(test_y, pred_test_label))
```

在代码清单 10-42 中，第 1 行创建 MultinomialNB 的实例，它是 scikit-learn 实现的多项式朴素贝叶斯模型，适用于多项式特征的离散数据；第 2 行使用训练数据集，训练朴素贝叶斯模型；第 3 行通过模型预测验证数据集样本属于每个类别的概率，然后计算出验证数据集样本的预测标签；第 4 行根据验证数据集样本的真实标签和预测标签，评价朴素贝叶斯模型在验证数据集上的效果；第 5 行通过模型预测测试数据集样本属于每个类别的概率，然后计算出测试数据集样本的预测标签；第 6 行根据测试数据集样本的真实标签和预测标签，评价朴素贝叶斯模型在测试数据集上的效果。

2. 使用 PyTorch 实现的 LSTM 模型的代码

（1）导入模块（见代码清单 10-43）

代码清单 10-43　导入模块

```
1   import numpy as np
2   import pandas as pd
3   import jieba
4   from sklearn.model_selection import train_test_split
5   from sklearn.metrics import accuracy_score, classification_report
6   import torch
7   from torch import nn, optim, Tensor
8   from torch.utils.data import Dataset, DataLoader
```

在代码清单 10-43 中，第 1~3 行分别导入 numpy、pandas 和 jieba 模块；第 4 行导入 sklearn.model_selection 中的 train_test_split 函数，用于将一个数据集划分成两个数据集；第 5 行导入 sklearn.metrics 中的 accuracy_score 和 classification_report 函数，用于计算评价指标；第 6 行导入 torch 模块；第 7 行导入 torch 中的 nn 模块、optim 模块和 Tensor 类，其中，nn 模块包含了构建和训练神经网络所需的各种层、激活函数和损失函数，optim 模块包含了训练神经网络的优化器；第 8 行导入 torch.utils.data 中的 Dataset 类和 DataLoader 类，用于构建分批的训练数据。

（2）加载数据集和分词（见代码清单 10-44）

代码清单 10-44　加载数据集和分词

```
1   Train_path = 'train.news.csv'
2   Test_path = 'test.news.csv'
3   train_data = pd.read_csv(Train_path, names=['Title', 'label'], header=0,
        skiprows=1)
4   for i in range(len(train_data)):
5       train_data['Title'][i] = jieba.lcut(train_data['Title'][i])
6   train_data, valid_data = train_test_split(train_data, test_size = 0.2,
        random_state = 1024)
7   test_data = pd.read_csv(Test_path, names=['Title', 'label'], header=0,
        skiprows=1)
8   for i in range(len(test_data)):
9       test_data['Title'][i]=jieba.lcut(test_data['Title'][i])
```

在代码清单 10-44 中，第 1 和 2 行定义训练数据集和测试数据集文件的目录；第 3 行通过 pandas 的 read_csv 函数加载训练数据集中的 Title 列和 label 列到 train_data；第 4 和 5 行调用 jieba.lcut 函数，对训练数据集 Title 列的文字进行分词，返回分词后的列表；第 6 行调用 train_test_split 函数，将训练数据集随机分成两个部分，80% 的数据保存在 train_data，20% 的数据保存在 valid_data；第 7 行通过 pandas 的 read_csv 函数加载测试数据集中的 Title 列和 label 列到 test_data；第 8 和 9 行调用 jieba.lcut 函数，对测试数据集 Title 列的文字进行分词。

（3）加载预训练词向量库，构建词典和词向量（见代码清单 10-45）

代码清单 10-45　加载预训练词向量库，构建词典和词向量

```
1   WV_file = './sgns.weibo.bigram-char'
2   EMBEDDING_DIM = 300
3   def buildWordVector(wv_file):
```

```
4       ls_vectors = []
5       vocab = {}
6       is_first = True
7       idx = 1
8       with open(wv_file, 'r', encoding='utf-8') as f:
9           for line in f:
10              if is_first:
11                  is_first = False
12                  continue
13              word, vector_str = line.split(' ', 1)
14              ls_vectors.append([float(x) for x in vector_str.split()])
15              vocab[word] = idx
16              idx = idx + 1
17          word_vectors = np.array(ls_vectors)
18      return vocab, word_vectors
19  vocab, word_vectors = buildWordVector(WV_file)
```

在代码清单10-45中，第1行定义预训练词向量库文件的目录。第2行定义词向量库中词的维度，因为词向量库中词的维度是300，所以这里设置成300。第3~18行定义buildWordVector函数，其作用是根据预训练词向量库，构建词典和词向量：第4行定义用于临时保存词向量的列表；第5行定义保存词典的变量；第8~17行将预训练词向量库文件的信息保存到vocab和word_vectors，其中，vocab保存词和词索引号，word_vectors保存词索引号和词向量。第19行调用函数buildWordVector，返回词典和词向量。

（4）将词变成词索引（见代码清单10-46）

代码清单10-46　将词变成词索引

```
1   Seq_max_length = 10
2   Pad_id = 0
3   def tokenizer(sentences):
4       input_ids = []
5       sent_words = [s for s in sentences]
6       for words in sent_words:
7           words_ids = []
8           for i, w in enumerate(words):
9               if i < Seq_max_length:
10                  words_ids.append(vocab.get(w, Pad_id))
11              else:
12                  break
13          if len(words_ids) < Seq_max_length:
14              for i in range(Seq_max_length - len(words_ids)):
15                  words_ids.append(Pad_id)
16          input_ids.append(words_ids)
17      return input_ids
18  train_input = tokenizer(train_data['Title'])
19  valid_input = tokenizer(valid_data['Title'])
20  test_input = tokenizer(test_data['Title'])
```

在代码清单10-46中，第1行定义文字处理的最大长度Seq_max_length，即输入模型的最大词数；第2行定义用于补充长度不足最大长度的Pad字符索引号Pad_id；第3~17行定义tokenizer函数，其功能是把句子中的词转换成词索引号，对于词典里没有的词和长度不足的文字都用Pad字符索引号Pad_id；第18~20行分别调用

tokenizer 函数，将训练数据集、验证数据集和测试数据集中的 Title 文字转换为 `Seq_max_length` 长度的词索引号列表。

（5）定义 `TextDataset` 类（见代码清单 10-47）

代码清单 10-47　定义 `TextDataset` 类

```
1   class TextDataset(Dataset):
2       def __init__(self, data_inputs, data_labels):
3           self.inputs = torch.LongTensor(data_inputs)
4           self.labels = torch.LongTensor(data_labels)
5       def __len__(self):
6           return len(self.inputs)
7       def __getitem__(self, index):
8           return self.inputs[index], self.labels[index]
```

在代码清单 10-47 中，第 1 行继承 PyTorch 提供的一个用于表示数据集的 `Dataset` 类，定义 `TextDataset` 类；第 2~4 行定义 `__init__` 构造方法，将 `data_inputs` 和 `data_labels` 转换成长整型张量；第 5 和 6 行实现 `__len__` 方法，其功能是返回数据集的大小；第 7 和 8 行实现 `__getitem__` 方法，其功能是根据给定的索引，返回对应的元素。

（6）创建 `TextDataset` 和 `DataLoader` 的实例（见代码清单 10-48）

代码清单 10-48　创建 `TextDataset` 和 `DataLoader` 的实例

```
1   Batch_size = 16
2   train_dataset = TextDataset(train_input, list(train_data['label']))
3   valid_dataset = TextDataset(valid_input, list(valid_data['label']))
4   test_dataset = TextDataset(test_input, list(test_data['label']))
5   trainDataLoader = DataLoader(train_dataset, batch_size=Batch_size,
        shuffle=True)
6   validDataLoader = DataLoader(valid_dataset, batch_size=Batch_size,
        shuffle=False)
7   testDataLoader = DataLoader(test_dataset, batch_size=Batch_size,
        shuffle=False)
```

在代码清单 10-48 中，第 1 行定义批次大小，即训练一次神经网络所用的样本数；第 2~4 行分别创建了训练数据、验证数据和测试数据的 `TextDataset` 实例；第 5~7 行再根据 `TextDataset` 实例，分别创建了训练数据、验证数据和测试数据的 `DataLoader` 实例。

（7）定义 LSTM 神经网络模型（见代码清单 10-49）

代码清单 10-49　定义 LSTM 神经网络模型

```
1   class LSTM(nn.Module):
2       def __init__(self, input_dim, embedding_dim, hidden_dim, output_dim, num_
            layers, dropout):
3           super().__init__()
4           self.embedding = nn.Embedding(input_dim, embedding_dim)
5           self.lstm = nn.LSTM(embedding_dim, hidden_dim, num_layers=num_layers,
                dropout = dropout, batch_first = True)
6           self.fc = nn.Linear(hidden_dim, output_dim)
7           self.dropout = nn.Dropout(dropout)
8       def forward(self, text):
9           embedded = self.embedding(text)
10          embedded = self.dropout(embedded)
11          output, (hidden, cell) = self.lstm(embedded)
12          return self.fc(hidden[-1])
```

在代码清单10-49中,第1行继承nn.Module来定义LSTM类。第2~7行实现__init__构造方法:第4行定义嵌入层,第5行定义LSTM层,第6行定义线性层,第7行定义Dropout层。第8~12行实现forward方法:第9行将text转换成嵌入向量表示;第10行通过Dropout层在训练过程中随机地失活一部分神经元;第11行使用LSTM层处理向量表示;第12行返回最后一层的隐状态。

(8) 定义神经网络模型训练函数(见代码清单10-50)

代码清单10-50 定义神经网络模型训练函数

```
1   device = torch.device("cuda" if torch.cuda.is_available() else "cpu")
2   def train(model, dataloader, crit, optimizer):
3       epoch_loss= 0.0
4       all_labels = torch.tensor([]).to(device)
5       all_preds = torch.tensor([]).to(device)
6       model.train()
7       for batch_x, batch_y in dataloader:
8           batch_x, batch_y = batch_x.to(device), batch_y.to(device)
9           pred = model(batch_x)
10          pre_labels = torch.argmax(pred, dim=1)
11          all_labels = torch.cat((all_labels, batch_y), dim=0)
12          all_preds = torch.cat((all_preds, pre_labels), dim=0)
13          loss = crit(pred, batch_y)
14          optimizer.zero_grad()
15          loss.backward()
16          optimizer.step()
17          epoch_loss += loss.item() * len(batch_y)
18      print(f'train loss:{epoch_loss:.4f}')
19      print(classification_report(Tensor.cpu(all_labels), Tensor.cpu(all_preds)))
```

在代码清单10-50中,第1行判断系统中是否存在可用的CUDA设备并且PyTorch可以支持它:如果有,则返回一个代表该CUDA的设备实例;否则返回代表CPU的设备实例。这样,代码在GPU可用时,可利用GPU加速计算,而在没有GPU可用时,可利用CPU计算。第2~19行定义了神经网络模型训练函数。第3行定义的epoch_loss用于累加保存每个批量的损失。第4和5行创建的all_labels和all_preds用来保存每批次中样本的真实标签和预测结果。第6行将模型设置成训练模式。第7~17行是根据批次数据训练模型的循环:第9行根据样本表示,预测样本标签;第10行根据预测,计算得到预测标签;第11和12行保存真实标签与预测结果;第13行根据预测标签和真实标签计算损失;第14行在训练神经网络之前,清除所有优化器管理参数的梯度;第15行进行损失反向传播,计算当前梯度;第16行根据梯度,更新模型参数值;第17行在epoch_loss上累加每个批次的损失值。第18行显示一个epoch后训练集上的损失。第19行将张量all_labels和all_preds移动到CPU上,然后计算此次训练后的各种评价指标,其中classification_report函数用于计算精确率、召回率、F1分数等指标。

(9) 定义神经网络模型评价函数(见代码清单10-51)

代码清单10-51 定义神经网络模型评价函数

```
1   def evaluate(model, dataloader, crit):
2       test_loss = 0.0
3       all_labels = torch.tensor([]).to(device)
4       all_preds = torch.tensor([]).to(device)
```

```
5       model.eval()
6       for batch_x, batch_y in dataloader:
7           batch_x, batch_y = batch_x.to(device), batch_y.to(device)
8           pred = model(batch_x)
9           pre_labels = torch.argmax(pred, dim=1)
10          all_labels = torch.cat((all_labels, batch_y), dim=0)
11          all_preds = torch.cat((all_preds, pre_labels), dim=0)
12          loss = crit(pred, batch_y)
13          test_loss += loss.item() * len(batch_y)
14      print(f'test loss:{test_loss}')
15      print(classification_report(Tensor.cpu(all_labels), Tensor.cpu(all_preds)))
```

在代码清单 10-51 中，第 1~15 行定义 evaluate 函数。第 2 行定义的 test_loss 用于计算损失。第 5 行设置模型为评估模式。第 6~13 行是根据批次数据评价模型的循环：第 8 行通过模型预测样本标签的分布；第 9 行根据预测，计算得到预测标签；第 10 和 11 行保存真实标签和预测结果；第 12 行根据预测标签和真实标签计算损失；第 13 行通过 test_loss 记录损失。第 14 行输出总的损失。第 15 行计算模型在此数据集上的评价指标。

（10）定义超参数和创建模型实例（见代码清单 10-52）

代码清单 10-52　定义超参数和创建模型实例

```
1   HIDDEN_DIM = 32
2   OUTPUT_DIM = 2
3   NUM_LAYERS = 2
4   DROPOUT = 0.5
5   INPUT_DIM = len(word_vectors)
6   EMBEDDING_DIM = len(word_vectors[0])
7   model = LSTM(INPUT_DIM, EMBEDDING_DIM, HIDDEN_DIM, OUTPUT_DIM, NUM_LAYERS,
        DROPOUT)
8   model.embedding.weight.data.copy_(torch.from_numpy(word_vectors))
9   model.embedding.weight.data[Pad_id] = torch.zeros(EMBEDDING_DIM)
10  optimizer = optim.Adam(model.parameters())
11  criterion = nn.CrossEntropyLoss()
12  model = model.to(device)
```

在代码清单 10-52 中，第 1 行定义隐藏层的维度；第 2 行定义输出的维度；第 3 行定义 LSTM 层的数量；第 4 行设置随机关闭的神经元所占的比例，用于防止模型过拟合；第 5 行获取嵌入层词表的大小；第 6 行获取词向量的维度；第 7 行使用定义和获取的参数，创建 LSTM 类的实例 model；第 8 行使用代码清单 10-45 中创建的 word_vectors 初始化 LSTM 模型的嵌入层参数；第 9 行设置 Pad_id 对应的词向量是 EMBEDDING_DIM 维度的零向量；第 10 和 11 行定义优化器与损失函数；第 12 行将模型保存到 device 中。

（11）训练和评价神经网络模型（见代码清单 10-53）

代码清单 10-53　训练和评价神经网络模型

```
1   N_EPOCHS = 5
2   for epoch in range(N_EPOCHS):
3       print(f'#epoch:{epoch+1}')
4       train(model, trainDataLoader, criterion, optimizer)
5       torch.save(model.state_dict(), f'lstm_model_{epoch}.param')
6       evaluate(model, validDataLoader, criterion)
7   evaluate(model, testDataLoader, criterion)
```

在代码清单 10-53 中，第 1 行设置模型训练的轮数，即 N_EPOCHS；第 2~6 行循环地训练和评价 LSTM 模型，并保存训练的模型；第 7 行评价 LSTM 模型在测试集上的效果。

10.4 本章小结

本章分别基于 MindSpore 框架和 PyTorch 框架实现了 3 个人工智能应用案例。通过本章的学习，读者应掌握基于人工智能框架的问题求解方法，并能够在常用人工智能框架下搭建神经网络模型。

推荐阅读

计算机系统导论
作者：袁春风, 余子濠 编著
ISBN：978-7-111-73093-4　定价：79.00元

计算机算法基础 第2版
作者：[美] 沈孝钧 著
ISBN：978-7-111-74659-1　定价：79.00元

操作系统设计与实现：基于LoongArch架构
作者：周庆国 杨虎斌 刘刚 陈玉聪 张福新 著
ISBN：978-7-111-74668-3　定价：59.00元

计算机网络 第3版
作者：蔡开裕 陈颖文 蔡志平 周寰 编著
ISBN：978-7-111-74992-9　定价：79.00元

数据库技术及应用
作者：林育蓓 汤德佑 汤娜 编著
ISBN：978-7-111-75254-7　定价：79.00元

数据库原理与应用教程 第5版
作者：何玉洁 编著
ISBN：978-7-111-73349-2　定价：69.00元